国家科学技术学术著作出版基金资助出版

大范围干旱动态监测与预测

陆桂华　吴志勇　何　海　著

科学出版社

北　京

内 容 简 介

本书从致旱天气系统异常特征分析入手，基于陆气耦合的思路，重点研究耦合气象水文模型的大范围干旱动态监测与预测方法。针对中长期干旱预测问题，运用改进的信号场技术，研究了天气气候系统异常与区域干旱发生的关系，基于前期和同期大气环流异常信号构建了基于环流异常的中长期干旱年尺度和季尺度预测模型。针对点尺度观测土壤含水量难以识别大范围干旱的问题，构建了基于水文模拟的大范围干旱识别指标体系，结合全国实际旱情的发生频率制定了土壤含水量距平指数干旱等级划分标准。此外，提出了子流域响应函数与扩散波相结合的汇流方法，构建了基于网格与子流域融合的大尺度汇流模型，建立了全国范围逐日的、网格化的标准化径流干旱指数。评估了多种数值天气预报模式在中国区域的预报效果，构建了适用于中国九大干旱区的多模式降水预报集成方案。采用气象-水文耦合的方式，基于遥感、水文、气象等多源信息，构建了可业务化运行的大范围干旱动态监测与预测系统，实现了大范围干旱时空变化的动态监测，以及年尺度、季尺度和旬尺度的多尺度预测。

本书可供高等学校水利类专业师生及相关工程技术人员参考。

审图号：GS(2021)2534 号

图书在版编目（CIP）数据

大范围干旱动态监测与预测/陆桂华，吴志勇，何海著. —北京：科学出版社，2021.6

ISBN 978-7-03-067762-4

Ⅰ. ①大… Ⅱ. ①陆… ②吴… ③何… Ⅲ. ① 干旱-监测预报-研究 Ⅳ. ①P426.615

中国版本图书馆 CIP 数据核字(2020)第 264649 号

责任编辑：周 炜 付 瑶 / 责任校对：杨聪敏

责任印制：师艳茹 / 封面设计：陈 敬

科学出版社 出版

北京东黄城根北街 16 号

邮政编码：100717

http://www.sciencep.com

中国科学院印刷厂 印刷

科学出版社发行 各地新华书店经销

*

2021 年 6 月第 一 版 开本：787 × 1092 1/16

2021 年 6 月第一次印刷 印张：23 3/4

字数：563 000

定价：228.00 元

（如有印装质量问题，我社负责调换）

前　　言

干旱灾害是国内外普遍关注的重大环境与气候问题之一。干旱监测与预测是干旱防御的重要手段，大范围干旱动态监测与预测是我国社会经济发展中亟待解决的重大科学技术问题。本书作者从事干旱方面的研究与实践多年，获得了较丰富的研究成果。为促进我国大范围干旱动态监测与预测技术的发展，作者决定将十余年来的研究成果付梓成书，以飨读者。

本书是在多项科技成果及多篇博士和硕士学位论文基础上凝练而成的，内容涵盖干旱监测与预测的主要环节和关键技术，在结构体系上分为基础信息、干旱指标、预测方法和系统构建四部分，通过理论与实践相结合的方式向读者呈现了作者在干旱监测与预测研究方面多年的心血。这四部分内容既自成体系，又紧密联系，既能突出我们致力于解决干旱监测与预测关键问题的学术思想，又便于广大读者更好地了解大范围干旱动态监测与预测的技术环节。

全书共 10 章。第 1 章介绍干旱研究方法、研究现状及本书主要内容；第 2 章讨论致旱天气系统异常特征分析方法；第 3 章介绍多源降水与多源气温融合方法；第 4 章研究全国土壤田间持水量分布；第 5 章讨论综合气象干旱指数的构建方法；第 6 章构建土壤含水量距平指数；第 7 章构建标准化径流指数；第 8 章探讨基于环流异常的干旱预测模型；第 9 章提出多模式降水预报分析与集成；第 10 章介绍大范围干旱动态监测与预测系统。

河海大学水文水资源学院研究生周建宏、刘臻晨、李源、孙振利、张健、梅传贵、徐华亭、匡亚红、刘京京、林青霞、董亮、吴晓韬和冒云，以及南京水利科学研究院陈晓燕和南京信息工程大学闫桂霞参与了本书的部分研究和撰写工作。河海大学水文水资源学院研究生张宇亮、王童、郑宁、徐征光、孙昭敏、郭笑、程丹丹和曹睿参与了本书的图表绘制和文字整理工作。

本书主要研究成果是在国家重点研发计划项目(2017YFC1502403)、国家自然科学基金项目(51579065、51779071)、水利部公益性行业科研专项经费项目(201301040)、教育部“新世纪优秀人才支持计划”(NCET-12-0842)、全国优秀博士学位论文作者专项资金资助项目(201161)和江苏省基础研究计划(自然科学基金)面上项目(BK20131368)的资助下完成的，在此一并表示衷心的感谢。

限于作者水平，书中难免存在疏漏和不妥之处，敬请读者批评指正。

作　者

2020 年 10 月于南京

目　　录

第1章　绪　　论

1.1　研 究 背 景

近年来，频繁发生的干旱已成为世界范围内的一个重大环境与气候问题。长期以来，由于我国降水时空分布的高度不均匀性及水资源短缺，全国范围内干旱频繁发生。在全球变化背景下，我国大范围、长历时干旱事件发生频率有不断上升的趋势，干旱的强度也明显增加，对社会经济发展特别是农业生产造成非常严重的影响。干旱已成为制约我国农业和国民经济发展的重要因素。

1.1.1　我国干旱历史概况

我国干旱频繁发生，据不完全统计，公元前 206 年～公元 1949 年，发生过较大的旱灾 1056 次。1949 年以来，平均两年就发生一次大旱。近年来，大范围干旱的发生更加频繁，例如，1997 年、1999～2002 年我国北方地区出现连年大旱，2003 年、2004 年江南、华南地区遭受严重干旱，2006 年川渝地区出现百年大旱，2009 年北方冬麦区发生波及 12 个省份的特大干旱，2009～2013 年西南地区持续出现特大干旱。在气候环境变化的情况下，我国中高纬度地区干旱的发生将变得更加频繁(Dai，2010)。

干旱持续时间长，通常在几个月以上，有时甚至长达几年，如 1959～1961 年全国大旱、1980～1982 年北方大旱、1997～2000 年海河流域大旱。干旱影响区域广，我国整个东部季风区都受到干旱影响[图 1.1(a)]，干旱强度较全国其他区域更大[图 1.1(b)]。这些区域正是我国人口密集区[图 1.1(c)]，也是粮食主产区[图 1.1(d)]，因此，一旦发生干旱就会对社会经济造成严重影响，从而导致供水短缺、粮食减产和环境恶化等问题。据统计，1949～2006 年平均每年受旱面积 2122 万 hm^2，约占各种气象灾害受灾面积的 60%。1990 年以来，我国因干旱年均损失粮食 278 亿 kg；年均工业损失 2000 亿元；

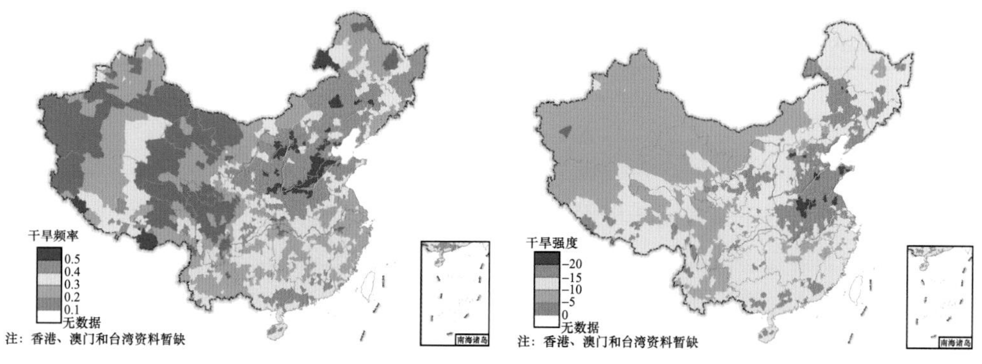

(a) 中国1951～2010年干旱频率分布　　(b) 中国1951～2010年干旱强度分布

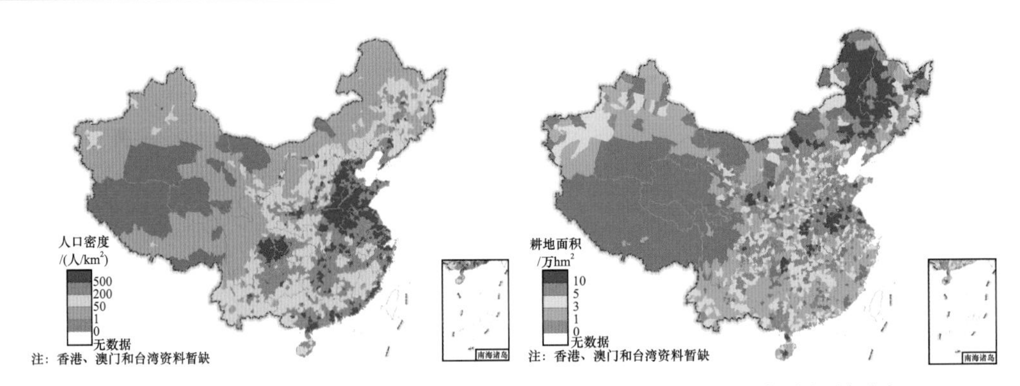

(c) 中国2010年人口密度分布　　(d) 中国2008年耕地面积分布

图 1.1　中国历史干旱频率、干旱强度及人口密度、耕地面积分布图

平均每年有 2746 万人饮水困难。表 1.1 列出了 1951～2009 年我国 13 场大范围干旱事件及其造成的影响。

表 1.1　1951～2009 年中国重要干旱事件及其影响

干旱事件名称	影响后果
1959～1961 年全国大旱	全国各地粮食短缺，“新四病”蔓延，人口出生率大幅下降，非正常死亡率大幅上升
1963 年南方大旱	华南地区受灾严重，广东 100 万人饮水困难
1972 年黄河、海河流域大旱	受旱面积占全国播种面积的 1/5，黄河断流，北京、天津停止向农业供水
1978 年江淮特大旱	受旱面积占全国耕地面积的 40%，仅安徽省就有 400 万人饮水困难
1980～1982 年北方大旱	甘肃省出动千辆汽车往返 130km 运水救灾，河北省只有不到 1%的水浇地得以浇水
1988 年全国大旱	全国 27 省(自治区)受灾，受灾人口达全国人口的 1/10，成灾面积 1530 万 hm^2
1989 年北方大旱	北方 14 个省(自治区)发生严重干旱，极旱区涉及 6 个省(自治区)，松花江流域因干旱粮食减产 34.8%
1991 年中原大旱	430 万人、120 万头大牲畜饮水告急，河南省 2/3 的地区处于严重干旱
1997 年黄河流域大旱	黄河流域严重干旱缺水，黄河断流情况严重，创下 7 个历史之最
1997～2000 年海河流域大旱	北京和天津地区连续 4 年遭受严重干旱，北京旱情严重程度为 130 年来之最
2004 年南方罕见干旱	南方大部分地区遭受 53 年来最严重干旱，720 多万人饮水困难，经济损失 40 多亿元
2006 川渝百年大旱	川渝 1500 多万人饮水困难，农作物成灾面积 249.3 万 hm^2，直接经济损失 125.7 亿元
2009～2010 西南百年大旱	西南五省耕地受旱面积 647.7 万 hm^2，1939 万人因旱饮水困难

1.1.2　我国干旱防御问题

针对频繁发生的干旱及由干旱引发的灾害问题，国家正在从工程和非工程措施方面不断提高防御干旱灾害的能力。但是，由于干旱问题的复杂性，如何科学防御干旱一直是我国面临的重大问题。干旱防御主要面临以下三方面问题。

1) 干旱一年四季均有发生，干旱防御贯穿全年

不同于洪水有汛期和非汛期之分，干旱在一年四季都可能发生，防旱抗旱工作全年

都要开展。根据《中国气象年鉴》对我国近30多年来干旱情况的记录，几乎每年都会有地区发生不同程度的季节干旱。其中夏季是我国广大地区干旱的高发季节，严重影响当地人民的生产和生活，如1989年黄淮地区夏旱、1994年全国范围伏旱和2006年川渝特大伏旱等；新疆北部和云南等地区经常出现的春旱，以及长江中下游等地区出现的秋旱对我国农业生产影响严重，如2004年华南大范围春旱，2005年云南省严重春旱和2007年华北、西北地区严重春旱等；另外，这些区域也经常发生季节连旱，对我国农业生产和经济发展影响更为严重，如1999年北方夏秋大旱，2008年东北、华北等地区严重的冬春连旱，2011年华北、黄淮严重秋冬连旱和长江中下游严重冬春连旱。

2) 干旱形成和发展过程复杂，难以识别

干旱的发生和发展受众多因子影响，不仅与降水的多少和分配有关，还与蒸散发量、土壤含水量和径流量等因子有关。干旱发生过程缓慢，具有渐变性的特点，影响后果具有滞后性，因此很难确定干旱发生和结束时间。对同一干旱事件，基于不同因子构建的干旱指数识别得到的干旱过程不尽相同。例如，2009～2010年发生在广西百色的一场干旱，使用基于不同变量(降水、土壤含水量和径流)构建的干旱指数分析其干旱过程时，判定得到的干旱开始和结束时间有所差异，基于降水的干旱指数相对于基于径流的干旱指数，识别出的干旱开始和结束时间明显提前(Wu et al.，2015)。

3) 干旱影响面广，难以量化

干旱是一种阶段性缺水状态，在不同气候区都可能发生，甚至可以发生在多年平均降水较多的地区。某一区域某一时间段内降水的亏缺将导致干旱发生。干旱首先会引起河流和湖泊等水量的减少，随着干旱的持续，将会对生态、水文和农业等产生影响，如土壤退化、水资源减少和粮食减产等；如果干旱持续时间更长，这一系列影响就会加重，进而影响社会经济发展，导致生态环境恶化、水力发电量下降和粮食供应紧张等问题。可见，干旱所造成的影响面广且随持续时间发生变化。因此，要量化干旱产生的后果，对干旱影响进行客观评价十分困难。

1.1.3 旱情动态监测与预测的意义

干旱形成的原因和造成的影响不仅与众多的自然环境因素有关，也与人类社会因素有关。我国幅员辽阔，地理环境多样，气候复杂，往往一个地区严重洪涝时另一地区可能发生严重干旱，有时同一地区短时间内先涝后旱或先旱后涝，给防旱和抗旱工作造成很大的困难。

旱情动态监测与预测是科学防御干旱的基础，在我国过去的几十年中，干旱监测技术不断改进和完善，干旱监测的时空分辨率不断提高。同时，卫星遥感和地理信息系统等技术也开始被应用于干旱监测中，这为应对干旱事件提供了更多、更准确的信息。然而，干旱预测方面的研究仍然相对滞后。数值天气预报和陆面模式的发展带动了干旱预测技术的发展，近年来，国内外建立了多个大气-水文耦合的干旱预测系统，但由于数值模式具有较大的不确定性，干旱预测精度仍有待提高。提高大范围干旱预测精度，构建大范围干旱动态监测与预测系统仍然是国内外亟待解决的重大科学技术问题。

1.2 干旱概述

1.2.1 干旱分类

1. 干旱定义

关于干旱的定义,可以追溯到100多年前美国气象学家Abbe在杂志*Monthly Weather Review*上发表的论文,该文分析了1894年美国的大旱,文中首次提出干旱的定义,即长期累积缺雨的结果。这是对干旱最初也是最质朴的定义,简单地认为干旱是由于降水缺少引起的。此后许多对干旱的定义都停留在降水亏缺上,例如,1954年,美国国家海洋和大气管理局(National Oceanic and Atmospheric Administration,NOAA)认为干旱是严重和长时间降水短缺;1986年,世界气象组织(World Meteorological Organization,WMO)将干旱定义为一种持续、异常降水短缺;2005年,联合国国际减灾战略认为干旱通常是指在一个季度或更长时间内,由于降水严重缺少而产生的自然现象。需要指出的是,干旱不等同于旱灾,只有当干旱对人类社会经济和赖以生存的环境造成损失和危害时才会形成旱灾。

不同行业对干旱的理解也有所不同,我国相关规范在定义干旱时主要考虑的是缺雨或缺水。例如,国家标准《气象干旱等级》(GB/T 20481—2017)将干旱定义为某时段内蒸发量和降水量的收支不平衡,水分支出大于水分收入而造成的水分短缺现象;国家标准《农业干旱等级》(GB/T 32136—2015)定义干旱为由外界环境因素造成作物体内水分亏缺,影响作物正常生长发育,进而导致减产或失收的现象;水利行业标准《旱情等级标准》(SL 424—2008)定义干旱为因降水减少,或入境水量不足,工农业生产和城乡居民生活用水需求得不到满足的供水短缺现象。三个行业对干旱的理解和定义存在差异,相比于气象行业,农业和水利行业对干旱的定义更看重缺水所带来的影响结果,只有造成了相应的灾害才认为发生了干旱。

目前国际权威机构、政府部门和众多学术团体普遍采纳、引用较多的主要是1959年美国气象学会(American Meteorological Society,AMS)出版的《气象词汇》中对干旱的定义:一段时间内异常的干燥天气,引发了足够长时间的缺水,在受影响地区造成了严重的水文不平衡。该定义认为干旱是由异常天气引起的,更深入地将干旱理解为一种气候异常现象,这种现象是相对的,将干旱与干燥性气候区别开来。但是,这种干旱定义仍然存在不足,因为异常干燥天气所引发的缺水具有滞后性,在该时段异常干燥天气结束后,干旱仍可能持续。一些学者在对以上干旱定义进行总结归纳后重新对干旱进行了定义,例如,金菊良等(2014)将干旱定义为在某地理范围内降水、径流、土壤蓄水和地下水等水循环过程中自然供水源在一定时期持续少于长期平均水平,导致河流、湖泊和土壤或地下含水层中水分亏缺的自然现象。该定义将较为广泛的干旱成因及干旱现象融入其中,是对之前干旱定义的一种发展。

国内外对干旱的定义超过150种(Wilhite et al.,1985),期望有一种可以被普遍接受且能全球通用的干旱定义是不现实的，干旱的定义应该针对特定的区域和应用领域。事实上，干旱所表现出的各种水分亏缺现象都可以认为是由降水减少或降水减少发展演变引起的，因此对干旱的定义不必将重点放在干旱成因(如引起降水减少的异常天气或继而出现的降水、径流等减少)上，只需描述干旱这种水分亏缺现象即可。根据对干旱的多年研究，目前本书对干旱的认识和理解是：干旱是在一定地区、一段特定时间内，在近地表生态系统和社会经济系统中，发生的一种水分缺乏的自然现象，干旱的本质就是因缺水而引发的一种供需关系失衡现象。

2. 干旱类型

干旱的分类方法有多种。2003 年，美国气象学会理事会将干旱划分为气象干旱(meteorological drought)、农业干旱(agricultural drought)、水文干旱(hydrological drought)和社会经济干旱(socioeconomic drought)四种类型。其中，气象干旱主要表现为降水显著减少；农业干旱主要表现为供给植被生长用水的土壤水分亏缺；水文干旱主要表现为流域径流量、水库蓄水量和地下水储量等异常短缺；而社会经济干旱与其他类型干旱不同，它主要将气象干旱、农业干旱和水文干旱与人类活动联系起来，并不是一个很明确的干旱类别。因此，2011 年，联合国在关于减少灾害风险全球评估报告(GAR11)《剖析风险、重新定义的发展》中，提出用三种干旱类型诠释干旱，这三种干旱类型分别是气象干旱、农业干旱和水文干旱，而不再沿用美国气象学会提出的社会经济干旱这一类别。

另外，随着社会的发展，为了满足社会需求，更多的干旱类别孕育而生。例如，陈鹏等(2010)提出了城市干旱的概念并将其定义为：人口密度大，社会经济比较发达的地区由于水分短缺造成收支不平衡，城市需水量超过本地蓄水量，进而使生态环境遭到破坏，影响本地社会和经济可持续发展的现象；张强等(2014)认为，在加强生态文明建设的今天，应该将生态干旱作为一个单独的干旱类别。

总的来说，可以将所有干旱类别都归纳到自然和社会经济两个层面。自然层面上对应的干旱类别有气象干旱和水文干旱，表现为降水、径流和地下水等在自然状况下的相对亏缺情况；其余干旱类别都可以认为是社会经济层面上的干旱类别，因为它们都对应人类生活和生产等活动，例如，农业干旱对应农业生产，生态干旱对应人类生活环境，城市干旱更是与人类活动紧密联系。

为了从不同角度更好地监测与预测干旱，本书沿用了目前被广泛接受的联合国对于干旱的分类方法，将干旱分为气象干旱、农业干旱和水文干旱，分别选取了降水量、土壤含水量和径流量作为研究干旱的主要变量。

1) 气象干旱

广义的气象干旱在气象学上有两种含义：一种是长期的干燥或气候干旱；另一种是大气干旱，多数情况下所说的气象干旱都是指后者。干燥或气候干旱是指在某一固定地区，蒸发量比降水量大得多的一种气候现象，即使在最湿润的时期仍然是非常干燥，因此干燥是绝对的少雨状态。气候干旱与特定的地理环境和大气环流系统紧密相连。例如，我国的干燥气候区包括西北地区大部、内蒙古西部和西藏北部。这里的自然景观是极端干燥的沙漠和戈壁。

与气候干旱不同，气象干旱是指某一地理范围，在某一具体时段内的降水量与多年平均降水量相比显著偏少，水分支出大于水分收入而造成的水分短缺现象。气象干旱的发生区域遍布全球，甚至在水量丰沛的地区，也常因为一时的气候异常、降水严重不足而引发气象干旱。但是干旱不一定每年都会发生。

2) 农业干旱

农业干旱以土壤含水量和植物生长状态为特征，是指在农业生产季节内，因长期无雨、少雨造成气象干旱，导致水量供需失衡，土壤缺水，农作物水分亏缺，生长发育受到抑制，进而造成明显减产甚至绝收的农业现象。

农业干旱涉及土壤、作物、大气和人类对水资源利用等多方面因素，不仅是一种物理过程，而且也与农作物本身的生物过程等有关。农业干旱具有季节性、区域性、随机性和时空连续性等特征。农业干旱的判断往往是通过土壤墒情状况实现的。气象干旱是农业干旱的先兆，降水与蒸发不平衡使得土壤含水量下降、供给农作物水分能力减弱，最终影响农作物的正常生长发育、成熟和收获。在灌溉设施不完备的地区，气象干旱是引发农业干旱最重要的因素。

3) 水文干旱

水文干旱侧重于地表水或地下水的短缺，是指因降水长期短缺而造成某段时间内地表水或地下水收支不平衡，出现水分短缺，使得河川径流量亏缺，地表水、水库蓄水和湖泊水位等低于其正常值的现象。美国著名水文学者 Linsley 等把水文干旱定义为：某一给定的水资源管理系统下，河川径流在一定时期内满足不了供水需要的现象。

水文干旱往往与大型水体水量的供给能力紧密相连。如果在一段时间内，河流、湖泊、水库和水塘等水体的水位偏低，水位或流量持续低于某一特定的阈值，则认为发生了水文干旱，阈值的选择可以依据水位或流量的变化特征，或者根据需水量来确定。

三种类型的干旱之间具有一定的联系。当气象干旱持续一段时间，就有可能发生农业干旱和水文干旱，并产生相应的后果。在气象干旱发生几周后，土壤水分不足导致农作物、草原和牧场受旱，农业干旱才表现出来。持续几个月的气象干旱会导致江河径流减少，水库、湖泊和地下水水位下降，从而出现水文干旱。当水分短缺影响到人类生活或经济需水时，就会对社会经济产生影响。

1.2.2　干旱指数

与水文领域的其他传统研究(如洪水)不同，干旱的影响因素众多，时间跨度较大且持续时间较长，能够从几个月到几年；空间跨度可以从 10km 到 1000km，难以找到一个可直接使用的水文变量来描述干旱。干旱程度通常采用基于水分亏缺的干旱指数反映。客观、定量、合理的干旱指数能较好地反映干旱状况，比原始数据能更好地刻画干旱特征，更有利于进行决策。

干旱指数是监测、评价和研究干旱发生、发展的基础，是衡量干旱程度的关键环节，也是采取措施预防和减轻干旱灾害造成严重损失的先决条件。目前存在的干旱指数多种多样。按照干旱指数反映的干旱类型可分为气象干旱指数、农业干旱指数和水文干旱指数。构建干旱指数的变量受到降水、蒸发、植被和土壤等气象环境因素的影响，按照考虑的影响因素可将干旱指数分为单因素指数和多因素指数。单因素指数一般只用于气象干旱研究中，而农业干旱和水文干旱需要考虑更多的因素，通常需要构建多因素指数。此外，为综合考虑各种干旱指数反映干旱的能力，可通过加权各类干旱指数构建综合干旱指数。

1. 气象干旱指数

常用的气象干旱指数有降水距平百分率指数(the percentage of precipitation anomaly index，PAI)、帕尔默(Palmer)干旱指数(Palmer drought severity index，PDSI)和标准化降水指数(standardized precipitation index，SPI)。

1) 降水距平百分率指数

PAI 是一种最简单、最常用的气象干旱指数。该指数简单、直观，一般能反映降水的变化和异常，对不同的地区具有一定的可比性，能反映短期气候异常状况。其计算式为

$$\mathrm{PAI}=\frac{P-\overline{P}}{\overline{P}}\times 100\% \tag{1.1}$$

式中，PAI 为降水距平百分率指数；P 为某时段降水量；$\overline{P}$ 为对应时段多年平均降水量。

时间尺度的选择可以有所变化，通常可以选择单独 1 个月或代表 1 个特殊季节的几个特定的月，也可以是 1 年或 1 个水文年。这里认为一个地区的正常降水量应为多年平均值($\mathrm{PAI}=0\%$)。

降水距平百分率指数的概念简单，比较直观，意义明确，这种方法在我国气象台站中经常使用；但是降水距平百分率指数对平均值依赖性大，而这里的多年平均降水量往往不是降水量记录中值(在长期气候记录中有 50% 降水事件的降水量超过该数值)。原因是跨越 1 个月或季节时间尺度上的降水事件并不服从正态分布。而采用降水距平百分率指数进行比较就意味着认为降水事件在时间尺度上服从正态分布,即平均值与中值一致。由于降水记录在时间尺度与地区方面存在差异，无法就偏离正常降水的频率在不同地区之间进行比较，更无法在偏离值与由此造成的影响后果之间建立联系，从而不能根据偏离正常值的大小来反映干旱风险，更无法由此做出决策(Willeke et al.，1994)。

2) 帕尔默干旱指数

PDSI 是美国国家气象局 Palmer 于 1965 年提出的，用以测量水分供给的累计偏差(Palmer，1965)。PDSI 的确定考虑了降水、蒸散发、径流和土壤含水量等因素，并进行水量平衡计算，同时考虑供需关系，其能确定干旱的开始、发展、结束及干旱的程度，该指数经过标准化处理，能对不同时间、不同区域的干旱状况进行比较。

PDSI 是目前国际上最为有效的干旱指标,已被广泛应用于各个领域评估和监测长期的干旱(刘庚山等，2004)。1970 年，Dickerson 等(1970)应用 PDSI 得出了美国东北部地区各种干旱程度出现的概率。1981 年，Karl 等(1981)用 PDSI 分析了 1980 年干热夏季全美国的干旱程度。1998 年, Dai 等(1998)使用全球格点月气温和降水资料, 建立了 1900～1995 年全球的 PDSI，分析了全球干旱期和湿润期的变化趋势。2004 年，Dai 等(2004)

又建立了 1870～2002 年全球的 PDSI，研究了土壤湿度变化和全球表面变化的关系。

我国早在 20 世纪 70 年代就引进了 PDSI。安顺清等(1985)利用我国的观测资料对 PDSI 进行了修正，建立了我国的 Palmer 旱度模式；黄妙芬(1991)在我国黄土高原西北部地区利用 PDSI 分析了当地的干旱特征；余晓珍(1996)对 PDSI 进行了适用性检验，将 PDSI 的计算值与当地历史旱情文献记载相对照，得到较为满意的结果；随后，刘巍巍等(2004)和郭安红等(2008)又针对我国的气候因素对 Palmer 旱度模式进行了进一步的修正和改进，使 PDSI 更适合于评估我国的旱涝状况。

然而，PDSI 也存在一定的局限性(Karl et al.，1985；Alley，1984)。其用于度量干旱强度与指示干旱或湿润的开始与结束的数值，只是根据 Palmer 的研究经验性地选择，没有明确的物理含义；对一种土壤可用田间持水量比较敏感，将之应用到一个气候区则可能不够精确；水量平衡计算中只考虑两个土壤层可能太简单，无法准确代表实际情况；假定所有的降水均来自降雨，该指数没有考虑降雪、雪盖和冻土等对干旱的影响，因此，在有降雪地区的冬天或春天各月，PDSI 的时间性可能不太精确；没有考虑降水与产流之间时间上的自然滞后，而且模型中表层土与亚表层土中的持水量蓄满之前，没有径流产生，最终过低地估计了径流量，潜在蒸散量的计算处于估计状态；PDSI 能够很好地反映农业干旱，但是对长期干旱导致的水文方面的影响估计不够精确。

针对 PDSI 的上述不足，Wells 等(2004)在 PDSI 的基础上提出了自适应 PDSI 指数(self-calibrating Palmer drought severity index，SC-PDSI)，该指数考虑了当前计算站点的气候特征，对干湿状况有不同的敏感性，在空间上更具可比性。张宝庆等(2012)利用可变下渗容量(variable infiltration capacity，VIC)模型的模拟过程代替传统 PDSI 计算中所使用的简单水量平衡原理，对传统 PDSI 进行改进，改进后的 PDSI 更适用于评价区域气候干湿变化过程。李耀辉等(2013)通过 Thornthwaite 算法和 Penman-Monteith 方程来计算蒸散发量得到 PDSI 的全球变化，从而改进了对干旱趋势的估算。

3) 标准化降水指数

SPI 由 McKee 等于 1993 年提出。与 PDSI 不同，SPI 只考虑降水，是实测降水相对于降水概率分布函数的标准偏差。由于降水分布不是正态的，假定其服从不完全的 Γ (gamma)分布。Γ 分布能很好地拟合气候降水时间序列，是一个向右倾斜的以 0 为界的曲线，与降水频率分布曲线非常相似。通过转换将原始的降水资料变成一个标准的正态分布，使研究区在特定时期的 SPI 平均值为 0(Edwards et al.，1997)。SPI 为正值表示降水量大于多年降水中值，负值则表示降水量小于多年降水中值。

SPI 能进行不同时间尺度(3 个月、6 个月、12 个月和 24 个月)的计算，这些不同时间尺度的 SPI 反映了干旱对于多种可用水资源的影响。由于 SPI 做过归一化处理，湿润气候与干燥气候可用同一种方法表示，多雨气候也可用 SPI 进行监测。自 1994 年开始，SPI 已经被用于美国科罗拉多州干旱监测的业务运行(McKee et al.，1995)。Hayes 等(1999)用 SPI 成功地描述了 1996 年美国得克萨斯州的干旱。袁文平等(2004)利用中国的气象资料分析了 SPI，表明该指数能有效地反映各个区域和各个时段的旱涝状况。SPI 计算简单，是继 PDSI 之后又一新的非常有价值的干旱强度评估指数，已逐步被越来越多的国家和地区检验和使用，为干旱监测和评估提供了更加实用的工具。

但是，在全球变化背景下，气温的升高已经成为加剧干旱发展的重要因素之一(Dai，2010)，对干旱的表征应综合考虑降水和气温变化的影响。因此在SPI的基础上，Vicente-Serrano等(2010)提出了一种新的气象干旱指数：标准化降水蒸散指数(standardized precipitation evapotranspiration index，SPEI)，它能够在考虑气候变化的条件下更好地开展干旱研究。

2. 农业干旱指数

常用的农业干旱指数有土壤相对湿度指数(soil moisture index，SMI)、土壤含水量距平指数(soil moisture anomaly percentage index，SMAPI)、作物湿度指数(crop moisture index，CMI)和作物旱情指数(crop drought index，CDI)。

1) 土壤相对湿度指数

SMI是指土壤实际含水量占田间持水量的百分比，反映了土壤的相对缺水程度，从干旱发生的物理成因角度来确定干旱级别。植物的适宜土壤含水量一般为田间持水量的60%～90%，当土壤含水量低于田间持水量的60%时，土壤的毛管水部分断裂，土水势增加，植物获取水分变得困难，出现旱情；当土壤含水量为田间持水量的90%以上时，土壤中空气含量的减少致使植物呼吸困难，出现过湿。据此实测SMI对应于相应的干旱级别，一般分为四个级别：SMI>90%为过湿；60%⩽SMI⩽90%为正常；40%⩽SMI<60%为干旱；SMI<40%为大旱。SMI的获取一般有两种方法：一种是由土壤墒情站直接测量土壤实际含水量，而后计算出土壤实际相对湿度；另外一种是根据水量平衡原理，由土壤水分消退模式或水文模型来模拟土壤含水量，计算出模拟土壤相对湿度(孙荣强，1994)。但该指标从干旱发生的物理成因角度来确定干旱级别，受土质、作物和生长期的具体特性的影响，具有一定的区域局限性。

2) 土壤含水量距平指数

SMAPI是指土壤实际含水量与多年同期含水量的差值，占多年同期含水量的百分比。这里把一个地区某个时段的多年平均土壤含水量作为当地该时段的土壤含水量的气候适宜值。当土壤实际含水量小于多年平均土壤含水量时，土壤水分出现“亏缺”，由此确定发生干旱现象。该指数反映了土壤含水量偏离正常状态的程度，是一种相对干旱指数。

1988年，Bergman等(1988)就提出用SMAPI来描述全球范围的干旱。他们依据Thornthwaite的水分计算方法，采用两层土壤模式，计算土壤饱和度的动态值。Bergman等指出SMAPI值的变化速度介于较快的作物湿度指数和较慢的帕尔默指数之间，既能反映短期内干旱的发展情况，又可以分析比较长期的旱情变化。1995年，余晓珍等(1995)采用SMAPI成功地模拟了华北平原聊城等地区历史干旱的形成、发展和结束的全过程，认为该方法具有一定的实用价值和推广前景。Keyantash等(2002)构建了一套有6个权重标准(普适性、实用性、易理解性、理论性、时效性和无量纲性)，每个标准的取值范围为1～5(5为最优)变化的判据，对目前应用最普遍的14个描述三类干旱(气象干旱、农业干旱和水文干旱)的干旱指标进行评价。结果表明，SMAPI 6个判断标准的平均取值为3，在5个农业干旱指数中位于第二。由此可见，SMAPI物理意义明确，时空可比性强，计算方法简单，易于理解，使用方便，能够很好地反映大范围干旱在时间和空间上的发生、发展及变化趋势。

3) 作物湿度指数

CMI 是指蒸散不足(相对标准情况)和土壤需水的总和，是 PDSI 的副产品。它是由 Palmer 在 1968 年计算 PDSI 的过程中建立的，用于在主要作物生产区对短期的水分状况进行评价(Palmer，1968)。它基于每个气候区每周的平均气温与总降水量进行计算，也考虑了本周的 PDSI 值。CMI 是异常蒸散指数与湿度指数之和，其值在生长季的开始时是 0 或接近 0，在作物湿度供给和天气接近正常的情况下一直保持接近于 0，在生长季末期，又返回到 0。负的 CMI 值表明蒸散不足，而正的 CMI 值表明实际蒸散超过期望蒸散，或者是近期降水量超过作物生长所需要的湿度。

CMI 的设计是用于监测短期水分条件对正在生长的作物的影响，因此它不适用于监测长期干旱。CMI 对于变化的短期条件信息的快速反应能力，可能会对长期条件信息产生误导。例如，干旱期的少量有益降水可能会引起 CMI 显示为充足的水分条件，而该地区长期的干旱依然存在。CMI 用于长期干旱监测的另一个局限性是，CMI 值在每个生长季节的开始与结束都几乎等于 0，这种局限性使 CMI 无法用于监测一般生长季节以外的其他季节的水分条件，尤其是无法监测具有几年持续期的长历时干旱。

4) 作物旱情指数

CDI 是利用作物的生理生态特征对干旱的反应而建立的干旱指标。它通过监测作物长势、叶面温度及叶面水分等变化来确定干旱的影响。此类指数主要基于卫星遥感测量，资料的时间序列较短，且具有一定的区域局限性，不利于大范围干旱比较。这类指数根据监测的内容不同可以分为植被状态指数(vegetation condition index，VCI)、温度状态指数(temperature condition index，TCI)和水分亏缺指数(water deficit index，WDI)等。

VCI 是 Kogan 等(1990)提出的基于卫星遥感的干旱指数。VCI 的主要目的是通过减少地理或生态系统变量(主要是天气、土壤、植被类型和地形)的影响，评价由天气变化引起的归一化植被指数(normalized difference vegetation index，NDVI)的时间变化(Kogan，1995)。对于多年生植被，当 VCI 小于 35% 时被定义为干旱。VCI 可以探测干旱的开始、强度和持续时间。从以下四个方面定义干旱：月降水量小于 50mm；NDVI 小于 0.18；月降水量低于平均降水量的 50%，并比平均值低 50mm；VCI 小于 36%(Liu et al.，1996)。

TCI 是利用植被在受到干旱影响后叶面温度会比正常情况下有所升高的特征建立的干旱指数。逐渐升高的叶面温度是植物水分胁迫作用和干旱来临的优良指标。这种热反应即使在植物仍是绿色时也可出现，气孔关闭减少蒸腾作用的水分散失，导致潜热通量的降低。同时，由于能量通量的平衡需求，会有一个明显的感热通量的增加，这就引起了叶面温度的升高。这种叶面温度升高可以用于作物与林冠层受外界胁迫作用强度的探测。

WDI 是 Moran 等(1994)在作物水分胁迫指数理论的基础上，假设陆地表面温度是冠层温度与土壤表面温度的线性加权，且土壤与植被冠层之间不存在感热交换的情况下，结合陆气温差与 VCI 建立的区域干旱评价指标。WDI 结合陆气温差和 VCI 估算田间相对水分状况。陆气温差能够反映陆地生态系统中水汽运动驱动力大小，在一定程度上克服了地带性影响，因此 WDI 具有很强的理论依据。齐述华等(2005)将 WDI 指数应用于我国，研究表明 WDI 能够有效地应用于裸土和各种覆盖条件下的区域干旱监测。

3. 水文干旱指数

常用的水文干旱指数有总缺水量指数(S)、地表供水指数(surface water supply index，SWSI)、标准化径流指数(standardized runoff index，SRI)。

1) 总缺水量指数

总缺水量指数是一个传统的水文干旱指标。1966 年，Herbst 等(1966)应用总缺水量指数基于月降水或月径流系数对干旱进行了检验分析。1991 年，Mohan 等(1991)考虑月径流的变差值，对总缺水量指数进行了改进。总缺水量指数的计算公式为

$$S = DM \tag{1.2}$$

式中，S 为干旱强度，即总缺水量；D 为流量持续低于某一水平的时间；M 为期间流量与该水平的平均偏差。总缺水量指数是负值，绝对值越大，干旱越严重，干旱结束后总缺水量的值为 0。

2) 地表供水指数

SWSI 是由 Shafer 等(1982)提出的，严格考虑了积雪和它的径流滞后问题。SWSI 的目标是将水文要素与气候要素结合成一个指数值，这些数值将被标准化处理以便在不同河流之间进行对比分析。SWSI 的输入是：积雪量、径流量、降水量和水库蓄水量。由于它对季节的依赖，SWSI 在冬季采用积雪量、降水量和水库蓄水量计算，在夏季各月以径流量代替积雪量，作为一个组分参与到 SWSI 方程中。

SWSI 的计算对于每一个流域或地区是唯一的，因此，它很难在流域或区域之间进行比较(Doesken et al.，1991)。在一个特定的流域或地区之内，任何测站数据改变，都需重新确定该组分的新频数分布。一个流域内水资源管理的变化，如调水或新建水库的出现，就意味着该流域的整个 SWSI 算法需要重新开发以考虑各个组分的权重变化。这样就很难保证该指数时间序列的一致性，这些特点限制了 SWSI 的应用。

3) 标准化径流指数

Shukla 等(2008)基于标准化降水指数的原理，开发了标准化径流指数。SRI 在不同气候区均具有一定的适用性，近年来得到了广泛的应用。Liu L 等(2012)基于 SRI 研究了气候变化背景下美国俄克拉荷马州蓝河(Blue River)的历史水文干旱特征。Madadgar 等(2013)基于 SRI 和 Copula 函数研究了气候变化背景下水文干旱的频率特征。SRI 具有月、季尺度，虽然参数简单，但基于长时间序列数据可以很好地反演气象干旱对水文过程的影响和进行水资源管理(沈彦军等，2013)。Shukla 等(2011)采用不同时间尺度的 SRI 表征了美国的水文干旱特征，并进一步与 SPI 和土壤湿度百分率指数(soil moisture percentage，SMP)相结合，构建了全国干旱监测系统。

4. 综合干旱指数

具有代表性的综合干旱指数主要有美国国家干旱监测指数(the drought monitor，DM)和中国的综合气象干旱指数(comprehensive meteorological drought index，CI)。

1) 美国国家干旱监测指数

20世纪末，美国国家海洋和大气管理局的气候预报中心、国家气候数据中心、国家干旱减灾中心和美国农业部共同合作建立了美国全国干旱监测系统，对美国全国的干旱进行监测与预报，取得了非常成功的干旱监测与预报成果(Svoboda et al.，2002)。2002年，美国全国干旱监测系统提出了DM。DM对干旱的划分建立在对6个干旱指数定量评价的基础上，它们分别是：帕尔默干旱指数、模拟土壤含水量距平指数(Huang et al.，1996)、河流流量指标、降水距平指数(Willeke et al.，1994)、标准化降水指数和植被健康指数(Kogan，1995)。除此之外，在不同区域也采用其他一些辅助指标，如帕尔默作物湿度指数、森林火险指数(Keetch et al.，1968)、相对湿度、气温、水库蓄水量、湖泊水位和地下水位等，以及一些土壤湿度测量资料等。DM将干旱分成5个等级(D0～D4)，对不同行业有着不同影响(表1.2)。美国全国干旱监测系统以周报的形式向政府部门、社会团体和公众发布图文并茂的干旱预警信息。在面对可能的自然灾害时，美国全国干旱监测系统提供了及时的决策支持。2001年，在美国、加拿大和墨西哥三国的共同努力下，成立了一个新的干旱监测项目，用于对整个北美大陆进行干旱监测和极端气候事件的评估(Lawrimore et al.，2002)。

表1.2 DM干旱级别划分及对行业的影响程度(Svoboda et al.，2002)

干旱级别	干旱状况	出现概率 P/%	农业(A)	水资源(W)	火险(F)
D0	偏干	$20<P\leqslant30$	耕种活动及作物和牧草生长减慢	河流流量低于常年	火险高于正常
D1	轻旱	$10<P\leqslant20$	作物和牧草一定程度受灾	流量、水库蓄水量、井水高度降低；水资源短缺可能加重	高火险
D2	中旱	$5<P\leqslant10$	部分作物和牧草可能死亡	出现水资源短缺；出现限制用水	火险非常高
D3	重旱	$2<P\leqslant5$	大部分作物和牧草减产	大范围的水资源短缺，用水普遍受限制	火险极高
D4	特旱	$P\leqslant2$	非同寻常的大范围的作物和牧草死亡	流量、水库蓄水量和井水大幅减少，出现危急情况	火险异常高

2) 综合气象干旱指数

CI是我国国家气候中心张强等(2004)基于标准化降水指数和湿度指数提出的。该指数是利用近30天(相当于月尺度)和近90天(相当于季尺度)的标准化降水指数，以及近30天的湿度指数进行综合而得，既能反映短时间尺度(月)和长时间尺度(季)降水量气候异常情况，又能反映短时间尺度(影响农作物)的水分亏缺情况[《气象干旱等级》(GB/T 20481—2017)]。CI已经应用于国家气候中心的干旱监测业务，其计算公式如下：

$$\mathrm{CI}=aZ_{30}+bZ_{90}+c\mathrm{MI}_{30} \tag{1.3}$$

式中，Z_{30}和Z_{90}分别为近30天和近90天的SPI值；MI_{30}为近30天的湿度指数；a、b、c为权重系数。其中，湿度指数的计算公式见式(1.4)。

$$\mathrm{MI}=\frac{P-\mathrm{PE}}{\mathrm{PE}} \tag{1.4}$$

式中，P 为降水量；PE 为潜在蒸散发量。

在 CI 的基础上，2017 年发布的国家标准中提出了新的气象干旱综合监测指数(meteorological drought composite index，MCI)，相对于 CI，MCI 主要在以下方面进行了改进：一是引进了近 60 天标准化权重降水指数($SPIW_{60}$)，使干旱发展过程的不合理跳跃现象明显减少；二是考虑了更长时间降水的影响(150 天标准化降水指数，SPI_{150})，干旱发展的累积效应更加突出，重大干旱事件反映更明显；三是引进了季节调节系数 K_a，根据不同区域和不同季节对该系数进行调整，使干旱监测服务更有针对性。MCI 的计算公式如下：

$$\mathrm{MCI} = K_a \times (a \times \mathrm{SPIW}_{60} + b \times \mathrm{MI}_{30} + c \times \mathrm{SPI}_{90} + d \times \mathrm{SPI}_{150}) \tag{1.5}$$

式中，K_a 为季节调节系数，根据不同季节各地主要农作物生长发育阶段对土壤水分的敏感程度确定；$SPIW_{60}$ 为近 60 天标准化权重降水指数；MI_{30} 为近 30 天湿度指数；SPI_{90} 和 SPI_{150} 分别为近 90 天和 150 天标准化降水指数；a、b、c、d 为权重系数。

MCI 所划分的干旱等级及影响见表 1.3。

表 1.3　MCI 干旱等级划分及影响[《气象干旱等级》(GB /T 20481—2017)]

干旱	类型	干旱影响
1	无旱	地表湿润，作物水分供应充足；地表水资源充足，能满足人们生产、生活需要
2	轻旱	地表空气干燥，土壤出现水分轻度不足，作物轻微缺水，叶色不正；水资源出现短缺，但对生产、生活影响不大
3	中旱	土壤表面干燥，土壤出现水分不足，作物叶片出现萎蔫现象；水资源短缺，对生产、生活造成影响
4	重旱	土壤水分持续严重不足，出现干土层(1～10cm)，作物出现枯死现象；河流出现断流，水资源严重不足，对生产、生活造成较严重影响
5	特旱(极旱)	土壤水分持续严重不足，出现较厚干土层(大于 10cm)，作物出现大面积枯死；多条河流出现断流，水资源严重不足，对生产、生活造成严重影响

尽管上述各类代表性干旱指数各具优势，但也存在一定的局限性。气象干旱指数侧重于气象成因，较少考虑下垫面条件；农业干旱指数侧重于反映土壤水分亏缺对农作物的影响，但土壤含水量等资料难以获得；水文干旱指数则侧重于反映地表水或地下水的短缺，但受人类活动取用水影响大；综合气象干旱指数倾向于反映大范围干旱的整体状况，但需要考虑的因素较多，构建难度较大。综上所述，干旱指数都是建立在特定的地域和时间范围内的，没有哪一种干旱指数能够较为合理地描述各种类型的干旱特征。

一种理想的干旱指数应具有明确的物理意义，并能够清楚地表达出来，还要有容易得到的系列资料和简单的计算方法。干旱指数需能反映干旱的成因、程度、开始和结束时间，包含持续期、平均强度和严重程度三要素。最重要的是，干旱指数应当包含水分收支项中的主项，而且还须考虑前期水分状态对后期的影响，在空间上具有可比性。因此，选择并构建合适的干旱指数是顺利开展干旱监测与预测的前提和基础。

1.2.3 干旱监测与预测

1. 干旱监测

干旱监测是应对干旱的有效工具，也是进行干旱预测研究和抗旱决策工作的基础。干旱监测系统通过绘制干旱指数时空分布对干旱发生和发展过程进行监测。经过几十年来的发展，目前发达国家的干旱监测系统已经具有很好的时效性，能够满足大部分情况下干旱监测的业务要求。但受限于当前气象和陆面水文等产品质量及大气和陆面模式结构，干旱监测产品仍然不能满足进一步的科学研究的需要。

我国虽然在干旱监测研究方面做了许多努力，也取得了一定的成效，但与发达国家相比还有较大差距。目前我国干旱监测产品较为单一，很难清楚描述不同干旱类型特征，难以满足干旱研究及各级政府部门防御干旱和救灾的需要。同时，由于影响干旱发展和严重程度的因素较多，如气候、区域地貌、植被、土壤类型、降水分布、经济发展程度和人口密度，使得干旱监测研究困难重重。因此我国在干旱监测方面还需开展更多研究。例如，获取与干旱监测有关的更高质量的数据资料；建立更加合理的标准以便区分不同类型干旱特征，根据不同类型干旱特征选取更加合理的判别指标；在学习国外干旱监测先进技术和防御经验的同时，应当结合我国实际情况开展干旱监测研究。

下面对目前国内外较为成熟的干旱监测系统进行介绍。

1) 国外干旱监测系统

美国是世界上较早开发干旱监测系统的国家。最开始由美国农业部根据帕尔默干旱指数等每月发布干旱监测图。后来到 1999 年夏季，由美国农业部、美国国家海洋和大气管理局及美国国家干旱减灾中心等联合构建了地面干旱监测系统。该系统利用先进的监测技术和网络技术，将多种干旱指数、干旱影响评估和前景展望等结果综合在一起，以图表和文字的形式每周在网上发布。

来自加拿大、墨西哥和美国的专家于 2002 年开发了经验性的北美干旱监测(North American Drought Monitor，NA-DM)产品。该产品基于已经相对成功的美国干旱监测系统，通过标准化降水指数和长时间平均降水百分率等指标对北美大陆范围内的干旱情况进行持续监测，并在网上发布月报。

欧盟同样面临着较为严峻的干旱灾害威胁，为了积极有效地防范干旱灾害的侵袭，欧盟启动了规模宏大的“欧洲干旱观察”(European Drought Observatory，EDO)项目的建设，这一项目已取得了一定的进展。EDO 包括许多与干旱相关的信息，如通过不同数据源(如降水观测值、卫星观测值和土壤水分模拟值等)绘制的干旱指数图等。

目前一些大学也有自主研发的干旱监测系统。例如，普林斯顿大学建立的干旱监测系统，通过基于可变下渗容量模型模拟得到土壤含水量时空分布数据构建干旱监测指标进行干旱监测，每周在网上发布过去 7 天的干旱监测结果；加利福尼亚大学欧文分校(University of California，Irvine，UCI)的全球综合干旱监测与预测系统(global integrated drought monitoring and prediction system，GIDMaPS)能够利用多种数据集和干旱指数对全球干旱进行接近实时的监测。

2) 国内干旱监测系统

当前国内大范围干旱监测系统主要有水利部信息中心防汛抗旱水文气象综合业务系统——旱情监测、国家气候中心中国干旱监测系统和中国科学院全国干旱遥感监测运行系统等。

(1) 我国水利部水利信息中心于 1996 年建立了水文气象干旱监测模型，采用实测地面气象资料计算蒸发能力，与实测雨量资料一并输入水文模型，将土壤缺水量作为模型输出并以此作为干旱程度指标监测旱情，建立了自动计算的运行系统。由于没有大范围遥感资料对照订正，同时水文模型没有考虑不同地区地表特征的变化，使输出结果分辨率低，并与实际旱情有较大偏差。因此，2005 年在引入遥感信息和分布式水文模型的基础上，构建了新的干旱监测系统，新系统主要利用 PAI、PDSI、SPI、遥感指数和水文指数对干旱进行监测。

(2) 国家气候中心的中国干旱监测系统主要以其开发 MCI 为主,结合土壤相对湿度、标准化降水指数和帕尔默干旱指数等多种气象干旱指数对全国气象干旱进行逐日监测。

(3) 中国科学院建立的全国干旱遥感监测运行系统利用短波红外的水吸收性能特点，与其他遥感、本底数据结合，建立模型，达到干旱监测的目的(冯强等，2003)。该系统与作物长势监测系统集成在一起，是农情速报系统的模块之一，在地理信息系统(geographic information system，GIS)平台 Arcview 上开发，利用空间分析模块，在获取短波红外波段数据的基础上，计算得到作物的叶面含水量指数，与植被指数叠加分析，再与全国实测土壤湿度数据相关联，建立模型。该系统从 2000 年开始，对全国干旱进行监测，每旬发布一次监测结果，同时将结果发至农业部、水利部和科技部等十多个有关部门和单位，为指导我国防旱抗旱提供科学决策依据。

此外，我国也建立了一些区域干旱监测系统。国家气候中心张强等建立的西北区域干旱监测预警评估业务系统于 2008 年投入运行。该系统将干旱监测分为大气干旱、农业干旱和生态干旱三种类型进行监测诊断，主要以干旱的空间分布和时间演变为对象。该系统数据库内容丰富，功能完善，监测预警指标全面，已在干旱监测预警业务中广泛应用(方锋等，2010)。

2. 干旱预测

干旱预测是应用中长期水文预报、短期气候预测等水文、气象相关领域的研究方法，预测未来水文气象要素状态或变化趋势，对干旱发展过程及各阶段状态进行早期识别和判断。由于水资源管理者对干旱预测的需求不同，干旱预测内容大致可分为等级预测、干旱状态变化预测(Shin et al.，2016)、特定等级的发生概率预测(Aghakouchak，2014；Hao et al.，2014)、干旱缓解预测(Dechant et al.，2015；Pan et al.，2013)及干旱发生预警(Lavaysse et al.，2015)五种。相应地，干旱预测方法大致分为三种，即基于大气模式的动力学预测、气象统计学预测及统计-动力相结合预测。

1) 动力学预测

动力学的方法充分考虑了气候系统的物理过程，基于大气模式预报产品(如降水)，计算相应的干旱指标(如 SPI)(Yoon et al.，2012)进行干旱预测。同时，动力学预测的降水、气温等要素作为驱动因子输入陆面水文过程模型，进而得到用于农业和水文干旱监测的土壤含水量和径流要素(Mo et al.，2012；Luo et al.，2007)。

根据预报方法大气模式预报产品主要可以分为确定性数值天气预报和集合数值天气预报两类；根据预见期又可以将确定性数值天气预报分为短期天气预报和中长期天气预报，将集合数值天气预报分为长期天气预报、月预报和季预报(表 1.4)。尽管动力模式能够提供干旱预测的有价值信息，尤其是 30 天尺度的短期干旱预测(Yoon et al.，2012)，但对于季节性干旱预测则表现出较高的不确定性和较低的季节预测技巧(Yuan et al.，2013)，例如，对 20 世纪 90 年代中期的美国夏季降水季节性预测(Hoerling et al.，2014)及美国大平原持续性夏季干旱(Quan et al.，2012)等表现出较低的预测技巧。

表 1.4 大气模式预报产品预报方法及预见期

主要预报方法	一般名称	预见期
确定性数值天气预报	短期天气预报	1～3 天
	中长期天气预报	3～10 天(或 15 天)
集合数值天气预报	长期天气预报	10 天(或 15 天)以上
	月预报	1 个月
	季预报(短期气候预测)	3～6 个月

2) 气象统计学预测

干旱预测的统计学方法，是在对与干旱发展密切相关的天气、气候演变规律分析的基础上，选择具有气候物理成因的预测因子和预测对象，进行统计建模，实现对未来干旱的预测。预测思路不同及预测因子和预测目标的相关关系不同，导致预测模型结构不同。由此，大致将现阶段统计预测模型分为回归、时间序列、概率统计及机器学习四大类。其中，目前在干旱研究中使用较多的为概率统计和机器学习两大类。

由于干旱过程成因复杂，且与干旱密切相关的水文气象变量的变化具有不确定性，所以概率统计模型在干旱预测中得到有效利用。该类概率统计模型包括贝叶斯网络模型(Aviles et al.，2016；Shin et al.，2016)、对数线性模型(Moreira et al.，2016)和集合径流预测(ensemble streamflow prediction，ESP)方法(Aghakouchak，2014；Pan et al.，2013)。Shin 等(2016)应用贝叶斯网络及其推理算法作为主要工具，将 N–1 月、N 月和未来 N+1 月亚太经合组织提供的多模式集合降水的 SPI 概率密度函数(probability density function，PDF)转换为干旱概率预测所需的 PDF，预测时结合当前干旱等级状态，得到未来干旱情势展望；Moreira 等(2016)和 Bonaccorso 等(2015)考虑到研究区干旱发展和北大西洋涛动(North Atlantic Oscillation，NAO)遥相关型的密切关系，引入 NAO 指数驱动干旱等级转移的三维对数线性模型，有较好的预测表现；Aghakouchak(2014)利用 ESP 方法对土壤湿度的历史数据进行重采样，获得预测月份的土壤湿度值，进而开展未来特定干旱等级的发生概率预测。

作为计算机科学的重要分支，机器学习模型，如人工神经网络和支持向量机(support

vector machines，SVMs)等，已经在水文和气象领域得到广泛应用(Hosseini-Moghari et al.，2015；Belayneh et al.，2014；Nourani et al.，2013；Ozger et al.，2012)。Hosseini-Moghari 等(2015)利用六种不同类型的神经网络对 3～24 个月的 SPI 进行预测，研究发现人工神经网络中的递归模型对短期干旱的预测精度较高，而直接模型在长期干旱的预测中表现更好。与传统的物理概念模型相比，机器学习模型对输入数据信息要求低，建模速度快，在多类水文预测应用中预测精度较高(Adarnowski，2008)；与传统的线性模型相比，机器学习模型能更好地预测非线性过程。

3) 统计-动力相结合预测

考虑到统计和动力预测模型各自的优缺点，可以将两者预测信息融合，构建统计-动力相结合预测模型，改善干旱预测精度。这样的观点在以往研究中已被认可(Schepen et al.，2012；Coelho et al.，2004)和尝试(Madadgar et al.，2016；Cheng et al.，2015)。Madadgar 等(2016)将基于 99 个集合成员的北美多模式集合预报的结果作为动力输出部分，与降水相关的大气遥相关(如太平洋年代际涛动、多变量厄尔尼诺南方涛动指数及北大西洋年代际涛动)的多变量贝叶斯预报模型结果作为统计预测部分，将两者通过专家建议算法融合，实现统计-动力相结合预测。

目前我国中长期干旱预测研究主要是基于统计学方法。张波(2012)选用支持向量机方法建立基于气候因子的土壤含水量预报模型，发现基于支持向量机方法有利于实现大面积的干旱预测；林洁等(2015)利用马尔可夫链模型对湖北省未来干旱的发生概率进行预测，发现马尔可夫链模型能很好地估算各个干旱等级的发生概率；胡荣等(2015)通过计算滦河潘家口水库控制流域各站 12 个月尺度实测水文干旱等级序列，建立对数线性干旱预测模型，实现了滦河潘家口水库控制流域预见期为 1 个月和 2 个月的水文干旱等级预测；杨开斌等(2016)通过秩相关分析法确定了影响西南地区夏季干旱较显著的大气环流因子，再利用逐步回归方法实现干旱预测。

基于上述干旱预测方法，近十年国内外依靠大气模式耦合陆面水文模型，建立了相关的干旱预测系统，提供了未来旱情时空变化信息，对干旱进行预测。但是，由于大气模式和陆面水文模型本身的不确定性及大气-陆面耦合所面临的尺度匹配等问题，在实际应用中仍面临着许多挑战。引入更好的天气预报产品如欧洲中心的预报产品，提高陆面水文模型精度如结构调整、水文参数优化或模拟分辨率等，改进大气-陆面耦合方式是提高干旱预测可应用性的有效途径。下面对目前国内外正在业务化运行的干旱预测系统进行介绍。

(1) 国外干旱预测系统。

美国国家海洋和大气管理局、美国国家气象局、美国国家环境预报中心共同构建了干旱预测系统(U.S. seasonal drought outlook)。该系统可以利用 DM 中的干旱监测结果对干旱区域的发展及可能出现的新的干旱区域进行预测。

美国气候预报中心干旱预测系统(soil moisture outlook，SMO)利用土壤含水量进行干旱预测。干旱预测产品分为两类：一种是基于全球预报系统(the global forecast system，GFS)模式的未来 1 周和 2 周土壤水分预测；另一种是基于土壤含水量构造模拟(the constructed analog on soil moisture，CAS)模式的未来 1 个月和 1 个季节的土壤水分预测。

普林斯顿大学也建立了干旱预测系统，提供多种模式如第二代气候预测产品(climate forecast system version 2，CFSv2)和集合径流预测耦合 VIC 对未来 5～6 个月的干旱进行预测。另外，加利福尼亚大学欧文分校全球综合干旱监测与预测系统能够利用多种数据集和干旱指数实现全球干旱季节预测。

(2) 国内干旱预测系统。

我国干旱预测工作开展较少，起步较晚，中国气象局国家气候中心是我国进行干旱预测的主要部门。2009 年在中国气象局小型基建项目的支持下，由国家气候中心牵头，联合科研院所、高校、省级业务单位共同承担了季节气候预测业务系统建设的任务，其中就包含了干旱预测系统。其构建的干旱预测系统能够在全国范围进行季节尺度干旱日数距平预测。2015 年在水利部公益性行业科研专项的支持下，由河海大学牵头，联合水利部信息中心和南京信息工程大学共同开发了气象-水文耦合的大范围干旱预测系统，实现了业务化运行，能够逐日预测未来 10 天全国农业干旱和水文干旱的分布。

1.3 主要内容

本书从分析和处理干旱监测与预测基础信息入手，研究大范围干旱监测指数与干旱多尺度预测方法，构建了大范围干旱动态监测与预测系统。

(1) 基于观测和再分析资料，研究干旱天气系统异常特征，揭示了干旱发生与异常天气系统之间的关系。通过开发实时水文、气象数据融合分析技术，实现包含地面观测资料、再分析资料和卫星产品的多源数据融合，获得服务于旱情监测与预测系统的全国高精度、高时空分辨率的降水和气温资料，以及全国土壤田间持水量分布等基础资料。

(2) 基于帕尔默干旱指数和标准化降水指数构建了综合气象干旱指数。利用大尺度水文模型，重建了近 50 年中国陆面 $10\text{km} \times 10\text{km}$ 网格的逐日土壤含水量和径流量数据库，并据此构建土壤含水量距平指数和标准化径流指数。

(3) 在致旱天气系统异常特征研究的基础上，以及在识别区域干旱海气要素场显著相关区，概化干旱气候模式的前提下，构建基于前期环流因子的干旱年尺度预测模型和基于同期天气系统异常信号的干旱季尺度预测模型。通过优化基于天气预报(the weather research and forecasting，WRF)模式的全球模式动力降尺度方案，在三个全球模式预报偏差订正的基础上，提出基于多模式降水预报集成方案。

(4) 在上述研究基础上，将水文模型与大气模式耦合，研制出可实际应用的全国大范围干旱动态监测与预测系统，实现了全国范围陆气耦合的动态旱情监测与预测。本书主要内容框架如图 1.2 所示。

1.3.1 干旱监测与预测关键信息提取与融合

选取合适的基础信息分析与处理方法是成功开展干旱监测与预测研究的前提。本书在干旱监测与预测基础信息分析与处理方法中重点研究致旱天气系统识别、多源降水与多源气温融合和全国土壤田间持水量分布。

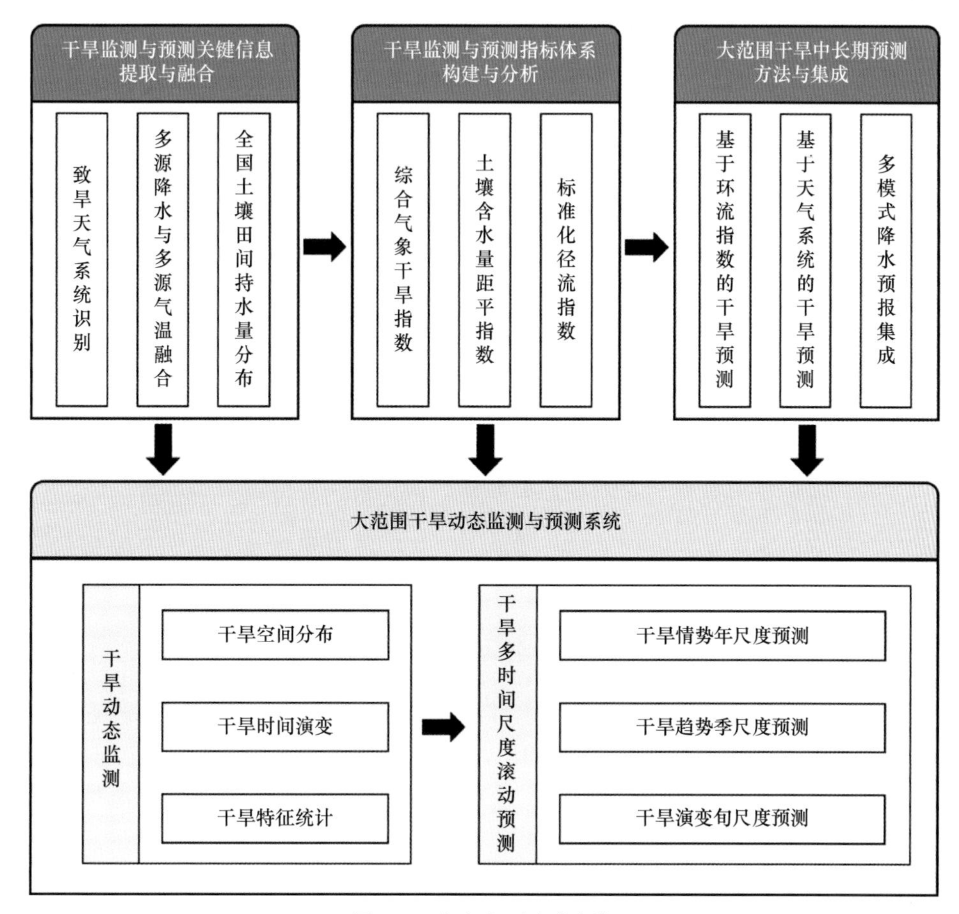

图 1.2　本书主要内容框架

1. 致旱天气系统识别

致旱天气系统是一种导致大范围干旱发生的相对稳定的大尺度环流系统。传统的大尺度环流异常研究采用距平场的方法，难以反映天气系统要素的区域差异性特征。本书基于由美国气象环境预报中心(National Centers for Environmental Prediction，NCEP)和美国国家大气研究中心(National Center for Atmospheric Research，NCAR)联合制作的NCEP/NCAR 再分析资料，应用改进的信号场方法，概化了中国华北和西南地区干旱气候异常特征，以西南地区 2009～2010 年特大干旱为例，识别了 500hPa 位势高度场(geopotential height，HGT，简称高度场)和 700hPa 风场等致旱天气系统异常特征，结果表明，信号场很好地反映了气象要素在气候平均态上的异常情况，为大范围干旱的预测研究提供了思路与方法。

2. 多源降水与多源气温融合

高精度、高分辨率的水文气象要素数据是大范围干旱动态监测与预测的数据基础。本书针对传统的地面测站数据精度较高，但是空间代表性较差的问题，通过综合不同数据的优势，开展了利用包含地面观测资料、再分析资料和卫星测雨产品的多源数据融合研究，获取了更高精度和更高分辨率的水文气象要素数据。基于改进的最优插值法，开展气候预测系统再分析(climate forecast system reanalysis，CFSR)、降水 NCEP CFSR 及热带降雨测量任务(tropical rainfall measuring mission，TRMM)3B42 卫星反演降水与测站降水的融合及 NCEP CFSR 与站点观测气温的融合研究，为大范围干旱动态监测与预测提供了全国范围高精度、长系列、10km × 10km 网格分辨率基础数据。

3. 全国土壤田间持水量分布

在大范围干旱动态监测与预测系统中，土壤田间持水量是一个重要参数。本书针对传统观测方法只能获得站点尺度资料，空间代表性不足的问题，基于多种分辨率的土壤属性网格数据和 2388 个观测站点，在分析已有田间持水量计算方法的基础上，建立了土壤属性与田间持水量之间的回归方程，研究了田间持水量不同空间尺度匹配方法，以及无资料地区处理方法，提出了一套田间持水量集成计算方法，得到了客观反映实际情况、空间分布合理的全国范围 250m × 250m 网格田间持水量分布，为大范围干旱动态监测与预测提供了基础数据。

1.3.2　干旱监测与预测指标体系构建与分析

干旱指数是干旱研究的基础。近一个世纪以来，国内外学者提出了各种形式的干旱指数，但由于干旱形成的复杂性和影响的广泛性，至今还没有完善统一的干旱指标体系。本书通过研究提出了综合气象干旱指数、土壤含水量距平指数和标准化径流指数。

1. 综合气象干旱指数

近年来，考虑多种因素的综合气象干旱指数的研究和应用成为干旱指数研究的一个方向。本书在对比分析已有气象干旱指数的基础上，基于月降水量和最高气温、最低气温在全国范围内计算 PDSI 和不同时间尺度的 SPI，结合 PDSI 和 SPI 的优点构建了一种新的综合气象干旱指数。所构建的综合气象干旱指数不但能够反映短期和长期的降水异常，而且考虑了温度等因素表征的水分亏缺，比单个气象干旱指数能更好地反映区域干旱受旱或成灾范围。

2. 土壤含水量距平指数

土壤含水量是影响农作物生长的直接因素，也是表征农业干旱发生和发展的重要变量。针对点尺度观测土壤含水量难以识别大范围干旱的问题，本书在完善 VIC 大尺度水文模型全国参数网格化公式的基础上，模拟生成了土壤含水量资料，构建了 SMAPI，结合全国实际旱情的发生频率制定了基于 SMAPI 的干旱等级划分标准。构建的 SMAPI 物理意义明确，易于理解，能够更合理地反映全国不同区域实际干旱程度和演变过程，与其他指数相比更适用于大范围干旱研究。

3. 标准化径流干旱指数

河道径流与农业灌溉、水资源供给和生态环境等密切相关，是表征水文干旱的重要变量。针对站点观测径流资料难以全面反映大范围水文干旱时空变化的问题，本书构建了基于网格与子流域融合单元的大尺度分布式汇流模型，采用子流域响应函数和扩散波方法分别进行融合单元内及单元之间的汇流演算，模拟生成了全国范围空间分辨率 $10\text{km}\times10\text{km}$ 网格径流数据，构建了适宜我国天然径流分布特征的 SRI。该指数能较合理地反映全国水文干旱的时空演变过程，为大范围干旱动态监测与预测提供了有效的方法。

1.3.3 大范围干旱监测预测方法与集成

在上述研究的基础上，针对大范围干旱多尺度监测与预测问题，构建了干旱年尺度和季节尺度的中长期预测模型，集成了多模式降水预报，建立了大范围干旱动态监测与预测系统。

1. 基于环流异常的干旱预测

大范围干旱覆盖范围广、历时长，需要在多个时间尺度上构建预测方法。本书基于 NCEP/NCAR 再分析资料、NCEP CFSv2 和中国气象局国家气候中心发布的 74 项环流指数，运用信号场技术、聚类分析、主成分分析及逐步回归方法，识别了与区域干旱密切相关的环流因子和天气气候系统异常信号，分别构建了基于前一年环流指数异常和同期气候系统异常特征的年尺度和季尺度区域干旱预测模型，实现了对大范围干旱的多时间尺度的滚动预测。

2. 多模式降水预报集成

降水预报是大范围干旱动态监测与预测系统的重要输入，针对目前全球数值模式定量降水预报的不确定性，本书在分析欧洲中期天气预报中心(European Centre for Medium-range Weather Forecasts，ECMWF)模式、美国 GFS 模式和加拿大全球环境多尺度(the global environmental multiscale, GEM)模式定量降水预报能力的基础上，利用中尺度 WRF 模式对全球模式进行动力降尺度，并采用概率密度匹配法对模式进行系统偏差订正，构建了应用于气象-水文耦合干旱预测系统的多模式降水集成方案。该方案对全国未来 10 天的累积降水量预测效果较好，为干旱预测系统的构建提供了较可靠的输入。

3. 大范围干旱动态监测与预测系统

本书采用气象-水文耦合的方式，基于遥感、水文和气象等信息，结合统计方法和动力方法，构建了可业务运行的干旱监测与预测系统，实现了大范围干旱的年尺度、季尺度和旬尺度的多尺度预测。该系统有效解决了干旱持续时间长、难以进行全过程预测的问题，能够较好地给出干旱发展过程的长期趋势判断和短期时空变化过程。在年尺度和季尺度预测的基础上，实施气象-水文耦合的旬尺度干旱预报，既有长期趋势的判断，又有短期过程的描述，结合连续监测的结果，形成了一套从动态监测到短期预报，再到长期预测的技术体系，可为指导抗旱、水资源调配和农业生产等提供重要科学依据和决策支持。

第 2 章　致旱天气系统异常特征分析

大范围、长历时干旱事件的发生与水文循环大气过程中持续、异常的水分亏缺密切相关。这一异常持续的水分亏缺又受制于不同尺度、相对稳定的致旱天气系统。大尺度环流形势不但具有稳定性，而且具有显著的异常特征。因此，天气系统异常特征的识别对于干旱预测具有重要意义。传统大尺度环流异常的研究采用距平场方法，难以客观识别出气象要素超出正常波动范围的变化。20 世纪末信号场方法的提出，为更好地识别气候异常信息提供了一种新方法。本章应用信号场方法进行致旱天气系统异常特征分析，研究了华北、西南两大典型干旱分区的干旱气候模式；并对信号场的偏态性进行改进，应用改进后的信号场方法分析了西南地区 2009～2010 年冬春连旱事件前期的高度场、风场异常特征的时间演变，为大范围干旱预测研究提供了思路与方法。

2.1　致旱天气系统异常特征分析方法

2.1.1　信号场方法

致旱天气系统是导致大范围干旱发生的一种异常天气系统。信号场能有效预测天气系统的异常情况，很好地反映气象要素在气候平均态上的异常情况，是研究大范围干旱、极端降水等异常气候、天气事件的有效方法。信号场也称为标准化距平场，即对空间进行网格划分，利用气候背景下序列的标准差反映气候变化的平均程度，平均值反映气候的平均状况，以每个格点的气象变量值与该格点多年平均值的差值反映气候信号，距平值和标准差的比值为信号，所有网格点的信号值即构成信号场，信号场的计算公式如式(2.1)所示：

$$\mathrm{SA} = \frac{X - \mu}{\sigma} \tag{2.1}$$

式中，SA 为信号场；X 为原变量；μ 和 σ 分别为同期的平均值和均方差。为了消除气候噪声并且反映干旱过程缓慢变化的特性，原变量 X 为经过 21 点滑动平均处理后的值，滑动平均处理后的数值记在中心时间点，平均值 μ 和均方差 σ 也是针对处理后的原变量 X 进行计算。假设气象变量场时间序列的总体服从正态分布，则上述过程实质上就是将一般正态分布标准化的过程。根据假设检验理论，在 5% 的显著水平下，信号绝对值大于 1.96 为异常信号。

信号场方法源于对暴雨发生规律的探索(黄嘉佑等，2002)和对天气事件的客观分级(Grumm et al.，2016；Hart et al.，2001)，随后在热带气旋降水(Russ et al.，2011；Thomas et al.，2010)、暴风雪(David，2005；Paul et al.，2004)、高温(Richard，2011)、低温(Qian et al.，2015)、雷击火灾(Marc et al.，2006)、洪水(Duan et al.，2014；Moore et al.，2011)、干旱(费玲玲等，2014；严小林等，2013；梅传贵等，2013；魏凤英等，2003)等天气气候事件的成因分析和异常特征识别中得到广泛应用。在干旱事件研究中，魏凤英等(2003)以华北地区特旱年为例，利用信号场方法识别发生特别干旱的前期大气、海洋强信号；严小林等(2013)对海河流域汛期严重干旱少雨期旬尺度 500hPa 信号场进行异常信号分析，得到严重干旱发生时的主要大气环流异常信号。

本章针对高度场、风场、整层水汽通量场、整层水汽通量散度场、海温场等海气要素场，灵活地构建信号场并进行相应时段平均计算，对干旱前期和同期的致旱天气系统异常特征进行研究。选取对流层中层 500hPa 气压层为高度场代表，以此反映干旱发生前期和同期的大气环流形势变化。风场直接影响水汽输送的路径和强度，并且对流层中下层存在直接影响降水的天气系统，因此选取 700hPa 风场进行研究。作为水文循环过程重要环节的水汽输送和水汽辐合辐散，是区域降水异常的重要原因，因此本章选取整层水汽通量和整层水汽通量散度，反映干旱期间的水汽输送和水汽辐合辐散特征。此外，考虑到海洋通过海气相互作用影响区域降水，本章选取干旱前期和同期海温场进行异常特征研究。其中，整层水汽通量和整层水汽通量散度的计算方式如下所述。

1. 整层水汽通量

水汽通量是指单位时间内流经某一单位截面积的水汽质量。根据水汽通量的定义，若截面积的高取为 1hPa、底边长为 1cm，则此时水平水汽通量的大小为 $g^{-1}\cdot|\boldsymbol{V}|\cdot q$。整层水汽通量[单位：g/(s · cm)]的计算公式如式(2.2)所示：

$$\boldsymbol{F}=g^{-1}\int_{p_s}^{p_0} q\boldsymbol{V}\mathrm{d}p \tag{2.2}$$

式中，q 为比湿，g/kg；$\boldsymbol{V}$ 为全风速矢量，m/s，$\boldsymbol{V}=(u,v)$；g 为重力加速度，m/s^2；p_s、p_0 分别为地面气压、大气层顶气压，hPa。由于比湿 q 在 300hPa 以上量级较小，所以本章中积分上限 p_0 取为 300hPa。

2. 整层水汽通量散度

水平水汽通量散度是指单位时间、单位体积(底面面积为 1cm^2，高 1hPa)内汇入或汇出的水汽质量。当水汽通量散度为正时，代表水汽通量是辐散的(水汽因汇出而减少)；当水汽通量散度为负时，表示水汽通量是辐合的(水汽因汇入而增加)。整层水汽通量散度的计算公式如式(2.3)所示：

$$\mathrm{MFC}=g^{-1}\int_{p_s}^{p_0}\nabla\cdot(q\cdot\boldsymbol{V})\mathrm{d}p \tag{2.3}$$

式中，MFC 为整层水汽通量散度，g/(s · cm^2)；其余变量含义同上。

本章选用的气象要素资料为 NCEP 第二套再分析资料 NCEP-DOE Reanalysis Ⅱ(简称 R2)，它在 NCEP 第一套再分析资料的基础上，对 1979 年之后的资料进行了误差修正，并对物理过程参数化进行了更新(Kanamitsu et al.，2002)。利用 1979 年 1 月 1 日～2014 年 12 月 31 日的逐日空间分辨率为 2.5°×2.5°的 R2 再分析资料，选取 300～1000hPa 各气压层相应的气温、水平风速、相对湿度、地表气压等要素，计算整层水汽通量及其经向信号场、整层水汽通量散度及其信号场、高度场及其信号场、风场及其经向信号场等。海表温度(sea surface temperature，SST)获取于 NOAA 最优插值海表温度(Reynolds et al., 2007)，分辨率为 0.25°×0.25°，时间序列为 1981 年 9 月 1 日～2014 年 12 月 31 日，用于计算海温场及其信号场。信号场构建时，气象变量和海温变量的气候态选取时段分别为 1979～2014 年、1981～2014 年。

2.1.2　信号场方法存在的问题

正态分布作为一种概率分布在气象科学中得到了广泛应用。目前研究中，大多数方法假设随机变量服从正态分布。信号场方法应用的前提也是假设变量服从正态分布。然而，大多数天气气候极值(如各种短时间尺度降水量、降水日数、旱涝指数或暴雨、冰雹、大风等)往往出现在非正态时间序列中。曹杰等(2002)通过对 1951～2000 年逐月降水资料进行正态分布检验，发现我国夏季降水多符合正态分布，而冬季降水多为非正态分布。钱忠华等(2010)分析了日平均气温与正态分布的偏差程度，得出半干旱区域日平均气温分布的正态性较好，而东南沿海地区则不服从正态分布，呈明显的右偏。周云等(2011)研究了我国夏季高温极值的分布特征，发现我国夏季高温极值的概率分布主要呈正偏分布型，偏态特征随时间尺度的增大更加显著。

因此，在应用信号场方法时，需要对气象变量是否服从正态分布进行验证。本节利用 R2、NOAA 最优插值海表温度中的相关要素，选取 500hPa 高度信号场、海温信号场、整层水汽通量散度信号场、整层水汽通量经向信号场 4 种要素信号场，针对全球 60°S 以北的所有格点变量，利用 1979～2014 年各年 4 月 1 日～11 月 30 日逐日数据，进行正态性检验。其中，正态性检验通过计算偏度系数 g_1 和峰度系数 g_2 实现，计算方法如式(2.4)和式(2.5)所示。

$$g_1 = \frac{1}{n}\sum_{j=0}^{n-1}\left(\frac{x_j-\mu}{\sigma}\right)^3 \tag{2.4}$$

$$g_2 = \frac{1}{n}\sum_{j=0}^{n-1}\left(\frac{x_j-\mu}{\sigma}\right)^4 - 3 \tag{2.5}$$

式中，μ、σ、n 分别为均值、均方差、样本数；x_j 为变量序列。

在样本容量很大的情况下，如果变量服从正态分布，那么它的偏度系数 g_1 和峰度系数 g_2 也服从正态分布。此时，它们分布的数学期望为 0，均方差分别为

$$s_{g_1} = \sqrt{\frac{6(n-2)}{(n+1)(n+3)}} \tag{2.6}$$

$$s_{g_2} = \sqrt{\frac{24n(n-2)(n-3)}{(n+1)^2(n+3)(n+5)}} \tag{2.7}$$

格点变量的正态性检验方法如下：假设变量服从正态分布，用变量样本数据计算偏度系数 g_1 和峰度系数 g_2。在 5%显著性水平下，若它们的绝对值大于均方差的 1.96 倍，

则认为该变量不服从正态分布；否则，认为服从。本节利用 1979～2014 年各年 4 月 1 日～11 月 30 日逐日各格点的数据进行计算，当$|g_1|<0.74$且$|g_2|<11.89$时，即认为在 5%显著性水平下，变量服从正态分布。

各气象要素正态性检验通过率的时间演变如图 2.1 所示，针对 4 月 1 日～11 月 30 日的四种要素信号场，统计逐日 60°S 以北的空间格点的平均正态性检验通过率(逐日通过正态性检验的格点占所有参与统计格点的比例)。从图 2.1 中可以看出，海温信号场、整层水汽通量散度信号场、整层水汽通量经向信号场这三种信号场的通过率的时间演变规律相似,变化范围为 75%～90%,且先增加后减少,在 7 月中旬达到最高;而 500hPa 高度信号场除 5 月中下旬～6 月上旬低于 90%以外，其余时段均在 90%以上。正态性检验通过率的时间演变过程表明，如果直接假设上述四种要素信号场服从正态分布，会带来一定的偏差，因此，在应用信号场方法时，有必要对偏态的气象要素实施正态化变换。

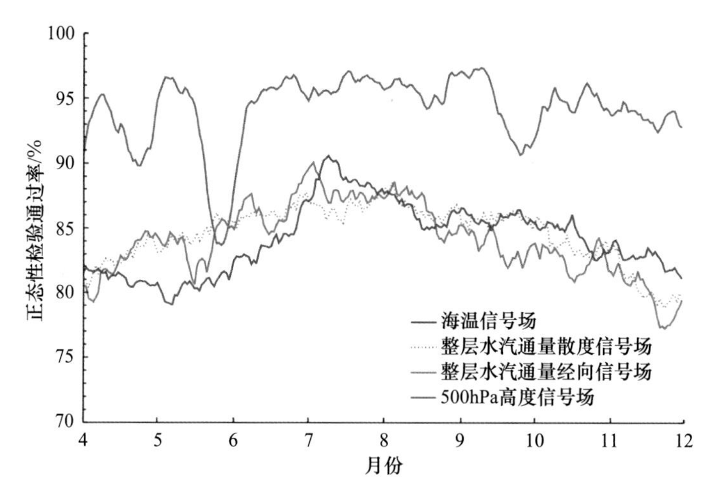

图 2.1　4 月 1 日～11 月 30 日 60°S 以北的空间格点平均正态性检验通过率逐日演变

2.1.3　信号场方法改进方案

本章采用 Box-Cox 变换对偏态变量进行正态化转换。Box-Cox 变换是由 Box 和 Cox 在 1964 年提出的基于极大似然法的转换方法，已经在气象领域得到应用。陈学君等(2012)研究指出，Box-Cox 变换能使气象站点年降水量数据有效地转化为正态分布；钱忠华(2012)利用 Box-Cox 变换改善了数据的正态性特征，反演推导获得了气象要素的偏态概率密度函数。

Box-Cox 变换的主要特点是引入一个变换参数λ，通过数据估计该参数，从而确定应采取的数据变换形式。通过 Box-Cox 变换可以明显地改善数据的正态性。Box-Cox 变换的计算公式如式(2.8)所示：

$$Z_t=\begin{cases}\dfrac{y_t^{\lambda}-1}{\lambda}, & \lambda\neq 0\\ \lg y_t, & \lambda=0\end{cases} \tag{2.8}$$

式中，λ 为变换参数，用于将原始数据 y_t 变换为正态性变量 Z_t。变换对原始数据 y_t 有非负性约束。在本章中，由于各要素的信号场会有负值，所以在进行 Box-Cox 变换前，对各格点的信号场时间序列均需通过增加绝对值的方式进行非负处理。此外，由于标准化过程不改变变量的正(偏)态性，在进行 Box-Cox 变换后，可以再次对变量进行标准化，得到标准化的正态变量。

四种要素信号场通过 Box-Cox 变换后，月平均值的正态性检验通过率见表 2.1，从表 2.1 中可以发现，变换后的正态性检验通过率有了不同程度的提高。除整层水汽通量散度信号场外，其余三种要素信号场的正态性检验通过率均保持在 95% 以上；其中，500hPa 高度信号场均保持在 98%以上，且对 5 月时段的变量偏态性有很大改善。

表 2.1 Box-Cox 变换前后的 4～11 月逐月 60°S 以北的格点正态性检验通过率 (单位：%)

月份	500hPa 高度信号场		海温信号场		整层水汽通量散度信号场		整层水汽通量经向信号场	
	变换前	变换后	变换前	变换后	变换前	变换后	变换前	变换后
4	92.4	99.1	81.2	97.8	82.6	91.4	82.3	96.9
5	91.5	99.2	80.5	97.7	84.5	93.1	83.7	96.8
6	94.8	99.4	84.0	97.9	86.2	94.0	86.5	97.2
7	96.1	99.2	88.8	97.7	86.7	94.3	87.8	97.3
8	95.7	99.2	86.2	97.6	86.6	94.2	86.5	97.3
9	94.3	99.0	85.8	97.4	85.7	93.7	83.6	97.2
10	94.6	98.9	84.4	97.7	83.8	92.6	82.7	97.4
11	93.6	99.0	82.6	98.2	80.5	89.8	79.8	96.9

2.1.4 信号场方法改进效果

为了进一步对信号场正态性变换后的效果进行检验，本节以我国华北地区 1997 年干旱期间 500hPa 高度信号场和海温信号场、西南地区 2011 年干旱期间的整层水汽通量散度信号场和整层水汽通量经向信号场为例，进行 Box-Cox 变换前后的对比分析。对比结果如图 2.2 所示，对于研究区域范围内的四种要素信号场而言，变换后与变换前的信号场差值 0 线的分布范围较广。对于信号场绝对值较大的地区，Box-Cox 变换对其有相对明显的改变。如图 2.2(a1)中的南印度洋地区(10°S～10°N，70°E～100°E)上空的信号场值变换后仍在 1.5 以上，但信号场值较变换前减小了 0.3[图 2.2(a2)]，即异常特征减弱；图 2.2(b1)中的秘鲁东部海区、赤道东太平洋的海温异常信号场值在 1.5 以上，图 2.2(b2)中的异常暖信号在变换后信号场值减小了 0.4；然而，西南地区 2011 年干旱期间的整层水汽通量散度信号场和整层水汽通量经向信号场在经过 Box-Cox 变换后，并未发生明显变化。

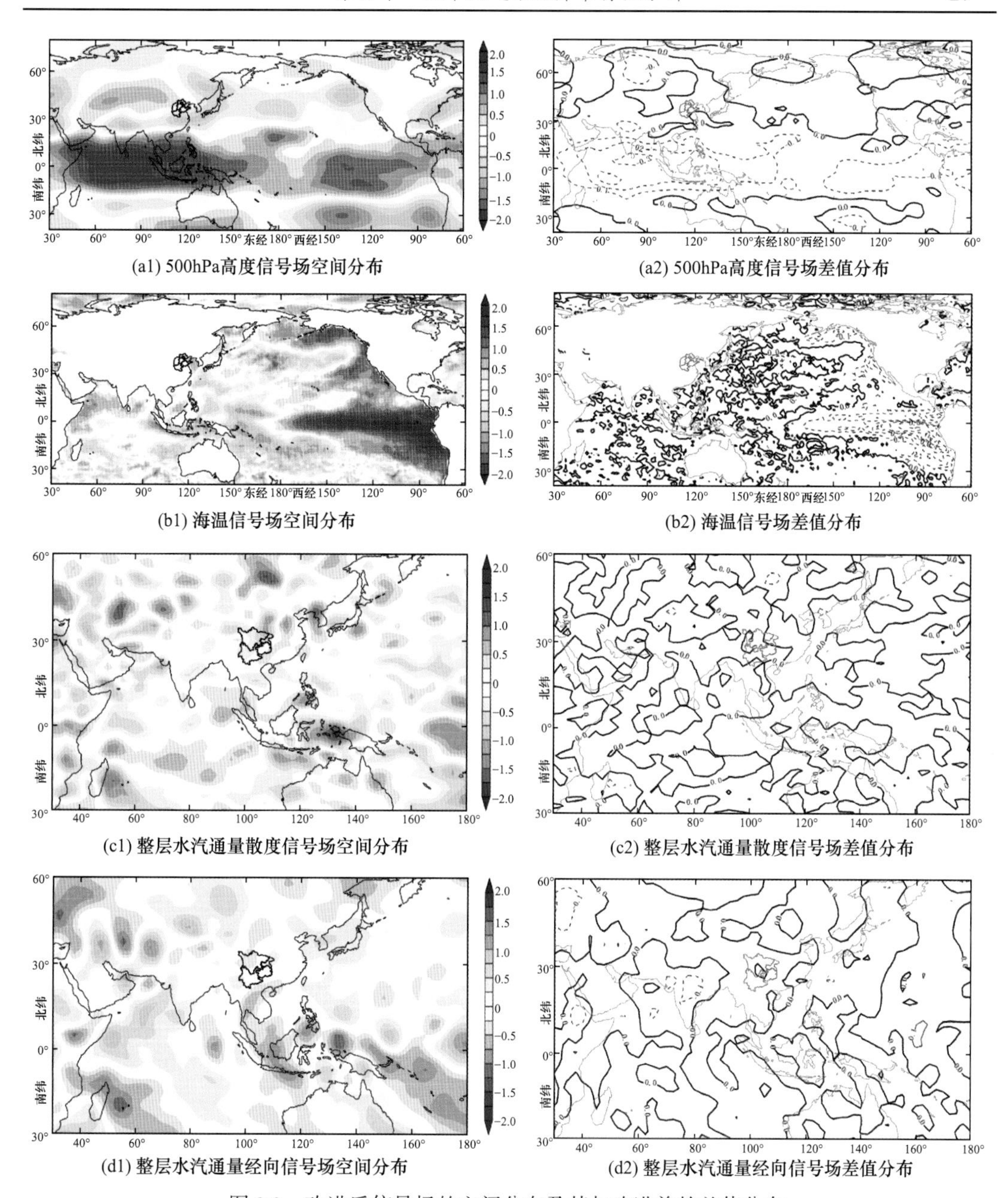

图 2.2　改进后信号场的空间分布及其与改进前的差值分布

阴影：信号场值；等值线：变换后减去变化前的信号场差值，粗实线为 0，间隔为 0.1；(a1)～(b2)对应华北地区 1997 年干旱；(c1)～(d2)对应西南地区 2011 年干旱

因此，就这两场干旱的四种要素信号场而言，信号场值在 Box-Cox 变换后发生不同程度的改变，使得异常信号或增加，或降低，或不变。变换后的信号场值发生较大变化的区域，多集中在异常信号较强的区域，异常值变幅可达 0.3～0.4。结合 2.1.3 节分析可知，利用 Box-Cox 变换对分析要素信号场进行正态性变换，能够有效提高要素信号场的正态分布特性，而信号场数值变化也在一定范围内，因此 2.2 节使用 Box-Cox 变换后的

信号场进行致旱天气系统异常特征分析。

2.2　致旱天气系统模式概化

大范围、长历时的干旱过程，其致旱因子(天气气候系统、海温)的时空分布也存在异常特征。本节利用逐日 3 个月尺度 SPI 识别全国九大干旱分区不同等级干旱过程，并以华北和西南两大典型干旱分区的重旱过程为例，概化其同期的海温场和气象要素场，分析其致旱异常特征，为区域性干旱的预测提供参考。

2.2.1　致旱天气系统概化方法

1. 标准化降水指数 SPI3 时间序列制作

本节选用中国气象数据网提供的《中国地面降水气候资料数据集(V2.0)》中 1979 年 1 月 1 日～2014 年 12 月 31 日逐日(前一日 20:00～今日 20:00)降水量资料，提取全国九大干旱分区各自区域范围内所有的降水网格点，通过对格点变量的空间算术平均得到面平均降水量时间序列 S1，进而计算逐日滑动 SPI3(计算时用 90 天表示 3 个月)，得到 1979 年 3 月 31 日～2014 年 12 月 31 日的逐日 SPI3 时间序列 S2，以 1989 年 3 月 30 日 SPI3 为例，代表 1988 年 12 月 31 日～1989 年 3 月 30 日的累积面平均降水量在 1979～2014 年期间的 12 月 31 日～次年 3 月 30 日中的排位。

2. 旱涝过程分级规则

参考《气象干旱等级》(GB/T 20481—2017)中 SPI 的等级划分方法，制定了逐日 SPI3 旱涝等级划分标准，见表 2.2。

表 2.2　逐日 SPI3 旱涝等级划分标准

类型	SPI3 值	类型	SPI3 值
轻度干旱	−1.0<SPI3≤−0.5	轻度湿润	0.5<SPI3≤1.0
中度干旱	−1.5<SPI3≤−1.0	中度湿润	1.0<SPI3≤1.5
重度干旱	−2.0<SPI3≤−1.5	重度湿润	1.5<SPI3≤2.0
极度干旱	SPI3≤−2.0	极度湿润	SPI3>2.0

基于时间序列 S2，将持续天数设为 30 天，将特定旱涝等级天数占旱涝过程比设为 30%，对各干旱分区的旱涝过程进行旱涝等级划分，规则如下。①过程初步划分：逐日 SPI3 在规定的阈值范围内(旱：SPI3≤−0.5；涝：SPI3≥0.5；平：−0.5<SPI3<0.5)的连续持续天数超过 30 天，算作一次旱、涝、平过程。②旱涝等级划分：对初步划分得到的旱、涝、平三类过程，进一步划分出不同等级旱涝过程的起止时间。以图 2.3 所示的西南地区 1984 年一次重旱过程旱涝划分为例，对于西南地区 1984 年 2 月 8 日～6 月 8 日时间序列，其干旱过程 D_3 段 1984 年 3 月 27 日～5 月 16 日，持续 51 天。其中，重旱及重旱

以上等级过程分为两段，即 D_1 段(1984 年 3 月 29 日～1984 年 4 月 6 日)和 D_2 段(1984 年 4 月 11 日～1984 年 4 月 30 日)共计 29 天；重旱等级以上的天数占该次干旱过程总天数的 57%，大于设定阈值 30%，因此认为该干旱过程为重旱等级。

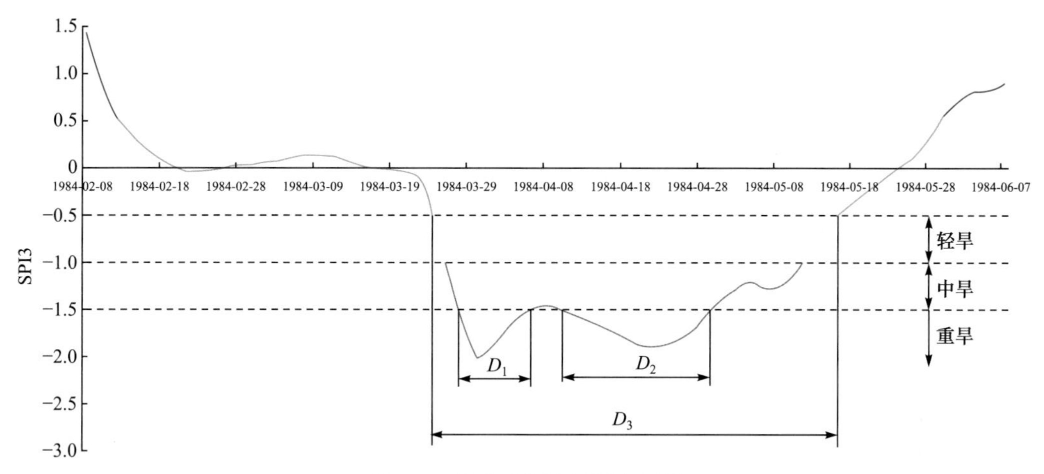

图 2.3　旱涝过程等级划分示例

3. 全国九大干旱分区重度干旱和极度干旱过程

依据上述干旱等级划分方法，识别出 1979～2014 年全国九大干旱分区的重度干旱、极度干旱过程，分别见表 2.3 和表 2.4。

4. 致旱天气系统概化方法和数据来源

基于上述识别出的全国九大干旱分区的重旱和极旱等级的干旱过程，对其同期的海温信号场、气象要素信号场通过时间平均方式进行合成。以 4～11 月重旱等级以上过程为例，选取我国华北、西南两大典型干旱分区，详细分析其干旱气候模式。

表 2.3　全国各干旱分区重度干旱过程开始时间和结束时间

区域	开始时间	结束时间	区域	开始时间	结束时间	区域	开始时间	结束时间
华东	1981-06-19	1981-09-23	华北	1984-01-16	1984-05-11	新疆	1980-01-30	1980-03-07
	1985-06-08	1985-10-12		1988-11-12	1989-01-09		1980-06-13	1980-10-23
	1986-09-14	1986-11-14		1992-06-09	1992-09-27		1981-12-23	1982-05-30
	1991-10-05	1992-01-04		1996-01-11	1996-04-28		1983-01-24	1983-05-18
	1995-09-18	1995-10-19		1998-11-02	1999-04-10		1986-08-18	1986-12-16
	1998-10-27	1999-04-15		1999-07-17	1999-10-30		1989-03-23	1989-08-27
	2001-06-22	2001-11-03		2000-03-24	2000-06-27		1990-10-08	1990-11-25
	2006-08-23	2006-11-25		2002-08-03	2002-12-04		1997-03-30	1997-05-11
	2007-05-09	2007-07-12		2005-12-27	2006-01-29		2000-03-30	2000-06-03
	2009-10-21	2009-12-04		2008-12-23	2009-02-23		2013-12-11	2014-02-04
	2013-07-28	2013-10-08		—	—		—	—

续表

区域	开始时间	结束时间	区域	开始时间	结束时间	区域	开始时间	结束时间
东北	1986-02-07	1986-03-14	西南	1979-03-31	1979-07-26	内蒙古	1982-01-26	1982-04-26
	1996-01-12	1996-04-17		1984-03-27	1984-05-16		1995-03-18	1995-07-13
	2000-06-11	2000-09-17		1987-04-14	1987-07-19		1996-01-12	1996-03-29
	2001-08-26	2002-01-26		1988-06-11	1988-08-31		2005-08-19	2006-01-20
	2003-04-30	2003-07-07		1992-07-30	1992-11-25		2010-07-24	2010-10-02
	2011-03-24	2011-05-18		1998-11-06	1999-01-02		2011-03-24	2011-05-11
	—	—		2009-01-31	2009-03-31		—	—
	—	—		2012-11-29	2013-04-04		—	—
西北	1979-04-13	1979-07-25	西藏	1979-05-10	1979-07-15	华南	1979-11-23	1980-02-26
	1979-12-12	1980-01-27		1983-07-13	1983-10-17		1985-06-02	1985-08-27
	1984-01-22	1984-05-13		1984-09-11	1985-01-02		1987-02-10	1987-03-20
	1986-01-16	1986-04-29		1987-05-28	1987-08-26		1989-07-29	1990-01-14
	1986-08-22	1987-01-02		1993-04-28	1993-10-06		1992-09-13	1993-01-13
	1991-08-28	1992-01-29		1994-11-18	1995-01-12		1996-11-13	1997-01-23
	1997-06-17	1997-12-06		1997-01-27	1997-03-13		1998-09-21	1998-12-02
	2000-04-11	2000-06-24		2001-11-15	2001-12-24		2003-11-19	2004-02-04
	2001-05-10	2001-09-19		2006-01-20	2006-03-11		2009-09-20	2009-12-04
	2002-08-18	2002-11-27		2007-11-29	2008-01-11		2011-03-22	2011-07-17
	2009-01-25	2009-03-10		2009-01-26	2009-02-26		2011-07-26	2011-10-23
	2011-01-22	2011-02-25		2009-10-24	2009-12-14		—	—
	2013-03-02	2013-05-06		2010-02-16	2010-03-30		—	—
	2014-05-18	2014-06-24		2012-12-15	2013-02-16		—	—
	—	—		2014-10-17	2014-12-31		—	—

表 2.4 全国各干旱分区极度干旱过程开始时间和结束时间

区域	开始时间	结束时间	区域	开始时间	结束时间	区域	开始时间	结束时间
华东	1979-10-16	1980-02-12	西南	2002-10-21	2002-12-17	华南	1991-04-07	1991-08-14
	1988-11-27	1989-02-04		2006-07-20	2006-11-13		2006-10-25	2006-11-30
	2009-01-30	2009-03-02		2009-08-23	2010-04-19		2009-01-30	2009-04-24
	2011-03-08	2011-07-26		2011-04-12	2011-11-26		2014-03-15	2014-08-18
	2014-02-25	2014-07-12		2014-03-13	2014-08-17		—	—
华北	1997-06-11	1997-11-12	内蒙古	1986-04-12	1986-07-03	西北	1995-04-30	1995-09-01
	2001-04-17	2001-07-30		1988-12-01	1989-02-05		1998-11-17	1999-05-15
	2010-12-06	2011-02-26		2002-08-12	2002-12-22		2014-03-03	2014-04-15
	2014-07-09	2014-10-02		—	—		—	—
西藏	1982-07-30	1982-11-27	新疆	1983-12-15	1984-04-04	东北	1982-06-10	1982-09-18
	1999-02-09	1999-05-22		1997-07-18	1997-12-28		2014-02-23	2014-06-26
	2014-01-19	2014-08-31		2014-03-13	2014-07-04		—	—

2.2.2　华北地区致旱天气系统概化分析

本节选取华北地区 4～11 月四场重旱以上过程，对其致旱天气系统进行概化，整层水汽通量散度及其信号场如图 2.4 所示。从图 2.4 中可以看出，华北地区四场重旱以上场次中，1997 年、1999 年两场干旱的异常信号相似，均在华北地区东北部、华北地区西南方向上空出现正异常信号，而 2001 年在华北地区中部也出现相似的正异常特征，表明这三场干旱期间，整层水汽通量散度较常年偏高，不利于降水形成。

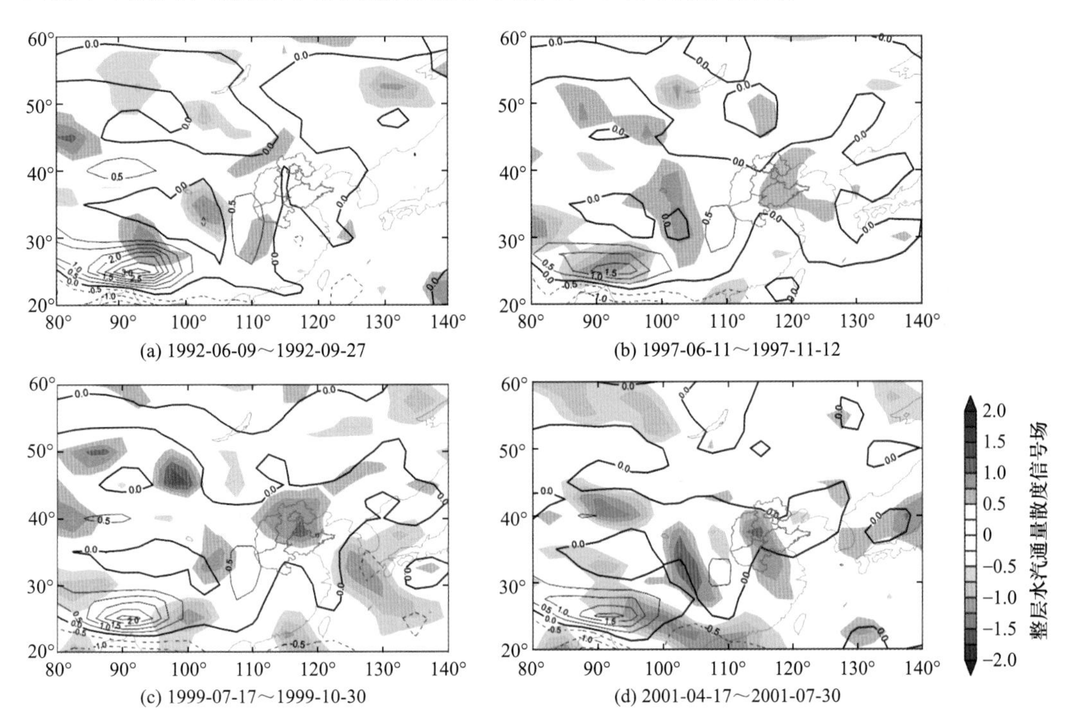

图 2.4　华北地区四场重旱过程整层水汽通量散度[等值线；单位：10^{-5}g/(s · cm^2)]及其信号场

华北地区四场重旱过程整层水汽通量及其经向信号场如图 2.5 所示。由图 2.5 中可以看出，1992 年、1997 年、2001 年在华北地区南部，经向水汽输送信号场上出现不同程度的负异常，表明这三场干旱期间，向华北地区输送的整层水汽通量较常年偏低，是华北地区干旱的重要成因之一；1999 年场次干旱则没有上述异常信号，在华北地区及其东北侧上空出现不同程度的经向风输送减弱。

华北地区四场重旱过程对流层中层的 500hPa 高度场及其信号场概化结果如图 2.6 所示。由图 2.6 可知，1997 年在北太平洋上空、沿日界线从白令海峡到赤道中西太平洋由北向南，出现“正—负—正”的异常特征配置，太平洋海域则由北向南出现“负—正—负”的异常特征配置。

华北地区四场重旱过程海温及其信号场如图 2.7 所示，1992 年、1997 年赤道中东太平洋海区出现海温正异常特征(尤以 1997 年明显)，与之相反，1999 年赤道中东太平洋海区出现海温负异常；而 2001 年在北太平洋副热带高压区可见明显的海温正异常区域。

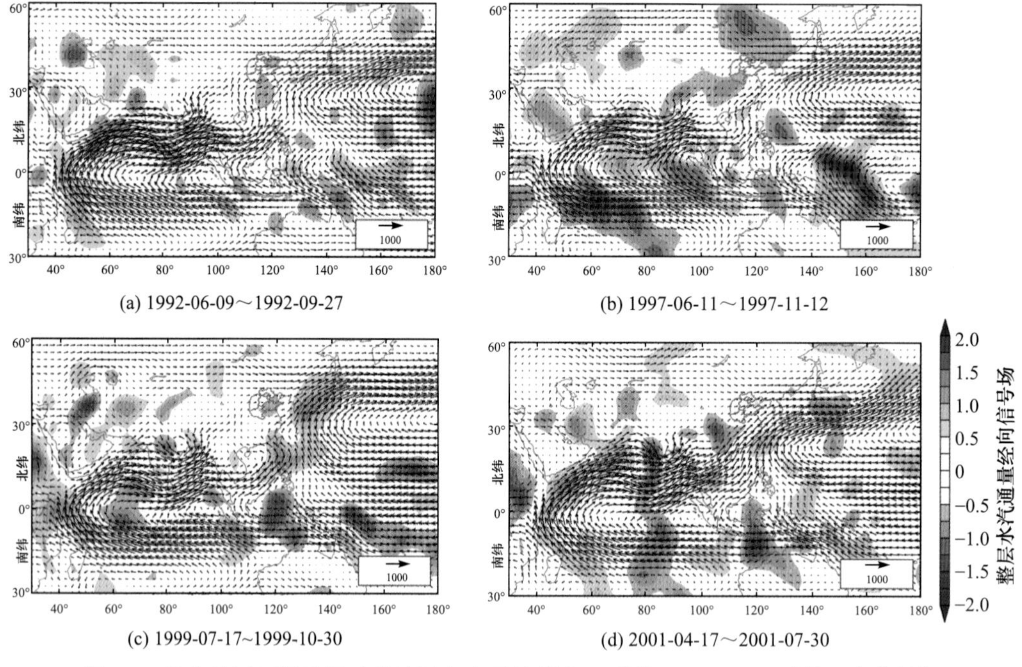

图 2.5　华北地区四场重旱过程整层水汽通量[箭矢；单位：g/(s · cm)]及其经向信号场

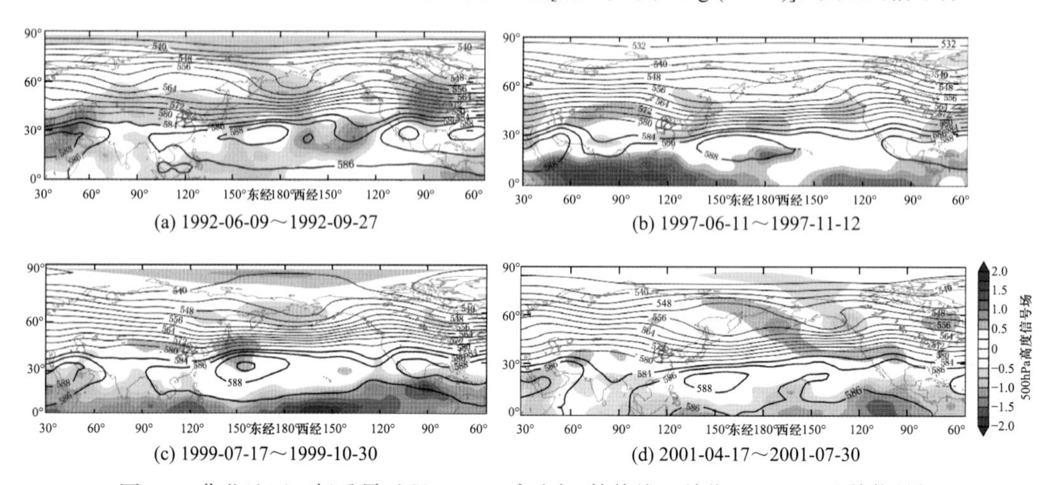

图 2.6　华北地区四场重旱过程 500hPa 高度场(等值线；单位：dagpm)及其信号场

2.2.3　西南地区致旱天气系统概化分析

本节选取西南地区四场重旱及重旱以上干旱过程，对其致旱天气系统进行概化。整层水汽通量散度及其信号场如图 2.8 所示。由图 2.8 可知，四场重旱场次中，1987 年、1988 年在西南地区的西南部，均有正异常特征，1987 年的异常特征更为显著；1992 年、2006 年均在其东南部沿东北—西南方向出现相似的正异常条带，表明经中南半岛向西南地区的向北水汽输送较常年同期减弱。

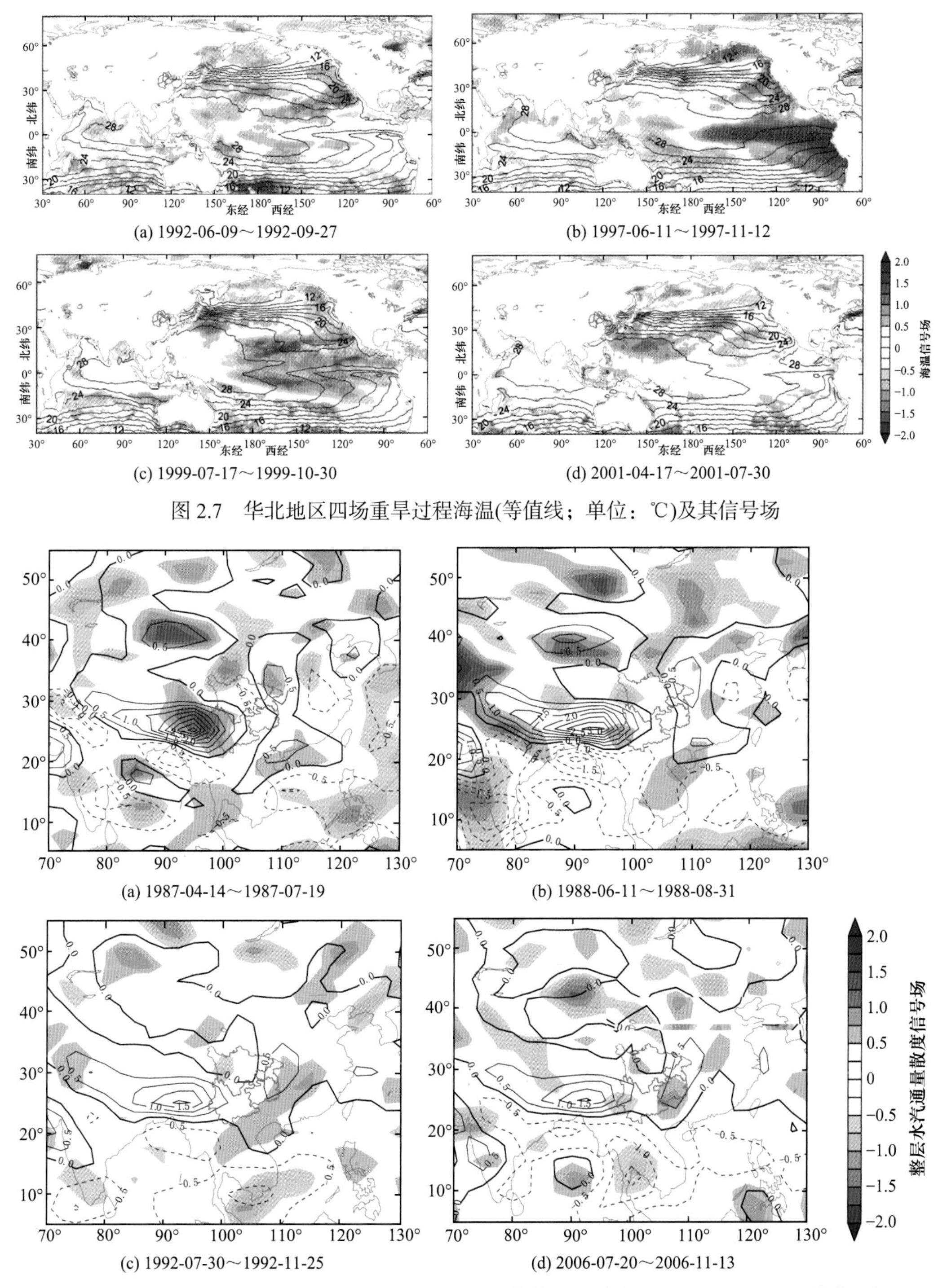

(a) 1992-06-09～1992-09-27　(b) 1997-06-11～1997-11-12

(c) 1999-07-17～1999-10-30　(d) 2001-04-17～2001-07-30

图 2.7　华北地区四场重旱过程海温(等值线；单位：℃)及其信号场

(a) 1987-04-14～1987-07-19　(b) 1988-06-11～1988-08-31

(c) 1992-07-30～1992-11-25　(d) 2006-07-20～2006-11-13

图 2.8　西南地区四场重旱过程整层水汽通量散度[等值线；单位：10^{-5} g/(s · cm^2)]及其信号场

西南地区四场重旱过程对应的整层水汽通量及其经向信号场如图 2.9 所示。由图 2.9 可知，除 1988 年夏旱过程外，其余三场干旱过程中，均在西南地区南部的中南半岛地区出现不同程度经向水汽输送通量信号场负异常，尤以 1992 年中南半岛—西南地区东部的经向水汽输送通量减弱最为明显，表明中南半岛的向北水汽输送减弱是西南地区 1992 年干旱发生的重要异常特征。

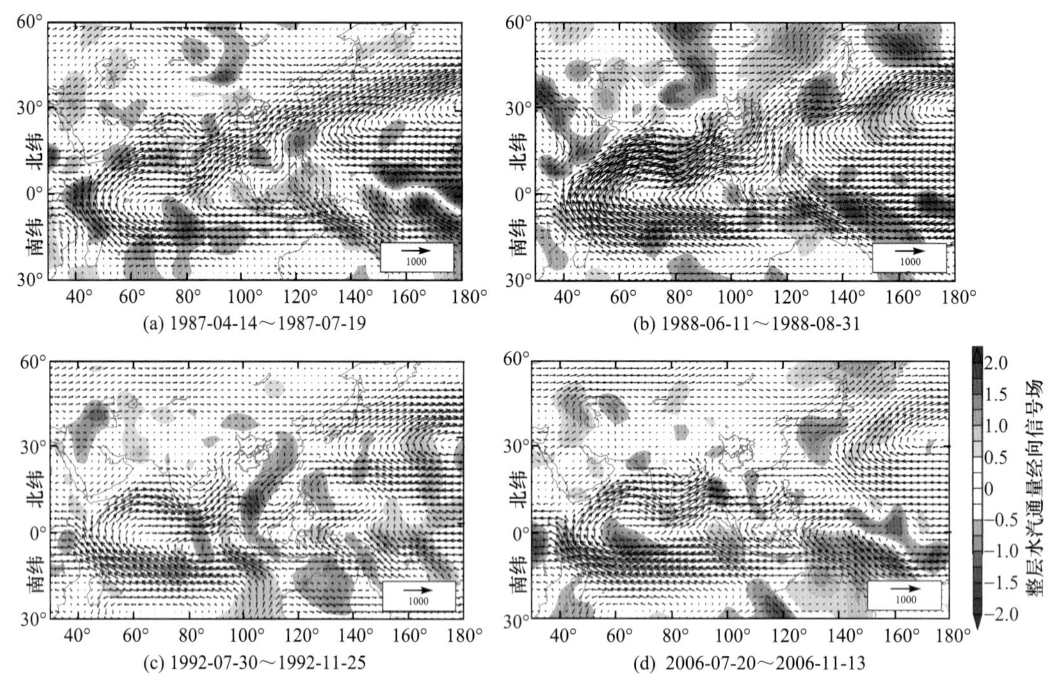

图 2.9　西南地区四场重旱过程整层水汽通量[箭矢；单位：g/(s · cm)]及其经向信号场

西南地区四场重旱过程对应的对流层中层 500hPa 高度场及其信号场如图 2.10 所示。从图 2.10 中可以看出，1988 年、2006 年两年的鄂霍次克海高压均较常年偏强，而 1987 年在日本以东的北太平洋地区出现高压异常；1987 年、1988 年、2006 年西北太平洋副热带高压出现异常西伸，从南海、印度洋海区到西南地区上空，出现高度场正异常信号。相反，1992 年的西南干旱期间，西北太平洋副热带高压的西伸部分出现负异常信号，表

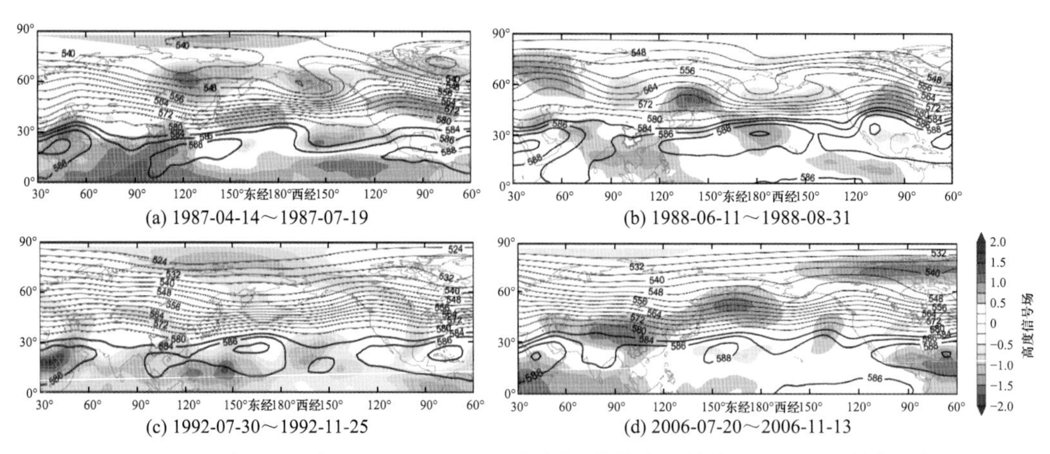

图 2.10　西南地区四场重旱过程 500hPa 高度场(等值线；单位：dagpm)及其信号场

明其西伸程度较往年偏弱且位置偏东。

西南地区四场重旱过程海温及其信号场如图 2.11 所示。从图 2.11 中可以看出，中低纬度北太平洋海区的东、西两侧反位相的海温异常模态分布，是西南地区 4～11 月海温异常的重要特征：1987 年、1992 年北太平洋表现为“西冷东暖”模态，而 1988 年则表现为反位相的“西暖东冷”模态。

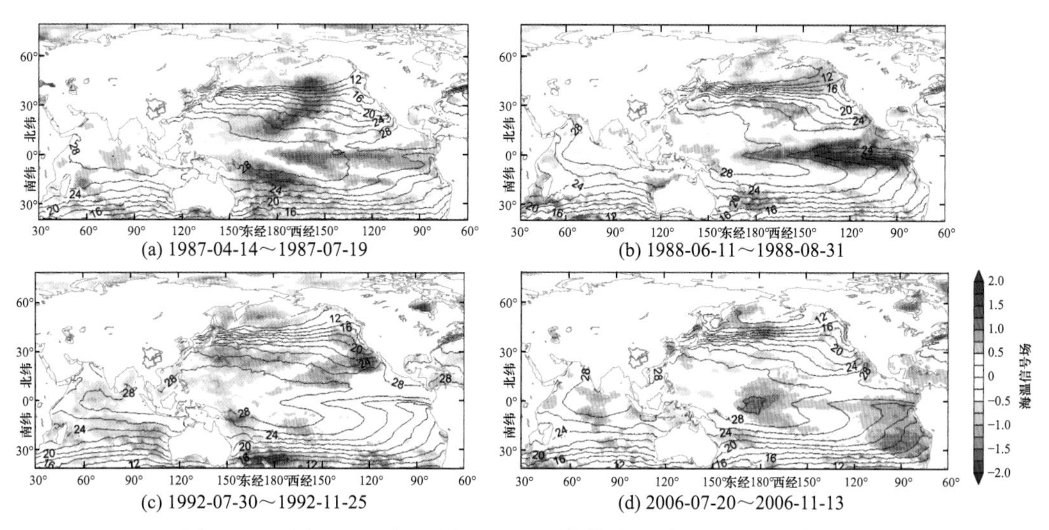

图 2.11　西南地区四场重旱过程海温(等值线；单位：℃)及其信号场

综上所述，利用逐日滑动 SPI3 及相应的干旱等级判断方法，可以识别全国各分区不同等级的干旱过程；进一步地，利用信号场方法对干旱过程的气象要素场进行概化，能够较好地识别出致旱天气系统异常特征。

2.3　西南特大干旱天气系统异常特征分析

导致西南干旱的天气系统，不仅在干旱同期表现异常特征，而且在特大干旱发生前期也有异常表现。本节以 2009～2010 年西南特大干旱为例，运用逐日信号场进行旬尺度时间平均，分析了干旱发生前期 500hPa 高度场和 700hPa 风场的旬尺度异常特征，为大范围干旱的预测提供基础。

2.3.1　2009～2010 年西南地区干旱过程

本节根据中国气象数据网提供的《中国地面气候资料日值数据集(V3.0)》资料，选取 1971～2010 年西南五省(自治区、直辖市)141 站逐日降水量资料，计算逐旬面平均雨量；进而以 1971～2000 年为气候平均态，计算逐旬降水距平百分率，分析 2009～2010 年西南地区干旱过程。

雨季提前结束，长期累积降水量的负距平，导致了此次干旱的发生和长时间的持续。2009～2010 年西南地区干旱同期旬尺度的累积降水量及其距平百分率分析结果如

图 2.12 所示。从图 2.12 中可以看出，累积降水量和累积降水距平百分率的过程具体地表现出西南地区降水量从 2009 年 7 月开始出现了累积亏缺状态，并持续到 2010 年 5 月，之后开始得到缓解。据此划分出此次干旱过程的五个阶段，即：2009 年 7 月上旬至 8 月下旬为干旱前期、2009 年 9 月为干旱发生阶段、2009 年 10 月上旬至 11 月上旬为干旱发展阶段、2009 年 11 月中旬至 2010 年 5 月下旬为干旱持续阶段，以及开始于 2010 年 6 月上旬的干旱缓解阶段。

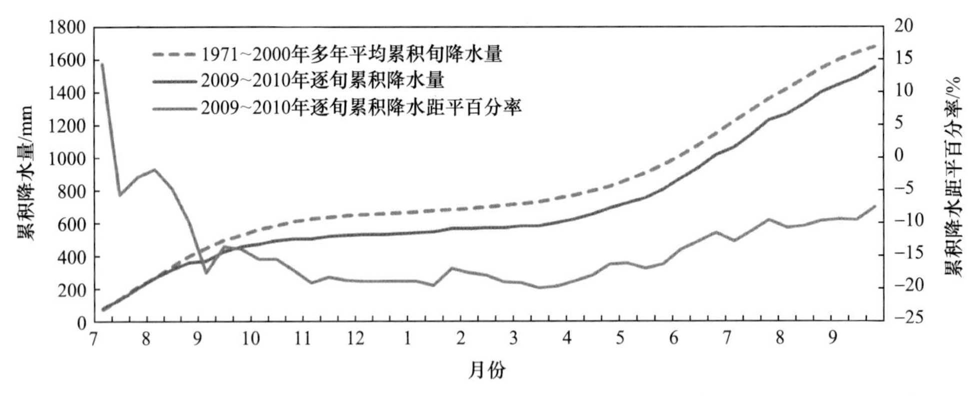

图 2.12　2009～2010 年西南地区干旱同期逐旬累积降水量及累积降水距平百分率变化曲线

2009～2010 年西南地区干旱前期(2009 年 7 月上旬至 8 月下旬)、发生(2009 年 9 月)、发展(2009 年 10 月上旬至 11 月上旬)三阶段降水距平百分率的空间分布如图 2.13 所示。在干旱发生前期，2009 年 7 月上旬至 8 月下旬贵州大部分地区和云南东部地区已经出现了干旱的苗头，降水距平百分率小于−25%。2009 年到了 9 月，干旱大范围爆发，贵州大部分地区、云南大部分地区、四川西部和南部及广西北部和西部均出现降水距平百分率小于−25%的现象，贵州中西部、云南东部、四川西部及广西部分地区出现降水距平百分率小于−50%的现象，云南和贵州部分地区还出现降水距平百分率小于−75%的现象。2009 年 10 月上旬至 11 月上旬，干旱继续发展，云南和广西降水距平百分率小于−75%的地区继续扩大至西南地区南部。

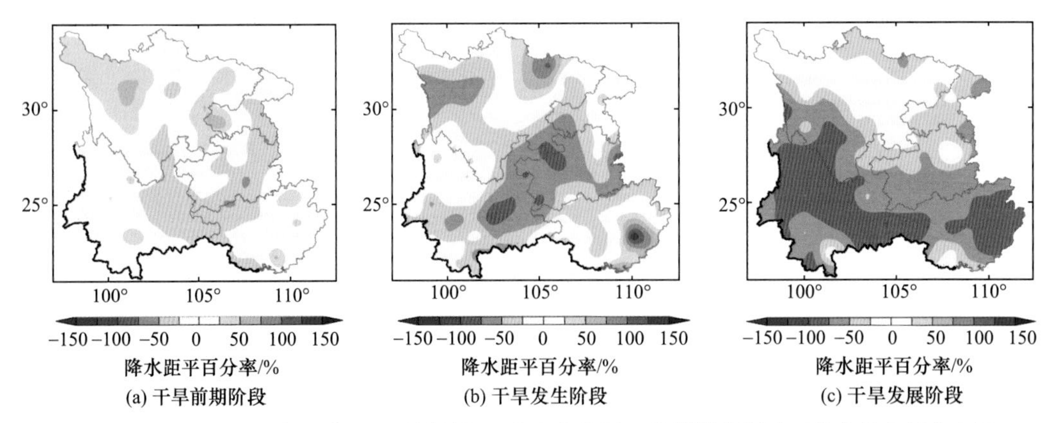

图 2.13　2009～2010 年西南地区干旱前期、发生和发展三阶段降水距平百分率的空间分布图

2.3.2　干旱前期高度信号场异常特征演变

2009～2010 年西南地区干旱前期阶段(2009 年 7 月上旬至 8 月下旬)和发生阶段(2009 年 9 月)的高度场异常是导致干旱的根本原因，干旱期间(2009 年 10 月上旬至 2010 年 5 月下旬)的高度场异常加剧了干旱。7～9 月属于西南地区雨季，通常年份西南地区全年平均降水量为 1150mm，7～9 月总降水量为 529mm，占全年的 46%，降水丰富。但由于 2009 年 7～9 月高度场异常，降水较通常年份异常偏少，3 个月的总降水量为 455mm，这是导致此后秋冬春连旱发生的重要原因。10 月～次年 5 月属于西南地区的旱季，此时异常的高度场分布也是不利于降水形成的重要原因；前期降水偏少、水库蓄水不足、土壤墒情缺水严重，也加剧了此次干旱程度。因此，分析干旱前期高度信号场演变及异常特征，有助于进一步了解该场干旱的形成原因。

2009 年西南地区雨季部分旬高度场及其信号场演变过程如图 2.14 所示。图 2.14(a)～(d)显示了 2009 年雨季(7～9 月)500hPa 高度场的演变，表现出干旱前期、发生、发展三个阶段的特点。第一阶段以 7 月中旬为代表，500hPa 高度场中形成伊朗高压、西太平洋副热带高压、印度低压中心三个天气系统，并且西太平洋副热带高压的西伸脊点达到西南地区重庆东边界，此时印度低压略有加深，中心信号场值可达−1.0。第二阶段以 8 月下旬和 9 月上旬为代表，西太平洋副热带高压在 140°E 附近被截断，形成的高压单体向西伸到西南地区且强度偏大(正异常信号在+1.0 以上)，西南地区东部处于气流下沉区，不利于降水形成；此时伊朗高压异常东伸且强度偏大(中心强度可达+2.5 以上)，形成一个高压通道，使印度低压有所减弱。第三阶段以 9 月下旬为代表，异常西伸的西太平洋副热带高压与同时加强东伸的伊朗高压相连，在 60°E～130°E、20°N～35°N 区域形成一个带状的显著正异常信号区，即一个高压通道，进一步阻碍了降水的形成。

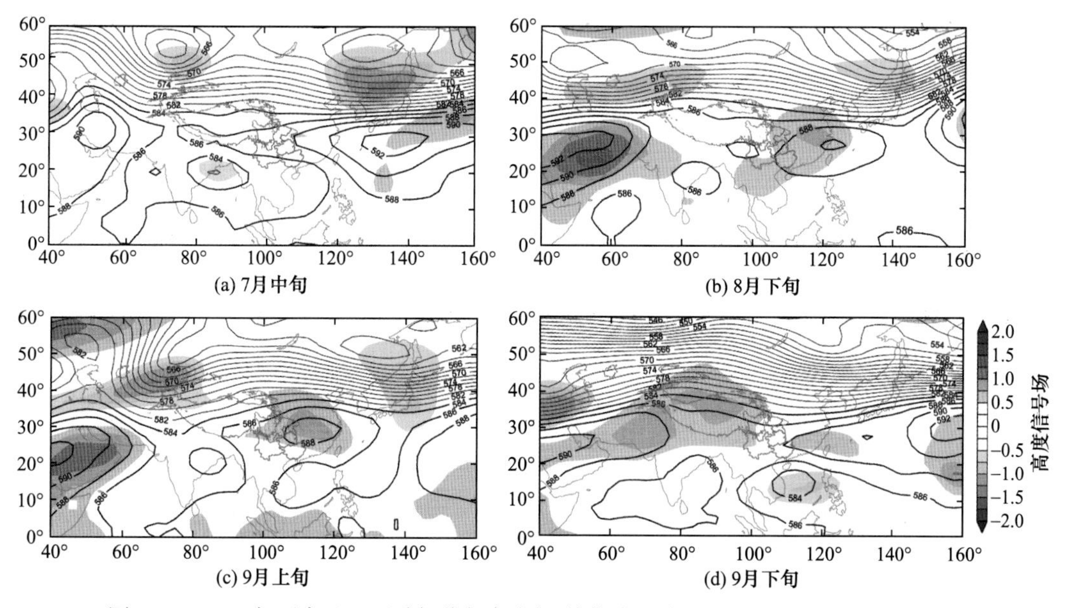

图 2.14　2009 年西南地区雨季部分旬高度场(等值线；单位：dagpm)及其信号场演变

2.3.3 风场异常特征

风场是大气环流的直接表现形式之一，直接影响水汽的分布变化、水汽输送的路径和强度。来自孟加拉湾和南海的水汽通过中南半岛向我国西南地区经向输送，这对我国西南地区的降水至关重要。因此，研究风场中经向风的信号场是探究西南干旱天气系统异常特征的关键。

风速场的异常主要表现在常年经过孟加拉湾、中南半岛或南海进入我国西南地区的偏南风在经向上异常偏弱，反映在信号场上为这些区域出现显著负异常信号。图 2.15 为 2009 年 7～9 月部分旬风速场与经向风信号场。从图 2.15(a)和(b)可以看出，2009 年 7 月中旬和下旬在孟加拉湾南部地区和中南半岛南部地区，出现异常中心达到–2.5 的显著负异常信号，表明低纬低空西风急流没有像通常年份那样在该地区形成偏南风进入西南地区。从图 2.15(c)可以看出，2009 年 8 月上旬在孟加拉湾海域和我国华南及南海海域出现显著负异常信号，在孟加拉湾北部海域和我国西南、华南地区分别盛行西北风和东北风。从图 2.15(d)可以看出，2009 年 9 月上旬，通常年份在中南半岛上的偏南风出现减弱甚至出现偏北风，反映在信号场上为中南半岛和南海海域出现显著负异常信号，负异常中心达到–2.0。

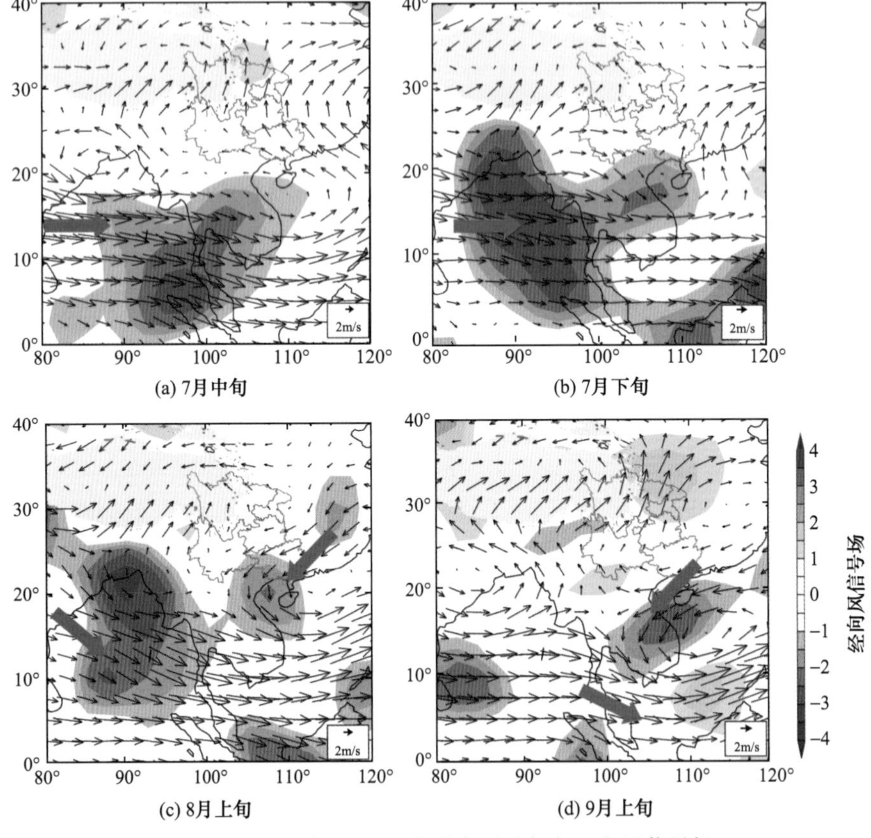

图 2.15　2009 年 7～9 月部分旬风速场与经向风信号场

依据经向风信号场的特点将异常风速场归纳为南负东正型、西负南负东负型及南负东负型这三类，并结合 500hPa 高度场讨论风速场异常的原因及其对西南干旱的影响。

1. 南负东正型

图 2.16(a)和(b)分别为 2009 年 7 月中旬 700hPa 风速场及其经向风信号场、500hPa 高度场及其信号场。从图 2.16(a)可以看出，在孟加拉湾和中南半岛区域出现显著负异常信号，在从琉球群岛到菲律宾区域出现显著正异常信号。出现负异常信号是因为低纬西风急流在东移过程经过孟加拉湾和中南半岛时，径直向北输送偏弱，东移至 120°E 才出现明显的拐向；出现正异常信号表明台湾岛以东洋面上的风在经向上有显著增强的向北输送，西南地区位于这个异常区的西侧，因此导致输送到西南的水汽减少。

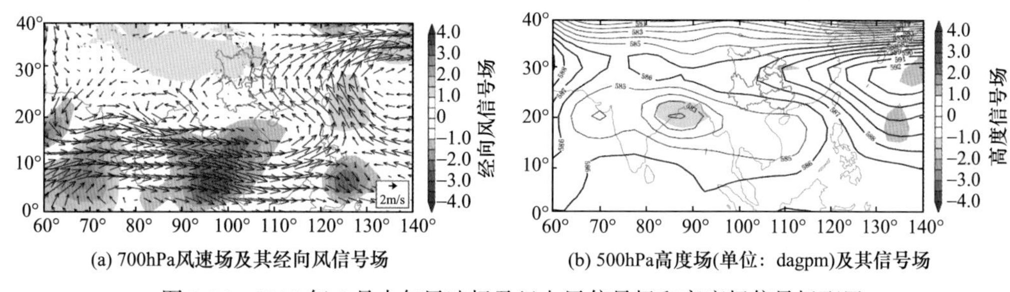

(a) 700hPa风速场及其经向风信号场　(b) 500hPa高度场(单位：dagpm)及其信号场

图 2.16　2009 年 7 月中旬风速场及经向风信号场和高度场信号场配置

结合同期 500hPa 高度场，可知印度低压和西太平洋副热带高压的环流形势导致了风速场的异常。如图 2.16(b)所示，印度低压向东延伸至 120°E 的南海海域，同时西太平洋副热带高压西伸到西南地区东边界。印度低压呈增强、东伸、扁平的形态，使得其南侧边缘地区的 700hPa 低纬西风几乎沿纬线向东输送，不能如通常年份一样在中南半岛北上进入西南地区，这可能是导致西南干旱的原因之一。

2. 西负南负东负型

图 2.17(a)和(b)分别为 2009 年 8 月上旬 700hPa 风速场及其经向风信号场、500hPa 高度场及其信号场。从图 2.17(a)可以看出，经向风信号场有两个关键区域出现显著负异常信号：青藏高原南麓至整个孟加拉湾海域，最强负异常中心达到–3.0；西南地区的东侧和南侧区域，最强负异常中心达到–2.0。由此表明这两个关键区域通常年份是偏南的风在经向上减弱或偏北的风在经向上增强。

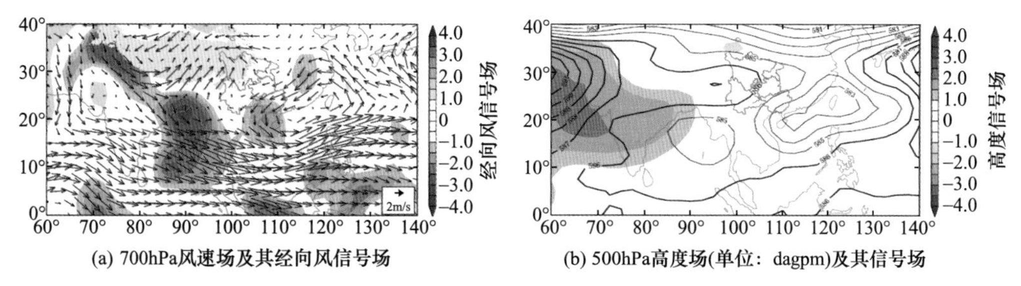

(a) 700hPa风速场及其经向风信号场　(b) 500hPa高度场(单位：dagpm)及其信号场

图 2.17　2009 年 8 月上旬风速场及经向风信号场和高度场信号场配置

结合同期 500hPa 高度场及其信号场，南海和东海区域出现异常的低压中心是导致风速场在此处出现气旋式环流的主要原因。从图 2.17(b)可以看出，东南沿海出现 584 线包围的低压中心；伊朗高压较常年异常偏大，出现显著正异常信号；印度低压中心有所减弱。异常的东南沿海低压中心和控制西南地区的异常高压在华南地区形成一个东北—西南走向的通道，使得通常年份受西南风控制的西南地区在 2009 年 8 月上旬受东北风影响。偏弱的印度低压不利于引导水汽到西南地区。同时，由于增强的伊朗高压的活动，在其东侧边缘的 700hPa 风速场上表现为西北风，直接导致了印度北部沿青藏高原南麓至孟加拉湾区域受这股西北风控制，进一步阻碍了西南地区的水汽输送。

3. 南负东负型

图 2.18(a)和(b)分别为 2009 年 8 月下旬 700hPa 风速场及经向风信号场、500hPa 高度场及其信号场。

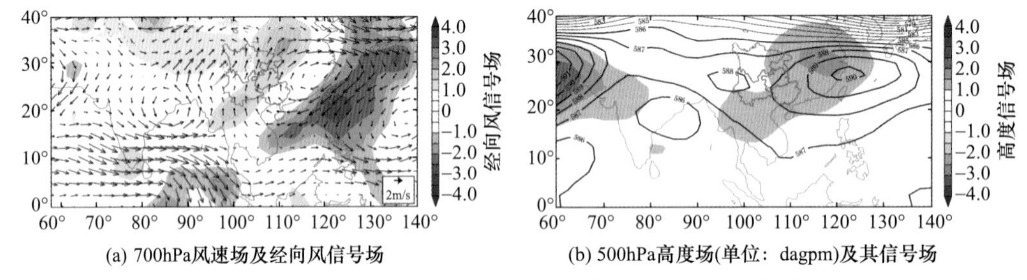

(a) 700hPa风速场及经向风信号场　　(b) 500hPa高度场(单位：dagpm)及其信号场

图 2.18　2009 年 8 月下旬风速场及经向风信号场和高度场信号场配置

从图 2.18(a)可以看出，风速场上有两个区域异常：通常年份从琉球群岛到菲律宾区域盛行的西南偏南风改为东北风；孟加拉湾南部海域不同于通常年份的北向运动，反而出现南向运动，导致水汽不能通过孟加拉湾和中南半岛北上有效地输送到西南地区。反映在经向风信号场上，两个区域出现显著负异常信号并伴有高值中心：沿琉球群岛到菲律宾一带异常中心达到−2.5，同时西南地区东南部的反气旋环流使得西南地区上空有正异常中心达到+2.0 的西南风输送。

结合同期 500hPa 高度场及其信号场特征，从图 2.18(b)可以看出，西太平洋副热带高压加强西伸被中高纬度地区发展的槽截断后形成高压单体并控制着西南地区，与加强东伸的伊朗高压相连，使得西南地区的位势高度异常偏大，同时印度低压减弱。异常的天气系统，使得风速场发生异常变化，进而导致西南干旱的发生和发展。

综上所述，2009 年 7～9 月通过孟加拉湾和中南半岛进入西南地区的偏南风出现减弱甚至出现偏北风，是导致此次西南干旱的主要原因之一。经向风信号场异常特征可分为三类，且与同期 500hPa 高度场有很好的对应关系：①南负东正型，即西南地区的南面和东面分别出现显著负异常信号和正异常信号；②西负南负东负型，即西南地区的西面、南面和东面同时出现负异常信号；③南负东负型，即西南地区南面和东面都出现显著负异常信号。

2.4　西南地区致旱因子相关区分析

大范围干旱的成因复杂，影响因子众多，其中，大气环流和海温是较为密切的影响因素。本节先以西南地区夏秋旱和冬春旱为研究对象，分析与区域干旱线性相关的海温场、500hPa 高度场的显著区域，为第 8 章中基于环流指数的干旱预测模型预测因子的选择提供参考。

海洋面积占地球表面积的 2/3 以上，作为大气热源，海温的异常会造成大气环流的异常，而大气环流的异常又会导致气候的异常，进而造成降水的异常，厄尔尼诺就是典型代表。海洋和大尺度环流对我国气候异常的影响不仅存在同期效应，还存在滞后效应。严华生等(2004)曾在研究中指出，把高度场和海温场一起作为预报因子比把其中某个要素场单独作为预报因子对我国汛期降水提供的预报信息要多。

因此，分析西南地区冬春季及夏秋季的区域干旱与全球前期和同期季平均海温及 500hPa 高度场的相关关系，探讨其演变特征及典型相关区的致旱作用，可为西南干旱的预测寻找合理可靠的预测因子。

2.4.1　海温场相关区

本节选取 SPI3 作为西南干旱的研究对象，分析 1961～2013 年西南地区冬春季及夏秋季的最旱月 SPI3 与全球前期及同期海温的线性相关关系。提取中国气象数据网提供的《中国地面降水气候资料数据集(V2.0)》中我国西南地区五省(自治区、直辖市)的网格点，计算面平均月降水序列，用于构建逐月滑动区域 SPI3。海温资料是 NOAA 提供的全球 1954 年 1 月～2013 年 12 月延长重构的月平均海温场资料(Smith et al.，2008)，分辨率为 $2^\circ \times 2^\circ$。具体步骤如下。

首先计算要素场资料的季节平均值，并进行标准化处理，得到要素场的标准化场。标准化的具体方法如下，对单要素(变量)样本容量为 n 的资料，时间序列标准化的处理过程为

$$s_x = \sqrt{\frac{1}{n}\sum_{i=1}^{n}\left(x_i - \overline{x}\right)^2} \tag{2.9}$$

$$x' = \frac{x_i - \overline{x}}{s_x} \tag{2.10}$$

式中，s_x 为标准差；x_i 为序列实测值；$\overline{x}$ 为序列均值；x' 为标准化距平值。

然后，将西南地区冬春季及夏秋季 SPI3 与前四个季度及同期两季的标准化海温场(简称海温场)、标准化高度场(简称高度场)做点相关分析，其滞时相关分析方案如图 2.19 所示。以冬春干旱为例，其前期冬季、春季、夏季海温分别超前冬春旱 9 个月、6 个月、3 个月。最后，选取显著相关的区域，分析规律及致旱特征。

图 2.20 给出了西南地区 1961～2013 年冬春(上一年 12 月至当年 5 月)旱与各滞时的格点海温相关图，正相关区域显示为暖色，负相关区域显示为冷色。以相关显著性水平

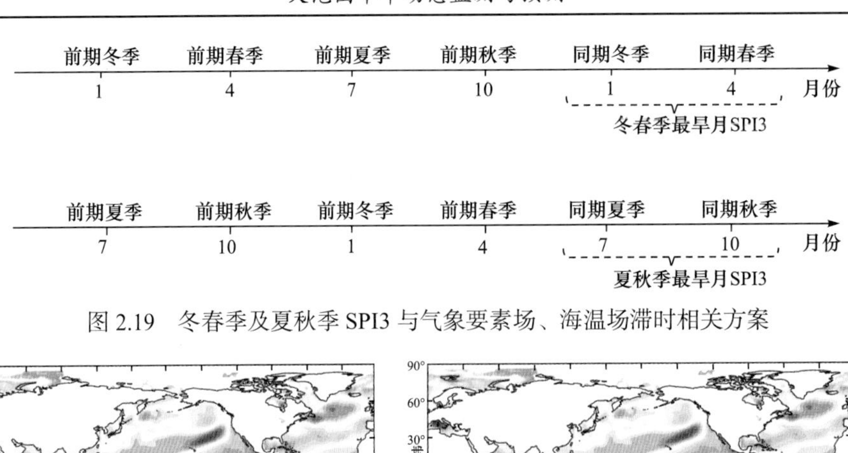

图 2.19　冬春季及夏秋季 SPI3 与气象要素场、海温场滞时相关方案

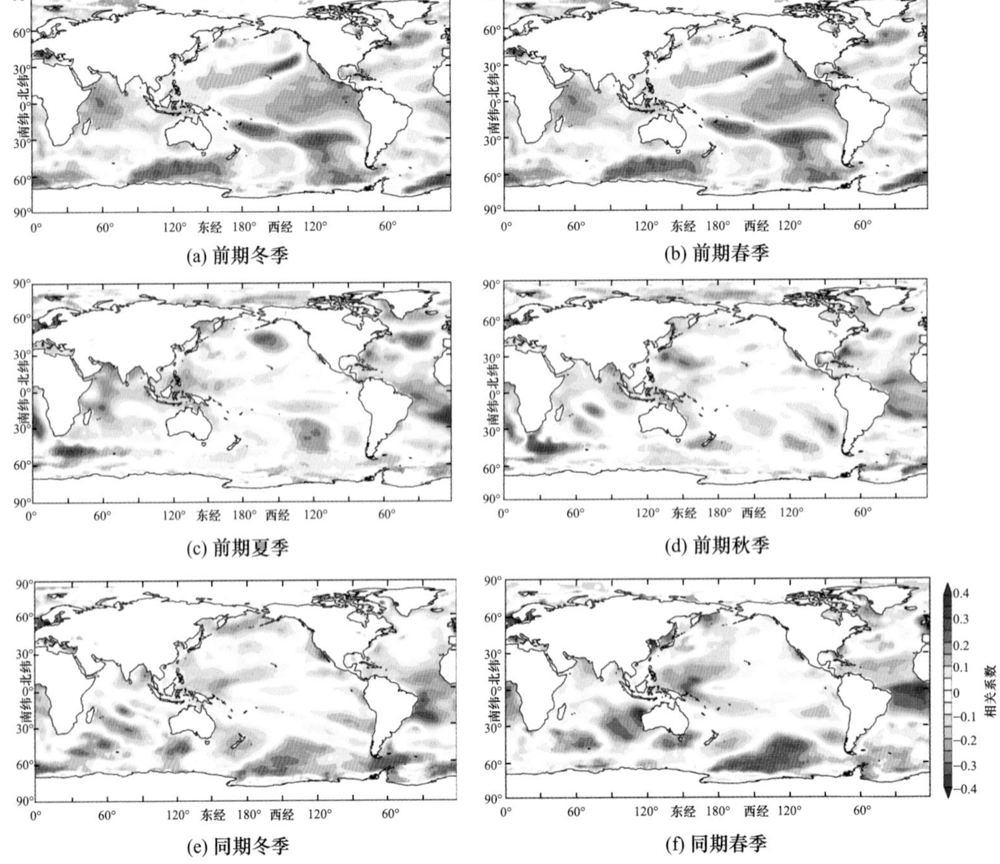

(a) 前期冬季　(b) 前期春季　(c) 前期夏季　(d) 前期秋季　(e) 同期冬季　(f) 同期春季

图 2.20　西南地区冬春旱与各滞时的格点全球海温相关图

5% 为临界，当系列长度 n 为 53 时，其相关系数临界值为±0.27。前期冬季，赤道东太平洋及西印度洋海域存在显著负相关区，相应的在太平洋中东部的南北纬 30°海域呈现显著正相关区，其中南太平洋的正相关区一直持续到前期春季。大西洋赤道至南纬 30°海域自前期春季开始出现显著负相关区，一直持续到冬春旱发生。该负相关区在冬春旱发生时较前期相关性更显著，海区面积更广阔。而前期春季、前期夏季的显著负相关区稳定在大西洋相应纬度带的中部海域。在前期夏季、前期秋季，西南印度洋阿古拉斯洋流处(23°E～42°E，45°S～49°S)存在较稳定的显著正相关区。

西南地区夏秋旱(6～11 月)与各滞时的格点海温相关图(图 2.21)相较于冬春旱，海温负相关区明显偏多且区域偏大。前期夏季和前期秋季，印度洋、北大西洋及南太平洋部分海域均出现大面积较稳定的显著负相关区，其中大西洋北部和北温带海域的相关区持续到前期冬季，而印度洋海域的负相关区在前期冬春季出现自西向东的“漂移”，在中印度洋南温带附近海区出现负相关稳定。显著正相关区在前期春季的南太平洋有所表现，且一直持续到同期冬季。

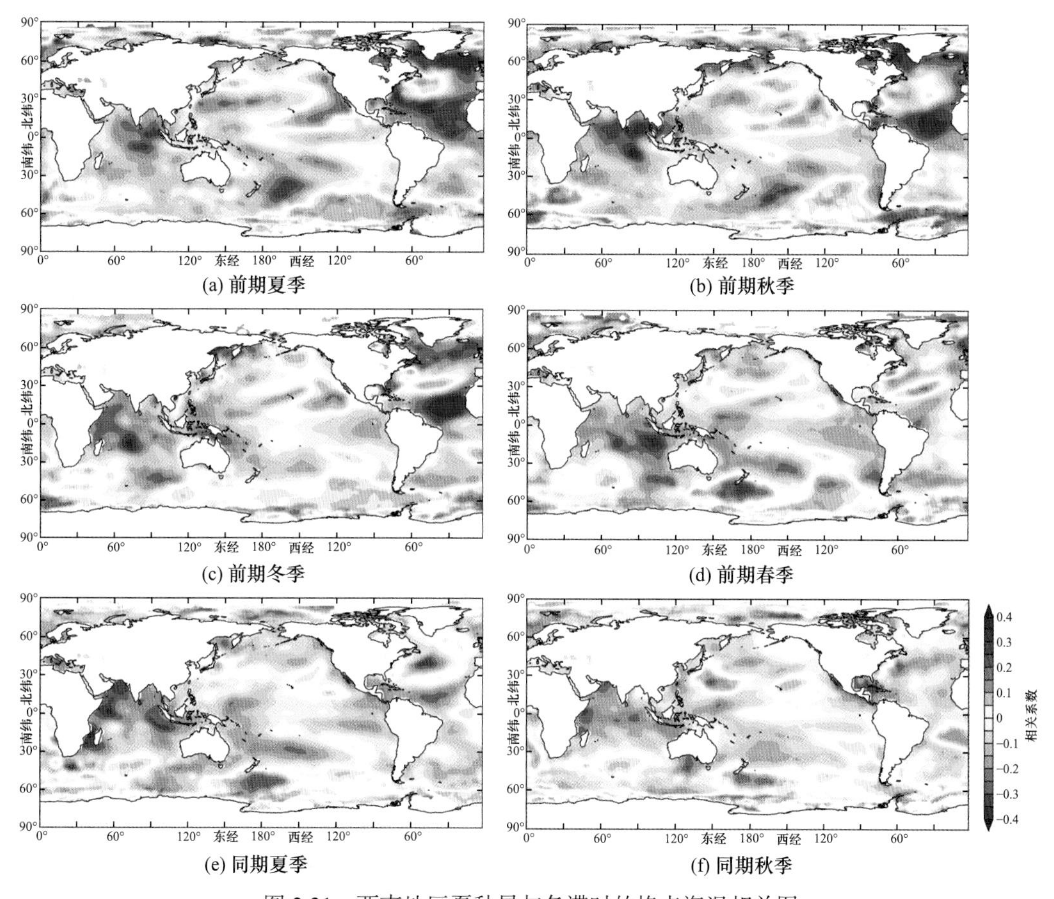

(a) 前期夏季　(b) 前期秋季

(c) 前期冬季　(d) 前期春季

(e) 同期夏季　(f) 同期秋季

图 2.21　西南地区夏秋旱与各滞时的格点海温相关图

综上所述，与西南地区夏秋旱显著相关区要多于冬春旱，相关区域更广阔；负相关区要多于正相关区。从可预测角度分析，与西南地区冬春旱相关的前期春季至前期秋季的大西洋中部海域存在较稳定的显著负相关区，即随着海温升高，旱情趋于严重。前期冬季、前期春季的南太平洋中部海域及前期夏季的西印度洋南部海域存在稳定的显著正相关区，即海温越低，西南地区的冬春季越干旱。而西南地区夏秋旱会因前期夏季至前期秋季的印度洋赤道附近海域、前期夏季至前期冬季的大西洋赤道附近及北纬 60° 附近海域、前期夏季至前期秋季的南太平洋海域的海温升高而趋于严重，存在稳定且显著负相关区。

2.4.2　500hPa 高度场相关区

本节分析 1961～2013 年西南地区冬春两季的最旱月 SPI3 与全球前期及同期 500hPa 高度场的线性相关关系，如图 2.22 所示。其中，高度场资料采用了美国国家环境预测中心和美国国家大气研究中心提供的 1948～2013 年月平均 500hPa 高度场历史再分析资料(Kalnay et al.，1996)，分辨率为 2.5°×2.5°。研究中所选的系列长度均为 1959 年 12 月～2013 年 11 月。

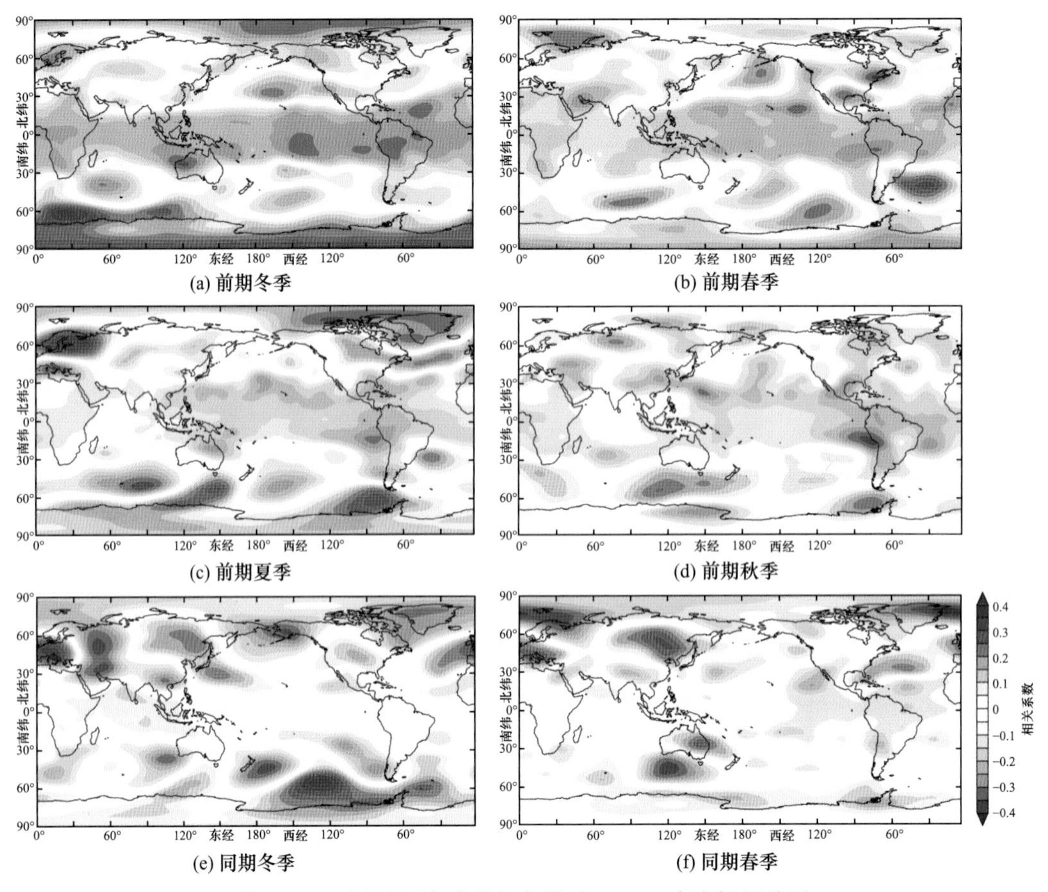

图 2.22　西南地区冬春旱与各滞时 500hPa 高度场相关图

图 2.22(a)为西南地区冬春旱与 500hPa 前期冬季高度场的相关图。北半球冬季极地地区 500hPa 高度场有极涡，从图 2.22(a)中可以明显看到，北极地区呈显著负相关区；而南半球极地地区呈大面积显著正相关区；在赤道地区，东太平洋—南美洲北部—西大西洋一线有东西向带状显著负相关区，在所罗门群岛、澳大利亚西北部和邻近海域、马达加斯加南侧海域(55°E，40°S)及非洲西南角有小区域显著负相关区分布。

而在前期春季[图 2.22(b)]，南北两极的影响已经基本消失，南半球南美洲巴西和乌拉圭东侧海域有显著正相关区；而显著负相关区分散在沙特阿拉伯东北部(50°E，25°N)、夏威夷群岛(135°W，20°N)、加拿大纽芬兰岛一带(75°W，44°N)、非洲的西撒哈拉和阿尔及利亚一带及南美洲秘鲁一带。

在图 2.22(c)所示的西南地区冬春旱与前期夏季 500hPa 高度场的相关图中，北半球、南美洲西北部、秘鲁海域(83°W，14°S)及格陵兰岛上空与多年合成场中的槽脊位置对应有大面积显著负相关区，而在欧洲大陆北部的多年合成场显示弱脊的位置(5°E～50°E，52°N～70°N)有显著正相关区，其下部地中海区域存在面积较小的显著负相关区。在南半球，南印度洋(85°E，50°S)和秘鲁西侧海域有较大显著负相关区，而在南磁极所在海域(145°E，55°S)和亚历山大岛西侧海域(80°W，61°S)有显著正相关区。

图 2.22(d)为西南地区冬春旱与前期秋季 500hPa 高度场的相关图。从图 2.22(d)中可见，全球无显著正相关区，仅在日本东南侧海域(150°E，20°N)、墨西哥北部(96°W，26°N)、秘鲁及秘鲁西侧海域(东西向带状)、黑海东北侧、南极洲的斯特奇岛(154°E，71°S)存在显著负相关区。

在西南地区冬春旱与同期冬季 500hPa 高度场的相关图[图 2.22(e)]中，南太平洋及欧洲西南部均有一显著正相关区，而显著负相关区分布在俄罗斯西部至沙特阿拉伯北部(南北向)、白令海峡一带(东西向)、北美洲东北部至格陵兰岛一带、中国西南地区、澳大利亚西南侧海域、新西兰东侧海域及智利西侧等海域上空。

图 2.22(f)为西南地区冬春旱与同期春季 500hPa 高度场的相关图。与同期冬季相比，格陵兰岛上空的显著负相关区向东拓展至欧洲北部(54°E)，澳大利亚南侧的显著负相关区范围扩大；而在地中海西北部的显著正相关区依然存在但范围缩小，贝加尔湖—蒙古国一带的正相关区较同期冬季显著增强。

总体来看，前期冬夏两季的高度场与西南地区冬春旱的相关区域相较前期春秋两季明显偏多、偏强，且正、负相关区均有出现。从可预测的角度分析，秘鲁海域上空在前期有持续近一整年的显著负相关区；在前期冬季及前期夏季的北极地区均有大范围的显著负相关区，在前期冬季的南极上空和前期夏季的北欧上空均有显著正相关区出现。

图 2.23 给出了西南地区夏秋旱与各滞时 500hPa 高度场的相关图。其中，图 2.23(a)为西南地区夏秋旱与前期夏季 500hPa 高度场的相关系数分布，从图中可以看出，北半球有两个显著正相关区，分别位于 50°E～100°E 西西伯利亚北侧的北冰洋喀拉海上空和北美东岸 50°W 附近。一个显著负相关区位于东西伯利亚浅槽所在的位置。横跨西半球的赤道上空有显著负相关区，其中心位于 80°W～110°W 的南回归线附近。在南半球也有两个面积相对较小的负相关区，分别在 100°E，35°S 附近以及 140°W，50°S 附近。

在西南地区夏秋旱与前期秋季 500hPa 高度场的相关图[图 2.23(b)]中，北半球亚欧大陆新地岛(65°E)北侧的显著正相关区明显减弱且北移至海上；南半球南美洲巴西和乌拉圭东侧海域(35°W)也有一小范围的显著正相关区。北半球位于俄罗斯西部(72°E)、白令海西海域(167°E)、美国西北部的多年合成场中出现弱脊的位置(122°W)及戴维斯海峡上空有槽线的位置(50°W)各有区域较小的显著负相关区；低纬度地区横贯太平洋和大西洋上空有绵延东西向的显著负相关区(110°E～18°E，自西向东)；此外在罗斯海西侧南极洲大陆上空(153°E)也有一片显著负相关区。

与前期夏季和前期秋季相比，前期冬季[图 2.23(c)]的 500hPa 高度场无显著正相关区，显著负相关区也仅零星分布，位于东亚大槽附近，白令海西海域上空的显著负相关区由

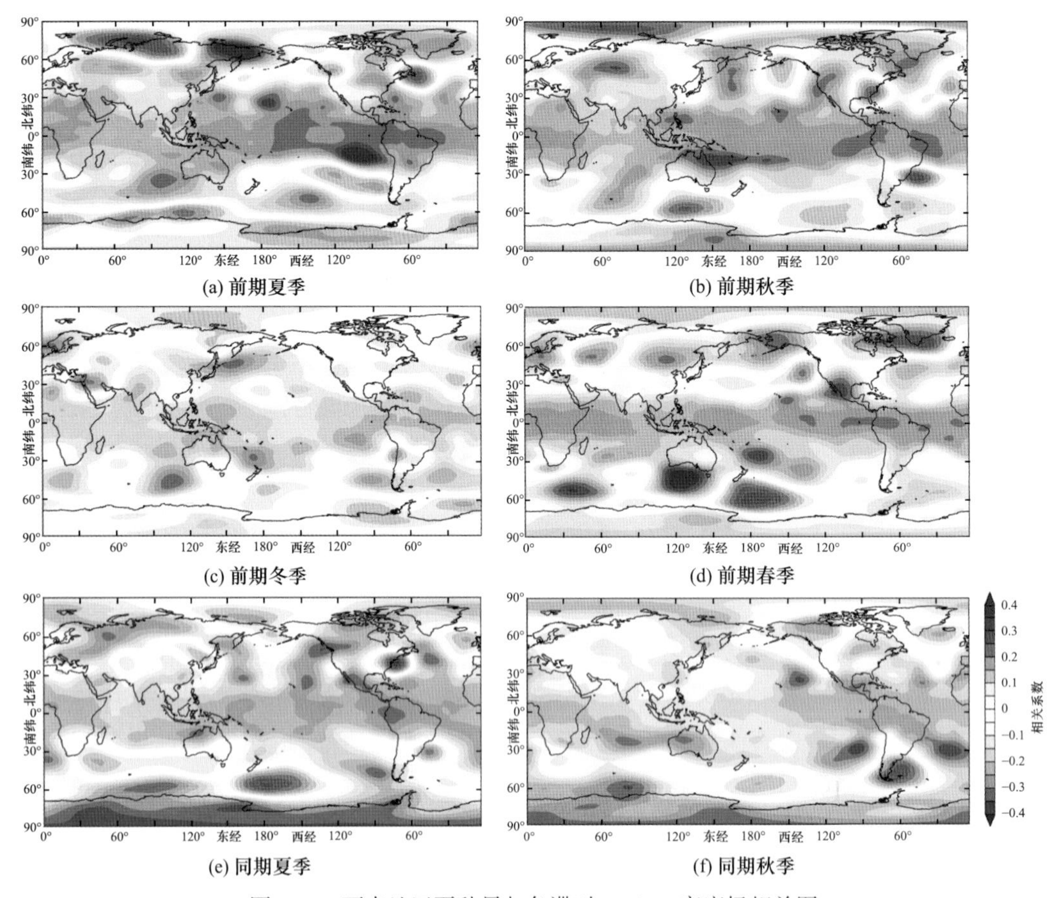

图 2.23　西南地区夏秋旱与各滞时 500hPa 高度场相关图

前期春季的南北走向变为东西走向，且欧洲西海岸、印度洋东南海域(104°E，47°S)及新西兰北侧海域(173°E，29°S)也分布着面积相当的显著负相关区。

前期春季，显著相关区又明显偏多偏强[图 2.23(d)]。主要有两大显著正相关区，分别位于格陵兰岛南部(44°W)及罗斯海、新西兰之间的海域(176°W)上空。而显著负相关区再次呈现出大面积、多区域特点，欧洲西海岸的负相关区移向东南方向的德国、意大利等国上空；蒙古国(115°E)上空也存在显著负相关区；白令海峡及阿拉斯加地区也被显著负相关区笼罩；非洲南端与南极洲之间海域(41°E)、澳大利亚南侧大片海域、新西兰东南方向海域、印度尼西亚东北侧海域及墨西哥西北部分别存在团状显著负相关区，80°E～155°W 的赤道地区绵延东西向存在带状显著负相关区。

图 2.23(e)为西南地区夏秋旱与同期夏季 500hPa 高度场的相关图。图 2.23(e)中显示，两大显著正相关区分别位于美国东海岸和附近海域及罗斯海、新西兰之间的海域(178°W)，与前期秋季相比较，显著正相关区在北半球向西南方向转移，在南半球其影响范围缩小。而显著负相关区，除南极洲整体呈现此属性外，在俄罗斯西部、太平洋东西两侧海域、南美洲北部及大西洋北海域存在分散的显著负相关区。

图 2.23(f)为西南地区夏秋旱与同期秋季 500hPa 高度场的相关图。显著正相关区仅在

阿根廷东侧海域(60°W)有一小片区域，而显著负相关区仍以南极洲上空为主，但较同期冬季比，区域呈缩小趋势；其他小片显著负相关区分散在印度洋中部偏东至澳大利亚西侧大部分、太平洋东侧海域、墨西哥北部至墨西哥湾、智利以西海域、哥伦比亚及巴西东侧海域。

总体分析，西南地区夏秋旱与 500hPa 高度场的相关性比冬春旱要显著，致旱的区域也更广泛。在影响冬春旱时，高度场的正负显著相关区均有贡献，而对夏秋旱的影响则以连片的显著负相关为主，即气压越高干旱越严重。从可预测的角度来看，前期夏季和前期秋季均有突出贡献，北冰洋喀拉海(65°E)上空有较稳定的显著正相关区，横贯赤道太平洋—大西洋上空的稳定显著负相关区及前期夏季东西伯利亚(135°E～180°E，55°N～75°N)上空的显著负相关区都可作为西南地区夏秋旱的预报因子。

2.4.3　关键区致旱特征

基于上述不同滞时的海温场、500hPa 高度场与西南地区冬春两季最旱月 SPI3 指数的相关关系分析，本节将进一步分析前期显著气象要素相关区与西南地区历史典型干旱的联系。

选取前期夏季的大西洋显著负相关区为代表进行致旱影响分析。对该关键海域内的海温格点数据进行区域平均，得到该大西洋关键区的夏季海温序列，并做标准化处理，结果如图 2.24 所示。在 1961～2013 年这 53 年中，首先选出最旱的 10 年：1963 年/1964 年、1969 年/1970 年、1984 年/1985 年、1987 年/1988 年、1988 年/1989 年、1995 年/1996 年、2004 年/2005 年、2009 年/2010 年、2010 年/2011 年和 2011 年/2012 年，图 2.24 中对应年份的干旱指数用红色圆点表示，对应的前期夏季大西洋关键区海温用红色矩形柱表示；选出最涝的 10 年：1961 年/1962 年、1968 年/1969 年、1973 年/1974 年、1976 年/1977 年、1977 年/1978 年、1990 年/1991 年、1998 年/1999 年、2000 年/2001 年、2002 年/2003 年和 2007 年/2008 年，图 2.24 中的干旱指数用深蓝色菱形表示，与之对应的前期夏季大西洋关键区海温用深蓝色矩形柱表示。该区域是显著负相关区，即海温越高，干旱指数值越小，西南地区旱情越重。

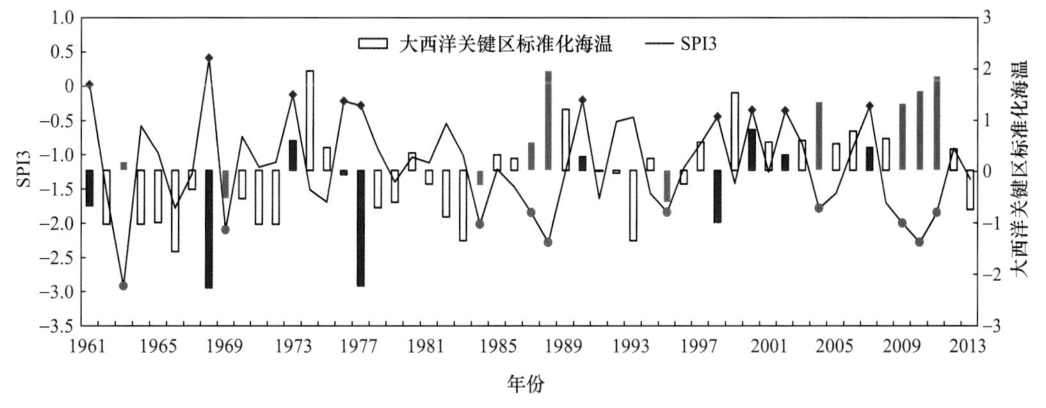

图 2.24　大西洋关键区标准化海温与西南地区冬春旱逐年演变过程

对比分析发现，在海温最高的 10 年中，有 5 年发生了严重旱情，而在海温最低的 10 年中，仅有 2 年出现严重洪涝的情况。在干旱严重的年份，标准化海温值多为明显的正距平。说明西南地区冬春旱对前期夏季的大西洋关键区海温异常响应敏感，当遇该区域夏季海温显著偏高年时，其后期的冬春季西南地区可能出现严重干旱。

采用同样的方法，对 500hPa 位势高度场的显著相关区进行致旱特征分析。秘鲁海域上空在西南地区冬春旱前期有持续近一整年的显著负相关区，且信号稳定。对前期夏季秘鲁海域(75°W～92°W，9°S～19°S)上空的 500hPa 位势高度格点进行逐年区域平均，标准化后得到秘鲁关键区标准化位势高度序列，据此分析其西南地区冬春旱的影响，结果如图 2.25 所示。

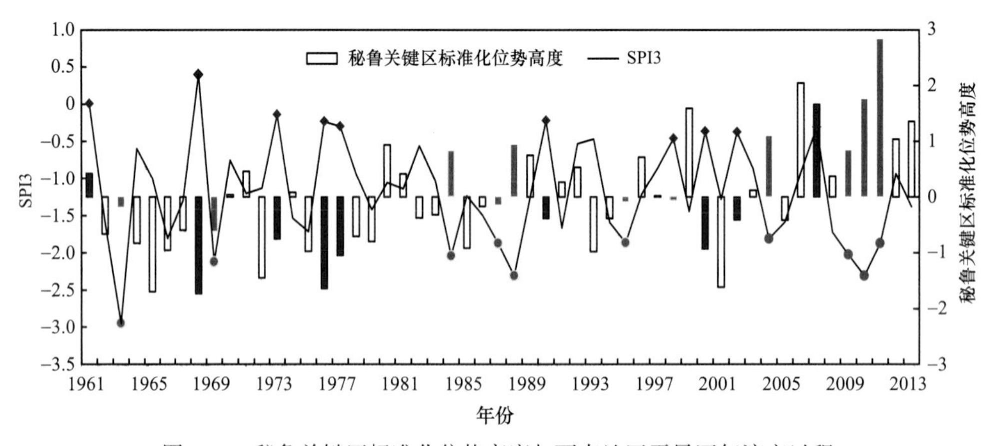

图 2.25　秘鲁关键区标准化位势高度与西南地区干旱逐年演变过程

图 2.25 的表示方法与图 2.24 类似，由于其是显著负相关区，该区域的 500hPa 气压越高，西南地区冬春旱越严重。在关键区气压最高和最低的 10 年中，分别有 4 年出现了严重的旱涝灾害。对 2009～2011 年连续 3 年的西南地区干旱有良好的响应。在其他的严重旱涝年份，气压也出现了较明显的异常变化，说明该区域的气压异常对西南地区的气候有显著影响，当秘鲁关键区夏季气压偏高年份时，其后期的西南地区冬春季可能发生干旱。

综上可知，无论是海温场还是高度场，前期的显著相关区对西南地区冬春两季干旱确有影响。从中选出稳定性较好的要素场多个关键区域，作为预测因子相互配合可以实现对干旱的预测。

2.5　本 章 小 结

大范围、长历时干旱的发生和发展，其高空的大尺度环流形势持续异常且具有显著的稳定性，利用信号场方法能够客观、高效地识别出气象要素超出正常波动范围的变化。本章从信号场方法改进入手，对相关气象要素的偏态特性进行探讨，并通过 Box-Cox 变换对信号场方法进行改进，取得了一定的效果。在识别全国九大干旱分区场次的基础上，选取华北、西南两大典型干旱区，应用改进的信号场方法分析其干旱期间水汽动力辐合辐散、水汽输送、高度场和海温场的异常特征。进一步，以 2009～2010 年西南地区特大干旱为例，利用逐日信号场进行旬尺度的时间合成，分析其干旱前期高度场、风场异常特征；再以西南地区夏秋旱和冬春旱为研究对象，运用相关分析的方法寻找与区域干旱线性相关的海温场、500hPa 高度场的显著区域，研究其致旱特征，为大范围干旱的预测研究提供思路与方法。

第 3 章　多源降水与多源气温融合

高精度、高分辨率的水文气象要素数据是大范围干旱研究的重要基础和必要支撑。多源数据融合是基于多种来源数据，利用一定的算法，对其进行融合，获得高质量水文气象要素数据的一种方法。本章主要在改进数据融合方法的基础上，开展卫星反演及再分析数据与测站数据的融合研究，为大范围干旱动态监测与预测提供数据支撑。

3.1　概　　述

传统的水文气象站点数据精度较高，但是长系列、大范围的观测站点往往密度较低，难以满足大范围干旱研究的需求。基于卫星雷达的反演数据和基于模式的再分析资料具有高覆盖度、高分辨率、能够反映水文气象要素空间变化特征的独特优势，可以弥补水文气象站点的不足。但是受到传感器精度、天气状况、反演算法及数值模式不确定性的影响，卫星雷达数据和再分析资料的精度相对较低。综合不同来源数据的优势，进行多种来源数据的融合，从而获得高质量的水文气象要素数据，是开展大范围干旱研究的基础。

20 世纪 70 年代发展起来的数据融合，是利用不同时间与空间的多种观测设备按照一定的准则，对获得的多源观测资料进行分析与综合。数据融合自出现以来，因具有可拓展数据时空覆盖范围、提高数据可信度、减少信息模糊性、提高对象空间分辨率等优点，被广泛应用于军事、工业过程监控、气象预报、医疗诊断、工程测量等领域(王卫国，2005)。各种各样的融合方法也随之出现，目前水文气象中较为常用的数据融合方法主要有统计学方法和动力学方法。

统计学方法有最大似然估计、最小方差估计、客观分析、最优插值法等。最优插值法是基于要素场本身统计结构的一种客观分析方法，该方法能够考虑地面测站的空间分布特征，可以有效克服地面测站空间分布不均匀所造成的影响，允许同时使用多个具有不同误差特征的观测资料，且允许使用非常规观测资料(马寨璞等，2004)，因此应用较为广泛。但是，最优插值法实际上仍是线性回归技术，利用它所得到的分析场过于平滑，在用于水文气象数据融合时，有可能抑制中尺度数值天气预报中十分重要的中小尺度过程，不太适用于中尺度数值预报模式的水文气象数据融合。

牛顿张弛逼近是一种常用的动力学方法，主要是指在预报开始之前的一段时间内，通过在一个或几个预报方程中增加一个与预报和实测差值成比例的协调项 N，使模式解逼近观测资料，并使变量之间达到动力协调。然后用这样的模式解作为预报输入，以提高模式的预报效果。牛顿张弛逼近主要分为分析场(格点)逼近和观测场(站点)逼近。分析场(格点)逼近的融合方案适用于资料空间分辨率较高的情况，而观测场(站点)逼近则适用于资料时间分辨率较高或非常规资料。

3.2　多源降水融合方法改进及效果分析

3.2.1　多源降水融合方法及改进

目前国际上较为常用的融合方法有 Barnes 插值法、最优插值法、贝叶斯平均法等。其中最优插值法应用较为广泛，NCEP 和中国气象局等机构均采用该方法进行降水融合。最优插值法的基本假设是所有不同来源的资料本身不存在系统误差。在进行卫星降水与地面观测资料融合时，针对卫星降水的系统误差，一般在最优插值之前采用概率密度匹配进行校正，对每个网格选取一定范围内地面测站和与其对应的卫星降水，计算卫星降水值(P_{t})的累积概率密度，以及该概率密度所对应的地面降水值(P_{g})，得到订正值(ΔP)，则订正后的卫星降水值为 $P_{\mathrm{c}}=P_{\mathrm{t}}+\Delta P$ 。利用一定空间范围内降水概率密度相对稳定的特性，通过地面观测降水的概率密度来标定卫星反演降水的概率密度，使订正后的卫星反演降水的概率密度值与地面观测值的概率密度值相匹配。

将经过 PDF 校正的卫星降水作为最优插值的初估值，地面测站降水作为观测值。每个网格的融合降水 O_i 等于该网格的降水初估值 T_i 加上一个估计偏差，该偏差是一定影响半径内所有包含地面测站的网格观测值 G_j 与初估值 T_j 偏差的加权估计。

$$O_i = T_i + \sum_{j=1}^{n} w_j (G_j - T_j) \tag{3.1}$$

式中，i 为分析网格；j 为包含地面测站的网格；n 为影响半径内包含地面测站的网格总数；w_j 为参与融合的网格的权重函数。

针对每个网格 i ，利用最小二乘法构建关于 w_j 的线性方程，使得网格 i 的融合降水误差的方差达到最小：

$$\sum_{j=1}^{n} (\mu_{kj}^{T} + \mu_{kj}^{G} \lambda_k \lambda_j) w_j = \mu_{ik}^{T}, \quad k = 1, 2, \cdots, n \tag{3.2}$$

式中，μ_{kj}^{T} 为初估误差协相关，$\mu_{kj}^{T} = \mathrm{e}^{-\frac{d_{kj}}{l}}$ ，d_{kj} 为 k 与 j 之间的距离，l 为初估场误差相关长度；μ_{kj}^{G} 为观测误差协相关；λ_k 为 k 点上观测误差标准偏差 δ_k^G 和初估误差标准偏差 δ_k^T 的比率；λ_j 为 j 点上观测误差标准偏差 δ_i^G 和初估误差标准偏差 δ_i^T 的比率。

然而，上述传统的最优插值分析以卫星反演降水 T_i 为背景场，当卫星降水缺测、漏测时，背景场误差较大，影响融合降水的精度。

针对传统最优插值法存在的问题，在融合计算中引入地面测站降水直接插值结果 G_i' ，与 T_i 进行加权作为背景场，构建新的降水融合公式如下：

$$M_i = \left[\alpha_i G_i' + (1-\alpha_i) T_i\right] + (1-\alpha_i) \sum_{j=1}^{n} w_j (G_j - T_j) \tag{3.3}$$

式中，M_i 为融合降水；G_i' 为地面测站直接插值降水，$G_i' = \sum_{j=1}^{n} w_j \times G_j$；$\alpha_i$ 为权重，$\alpha_i = \left[\left|\sum_{j=1}^{n} w_j (G_j - T_j)\right|\right] \Big/ \left[T_i + \left|\sum_{j=1}^{n} w_j (G_j - T_j)\right|\right]$。当原始偏差 $\left|\sum_{j=1}^{n} w_j (G_j - T_j)\right|$ 所占比例较小时，表明 T_i 不确定性较小，此时权重小，使得 G_i' 所占比例小，背景场偏向 T_i；当原始偏差所占比例较大时，T_i 不确定性大，此时权重大，使得 G_i' 所占比例大，背景场偏向 G_i'。

3.2.2　资料介绍与方案设计

1. 资料介绍

卫星降水资料选取 TRMM 3B42 产品。TRMM 卫星是由美国国家航空航天局(National Aeronautics and Space Administration，NASA)和日本宇宙航空研究开发机构(Japan Aerospace Exploration Agency，JAXA)共同研制的第一颗专门用于定量测量热带/亚热带地区降水的气象卫星。TRMM 卫星运行高度为 350km，轨道范围位于 50°S～50°N，轨道周期约为 90min，平均每天绕轨道运行 15.7 圈。TRMM 卫星运行在近赤道非太阳同步轨道使得卫星经过同一地点的当地时间不同，这有利于收集降水的日变化特性。TRMM 测雨产品共分为以下三级：一级产品是将原始资料转化成 HDF 格式，包括 1A11 原始数据产品及 1B11 亮温产品。二级产品是对一级产品进行处理之后得到的产品，其中包括由 1B11 产品经算法加工而成的 2A12 产品，可反映像元的瞬时降水强度、降水区域等。三级产品是针对二级产品中的降水强度和三维反射率处理后形成的 5 天、30 天降水图像和降水的三维结构，三级产品被提供给各研究机构进行进一步的分析并作为存档资料(高洁，2015；金君良，2006)。本节选用的 TRMM 3B42 多卫星测雨数据属于三级产品，由 2A12 产品与 SSMI、高级微波扫描辐射计(advanced microwave scanning radiometer，AMSR)、先进微波探测器(advanced microwave sounding unit，AMSU)等微波传感器、红外传感器的降水速率产品融合而成，其空间分辨率为 0.25°×0.25°，时间分辨率为 3h，资料序列开始于 1998 年 1 月 1 日。

选取江苏省作为研究区域。选用 160 个地面测站 1998～2011 年逐日观测降水数据，分析 TRMM 卫星降水与站点观测降水融合效果。江苏省 160 个地面测站与 TRMM 卫星网格的空间对应关系如图 3.1 所示。

2. 方案设计

本节以构建区域网格降水产品为目标，分析不同方法获得的降水产品精度，进而比较各方法的适用性。研究设定降水产品的空间分辨率为 0.25°×0.25°，与 TRMM 降水数据的空间分辨率一致。首先利用研究收集到的最多的雨量站数据，采用反距离插值法(inverse distance weighted，IDW)生成江苏省 1998～2011 年逐日网格降水产品。降水测站数占到了网格数的 76%，且站点分布较为均匀，绝大多数网格内有降水测站，因此将获得的网格降水产品作为基准(以下称为基准数据)，比较分析不同站网密度下各种方法获得的降水产品精度差异，共生成了四种不同的降水数据产品，具体的描述见表 3.1。PG-IDW

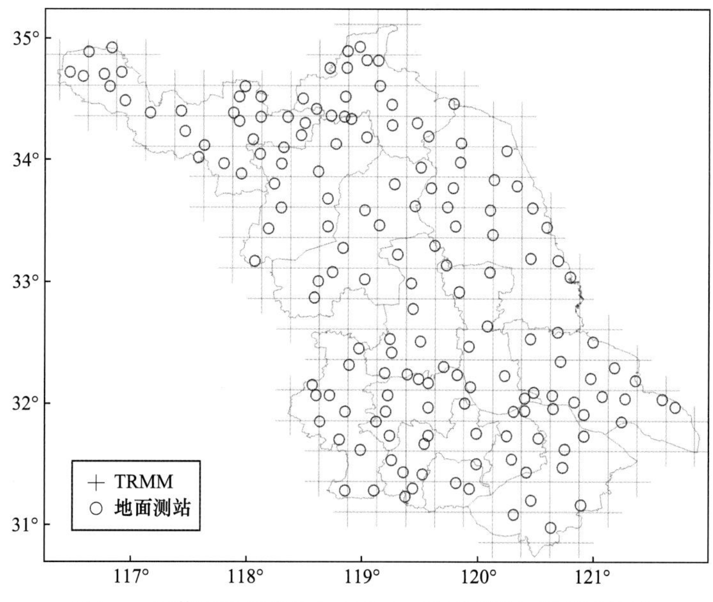

图 3.1 江苏省地面测站与 TRMM 卫星网格空间对应关系

表示不考虑卫星降水等其他信息，仅利用降水测站的数据生成的网格降水产品。PT-PDF 表示经过系统偏差订正的卫星降水产品。PM-OI 和 PM-OInew 分别表示融合方法改进前后 TRMM 与测站降水融合的网格降水产品。

表 3.1 四种降水数据产品对应的代表符号

序号	降水数据产品	代表符号
1	采用 IDW 法，仅基于地面测站插值的降水	PG-IDW
2	采用 PDF 匹配法，进行系统偏差订正后的 TRMM 卫星降水	PT-PDF
3	采用最优插值法，基于地面测站和 PT-PDF 进行融合后的降水	PM-OI
4	采用改进的最优插值法，基于地面测站和 PT-PDF 进行融合后的降水	PM-OInew

为了分析测站密度对融合结果的影响，设计了 15 种地面测站密度方案，见表 3.2，表 3.2 中单站平均控制面积(CA)的倒数表示测站密度，单站平均控制面积越大，对应的测站密度越小。不同方案单站平均控制面积为$1.0\times10^3\sim53.5\times10^3\text{km}^2$，相应的地面测站数为 2～120。考虑到相同测站密度下测站空间位置不同可能对试验结果产生影响，对于表 3.2 中不同密度的方案均通过随机模拟抽取 50 次。

表 3.2 地面测站密度方案

试验方案序号	1	2	3	4	5	6	7	8	9	10	11	12	13	14	15
单站平均控制面积/10^3km^2	53.5	35.5	26.5	17.5	13.5	10.5	7.5	6.0	5.0	4.0	3.5	2.5	2.0	1.5	1.0
随机模拟选取的测站数	2	3	4	6	8	10	14	18	22	26	30	40	60	80	120

融合得到的降水数据包含了实测站点信息，不能直接用实测站点数据来评估融合结

果，因此融合降水常用的评估方法是交叉检验。本节在进行降水融合的交叉检验时，对每一个包含测站的网格进行如下操作：预留网格内的测站数据不参与融合，利用上述融合方法对剩余的 159 个测站与 TRMM 卫星降水进行融合，从而获得该网格降水的交叉检验值。该方法重复 160 次，即可获取全国范围所有包含测站网格的融合降水交叉检验值。通过分析融合降水交叉检验值与该网格内的测站降水的相关系数、平均偏差和均方根误差(root mean square error，RMSE)等指标，对融合结果进行评估。同时，为进一步分析融合降水的精度，采用纳什效率系数(Nash-Sutcliffe efficiency coefficient，NSE，又称为确定性系数)对其进行检验。NSE 不仅考虑了实测降水和融合降水的相关性，同时也考虑了两者之间降水量的差异。

3.2.3　融合效果分析

1. 测站密度对总体融合效果的影响

对应上述 15 种地面测站密度方案，从相关系数和均方根误差两个指标来分析不同测站密度下 PG-IDW、PT-PDF、PM-OI 和 PM-OInew 四种降水数据产品的精度差异。

四种降水数据产品相关系数与测站密度变化的关系如图 3.2 所示，从图 3.2 中可以看出，除 PT-PDF 外，随着测站密度增大，其余三种降水数据产品相关系数均呈增大趋势。当测站密度较小时(对应单站平均控制面积为 $53.5\times10^3\sim7.5\times10^3\mathrm{km}^2$)，PG-IDW、PM-OI 和 PM-OInew 相关系数均随测站密度增大而逐渐增大，此时 PM-OI 和 PM-OInew 相关系数均大于 PG-IDW，表明在此范围内增加地面测站可显著提高融合降水(PM-OI 和 PM-OInew)的精度。当测站密度增大到一定程度后(对应单站平均控制面积小于 $6.0\times10^3\mathrm{km}^2$)，PG-IDW、PM-OI 和 PM-OInew 相关系数大小随测站密度变化较小，此时增加地面测站融合降水精度改善不明显。

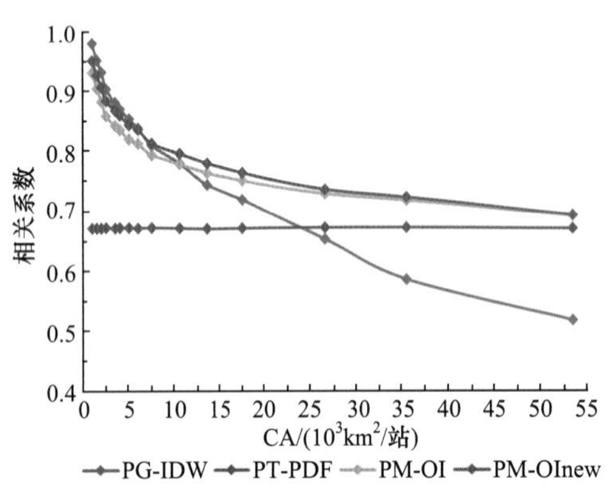

图 3.2　PG-IDW、PT-PDF、PM-OI 和 PM-OInew 相关系数与测站密度变化的关系

对比 PM-OI 和 PM-OInew 相关系数变化规律可以看出，在测站密度极小时(对应单站平均控制面积为 $53.5\times10^3\mathrm{km}^2$)PM-OI 和 PM-OInew 相关系数均为 0.69。此后不断增大测站密度，PM-OInew 的相关系数逐渐增大且始终大于 PM-OI。与传统的最优插值法相比，改进后的融合方案能够更好地提高融合降水的精度，且测站密度越大提高效果越明显。

为进一步分析不同测站密度方案相关系数的空间差异，选取单站平均控制面积 $53.5\times10^3\mathrm{km}^2$、$26.5\times10^3\mathrm{km}^2$、$6.0\times10^3\mathrm{km}^2$ 和 $1.0\times10^3\mathrm{km}^2$ 四个具有代表性的密度方案绘制 PG-IDW、PT-PDF 和 PM-OInew 日降水相关系数的空间分布，如图 3.3 所示。从图 3.3 中可以看出，随着测站密度增大，PG-IDW 和 PM-OInew 相关系数均有增加，而 PT-PDF 基本不变且空间分布十分均匀。图 3.3(a1)对应的单站平均控制面积为 $53.5\times10^3\mathrm{km}^2$，表明当测站密度较小时，PG-IDW 空间差异较明显，其相关系数变化范围为 0.37～0.63，即用较少的测站直接插值得到的降水产品会引入较大的空间误差。由于在地面测站较少的情况下，PM-OInew 主要依赖于 PT-PDF 的空间信息，因此图 3.3(a3)与(a2)极为相近，随着测站密度增大，PM-OInew 逐渐引入测站降水信息，其相关系数的空间差异稍有增加。图 3.3(c1)与(c3)表明，当测站密度增大到一定程度时(对应单站平均控制面积为 $6.0\times10^3\text{km}^2$)，PG-IDW 与 PM-OInew 相关系数空间分布基本一致，其面平均相关系数均为 0.85。

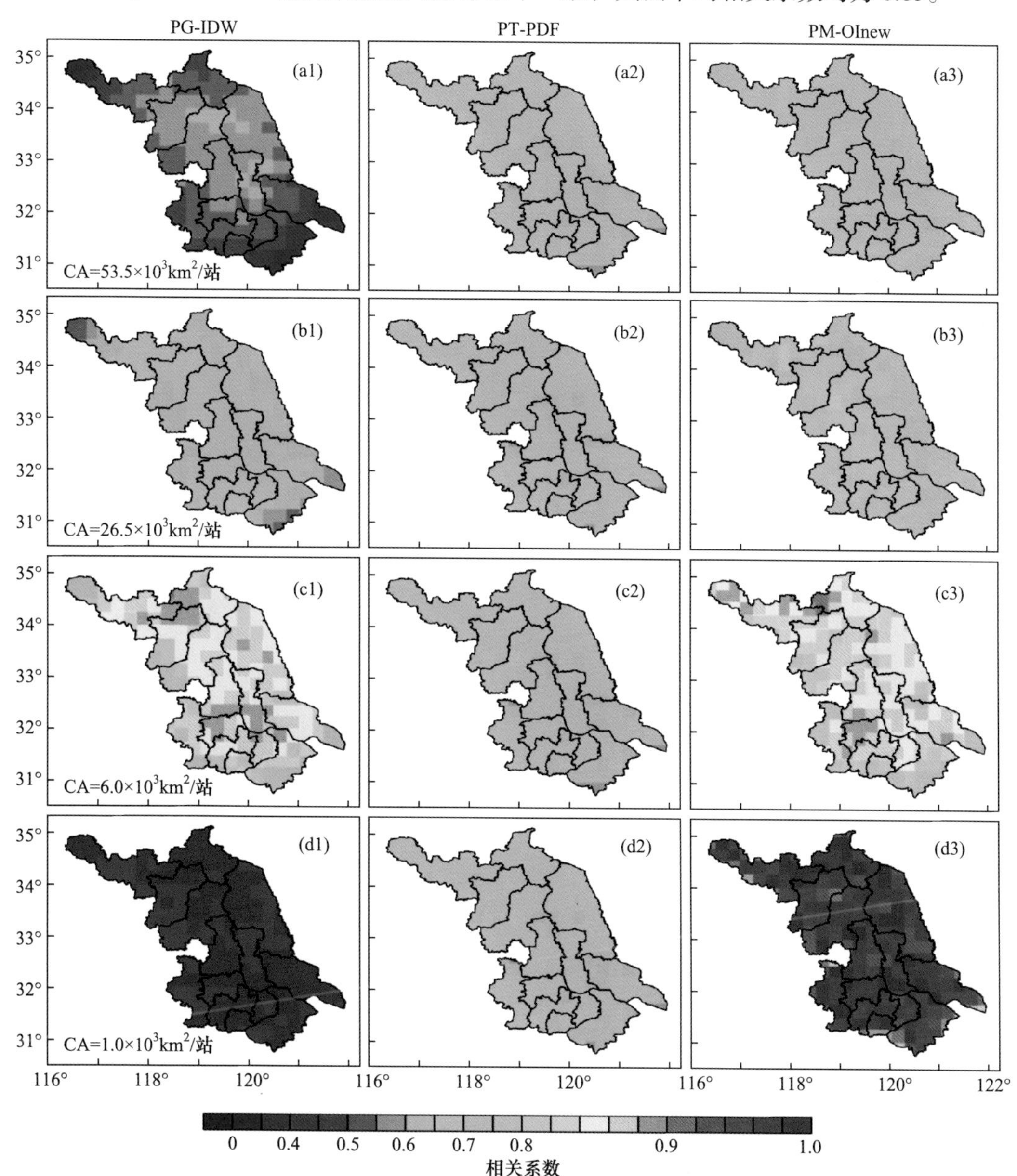

图 3.3　不同测站密度下 PG-IDW、PT-PDF 和 PM-OInew 日降水相关系数空间差异

a1、b1、c1、d1 为 PG-IDW，a2、b2、c2、d2 为 PT-PDF，a3、b3、c3、d3 为 PM-OInew，a～d 单站平均控制面积分别为 $53.5\times10^3\text{km}^2$、$26.5\times10^3\text{km}^2$、$6.0\times10^3\text{km}^2$、$1.0\times10^3\text{km}^2$

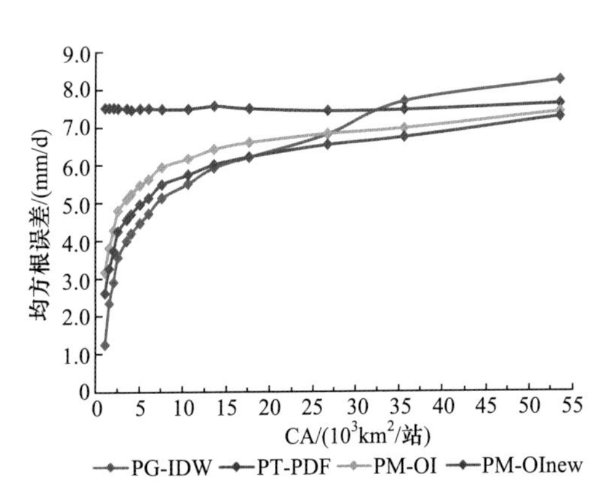

图 3.4　PG-IDW、PT-PDF、PM-OI 和 PM-OInew 均方根误差与测站密度变化的关系

图 3.4 为四种降水数据产品均方根误差与测站密度变化的关系。与相关系数类似，除 PT-PDF 外，随着测站密度增大，PG-IDW、PM-OI 和 PM-OInew 均方根误差都呈减小趋势。当单站平均控制面积大于$17.5\times10^3 km^2$时增加地面测站，PG-IDW、PM-OI 和 PM-OInew 均方根误差迅速减小，此时融合降水(PM-OI 和 PM-OInew)的精度普遍优于地面测站直接插值结果(PG-IDW)，相应的均方根误差分别减小了 4.0% 和 7.5%。当单站平均控制面积小于$13.5\times10^3 km^2$时，地面测站均方根误差减小缓慢，表明此时测站密度提高对降水精度改进效果有限。无论在何种测站密度条件下，PM-OInew 的均方根误差始终小于 PM-OI 的结果。当单站平均控制面积为$53.5\times10^3 km^2$时，相应的均方根误差减小了 1.7%，当单站平均控制面积为$1.0\times10^3 km^2$时，均方根误差减小 17.1%，表明 PM-OInew 能够更好地引入 TRMM 卫星降水空间分布的合理性和地面测站降水量值的精确性，总体应用效果明显改善，且测站密度越大改进越明显。

图 3.5 为不同测站密度下 PG-IDW、PT-PDF 和 PM-OInew 日降水均方根误差空间差异。从图 3.5 中可以看出，PG-IDW 和 PM-OInew 均方根误差都随着测站密度增大而减小，PT-PDF 均方根误差虽略有改善但总体变化不大。当测站密度较小时，如图 3.5(a1)～(b3)所示，与 PG-IDW 相比 PM-OInew 均方根误差增大较明显。随着测站密度增大，PG-IDW 与 PM-OInew 均方根误差的差异逐渐减小。

综上所述，测站密度较小时，PG-IDW 对降水的空间把握能力较差，此时融合降水能够明显提高降水精度。随着地面测站密度不断增加，地面降水观测信息对融合降水的影响增大，而卫星反演降水信息的重要性不断下降，融合降水的精度逐渐趋近于仅采用雨量站观测数据插值的精度。随着雨量站密度进一步增加，融合降水中引入卫星反演降水反而会引入新的误差，使得融合降水总体精度低于直接采用测站插值的结果。

本节发现处于平原地区的江苏省，当地面测站单站平均控制面积大于$6.0\times10^3 km^2$时，融合降水与地面测站直接插值和 TRMM 卫星降水相比优势更明显。这与胡庆芳(2013)和 Chappell 等(2013)的研究结论类似，都发现存在一个阈值，只有当单站平均控制面积大于该阈值时，引入卫星降水进行融合获得的日降水精度才优于单纯站点插值。但是，该阈值具有区域差异性，胡庆芳(2013)研究发现，赣江流域单站平均控制面积的阈值为$2.5\times10^3 km^2$。分析发现这种区域性差异受地形影响，赣江流域地处山区，有效站网密度阈值约为位于平原区的江苏省的 2.4 倍。这与山区降水的空间不均匀性比平原区大有关，世界气象组织规定为获得一定精度的流域面雨量，山区的雨量站容许最小密度约为平原区的 3.6 倍。

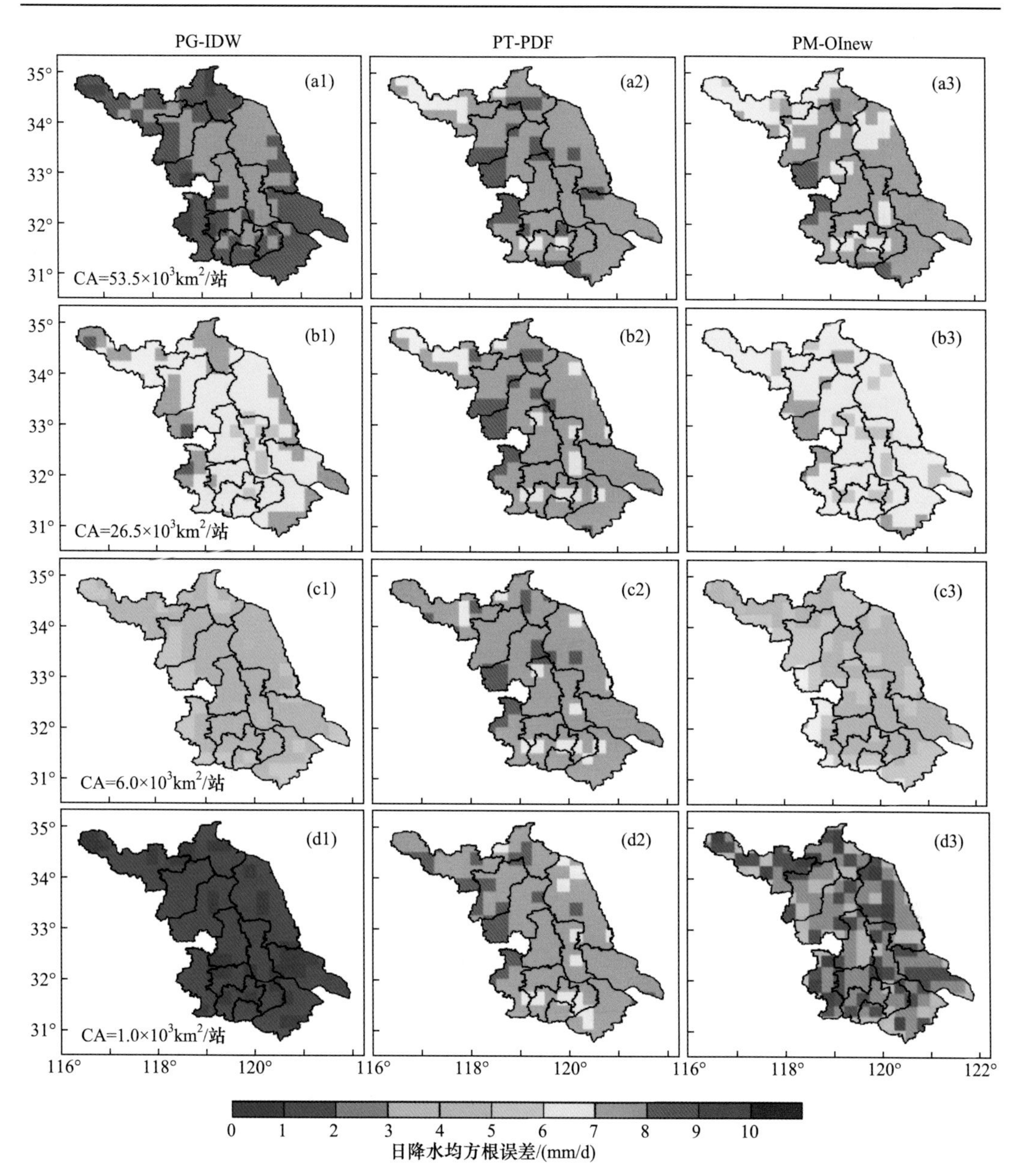

图 3.5　不同测站密度下 PG-IDW、PT-PDF 和 PM-OInew 日降水均方根误差空间差异

(a1)～(d3)意义同图 3.3

2. 不同降水类型融合效果

图 3.6 为四种降水数据产品不同季节相关系数和均方根误差随测站密度变化而变化的规律。从图 3.6 中可以看出，相关系数和均方根误差在各个季节的变化规律与测站密度对总体融合效果的分析结果基本一致。从相关系数上来看，PG-IDW 在冬季最大，夏季最小，且从冬季到夏季，相关系数对测站密度变化的敏感度逐渐增大，单站平均控制面积大于 $6.0\times10^3\text{km}^2$ 时每增加一个测站，相关系数在夏季提高了 0.04，而冬季只提高了

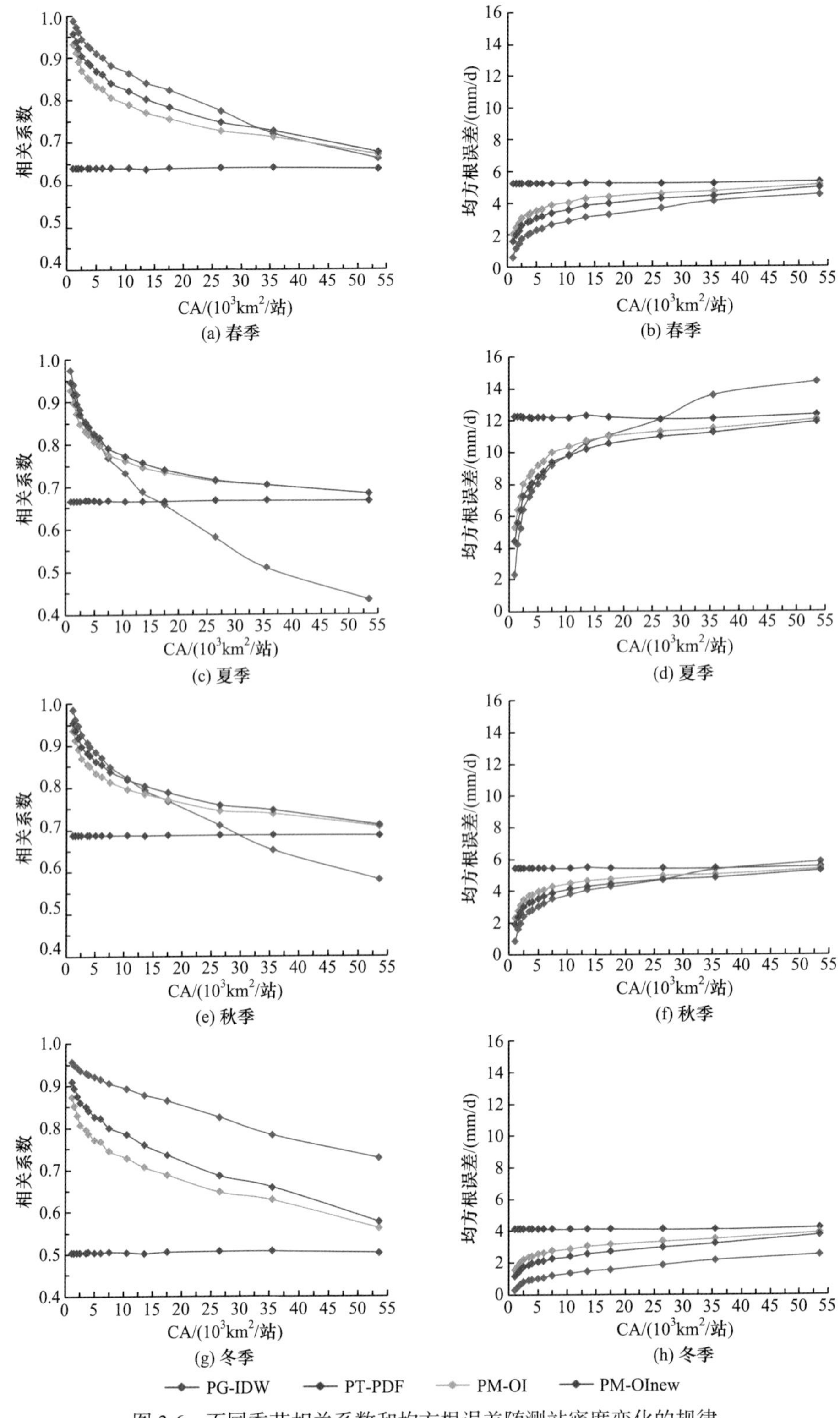

图 3.6　不同季节相关系数和均方根误差随测站密度变化的规律

0.02。PT-PDF 相关系数四季差异相对较小，且对测站密度变化极不敏感。PM-OI 和 PM-OInew 在夏季的相关系数均高于冬季，说明融合对降水精度的提高效果与降水类型有关，降水量越大，降水时空分布越均匀，提高效果越大。PM-OInew 的相关系数在四季均高于 PM-OI，说明改进后的融合方案是有效的，且冬季改进效果最明显。

从均方根误差上来看，四种降水数据产品均方根误差都随着降水量的增大而增大，夏季均方根误差最大，冬季最小。PG-IDW 均方根误差对测站密度变化的敏感度同样是夏季最大，冬季最小。PT-PDF 均方根误差对测站密度变化不敏感。PM-OInew 均方根误差总体要小于 PM-OI。在夏季，当单站平均控制面积大于 $6.0\times10^3\text{km}^2$ 时，四种降水数据产品中 PM-OInew 的均方根误差最小，说明此时改进后的融合降水精度最高。

从不同季节融合效果来看，夏季明显优于其他季节，可能原因是夏季降水量和发生频率都明显大于其他季节，且降水时空分布更均匀。据此推测，融合方案的应用效果除了与测站密度有关外，还可能与降水类型有关。为进一步探讨降水类型对融合效果的影响，按照国家气象部门的分级标准，日雨量 0.1～10mm 为小雨，10～24.9mm 为中雨，25～49.9mm 为大雨，50～99.9mm 为暴雨，超过 100mm 为大暴雨，统计四种不同降水产品相关系数和相对误差与降水类型的关系。图 3.7 是单站平均控制面积为 $26.5\times10^3\text{km}^2$ (实线)和 $6.0\times10^3\text{km}^2$ (虚线)对应的四种降水数据产品相关系数和相对误差随降水类型不同的变化情况。图 3.7 表明除了 PG-IDW 外，其余三种降水数据产品相关系数均随着降水量的增大而增大，其中单站平均控制面积为 $6.0\times10^3\text{km}^2$ 对应的 PM-OInew 大暴雨相关系数最高。从相对误差来看，所有降水数据产品相对误差均随着降水量的增大而减小。四种降水数据产品精度均与降水量呈正相关，降水量越大产品精度越高。

3. 多年平均降水空间分布

图 3.8 给出了江苏省不同测站密度下 PG-IDW、PT-PDF 和 PM-OInew 多年平均降水

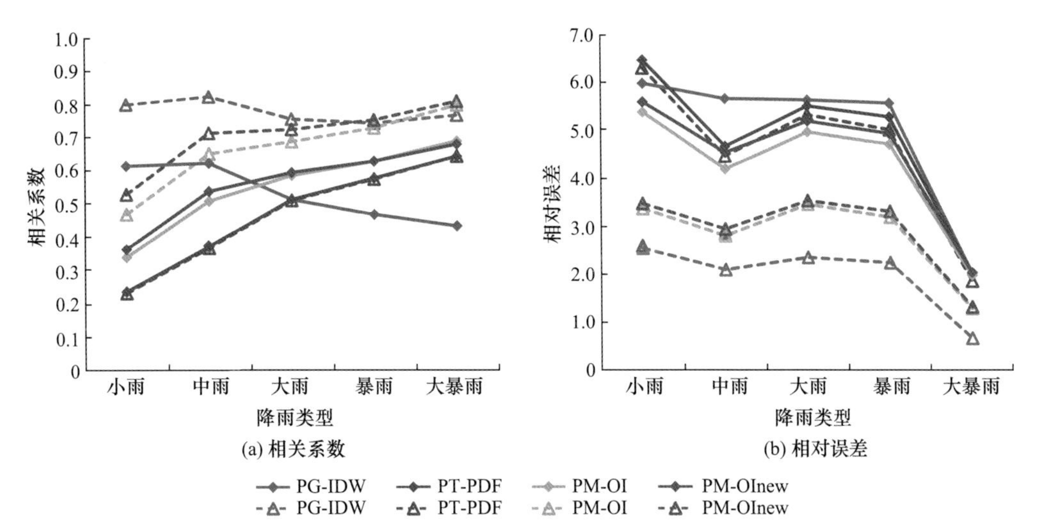

图 3.7　PG-IDW、PT-PDF、PM-OI 和 PM-OInew 相关系数和相对误差与降水类型的关系

图中实线对应单站平均控制面积为 $26.5\times10^3\text{km}^2$ ，虚线对应单站平均控制面积为 $6.0\times10^3\text{km}^2$

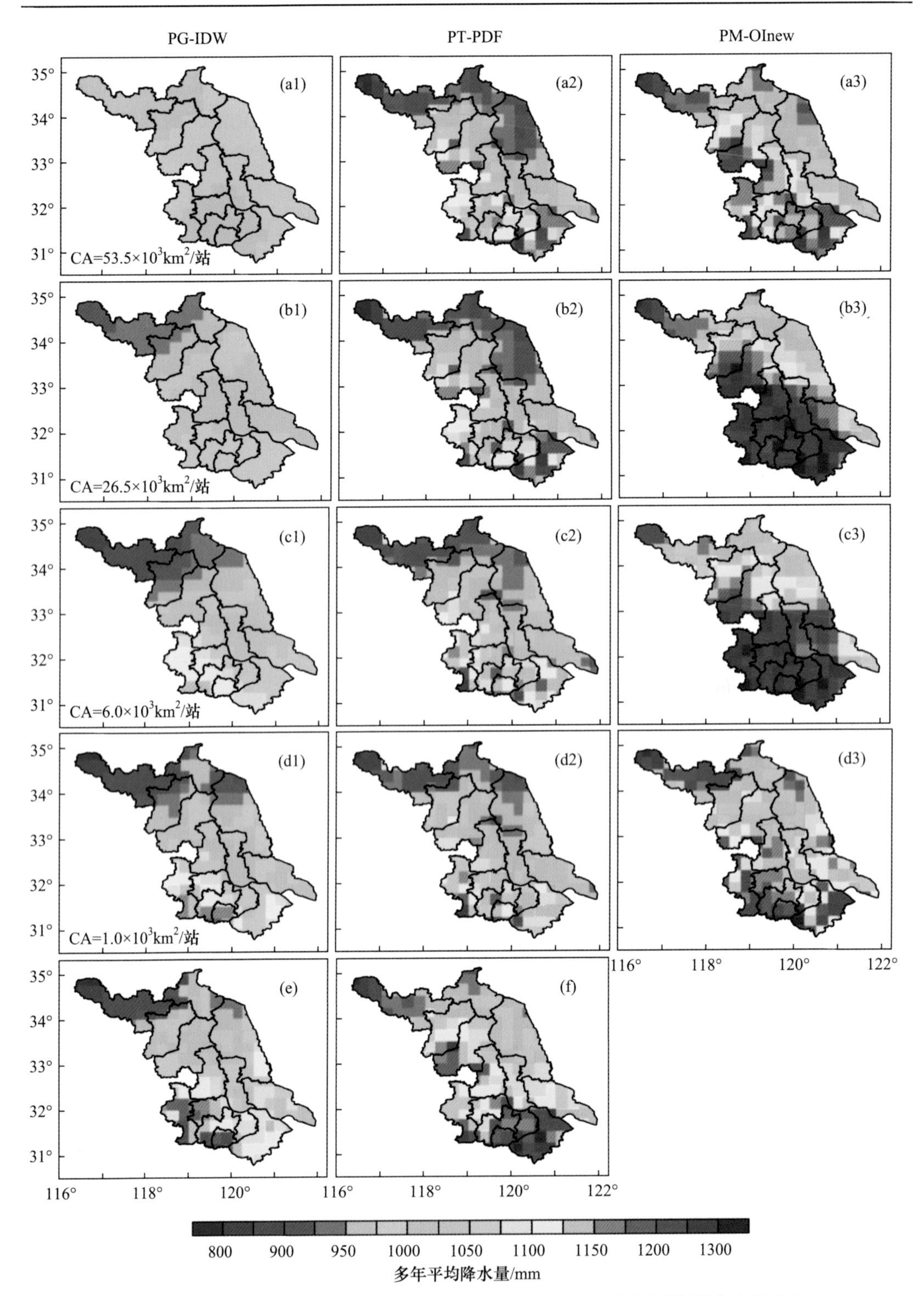

图 3.8　不同测站密度下 PG-IDW、PT-PDF 和 PM-OInew 多年平均降水空间分布

(a1)～(d3)意义同图 3.3，(e)为 160 个雨量站插值降水即“基准降水”，(f)为原始 TRMM 卫星降水

空间分布，其中图3.8(e)为160个雨量站插值降水即“基准降水”，全省降水整体从南向北逐渐减小，降水高值区位于南京、常州、无锡一带，低值区位于徐州境内。图3.8(f)为未经PDF订正的原始TRMM卫星降水，从图中可以看出，原始TRMM卫星降水空间上南北递减的趋势与“基准降水”基本一致，但总体量值偏大，在苏州地区偏大尤为明显，TRMM卫星年最大降水量为1270mm，而“基准降水”最大值仅为1120mm。图3.8(a2)～(d2)为不同测站密度条件下，应用PDF法进行系统偏差订正后的TRMM卫星降水，从图中可以看出，在利用PDF进行系统偏差订正之后，TRMM卫星降水在苏南地区的偏大情况有了明显改善，且随着测站密度增大改善效果更明显。图3.8(a1)～(d1)为地面测站直接插值降水(PG-IDW)分布，从中可以看出，在测站密度较小时直接插值得到的降水产品空间误差较大。图3.8(a3)～(d3)对应不同测站密度下改进后的融合降水(PM-OInew)空间分布，可知测站密度较小时，PM-OInew主要依赖于PT-PDF的信息。随着测站密度增大，测站降水对PM-OInew的影响愈加显著。

4. 夏季典型降水空间分布

为了分析日降水融合效果，选取2003年和2004年两场夏季典型降水进行分析。图3.9为2003年7月5日不同测站密度下PG-IDW、PT-PDF和PM-OInew降水空间分布，图3.9(e)为“基准降水”的空间分布，表明该场降水主要集中在苏南地区，强降水区横亘于南京、镇江、南通一带。图3.9(f)为原始TRMM卫星降水空间分布，图中显示TRMM卫星降水总体分布与“基准降水”一致，但量值上要明显偏小。TRMM卫星观测显示苏北大部分地区无雨，苏南地区最大降水量约为75mm，而“基准降水”显示强降水区平均降水量超过100mm。图3.9(a3)～(d3)表明改进之后的融合降水表现出与“基准降水”相对一致的空间分布，在量值上也与地面测站更加接近，表明融合降水能够较好地兼顾TRMM卫星空间分布和地面测站的量值特征，具有较高的精度。

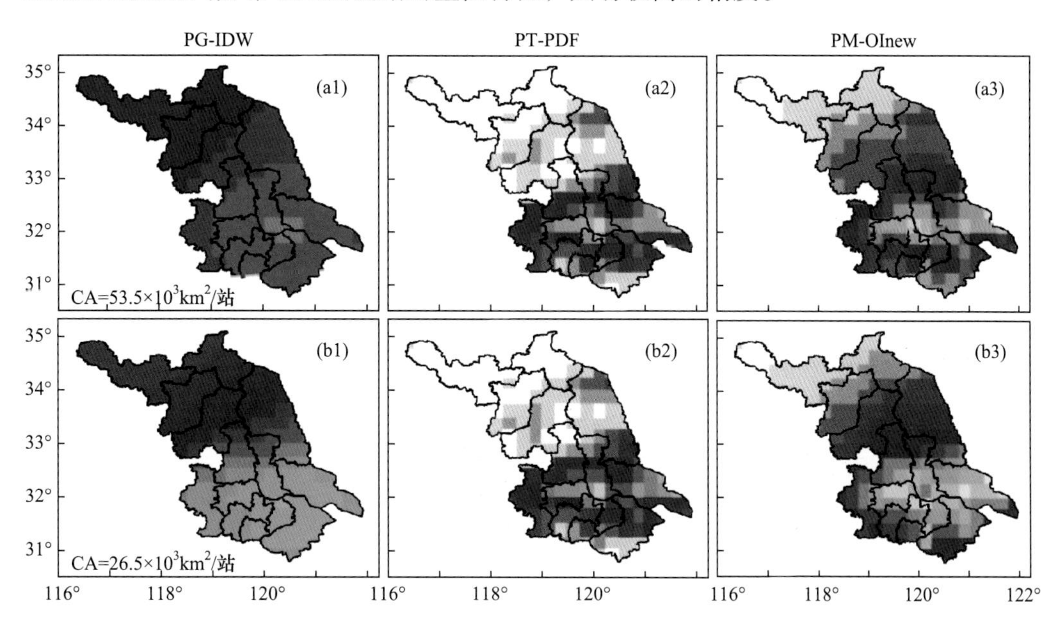

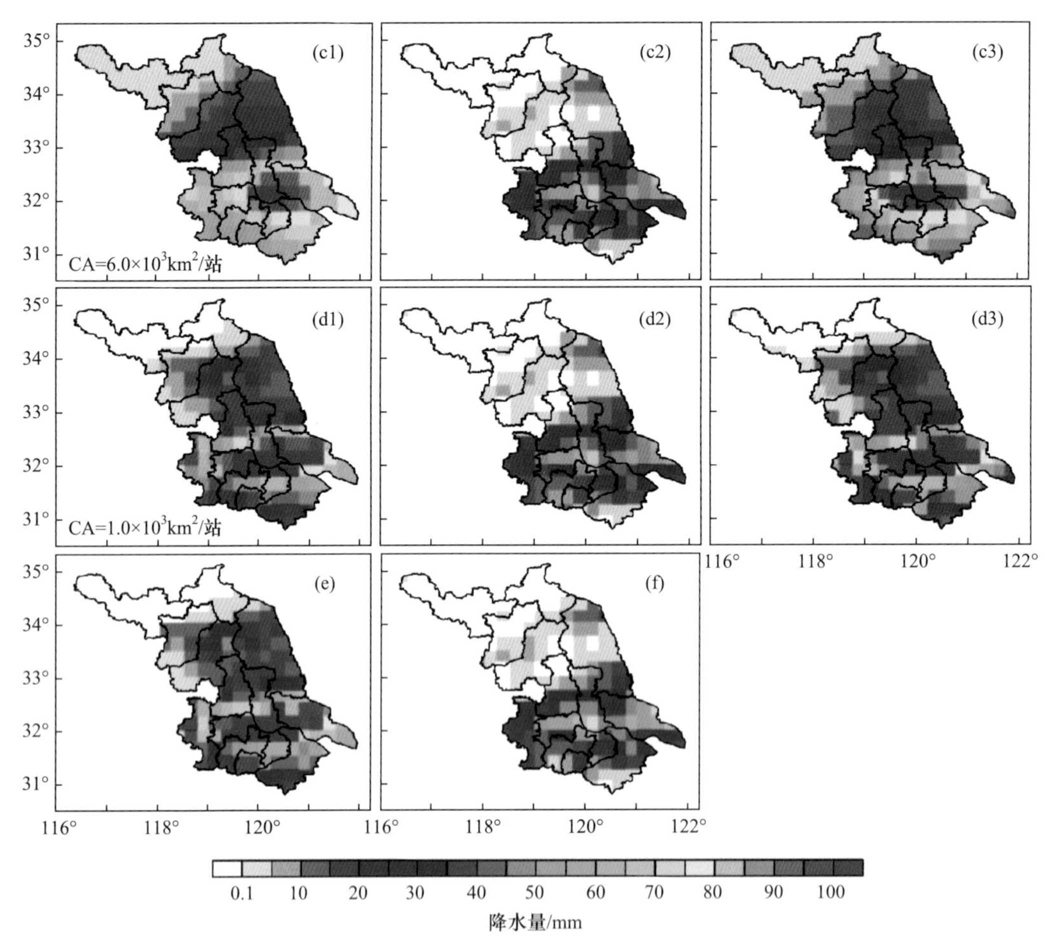

图 3.9　2003 年 7 月 5 日不同测站密度下 PG-IDW、PT-PDF 和 PM-OInew 降水空间分布
(a1)～(f)意义同图 3.8

图 3.10 为 2004 年 7 月 16 日不同测站密度下 PG-IDW、PT-PDF 和 PM-OInew 降水空间分布，从图 3.10(e)来看，此次降水主要集中在徐州及连云港北部，降水中心位于徐州的丰县和沛县。可见，当测站密度较小时，单纯测站插值降水对局地降水存在明显的低估，卫星降水较好地捕捉了该场降水，融合后进一步改善了降水空间分布。

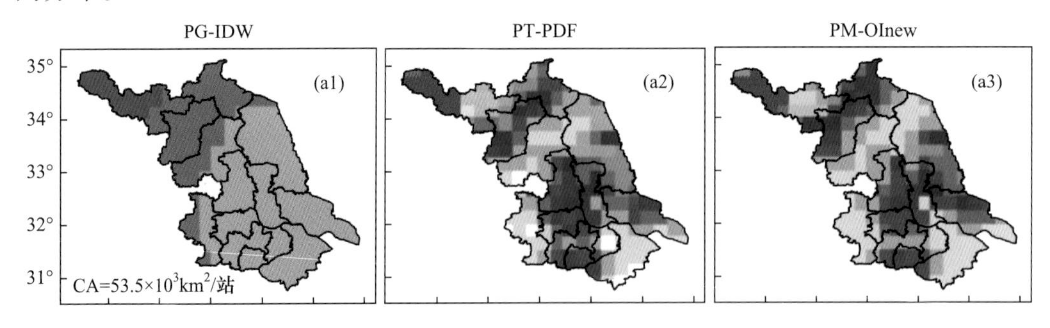

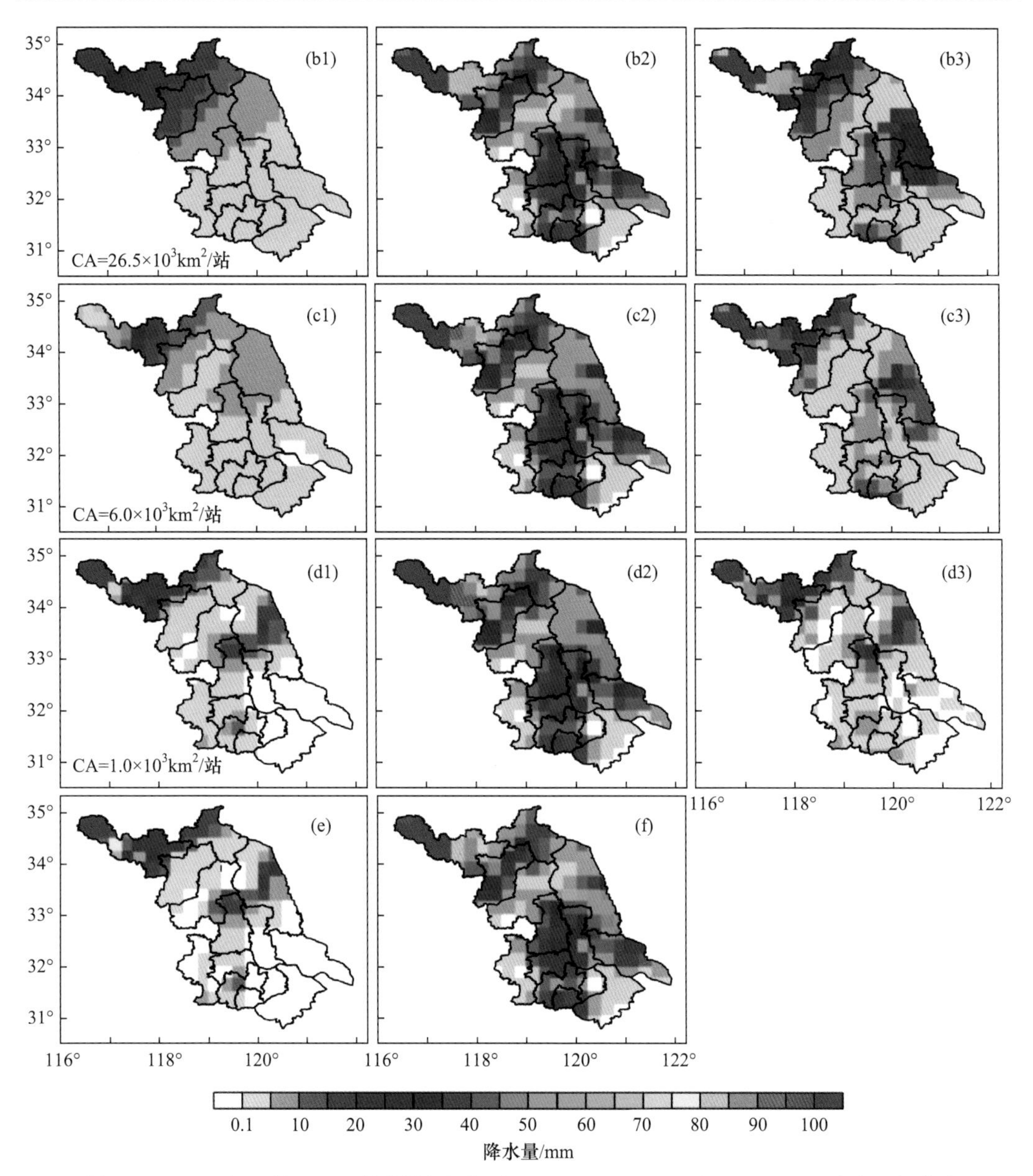

图 3.10　2004 年 7 月 16 日不同测站密度下 PG-IDW、PT-PDF 和 PM-OInew 降水空间分布

(a1)～(f)意义同图 3.8

3.3　全国范围多源降水融合

3.3.1　TRMM 测雨产品与测站降水融合

测站降水数据来源于中国地面气候资料日值数据集。该数据集包含了全国 824 个国家级基本气象站 1951 年以来的本站气压、气温、降水量、蒸发量、相对湿度、风向风速、日照时数和 0cm 地温要素的日值数据(图 3.11)。数据集中所有要素均经过严格的质量检

测与控制，具有较高的精度。本节选取的是 1979 年 1 月 1 日～2010 年 12 月 31 日的降水数据。图 3.11 为全国九大干旱分区基本气象站空间分布，从图 3.11 中可以看出，我国不同地区测站密度空间上存在较大差异，东部地区测站密度普遍高于西部地区。统计结果显示，我国基本气象站单站平均控制面积为 11650km^2，其中华东地区测站分布最为密集，西藏地区测站分布最为稀疏。全国九大干旱分区基本气象站密度见表 3.3。

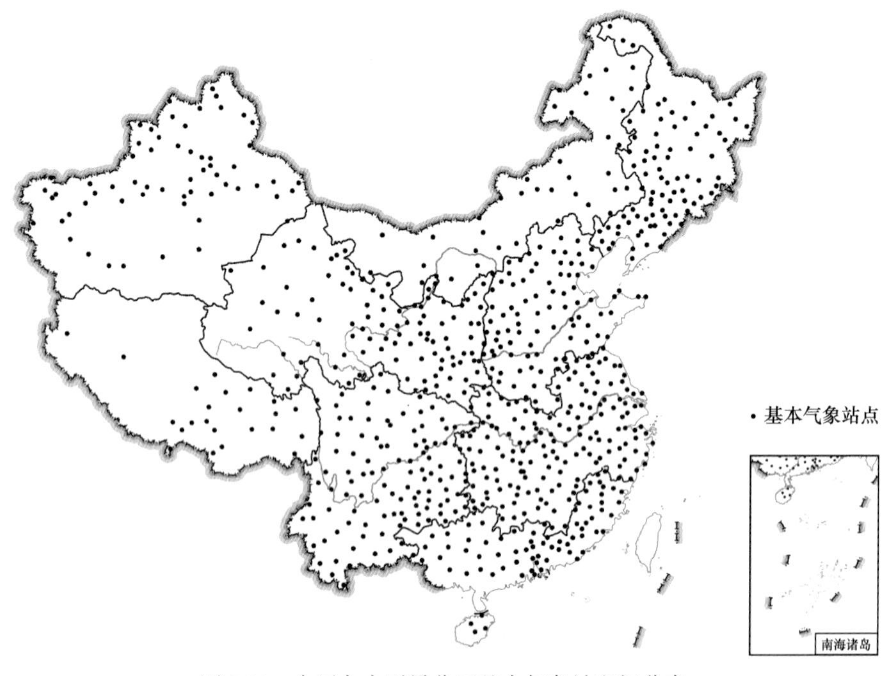

图 3.11　全国九大干旱分区基本气象站空间分布

表 3.3　全国九大干旱分区基本气象站统计

区域名称	面积/km^2	测站数/站	单站平均控制面积/km^2
东北地区	786742	97	8111
华北地区	690530	97	7119
华东地区	915589	162	5652
华南地区	605959	95	6379
内蒙古地区	1144808	48	23850
西北地区	1378154	111	12416
西藏地区	1204501	28	43018
西南地区	1127082	120	9392
新疆地区	1633405	66	24749

为提高融合降水的空间分辨率，在进行降水融合之前，通过双线性插值将 TRMM 卫星测雨产品 0.25°×0.25°的网格数据插值成 10km×10km 的网格。基于最优插值融合原理，以系统偏差订正后的 TRMM 卫星测雨产品为降水初估值，测站数据为降水观测值进

行融合。采用交叉检验的方式对其进行误差分析。

1. TRMM 测雨产品误差分析

为分析 TRMM 测雨产品在全国范围内的误差特征，分别绘制了 TRMM 卫星日降水时间序列与实测站点的相关系数 CC、平均偏差 Bias 和均方根误差 RMSE[图 3.12 (a)、(c)、(e)]。

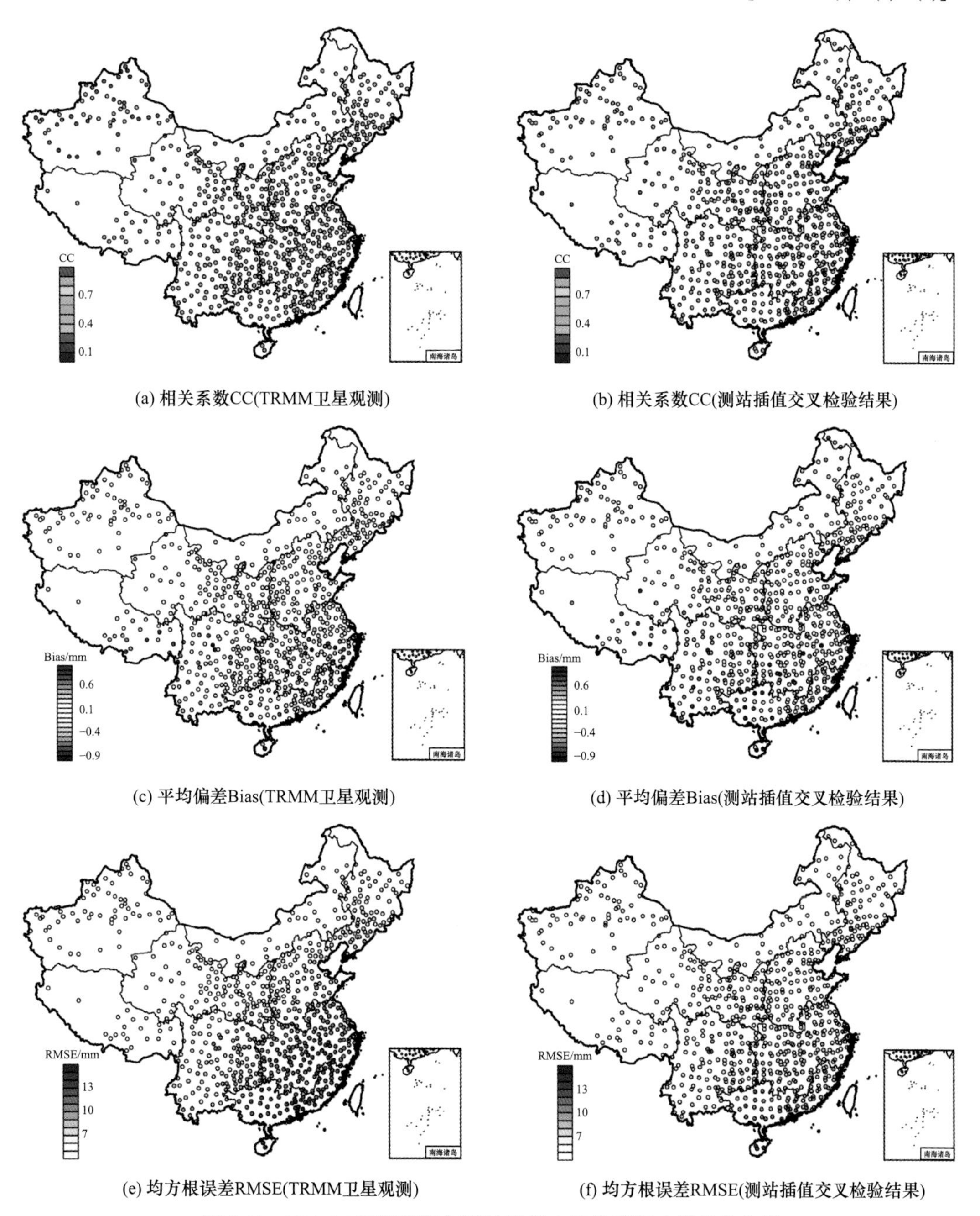

(a) 相关系数CC(TRMM卫星观测)　(b) 相关系数CC(测站插值交叉检验结果)

(c) 平均偏差Bias(TRMM卫星观测)　(d) 平均偏差Bias(测站插值交叉检验结果)

(e) 均方根误差RMSE(TRMM卫星观测)　(f) 均方根误差RMSE(测站插值交叉检验结果)

图 3.12　TRMM 卫星观测与测站插值交叉检验降水误差分布图

同时，为进一步分析测站插值、TRMM 卫星测雨产品及降水融合之间的差异，对测站降水进行克里金插值的交叉检验[图 3.12(b)、(d)、(f)]。

如图 3.12(a)所示，除内蒙古和新疆外，TRMM 卫星观测资料的相关系数主要集中在 0.5～0.7，与实测降水相关性较好。然而，TRMM 卫星观测资料存在一定的系统偏差，其平均偏差主要集中在 0.2～0.7mm。其中，西南、华东、华南地区系统偏差较大，西北、新疆、内蒙古和华北等地区系统偏差较小[图 3.12(c)]。均方根误差有效地刻画了 TRMM 卫星降水在全国范围内的精度。从图 3.12(e)中可以看出，TRMM 卫星测雨产品在华东、华南地区精度较低，其均方根误差最高可达到 14mm 以上。东北、华北和西南地区均方根误差较华东和华南地区小，大部分均方根误差在 10mm 左右。西北、新疆、西藏等地区 TRMM 卫星测雨精度较高，均方根误差一般在 5mm 以下。

通过比较测站插值交叉检验与 TRMM 卫星测雨产品的精度，发现对于测站较密集地区，测站插值结果的精度略高于 TRMM 卫星产品，而对于测站稀疏地区，测站插值精度与 TRMM 卫星较为接近。其中，华东、华南、华北等地区测站插值相关系数在 0.7 以上，新疆、西藏等地区的相关系数与 TRMM 卫星测雨产品较为接近，其值在 0.5 以下。从平均偏差的角度来看，测站插值结果的系统误差较小，大部分地区的平均偏差为−0.5～0.5mm。测站插值均方根误差的空间分布与 TRMM 卫星测雨产品较为一致，均呈现由北向南逐渐增大的趋势。但测站插值均方根误差的量级较 TRMM 卫星测雨产品小，其中，华东、华南地区的均方根误差在 10mm 左右，而其余地区的均方根误差小于 5mm。

2. 交叉检验误差空间分布

图 3.13 为 TRMM 卫星观测与测站融合降水交叉检验评价指标空间分布图。如图 3.13 所示，融合降水有效地综合了测站降水和 TRMM 卫星测雨产品各自的优势。其中，华东、华北和华南等地区融合降水与实测降水的相关系数可达到 0.8 以上，西部地区的相关系数在 0.5 以上。

从平均偏差的角度来看，融合降水在部分地区仍存在一定的系统误差。华东、华南和西南等地区存在一定的正偏差，而西北、内蒙古、新疆、西藏等地区基本上没有系统偏差。融合降水的均方根误差略高于测站插值，但小于 TRMM 卫星测雨产品。其中，华东、华南地区的均方根误差在 12mm 左右，而其他地区的均方根误差均在 5mm 以下。NSE 检验较相关系数更加严格，如图 3.13 所示，融合降水的 NSE 和相关系数的分布图较为一致，均呈现由东南向西北逐渐减小的趋势。其中，华东、华南、华北、西南及西北东部地区的确定性系数达到了 0.6 左右。新疆、西藏和内蒙古地区，由于测站密度较低，融合降水信息主要来源于 TRMM 卫星测雨产品，大部分融合降水的 NSE 在 0.3 以下。

3. 多年平均降水分布

通过检验融合降水在全国范围内的精度，发现融合降水能够较好地综合不同降水数据的优势，具有较高的精度。在此基础上，将所有测站与 TRMM 卫星测雨产品进行融合，获取高精度、高时空分辨率的逐日降水数据。通过比较测站插值和 TRMM 卫星资料融合多年平均降水空间分布，进一步比较分析多源降水融合的优缺点。

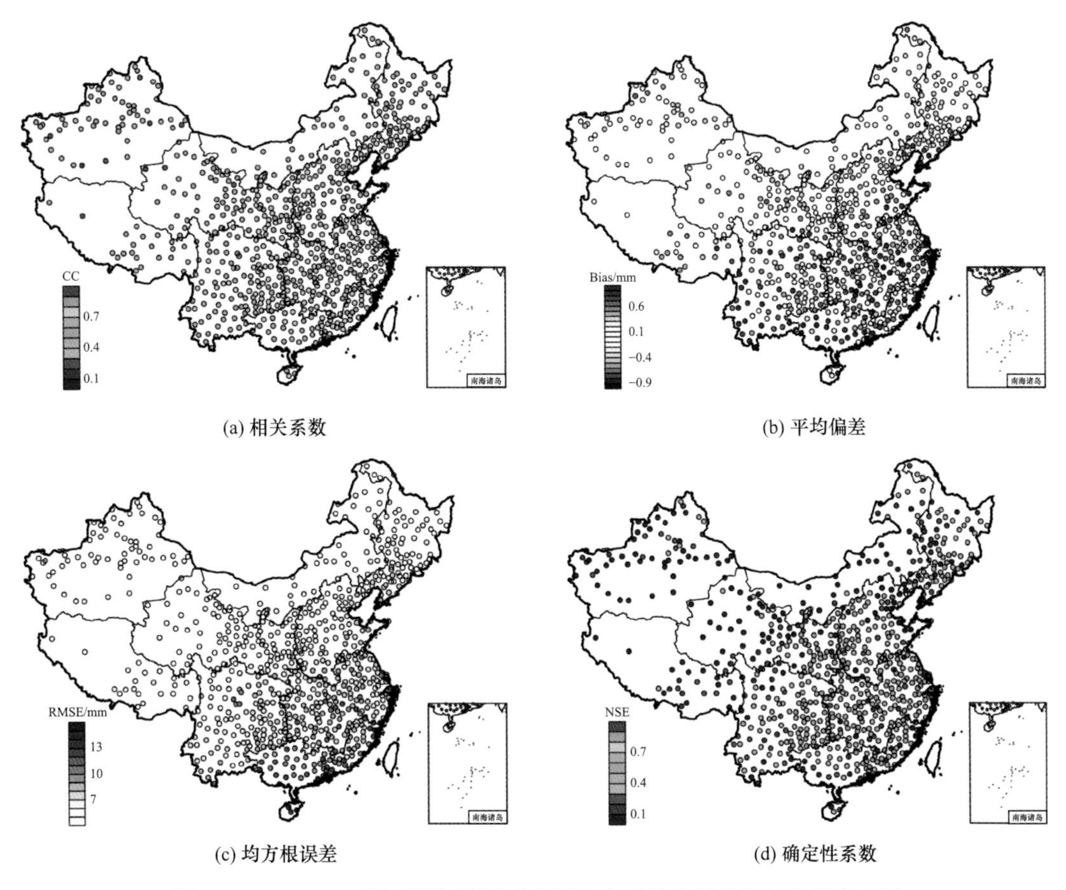

(a) 相关系数　(b) 平均偏差

(c) 均方根误差　(d) 确定性系数

图 3.13　TRMM 卫星观测与测站融合降水交叉检验评价指标空间分布图

测站插值和测站与 TRMM 卫星融合的全国范围多年平均降水分布如图 3.14 所示。由图 3.14 可知，基于克里金插值方法的降水分布图较为合理，降水量由东南向西北逐渐减小。然而，由于新疆、西藏、内蒙古等地区测站较为稀疏，单站平均控制面积均在 20000km^2 以上，测站到网格的距离超过了克里金插值的搜索半径，仍有大部分区域没有降水数据。

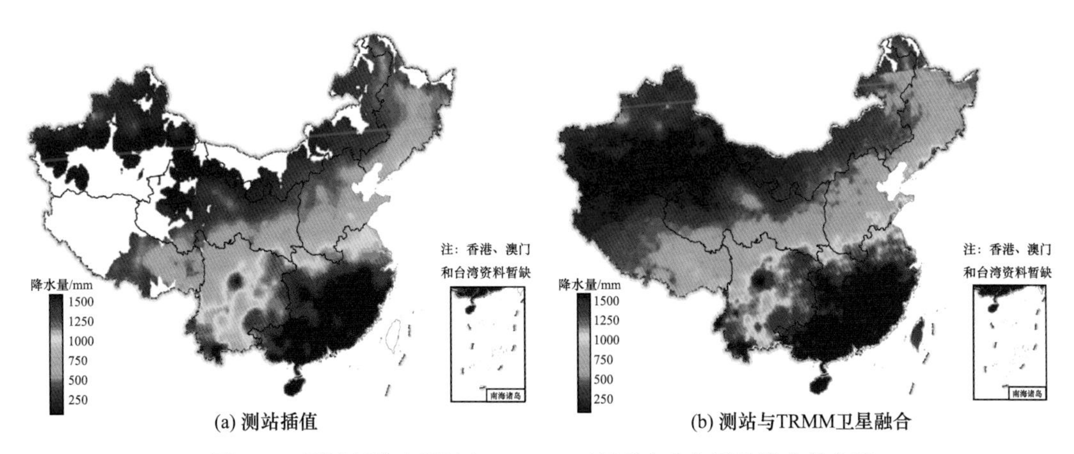

(a) 测站插值　(b) 测站与TRMM卫星融合

图 3.14　测站插值和测站与 TRMM 卫星融合多年平均降水分布图

多源降水融合有效地解决了插值方法的缺陷，融合降水通过引入 TRMM 卫星测雨产品，有效地补充了测站无法插值区域的降水信息。

同时，融合降水较测站插值降水的空间分布更加丰富。伊犁河流域位于新疆中西部地区，水资源丰富。然而，测站插值的年降水量在 500mm 左右，且降水中心位置不明显。与测站插值结果相比，融合降水在伊犁河流域的空间分布更加合理，具有较为明显的降水中心，且降水量为 500～750mm，与叶佰生等(1997)的研究结果较为接近。

3.3.2　CFSR 再分析资料与测站降水融合

由于 TRMM 卫星测雨产品只有 1998 年以来的数据，为了进一步延长降水资料系列，同时研究不同资料来源对融合结果的影响，本节在 TRMM 卫星资料和测站资料融合的基础上，进一步采用 CFSR 再分析资料与测站降水进行融合。

NCEP CFSR 是由 NCEP 制作发布的最新的全球耦合再分析数据，该数据采用交互式的海冰模式及三维变分同化技术，相较于之前的再分析资料加强了卫星观测数据的应用，具有更高的水平和垂直分辨率(韦芬芬等，2013)。空间上 NCEP CFSR 包括全球范围的大气、海洋及陆面数据，水平分辨率为 0.3°、0.5°、1.0°、1.9° 和 2.5°；时间上 NCEP CFSR 开始于 1979 年 1 月 1 日，数据间隔为 1～6h。数据要素包括降水量、降水强度、气温、最高气温、最低气温、地面气压、比湿、纬向风速、经向风速、空气垂直速度等。

本节选取的是 NCEP CFSR 1979 年 1 月 1 日～2010 年 12 月 31 日的逐时降水数据，空间范围是中国区域，网格分辨率是 0.5° × 0.5°。

与 TRMM 卫星测雨产品的处理步骤相同，利用双线性插值将 CFSR 0.5° × 0.5°的网格数据插值成 10km × 10km 的网格。基于最优插值融合原理，以系统偏差订正后的 CFSR 再分析资料为降水初估值，测站数据为降水观测值进行融合，并对融合降水进行交叉检验。

1. CFSR 再分析资料误差分析

CFSR 再分析资料的日降水误差特征与 TRMM 卫星测雨产品误差较为接近(图 3.15)。CFSR 再分析资料日降水与实测测站日降水的相关系数一般为 0.5～0.7，东北与华北地区的相关系数略高于 TRMM 卫星测雨产品。新疆、西藏等地区的相关性较低，相关系数一般为 0.3～0.5。与 TRMM 卫星测雨产品不同，CFSR 再分析资料来源于数值模式，受模式误差影响较大，其降水量存在较大的系统偏差。华东、华南、西南、西藏等地区日降水量的平均偏差达到 1mm 以上，剩余地区的系统偏差较小，平均偏差为–0.2～0.2mm。CFSR 再分析资料的均方根误差较 TRMM 卫星略小，其中华东、华南地区的均方根误差为 8～12mm，北部地区均方根误差大部分在 5mm 以下。

与 CFSR 再分析资料相比，交叉检验的测站插值日降水精度较高。虽然该处测站插值日降水序列为 1979～2010 年，但空间分布特征与 1998～2010 年基本一致，此处不再赘述。

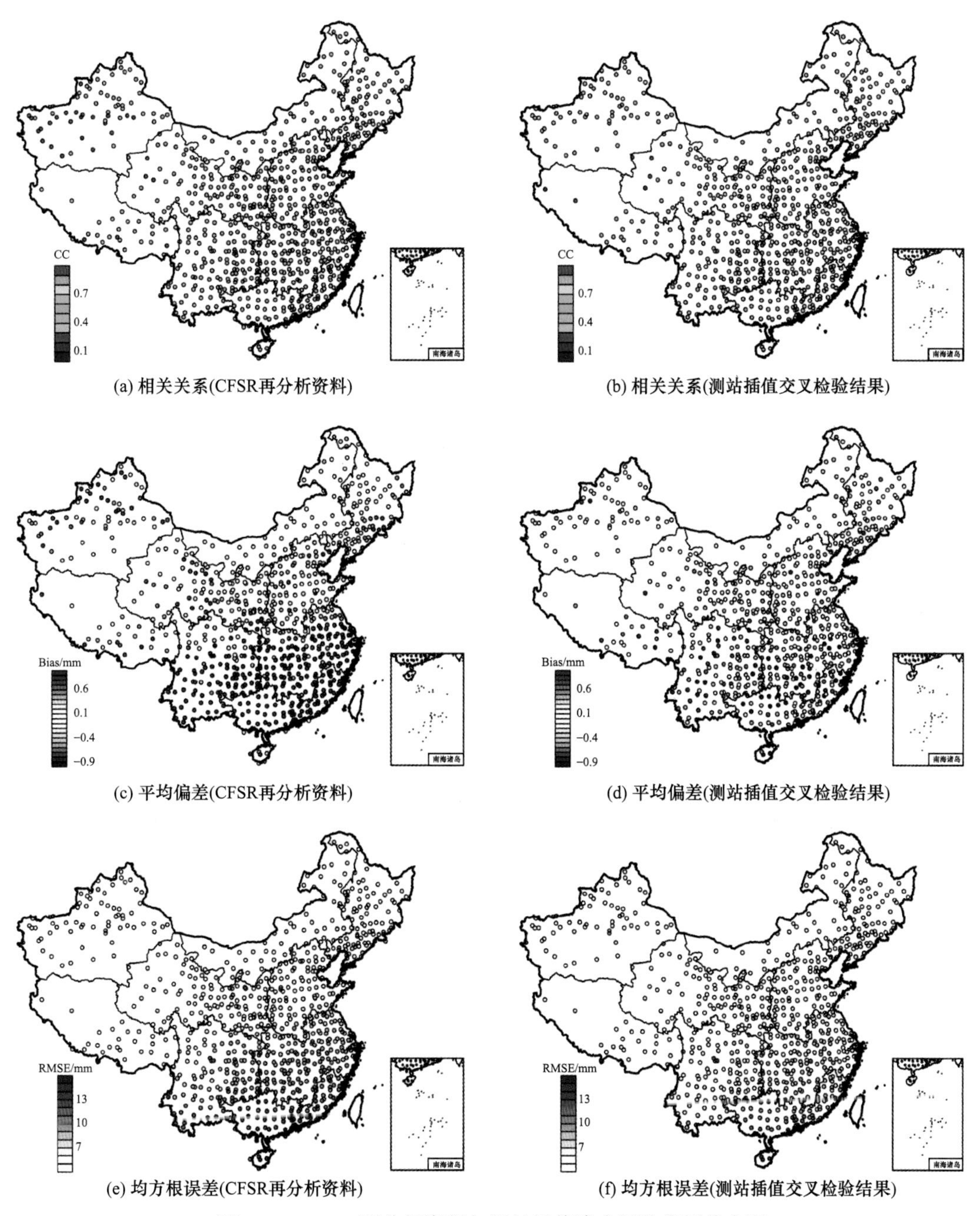

图 3.15　CFSR 再分析资料与测站插值降水评价指标分布图

2. 交叉验证误差空间分布

图 3.16 为 CFSR 和测站融合降水交叉检验评价指标空间分布图。与 TRMM 融合降水相比，CFSR 融合降水与测站降水的相关性更高，其中，华东地区的相关系数在 0.8 左右，西南、西北等地区的相关系数也在 0.5 以上。这与 TRMM 卫星测雨产品和 CFSR 再分析资料的差异有关。CFSR 融合降水仍存在一定的系统偏差，其中，华东、华南和西

南地区的系统偏差较大，其他地区系统偏差较小。与 TRMM 融合结果相比，CFSR 融合降水在华南地区的系统偏差与 TRMM 融合结果基本一致，但其他地区的系统偏差较 TRMM 融合降水小。分析其原因，主要是因为系统偏差主要依赖于概率密度匹配法进行订正，CFSR 再分析资料的时间序列更长，概率分布较 TRMM 卫星降水更加可靠。CFSR 融合降水的均方根误差略小于 TRMM 融合降水，华东地区的均方根误差在 8mm 左右，其他地区的均方根误差在 6mm 以下。确定性系数的空间分布与相关系数的空间分布基本一致，其中，东部地区的确定性系数在 0.6 左右。

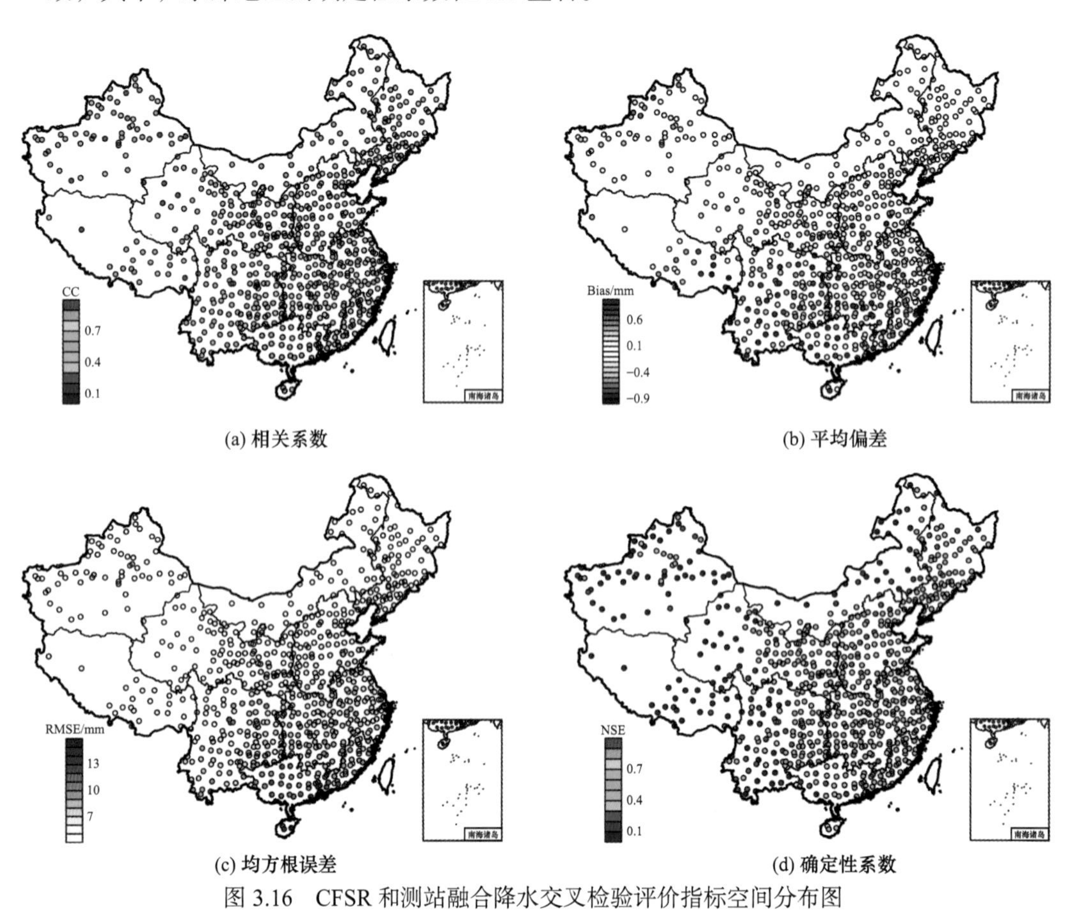

(a) 相关系数　　(b) 平均偏差

(c) 均方根误差　　(d) 确定性系数

图 3.16　CFSR 和测站融合降水交叉检验评价指标空间分布图

3. 多年平均降水分布

通过对 CFSR 再分析资料和测站融合降水进行交叉检验，发现融合降水能够较好地综合 CFSR 再分析资料和测站降水各自的精度优势，且资料序列长、精度高。在此基础上，将所有测站与 CFSR 再分析资料进行融合，通过比较 CFSR 再分析资料融合和 TRMM 卫星资料融合多年平均降水空间分布，进一步分析不同来源降水对融合结果的影响。

与 TRMM 卫星降水融合结果类似，CFSR 再分析资料和测站融合的多年平均降水空间分布更加连续合理(图 3.17)。然而，CFSR 再分析资料融合结果和 TRMM 卫星融合结果存在一定的差异。对于新疆伊犁河流域，CFSR再分析资料融合的年降水量达到1500mm以上，而TRMM融合的年降水量为500～750mm。同时，西藏墨脱地区降水量也存在较大差异。TRMM融合降水在该地区的年降水量为750～1000mm，而CFSR融合的降水量在1500mm以上。通过与杨文才等(2016)的研究进行比较，发现CFSR与测站融合降水在西藏墨脱地区的精度更高。

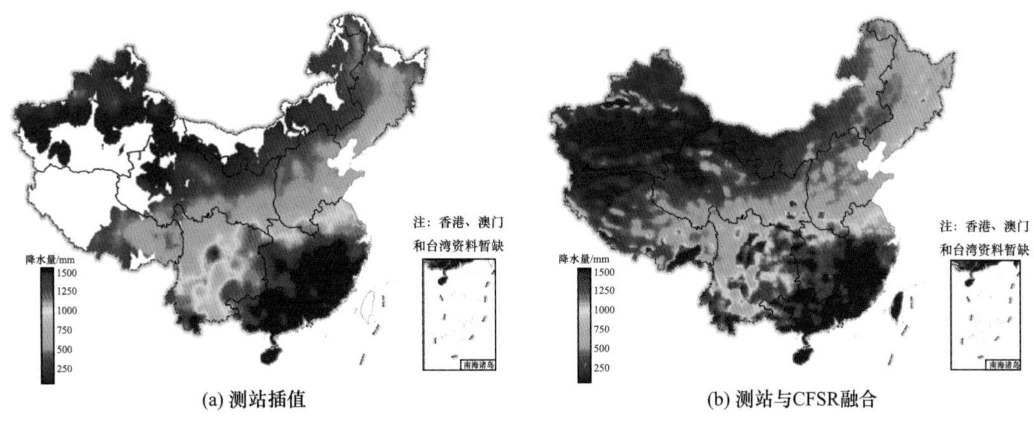

图3.17 测站插值和测站与CFSR融合多年平均降水分布图

3.4 全国范围多源气温融合

气温资料的融合主要是指CFSR再分析资料最高气温、最低气温与测站数据的融合。测站气温数据来源于中国地面气候资料日值数据集。气温融合方法与降水融合方法基本相同，但存在一定区别。降水主要满足皮尔逊-Ⅲ型偏态分布，而气温则近似认为满足正态分布，因此在进行概率密度匹配时，气温采用正态分布曲线进行拟合。同时，由于气温受地形影响较大，最优插值权重系数考虑地形对气温的影响，海拔每升高100m，温度降低0.65℃。最高气温、最低气温融合结果均进行交叉检验分析，并计算其相关系数、平均偏差、均方根误差和确定性系数等指标，对融合结果进行评估。

3.4.1 最高气温融合

1. 最高气温误差分析

CFSR日最高气温与测站插值日最高气温空间分布的误差评价如图3.18所示，CFSR再分析资料日最高气温的精度明显高于降水，不论是华东、华南还是新疆、西藏等地区，日最高气温的相关系数均达到了0.9以上[图3.18(a)]。然而，CFSR日最高气温存在一定的系统偏差。除华东、华北等地区平均偏差为正偏差外，其他地区的日最高气温平均偏差在−1℃左右[图3.18(c)]。从均方根误差的角度来看，全国大部分地区的均方根误差在5℃以下，而西南和西藏等地区的均方根误差较高，其值为10～15℃[图3.18(e)]。

测站插值交叉检验的相关系数与CFSR再分析资料较为接近，大部分地区的相关系数也达到了0.9以上[图3.18(b)]。然而，测站插值的系统偏差与CFSR再分析资料差异较

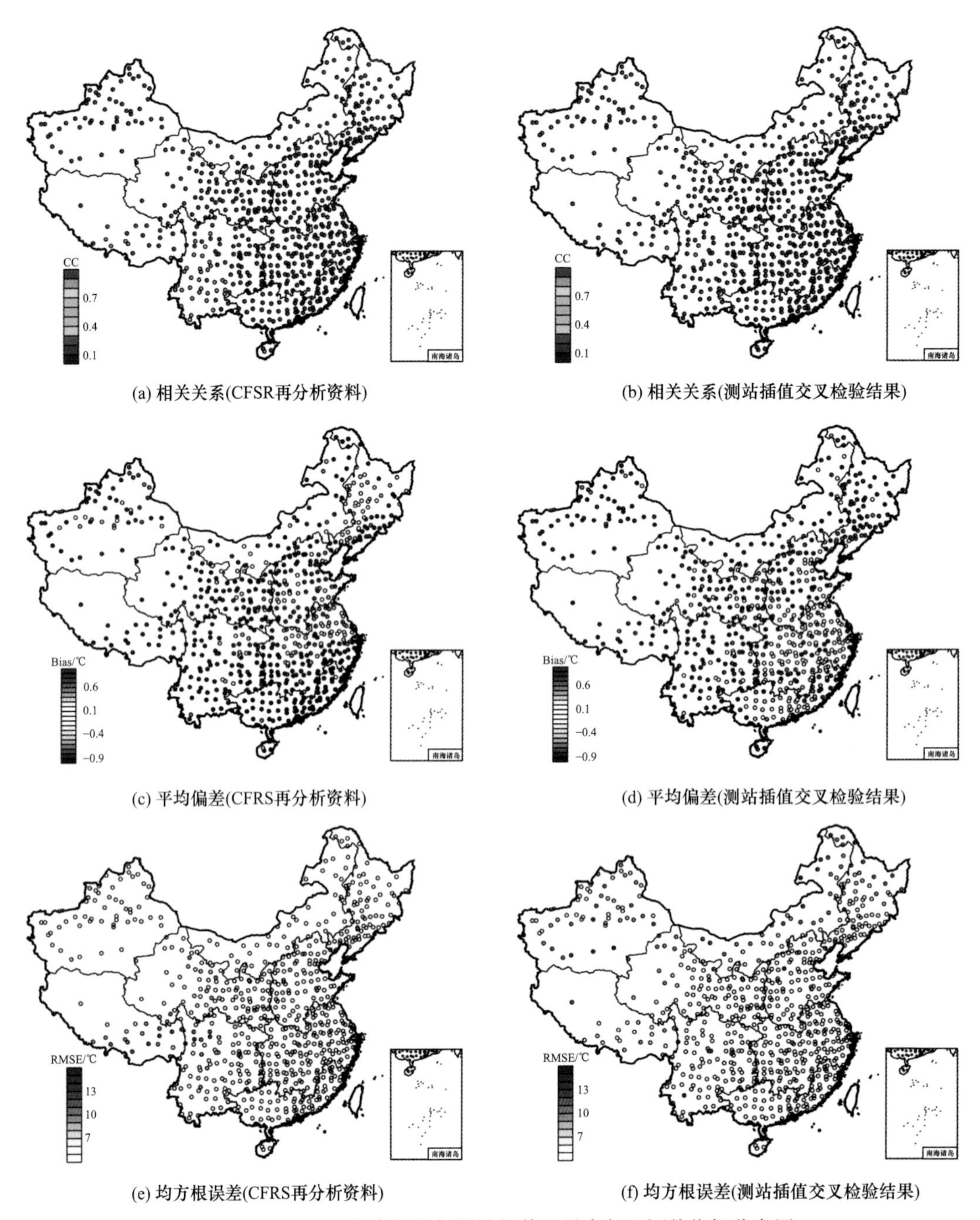

图 3.18　CFSR 日最高气温与测站插值日最高气温评价指标分布图

大，其中，华东、华南地区的平均偏差为−0.5～0.5℃，而东北地区的平均偏差在 0.8℃以上，全国其他地区的平均偏差则在−0.5℃以下。与 CFSR 再分析资料进行比较，发现测站插值的均方根误差较大的地区主要集中在内蒙古、新疆和西藏一带，均方根误差的值一般在 10℃左右。

2. 交叉验证误差空间分布

图 3.19 为融合日最高气温交叉检验评价指标的空间分布图。从图 3.19 中可以看出，全国范围融合气温的相关系数达到了 0.9 以上。同时，融合日最高气温的系统偏差较 CFSR 再分析资料和测站插值小，华东、华南、华北、东北、内蒙古地区的平均偏差为 −0.2～0.2℃。西藏、新疆和西南地区的系统偏差略高于上述地区，平均偏差在−0.8℃左右。融合日最高气温的均方根误差得到有效改善，从图 3.19 中可以看出，全国范围内所有测站融合日最高气温的均方根误差均在 5℃以下，有效地综合了 CFSR 再分析资料和测站资料的优势。同时，融合日最高气温的确定性系数也较高。除了西南、西藏地区部分测站融合日最高气温的确定性系数为 0.3～0.7 以外，其他地区的确定性系数均达到 0.8 以上，说明融合日最高气温具有非常高的精度。

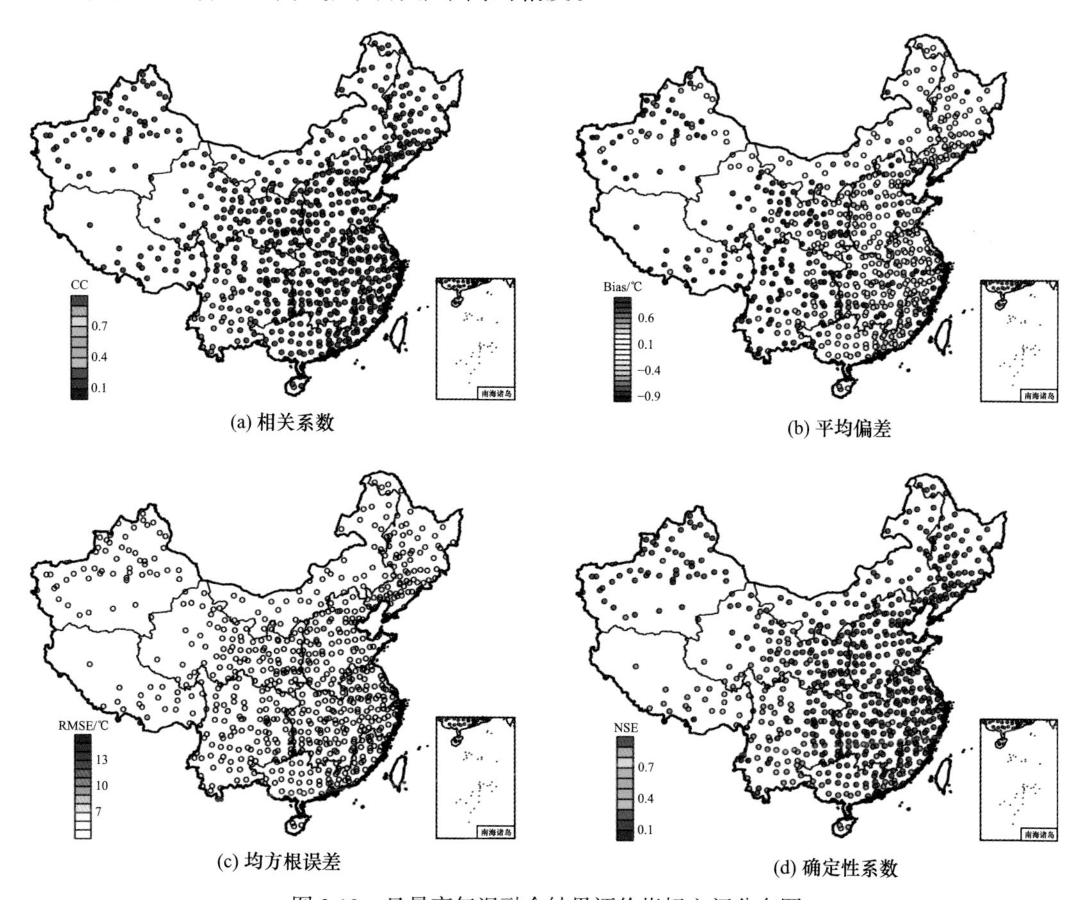

(a) 相关系数　(b) 平均偏差

(c) 均方根误差　(d) 确定性系数

图 3.19　日最高气温融合结果评价指标空间分布图

3.4.2　最低气温融合

1. 最低气温误差分析

与最高气温结果类似，CFSR 再分析资料与测站最低气温也表现出非常高的相关性，所有 CFSR 再分析资料日最低气温的相关系数均达到了 0.9 以上[图 3.20(a)]。CFSR 再分析资料的日最低气温同样存在一定的负偏差，大部分地区的平均偏差在-1℃以下。相对于最高气温而言，CFSR 再分析资料日最低气温的均方根误差较小，除西南和西藏地区的均方根误差为 6～8℃外，其他地区的均方根误差均在 5℃以下。

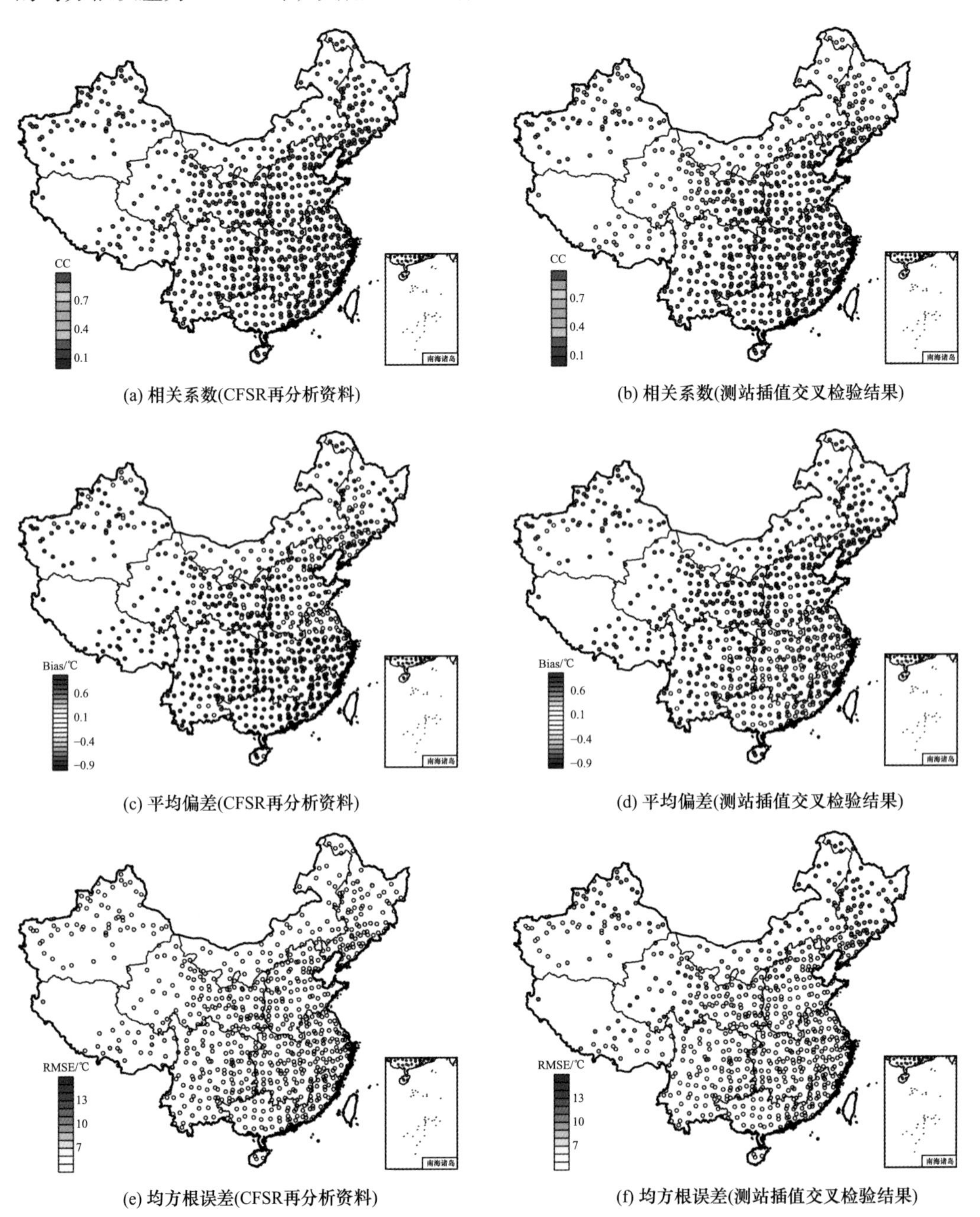

(a) 相关系数(CFSR再分析资料)　(b) 相关系数(测站插值交叉检验结果)

(c) 平均偏差(CFSR再分析资料)　(d) 平均偏差(测站插值交叉检验结果)

(e) 均方根误差(CFSR再分析资料)　(f) 均方根误差(测站插值交叉检验结果)

图 3.20　CFSR 日最低气温与测站插值日最低气温评价指标分布图

测站插值交叉检验的相关性略低于 CFSR 再分析资料，其中，西北、内蒙古、西藏地区的相关系数为 0.5～0.7。同时，测站插值的系统偏差也较大，其中，华东、华北、内蒙古地区的平均偏差均达到了 1℃以上，华东、华南地区的平均偏差则为–0.5～0.5℃。测站插值的均方根误差也较大，东北、内蒙古、西北、新疆、西藏地区的均方根误差在10℃以上。

2. 交叉验证误差空间分布

图 3.21 为融合日最低气温交叉检验评价指标的空间分布图。融合最低气温的精度与融合最高气温的精度基本相同，所有融合日最低气温的相关系数均达到了 0.9 以上。同时，融合日最低气温在华东、华南、华北、东北、内蒙古地区基本上不存在系统偏差，西藏、新疆和西南地区的平均偏差在–0.5℃左右。从均方根误差和确定性系数的角度来考虑，融合日最低气温具有较高的精度。所有地区的均方根误差均在 5℃以下，除西南和西藏地区外，其他地区的确定性系数则在 0.8 以上，因而可以认为融合的最低气温精度较高，质量可靠。

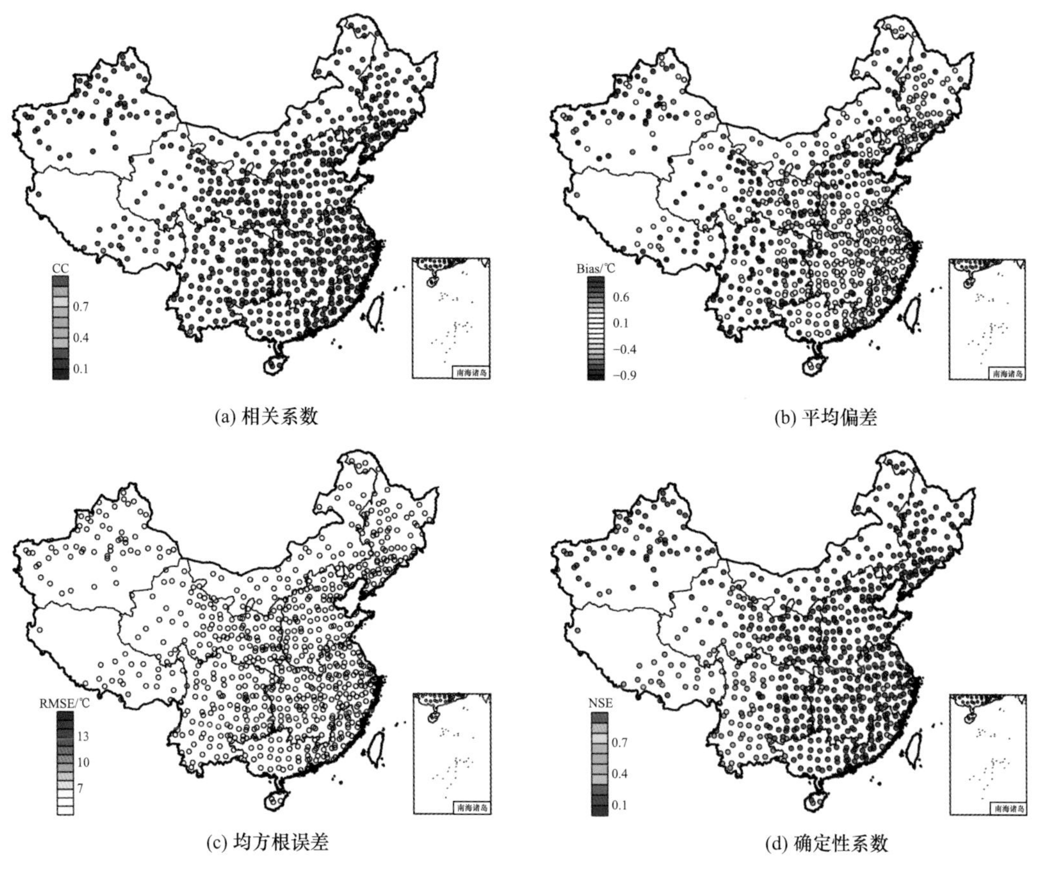

图 3.21　日最低气温融合结果评价指标空间分布图

3.5 本章小结

高质量的水文气象要素数据是水文模型的重要输入，也是开展大范围水文气象研究的重要基础和必要支撑。本章通过分析传统的多源数据融合方法的不足，对传统的融合方法进行改进。在此基础上，开展全国范围内 TRMM 卫星测雨产品与测站降水、CFSR 再分析资料降水与测站降水及 CFSR 再分析资料最高气温、最低气温与测站最高气温、最低气温的融合，以获得长序列、高分辨率、高精度的降水和气温数据，为大范围干旱动态监测与预测提供数据基础。

改进后的融合方法能够更好地引入 TRMM 卫星降水空间分布的合理性和地面测站降水量的精确性，融合降水精度提高明显。降水融合产品的精度与参与融合的测站密度密切相关。与单纯测站插值相比，当测站密度小于某一阈值时，融合降水精度明显优于单纯测站插值。随着测站密度增大，融合效果逐渐减弱。

交叉检验结果表明，全国范围融合降水和融合气温都具有较高精度。TRMM 卫星测雨产品与测站降水融合、CFSR 再分析资料降水与测站降水融合均有效地综合了各自降水产品与测站降水的优势，通过引入 TRMM 卫星测雨产品和 CFSR 再分析资料，有效地补充了测站无法插值区域的降水信息。然而，CFSR 再分析资料与测站降水融合结果和 TRMM 卫星与测站降水融合结果在新疆和西藏地区存在一定的差异。与降水融合结果相比，最高气温、最低气温融合的精度更高。

第 4 章　全国土壤田间持水量分布

田间持水量(field capacity，FC)是指在地下水埋藏较深的条件下，土壤中所能保持的毛管悬着水的最大量。田间持水量是土壤持水的一种潜能，主要由土壤质地、结构、有机质含量等因素决定，属于土壤的一种物理性质。长期以来，田间持水量的确定，特别是大范围高分辨率田间持水量空间分布的获取，一直是学术界的一个难题。在大范围干旱动态监测与预测系统中，田间持水量是一个重要参数，它不仅能反映土壤的墒情，而且在一系列干旱指数的计算中，也是关键的指标参数之一。本章在分析已有田间持水量计算方法的基础上，研究了基于多源土壤数据的田间持水量集成方法，获得了全国范围高分辨率田间持水量空间分布。

4.1　田间持水量研究进展

田间持水量可用质量分数(水质量与干土质量之比，干土指 105℃烘干的土壤)、体积分数(水体积与土体积之比)、毫米水层厚(一定厚度土层中水的厚度)等来表示。田间持水量的确定方法大致分两类，即传统的根据田间持水量定义来确定的实验室方法和 20 世纪 80 年代兴起的土壤传递函数(pedo-transfer functions，PTFs)法。

实验室方法是指根据田间持水量的定义，在地下水埋深而排水良好的土壤上，当充分降水或灌溉后，地面水完全入渗，并防止蒸发，经过一至两天后，土壤剖面悬着水量保持相对稳定时来测量土壤含水量的方法。所以取样的时间一般是透雨或灌透水后，上面盖草与薄膜避免蒸发，使重力水自然下淋 24～48h 后取土测得的土壤绝对含水量，这种表示方法对任何质地的土壤都是一致的。试验测量方法虽然准确，但由于每一个环节都必须丝丝相扣，且通过试验方法确定田间持水量需要大量的土样，并要求重复多次，既费时又费力；不同的试验条件同一地块不同深度所得的结果也都不同，所以田间持水量的确定一直是一个难题。我国测定田间持水量的工作主要在 20 世纪 60 年代和 70 年代完成，基本都是通过试验直接测定的。这是由于在野外测定比较困难，室内测定则相对比较方便，据研究，实验室内测定的田间持水量较田间测定值小 2%～3%。

PTFs 是一种区域性的田间持水量确定经验方法，它主要是通过分析已有的较易获得的土壤数据，建立土壤结构组成与其水分性质之间的关系模型，然后用模型来确定土壤水分参数。其中，确定田间持水量是 PTFs 在实践中的应用之一。

PTFs 是由表达土壤性质之间关系的回归方程发展而来的，其先是被 Bouma 等(1986)称为转换函数，后来 Bouma(1989)和 Hamblin(1991)又称为 PTFs。该方法是一种区域性的经验方法，其研究经过了对土壤水分性质预测、估算水分性质与土壤物理性质的相互关系等阶段，从本质上说，是用现有的实测数据来推算水分特性。PTFs 中用到的土壤理化性质或参数较多，如土壤粒级分布、土壤质地、孔隙度、黏土矿物组成、有机质含量、所处的地貌类型、缩胀参数及田间管理方法等。其中使用最多的是土壤质地，即土壤砂粒、粉粒和黏粒的含量，或详细的粒径级配累积曲线(Tietje et al., 1996)。使用较多的还有土壤容重和有机质含量(Vereecken et al., 1989; Saxton et al., 1986; de Jong et al., 1983; Arya et al., 1981; Gupta et al., 1979)，有些 PTFs 还包括土壤黏土矿物含量和土壤结构性质(Puckett et al., 1985; Williams et al., 1983)。PTFs 法估算土壤水分参数的函数模型有回归分析模型(统计模型)、人工神经网络模型、数据分组处理(group method of data handling, GMDH)模型、分类与回归树(classification and regression trees, CART)模型、物理经验模型及分形机理模型，其中研究土壤田间持水量的主要有两大类：统计模型和物理经验模型。

4.1.1　统计模型

虽然不同质地土壤含水量与土水势之间在数量上的变化关系不同，但当土壤含水量正好为田间持水量时，无论是何种土壤，水吸力基本稳定在−33kPa 左右，这也是用 PTFs 方法确定土壤田间持水量的理论基础。

统计模型是将收集到的实测土壤水分参数与土壤物理性质之间进行数理统计，从而得出估算土壤水分参数的回归方程，其主要原理是对土壤水分特征曲线的统计回归。对土壤水分特征曲线的统计回归可分为两类：一是分别测算不同基模势(ψ_m)下的土壤含水量(θ)与土壤结构组成的关系，然后建立土壤水分特征曲线，即点估算模型；二是选择适当的ψ_m-θ的代数关系式，对代数关系式中的系数用土壤理化性质回归分析得出，即系数估算模型。

1. 点估算模型

点估算模型是早期的土壤模型，属于回归方程，主要是计算特定地区的土壤含水特性与土壤物理性质的关系。对于这个问题，Gupta 和 Larson 在 1979 年、Rawls 在 1982 年、Ahuja 在 1985 年都做了相关研究(Ahuja et al., 1985; Rawls et al., 1982; Gupta et al., 1979)，通常这些模型形式如下：

$$\theta_p = A_1 \times \mathrm{SA} + A_2 \times \mathrm{SI} + A_3 \times \mathrm{CL} + A_4 \times \mathrm{OM} + A_5 \times \mathrm{BD} \tag{4.1}$$

式中，θ_p为水吸力是p时的土壤含水量；SA、SI、CL 和 OM 分别为砂粒、粉粒、黏粒和有机质含量的百分数；BD 为土壤干容重；A_1～A_5为回归系数(随基模势而变化)。

2. 系数估算模型

系数估算模型首先是选取一定的ψ_m-θ代数形式，然后直接回归其中的系数，得出一个连续的ψ_m-θ方程。每一个系数估算模型代表一种特定的土壤，可以绘制出一条完整的水分特征曲线，从对土壤水分特性研究的角度看，这种方法更方便。

针对ψ_m-θ关系确定问题，Campbell(1974)、Saxton 等(1986)及 Vereecken 等(1989)都做了相关研究，通常这些模型形式见式(4.2)：

$$\psi_{\mathrm{m}} = A\theta^{B} \tag{4.2}$$

式中，A、B 均为拟合参数，与土壤的质地、结构、有机质含量及孔隙度等有关。

3. 点估算模型和系数估算模型比较

上述点估算模型和系数估算模型各有其侧重点。由于 PTFs 法是属于地区性的经验方法，所以这两种方法在使用中具有很强的区域性。两者的共同点在于都需要土壤含水量-水吸力的数据系列及相应的土壤结构、质地及有机质含量等具体数据，都需要众多的回归方程才能绘制出某一特定土壤的水分特征曲线。差异之处在于切入点不同，点估算模型是以土壤水分特征曲线上的某一个点作为切入点，对应具体方程所描述的是某一水吸力下各种不同土壤结构、质地及有机质含量的土壤含水量，可以绘制出这种特定土壤水分特征曲线上的一个点；而系数估算模型则是以土壤具体的结构、质地及有机质含量等物理性质为切入点，对应具体方程所能描述的是某种特定结构、质地及有机质含量土壤的水分特征曲线，对于一种既定的土壤，系数估算模型就可以绘制出完整的水分特征曲线。

可见，点估算模型和系数估算模型都能解决土壤田间持水量分布问题，但两者所需要的资料条件不同，在应用中各有优缺点。一方面，系数估算模型反映的是土壤水分特征曲线上点的连续分布，但在针对田间持水量研究时，系数估算模型的两个回归系数 A 和 B 与土壤的质地、结构、有机质含量及孔隙度等物理性质有关，一个回归方程只能描述一种特定组分土壤的田间持水量分布。因此，在针对全国范围内土壤田间持水量分布的研究中，系数估算模型的结果只作为对照或验证某一特定点的田间持水量研究结果。另一方面，点估算模型的结果虽然只是土壤水分特征曲线上一些离散的点，但由于其输入参数是反映土壤质地、结构、有机质含量及孔隙度等物理性质的数据，回归系数随土壤的基模势而变化。本章研究的问题正是针对某一特定基模势(−33kPa)条件下土壤的含水量(田间持水量)分布，其输入参数正好反映了土壤物理性质的差异，所以对于大范围田间持水量分布研究而言，点估算模型更适用。

4.1.2　物理经验模型

物理经验模型主要是通过土壤结构模型来推算其水力特性，这类方法基于一定的假设：土壤孔隙为圆管，而土壤颗粒为圆球。在具体应用时，先建立一个将颗粒度转换成孔隙度的模型，然后由孔隙度计算相应水吸力下的土壤含水量。在此类模型中，土壤含水量曲线和累积颗粒度曲线的作用相同，模型涉及土粒半径、孔隙的连通性、孔隙的扭转等参数。

1. A&P 模型

在物理经验模型中，常用的是 A&P 模型(Arya and Paris model)。A&P 模型根据土壤颗粒累积曲线与土壤水分特征曲线在形状上很相似的特点，提出了由粒级分布和容重数据直接计算土壤水分特征的模型，即将土壤颗粒累积曲线分为若干部分，对其中任一部分可由其质量计算其孔隙半径，从而计算土壤含水量，并由毛管公式计算其所对应的基模势，据此得出某质地土壤的水分特征曲线。A&P 模型推导过程如下。

假定固体颗粒团的体积可以由 N_i 个平均颗粒半径为 R_i 的小颗粒求和得到，按照球体计算公式，其孔隙体积 V_i 为

$$V_i=\frac{4eN_i\pi R_i^3}{3} \tag{4.3}$$

式中，e 为孔隙率。

如果用毛细管体积来表述，那么孔隙体积可以由式(4.4)得到：

$$V_i=\pi r_i^2 h_i \tag{4.4}$$

式中，h_i 为毛细管长度；r_i 为平均孔隙半径。根据 Arya 等(1981)的研究，h_i 可以表示为 R_i 的函数，如式(4.5)所示：

$$h_i=2R_iN_i^a \tag{4.5}$$

式中，a 为经验系数。联立式(4.3)～式(4.5)，可以得到平均孔隙半径 r_i 的计算公式，如式(4.6)所示：

$$r_i=R_i\left(\frac{2eN_i^{1-a}}{3}\right)^{1/2} \tag{4.6}$$

式中，R_i 为平均颗粒半径；e 为孔隙率；N_i 为颗粒数量；a 为经验系数。

2. 分形机理模型

土壤结构对土壤传递函数的建立有很大影响，由于土壤结构的复杂性和不规整性，迄今还没有一种真正客观且通用的方法来测定土壤结构。目前所说的土壤结构是一个定性的概念，尚未量化。分形理论的诞生使得定量表述土壤结构的复杂性成为可能。

分形理论在土壤学中的应用，首先是由 Turcotte 在 1986 年通过对连续分布的分散介质分形特征进行探讨而开始的(Turcotte，1986)。Turcotte 提出分散介质颗粒数量与所选用的颗粒粒径尺度 R_i 存在以下关系：

$$M_i \times R_i^D = C \tag{4.7}$$

式中，M_i 为粒径大于 R_i 的颗粒数量；D 为颗粒分布的分形维数；C 为常数。

式(4.7)是分形理论在分散介质中的应用。Tyler 等(1989)将这一分形理论应用于研究 A&P 模型，得出 A&P 模型中的经验系数 a 为描述孔隙度分形特征的分形维数。这对 a 的取值及其非恒定性(与质地分组或土壤颗粒组成有关)给出了理论解释。经过进一步研究，Tyler 等(1989)将求毛管孔隙度的分形维数问题转化为求土壤粒径分布的分形维数问题，但该方法在实际应用中仍有一定困难。

4.1.3 存在的不足

区域范围内，许多学者基于小范围内的实测数据，对区域田间持水量分布进行了模

拟，王云强(2010)基于实测数据并利用地理统计的方法绘制了黄土高原地区的田间持水量分布图；王斌等(2015)利用世界土壤数据库(harmonized world soil database，HWSD)并参考已有 PTFs 确定了黑龙江呼兰河流域 1km 网格的田间持水量；张楷(2014)利用实测数据及定性和定量方法分析得到陕西省内田间持水量分布情况；杨绍锷等(2012)基于高级微波扫描辐射计卫星(advanced microwave scanning radiometer-EOS，AMSR-E)遥感土壤含水量在 2003～2007 年的极大值，将其后 1 日的值作为田间持水量，计算了华北平原和东北地区的田间持水量分布。在小尺度上，这些数据经过与实测数据的验证比较，具备一定的可靠性。

更大尺度上，关于田间持水量空间分布的研究仍然较少。Reynolds 等(2000)利用联合国粮食及农业组织(Food and Agriculture Organization of the United of Nations，FAO)土壤属性文件和 Saxton 公式计算了全球范围 10km 网格的田间持水量分布，Dai 等(2013)利用 10 套 PTFs 取中值的方法，确定了中国范围内 1km 网格的田间持水量分布，然而，该结果基于的多是国外已有的 PTFs，没有结合中国特有的气候、土壤性质进行分析，也缺乏实测数据对最终结果进行检验，数据的可靠性不足。因此，PTFs 在理论上有一定的基础，有的方法也有其物理意义，但由于它是一种区域性的经验公式，在确定各区域的经验模型时，需要大量的数据来支撑，在实践中同样有一定的难度。

因此，亟待开发一套大尺度的空间分布合理、结果精度较高的全国范围田间持水量数据，并能够经过数据验证确保其可靠性，应用于干旱、水文、农业等多方面的研究中。

4.2　全国田间持水量确定方法

田间持水量的大小受到多方面因素的影响：一方面是土壤质地，包括含沙量、黏土含量、粉粒含量等因素；另一方面，多年的降水、气温、植被更替等对土壤的有机质含量、土壤结构等也有影响，间接作用于田间持水量。基于 PTFs 的思想，选出合适的影响因子，并提取多源土壤数据的土壤属性数据，利用全国范围内的墒情站点实测田间持水量数据，建立田间持水量和土壤属性之间的关系，进一步分析已有研究中 PTFs 的合理性，最后集成若干套 PTFs 结果，计算获得全国范围内的田间持水量分布。

4.2.1　我国土壤类型分布

受季风气候影响，我国的土壤具有明显水平地带性和垂直地带性的分布特点。由于西南部有青藏高原隆起，所以青藏高原土壤分布又具有垂直与水平复合分布的特点。此外，由于中、小地形与相应水文地质条件引起土壤相互交错的土壤地带域分布，以及因微地形变化和人类活动影响而形成的各种土壤微域分布等特点，我国土壤颗粒组成在地理分布上也具有一定的规律性。水平方向上，自西而东从北向南，即从干旱区到湿润区，由低温带到高温带，由物理风化为主渐变为化学风化增强，土壤颗粒明显表现出粗颗粒渐减而细颗粒递增的分布特点，土壤质地相应呈现由砾质砂土、砂土、壤土到黏土的变化。森林土壤在我国东部沿海发育比较完整，自南向北依次为砖红壤、赤红壤、红壤与黄壤、黄棕壤、棕壤、暗棕壤与漂灰土等土带。内陆型土壤纬度地带谱主要由草原土壤系列和荒漠土壤系列组成，自北而南依次为灰黑土、黑钙土、栗钙土、棕钙土、灰钙土、漠土等。

由于我国土壤质地在地域分布方面，总体情况是北方寒冷少雨，风化较弱，土壤中砂粒、粉粒含量较多，细黏粒含量较少，故以砂土居多；南方由于气候温暖，雨量充沛，风化作用较强，土壤中细黏粒含量较多，故以黏土居多。具体分布表现为在新疆、青海、甘肃、内蒙古、华北平原及沿江、沿河、沿海地区，广泛分布的是砂土；在黄土地区、松辽平原、华北平原、长江中下游、珠江三角洲等平原地区及南方丘陵区，广泛分布的是壤土；而在南方平原洼地、山间盆地和湖积平原区，由于成土母质为河流静水沉积物、湖相沉积物、红色黏土及石灰岩、玄武岩等，主要分布的是黏土。全国典型土壤六大分区如图 4.1 所示。对于南北方过渡的中等风化程度的土壤，则主要根据两合土、粉土、塿土和绵土等的颗粒分析结果，以其含量最多的粗粉粒作为划分土壤的主要标准，再参照砂粒和细黏粒的含量来区分。

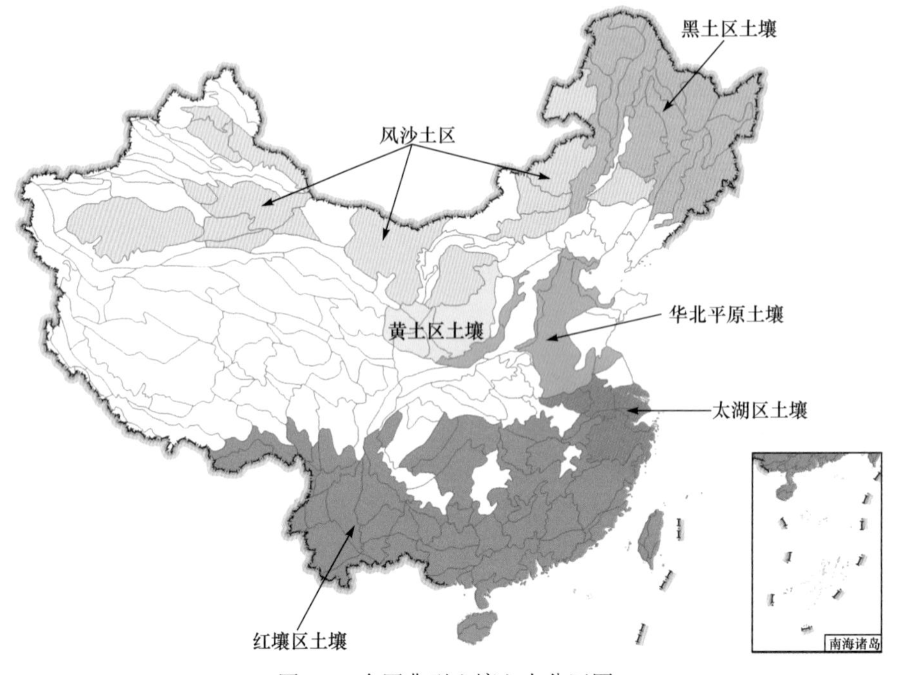

图 4.1 全国典型土壤六大分区图

4.2.2 田间持水量主要影响因素及因子筛选

1. 土壤质地

土壤质地对土壤水分性质的影响，主要体现在随着土壤颗粒变细和表面积增加，土壤的表面吸附力、离子交换能力及土壤的物理性质随之改变。一般地，随着粒径的减小，土粒的吸湿量、最大吸湿量、持水量、毛管持水量将增加，而土壤的通气孔隙度、通气和透水速度则降低。土壤的一些力学参数，如黏结力、黏着力、膨胀及收缩等性质也随之变化。

我国土壤质地按土壤颗粒组成比例特点进行分类。由于不同文献对土粒分级的标准不同，所对应的质地分类也不同，即使质地名称相同，其各级粒径及含量百分率也不一致。本节综合国内研究成果，采用邓时琴(1983)提出的土壤颗粒分级标准，将土壤分为三大组，共十二种质地名称，见表 4.1 和表 4.2。

表 4.1　土壤颗粒分级标准

名称		粒径/mm
石块		>3
石砾		1～3
砂粒	粗砂粒	0.25～1
	细砂粒	0.05～0.25
粉粒	粗粉粒	0.01～0.05
	中粉粒	0.005～0.01
	细粉粒	0.002～0.005
黏粒	粗黏粒	0.001～0.002
	细黏粒	<0.001

表 4.2　土壤质地分类

质地名称		颗粒组成/%		
		砂粒	粗粉粒	细黏粒
砂土	粗砂土	>70	—	<30
	细砂土	60～70	—	
	面砂土	50～60	—	
壤土	砂粉土	≥20	≥40	
	粉土	<20		
	砂壤土	≥20	<40	
	壤土	<20		
	砂黏土	≥50	—	≥30
黏土	粉黏土	—	—	30～35
	壤黏土	—	—	35～40
	黏土	—	—	40～60
	重黏土	—	—	>60

2. 土壤结构

土壤结构主要通过土壤颗粒(包括单粒、复粒和团聚体)的排列方式、孔隙性质及其稳定性来影响土壤中的水分性质。结构良好的土壤具有多孔性，大小孔隙的适当组合不仅有利于过湿土壤的排水，也有利于提高土壤的抗旱保水能力。例如，赣中丘陵地区耕种红壤土，伏旱后一个月，结构较好的乌黄土仍含有效水 3.5%，而结构差的黄土只含 0.5%；而伏期降雨后，乌黄土耕层内的有效水含量比黄土高 7%，而且底层内的有效水含量也显著增加(红壤及红壤性水稻土的结构和水分性质见表 4.3)。结构良好的乌黄土和乌泥田既经干又爽水，而黄土及结板田则易旱易渍，前者的田间持水量也比后者高。

表 4.3　红壤及红壤性水稻土的结构和水分性质

土壤		性状	孔隙度/%				田间持水量/%	凋萎系数/%	有效水含量/%
			总孔隙度	毛管孔隙度	非毛管孔隙度	单独团聚体孔隙度			
耕种红壤	乌黄土	经干爽水	56.7	44.8	11.9	47.3	31.6	6.1	25.5
	黄土	不易经干爽水	54.5	44.9	9.6	43.1	30.9	10.0	20.9
红壤发育的水稻土	乌泥田	较松	55.2	46.3	8.9	47.0	34.6	9.3	25.3
	结板田	板结	50.2	41.5	8.7	43.3	27.5	7.4	20.1

过砂或过黏而有机质含量低的土壤、长期渍水的黏质水稻土及黏质土壤经过不合理的耕作，都易使土壤颗粒排列紧密、孔隙少、耕层变板或表层结壳。过砂的土壤常缺乏有机胶结物，土壤结构性差，干时土壤易散开，泡水后又易沉板。黏土的土粒细小，排列紧密，往往是“晴天一把刀，雨后一团糟”。例如，在长江下游湖积物和冲积物上发育的某些黏质水稻土，由于渍水时间较长，土粒高度分散，干后田面龟裂，耕后土块大而僵板；复水后硬块难以破碎，水不易透入，根不易扎进，即使有机质含量不低，抗旱保水性依然很差。

我国生物气候条件复杂，土壤类型众多，尤其是农业生产活动频繁，所以土壤结构的形成既受自然环境条件的影响，也受人类活动的控制。此外，由于我国地跨几个生物气候带，各带内土地利用情况、植物的自然积累和分解的速率及成土过程都不同，所以影响土壤结构形成的基础物质也不同。自然条件下，土壤结构取决于土壤矿质颗粒的大小和含量、植物物质的类型和组成、生物活动、胶粒的电性及干湿交替、结冻解冻等环境因素，其形成是机械、物理、化学和生物诸因素单独或综合作用的结果。

人类活动对土壤结构状况的影响主要是通过耕垦、植被等的影响来发生作用的，在长期耕种、大量施用土肥及植被覆盖良好地区，土壤结构状况一定较好，相应地其田间持水量也较高。一方面，这是由于耕层中有机质与养分的含量不断丰富，以及频繁的干湿变异，心土层由僵硬变为松软，大块结构破坏及结构体面上胶膜消融，土体由坚实变疏松，容重变小，孔隙增多，阳离子交换量变大，改善了耕层土壤的质地和结构，使土壤蓄水保墒能力显著提高；另一方面，由于植被的生物富集过程，使草木及其凋落物参与土壤的生物物质循环，通过残落物的大量聚集、灰分元素的吸收与富集及生物与土壤间的物质交换三个过程，土壤内的有机质、团聚体大大增加，改善了土壤的结构状况，从而提高了其蓄水保墒能力。总体而言，在我国植被良好及耕垦程度高的东北地区、华北地区、长江中下游地区及南方热带亚热带地区，土壤的结构状况优于植被不良、土壤熟化程度低的西北地区和青藏高原地区。

在一定程度上，良好的土壤结构取决于合理的培肥措施。在任一生物气候带都可培育出具有良好结构的土壤，土壤结构在地域分布上并不具有地带性规律，在研究土壤田间持水量分布时，必须综合考虑各分区所处的气候带、植被情况、耕作措施及成土母质等影响土壤结构的因素，充分考虑各区的土壤结构情况。

3. 其他因素

1) 地貌

地貌对土壤田间持水量的影响首先表现在对土壤带谱分布的影响上。我国系多山国家，除青藏高原外，尚有一系列高原与山区，这对水热条件的再分配有明显的影响，并直接影响着土壤的水平分布。在砖红壤、红壤带内，湿润海洋性地带谱分布甚广，由东部沿海诸岛直到横断山山麓，都可见到砖红壤、赤红壤、红壤和黄壤的踪迹，但由于山体屏障，往往在背风坡与东南向出现干旱内陆性地带谱，如海南岛西南部的燥红土与四川盐源盆地的褐红壤等。黄壤在东部沿海地区分布位置低，由沿海向内陆过渡，出现的部位逐渐抬升，带幅也相应变宽。自南而北，黄壤垂直带谱的下限逐渐降低，东南沿海地区黄壤出现的下限通常为 500～600m；云贵高原则上升到 700～800m；云南高原西部则因受高原型亚热带气候影响，黄壤在高原面上消失，仅成为山地垂直带谱中的组成，下限多在 1000m 以上；四川盆地地势较低，同时因横断山屏障，东南季风阻留，并有青藏高原气团下沉，气候湿润，黄壤下限下移，一般低山丘陵地区即有黄壤分布；而湘鄂山地的山体大、地势高，有利于拦蓄湿润气团，云雾多、湿度大，黄壤分布集中。

受太行山脉的阻碍，黄土高原的生物气候条件明显变干，由北而南出现黑垆土、褐土；内蒙古高原因燕山山脉横贯，东南季风受阻，高原面上均为钙层土。

东北地区因三面环山，唯南面较为平坦开阔，东南季风得以深入，故湿润海洋性地带谱发育，形成大面积黑土、白浆土与暗棕壤；大兴安岭西坡明显变干，故有过渡性土壤带谱发育。六盘山以西，东南季风明显减弱，同时由于青藏高原的屏障，形成大面积漠土，土壤带谱的方向是越向西越呈现南北向更迭。

地貌还通过影响土壤的水热条件及植被分布等影响土壤田间持水量分布。由于距离海洋远近、纬度不同、高山山体的影响，以及成土母质和地形不同，产生土壤区域性水分、盐分及植被分布的差异，并直接影响土壤性状。由于水分的影响，草甸土、沼泽土可分布于南北各地，盐渍土广泛出现在东北西部、西北和华北的低平地区，至于华南沿海还有酸性硫酸盐土，但不同地区同一类型土壤的田间持水量差异较大。所以在分析土壤地域性因素的同时，既不能忽视也不能过分强调地貌因素，应综合考虑水热条件差异所引起的土壤地带性差异。

2) 成土母质

成土母质可以通过土壤质地及结构间接影响土壤田间持水量，在同样的生物气候条件下，母质对土壤的形成有着深刻的影响，土壤的质地因母质不同而有很大差异。对于不同土壤，成土母质对其质地和结构的影响也各不相同。

分布于南方热带地区的砖红壤有以下几类：玄武岩发育的铁质砖红壤，土层深厚，呈暗棕红色；基性矿物强烈分解，铁、铝高度富集，钾的含量极低，整个土体中原生矿物极少；土壤质地黏重，黏粒含量为 50%～80%；土壤的物理性质较差，凋萎系数达 26%以上。在浅海沉积物上发育的硅质砖红壤，土体呈黄红色；受沉积影响，一般表层砂粒较细，底层较粗；砂粒含量高达 60%～70%；土壤除砂粒外，即为黏粒，而粗粉粒含量极少；这种土壤较松散，易于耕作，但土壤保水保肥力弱，受干旱的威胁大，且易被侵蚀。在酸性岩上发育的砖红壤，由于母质含铁量高，呈淡红棕色；由花岗岩发育者，表土一般呈黄棕色，这类土壤称为硅铝质砖红壤，土体中含砂砾 20%～50%。

分布于我国南方亚热带与热带的山地上的黄壤，母质以花岗岩、砂岩为主，发育在这两种母岩上的黄壤，土层较厚，质地偏砂，渗透性强，淋溶作用较明显。而在泥质页岩上发育的黄壤质地较黏，砂页岩上发育的黄壤则多为壤土，具有良好的渗透性，有利于风化作用的进行，脱硅作用明显。

分布于北亚热带地区的黄棕壤是地带性土壤，集中分布在江苏、安徽两省的长江两岸及鄂北、陕南与豫西的丘陵低山地区。在此以南，黄棕壤多出现在山地垂直地带谱中。黄棕壤中原生矿物变成次生矿物的过程比较快，黏粒含量较高，所以无论哪种母质上发育的黄棕壤，质地均较黏重。棕壤母质多为花岗岩、片麻岩的洪积-冲积物，土层深厚，质地为砂壤土至中壤土。

在东北广泛分布的黑土、白浆土和黑钙土，其成土母质均为不同时期的沉积物。黑土以洪积黄土状黏土为主；白浆土多为河湖相沉积黏土，而黑钙土则较复杂，有基岩、冰渍物、河湖相沉积物、洪积物和风积物等。黑土及白浆土的母质一般均较黏重，多为黏土；黑钙土较轻，在颗粒组成上粗粉粒的比例较大。

分布在我国温带、暖温带干旱和半干旱地区的栗钙土和棕钙土，其颗粒组成因母质不同而有很大差异，但总的来说，质地都较轻，多属粉砂土及粉土。棕钙土所处的地形多为剥蚀层状和波状高原，因成土母质较复杂，以残积物、洪积-冲积物与风成砂为主，也有部分黄土。但质地一般较粗，以砂砾、砂质、砂粉土为主，黏重的母质很少。

塿土中，关中西部较黏、东部较粗，三门峡以下和邻近秦岭北麓的洪积扇上，由于渗入较黏重的沉积物，质地也较黏重。黑垆土的颗粒组成以粗粉粒为主，约占一半以上，物理性黏粒占 3%～40%，黏粒只有 15%～20%，土体疏松多孔，微团聚体较多，土壤容重较大(1.1～1.4g/cm^3)，其最大吸湿水 4%～6%，凋萎系数 7%～8%。凋萎系数大小与黏粒含量成正比，例如，按 2m 内田间持水量计算，黑垆土可以储蓄 550mm 水分，田间持水量在 20% 以上。

分布于我国温带漠境边缘的灰漠土，其颗粒组成因成土母质的不同而异，除阿拉善和鄂尔多斯高原的大部分母质较粗外，一般多以粗粉砂-细砂或细砂-粗粉砂为主，属粉土和粉壤土，黏粒含量在剖面中均有较明显的增高。

可见，在研究土壤田间持水量分布时，需充分考虑各种土壤的成土母质及其在分布上的差异，以便找到规律。

3) 土地利用

土地利用情况对土壤田间持水量的影响包括耕垦的影响和植被的影响，土地利用通过改善土壤质地及结构来间接影响土壤田间持水量。

耕垦对土壤性状的影响表现在以下三个方面：一是开垦后经过长期耕种和大量施用土肥，由于土肥质地较轻，致使心土、底土的黏粒含量高于耕层，还使土壤耕层中有机质与养分的含量不断丰富，改善耕层土壤的质地和结构；二是耕种熟化过程中，由于土肥相融，土壤及其胶体的团聚性也有所提高，熟化程度高的土壤浸水容重较低，土壤熟化过程不仅改善了土壤的结构性，而且提高了土壤的保水、保肥性能；三是经过耕种熟化的土壤，具有深厚的耕层和疏松多孔的心土层。耕层土壤的结构由单粒变为团粒，还具有深厚肥沃的活土层，可培育出肥沃的耕层，还可创建疏松多孔的心土层。这是由于深耕后频繁的干湿变异，心土层由僵硬变为松软，大块结构破坏及结构体面上胶膜消融，土体由坚实变疏松，容重变小，孔隙增多，阳离子交换量变大，蓄肥保墒能力提高。

如黄土经过耕种后，大量施用土肥，不断垄高田面，使原来的土壤与老耕层不断被埋藏于地下，而形成明显的埋藏剖面，所以整个土层比较肥沃。地处北亚热带与暖温带的黄棕壤、棕壤和褐土，经耕垦后，如能合理利用土地，精耕细作，增施有机肥料，土壤可迅速向熟化方向发展；但如耕垦不当，可能发生水土流失，影响土壤肥力提高。

植被对土壤性状的影响主要通过生物富集过程来实现。生物富集过程是自然植被覆盖下土壤中所进行的生物物质循环过程，在一定的湿热条件下，草木及其凋落物参与土壤的生物物质循环，通过残落物的大量聚集、灰分元素的吸收与富集及生物与土壤间的物质交换三个过程来影响土壤的性状。

首先，大量的生物残体构成了土壤物质循环与养分富集的基础。例如，在热带雨林中，枯枝落叶的凋落物(干物质)每年可达 11.55t/hm^2，在热带次生林中达 10.2t/hm^2，地处温带小兴安岭地区的林木，其凋落物也可达 6～7t/hm^2，足以说明植物凋落物的集聚是土壤物质循环与养分富集的基础。又如，在热带地区，并非高温多雨导致微生物活动强烈、有机质含量低。实际上，在季雨林条件下，砖红壤的有机质质量分数可高达 8%～10%。不同植被条件下砖红壤腐殖质的组成不同。据测定，在季雨林和竹林中的土壤腐殖质组成中，富里酸含量大于胡敏酸，而草地砖红壤中胡敏酸的含量较高。

其次，每年聚集的生物残体、凋落物对灰分元素的吸收与聚集作用强烈，因此通过生物吸收使营养元素重新回到土壤中的“生物自肥”作用很强。例如，在红壤地区的凋落物中，灰分元素约占 17%，若以 1hm^2 凋落物 10.88t 计，则每年每公顷通过植物吸收的灰分元素达 1852.5kg，这对于灰分元素的吸收与富集起到很大的作用。同时，由于南北水热条件不同，生物对元素的吸收与归还强度也有差异，一般是热带地区的生物归还作用最强，而亚热带地区则较弱。另外，即使在同一地区，不同植被对元素的吸收与归还情况也不相同。这是由于不同植被对土壤中的元素有不同的吸收选择，所以不同植被对土壤中养分的含量有不同影响。例如，在亚热带地区，竹林对硅的归还率最高，其次为常绿阔叶林及马尾松，而杉木林最低，长绿阔叶林和杉木林对钙、镁的归还率较高。

植被对土壤性状的影响，还体现在鲜叶—凋落物—残落物—表土的变化过程中，经过元素的生物吸收、分解、归还，参与土壤与植物间物质交换。例如，在红壤发育过程中，虽然进行着元素的淋失与富铝化过程，但由于生物的富集和土壤与植物间的物质循环与交换，大大丰富了土壤养分物质的来源，促进了红壤肥力的发展。另外，不同海拔高度土壤的有机质组成也不一样，例如，在海拔 1000m 以下的山地及丘陵地区，砖红壤有机质的碳氮率一般小于 15%，而在海拔 1000m 以上的地区，则可达 15%～30%。即使在同一海拔高度条件下，植被种类对土壤有机质的碳氮率也有影响。例如，热带季雨林砖红壤表土有机质含量为 4%～5%，经开垦植胶 5～6 年后，可能会降至 2% 左右。但在正确的间作和施肥下，有机质也可以保持，物理化学性质都可以得到改善，可以保持土壤肥力。

4. 田间持水量影响因子选择

通过以上分析可知，田间持水量一方面与土壤本身的质地，包括含沙量、黏土含量、粉粒含量、孔隙度、容重等因素有关；另一方面，日积月累的植被更替带来的有机质、地形地貌等因素也对田间持水量的确定产生影响。结合以往研究中已有的 PTFs，通过对田间持水量影响因子的分析，并根据实际土壤属性文件中的数据情况，最终确定含沙量(sand)、黏土含量(clay)、粉粒含量(silt)、有机质含量(som)、土壤容重(bd)作为量化田间持水量的五个影响因子。

4.2.3　田间持水量集成数据来源

按照 PTFs 的思路，需要建立田间持水量与土壤质地因子之间的关系。该关系的建立基于实测数据和其他土壤数据产品，其中实测数据由全国墒情站及气象站测定。土壤数据产品由于其分辨率、适用情况各有异同，为了避免单一产品的不确定性情况，研究方案中采用了 3 套较为可靠的多源土壤数据，包括 FAO 提供的 10km 全球土壤质地数据、北京师范大学(Beijing Normal University，BNU)提供的全国 1km 土壤质地数据、国际土壤参比与信息中心(International Soil Reference and Information Centre，ISRIC-World Soil Information)发布的 250m 土壤网格 SoilGrids(SG)产品，对其进行集成，以获得全国范围田间持水量分布。下面依次介绍这些数据。

1. 实测数据

本节采用的实测数据为全国 2388 个墒情站和气象站测定的田间持水量数据，按照站点情况，数据测量方法分为以下三种。

1) 环刀法

利用环刀在采样地块上采集原状土带回室内，在人工干预条件下，使土样含水量达到饱和，排除重力水后，测定的土壤含水量即为田间持水量，测定过程如图 4.2 所示。该法操作简便，适用于各类土壤。

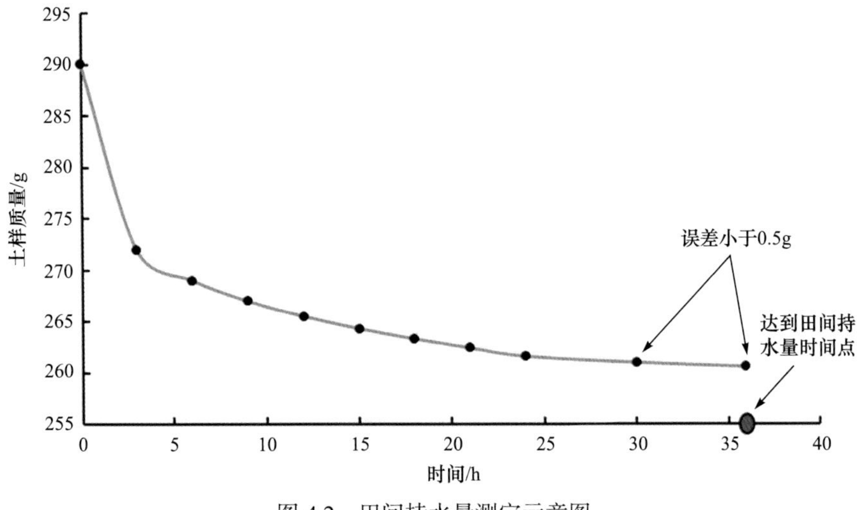

图 4.2　田间持水量测定示意图

2) 围框淹灌法

围框淹灌法是指在试验地块中建立试验区，通过设置围框、人工灌水、地膜覆盖、自然渗透等一系列人工干预的技术手段，使围框内土壤含水量达到饱和，待自然排出重力水后，测定最大毛管悬着水量即为田间持水量。该法较符合田间实际，测定结果具有代表性。不足之处是需监测土壤退水过程，工作量较大，不适合地下水位较浅的地块。

3) 天然降水法

天然降水法，即饱和雨后测定法，是指当大气降水达到一定量级时，试验地块土壤含水量达到饱和，排除多余重力水后测定的土壤含水量即为田间持水量。该法对降水条件、监测时机要求较高，且试验地块土壤水分应达到饱和。该法较符合田间实际，不受人为因素影响，测定结果代表性好。但渗透性差的土壤、地下水埋深较浅的地块则不宜选用。

基于上述三种方法，全国范围针对所有采样点，测量其 10cm、20cm、40cm 深度的田间持水量。对于同一采集深度取 3 个土样，若测得田间持水量的最大值与最小值之差值小于 1.5%，则取 3 个土样的均值；若田间持水量的最大值与最小值之差值大于 1.5% 且中间值与最大值、最小值之差的绝对值小于 1.0%，则取相近的 2 个取均值；否则该站样本作废。单站平均田间持水量采用 3 个十层深度加权平均计算，见式(4.8)：

$$\overline{\theta}=\frac{\sum_{i=1}^{n}(\theta_i\times h_i)}{H} \tag{4.8}$$

式中，θ_i 为第 i 层所在的平均土壤含水量；h_i 为第 i 层所在的厚度；H 为 n 层土壤总厚度，本节 n=3。所有的测量包括田间采样、土样吸水、土样退水、烘干及称重、田间持水量计算、合理性检查等环节。其中合理性检查从采样土壤的物理特性分析、现有田间持水量的比较、历史旱情资料检验、参考文献成果等方面进行，以确保实测数据的可靠性。

经过筛选，本节共采用了 2388 个实测站点数据，较为全面均匀地覆盖了中国区范围

(图 4.3)。

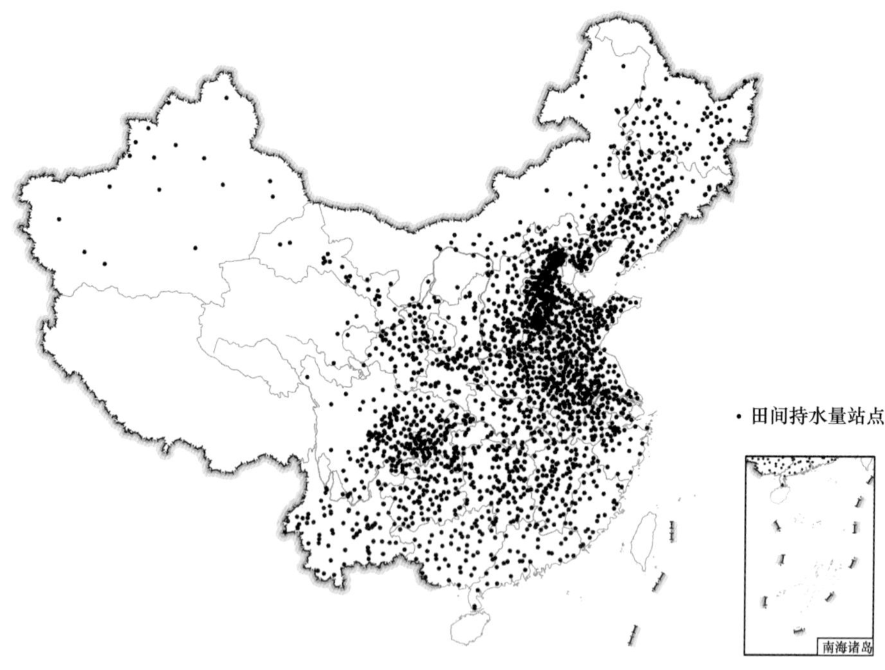

图 4.3 全国实测田间持水量站点空间分布图

2. FAO 数据

Reynolds 等(2000)基于 FAO 及世界土壤释放能力库(world inventory of soil emission potentials，WISE)建立了全球 10km 网格土壤数据库，其中包括土壤含沙量、黏土含量、粉粒含量、有机质含量、土壤容重等土壤特性参数，并将土壤分为上下两层，0～30cm 为上层，30～100cm 为下层。Reynolds 等(2000)基于 FAO 土壤基础数据计算田间持水量，检验了其作为基础土壤数据的潜力。近年来，基于 FAO 开发的 HWSD 等多种土壤数据，也表明了其对于大尺度土壤属性分布的可靠性。

3. BNU 数据

戴永久等(2013)基于 1：100 万中国土壤地图和第二次全国土壤普查的 8595 个土壤剖面，将不一致的土壤剖面重新分类为适合的土壤类型，考虑样本间距、大小及土壤分类，利用多边形链接方法导出了全国范围内 1km 网格的土壤特性参数，包括土壤含沙量、黏土含量、粉粒含量、有机质含量、土壤容重等；垂直方向自上而下分为 7 层，深度分别为 4.5cm、9.1cm、16.6cm、28.9cm、49.3cm、82.9cm、138.3cm。该数据集利用 10 套田间持水量 PTFs 取中位数的方法，计算出全国范围内 1km 网格的田间持水量分布，但并未对结果进行验证。

4. SG 数据

SG 是由国际土壤参比与信息中心基于全球土壤剖面和环境变量数据构建的土壤信

息数据集，可利用地质统计学和机器学习算法绘制 1km 和 250m 空间分辨率下的全球土壤属性和分类地图。该数据能够提供包括土壤含沙量、黏土含量、粉粒含量、有机质含量、土壤容重、粗颗粒百分比、pH、碳通量等多项土壤特性参数及分类信息，土壤自上而下分为 6 层，分层深度分别为 5cm、15cm、30cm、60cm、100cm、200cm。

SG 是全局统计模型，能在全球范围内做出无偏估计。对于特定的区域，SG 也可以作为辅助变量用以改善土壤属性的预测，这也是本书研究中基于该数据进行空间尺度转换的基础。

4.2.4　田间持水量集成方法

1. 集成方法

考虑到上述土壤基础数据各自的特点以及难以选择一套绝对准确的土壤属性描述数据，本节借鉴了集合数值预报的思想，选用了 7 套 PTFs[式(4.9)～式(4.15)]，分别利用 3 套土壤数据建立各个实测站点的田间持水量集合。此外，考虑到已有 PTFs 在国内的适用性情况，对于每一套数据再建立各自的多元回归方程[式(4.16)～式(4.18)]。土壤属性数据匹配到站点采用的是最邻近像元法，即对于 2388 个站点选择 3 套土壤数据中空间距离最为接近的网格赋值给实测站点。

PTFs1(Bruand et al.，1994)：

$$fc=\frac{0.043+0.004\times clay}{0.471+0.00411\times clay} \tag{4.9}$$

PTFs2(Canarache，1993)：

$$\begin{aligned}fc=&0.01\times bd\times(2.65+1.105\times clay-0.018968\times clay^2\\&+0.0001678\times clay^3+15.12\times bd-6.745\times bd^2\\&-0.1975\times clay\times bd)\end{aligned} \tag{4.10}$$

PTFs3(Gupta et al.，1979)：

$$\begin{aligned}fc=&0.003075\times sand+0.005886\times silt+0.008039\times clay\\&+0.002208\times som-0.1434\times bd\end{aligned} \tag{4.11}$$

PTFs4(Hall et al.，1977)：

$$fc=0.2081+0.0045+0.0013\times silt-0.0595\times bd \tag{4.12}$$

PTFs5(Petersen et al.，1968)：

$$fc=0.1183+0.0096\times clay-0.00008\times clay^2 \tag{4.13}$$

PTFs6(Tomasella et al.，1998)：

$$fc=0.04046+0.00426\times silt+0.00404\times clay \tag{4.14}$$

PTFs7(Saxton et al.，1986)：

$$a=\exp(-4.396-0.0715\times clay-4.88\times10^{-4}\times sand^2-4.285\times10^{-5}\times sand^2\times clay)$$

$$b = -3.14 - 0.00222 \times \text{clay} - 3.484 \times 10^{-5} \times \text{sand}^2 \times \text{clay}$$

$$\text{fc} = \left(\frac{0.33}{a}\right)^{\frac{1}{b}} \tag{4.15}$$

REG_FAO：

$$\begin{aligned}\text{fc} = &-0.3294 + 0.0077 \times \text{sand} + 0.0091 \times \text{clay} + 0.0067 \times \text{silt} \\ &+ 0.0066 \times \text{som} - 0.0715 \times \text{bd}\end{aligned} \tag{4.16}$$

REG_BNU：

$$\text{fc} = 0.0513 + 0.0017 \times \text{clay} - 0.00003 \times \text{silt} + 0.0088 \times \text{som} + 0.1926 \times \text{bd} \tag{4.17}$$

REG_SG：

$$\text{fc} = 0.5287 - 0.0043 \times \text{sand} + 0.0003 \times \text{clay} - 0.0022 \times \text{silt} + 0.0026 \times \text{som} + 0.0235 \times \text{bd} \tag{4.18}$$

式中，sand 为土壤含沙量；clay 为黏土含量；silt 为粉粒含量；bd 为土壤容重；som 为有机质含量。

经过上述的匹配和计算，对于每一个实测站点可以得到包括 21 套 PTFs 计算结果及 3 套回归计算结果在内的 24 个田间持水量计算值，见表 4.4。

表 4.4　多源数据 PTFs 验证结果

数据	指标	PTFs1	PTFs2	PTFs3	PTFs4	PTFs5	PTFs6	PTFs7	REG
FAO	δ	0.038	0.015	0.051	0.039	0.036	0.041	0.046	0.018
	均值	0.273	0.323	0.344	0.300	0.330	0.302	0.306	0.357
	Cv	0.138	0.045	0.148	0.131	0.110	0.137	0.151	0.052
	r	0.219	0.211	0.178	0.199	0.219	0.126	0.198	0.236
BNU	δ	0.047	0.032	0.066	0.049	0.051	0.069	0.057	0.020
	均值	0.221	0.277	0.343	0.277	0.274	0.304	0.273	0.354
	Cv	0.214	0.116	0.193	0.176	0.186	0.227	0.208	0.055
	r	0.201	0.210	0.159	0.183	0.196	0.155	0.192	0.258
SG	δ	0.024	0.015	0.032	0.022	0.027	0.031	0.024	0.025
	均值	0.239	0.297	0.386	0.290	0.297	0.323	0.295	0.356
	Cv	0.102	0.052	0.082	0.077	0.090	0.095	0.081	0.069
	r	0.279	0.256	0.255	0.309	0.278	0.290	0.321	0.320

注：δ 为标准差，r 为相关系数。

对于所有计算结果，分别计算其与实测值之间的相关系数和自身标准差。对于 3 套数据计算结果各自取出 1 项计算结果代入式(4.19)、式(4.20)计算集成结果。由式(4.19)和式(4.20)可知，集成结果实际上是 3 套数据通过相关系数加权并进行标准差校正后减去平均偏差的结果。

$$\text{fc}_{\text{ensemble}} = \sum_{i=0}^{n} \frac{\sigma_{\text{obs}}}{\sigma_i} \times \frac{r_i^2}{\sum_{i=0}^{n} r_i^2} \times \text{fc}_i - \Delta\text{fc} \tag{4.19}$$

$$\Delta \mathrm{fc}=\sum_{i=0}^{n}\frac{\sigma_{\mathrm{obs}}}{\sigma_i}\times\frac{r_i^2}{\sum_{i=0}^{n}r_i^2}\times\overline{\mathrm{fc}_i}-\overline{\mathrm{fc}_{\mathrm{obs}}} \tag{4.20}$$

式中，i 为 3 套对应的土壤质地参数；n 为 3 套数据和 7 种函数的组合数；fc_i 为对应土壤质地参数计算的回归田间持水量；$\mathrm{fc}_{\mathrm{obs}}$ 为实测田间持水量；σ_{obs} 为实测田间持水量的标准差；r_i 为对应的回归田间持水量与实测田间持水量之间的相关系数；σ_i 为对应的回归田间持水量的标准差；$\overline{\mathrm{fc}_{\mathrm{obs}}}$ 为实测田间持水量均值。

2. 数据匹配

考虑到 3 套数据本身的空间分辨率不同，分别为 10km×10km、1km×1km、250m×250m，为了匹配不同空间分辨率的数据源使其具有一致的空间分辨率，利用空间分辨率较高的 SG 数据对 FAO 和 BNU 数据进行降尺度处理。以 BNU 为例，对于某个 BNU 网格 BNU_1km，计算其中 SG 网格数据的平均值 SG_1km，然后利用网格内 SG_250m 数据按照式(4.21)得到 250m 的 BNU 田间持水量：

$$\mathrm{fc}_{\mathrm{BNU\_250m}}=\frac{\mathrm{fc}_{\mathrm{SG\_250m}}}{\mathrm{fc}_{\mathrm{SG\_1km}}}\times\mathrm{fc}_{\mathrm{BNU\_1km}} \tag{4.21}$$

式中，fc 为田间持水量；$\mathrm{fc}_{\mathrm{SG\_1km}}$ 为对应的 1km 网格的 SG 回归田间持水量；$\mathrm{fc}_{\mathrm{SG\_250m}}$ 为对应的 250m 网格的 SG 回归田间持水量；$\mathrm{fc}_{\mathrm{BNU\_1km}}$ 为对应的 1km 网格的 BNU 回归田间持水量。

3. 无资料地区处理

对于确定全国范围的田间持水量而言，由于存在部分无资料地区，对此需根据具体情况灵活处理。例如，新疆南部的塔克拉玛干等沙漠地区，由于 FAO 缺少数据，仅利用 BNU 和 SG 来构建田间持水量。此外，该区域实测站点缺失，且由于之前的实测站点并没有对于这类高含沙量的沙漠化地区进行测量，如果用上述集成方程进行计算显然是不合理的。对此，本节利用马里兰大学帕克分校植被覆盖数据提取出沙漠区域，参考以往沙漠地区田间持水量的研究结果挑选合理的 PTFs 公式进行计算。

4. 全国范围集成

通过对多套集成结果的筛选，最终选择了 REG_FAO、REG_BNU、REG_SG 作为集合因子代入集成公式，集成公式如式(4.22)、式(4.23)所示：

$$\begin{aligned}\mathrm{fc}_{\mathrm{ensemble}}&=\frac{0.08}{0.018}\times\frac{0.056}{0.223}\times\mathrm{fc}_{\mathrm{REG\_FAO}}+\frac{0.08}{0.02}\times\frac{0.067}{0.223}\times\mathrm{fc}_{\mathrm{REG\_BNU}}\\&\quad+\frac{0.08}{0.025}\times\frac{0.1}{0.223}\times\mathrm{fc}_{\mathrm{REG\_SG}}-\Delta\mathrm{fc}\end{aligned} \tag{4.22}$$

$$\begin{aligned}\Delta\mathrm{fc}&=\frac{0.08}{0.018}\times\frac{0.056}{0.223}\times0.357+\frac{0.08}{0.02}\times\frac{0.067}{0.223}\times0.354\\&\quad+\frac{0.08}{0.025}\times\frac{0.1}{0.223}\times0.356-0.36=0.975\end{aligned} \tag{4.23}$$

式中，fc_{REG_FAO} 为基于 FAO 土壤数据的回归田间持水量；fc_{REG_BNU} 为基于 BNU 土壤数据的回归田间持水量；fc_{REG_SG} 为基于 SG 土壤数据的回归田间持水量。应用式(4.22)和式(4.23)即可开展基于多源数据集成的全国范围网格化田间持水量分布计算与分析。

4.3　结果验证与合理性分析

4.3.1　田间持水量集成结果与合理性分析

应用上述田间持水量集成方法集成了全国范围内的田间持水量。全国范围内田间持水量最小值为 $0.08m^3/m^3$，出现在沙漠地区；最大值为 $0.60m^3/m^3$；均值为 $0.31m^3/m^3$。全国范围田间持水量空间分布如图 4.4 所示。

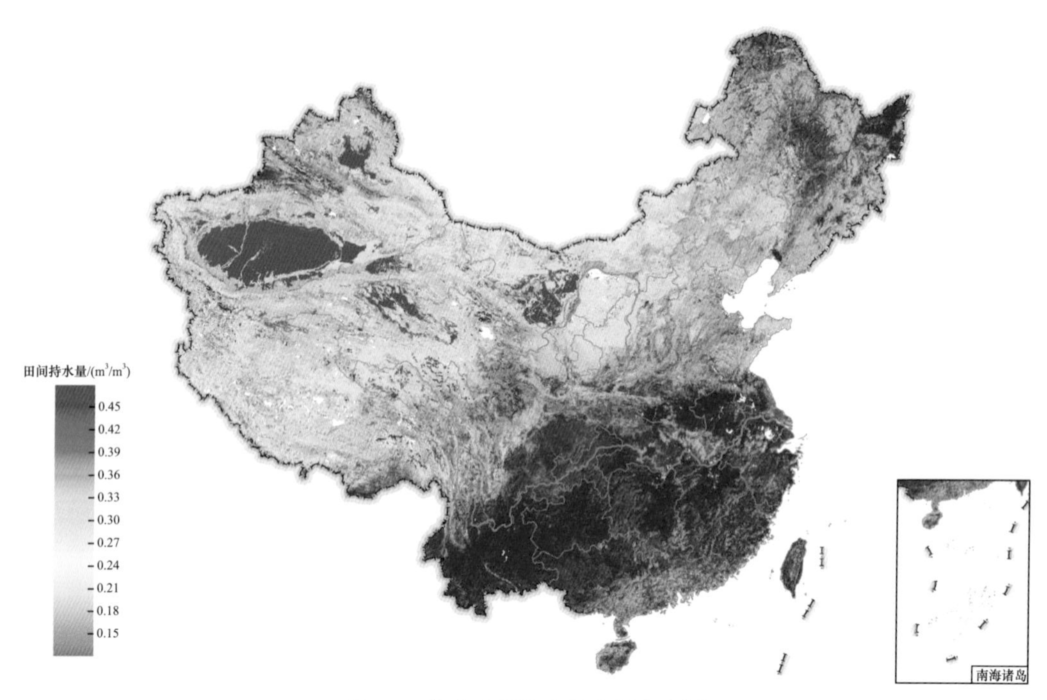

图 4.4　集成田间持水量空间分布图

为了分析集成田间持水量结果在空间分布上的合理性，首先从整体上定性分析了其与我国土壤分布的地带性规律，以及影响土壤田间持水量的一系列因素，如土壤质地、结构、地貌、成土母质及土地利用状况等分布的一致性。

通常情况下，田间持水量一般随砂粒含量的增加而减小，所以从土壤质地来分析，可以得出的定性结论是：我国土壤在田间持水量分布上，由西向东、由北向南大致有递增的趋势。从集成结果来看，田间持水量从南方开始向北方逐渐减小，由西向东逐渐增大，与以往的研究中的田间持水量分布特点一致。下面分别对应我国六大土壤分区定性分析田间持水量集成结果的合理性。

1. 风沙土区

风沙土是风沙地区风成沙性母质上发育的土壤，位于西北内陆地区的半干旱和干旱区。其成土母质常为风成沙性母质，演化形成风沙土。其中，沙漠地区在风的吹蚀和堆积作用下，成土过程很不稳定且较微弱，土壤中细砂含量可高达 90% 以上，土壤有机质含量低，土壤持水能力极小，田间持水量最低，通常在 $0.10m^3/m^3$ 以下。其他存在人类活动的地区，随着长年植被积累的有机质及固沙作用，田间持水量相比会更大一些。集成结果中，这几片风沙土区的田间持水量都在 $0.24m^3/m^3$ 以下，而沙漠地区在 $0.12m^3/m^3$ 以下，符合分析的结论。

2. 黄土区

黄土区位于陕西、甘肃和宁夏等地区，主要土壤分布为黄土，黄土母质上发育的土壤主要有黄绵土、黑垆土和塿土等，黄土区土壤质地均一，土壤中粗粉粒含量高，土壤疏松多孔，但由于黄土区属半干旱气候，夏季多暴雨，春季常有大风，水土流失明显，土壤有机质含量低，尽管黄土中含有多种矿物，但由于水热条件的限制，即使是一些不稳定的矿物，其风化程度也很低，且碎屑矿物中又以较抗风化的长石与石英为主，所以黄土区土壤的黏化作用较弱，同母质相比，土壤中增加的黏粒不多，黏粒进一步变性也不明显，故黄土区土壤的田间持水量虽比风沙土大很多，在 $0.20m^3/m^3$ 以上，但较其他地区土壤总体偏小。从集成结果来看，位于黄土高原地区的田间持水量为 0.24～$0.39m^3/m^3$，相比其北部地区的风沙土($0.20m^3/m^3$ 左右)田间持水量较大，而相较于其南部地区田间持水量($0.40m^3/m^3$ 以上)较小，与理论分析较为一致。

3. 黑土区

东北地区黑土区土壤，地处我国温带地区。受东南季风影响，夏季温暖多雨，植物生长繁茂，每年遗留于土壤中的有机质较多，而冬季严寒少雪。土壤冻结时期长，冻土层厚，微生物活动弱，有机质得不到充分的分解，而以腐殖质的形态积累于土壤中，形成深厚的腐殖质层，一般为 30～70cm，厚的可达 70～100cm。腐殖质层中大部分为粒状团块结构，结构性好，含大量优质的水稳性团聚体，粒径大于 0.25mm 的水稳性团聚体可高达 80% 以上。根据东北黑土区土壤的分析，其质地大多数属于砂壤土和粉黏土，颗粒组成以粗粉砂和黏粒为多，各占 30%～40%，具有黄土状黏土的特点，其颗粒结构从西北到东南有逐渐变细的趋势，再加上黑土区土壤水分比较适中，植被根系发达且分布较深，土壤疏松多孔，水稳性团聚体含量高，所以黑土区土壤的田间持水量理论值很高，可达 $0.45m^3/m^3$ 以上。对比集成结果可以看到，黑土区存在大面积的田间持水量高值区，在 $0.48m^3/m^3$ 以上，但在东北地区的山地地区，集成结果出现低值，在 $0.30m^3/m^3$ 左右，要比南方地区更低，结合实测值分析其结果是合理的。但该地区的田间持水量可能受到积雪等更多因素的影响，分布较为复杂，给集成结果带来一定的不确定性。

4. 华北平原区

华北平原属暖温带半湿润气候区，分布的主要是黄潮土。黄潮土质地多属砂壤、轻壤至中壤质土壤，其中以砂粉土居多，黄潮土的田间持水量多为 0.30～0.40m^3/m^3，一般为 0.33m^3/m^3。华北平原土壤由于黄河泛滥的影响，土壤质地和土层排列相当复杂，土壤质地多属壤土组，其中以砂粉土为主，沉积物中的有机质含量也不同。在缓流洼地处属于细粒沉积区，土壤中黏粒含量可达 40% 以上，在急流岗地上一般是沉积粗颗粒，以砂粒为主。华北平原为农业发达地区，经过人类长期的灌溉排水、增施有机肥、合理轮作、深耕改土及客土改良等措施，土壤熟化程度高，有机质含量高，耕层深厚，土壤的田间持水量虽较黑土区低，但较黄土区仍较高。华北平原的田间持水量集成结果为 0.30～0.39m^3/m^3，0.33m^3/m^3 居多，大于黄土区的田间持水量，小于南部的华东地区，集成结果较为合理。

5. 太湖区

太湖区历史上就是水稻种植地区，太湖区土壤的成土母质为黄土性冲积物或湖积物，质地均一而稍黏重，属黏壤土或粉黏土。水稻土是太湖区的主要土壤，其结构形成很复杂，变化也很大，土壤中经常发生的好气和嫌气过程是水稻土形成的主要动力。太湖区水稻土的质地大多属于重壤质或轻黏土，黏粒含量多为 20%～30%，少数地区可达 50%以上，有机质含量多为 2%～4%。本地区土壤经过长期的水耕作用，氧化-还原作用强，有机质含量增加，熟化程度高，物理性黏粒含量高，土壤不仅保水透水性良好，而且保肥透肥能力也强，土壤田间持水量较华北平原土壤大。集成结果中，太湖区的田间持水量在 0.42m^3/m^3 以上，部分地区达到 0.48m^3/m^3 以上，是全国范围内田间持水量最大的地区之一，符合理论认识。

6. 红壤区

南方红壤区地处热带、亚热带地区，雨量充沛，植被覆盖好，但其成土母质种类较多，土壤的质地随母质的不同差异较大，再加上热带地区微生物活动强烈，有机质分解量大，所以该地区土壤质地组成和田间持水量的差异都较大。南方地区分布最多的土壤包括砖红壤，集中分布在海南岛、雷州半岛、广东南部及云南南部等地区，其中发育在云南南部茂密热带雨林地区的砖红壤会形成暗色砖红壤，其田间持水量相对更高，达到 0.45m^3/m^3 以上。水稻土主要发育在四川盆地、湖南东部、江西北部等地区，和太湖流域一样具有良好的土壤发育条件，田间持水量较高；红壤主要分布于广西北部、江西南部丘陵等地区，田间持水量较前两者小一些；黄壤分布在福建、广东东南部地区，田间持水量介于红壤和砖红壤之间。从集成结果来看，这一片区的田间持水量差异较大，海南、广东、广西东南部地区田间持水量为 0.33～0.39m^3/m^3，相对较小。云南地区、四川南部、湖南东部、江西北部，田间持水量超过 0.45m^3/m^3，与太湖区接近甚至更大。福建地区田间持水量在 0.42m^3/m^3 左右。集成结果较为合理。

4.3.2 站点田间持水量验证

为进一步验证田间持水量集成结果的合理性，将其与实测站点的田间持水量进行了比较分析。对比实测站点田间持水量的空间分布图(图 4.5)，全国范围网格化的田间持水量集成能够体现出田间持水量整体空间上的分布。从图中可以看到，站点尺度上相关系数为 0.36(p<0.001)，均方根误差为 0.08m^3/m^3。同时，散点图也存在分区的情况，表明用

分区的方法构建田间持水量可以更为准确地描述区域的田间持水量分布。本节为了使得全国数据具有一致性，仅用一个集成公式进行田间持水量计算。

同时对比 BNU 数据集成计算的田间持水量产品结果(图 4.6)，可以看出本节研究的

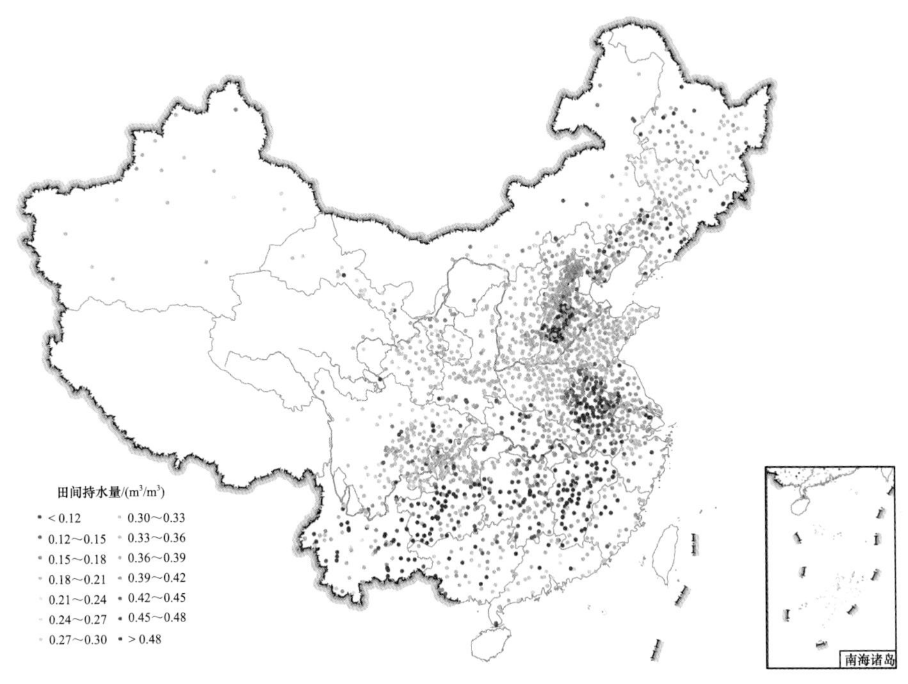

图 4.5　实测站点田间持水量的空间分布图

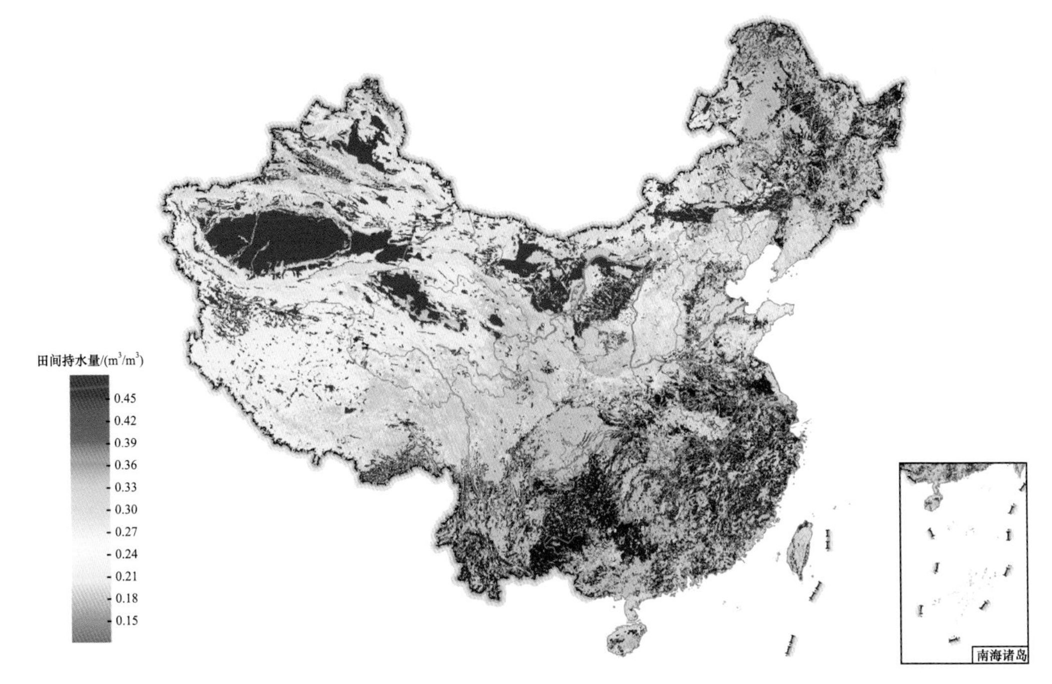

图 4.6　BNU 产品田间持水量分布图

多源集成田间持水量与其在空间分布的相对大小具有一定的一致性，西南地区、江西、湖南及安徽北部田间持水量较大，而西北地区、青藏高原地区、内蒙古地区等田间持水量较小。

从站点实测、多源数据集成和 BNU 数据产品累积概率分布图(图 4.7)可以看到，多源数据集成的田间持水量结果与 BNU(Dai et al.，2013)数据集相比，整体上更接近于实测值，但高值部分模拟仍然不足。从四分位图(图 4.8)中可以看到，BNU 数据在整体量值上偏小于实测值，而集成结果与实测数据四分位数值相对较接近。

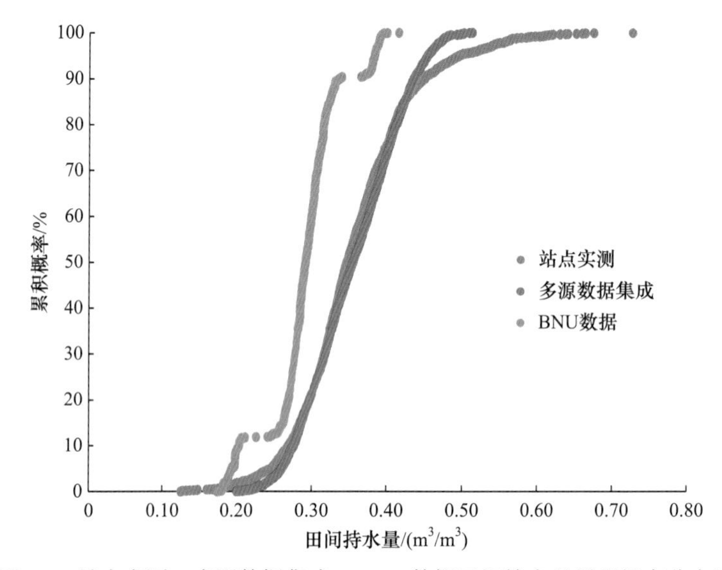

图 4.7　站点实测、多源数据集成、BNU 数据田间持水量累积概率分布图

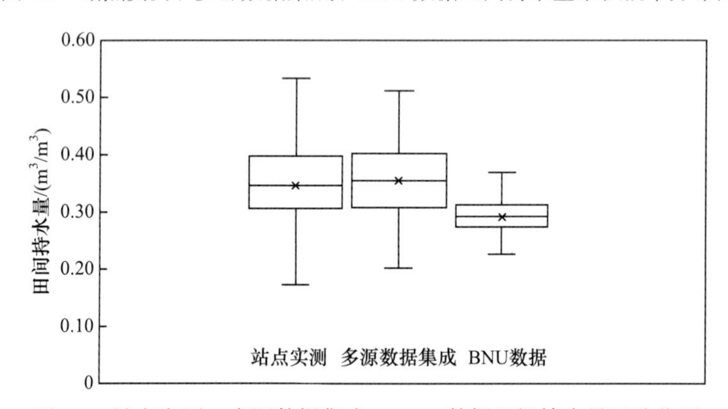

图 4.8　站点实测、多源数据集成、BNU 数据田间持水量四分位图

4.3.3　土壤单元田间持水量验证

上述给出的网格尺度田间持水量较好地描述了田间持水量在中国范围内的整体分布情况，但实际研究中，更多的往往是对某一特定流域进行研究，因此利用全国 14 个气候分区，139 个地貌分区和 64 个土壤分区进行叠加，最终得出了全国范围 217 个不同气候地貌下的土壤单元分区，分区内的气候、地貌、土壤质地性质较为一致(陈晓燕，2004)，

可以认为田间持水量具有较好的一致性。对于每一个分区，分别计算其实测田间持水量均值和集成结果均值。从区域平均的站点实测与集成田间持水量散点图(图 4.9)可以看出，二者相关系数为 0.73(p<0.001)，表明集成方法能较好地在中小尺度上模拟田间持水量分布。

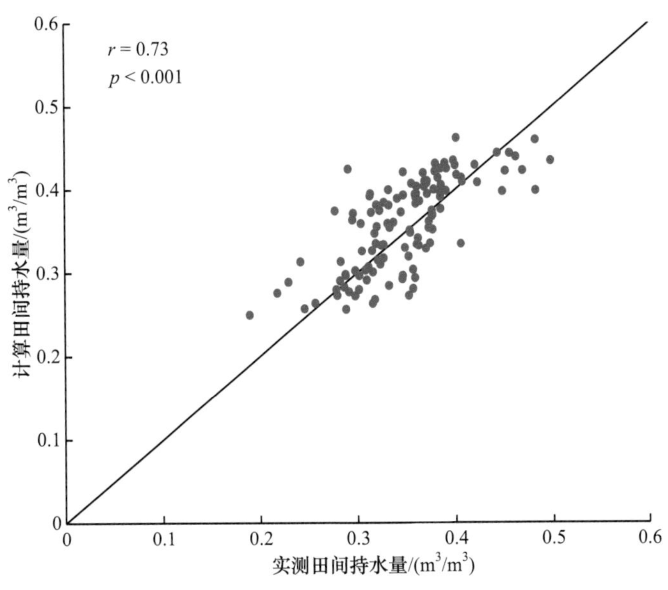

图 4.9　区域平均的集成与实测田间持水量散点图

将土壤单元内实测站点均值减去集成结果均值，获得各土壤单元的误差分布，误差分布图如图 4.10 所示。从土壤单元绝对误差分布[图 4.10(a)]可知，整体上集成的田间持水量与实测值较为接近，大部分土壤单元分区的误差在 ± 0.05m^3/m^3 以内。误差的分布具有明显的区域性规律，其中北方地区多为正偏差，集成结果对田间持水量模拟值偏小；而南方及中部地区多为负偏差，该地区集成结果略高于实测田间持水量。正偏差最大的区域出现在山西、河北、辽宁半岛地区，而负偏差最大的地方分布在南方地区、西南地

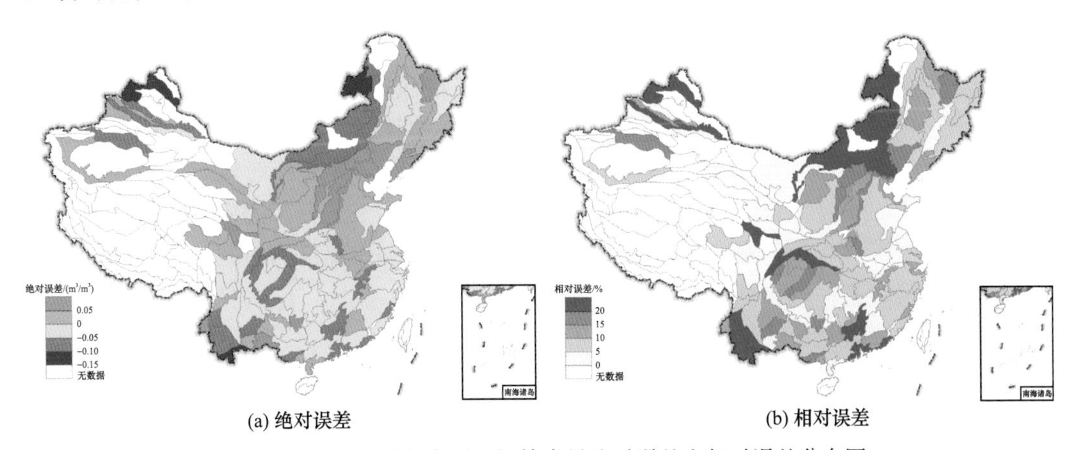

图 4.10　区域集成与实测田间持水量绝对误差和相对误差分布图

区及内蒙古东北部的部分土壤单元中。从相对误差空间分布[图 4.10(b)]可知，整体相对误差集中在 10% 以下，相对误差最小的区域集中分布在西北地区、华北地区、华东地区，西南地区、内蒙古东北部、山西等地区的土壤单元相对误差最大。

4.3.4　与其他产品比较

现有的田间持水量研究往往针对某一区域，较少涉及全国范围。为了验证全国范围网格化田间持水量集成结果的适用性，本节将结合已有的第三方数据和研究进行区域上的验证分析。

王云强(2010)在黄土高原地区设立了 382 个采样点，利用地学统计的方法，计算并绘制了黄土高原地区田间持水量分布。结果表明，田间持水量整体上从东南向西北递减，天水、宝鸡、铜川、临汾、三门峡等地区田间持水量较大，而毛乌素沙漠最小。对比集成结果可以看到，集成结果准确地描述了田间持水量从东南向西北递减的特性，对于田间持水量较大值和较小值区域描述一致，空间分布较为接近，极大值为 0.42m^3/m^3，与该研究给出的 0.38m^3/m^3 较为接近。

杨绍锷等(2012)基于先进的微波扫描辐射计(the advanced microwave scanning radiometer-earth observing system, AMSR-E)遥感土壤含水量将 2003～2007 年的极大值后 1 日的土壤含水量值作为田间持水量，计算了华北平原和东北地区的田间持水量分布。结果表明，东北地区北部、河南东部、安徽北部及江苏北部等地区的田间持水量较高。对比集成结果可以看到，其在河南东部、安徽北部及东北地区北部同样表现为田间持水量较高，而在山东东部、河北地区、辽宁地区表现出田间持水量较小，证明了结果的可靠性。

张楷(2014)利用实测数据及定性和定量方法分析得到了陕西省内田间持水量分布情况，与本节集成结果相比，从空间分布上看，二者都呈现出自南向北先减小再增加再减小的趋势，也很好地模拟了在秦岭北麓、商洛市丹江流域、铜川市地带性田间持水量小的情况，数值上误差非常接近，在 0.02m^3/m^3 以内。

王斌等(2015)利用 HWSD 确定了其在美国农业部(United States Department of Agriculture, USDA)中的土壤质地分类，参考已有的土壤传递函数确定了黑龙江呼兰河流域 1km 的田间持水量。对比上层(0～30cm)结果可以看到，集成结果与其在空间分布上非常相似，西南部流域田间持水量最大，向东依次减少，田间持水量最大值 0.45m^3/m^3 与最小值 0.30m^3/m^3 也基本一致，较为准确地反映了该流域的田间持水量分布。

陈晓燕等(2004)利用已有研究的田间持水量数据，结合我国地形地貌、气候及土壤的地带性规律，通过综合分析与实际验证的方法得到了 217 个分区的田间持水量数据。从空间分布上可以看到，在云南、长江流域、东北等地区表现出的田间持水量较大的特性与集成结果较为一致，西北地区等低值区也有较好的一致性。但其分析的方法中有定性分析的因素，因此在安徽、四川等地区存在一定的差异性。

4.4　本 章 小 结

本章主要分析了已有田间持水量的计算方法，利用全国范围内 2388 个实测站点测定的田间持水量数据，验证分析了现有数据存在的问题，提出了一套基于多源土壤数据的田间持水量集成计算方法。首先选取了 3 套可靠的土壤属性数据，对其空间分辨率进行了相应的匹配，然后利用集成方法计算得到全国范围内 250m 网格的田间持水量分布。最后对计算结果与实测站点数据进行了验证，同时结合土壤分区对田间持水量空间分布的合理性进行了分析，也将集成数据在全国范围内与他人已有的研究结果进行了分析比较，保证了其可靠性，结果表明，其在站点尺度和区域尺度能较好地反映田间持水量的空间变化。

第 5 章　综合气象干旱指数

由于干旱形成的复杂性和影响的广泛性，至今还没有完善统一的干旱指标体系。近年来，考虑多种因素的综合干旱指数及其应用成为干旱指数研究的一个重要方向，例如，用于美国国家级干旱监测业务的干旱监测指数(the drought monitor)(Svoboda et al.，2002)和用于我国干旱实时监测的综合干旱指数 CI(张强等，2004)，都属于综合干旱指数。但是由于各行各业对干旱的理解不尽相同，综合干旱指数的研究仍然处于不断探索和完善的阶段。本章选择目前国际上较为常用的 PDSI(Palmer，1965)和 SPI(McKee et al., 1993)，基于1957～2014年全国范围内空间分辨率为50km × 50km的气象资料进行综合气象干旱指数研究，并利用区域受旱/成灾面积和径流资料对其进行合理性检验，在此基础上分析近 50 年来全国干旱的时空变化特征。

5.1　综合气象干旱指数构建

5.1.1　资料选用

所用资料是由中国气象数据网提供的《中国地面气候资料日值数据集(V3.0)》。该数据集包含了中国地面 824 个国家级基准、基本气象站自 1951 年 1 月 1 日以来观测的站点气压、气温、降水量、蒸发量、相对湿度、风向风速、日照时数和 0cm 地温等要素的日值数据。20 世纪 50 年代初期，站点资料缺测较为严重，站点相对较少。1951 年只有 148 个站点，到 1955 年增加到 396 个，1957 年增加到 611 个，且任一站点的资料长度不少于 40 年。因此，本章选择 1957～2014 年日值数据，对实测日最高气温、最低气温按月求平均得到月平均最高气温、月平均最低气温，对实测日降水量按月求平均值，同时乘以当月天数得到月平均降水量，并利用距离反比权重的方法插值到全国 50km × 50km 的网格上，用于综合气象干旱指数的构建及区域干旱研究。

5.1.2　帕尔默干旱指数

Palmer(1965)提出了研究干旱的基本思想：在某一指定时段，某一地区现有经济机制运行所需要的降水量，取决于研究时段和此时段之前该地区气候因素和起主导作用的天气条件。依据这种思想，他提出的干旱定义为：一个持续的、异常的水分亏缺。这个水分亏缺不仅涉及降水量，而且考虑了在少雨期或无雨期开始时的土壤有效含水量，即当前的天气状况。干旱持续期是指在给定地区实际水分供给量显著少于气候上期望或者气候适宜水分供给量的时段。干旱的严重程度被认为是水分亏缺持续期和亏缺量的函数。为了建立一个时空相对独立的干旱指数，Palmer 在开始研究时选择了两个处于不同气候区的地区，一个是属于半干旱半湿润气候区的堪萨斯州西部，另一个是属于湿润半湿润气候区的艾奥瓦州中部。将这两个地区配置在一个系统中，Palmer 提出一个能够进行干旱严重程度时空比较和地区气候异常现象评价的通用方法，即 PDSI。PDSI 是目前国际上最为有效的干旱指数，已被广泛应用到各个领域来评估和监测长期的干旱(刘庚山等，2004)。

1. 帕尔默干旱指数介绍

PDSI 的建立主要包括水分平衡分量计算、水分距平指数计算、PDSI 计算和权重因子修正等。

1) 水分平衡分量计算

PDSI 是利用水量平衡计算水分盈亏的时间分布。潜在蒸散量采用 Thornthwaite 方法计算，并把它作为气候水分需求的度量。在计算时，把土壤分为两层，上层为表层土壤并做出如下假定：①假定蒸散在表层土壤中以潜在速率发生，直到全部有效水分耗尽为止，然后水分开始从下层土壤中散失；②假定在上层土壤达到田间持水量之前，下层土壤得不到补水；③假定下层土壤的水分损失取决于初始含水量和潜在蒸散量 PE 及田间持水量 AWC。因此土壤水分散失量为

$$\begin{cases} L_{\mathrm{s}} = \min S_{\mathrm{s}}' \quad 或 \quad \min(\mathrm{PE} - P) \\ L_{\mathrm{u}} = \dfrac{(\mathrm{PE} - P - L_{\mathrm{s}})S_{\mathrm{u}}'}{\mathrm{AWC}} \end{cases} \tag{5.1}$$

$$L = L_{\mathrm{s}} + L_{\mathrm{u}} \tag{5.2}$$

式中，L_{s}、L_{u} 分别为上下层土壤水分散失量，mm；L 为上下层土壤水分散失量总和；S_{s}'、S_{u}' 分别为月初上下层土壤含水量，mm；P 为月降水量，mm；PE 为月潜在蒸散量，mm；AWC 为上下两层土壤田间持水量之和。

土壤补水量 R 是指土壤得到的水量，计算公式为

$$R = \begin{cases} \Delta S_{\mathrm{s}} + \Delta S_{\mathrm{u}}, & \Delta S_{\mathrm{s}} \geqslant 0 \ 且 \ \Delta S_{\mathrm{u}} \leqslant 0 \\ 0, & \Delta S_{\mathrm{s}} < 0 \ 且 \ \Delta S_{\mathrm{u}} < 0 \end{cases} \tag{5.3}$$

式中，ΔS_{s} 和 ΔS_{u} 分别为上下层土壤水分变化量。

实际蒸散量 ET：

$$\mathrm{ET} = \begin{cases} \mathrm{PE}, & \mathrm{PE} \leqslant P \\ P - (\Delta S_{\mathrm{s}} + \Delta S_{\mathrm{u}}), & \mathrm{PE} > P \end{cases} \tag{5.4}$$

假设当上下层均达到田间持水量时才有径流 RO：

$$\mathrm{RO} = P - \mathrm{PE} - \Delta S_{\mathrm{s}} - \Delta S_{\mathrm{u}} \tag{5.5}$$

潜在失水量 PL 表示在某一时期降水量为 0 时从土壤中取得的最大水量，分上下两层(PL_{s} 和 PL_{u})：

$$\begin{cases} \mathrm{PL}_{\mathrm{s}} = \min \mathrm{PE} \quad 或 \quad \min S_{\mathrm{s}}' \\ \mathrm{PL}_{\mathrm{u}} = (\mathrm{PE} - \mathrm{PL}_{\mathrm{s}})S_{\mathrm{u}}' / \mathrm{AWC} \end{cases} \tag{5.6}$$

$$PL = PL_s + PL_u \tag{5.7}$$

潜在补水量PR表示降水充足时土壤达到田间持水量所需要的水量：

$$PR = AWC - (S'_s + S'_u) \tag{5.8}$$

潜在径流量PRO可认为是在潜在蒸散量为0mm的情况下，能够发生的最大径流量，等于潜在降水量与潜在补水量之差，但由于潜在降水量无法确定，在这里用土壤田间持水量代替：

$$PRO = AWC - PR = S' \tag{5.9}$$

式中，S'为月初上下两层土壤的有效持水量。

2) 水分距平指数计算

根据水量平衡各分量逐月多年平均的实际值和潜在值之比得到逐月的各气候常数值。

蒸散系数：

$$\alpha = \overline{ET} / \overline{PE} \tag{5.10}$$

补水系数：

$$\beta = \overline{R} / \overline{PR} \tag{5.11}$$

径流系数：

$$\gamma = \overline{RO} / \overline{PRO} \tag{5.12}$$

失水系数：

$$\delta = \overline{L} / \overline{PL} \tag{5.13}$$

气候特征系数：

$$k^* = \frac{\overline{PE} + \overline{R}}{\overline{P} + \overline{L}} \tag{5.14}$$

式中，$\overline{ET}$、$\overline{PE}$、$\overline{R}$、$\overline{PR}$、$\overline{RO}$、$\overline{PRO}$、$\overline{L}$、$\overline{PL}$和$\overline{P}$分别为平均实际蒸散量、平均潜在蒸散量、平均补水量、平均潜在补水量、平均径流量、平均潜在径流量、平均失水量、平均潜在失水量和平均降水量；$\overline{PE} + \overline{R}$为平均水分需求，$\overline{P} + \overline{L}$为平均水分供给，两者的比值反映了不同地区和不同时期的水分气候差异，称为气候特征系数。

由此可计算出水分平衡各分量的气候适宜值。

气候适宜蒸散量：

$$\hat{ET} = \alpha PE \tag{5.15}$$

气候适宜补水量：

$$\hat{R} = \beta PR \tag{5.16}$$

气候适宜径流量：

$$\hat{RO} = \gamma PRO \tag{5.17}$$

气候适宜失水量：

$$\hat{L} = \delta \mathrm{PL} \tag{5.18}$$

气候适宜降水量：

$$\hat{P} = \hat{\mathrm{ET}} + \hat{R} + \hat{\mathrm{RO}} - \hat{L} \tag{5.19}$$

各月实际降水量与气候适宜降水量的差值称为水分距平值 d：

$$d = P - \hat{P} \tag{5.20}$$

水分距平值 d 提供了比正常天气水分偏差有意义的度量，但它所表示的水分异常状况只可以比较同一地区相同时期不同年份的距平，为了实现水分距平值的时空可比较性，引入气候特征值 K 作为权重因子，得到可进行时空对比的水分异常指标，即水分距平指数 z：

$$z = k^{*} \times d \tag{5.21}$$

式中，k^{*} 为 K 的第一近似值；z 为负值时表示水分亏缺，为正值时表示水分盈余。

3) 帕尔默干旱指数计算

由于干旱严重程度是水分亏缺量和持续时间的函数，干旱强度是干旱累积作用的结果，帕尔默将本月所增加的水分亏缺与反映历史水分亏缺的水分距平指数表达成递推的关系，通过计算堪萨斯州西部和艾奥瓦州中部的水量平衡各分量得到任意月份 i 的干旱指数 x_i，递推计算公式为

$$x_i = 0.897 x_{i-1} + \frac{z_i}{3} \tag{5.22}$$

4) 权重因子修正

按照上述方程计算的结果在堪萨斯州西部和艾奥瓦州中部比较具有合理性和真实性，直接用于其他地区显然不合适，因此需要对气候特征值进行修正。重新评价权重因子最简单的方法就是确定在 12 个月中累积水分距平 z 达到多少时为极端干旱。假设 x=−4.0 和 t=12，可得 $\sum z = -25.60$。假设最干旱的 12 个月代表极端干旱，用−25.60 除以某地最干旱年的水分距平总和(代表该地极端干旱)，就得到了当地极端干旱的年平均权重因子 $\bar{K}$。

气候特征值 K 取决于平均水分需求和平均水分供给的比值，在平均水分需求中除平均潜在蒸散量 $\overline{\mathrm{PE}}$ 和平均补水量 $\bar{R}$ 外，还应包括平均径流量 $\overline{\mathrm{RO}}$，此外 K 值还与 $\bar{D}$ (d 的绝对值平均)呈反相关。由此可得到每个月的权重因子的表达式为

$$K' = 1.51 \times \lg \left[\frac{\dfrac{\overline{\mathrm{PE}} + \bar{R} + \overline{\mathrm{RO}}}{\bar{P} + \bar{L}} + 2.80}{\bar{D}} \right] + 0.50 \tag{5.23}$$

如果 K' 值具有合理的空间比较性，则各站权重平均距平年总和应大致相等，但实际差异很大。为使所有站点的距平指数和都相等，需对权重因子 K' 进行进一步修正：

$$K = \frac{17.67}{\sum_{i=1}^{12} DK'} K' \tag{5.24}$$

式中，K 为最后可用的权重因子。经 K 权重后的 z 值用 Z 表示，$Z = Kd$ 是最后得到的水分距平指数值。

2. 帕尔默干旱指数改进

1) 帕尔默干旱指数权重因子修正

在我国，早在 20 世纪 70 年代就引进了 PDSI。安顺清等(1985)利用我国的观测资料对 PDSI 进行了修正，建立了适合我国的 PDSI 计算方案。刘巍巍等(2004)在安顺清等(1985)修正的帕尔默旱度模式的基础上，根据我国的实际情况，选取济南、郑州和太原 3 个站点逐年逐月气温和降水作为基本资料(1961～2000 年)，以哈尔滨、佳木斯、呼和浩特、沈阳、北京、固原、西安、汉中、青岛、德州、运城、长沙、武汉、南昌、杭州、福州、广州、昆明、南宁、成都和贵阳 21 个站点的相关资料(1961～2000 年)为权重因子修正资料，并且在计算潜在蒸散量时选用了 FAO 推荐的 Penman-Monteith 公式，对帕尔默旱度模式进行了进一步修正，计算式为

$$x_i = 0.9331 x_{i-1} + \frac{z_i}{125.99} \tag{5.25}$$

$$K' = 1.2815 \times \lg\left[\frac{\overline{\mathrm{PE}} + \overline{R} + \overline{\mathrm{RO}}}{(\overline{P} + \overline{L})\overline{D}}\right] + 3.3027 \tag{5.26}$$

$$K = \frac{581.391}{\sum_{i=1}^{12} DK'} K' \tag{5.27}$$

PDSI 的特点在于其干旱指数具有丰富的信息量，包括干旱或湿润的严重程度、干旱期或湿润期开始与结束的时间、干旱期或湿润期开始或结束的可能性、旱涝转换的确定等。因此，需要同时计算 3 个指数，即湿润期开始指数(X_1)、干旱期开始指数(X_2)、当前干湿强度指数(X_3)。另外，还需要一个重要的辅助指数 Pe，即用百分率表示在当前所处的干旱期或湿润期内获得的水分与该时期结束所需要水分的比值，用于标识干旱期或湿润期结束的可能性，从而判断当前的状态和控制干旱期和湿润期的阶段转换。

设 Ze 为当前干旱或湿润程度减轻至正常状态，也就是使 PDSI 值 x 达到 -0.5 (干旱期)或 0.5 (湿润期)所需要增加或减少的水分。

根据式(5.25)，在干旱期：

$$-0.5 = 0.9331 x_{i-1} + \frac{\mathrm{Ze}}{125.99} \tag{5.28}$$

因此，

$$\mathrm{Ze} = -117.56 x_{i-1} - 63.0 \tag{5.29}$$

同理，在湿润期：

$$\mathrm{Ze}=-117.56x_{i-1}+63.0 \tag{5.30}$$

另外，在干旱期，若需维持干旱减轻，即要求 x_{i-1} 和 x_i 同为 -0.5，由式(5.25)可知 z 应为-4.21，也就是说，只要 z 值大于-4.21，则干旱趋于减轻，因此定义有效增湿量 U_{w} 为维持干旱减轻所需的最少水分增量：

$$U_{\mathrm{w}}=z+4.21 \tag{5.31}$$

同理，可定义湿润期的有效增干量 U_{d}：

$$U_{\mathrm{d}}=z-4.21 \tag{5.32}$$

干旱期和湿润期结束概率为

$$\mathrm{Pe}=\frac{V_i}{\mathrm{Ze}+V_{i-1}} \tag{5.33}$$

式中，V_i 和 V_{i-1} 分别为当前干旱期或湿润期自开始至计算当月和前一个月累积的有效增湿量或有效增干量。在干旱期，$V_i=V_{i-1}+U_{\mathrm{w}}$，当 $V_{i-1}+U_{\mathrm{w}}\leqslant 0$ 时，$V_i=0$；在湿润期，$V_i=V_{i-1}+U_{\mathrm{d}}$，当 $V_{i-1}+U_{\mathrm{d}}\geqslant 0$ 时，$V_i=0$。

2) 潜在蒸散量的计算

PDSI 是基于水量平衡模型研制的，但在利用水量平衡方程计算区域水分供应时存在一定的局限性，其中，潜在蒸散量的计算争议最大，至今没有统一的计算公式。在帕尔默模式中，潜在蒸散量是用 Thornthwaite 方法计算的，它认为当温度在 0℃以下时，潜在蒸散量为 0，这在计算高纬度特别是高纬度冬季潜在蒸散量时存在很大的误差。在刘巍巍等(2004)的旱度模式中，潜在蒸散量是根据 Penman-Monteith 公式计算的。各国研究者对众多的潜在蒸散量计算方法进行应用、比较，认为 Penman-Monteith 公式是目前世界上精度最高的公式之一，因此被普遍应用。尽管该公式物理意义明确，但仍包含一些经验系数。1998 年，FAO 对公式中的阻力系数进行了简化，得出新的 FAO Penman-Monteith 公式，并推荐将其作为计算潜在蒸散量的唯一标准方法，其计算公式为

$$\mathrm{PE}=\frac{0.408\varDelta(R_{\mathrm{n}}-G)+\gamma\dfrac{900}{T_{\mathrm{mean}}+273}\mu_2(e_{\mathrm{s}}-e_{\mathrm{a}})}{\varDelta+\gamma(1+0.34\mu_2)} \tag{5.34}$$

式中，PE 为潜在蒸散量；R_{n} 为地表净辐射；G 为土壤热通量；T_{mean} 为日平均气温；e_{a} 为实际水汽压；e_{s} 为饱和水汽压；$\varDelta$ 为饱和水汽压曲线斜率；γ 为干湿表常数；μ_2 为 2m 高处的风速。

虽然 FAO Penman-Monteith 公式可以准确地估算潜在蒸散量，但是该公式需要非常详尽的气象资料(平均气温、最高气温和最低气温、相对湿度、平均风速、日照时数等)才能得以应用。而在许多地区，尤其是西北和高原地区，气象资料往往是有限的。按照 Allen 等(1998)的观点，当只有日最高气温和日最低气温资料时，与其他只考虑温度的潜在蒸散量计算公式(Hargreaves et al.，1983)相比，Penman-Monteith 公式能更准确地获得潜在蒸散量，并在当某些气象要素资料缺测时，推荐了以下几种计算方法。

(1) 利用最高气温、最低气温计算太阳辐射。

日最高气温与日最低气温之差与当天的天空云量有关，而天空云量是影响太阳辐射的主要因素。Hargreaves 等(1983)首先提出最高气温和最低气温之差与太阳辐射的关系，Allen 等(1998)对其进行了修正，得到下列关系式：

$$R_s = K_r (T_{max} - T_{min})^{0.5} R_a \tag{5.35}$$

式中，K_r为调节系数，内陆地区取 0.16，沿海地区取 0.19；R_a为地外辐射。

(2) 利用最低气温计算实际水汽压。

在 Penman-Monteith 公式中，相对湿度是用来计算实际水汽压的，当湿度缺测或数据不可靠时，实际水汽压用最低气温近似计算：

$$e_a = e_0(T_{min}) = 0.611\exp\left(\frac{17.27T_{min}}{T_{min} + 237.3}\right) \tag{5.36}$$

式中，$e_0(T_{min})$为最低温度下的饱和水汽压。

式(5.36)的基本假定条件是日最低气温近似等于露点温度，即当夜间气温降至最低时，空气湿度接近饱和。

(3) 风速的假定。

由于 FAO Penman-Monteith 公式假定作物高度为 0.12m，并且公式中分子分母均有μ_2，所以 PE 对风速的变化不敏感，风速对潜在蒸散量的影响较小，本节把风速作为常量，按照 Allen 等(1998)的推荐取 2.0m/s。

本节主要是利用中国气象数据网提供的《中国地面气候资料日值数据集(V3.0)》194 个站点 1961～2001 年气象要素数据，包括日降水量、日最高气温、日最低气温、平均气温、相对湿度、平均风速、日照时数等，首先利用式(5.34)计算日潜在蒸散量，然后求和得月值，称为调整前；按照 Allen 推荐的在只有最高气温、最低气温情况下的 Penman-Monteith 公式，计算月平均潜在蒸散量，然后乘以相应月的天数，从而得到月潜在蒸散量，称为调整后。比较分析调整后潜在蒸散量相对于调整前的变化，检验在只有最高气温、最低气温时，利用 Penman-Monteith 公式计算潜在蒸散量的可行性。选取中国范围内 7 个气候分区，研究区域潜在蒸散量计算的误差。这 7 个气候分区分别为东北(黑龙江、吉林、辽宁和内蒙古东部)、华北(北京、天津、河北、山西和内蒙古中部)、西北(新疆、甘肃、宁夏、陕西和内蒙古西部)、西南(西藏、贵州、青海、四川、重庆)、华中(河南、湖北、湖南、山东、江西)、华东(安徽、江苏、浙江、上海)和华南(福建、广东、广西、海南)。

区域潜在蒸散量为不同区域内所有站点潜在蒸散量的算术平均值。表 5.1 为不同区域平均潜在蒸散量调整前后各月份及年平均值的相对误差，从潜在蒸散量年平均相对误差上看，除西北、西南外，其他各地区年相对误差不超过 10%。但不同地区的月相对误差差别较大。总体来说，春季和夏季相对误差较小，秋季和冬季相对误差较大，特别是在西南和西北地区，调整后秋季和冬季各月潜在蒸散量明显偏高，比调整前高 30% 以上。

根据表 5.1 的分析结果可知，西北和西南地区秋季和冬季调整后潜在蒸散量的相对误差较大，因此需对其进行修正，修正前后西北和西南地区秋季和冬季各月潜在蒸散量散点图如图 5.1 所示。

表 5.1 不同地区潜在蒸散量调整前后相对误差 (单位：%)

分区	1 月	2 月	3 月	4 月	5 月	6 月	7 月	8 月	9 月	10 月	11 月	12 月	年
东北	18.89	0.45	−6.45	−4.87	1.32	4.58	5.15	8.96	16.63	19.51	28.55	19.24	6.23
华北	34.52	11.53	3.94	3.17	5.06	6.04	5.55	9.00	21.02	17.21	18.28	21.26	9.27
华中	16.14	6.05	4.00	2.47	3.52	2.62	−3.29	−0.90	10.10	18.21	22.71	25.21	5.51
华东	12.65	4.51	3.52	3.24	4.63	3.88	−3.66	−2.25	9.77	18.01	21.74	22.88	5.36
华南	19.13	14.77	14.09	10.70	6.67	4.48	−1.28	3.00	5.71	11.48	18.46	24.19	8.66
西南	50.12	34.90	29.70	26.14	23.57	24.42	21.32	22.14	30.17	39.84	53.29	63.21	31.00
西北	78.88	37.72	20.15	15.64	14.58	14.01	13.93	17.59	30.51	51.45	89.97	122.12	25.70

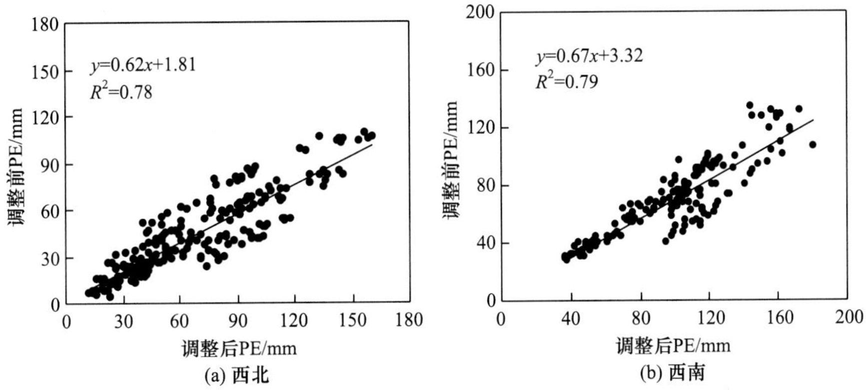

(a) 西北　　(b) 西南

图 5.1 西北和西南地区秋季和冬季各月潜在蒸散量调整前后散点图

为了进一步检验调整/修正后潜在蒸散量的可用性，本节选取哈尔滨站、大连站、银川站和站海口站 4 个站点进行分析。这 4 个站点涵盖了我国东南西北不同区域，既有内陆站又有沿海站。调整前和调整/修正后的值见表 5.2～表 5.5。从表 5.2～表 5.5 可知，4 个站点年平均潜在蒸散量调整/修正后，相对误差均较小，控制在 10% 以下，其中哈尔滨站、大连站和海口站调整后年平均潜在蒸散量比调整前偏少，银川站调整及修正后的年平均潜在蒸散量比调整前稍微偏大。从月相对误差来看，哈尔滨站和大连站均为负值，调整后月平均值比调整前偏小；银川站除在 2～3 月偏小外，其他各月依然偏大，但相对于调整前，相对误差明显减小；海口站在 5～11 月调整后的值相对偏小而其他各月相对偏大，相对误差均在 10%以内。

表 5.2 哈尔滨站调整前后潜在蒸散量(PE)及相对于调整前的误差

指标	1 月	2 月	3 月	4 月	5 月	6 月	7 月	8 月	9 月	10 月	11 月	12 月	年
调整前 PE/mm	10.9	17.9	44.6	88.0	132.2	143.9	140.4	119.9	87.1	52.7	22.7	11.9	872.2
调整后 PE/mm	10.6	17.6	42.0	84.0	128.4	141.5	135.6	116.7	84.4	48.6	19.9	10.9	840.5
绝对误差/mm	−0.3	−0.3	−2.6	−4.1	−3.8	−2.4	−4.8	−3.2	−2.7	−4.06	−2.8	−1.0	−31.7
相对误差/%	−2.8	−1.7	−5.8	−4.5	−2.9	−1.7	−3.4	−2.7	−3.1	−7.7	−12.3	−8.4	−3.6

表 5.3　大连站调整前后潜在蒸散量(PE)及相对于调整前的误差

指标	1 月	2 月	3 月	4 月	5 月	6 月	7 月	8 月	9 月	10 月	11 月	12 月	年
调整前 PE/mm	22.4	28.0	52.3	84.0	119.3	126.7	124.8	121.6	97.3	66.2	38.1	25.2	905.9
调整后 PE/mm	19.5	25.2	48.5	79.3	112.5	118.0	114.6	107.1	84.8	57.3	31.7	20.9	819.5
绝对误差/mm	−2.9	−2.8	−3.8	−4.7	−6.8	−8.7	−10.2	−14.5	−12.5	−8.9	−6.4	−4.3	−86.4
相对误差/%	−12.9	−10.0	−7.3	−5.6	−5.7	−6.9	−8.2	−11.9	−12.8	−13.4	−16.8	−17.1	−9.5

表 5.4　银川站调整前和调整/修正后潜在蒸散量(PE)及相对于调整前的误差

指标	1 月	2 月	3 月	4 月	5 月	6 月	7 月	8 月	9 月	10 月	11 月	12 月	年
调整前 PE/mm	25.3	36.7	80.6	118.7	156.5	167.4	169.0	147.5	109.3	66.1	33.7	20.7	1131.5
调整后 PE/mm	39.7	50.4	89.6	133.3	170.4	176.7	176.8	159.4	129.5	96.1	55.7	40.6	1318.2
修正后 PE/mm	26.4	33.1	68.1	133.3	170.4	176.7	176.8	159.4	129.5	61.4	36.3	24.5	1195.9
调整后绝对误差/mm	14.4	13.7	9.0	14.6	13.9	9.3	7.8	11.9	20.2	30.0	22.0	19.9	186.7
调整后相对误差/%	56.9	37.3	11.2	12.3	8.9	5.6	4.6	8.1	18.5	45.4	65.3	96.1	16.5
修正后绝对误差/mm	1.1	−3.6	−12.5	14.6	13.9	9.3	7.8	11.9	20.2	−4.7	2.6	3.8	64.4
修正后相对误差/%	4.3	−9.8	−15.5	12.3	8.9	5.6	4.6	8.1	18.5	−7.1	7.7	18.4	5.7

表 5.5　海口站调整前后潜在蒸散量(PE)及相对于调整前的误差

指标	1 月	2 月	3 月	4 月	5 月	6 月	7 月	8 月	9 月	10 月	11 月	12 月	年
调整前 PE/mm	63.9	68.9	102.1	125.3	147.2	144.2	157.1	141.3	119.0	102.0	74.6	63.6	1309.0
调整后 PE/mm	67.2	73.2	107.6	128.1	145.1	143.0	150.9	138.4	113.7	95.1	72.3	64.8	1299.3
绝对误差/mm	3.3	4.3	5.5	2.8	−2.1	−1.2	−6.2	−2.9	−5.3	−6.9	−2.3	1.2	−9.7
相对误差/%	5.2	6.2	5.4	2.2	−1.4	−0.8	−3.9	−2.1	−4.5	−6.8	−3.1	1.9	−0.7

图 5.2 为 4 个站点调整/修正前后潜在蒸散量数据序列关系图，从图 5.2 中可以看出，两者具有较好的线性关系。其斜率分别为 0.95、0.90、1.06 和 0.99，都接近于 1；相关系数分别为 0.98、0.99、0.96 和 0.95，均能通过 95% 的显著性检验。

由上述分析可知，利用 FAO Penman-Monteith 公式计算潜在蒸散量，只用月平均最高气温、月平均最低气温作为输入，与使用资料较全的逐日气象资料作为输入相比变化不大，能够用于我国的帕尔默旱度模式。为了便于说明，本节把以调整前潜在蒸散量作为中间变量所计算的 PDSI 定义为 PDSI1，以调整/修正后的潜在蒸散量作为输入所计算的 PDSI 定义为 PDSI2，则两个 PDSI 在中国东北、华北、华中、华东、华南、西南和西北地区年平均值的相关系数分别为 0.97、0.98、0.97、0.99、0.99、0.97 和 0.99，不同区

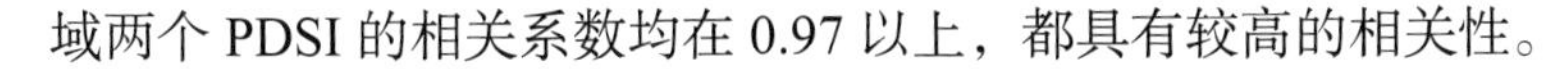

域两个 PDSI 的相关系数均在 0.97 以上，都具有较高的相关性。

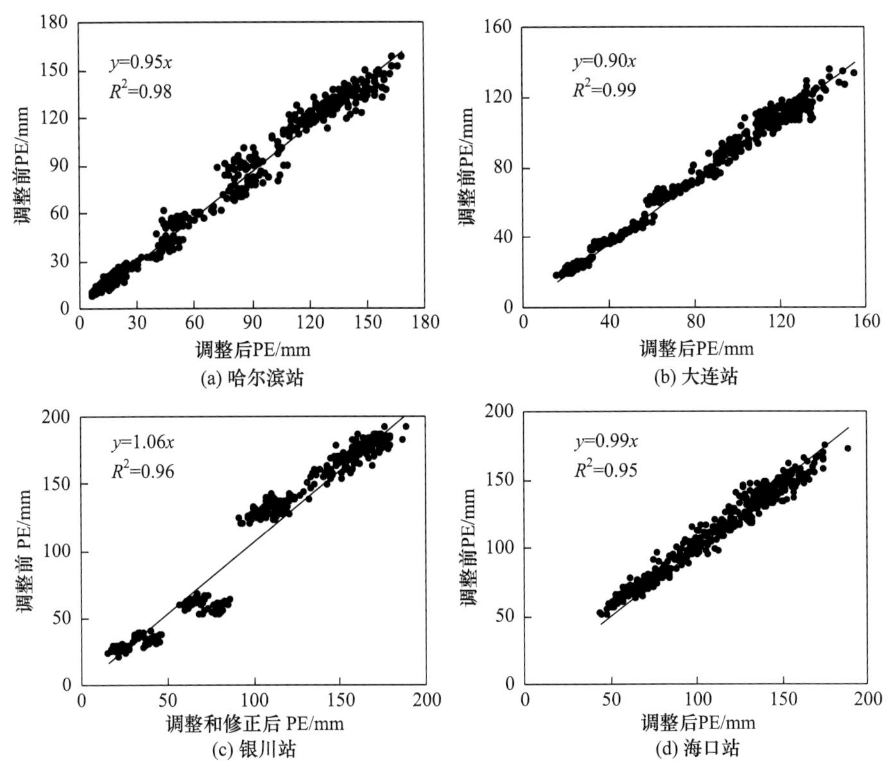

图 5.2　4 个站点调整/修正前后潜在蒸散量数据序列关系图

PDSI2 与 PDSI1 相比变化不大，如银川站两指数几乎重合，为了比较清晰地看出两个 PDSI 的变化过程，首先使 PDSI2 加 1 然后进行绘图。图 5.3 为哈尔滨站、大连站、银川站和海口站 4 个站点的 PDSI1 和 PDSI2+1 时间序列变化图，由图可知，PDSI2 与 PDSI1 具有较好的一致性。因此，可以利用较少的资料计算 PDSI，减少帕尔默旱度模式在资料方面的需求，使其更广泛地应用于不同地区的干旱分析。

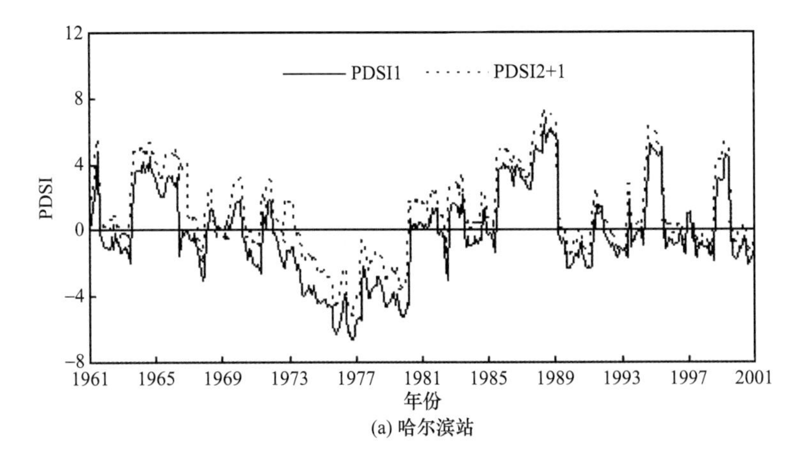

(a) 哈尔滨站

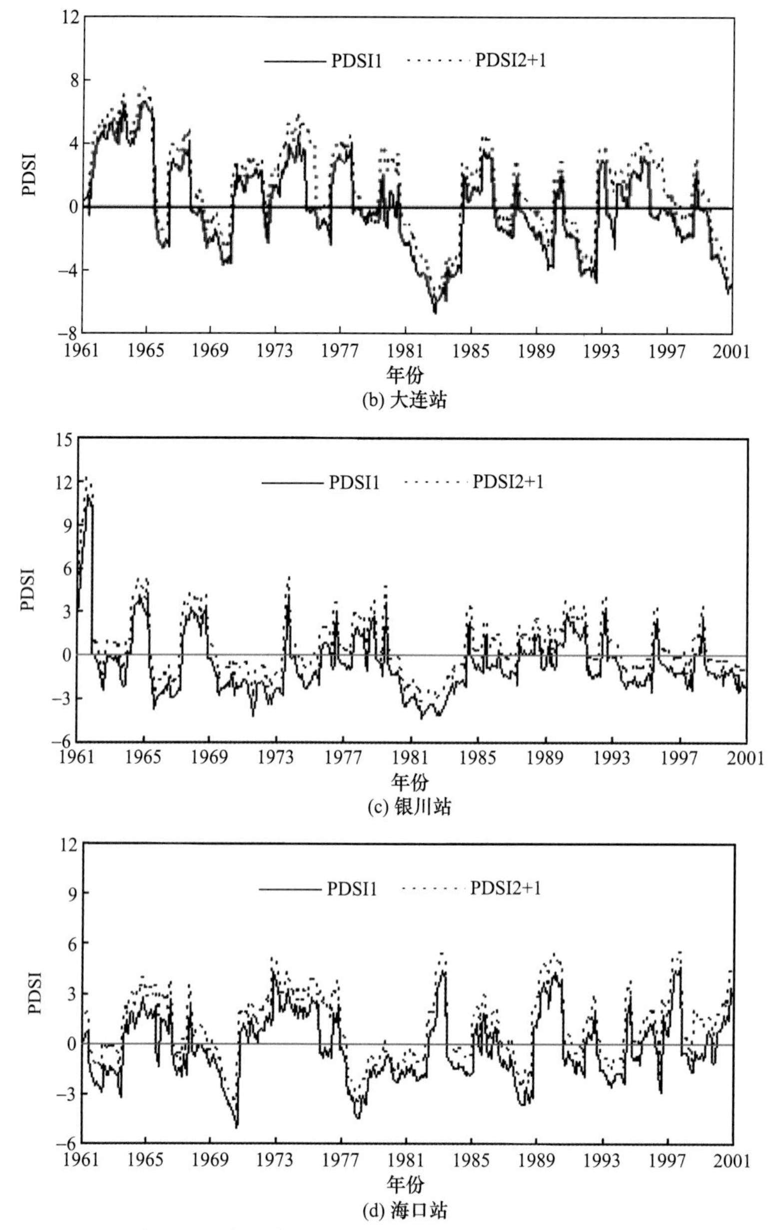

图 5.3　4 个站点 PDSI1 和 PDSI2+1 时间序列变化图

5.1.3　帕尔默干旱指数与标准化干旱指数相关性分析

在全国范围内，对计算的网格上不同时间尺度(1 个月、3 个月、6 个月、12 个月和 24 个月)的 SPI 及 PDSI 求面积加权平均值，作为全国范围的面平均干旱指数值。为了消除开始计算时 PDSI 的不稳定性，并使得不同指数值具有相同的时间序列，取 PDSI 和 SPI 在 1960～2014 年的月时间序列进行比较分析。PDSI 与任何时间尺度的 SPI 均具有较高的相关性，其中和 SPI6 的相关系数为 0.73，相关性最高，其次是 SPI12，相关系数为 0.72，这与 Guttman(1998)的结论相一致，PDSI 具有 1 年左右固有的时间尺度。

为了进一步说明月平均 PDSI 与不同时间尺度 SPI 之间的相互关系，分别对各月指数值做相关分析，见表 5.6。在 2 月、4～10 月，PDSI 与所有时间尺度的 SPI 相关性均较高，均能通过 99%的显著性检验；另外，在任何月份，PDSI 与 6 个月、12 个月和 24 个月时间尺度的 SPI 的相关性均较高(通过 99% 的显著性检验)，这进一步证明了 PDSI 能够较好地反映中长期干旱，而对短期干旱则难以反映。

表 5.6　全国范围内 1960～2014 年的月平均 PDSI 与不同时间尺度 SPI 的相关系数

月份	SPI1	SPI3	SPI6	SPI12	SPI24
1	0.22	0.21	0.58**	0.62**	0.53**
2	0.37**	0.43**	0.61**	0.60**	0.56**
3	0.33*	0.46**	0.50**	0.55**	0.55**
4	0.44**	0.59**	0.57**	0.52**	0.55**
5	0.75**	0.78**	0.79**	0.71**	0.63**
6	0.66**	0.86**	0.86**	0.76**	0.68**
7	0.59**	0.90**	0.92**	0.87**	0.72**
8	0.51**	0.81**	0.90**	0.89**	0.69**
9	0.62**	0.71**	0.87**	0.85**	0.62**
10	0.46**	0.74**	0.82**	0.81**	0.56**
11	0.075	0.65**	0.71**	0.71**	0.54**
12	0.23	0.42**	0.58**	0.67**	0.54**

**相关系数通过 0.01 水平的显著性检验。

*相关系数通过 0.05 水平的显著性检验。

由上述分析可知，考虑因素较为全面的 PDSI 能够很好地反映中长期干旱，而只以降水作为输入的 SPI 却能够反映不同时间尺度的降水异常。根据两者的特征，将两者结合起来，可生成综合的气象干旱指数，从而既能反映不同的干旱状况，又考虑了温度等其他因素对干旱的影响。因此，本节选择反映月和季节降水异常的 SPI1 和 SPI3，与 PDSI 进行权重线性组合，研制一种新的综合气象干旱指数 DI。

5.1.4　综合气象干旱指数建立

由于不同的干旱指数具有不同的范围和等级标准，因此在利用不同干旱指数值分析同一地区的旱涝状况或进行综合时，必然存在一定的问题。比较 PDSI 和 SPI 可知，它们所表示的发生同一干旱等级的累积频率不同，例如，PDSI 所表示的发生中等干旱的频率约为 5%，而 SPI 是基于以降水 Z 指数为新变量的标准化正态分布函数计算得到的，它所反映的中等干旱发生频率为 4.4%。另外，不同干旱指数相对于同一指数值代表不同的意义，例如，当 SPI 等于−1.5 时，表示中等干旱，其所对应的累积频率为 6.7%；而对于 PDSI，−1.5 表示处于轻微干旱状态，其累积频率约为 27%。因此，为了使两者具有一致性，本节取两者的百分位数进行线性权重综合。即将原始的各单一指数值根据其自身的历史序列从小到大排序，利用式 $P(x_i)=\frac{i}{n+1}$ 计算其百分位数，其中，x_i 为干旱指数值，

i 为 x_i 在序列中的排序号，n 为序列长度。由此可得综合气象干旱指数的表达式为

$$\mathrm{DI} = aS_1 + bS_2 + cP \tag{5.37}$$

式中，S_1、S_2、P 分别为 SPI1、SPI3、PDSI 根据其历史序列计算出的各自当前干(湿)状况的百分位数；a、b、c 为权重系数，且 $a+b+c=1$，其表达式分别为 $a_1/(a_1+b_1+c_1)$、$b_1/(a_1+b_1+c_1)$、$c_1/(a_1+b_1+c_1)$，a_1、b_1、c_1 为相对系数，分别由 SPI1、SPI3 和 PDSI 达到轻旱及轻旱以上等级各指数的平均值除以历史上出现最小干旱指数值所得。

所生成的综合气象干旱指数不但能够反映月和季节降水量的气候异常，而且考虑了温度、土壤含水量等表征的实际水分供应持续少于气候适宜水分供应的水分亏缺。其确定步骤如下。①相对系数：根据全国范围内 50km × 50km 分辨率的 4355 个网格上各干旱指数值，得 a_1、b_1 和 c_1 的值分别为 0.36、0.37 和 0.45；②权重系数：根据相对系数，代入权重系数表达式得 a、b 和 c 的值分别约为 0.3、0.3 和 0.4；③综合气象干旱指数：分别计算次网格上 SPI1、SPI3 和 PDSI 的百分位数，并代入式(5.37)得全国范围内基于网格的综合气象干旱指数 DI 的表达式为

$$\mathrm{DI} = 0.3S_1 + 0.3S_2 + 0.4P \tag{5.38}$$

参考我国降水 Z 指数旱涝等级的划分标准，极端干旱、严重干旱、中等干旱、轻微干旱和无旱的发生概率分别为 2%、3%、10%、15%和 70%。本节首先对全国范围内空间分辨率为 50km × 50km 的 4355 个网格中的任一网格 1960～2014 年各月综合气象干旱指数从小到大排序，查找累积概率分别为 2%、5%、15% 和 30%所对应的指数值，然后求平均，把该平均值作为划分干旱等级的临界值，见表 5.7。然后再统计全国 4355 个网格近 50 年来各等级干旱实际发生频率，表 5.7 所示较符合我国实际干旱状况，例如，极端干旱发生频率最低，为 2.8%，中等干旱发生频率为 10.5%，不发生干旱的频率最高为 69.7%。对于网格 i，其经度和纬度分别为 116.2240°和 40.1484°，1972 年 9 月所对应的 PDSI、SPI1 和 SPI3 分别为−4.68、0.13 和−1.20，分别为极端干旱、无旱和中等干旱。它们在各自历史序列中的百分位数分别为 0.054、0.518 和 0.107，代入式(5.38)可得相应的综合气象干旱指数 DI 为 0.214，按照表 5.7 干旱等级划分标准，为中等干旱状态。

表 5.7 综合气象干旱指数干旱等级划分表

干旱等级	无旱	轻微干旱	中等干旱	严重干旱	极端干旱
综合气象干旱指数	DI>0.35	0.25<DI≤0.35	0.15<DI≤0.25	0.10<DI≤0.15	DI≤0.10
发生频率/%	69.7	13.5	10.5	3.5	2.8

5.2 综合气象干旱指数适用性分析

气象干旱是最普遍、最基本的干旱，各种类型的干旱无不起源于气象干旱，气象干旱的直接影响和造成的灾害常通过农业干旱和水文干旱反映出来。但气象干旱不等于农业干旱或水文干旱，它们在发生、发展过程和干旱程度上都有所区别，对社会经济的影

响程度也不一样。然而表示不同干旱的因素之间从区域或流域尺度而言，应该彼此相关，因为它们都是区域性的大气水分供给(如降水)及需求(如蒸散)所驱动的大尺度干旱与洪涝的度量因子。

5.2.1　对区域干旱受旱/成灾面积的反映

降水量不足、蒸发量增加所产生的气象干旱首先引起土壤水不足，而土壤含水量的变化是影响农业干旱的先决条件，即严重的气象干旱引起农业干旱。农业干旱是干旱的一个重要分支，它是由外界环境因素造成的作物体内水分失去平衡，水分亏缺影响作物正常生长发育，进而导致减产或失收的一种农业气象灾害(刘颖秋，2005)。受旱/成灾面积常被用来反映我国农业受旱灾影响的基本情况，因此，气象干旱指数与受旱/成灾面积应具有一定的相关性，能在一定程度上反映区域受旱/成灾状况。

本节选取分别位于东北、华北、西北、西南、华中、华东和华南地区的辽宁省、山西省、陕西省、贵州省、山东省、安徽省和广西壮族自治区，采用各省(自治区)1958～2006 年的受旱/成灾面积与综合气象干旱指数进行比较分析，其中 1958～2000 年的受旱/成灾面积来源于文献《中国历史干旱(1949—2000)》(张世法等，2008)，2002～2006 年的受旱/成灾面积来源于防汛抗旱简报。在所选取的 7 个省(自治区)中，辽宁省缺少 1979 年和 1980 年的受旱/成灾面积，山西省和山东省缺失 1964 年数据，安徽、陕西、贵州和广西四省(自治区)旱灾记载较全。由于土壤含水量是农业干旱的决定因素，在冬半年(10 月至次年 3 月)土壤蒸发较少，土壤处于饱和状态。所以本节认为受旱/成灾面积主要受夏半年(4～9 月)气象因素的影响，对各个省(自治区)分别求综合气象干旱指数的面积加权平均，并取 4～9 月的平均值作为该省(自治区)相应年份的综合气象干旱指数值。图 5.4 为山东省 1958～2006 年受旱/成灾面积和综合气象干旱指数分布图，由图 5.4 可知，当 DI 值较小，气象干旱较为严重时，受旱/成灾面积较高；反之亦然。例如，DI 值较小、气象干旱较为严重的 1981 年、1989 年和 1992 年，受旱面积都较大，超过 6000 万亩(1 亩=666.67m^2)，成灾面积也均较大，1981 年和 1989 年均超过 3000 万亩；而 DI 值较大、气象干旱较轻的 1990 年，受旱面积仅为 500 多万亩，成灾面积也只有 300 万亩。

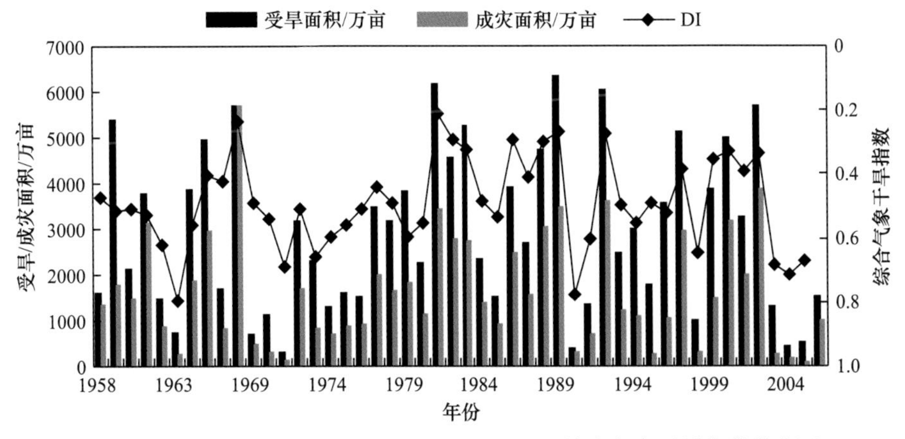

图 5.4　山东省 1958～2006 年受旱/成灾面积和综合气象干旱指数分布图

干旱灾害是我国农业生产所遭受的主要自然灾害，农业干旱灾害不但受我国特定的地理位置和气象条件等自然因素的影响，而且与人类活动密不可分，因此，不能用气象干旱指数表示区域受旱/成灾范围。但从一个相对序列来说，气象干旱与干旱灾害之间仍然存在一定的相关性，为了进一步说明不同气象干旱指数对区域受旱/成灾范围的反映程度，对所选取的各个省(自治区)受旱/成灾面积与气象干旱指数作相关分析，相关系数见表 5.8 和表 5.9。

表 5.8　各省(自治区)受旱面积与气象干旱指数的相关系数

省(自治区)	PDSI	SPI1	SPI3	SPI6	SPI12	SPI24	DI
辽宁	−0.58	−0.66	−0.63	−0.60	−0.55	−0.42	**−0.69**
山西	−0.71	−0.69	−0.66	−0.62	−0.58	−0.37	**−0.76**
陕西	−0.61	−0.57	−0.51	−0.48	−0.52	−0.45	**−0.65**
贵州	−0.56	−0.59	−0.60	−0.51	−0.47	−0.31	**−0.64**
山东	−0.67	−0.79	−0.77	−0.72	−0.62	−0.42	**−0.82**
安徽	*−0.35*	−0.41	−0.40	−0.37	−0.36	*−0.28*	**−0.48**
广西	−0.64	−0.69	−0.67	−0.65	−0.59	−0.45	**−0.72**

注：表中黑体字为最大值，斜体字为未能通过 99% 置信度检验。

表 5.9　各省(自治区)成灾面积与气象干旱指数的相关系数

省(自治区)	PDSI	SPI1	SPI3	SPI6	SPI12	SPI24	DI
辽宁	−0.54	−0.63	−0.59	−0.57	−0.50	−0.46	**−0.65**
山西	−0.73	−0.64	−0.64	−0.62	−0.52	−0.44	**−0.78**
陕西	−0.55	−0.54	−0.48	−0.45	−0.43	−0.37	**−0.62**
贵州	−0.56	−0.55	−0.59	−0.52	−0.47	−0.42	**−0.65**
山东	−0.65	−0.77	−0.79	−0.74	−0.64	−0.42	**−0.83**
安徽	−0.42	**−0.55**	−0.52	−0.40	*−0.31*	*−0.19*	−0.51
广西	−0.61	**−0.73**	−0.61	−0.56	−0.45	−0.42	−0.69

注：表中黑体字为最大值，斜体字为未能通过 99% 置信度检验。

由表 5.8 和表 5.9 可知，大部分省(自治区)的受旱/成灾面积和不同气象干旱指数的相关性均较高，通过 99%的置信度检验，反映出干旱成灾与气象干旱有着紧密的联系，气象干旱严重影响着农业干旱。由 PDSI 和 SPI 与受旱/成灾面积的相关性可知，受旱/成灾面积与 SPI1 和 SPI3 的相关性较高，与 SPI24 的相关性较差。由此可见，干旱成灾主要是由月和季节降水的不足造成的，而长期气象干旱对其影响较小。另外，除安徽和广西受旱/成灾面积与 SPI1 的相关性达到最大外，其他各省(自治区)受旱/成灾面积与 DI 的相关系数最大、相关性最高。因此，可以在一定程度上认为考虑因素较为全面的 DI 能在一定程度上反映干旱受旱/成灾范围，并且比单个气象干旱指数更能代表地表的干湿状况。

5.2.2 对径流丰枯的反映

气象干旱导致水文干旱，是水文干旱发生的前提，所以气象干旱与水文干旱具有一定的相关性，气象干旱指数能够在一定程度上反映水文干旱。河川径流量是一个重要的水文要素，降水的空间分布和降水强度对径流量具有一定的影响，本节将气象干旱指数与径流量做相关分析，分析综合气象干旱指数对径流丰枯的反映程度。

选取全国范围内不同气候、地理分区下具有不同集水面积的 10 个水文站(表 5.10)，将水文站实测径流量与集水面上的气象干旱指数的面积加权平均值进行比较分析。图 5.5 反映了宜昌、湘潭、莺落峡 3 个处于不同流域水文站的年平均径流量与其集水面上年平均综合气象干旱指数分布图。由图 5.5 可知，各流域的径流量与综合气象干旱指数具有一致的起伏变化，即当综合气象干旱指数较小，气象干旱较为严重时，径流量也相应较小。例如，20 世纪 80 年代中期湘潭站综合气象干旱指数较小、气象干旱相对较为严重，对应的径流量也较小。

表 5.10　各水文站基本信息及其年平均径流量与各气象干旱指数的相关系数

站名	水系	集水面积/km^2	起止年份	PDSI	SPI1	SPI3	DI
宜昌	长江中游	1005501	1962～2000	0.70	0.50	0.73	**0.74**
依兰	松花江	491706	1963～2001	0.84	0.57	0.70	**0.87**
高要	西江	351535	1980～2001	0.71	0.66	0.75	**0.77**
吴家渡	淮河	121330	1962～1997	0.72	0.59	0.70	**0.79**
同盟	嫩江	108029	1965～2001	0.74	0.61	0.69	**0.77**
湘潭	湘江	81638	1962～2000	0.85	0.83	**0.93**	0.91
外洲	赣江	80948	1962～1998	0.84	0.84	**0.94**	0.90
白河	汉江中游	59115	1962～2000	0.75	0.82	0.88	**0.90**
三道河子	滦河	17100	1962～2000	**0.65**	0.50	0.62	0.62
莺落峡	黑河	10009	1962～2001	0.83	0.78	0.86	**0.87**

注：黑体字为单站相关系数最大值。

由于径流量还受其他因素如流域面积的大小和流域的地形、土壤特征、雪盖等的影响，所有这些因素都会对气象干旱指数与径流量的相关性产生一定的影响。为了进一步说明气象干旱对径流量的影响，本节对各水文站年平均径流量与其集水面上的年平均综合气象干旱指数做相关分析。由表 5.10 可知，气象干旱在很大程度上能够反映水文干旱，各气象干旱指数与径流量之间的相关性均较高，相关系数均通过 99%的置信度检验。并且除三道河子、湘潭、外洲水文站外，其他各站的径流量均与 DI 的相关系数最大、相关性最高。另外，从单个气象干旱指数与径流量的相关性可知，处于我国中部和南部的一些河流的径流量与 SPI3 的相关性较高，径流的丰枯变化主要受季节降水的影响；而北方的一些河流(如滦河)的径流量与 PDSI 的相关性较高，这可能是由于北方冬季温度较低，河流封冻、土壤冻结，春季温度升高、冰雪消融，而 PDSI 考虑了温度、土壤湿度等因素对干旱的影响，所以比只考虑降水的 SPI 更能反映径流的丰枯变化。

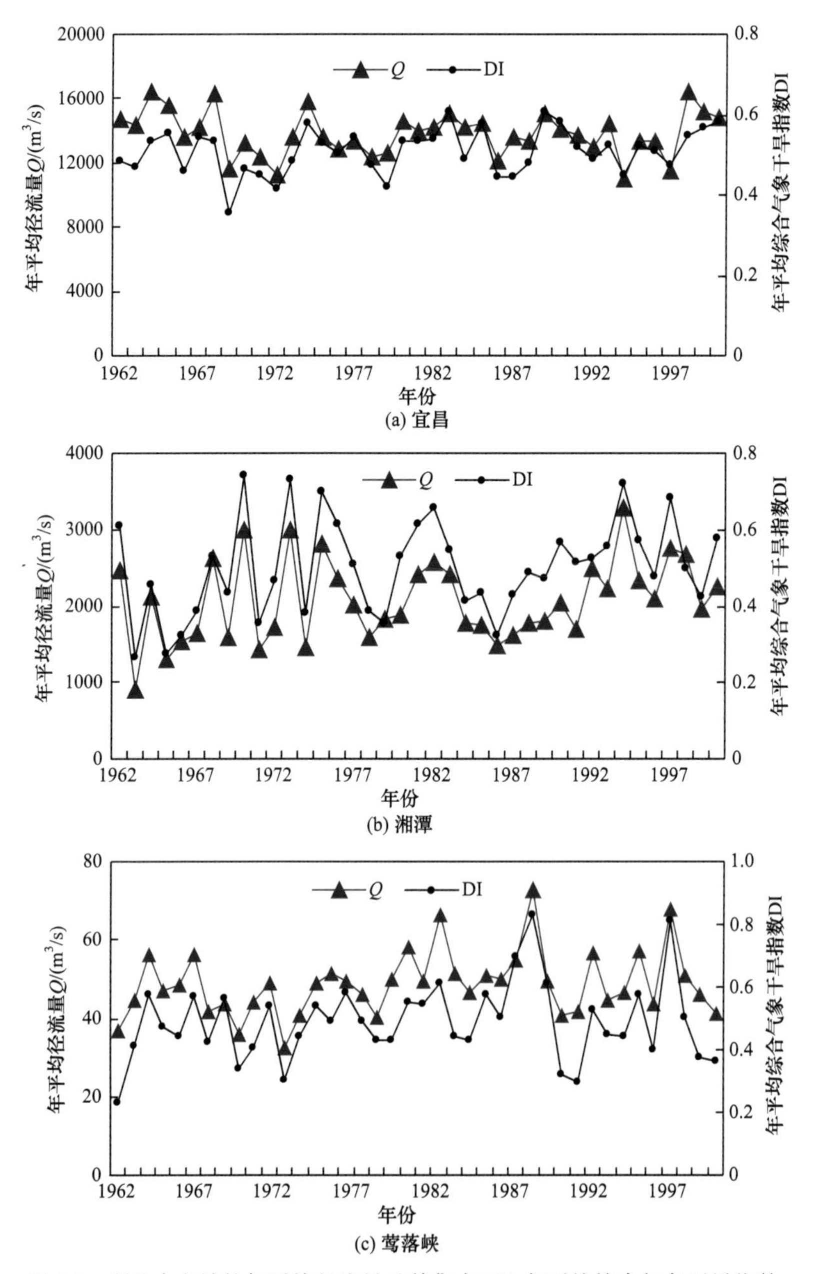

图 5.5 所选水文站的年平均径流量及其集水面上年平均综合气象干旱指数

5.3 区域干旱频率分析方法

通常干旱的特征分析仅局限于单变量分析，而对于包含干旱历时、干旱强度等多个相关变量的极端水文事件，单变量分析难以反映多变量特征之间的关系。Copula 函数通过建立干旱历时和干旱强度的联合分布，为干旱分析提供了一种新的途径。本节以综合气象干旱指数为例，研究区域干旱分析方法，在区域干旱识别的基础上，利用 Copula 函数构建区域干旱多变量联合分布模型，并对全国九大干旱分区的干旱重现期进行分析。

5.3.1　区域干旱事件识别

干旱总是在一个较大的区域范围内发生。区域的干旱程度不仅与干旱面积有关，还和干旱区的干旱强度有关，干旱面积越大、干旱越严重，对区域干旱的影响越大。以综合气象干旱指数 DI 为例，由表 5.7 可知，0.35 为 DI 表征发生干旱的临界值，DI 值越小干旱越严重。对于某一区域，区域面积为 A，区域内任意网格 i 的干旱指数 DI_i 小于 0.35，则该网格处于干旱状态，其在区域中的面积为 A_i，设网格 i 对区域干旱的贡献为 $(0.35-\mathrm{DI}_i)\times A_i$，若区域内有 n 个网格处于干旱状态，则 $\sum_{i=1}^{n}(0.35-\mathrm{DI}_i)\times A_i$ 即为区域的干旱程度。为了对比分析不同区域的干旱程度，按式(5.39)定义研究区域第 j 个月的区域干旱指数：

$$\mathrm{RDI}_j=\frac{100\times\sum_{i=1}^{n}(0.35-\mathrm{DI}_{ij})\times A_{ij}}{A} \tag{5.39}$$

式中，RDI_j 为研究区域第 j 个月的区域干旱指数值；100 为系数；DI_{ij} 为研究区域内处于干旱状态的第 i 个网格第 j 个月的综合气象干旱指数值；A_{ij} 为第 i 个网格第 j 个月的面积。由于反映干旱状态的 DI 在(0, 0.35]变化，区域干旱指数 RDI 的变化范围为[0, 35)，区域干旱指数越大，区域干旱越严重。例如，当区域干旱指数 RDI 为 0 时，表示区域无干旱发生；当区域干旱指数 RDI 为 35 时，表示区域内任一网格均达到极端干旱，区域干旱较为严重。

干旱事件的识别通常采用游程理论。该理论是指持续出现的同类事件在其前和其后为另外的事件。设 $X_i\,(i=1,2,\cdots,n)$为具有 N 个独立同分布的随机变量序列，这一序列被给定截取水平 X_0 截取后，产生两个不同的独立事件，即亏缺($X_i<X_0$)和盈余($X_i>X_0$)，连续出现盈余的历时即为正游程长度 D，一长度为 n 的游程中一切项的和称为游程和 S，游程和 S 与游程长度 n 之比称为游程强度 M。最初把游程理论用于水文干旱识别是基于月径流或降水系列对干旱进行检验分析(Herbst et al.，1966)，例如，对于一个径流序列 $Q(t)$，不考虑对径流的调节作用，若以多年平均径流量 Q_0 为阈值，$Q(t)<Q_0$ 为干旱期，负的游程长度 $D\left[Q(t)\leqslant Q_0\right]$ 为干旱历时，游程和 S(距 Q_0 的累积偏差)为干旱强度，游程强度 M(距 Q_0 的平均偏差)为干旱大小，参数间的关系为 $S=M\times D$。

根据游程理论，Fleig 等(2006)把阈值法和三个联营程序用于日径流序列，提取干旱特征，如干旱历时和总缺水量(即干旱强度)。三个联营程序分别为：交互时间(interaction time，IT)法、滑动平均(moving average，MA)法和相续峰点算法(SPA)，它们主要用来解决从属干旱和小干旱过程。SPA 只用来对年最大值序列进行分析，而 MA 法改变了时间序列，并且滑动平均后还可能会产生从属干旱和小干旱，因此，本节不做讨论。IT 法主要用来解决从属干旱。对于两次干旱(干旱历时分别为 d_i 、d_{i+1} ，干旱强度分别为 s_i 、s_{i+1})，如果它们之间的非干旱历时 t_i 小于临界值 t_c ，则这两次干旱就是从属干旱。根据 IT 法，可以将这两次干旱看作一次干旱过程，干旱历时 $D=d_i+d_{i+1}+t_i$ ，干旱强度 $S=s_i+s_{i+1}$ 。

针对本节所提出的区域干旱指数，干旱指数越大，区域干旱越严重。根据游程理论，设 RDI_0 为阈值，当 $RDI \geqslant RDI_0$ 时即发生干旱，正的游程长度为干旱历时 D，游程总量为干旱强度 S。另外，如果两次干旱过程中间有且只有一个月的干旱指数值小于 RDI_0 且大于等于 RDI_1(RDI_1 小于 RDI_0)，则这两次干旱可以看作是从属干旱。对于一次干旱，如果干旱历时只有一个月，且干旱指数值小于 RDI_2(RDI_2 大于 RDI_0)，则把此次干旱看作是小干旱过程。图 5.6 为干旱特征定义图，图中 D(或 d)为干旱历时，其中 $d_0=1$ ，S(或 s)为干旱强度，L 为干旱时间间隔(即从一次干旱开始至下一干旱开始时的时间间隔)。由游程理论可知，图 5.6 中共有 4 次干旱过程(e、f、g、h)，但干旱过程 f 的干旱历时只有一个月，干旱强度较小，属于小干旱过程。对于小干旱过程，本节忽略不计。干旱过程 g 和 h(干旱历时和干旱强度分别为 d_1 、d_2 和 s_1 、s_2)符合从属干旱的定义，利用 IT 法，可把从属干旱看作是一场干旱，干旱历时 $D=d_1+d_2+1$ ，干旱强度 $S=s_1+s_2$ 。对小干旱和从属干旱处理后可知，图 5.6 中共显示有两场干旱，干旱历时为 D，干旱强度为 S(阴影部分面积)。

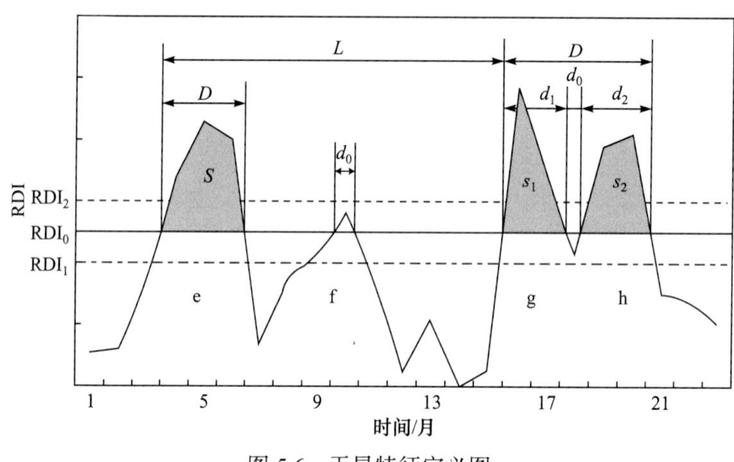

图 5.6 干旱特征定义图

5.3.2 区域干旱多变量联合分布模型

1. 二维联合分布模型

1) 边缘分布函数

假定干旱历时和干旱强度分别服从指数分布和 Gamma 分布(Shiau，2006)，其分布函数分别为

$$F_D(d)=1-\mathrm{e}^{-\lambda d} \tag{5.40}$$

$$F_S(s)=\int_0^s \frac{s^{\alpha-1}}{\beta^{\alpha}\Gamma(\alpha)}\mathrm{e}^{-\frac{s}{\beta}}\mathrm{d}s \tag{5.41}$$

式中，λ、α 和 β 为参数，利用极大似然估计法估计两分布函数在不同区域的参数值。采用 Kolmogorov-Smirnov 检验(易丹辉等，2009)来评价干旱历时和干旱强度是否服从指数分布和 Gamma 分布，其经验频率为 $P=m/(n+1)$，m 为观测序列由大到小的排位数，n 为观测系列的长度，Kolmogorov-Smirnov 统计量 Z 的计算方程为

$$Z=\mathrm{Max}\,|F(x_i)-P_i| \tag{5.42}$$

式中，x_i 为某一干旱历时或干旱强度。

利用式(5.42)计算不同区域干旱历时和干旱强度的 Kolmogorov-Smirnov 统计量 Z，根据给定的显著性水平 α 和样本数据个数，查表可以得到临界值 z_α (双尾检验)。若 $Z<z_\alpha$，则在 α 水平上，认为干旱历时和干旱强度是服从指数分布和 Gamma 分布的，否则不能认为它们是服从指数分布和 Gamma 分布的。

2) Copula 函数

(1) Copula 函数的定义和性质。

Copula 函数用以表示将一元函数连接起来形成多元概率分布函数，其主要特点在于各单因子变量的边缘分布可以采用任何形式，变量之间可以具有各种相互关系，具有极强的灵活性和适应性。1959 年，Sklar 将 Copula 函数引入统计学，提出可以将一个联合分布分解为它的 k 个边缘分布和一个 Copula 函数，其中，Copula 函数用于描述变量间的相关结构。Embrechts 等(2003)把 Copula 函数引入金融领域进行数据分析。此后，Copula 理论在财经、保险、金融、水文等领域得到广泛应用。Nelson(2006)系统总结了 Copula 函数领域的主要研究成果，讨论了 Copula 的基本性质，以及 Copula 函数用于多元变量联合分布的构建、相关性研究及相关关系的度量等。

Sklar 定理设 F 是随机变量($X_1,\cdots,X_n$)的联合分布函数，边缘分布函数分别为 $F_1,\cdots,F_n$，则存在一个 Copula 函数 C，使得对任意 x：$F(x_1,\cdots,x_n)=C[F_1(x_1),\cdots,F_n(x_n)]$ 成立。如果 $F_1,\cdots,F_n$ 都是连续分布函数，则 C 是唯一的；反之，如果 C 是一个 Copula 函数，$F_1,\cdots,F_n$ 都是一元分布函数，则函数 $F(x_1,\cdots,x_n)$ 是一个边缘分布为 $F_1,\cdots,F_n$ 的 n 元联合分布函数。

基于 Sklar 定理，设 X、Y 为连续的随机变量，边缘分布函数分别为 F_X 和 F_Y，$F(x,y)$ 为变量 X 和 Y 的联合分布函数，如果 F_X 和 F_Y 连续，则存在唯一的函数 $C_\theta(u,v)$ 使得对于任意的 x 和 y：

$$F(x,y)=C_\theta[F_X(x),F_Y(y)] \tag{5.43}$$

式中，$C_\theta(u,v)$ 为 Copula 函数；θ 为待定系数。$C_\theta(u,v)$ 可由式(5.44)确定：

$$C_\theta(u,v)=F\left[F_X^{-1}(u),F_Y^{-1}(v)\right] \tag{5.44}$$

式中，$F_X^{-1}(u)$和$F_Y^{-1}(v)$ 分别为边缘分布函数 F_X 和 F_Y 的反函数。

反之，设 F_X 和 F_Y 为边缘分布函数，$C_\theta(u,v)$ 是一个任意的二元函数，$F(x,y)=C_\theta[F_X(x),F_Y(y)]$，则 $F(x,y)$ 是具有边缘分布 F_X 和 F_Y 的二元分布函数(严忠权，2008)。

证明 $F(x,y)$ 是具有边缘分布为 F_X 和 F_Y 的二元分布函数，对任意的 (x_1,y_1)，(x_2,y_2)，若 $F_X(x_1)=F_X(x_2)$，$F_Y(y_1)=F_Y(y_2)$，由于对于二元分布函数 $F(x,y)$ 的边缘分布函数为 F_X 和 F_Y，有

$$\left|F(x_1,y_1)-F(x_2,y_2)\right| \leqslant \left|F_X(x_1)-F_X(x_2)\right|+\left|F_Y(y_1)-F_Y(y_2)\right|$$

则

$$F(x_1,y_1)=F(x_2,y_2)$$

所以 $F(x,y)$ 在 (x_1,y_1) 处的值仅依赖于边缘分布 F_X 和 F_Y 在 (x_1,y_1) 处的值 $F_X(x_1)$ 和 $F_Y(y_1)$，从而存在唯一的二元函数 $C_\theta(u,v)$ 使 $F(x,y)=C_\theta\left[F_X(x),F_Y(y)\right]$。

又由于对于任意 u 和 v，

$$F_X\left[F_X^{-1}(u)\right]=u \quad 和 \quad F_Y\left[F_Y^{-1}(v)\right]=v$$

由式(5.43)可知：

$$F(x,y)=F\left[F_X^{-1}(u),F_Y^{-1}(v)\right]=C\left[FCF_X^{-1}(u)\right],F\left[F_Y^{-1}(v)\right]=C_\theta(u,v)$$

即二元函数 $C_\theta(u,v)$ 由式(5.44)确定。

对于任意的 (x,y)，由式(5.44)可知：

$$C_\theta\left[F_X(x),F_Y(y)\right]=F\left[F_X^{-1}(x),F_Y^{-1}(y)\right]=F(x,y)$$

又由

$$\begin{aligned}C_\theta(u,1)&=C\left[F_X(x),F_Y(+\infty)\right]=F\left\{F_X^{-1}\left[F_X(x)\right],F_Y^{-1}\left[F_Y(+\infty)\right]\right\}\\&=F(x,+\infty)=F_X(x)=u\end{aligned}$$

可知

$$C_\theta(1,v)=v$$

从而有

$$F_X(x)=F(x,+\infty)=C\left[F_X(x),F_Y(+\infty)\right]=C\left[F_X(x),1\right]=F_X(x) \tag{5.45}$$

$$F_Y(y)=F(+\infty,y)=C\left[F_X(+\infty),F_Y(y)\right]=C\left[1,F_Y(y)\right]=F_Y(y) \tag{5.46}$$

Copula 理论的出现为解决相关分析和多变量建模提供了一个新工具，它可以将一个联合分布的边缘分布和它们的相关结构分开研究，使模型更实用、更有效。根据 Copula 理论，可以根据任一类型的多个一元分布函数和任意一个 Copula 函数来构造许多有用的多元联合分布函数，从而使 Copula 理论在多元分布建模中成为一种有用的工具。另外，Copula 函数不必要求具有相同的边缘分布，任意边缘分布都能通过 Copula 函数连接构造成联合分布。

Copula 函数具有很多性质，如 Copula 函数对随机变量的严格单调变换是不变的。传统的几个相关度量也可以用 Copula 函数来表示，目前常用于度量水文变量相关性的指标是皮尔逊线性相关系数和 Kendall 秩相关系数。Kendall 秩相关系数不仅可以描述变量之间的线性相关关系，还适用于描述变量之间非线性的关系，其定义如下：

$$\tau = (C_n^2)^{-1} \sum_{i<j} \operatorname{sgn}[(x_i - x_j)(y_i - y_j)], \quad i,j = 1,2,\cdots,n \tag{5.47}$$

式中，(x_i, y_i)为观测点数据；sgn 为符号函数，当$(x_i - x_j)(y_i - y_j) > 0$时，$\operatorname{sgn} = 1$，当$(x_i - x_j)(y_i - y_j) < 0$时，$\operatorname{sgn} = -1$，当$(x_i - x_j)(y_i - y_j) = 0$时，$\operatorname{sgn} = 0$。

(2) Copula 函数的分类。

Copula 联结函数的构造方法比较多，常见的类型有三种：椭圆型、阿基米德型、二次型，其中含有一个参数的二维阿基米德型 Copula 函数应用最为广泛。它计算简便，可以构造出多种形式的多变量联合分布函数，能够满足大多数领域的应用要求。

阿基米德型 Copula 函数是通过算子φ(又称生成函数)构造而成的，不同的算子会产生不同类别的阿基米德型 Copula 函数。对于两变量联合分布函数如式(5.43)，设边缘分布函数F_X和F_Y的密度函数分别为f_X和f_Y，则联合分布函数的密度函数表达式为

$$f_{XY} = c\left[F_X(x), F_Y(y)\right] f_X(x) f_Y(y) \tag{5.48}$$

式中，c为 Copula 函数C的密度函数，其表达式为

$$c(u,v) = \frac{\partial^2 C(u,v)}{\partial u \partial v} \tag{5.49}$$

式(5.48)表明一个联合分布的密度函数可以拆成描述随机变量相依结构的 Copula 函数的密度和单变量边缘密度的乘积两部分。若$f_X(x)$和$f_Y(y)$描述随机变量X和Y相互独立，则二元随机变量的相依结构完全由联结它们的 Copula 函数$c(u,v)$确定。

Nelson(2006)对阿基米德型 Copula 函数进行了详细介绍，在此仅介绍几种常见的阿基米德型 Copula 函数。

① Gumbel-Hougaard Copula 函数。

$$C(u,v) = \exp\{-[(-\ln u)^\theta + (-\ln v)^\theta]^{\frac{1}{\theta}}\}, \quad \theta \geqslant 1 \tag{5.50}$$

式中，θ为 Gumbel-Hougaard Copula 函数的参数。当$\theta = 1$时，随机变量u和v完全独立；当θ趋于无穷时，随机变量u和v完全相关。它与 Kendall 秩相关系数τ的关系如下：

$$\tau = 1 - 1/\theta \tag{5.51}$$

Gumbel-Hougaard Copula 函数仅能够适用于变量存在正相关的情形，其密度函数如图 5.7(a)所示。Gumbel-Hougaard Copula 函数对变量在分布上尾处的变化十分敏感，因此能够快速捕捉到上尾相关的变化，可用于描述具有上尾相关特性的相关关系。

② Clayton Copula 函数。

$$C(u,v) = (u^{-\theta} + v^{-\theta} - 1)^{-\frac{1}{\theta}}, \quad \theta > 0 \tag{5.52}$$

当参数θ趋于 0 时，随机变量u和v趋向于独立；当θ趋于无穷时，随机变量u和v趋向于完全相关。参数θ与 Kendall 秩相关系数τ的关系为

$$\tau = \theta / (\theta + 2) \tag{5.53}$$

Clayton Copula 函数与 Gumbel-Hougaard Copula 函数一样，均仅适用于描述正相关的随机变量。其密度函数如图 5.7(b)所示，此类 Copula 函数对变量在分布下尾处十分敏

感，能够快速捕捉到下尾相关的变化，可用于描述具有下尾相关特性的相关关系。

③ Frank Copula 函数。

$$C(u,v)=-\frac{1}{\theta}\ln\left[1+\frac{(e^{-\theta u}-1)(e^{-\theta v}-1)}{(e^{-\theta}-1)}\right],\quad -\infty<\theta<\infty \quad 且 \quad \theta\neq 0 \tag{5.54}$$

对于参数θ，当$\theta>0$时，表示随机变量u和v正相关；当θ趋于0时，表示随机变量u和v趋向独立；当$\theta<0$时，表示随机变量u和v负相关。参数θ与Kendall秩相关系数τ的关系为

$$\tau=1+\frac{4}{\theta}\left[\frac{1}{\theta}\int_0^{\theta}\frac{t}{\exp(t)-1}dt-1\right] \tag{5.55}$$

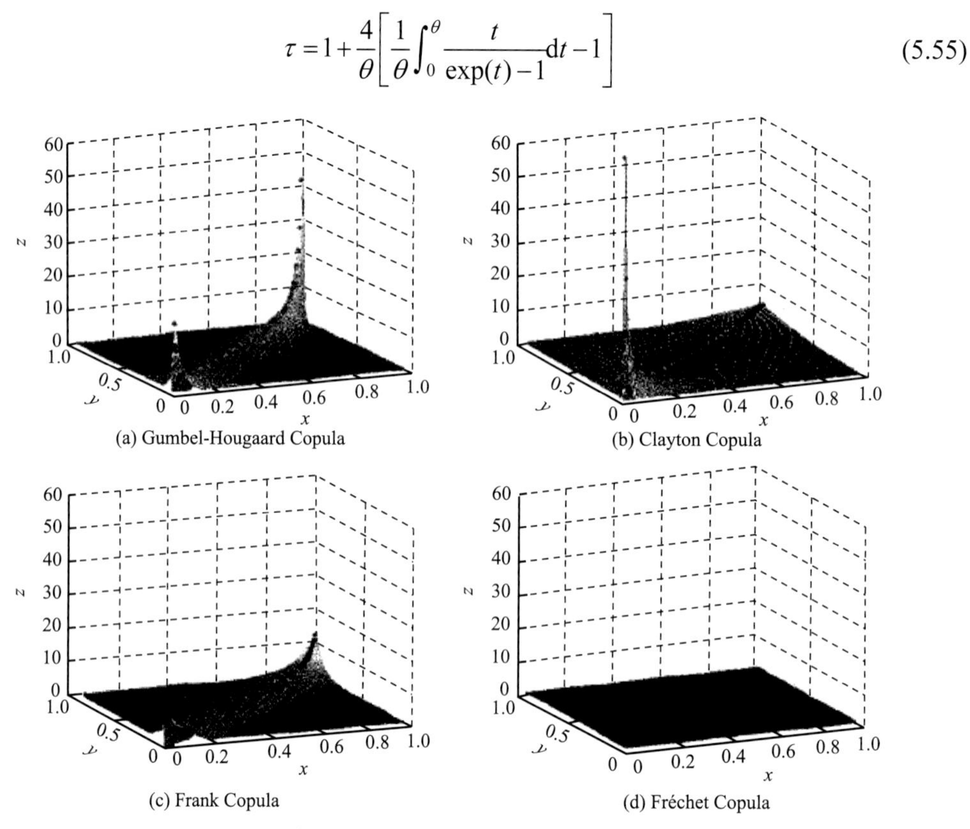

(a) Gumbel-Hougaard Copula　(b) Clayton Copula

(c) Frank Copula　(d) Fréchet Copula

图 5.7　四种常见的 Copula 密度函数图形(吴娟等，2008)

Frank Copula 函数具有对称的相关模式，既能描述正相关的随机变量，又能描述存在负相关性的变量，其密度函数如图 5.7(c)所示，但 Frank Copula 函数无法捕捉到随机变量间非对称的相关关系。此外，Frank Copula 的上下尾相关系数均为 0，说明变量在 Frank Copula 函数的尾部都是渐近独立的，因此 Frank Copula 函数对上、下尾相关性的变化都不敏感，难以捕捉到尾部相关的变化。

④ Fréchet Copula 函数。

$$C(u,v)=(1-\theta)uv+\theta\min(u,v),\quad 0\leqslant\theta\leqslant 1 \tag{5.56}$$

参数θ与 Kendall 秩相关系数τ的关系为

$$\tau = \frac{\theta(\theta+2)}{3} \tag{5.57}$$

Fréchet Copula 函数能够用于描述正相关的随机变量，但是不适用于非常高的正相关性变量，其密度函数如图 5.7(d)所示。

以上介绍的各种类型的两变量 Copula 函数，对同样的一组数据可以得到多个不同的两变量分布模型，对于函数类型的选择，通常采用各种拟合优度检验方法综合选优：①理论计算联合分布概率与经验联合分布概率适线；②Kolmogorov-Smirnov 检验；③均方根误差优选；④离差平方和最小准则(ordinary least squares，OLS)等。

对干旱事件来说，干旱历时越长，干旱强度越大，即存在上尾部相关性。由上述分析可知，Gumbel-Hougaard Copula 函数对随机变量分布的上尾处变化反应敏感，具有较强的上尾相关性。因此，本节选择比较适用于两变量之间存在正相关性的 Gumbel-Hougaard Copula 函数来构造干旱历时和干旱强度的联合分布函数。

选定的 Copula 函数是否合适，能否描述变量之间的相关性结构，需要对 Copula 函数进行拟合检验。理论上，传统的用于单变量分布假设检验的方法都能用于 Copula 函数的假设检验，如 χ^2 检验等。本节采用 Kolmogorov-Smirnov 检验来评价统计量和分布计算频率与联合观测值的拟合程度，其统计量 Z 的计算式如下：

$$Z = \max\left\{\left|F(d_i,s_i) - \frac{m(i)-1}{n}\right|, \left|F(d_i,s_i) - \frac{m(i)}{n}\right|\right\} \tag{5.58}$$

式中，$F(d_i,s_i)$ 为 (d_i,s_i) 的 Gumbel-Hougaard Copula 联合分布；$m(i)$ 为联合观测值样本中满足条件 $x \leqslant x_i$ 且 $y \leqslant y_i$ 的联合观测值的个数；n 为资料系列长度(闫宝伟等，2007)。

2. 重现期

重现期为随机事件发生频率的倒数，通常表示某一事件重复出现时间间隔的平均数。洪水的重现期定义为某一特定大洪水出现的平均时间间隔(以年计)，它通常是以年最大洪峰流量序列为分析对象。例如，某一量级的洪水的发生频率为 1%，其重现期为 100 年，则称为百年一遇洪水，即表示在相当长的时间内，平均每 100 年会发生一次大于或等于该洪峰流量的洪水。

由于一场干旱可能持续多年或一年中发生多次干旱，常用于设计洪水的年最大序列频率分析已不再适用。Shiau 等(2001)推导出干旱历时和干旱强度大于等于某一数值的重现期为

$$T_D = \frac{E(L)}{1-F_D(d)} \tag{5.59}$$

$$T_S = \frac{E(L)}{1-F_S(s)} \tag{5.60}$$

式中，T_D 和 T_S 分别为干旱历时和干旱强度的重现期；$E(L)$ 为干旱间隔的期望值，等于干旱历时和非干旱历时的平均值之和；$F_D(d)$ 为某一干旱历时发生频率；$F_S(s)$ 为某一干

旱强度发生频率。

然而，干旱是同时考虑干旱历时和干旱强度的双变量事件。不同于单变量重现期，联合分布的重现期包括两种情况：$D>d$ 或 $S>s$；$D>d$ 且 $S>s$。

Shiau(2003)提出了基于双变量的联合分布函数的重现期公式，基于 Copula 函数的这两种情形的干旱事件的重现期分别为

$$T_0(d,s)=\frac{E(L)}{P[D>d\cup S>s]}=\frac{E(L)}{1-F(d,s)} \tag{5.61}$$

$$T_{\mathrm{a}}(d,s)=\frac{E(L)}{P[D>d\cap S>s]}=\frac{E(L)}{1-F_D(d)-F_S(s)+F(d,s)} \tag{5.62}$$

条件概率分布所对应的条件分布重现期可表示为

$$T_{D|S>s}=\frac{E(L)}{P(D>d\,|\,S>s)}=\frac{E(L)\times[1-F_S(s)]}{1-F_D(d)-F_S(s)+C\left[F_D(d),F_S(s)\right]} \tag{5.63}$$

$$T_{S|D>d}=\frac{E(L)}{P(S>s\,|\,D>d)}=\frac{E(L)\times[1-F_D(d)]}{1-F_D(d)-F_S(s)+C\left[F_D(d),F_S(s)\right]} \tag{5.64}$$

基于以上阐述，对于区域干旱特征的分析具体包括以下几个步骤：①选择研究区域，建立区域干旱指数；②统计干旱次数，计算干旱历时和干旱强度；③用最大似然估计法对指数分布函数(干旱历时)和 Gamma 分布函数(干旱强度)进行参数估计，并利用 Kolmogorov-Smirnov 方法检验边缘分布函数；④计算干旱历时和干旱强度的 Kendall 秩相关系数 τ；⑤根据 τ 与 θ 之间的关系($\tau=1-1/\theta$)，确定 θ；⑥利用 Gumbel-Hougaard Copula 函数建立联合分布；⑦利用 Kolmogorov-Smirnov 方法对 Gumbel-Hougaard Copula 函数进行检验；⑧重现期计算，并根据计算的重现期进行相应的分析。

5.4　1958～2014 年中国气象干旱的时空变化

5.4.1　全国综合气象干旱指数趋势分析

为了比较客观地分析 1958～2014 年来中国的干旱变化特征，本节采用 MK 趋势检验方法对年降水量和综合气象干旱指数在 95% 的置信区间上进行趋势检验。干旱指数减小，表明具有干旱化趋势，即当 MK<−0.5 时表示具有干旱化趋势，MK<−1.96 说明干旱化趋势显著，通过 95%的置信度检验。图 5.8 为 1958～2014 年年平均降水量和综合气象干旱指数 DI 变化趋势的空间分布图。由图 5.8(a)降水量的变化趋势可知，我国降水量的变化趋势具有明显的区域特征，总体来说东部降水量减少，西部降水量增加。具体来说，降水量减少的地区主要分布在东北的辽宁省，华北的北京市、天津市、河北省、山西省，西北的陕西省和甘肃省东部，西南的四川省东部等部分地区，这与马柱国等(2006)、闫桂霞(2009)分析的全国范围降水量的变化基本一致。

图 5.8(b)为 1958～2014 年综合气象干旱指数 DI 变化趋势的空间分布图，与降水量

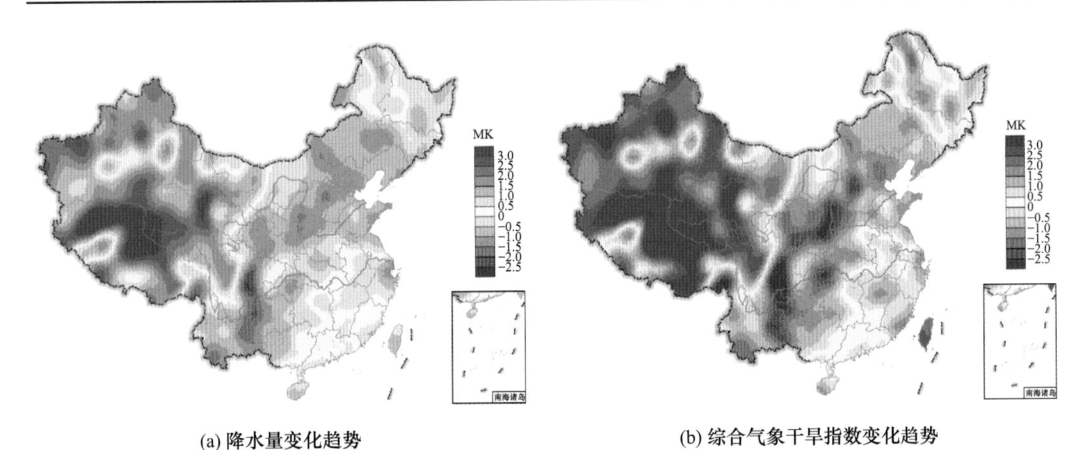

(a) 降水量变化趋势　　(b) 综合气象干旱指数变化趋势

图 5.8　1958～2014 年年平均降水量和综合气象干旱指数 DI 变化趋势的空间分布图

变化趋势的空间分布结构基本一致，均反映出华北大部、西北东部及西南等部分地区具有干旱化趋势，这在一定程度上揭示了我国区域干旱化的重要事实。与闫桂霞(2009)利用 1958～2007 年资料的分析结果相比，全国干湿变化总体趋势较为一致，但东北大部干旱解除，西南地区干旱化较为严重。

比较图 5.8(a)和(b)可知，综合气象干旱指数所反映的具有显著干旱化趋势的地区与降水量减少的区域范围和程度存在着差异，由综合气象干旱指数 DI 所表示的显著干旱化地区在东北南部、华北、西北东部及西南等部分地区，覆盖面积比降水量显著减少的区域面积明显偏大。也就是说，综合气象干旱指数 DI 所揭示的具有显著干旱化趋势的范围较降水量显著减少的范围大。这可能是因为虽然降水量的减少是引起干旱的主导因素，但随着全球变暖的加剧，降水量的减少无法确切表示目前发生在全球范围内的变暖对干旱及干旱化趋势的贡献(马柱国等，2005)，所以仅用降水量的减少来表征干旱及干旱化问题具有一定的局限性。由于综合气象干旱指数 DI 同时考虑了短时间尺度(月)降水量的变化和长时间尺度(季)降水量的气候异常，认为降水量减少是引起干旱的主要原因，并结合实际水分供应持续少于当地气候适宜水分供应的水分亏缺带来的影响，所以在表征地表干湿变化时具有较为客观的实际意义。

为了进一步检验干旱的空间变化，图 5.9 给出了 4 月、7 月、10 月和 1 月综合气象干旱指数 DI 变化趋势的空间分布图，分别代表春夏秋冬四季的干湿变化。由图 5.9 可知，不同季节干湿变化的空间分布与年平均干旱指数的空间分布结果基本一致，但干旱化范围和程度差异较大。总体来看，春季和秋季比夏季和冬季的干旱化范围更广、程度更强。春季具有干旱化趋势的区域主要分布在华北的山西和河南，西北的陕西和宁夏，以及西南的重庆、四川、贵州、云南等地区，其中陕西干旱化趋势严重，大部分地区综合气象干旱指数通过 95% 的置信度检验；夏季干旱化范围相对较小，主要分布在华北大部及西南等部分地区；秋季干旱化范围较广，中国东部大部、内蒙古东部、东北、华北、西南及华南等具有干旱化趋势，其中西南地区的四川东部干旱化趋势显著，通过 95%的置信度检验；与秋季相比，冬季干旱化范围相对较小，主要发生在华北大部，西北的陕西、宁夏，以及西南的四川、重庆、贵州等地区。

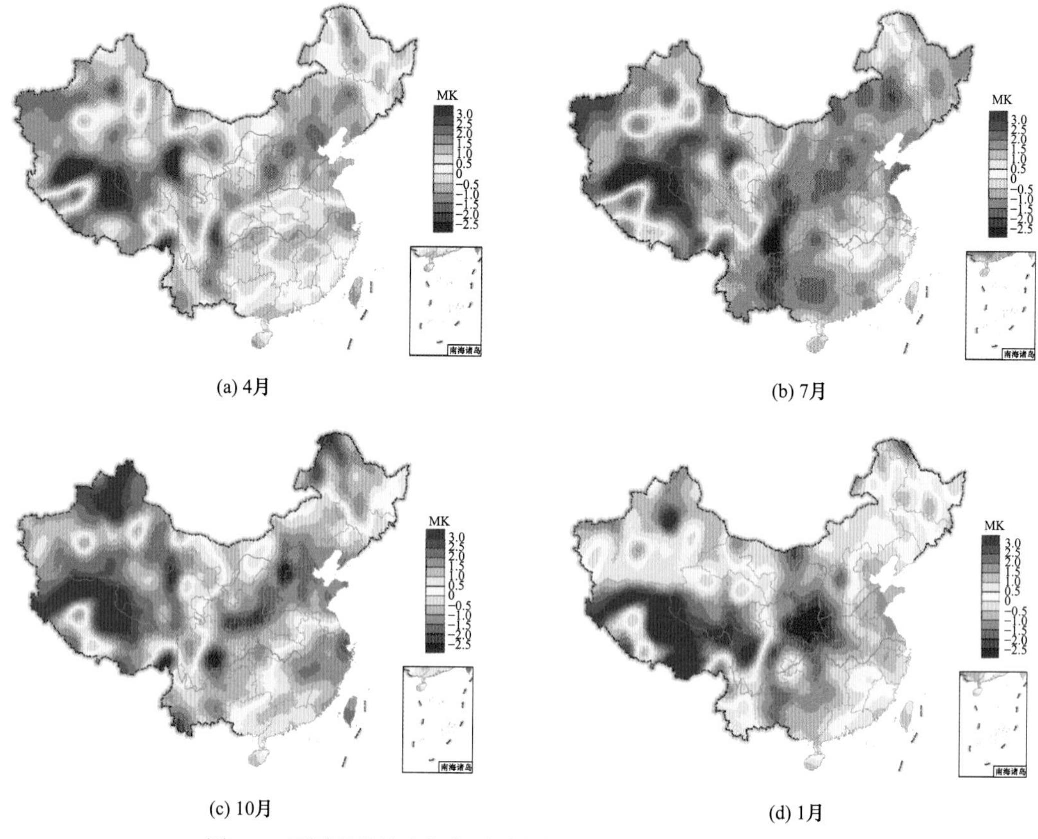

(a) 4月　(b) 7月　(c) 10月　(d) 1月

图 5.9　不同季节综合气象干旱指数 DI 变化趋势的空间分布图

综上所述，降水与年、不同季节的综合气象干旱指数所表征的干湿变化的空间分布基本一致，均指出我国东北西南部、华北大部、西北东部及西南的四川等地区在 1958～2014 年具有干旱化趋势，即 1958～2014 年来在气候变化影响下，我国形成了一个辽河平原—海河平原—黄土高原—四川盆地—云贵高原干旱化带状区域。

先对不同区域的综合气象干旱指数求面积加权平均值，然后再对其进行非参数 Mann-Kendall 趋势检验，研究不同区域 1958～2014 年的干湿变化，结果见表 5.11。由表 5.11 可知，对于年序列，华北和西南地区在 1958～2014 年具有干旱化趋势，其中华北地区干旱化趋势显著，通过 95% 的置信度检验。西北、新疆、西藏及华南等地区具有湿润化趋势，尤其是西藏和新疆地区湿润化趋势显著，通过 95% 的置信度检验。有关不同区域四季的干湿变化，由表 5.11 可以看出，华北和西南地区在春夏秋冬均具有干旱化趋势，其中西南地区秋季干旱化趋势显著；东北地区除在冬季具有干旱化趋势外，其他各季均具有湿润化趋势，这与闫桂霞(2009)采用 1958～2007 年资料的分析结果相反；华东地区在春季和秋季具有干旱化趋势，而在夏季和冬季具有湿润化趋势；西藏和新疆地区 1958～2014 年来，在所有季节均具有显著的湿润化趋势。

表 5.11 区域平均干旱指数的 Mann-Kendall 趋势检验

区域	1 月	4 月	7 月	10 月	年
东北	1.08	0.10	0.08	−1.18	−0.17
华北	−1.71	−1.18	−1.69	−1.95	−2.00
西北	1.52	0.64	2.17	0.85	2.77
华东	1.80	−0.81	1.42	−0.93	0.14
华南	1.34	−0.02	0.81	−1.19	0.85
西南	−0.87	−0.27	−0.64	−2.69	−1.73
内蒙古	0.31	−0.45	−0.35	−1.16	0.12
西藏	3.92	5.27	2.99	2.90	5.32
新疆	3.46	1.51	2.24	2.79	3.52

5.4.2 1958～2014 年中国极端干旱的变化趋势

极端干旱往往造成更加严重的自然灾害，给农业生产及人们的日常生活带来严重的威胁(马柱国等，2006)。大量的统计事实表明，极端干旱所造成的损失在急剧增长(翟盘茂等，2004)，因此有必要对极端干旱的发生次数及其变化趋势进行研究分析。针对极端干旱过程，本节对极端干旱(DI<0.15)和一般干旱(DI<0.35)频次及其变化趋势进行研究。具体的做法是：先对次网格上的干旱指数 5 年滑动统计干旱场次，然后对所得序列进行非参数 Mann-Kendall 趋势检验。

图 5.10 为 1958～2014 年干旱频次和极端干旱频次变化趋势的空间分布图。干旱频次增加，说明具有干旱化趋势，反之看作具有湿润化趋势；MK>0.5 表明干旱频次增加，具有干旱化趋势；MK>1.96 说明干旱化趋势显著，通过 95%的置信度检验。由图 5.10 可知，干旱频次或极端干旱频次增加的区域与降水和干旱指数减少区域的空间分布基本一致。如图 5.10(a) 所示，干旱化带状区域内的干旱发生次数具有增加的趋势，其中在辽

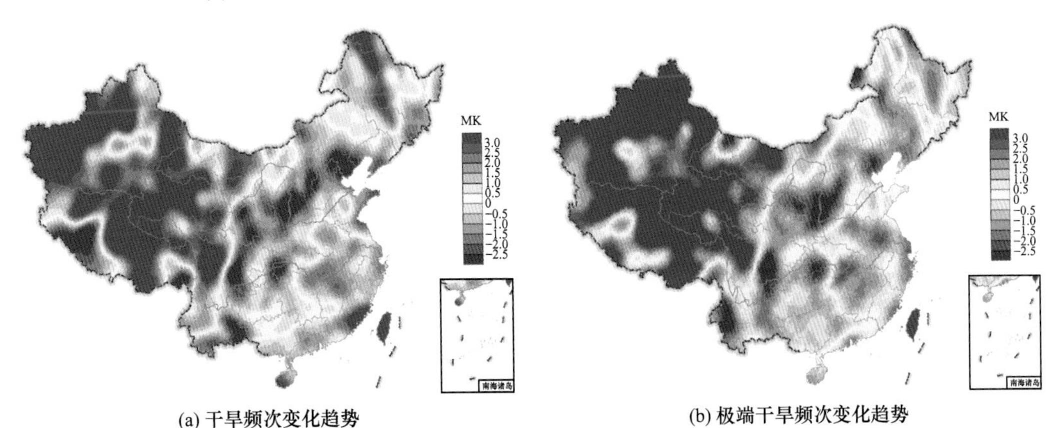

(a) 干旱频次变化趋势　　(b) 极端干旱频次变化趋势

图 5.10 1958～2014 年干旱频次和极端干旱频次变化趋势的空间分布图(Mann-Kendall 法)

宁、山东、天津等靠海区域及北京、山西、陕西、重庆及四川、云南等省(直辖市)的部分地区干旱频次增加趋势显著，通过 95% 的置信度检验。与图 5.10(a) 相比，图 5.10(b) 极端干旱频次变化趋势分析中干旱化范围更广、显著干旱化区域更为集中。除与干旱频次具有一致的增加范围外，极端干旱频次在东北北部地区也呈现增加的趋势，并且除在辽宁、山东等沿海区域增加趋势显著外，陕西、山西、宁夏、甘肃东部及四川东部等地区更是形成大范围的极端干旱频次显著增加区。

表 5.12 为不同研究区内干旱频次和极端干旱频次具有增加或减少趋势的面积百分率。由表 5.12 可知，华北和西南地区干旱频次和极端干旱频次增加均超过 50% 的区域范围，其中，华北地区干旱频次具有显著增加趋势的面积百分率较高，为 47.5%，华北和西南地区极端干旱频次具有显著增加趋势的范围也较广，达到 30% 以上。而具有干旱频次呈现减少趋势的面积百分率相对较低，从总体上可以把这些地区看作是干旱化区。其次是东北地区，极端干旱频次增加占区域总面积的近 55%，但干旱频次增加和减小的面积相当；华南和内蒙古地区干旱频次减少的范围较广，但极端干旱频次增加的区域面积又大于减小的面积。总体而言，可以把这些地区看作是不变区。华东、西北、西藏和新疆地区的干旱频次和极端干旱频次具有减小趋势的面积百分率基本上都为 50%，尤其是新疆地区极端干旱频次减小趋势的面积百分率在 90%以上，而具有干旱化趋势的面积百分率相对较低，因此，这些地区属于湿润化区。

表 5.12　1958～2014 年不同区域干旱频次和极端干旱频次呈增加或减少趋势的面积百分率

(单位：%)

区域	干旱频次变化的面积百分率		极端干旱频次变化的面积百分率	
	增加	减小	增加	减小
东北	42.0(17.8)	40.8(20.5)	54.9(29.7)	24.2(2.8)
华北	70.9(47.5)	14.3(5.5)	55.5(32.8)	25.7(7.3)
西北	31.2(19.3)	59.4(43.6)	29.2(19.0)	62.3(46.6)
华东	36.1(14.3)	44.3(17.9)	25.5(12.8)	51.6(14.3)
华南	26.5(4.8)	54.9(27.2)	48.4(12.3)	25.4(11.0)
西南	50.3(32.1)	37.1(21.0)	56.8(31.9)	24.6(14.0)
内蒙古	33.9(11.0)	44.1(14.3)	42.5(18.8)	34.6(14.4)
西藏	32.8(22.0)	59.5(47.9)	16.2(8.4)	76.8(62.7)
新疆	9.1(3.6)	81.4(62.9)	4.3(1.6)	90.6(75.4)

注：括号里的数据为干旱频次或极端干旱频次呈增加或减少趋势达到 95% 置信度的面积百分率。

5.4.3　干旱历时和干旱强度

干旱历时(D)、干旱强度(S)、干旱大小(M)是反映干旱程度的主要特征量，三者具有一定的关系：$S=D\times M$。当综合气象干旱指数 DI 达到轻微干旱及以上等级时，即确定为发生一次干旱过程。干旱过程的开始月为第一个综合气象干旱指数 DI 达到轻微干旱及其以上等级的月份。在干旱发生期，当综合气象干旱指数 DI 出现一个月为无旱等级时干旱解除，同时干旱过程结束，结束月为最后一次 DI 达到轻微干旱及以上等级的月份。干旱过程从开始到结束期间的时间为干旱持续时间，或称干旱历时 D。干旱强度是指干旱过程内所有月份的综合气象干旱指数 DI 达到轻微干旱及以上等级的干旱大小之和，即 $S=\sum \mathrm{DI}_0-\mathrm{DI}_t$，$t=t_1,\cdots,t_1+D-1$。图 5.11 为达到轻微干旱及以上等级的干旱过程定义图。其中，d 为干旱历时(月)，s 为干旱强度(阴影部分面积)。

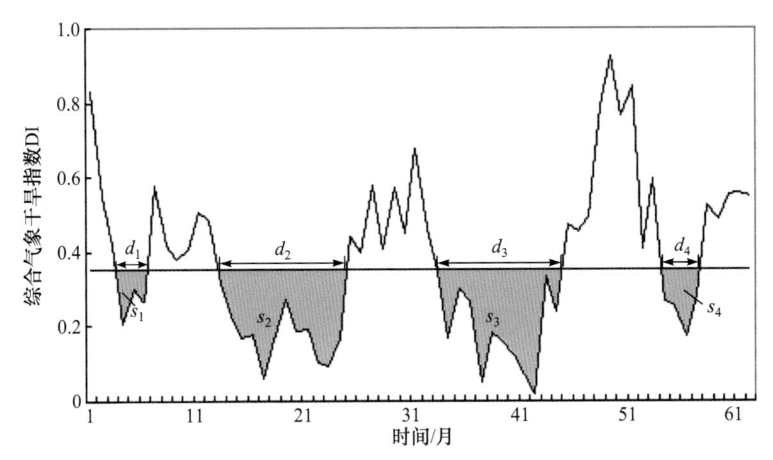

图 5.11　达到轻微干旱及以上等级的干旱过程定义图

根据我国干旱历时长、强度大的特点，对全国范围内 1958～2014 年不同干旱场次干旱历时和干旱强度的变化进行研究。图 5.12(a)和(b)分别为 1958～2014 年不同网格干旱历时和干旱强度的变化趋势，同干旱频次相似，干旱历时增长、干旱强度增加表明具有干旱化趋势，反之认为具有湿润化趋势。由图 5.12 可知，干旱历时和干旱强度变化的空间分布与干旱指数和干旱频次的空间分布较为一致，干旱化带状区域上干旱历时增长、干旱强度增加。另外，新疆西部地区干旱历时和干旱强度也具有增加的趋势。全国范围内，干旱历时具有增加趋势(MK>0.5)的区域面积占全国总面积的 24%，其中只有不足 2%

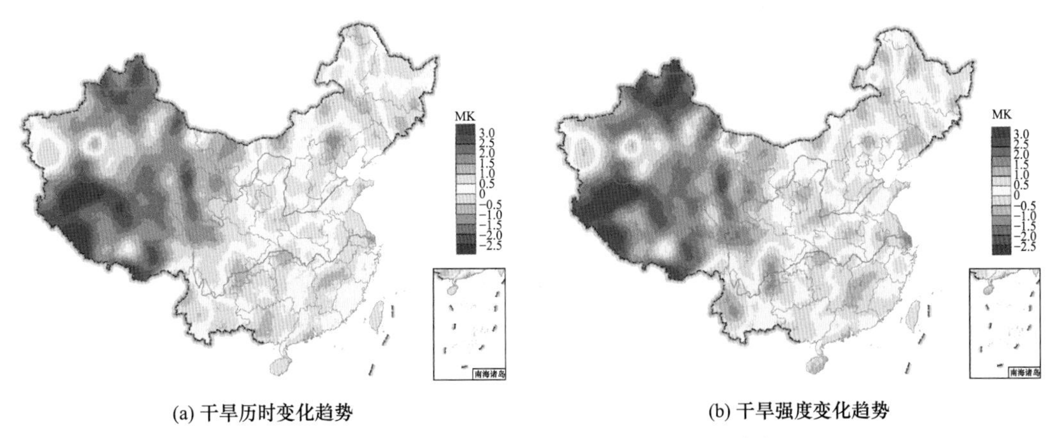

图 5.12　干旱历时和干旱强度变化趋势的空间分布图

的区域范围内增加趋势显著(MK>1.96)；而干旱强度具有增加趋势的区域占全国总面积的28%，其中4%的区域内增加趋势显著，通过95%的置信度检验。无论从干旱历时还是从干旱强度的变化看，干旱化趋势相对较轻。

表5.13为不同区域干旱历时和干旱强度呈增加(强)或减少(弱)趋势的面积百分率。从表5.13中数据可以看出，对于干旱历时，1958～2014年，干旱历时呈增长趋势的区域主要发生在内蒙古和东北地区，另外华南和华东地区干旱历时增长的区域范围也较广，大于干旱历时减少的区域面积；对于干旱强度，除与干旱历时具有增长趋势的区域一致外，东北地区干旱强度增加面积亦较广。把区域作为整体，从干旱历时和干旱强度综合考虑可知，东北和内蒙古具有明显的干旱化趋势，其次是华北、华南和华东地区；而西北、西藏和新疆地区干旱历时缩短、干旱强度减弱的面积百分率较高，特别是西藏地区，1958～2014 年80%左右的区域范围内干旱历时缩短、干旱强度减弱，而这些地区干旱强度呈现显著增强趋势的面积几乎为0。

表5.13　1958～2014年不同区域干旱历时和干旱强度呈增加(强)或减少(弱)趋势的面积百分率

(单位：%)

区域	干旱历时变化的面积百分率		干旱强度变化的面积百分率	
	增加	减少	增强	减弱
东北	44.8(5.9)	15.8(0.3)	28.9(2.9)	23.9(0.6)
华北	38.9(7.5)	23.2(1.6)	27.8(1.7)	29.4(2.3)
西北	20.1(2.5)	57.1(14.1)	16.2(1.9)	58.7(13.8)
华东	35.2(3.1)	30.9(2.9)	31.6(1.6)	25.6(0.9)
华南	32.1(1.7)	24.2(0.3)	42.6(2.7)	19.5(0.0)
西南	42.3(10.7)	21.0(2.3)	36.4(3.6)	23.6(1.6)
内蒙古	42.6(3.9)	24.4(0.5)	34.4(1.1)	29.6(1.3)
西藏	6.9(1.0)	83.0(52.0)	5.0(0.1)	84.1(48.0)
新疆	11.4(1.2)	69.3(26.9)	13.4(0.9)	64.1(18.5)

注：括号里的数据为干旱历时和干旱强度呈增加(强)或减少(弱)趋势达到95%置信度的面积百分率。

5.4.4　不同区域干旱面积的长期变化

干旱覆盖率越大，旱情越严重。为了进一步说明不同区域干旱的变化特征，本节对不同区域的干旱范围(以面积百分率的形式表示)随时间的变化进行分析，图5.13为不同区域年平均干旱面积百分率年代际变化图。虽然本节与Zou等(2005)利用PDSI分析的全国干旱变化的时间段(1951～2003年)不同，所选区域略有差异(内蒙古地区的东、中、西部分别归为东北、华北和西北地区)，但同一地区(在东北、华北和西北地区区域范围略有不同)相同时段(1958～2003年)的年平均干旱面积百分率的变化却极为相似，例如，东北地区在20世纪70年代末期干旱较为严重，80～90年代初期干旱较轻，但到20世纪90年代末期～21世纪初期干旱面积增加，干旱又较为严重。下面对不同区域干旱范围的变化分别进行讨论分析。

(1) 东北地区。1958～2014 年，东北地区干旱面积略有增加趋势，其线性增长率为 0.3%/10a，其非参数 Mann-Kendall 趋势检验值为 1.14，增加趋势不显著，不能通过 95% 的置信度检验。从 5 年滑动平均值来看，东北地区干旱面积呈现振荡变化，在 20 世纪 60～70 年代末期和 80 年代末期～90 年代末期为干旱面积增长期；20 世纪 80 年代初期和 21 世纪初期为干旱面积减少期。1958～2014 年，东北地区 2001 年干旱范围最广、干旱面积最大，年平均干旱面积百分率达 60% 左右，其次为 1979 年、1978 年、1967 年，年平均干旱面积百分率均在 50% 以上。

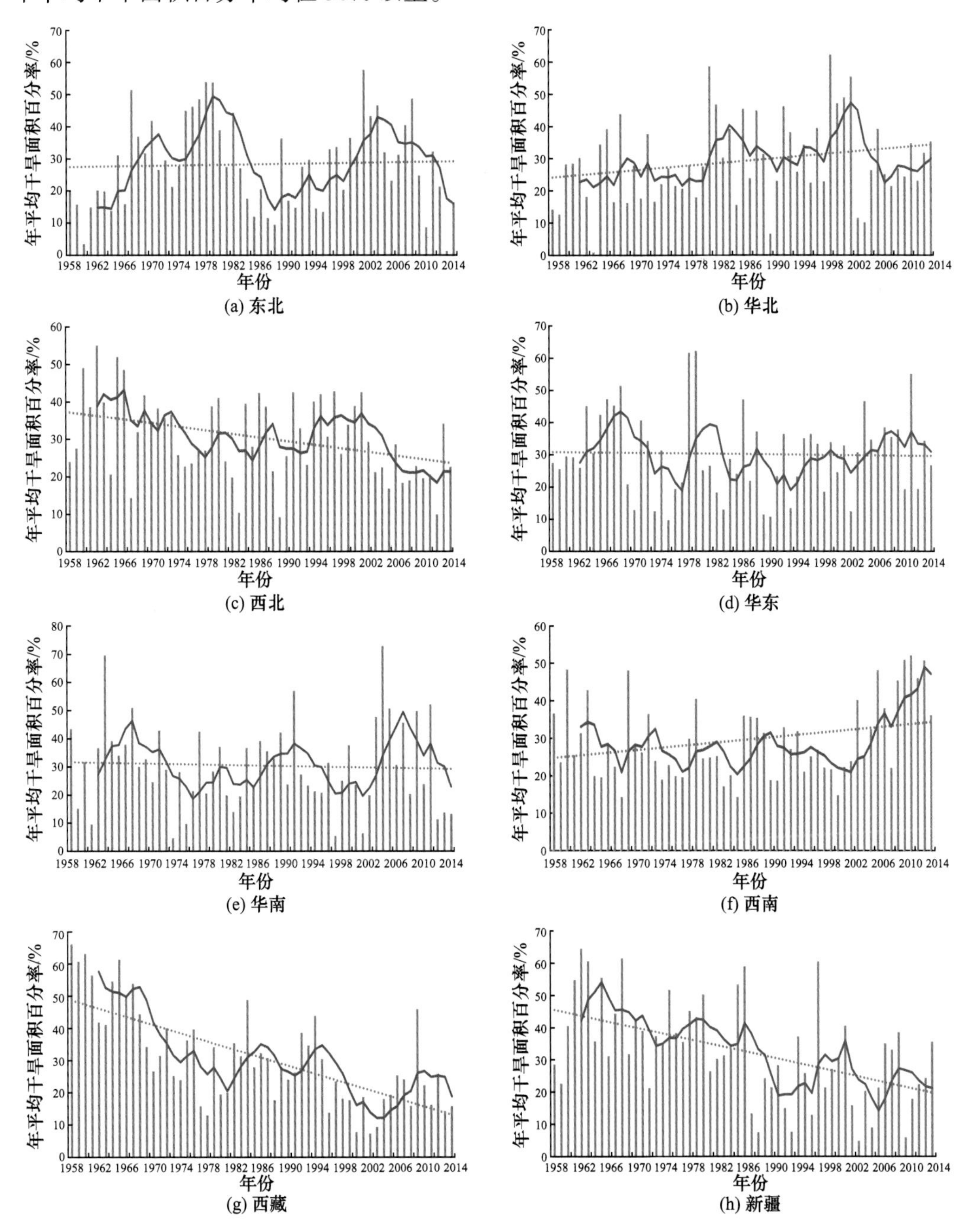

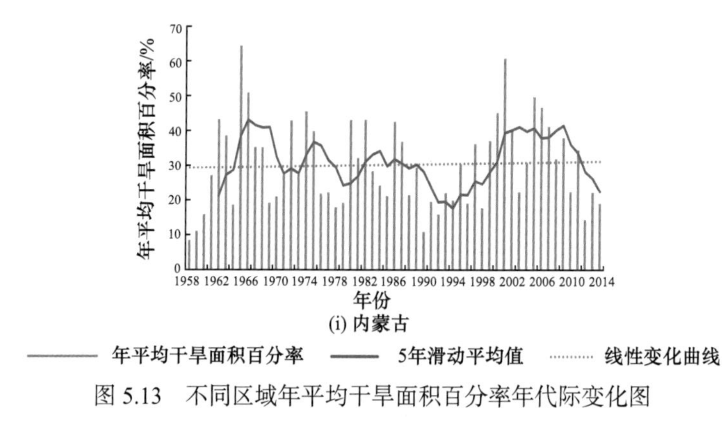

(i) 内蒙古

图 5.13　不同区域年平均干旱面积百分率年代际变化图

(2) 华北地区。1958～2014 年，华北地区干旱范围具有显著的增加趋势，其线性增长率为 1.8%/10a，非参数 Mann-Kendall 趋势检验值为 1.45。20 世纪末期～21 世纪初期受旱面积较大，其中 1999 年干旱范围最广，年平均干旱面积百分率达到 60% 以上，其次是 2002 年，年平均干旱面积百分率超过 50%。另外，20 世纪 80 年代初期干旱较为严重，1981 年年平均干旱面积百分率接近 60%。

(3) 西北地区。1958～2014 年，西北地区干旱范围具有缓慢减少的趋势，其线性增长率为–2.4%/10a，非参数 Mann-Kendall 趋势检验值为–1.76。从 5 年滑动平均值也可看出，西北地区干旱面积具有减少的趋势，干旱范围较广的年份大部分都发生在 20 世纪 60 年代，如 1962 年和 1965 年的年平均干旱面积百分率均达到 50% 以上。

(4) 华东地区。20 世纪 90 年代以前，华东地区干旱范围波动变化，其中 60 年代中期和 70 年代后期干旱范围较广。20 世纪 90 年代～21 世纪初期，干旱范围变化不大，呈缓慢上升趋势，干旱面积的线性增长率为–0.2%/10a，其非参数 Mann-Kendall 趋势检验值为 0.3。干旱范围最广的为 1979 年和 1978 年，年平均干旱面积百分率均超过 60%，其次是 1968 年、2011 年，年平均干旱面积百分率均达到 50%以上。

(5) 华南地区。1958～2014 年，华南地区干旱面积略有减少，其线性增长率为–0.4%/10a，其非参数 Mann-Kendall 趋势检验值为 0.23。华南地区在 20 世纪 60 年代、80 年代中后期及 90 年代末期至 21 世纪初期为干旱增长期，干旱面积呈上升趋势，但 2008～2014 年干旱面积又有所减少。其中 2004 年干旱范围最广，年平均干旱面积百分率高达 74%，其次是 1963 年，年平均干旱面积百分率将近 70%。1967 年、1991 年、2005 年和 2011 年年平均干旱面积百分率均达到 50%以上。

(6) 西南地区。由于近几年西南地区干旱较为严重，1958～2014 年，该地区干旱面积呈增加趋势，其线性增长率为 1.7%/10a，其非参数 Mann-Kendall 趋势检验值为 2.03，增加趋势显著，通过 95% 的置信度检验。2010 年和 2011 年干旱范围最广，其次是 1960 年、1969 年和 2006 年。

(7) 西藏。1958～2014 年，西藏干旱面积具有明显的波动下降趋势，其线性增长率为–6.4%/10a，下降趋势显著(非参数 Mann-Kendall 趋势检验值为–5.20)，通过 95% 的置信度检验。20 世纪 60 年代干旱范围较广，其中 1965 年年平均干旱面积百分率最大，达到 60%。另外，1960 年、1965 年和 1968 年的年平均干旱面积百分率也达到 50% 以上，干旱范围较广，旱情较为严重。

(8) 新疆。干旱面积的变化与西藏地区较为相似，1958～2014 年干旱范围具有显著的减少趋势(其线性增长率为–4.5%/10a，非参数 Mann-Kendall 趋势检验值为–3.93)，特别是 20 世纪 80 年代中期以后干旱范围减少较为明显。1958～2014 年，新疆地区年平均干旱面积百分率超过 50%的年份有 9 年，除 1997 年外，其他各年均发生在 1987 年以前，如 1961～1963 年、1965 年、1968 年、1975 年及 1985～1986 年。

(9) 内蒙古。1958～2014 年，内蒙古地区干旱范围波动较大，自 20 世纪 90 年代起，干旱面积具有稳定的上升趋势，近几年又有所减小。1958～2014 年的年平均干旱面积的线性增长率为 0.3%/10a，非参数 Mann-Kendall 趋势检验值为 1.63。1965 年和 2001 年的干旱分布较广，年平均干旱面积百分率最高达到 60%以上。

干旱指数减小、干旱频率增加、干旱历时增长、干旱强度增加、干旱面积扩大的区域为干旱化区。由以上分析可知，1958～2014 年，我国的华北和西南地区为较为明显的干旱化区。从空间分布上看，中国辽河平原—海河平原—黄土高原—四川盆地—云贵高原形成一个较为严重的干旱化带状区域，干旱频率增加、历时增长，与闫桂霞(2009)利用 1958～2007 年资料的分析结果类似。但近年来由于受降水、气温等因素变化的影响，东北、内蒙古等地区干旱化趋势减弱，西南地区干旱化趋势显著。

5.4.5 干旱化区域干旱特征分析

由 5.4.1～5.4.4 节分析可知，1958～2014 年，华北和西南地区干旱指数减小、干旱频率增加、干旱历时增长、干旱强度增加、干旱面积扩大，是较为明显的干旱化区。本节通过建立区域干旱特征识别模型，研究分析华北和西南地区的区域干旱特征。

1. 西南地区

1) 分布函数的建立

基于 50km × 50km 网格的综合气象干旱指数，利用式(5.39)计算西南地区 1958～2014 年区域干旱指数，图 5.14 为该地区年平均区域干旱指数序列。由图 5.14 可知，1958～2014 年，西南地区区域干旱指数增加，其线性增长率为 0.44%/10a，干旱具有加重的趋势。从 RDI 5 年滑动平均值来看，20 世纪 90 年代之前，西南地区干旱具有 10 年左右的周期变化，90 年代西南地区干旱变化较为平缓，进入 21 世纪后，干旱指数增加较为明显，尤其是 2009～2014 年，年平均区域干旱指数较大，干旱较为严重。

根据干旱的发生概率，设 RDI_0 等于 5.0，相应地假设 RDI_1、RDI_2 分别等于 4.0、6.0。由干旱特征的定义，统计西南地区 1958～2014 年发生干旱的次数，计算相应的干旱历时和干旱强度，如图 5.15 所示。据统计可知，1958～2014 年西南地区共发生干旱 59 次，平均每年都有干旱发生，平均干旱历时为 2.7 个月。干旱历时累计月数为 160 个月，占统计月数(57 年 × 12 月=684 个月)的 23%。干旱历时和干旱强度的相关系数为 0.927，相关性较高。近 60 场干旱中，2009 年 9 月～2010 年 8 月干旱较为严重，干旱历时为 12 个月，干旱强度也较大，为 63.7。此外，2011～2014 年西南地区连续发生诸如 2011 年 4～

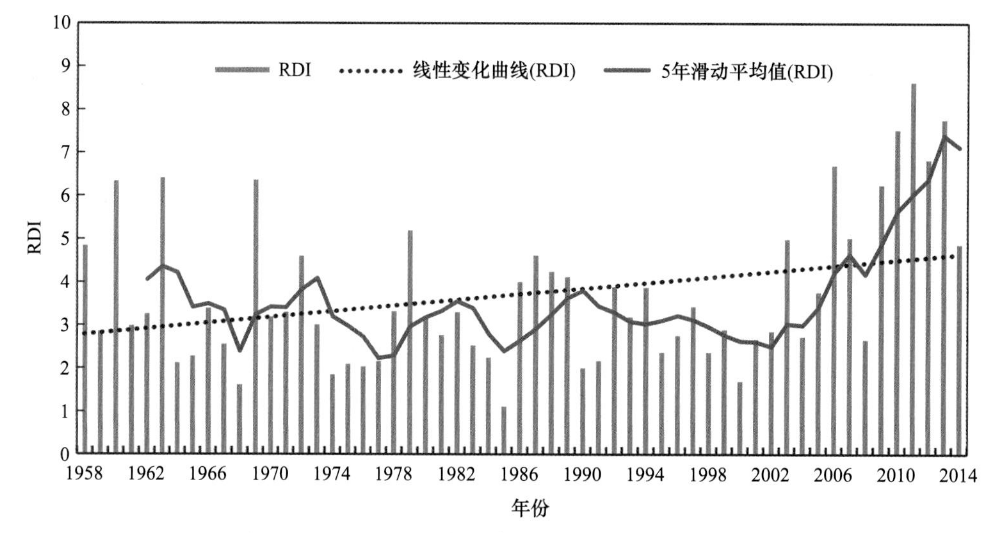

图 5.14　1958～2014 年西南地区年平均区域干旱指数

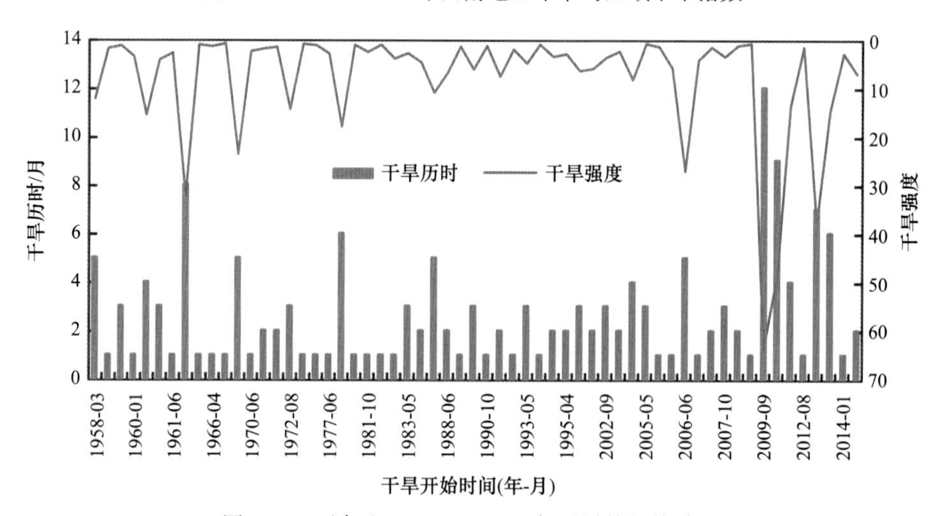

图 5.15　西南地区 1958～2014 年干旱特征统计图

12 月、2012 年 10 月～2013 年 4 月、2013 年 6～11 月等长历时、高强度的干旱事件。受这几年严重干旱的影响，西南地区在 1958～2014 年具有严重的干旱化趋势。

对得到的干旱历时和干旱强度序列进行频率分析，应用最大似然估计法估算指数分布和 Gamma 分布的参数，λ、α 和 β 的值分别为 0.37、0.65 和 18.0。采用 Kolmogorov-Smirnov 检验方法对指数分布和 Gamma 分布进行检验，根据式(5.42)可计算出干旱历时和干旱强度的 Kolmogorov-Smirnov 统计量 Z，分别为 0.093 和 0.187。对于显著性水平 0.01，统计序列长度 n=59>45，为大样本，所以临界值 $z_\alpha = 1.63/\sqrt{n} = 0.212$，干旱历时和干旱强度的 Kolmogorov-Smirnov 统计量显然小于临界值 Z_α，因此可以在 0.01 的显著性水平上认为干旱历时和干旱强度分别服从指数分布和 Gamma 分布。

根据所计算的干旱历时和干旱强度，由式(5.47)计算它们之间的 Kendall 秩相关系数得 τ=0.528。由式(5.51)Gumbel-Hougaard Copula 函数中参数 θ 与 Kendall 秩相关系数之间的

关系可得 $\theta=2.120$。对 Gumbel-Hougaard Copula 函数进行 Kolmogorov-Smirnov 检验，由式(5.58)计算的 Kolmogorov-Smirnov 统计量 Z 为 0.104，小于 Kolmogorov-Smirnov 临界值 0.212，所以能够利用 Gumbel-Hougaard Copula 函数建立干旱历时和干旱强度的联合分布函数。

2) 重现期计算分析

统计可知，西南地区 1958～2014 年共发生干旱 59 次，平均干旱间隔为 11.5 个月，平均每年均发生 1 次干旱。利用式(5.59)～式(5.62)计算边缘分布和联合分布的重现期，表 5.14 为边缘分布的重现期及其对应的联合分布重现期。从表 5.14 可以看出，边缘分布的重现期介于 T_0 和 T_a 之间，联合分布的两种重现期可以看作是边缘分布的两种极端情况(闫宝伟等，2007)。因此，可以根据联合分布的重现期进行实际干旱重现期的区间估计，例如，当边缘分布的重现期为 100 年时，西南地区实际发生干旱的重现期为 72～162 年。干旱历时和干旱强度的不同组合可生成同一联合分布的重现期，因此，对于联合分布的重现期通常表示成等值线的形式，重现期 T_a 与坐标轴垂直相交的交点即为边缘分布的重现期，而重现期 T_0 是无界的(闫桂霞，2009)。

表 5.14 西南地区干旱边缘分布的重现期及其对应的联合分布重现期

重现期/年	干旱历时 D/月	干旱强度 S	T_0/年	T_a/年
2	2.0	7.1	1.6	2.6
5	4.4	20.0	3.8	7.5
10	6.3	30.6	7.4	15.6
20	8.1	41.7	14.6	31.9
50	10.6	56.7	36.2	80.8
100	12.4	68.3	72.2	162.4

本节定义不同时段不同干旱场次的平均干旱历时和干旱强度所对应的联合分布的重现期为该时段的平均干旱重现期。统计不同时段平均干旱特征值见表 5.15，2008～2014 年干旱较为严重，7 年共发生干旱 10 次，联合分布重现期达到五年一遇；1958～1967 年、1988～2007 年年平均发生干旱 11 次，其中 1958～1967 年干旱相对较为严重，联合分布重现期为 2.6 年；1968～1987 年干旱发生次数相对较少，但从联合分布重现期看，与其他时间段相比，干旱并不弱，尤其是 1978～1987 年，干旱历时、干旱强度及联合分布重现期均高于 1988～1997 年。

表 5.15 西南地区不同时段平均干旱特征值

时间	平均干旱场次	平均干旱历时/月	平均干旱强度	T_0/年	T_a/年
1958～1967 年	11	2.6	7.2	2.0	2.6
1968～1977 年	8	2.0	6.3	1.9	2.0
1978～1987 年	8	2.5	5.9	1.8	2.4
1988～1997 年	11	1.9	4.2	1.6	2.0
1998～2007 年	11	2.5	6.1	1.8	2.4
2008～2014 年	10	4.5	19.4	4.8	5.2

由年平均区域干旱指数可知，西南地区 2011 年为最旱的一年。提取该年干旱特征变量分析可知，该年 4～12 月发生了一场历时 9 个月的严重干旱。干旱可跨年发生，同时一年中可发生多次干旱。据统计可知，西南地区在 1958～2014 年共发生干旱 59 次，其中 2009 年 9 月～2010 年 8 月的干旱是最为严重的一场，干旱历时为 12 个月，干旱强度达到 63.7。其中 2009 年 9 月～2010 年 3 月是这次干旱较为严重的时期，2010 年 4 月降水增加，干旱所有缓解，但旱情仍在持续，直至 8 月结束。图 5.16 为 2009 年 8 月～2010 年 4 月西南地区各月旱情发展变化图。由图 5.16 可知，2009 年 9 月西南地区有 56% 的面积处于干旱状态，主要集中在云南，此后干旱逐步扩展到四川、贵州、广西西部等地区，至 2010 年 2 月受旱面积达到 76%，受 3 月降水的影响，干旱面积略有减少，至 2010 年 4 月受旱面积减少到西南地区总面积的 44%，但此时干旱仍较为严重。从空间分布上看，此次干旱主要分布在云南、贵州和广西大部及四川和重庆的西南部，尤其是云南和贵州两省，旱情较为严重，各月干旱面积均在 75% 以上。在干旱较为严重的 2010 年 1 月和 2 月，贵州全省均处于干旱状态，云南也有 90% 以上的区域干旱，3 月云南干旱面积减少，4 月其减少到全省面积的 1/3。

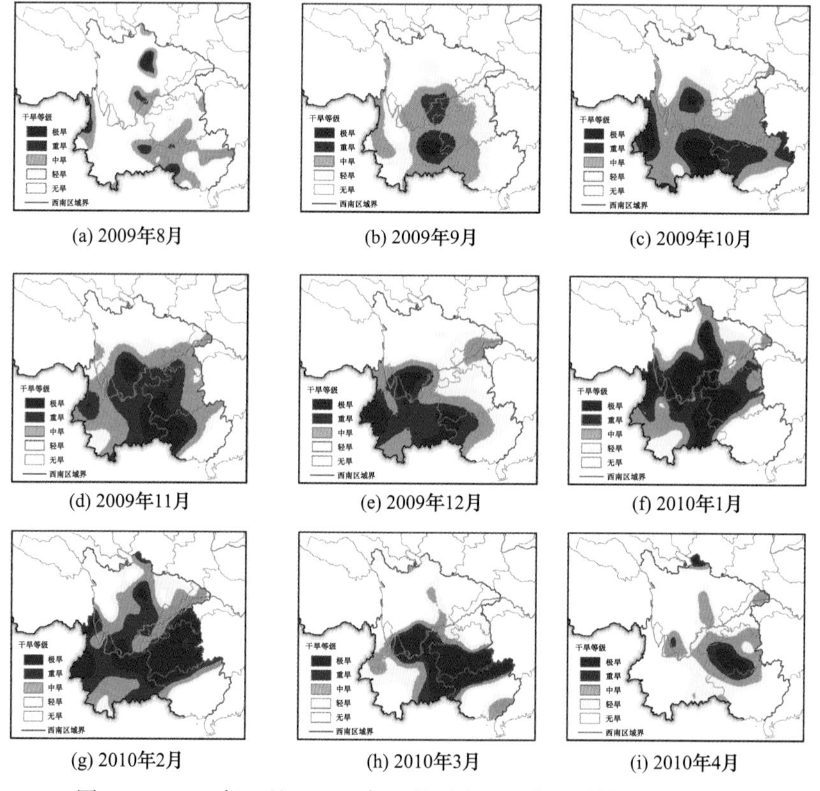

(a) 2009年8月　(b) 2009年9月　(c) 2009年10月
(d) 2009年11月　(e) 2009年12月　(f) 2010年1月
(g) 2010年2月　(h) 2010年3月　(i) 2010年4月

图 5.16　2009 年 8 月～2010 年 4 月西南地区各月旱情发展变化图

Xu 等(2015)利用三参数 Copula 函数建立干旱历时、干旱强度和干旱面积联合分布，其分析结果指出，西南地区在 1961～2012 年 3 次较为严重的干旱过程分别为 2009 年 8 月～2010 年 6 月、1962 年 9 月～1963 年 8 月和 2011 年 3～12 月，三参数联合分布重现期分别为 1994 年、1969 年和 1943 年。本节基于综合气象干旱指数，考虑不同干旱等级对区域干旱的贡献，建立区域干旱指数，提取干旱历时和干旱强度，利用 Copula 函数建立联合分布，计算重现期，同样表明这 3 场干旱是过去 60 年来最严重的干旱过程(表 5.16)，但干旱期有所不同，计算出的重现期也存在一定的差异。由表 5.16 可知，2009 年 9 月～2010 年 8 月是近 60 年来最严重的一次干旱，干旱历时 12 个月，干旱强度为 63.7，联合分布重现期 T_a 为 93.4 年；其次是开始于 2011 年 4 月持续 9 个月的干旱，达到 46 年一遇；1962 年 11 月～1963 年 6 月和 2012 年 10 月～2013 年 4 月干旱也较为严重，均达到 24 年一遇。

表 5.16　西南地区 1958～2014 年典型干旱特征表

干旱期(年-月)	干旱历时 D/月	干旱强度 S	重现期 T_a/年
2009-09～2010-08	12	63.7	93.4
2011-04～2011-12	9	49.0	46.4
1962-11～1963-06	8	32.4	24.6
2012-10～2013-04	7	38.0	24.1
2006-06～2006-10	5	27.2	11.0
1979-02～1979-07	6	18.0	10.7
2013-06～2013-11	6	14.8	10.1

2. 华北地区

1) 分布函数的建立

根据区域干旱指数的定义，计算华北地区区域干旱指数值，年平均区域干旱指数序列如图 5.17 所示。由图 5.17 可知，华北地区区域干旱指数具有增加趋势，其线性增长率为 0.28%/10a。从年平均区域干旱指数的 5 年滑动平均值来看，1999～2002 年是华北地区干旱较为严重的时段，其中 1999 年年平均区域干旱指数最大，为 9.7，干旱最为严重，其次是 2002 年，平均区域干旱指数值为 8.3。

对于华北地区，同样设 RDI_0、RDI_1 和 RDI_2 分别等于 5.0、4.0 和 6.0。由干旱特征的定义，统计可知 1958～2014 年华北地区发生干旱 72 次，其对应的干旱起始时间、干旱历时和干旱强度如图 5.18 所示。干旱历时累计月数为 183 个月，约占统计月数的 27%。干旱历时和干旱强度的相关系数为 0.821，相关性较高。干旱历时和干旱强度的平均值分别为 2.5 和 9.3；最大干旱历时为 10 个月，发生在 1981 年 4 月～1982 年 1 月，其干旱强度也最大，为 46.2。

对干旱历时和干旱强度进行频率分析，由最大似然估计法可得指数分布和 Gamma 分布的参数 λ、α 和 β 值分别为 0.39、0.99 和 9.35。对于干旱历时和干旱强度是否服从指数分布和 Gamma 分布，利用 Kolmogorov-Smirnov 检验法进行检验。计算可知干旱历时和干旱强度的 Kolmogorov-Smirnov 统计量 Z 分别为 0.099 和 0.129，小于临界值(n=72)，因此可以在 0.01 的显著性水平上认为华北地区的干旱历时和干旱强度分别服从指数分布和 Gamma 分布。

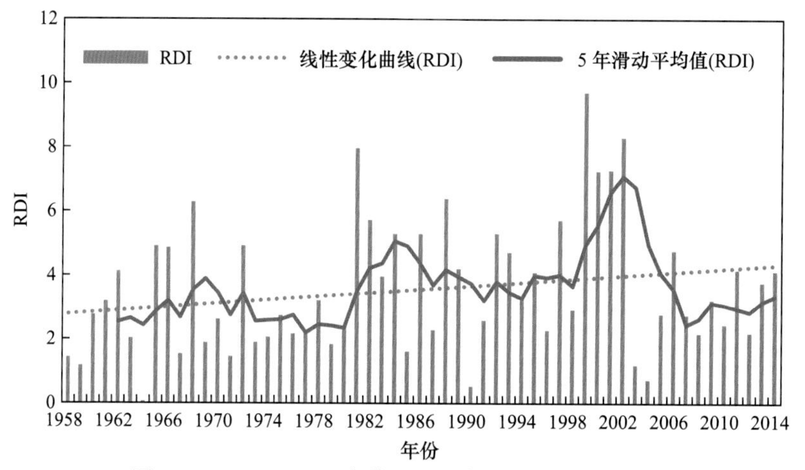

图 5.17　1958～2014 年华北地区年平均区域干旱指数

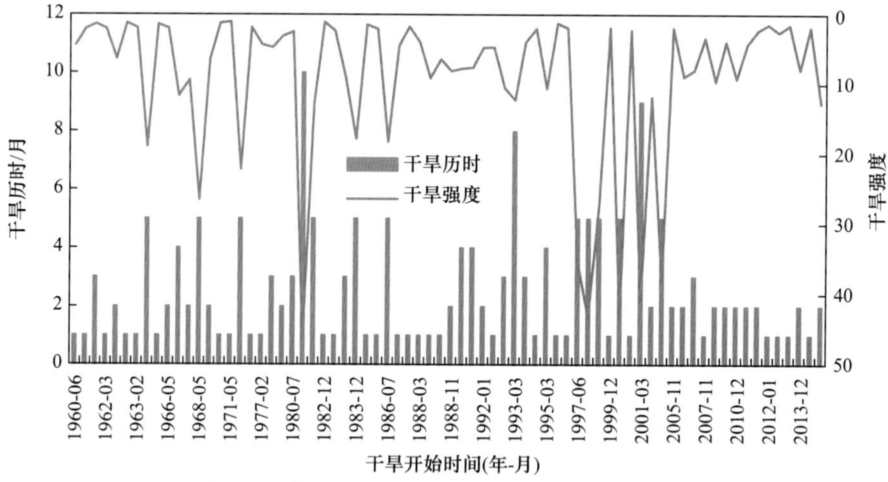

图 5.18　华北地区 1958～2014 年干旱特征统计图

Gumbel-Hougaard Copula 函数的参数 θ 可由 θ 与 τ 的关系确定，根据式(5.47)计算可知华北地区干旱历时和干旱强度的秩相关系数 τ 为 0.557，由此可知 θ 为 2.258。对 Gumbel-Hougaard Copula 函数进行 Kolmogorov-Smirnov 检验，其 Kolmogorov-Smirnov 统计量为 0.150，小于 Kolmogorov-Smirnov 的临界值 0.192，因此可以利用 Gumbel-Hougaard Copula 函数建立干旱历时和干旱强度的联合分布。

干旱历时和干旱强度的联合分布和条件分布能为干旱的监测和预报提供理论依据。例如，对于两场干旱，干旱发生期分别为 1983 年 3～7 月和 2000 年 3～7 月，干旱历时均为 5 个月，干旱强度分别为 12.9 和 43.2，相差较大，后者是前者的 3 倍多，其联合分布概率分别为 0.729 和 0.860，后者干旱程度明显高于前者。

2) 重现期的计算分析

表 5.17 为华北地区干旱边缘分布的重现期及其对应的联合分布重现期。边缘分布的重现期介于联合分布的两种重现期之间，联合分布的重现期 T_0 和 T_a 可以看作是边缘分布的两种极端情况。例如，当边缘分布的重现期为 5 年时，其联合分布的两种重现期分别为

3.8 年和 7.3 年；当边缘分布的重现期为 50 年时，其实际重现期所处区间为 36.9～77.7 年。

对于干旱，我们更关心它的联合超过概率，因此对于干旱历时和干旱强度的条件概率不做过多讨论分析，以下主要对联合超过概率对应的重现期 T_a 进行分析。同西南地区，定义不同时段不同干旱场次的平均干旱历时和平均干旱强度所对应的联合分布的重现期为该时段的平均干旱重现期。72 场干旱平均干旱历时和平均干旱强度分别为 2.5 个月和 9.3，其对应的联合分布重现期 T_a 为 2.8 年，即华北地区 1958～2014 年的平均干旱发生率为 2.8 年一遇。表 5.18 为华北地区不同时段平均干旱特征值，由表 5.18 可知，华北地区干旱联合分布重现期 T_a 在前 30 年逐渐增加，但在 1988～1997 年有所减少，而后大幅度增加，到 1998～2007 年干旱重现期 T_a 达到最大，为 6.8 年，即 1998～2007 年平均干旱达到 6.8 年一遇，干旱较为严重，但 2008～2014 年干旱减弱，干旱重现期为 1.7 年，低于其他时段。

表 5.17　华北地区干旱边缘分布的重现期及其对应的联合分布重现期

重现期/年	干旱历时 D/月	干旱强度 S	T_0/年	T_a/年
2	2.5	9.0	1.6	2.7
5	4.8	17.5	3.8	7.3
10	6.6	24.0	7.5	15.2
20	8.3	30.5	14.8	30.8
50	10.6	39.0	36.9	77.7
100	12.4	45.5	73.7	155.7

表 5.18　华北地区不同时段平均干旱特征值

时间	平均干旱场次	平均干旱历时/月	平均干旱强度	T_a/年
1958～1967 年	11	2.0	4.8	1.9
1968～1977 年	8	2.3	9.1	2.6
1978～1987 年	14	3.0	9.1	3.1
1988～1997 年	16	2.6	8.1	2.7
1998～2007 年	12	3.4	19.2	6.8
2008～2014 年	11	1.6	5.2	1.7

表 5.19 为华北地区典型干旱过程所对应的干旱时间及其对应的干旱联合分布重现期。1981 年，华北地区干旱受旱面积和成灾面积分别为 16425 万亩和 9276 万亩，受旱率和成灾率分别为 30.7% 和 17.5%。据张世法等(2008)统计，该年的受旱率和成灾率在 1949～2000 年排序中分别排在第 3 位和第 4 位，灾情十分严重。据统计，华北地区各省市的月降水量与常年同期相比，除个别月外，均比常年同期减少，其中在 4～5 月和 8～9 月作物关键需水期间，降水量比常年同期分别减少 3～8 成和 2～4 成。由表 5.19 可知，1981 年华北大旱开始于 4 月，至 1982 年 1 月结束，干旱历时 10 个月，干旱强度为 46.2，干旱联合分布重现期达到 70.1 年一遇，为较严重的春夏秋连旱。分析该干旱过程可知，

在作物需水关键时刻的 4～6 月和 9 月，干旱强度均较大，旱情较为严重。

表 5.19　华北地区典型干旱过程及其联合分布重现期 T_a

干旱年份	1981 年	1997 年	1998～2002 年				
发生时间(年-月)	1981-04～1982-01	1997-06～1997-10	1998-11～1999-03	1999-06～1999-10	2000-03～2000-07	2001-03～2001-11	2002-07～2002-11
干旱历时 D/月	10	5	5	5	5	9	5
干旱强度 S	46.2	35.2	43.1	27.2	43.2	40.9	38.0
重现期 T_a/年	70.1	20.9	40.2	11.6	40.4	45.3	26.3

由表 5.19 可知，1997 年干旱开始于 6 月，至 10 月结束，干旱历时 5 个月，干旱强度为 35.2，干旱联合分布重现期为 20.9 年，是旱情较为严重的一年。在干旱过程中，7～8 月的干旱强度较大，造成华北地区较为严重的夏伏旱，严重影响了该地区秋冬作物的正常生长。1999～2002 年是华北地区干旱灾害较为严重的连续干旱年，其中 1999 年和 2000 年的干旱受旱面积和成灾面积分别在 1.5×10^4 万亩和 1.0×10^4 万亩以上，旱灾较为严重。对应于此时段旱灾，共有 8 次气象干旱，其中旱情较为严重、联合分布重现期 T_a 达到 10 年以上的有 5 次，见表 5.19。1999 年继 1998 年秋冬旱后又发生夏秋连旱，2000 年发生春夏连旱，2001 发生春夏秋连旱，2002 年发生夏秋连旱，其中 2001 年干旱历时最长为 9 个月，干旱联合分布重现期 T_a 为 45.3 年，其他干旱过程的干旱历时均为 5 个月。干旱强度相差较大，其中 2000 年春夏连旱和 1998～1999 年的冬春连旱的干旱强度相对较大，干旱联合分布重现期也较大，均达到 40 年。

5.5　本 章 小 结

干旱指数是干旱研究的基础，本章在对比分析已有气象干旱指数的基础上，基于 1957～2014 年月降水量和最高气温、最低气温，在全国范围内计算 PDSI 和不同时间尺度(1 个月、3 个月、6 个月、12 个月和 24 个月)的 SPI，结合 PDSI 和 SPI 的优点构建了一种新的综合气象干旱指数 DI。考虑不同干旱等级对区域干旱的影响，提出区域干旱指数 RDI。通过 Copula 函数建立区域干旱历时和干旱强度的联合分布。利用该指数系统分析了中国 1957～2014 年干旱的时空变化规律及区域干旱特征。

通过分析可知，本节所构建的综合气象干旱指数不但能够反映短期(月)和长期(季)的降水异常，而且考虑温度等因素表征的实际水分供应持续少于气候适宜水分供应的水分亏缺，能够较好地反映区域干旱受旱/成灾范围，以及河道径流的丰枯状况。对全国干旱时空特征分析可知，1958～2014 年中国自辽河平原—海河平原—黄土高原—四川盆地—云贵高原形成一个较为严重的干旱化带状区域，干旱频率增加、历时增长。从范围和程度上看，不同区域干旱化程度不尽相同，西南地区具有显著的干旱化趋势，其次是华北地区。

第 6 章　土壤含水量距平指数

农业是受干旱影响最直接、最严重的行业，对于农作物生长来说，土壤含水量是比降水量更直接的影响因素。同时，土壤含水量还是控制陆面水文过程，反映众多气候变量、植被、土壤特性的综合性变量。然而，大范围的土壤含水量信息却不易获得，目前还没有一个国家能够提供一套长期、可靠、大范围的土壤含水量监测数据。针对上述问题，本章基于融合多源信息的气象资料，选用 VIC 模型模拟全国范围的土壤含水量，并采用实测资料进行验证，在此基础上构建土壤含水量距平指数 SMAPI，制定干旱等级划分标准，并基于该指数研究全国农业干旱的时空分布特征。

6.1　大范围土壤含水量模拟

6.1.1　VIC 模型简介

VIC 模型是网格化的大尺度分布式水文模型，每个网格都独立遵循能量平衡和水量平衡进行水文物理各过程的模拟计算。VIC 模型最重要的特点之一是引入新安江模型的蓄水容量曲线的概念，描述土壤饱和含水量的次网格分布的不均匀性。模型原理详见 Liang 等(1994)和 Xu 等(1996)的研究。

VIC 模型原理与具体计算方法见《水文循环过程及定量预报》(陆桂华等，2010)。VIC 模型是一个不断发展的大尺度水文模型，已经可以处理复杂的水文过程。经过大量的改进，VIC 模型增加了融雪和冻土计算、湖泊和湿地模型及灌溉方案和水库模块。为了描述寒冷地区地面过程，VIC 模型已经更新到包括 2 层能量平衡的融雪模型(Andreadis et al.，2009；Storck et al.，1998；Wigmosta et al.，1994)、冻土模型(Cherkauer et al.，2003；1999)。为了改善高程因素对模拟的影响，模型使用高程带对地形进行描述(Nijssen et al.，2001)。湖泊和湿地对土壤含水量和蒸散发的影响较大，从而影响产流结果，模型因此对湖泊湿地进行了考虑(Bowling et al.，2010；2003)。为了模拟人类活动对水资源管理的影响，在汇流模型中加入了水库调度模块，在土壤含水量的模拟中考虑了喷洒灌溉的影响(Haddeland et al.，2006a；2006b)。

VIC 模型的参数主要有气象地理参数、植被参数、土壤参数、水文参数。

在 VIC 模型中可以识别的气象地理参数包括网格中心经纬度、平均高程、气温、地表反射率、大气浓度、长波辐射量、降水量、大气压、短波辐射量、日最高气温、日最低气温、云量、水汽压、风速。

植被参数一般包括每种植被类型的最小气孔阻抗、结构阻力、叶面积指数、每种植被的位置高度、糙率长度及根区在每一层的土壤深度等。通常参照美国马里兰大学开发的全球 1km 分辨率的 14 种土地覆盖类型，每个网格内都会对照此分类确定若干覆盖类型，如果没有找到相应的覆盖类型则视为裸土。

土壤参数考虑饱和水力传导度变化指数、饱和土壤水力传导度、土壤含水量扩散参数、气泡压力、土壤含沙量、土壤容积密度、土壤密度、临界点土壤含水量占最大土壤含水量比例、凋萎点土壤含水量占最大土壤含水量比例、裸土地表糙率、积雪场表面糙率、土壤层残留水量等。

以上所述参数一般在构建 VIC 模型时直接确定。VIC 模型涉及的土壤参数中有一类与流域产流密切相关，称为水文参数。由于流域产流过程复杂多变，难以直接确定这些水文参数，而是根据流域实测水文资料来率定，它们的特征描述见表 6.1。

表 6.1　VIC 模型水文参数

参数	参考取值	单位	描述	特性
B	0～0.4	无	饱和蓄水容量曲线的形状指数，表示网格平均含水量与网格最大含水量的相对面积比	B 值越大，网格含水量空间分布越不均匀，地面径流越大
D_s	0～1	无	基流非线性增长发生时，所占 D_m 的比例	D_s 值越大，底层土壤在低含水量时的出流越大
D_m	0～40	mm	下层土壤的最大日基流	与水力传导度相关
W_s	0～1	无	基流非线性增长发生时，下层土壤含水量与最大土壤含水量的比值	W_s 值增大时，使产生基流非线性增长时的土壤含水量增大，洪峰延迟
C	2	无	基流非线性增长指数	—
d_0	0.1	m	第一层(表层)土壤厚度	影响土壤最大含水量、临界含水量等土壤参数的取值；其值增加，蒸发损失，季节性洪峰流量下降
d_1	0.1～1.5	m	第二层土壤厚度	
d_2	0.1～1.5	m	第三层土壤厚度	

6.1.2　水文参数网格化方案优化

对于无资料地区，水文参数难以用实测资料来率定，需要利用参数的区域规律来确定。VIC 模型参数确定的方法主要是参数网格化方法(Xu，2003)。常用的参数网格化方法有区域平均法、物理成因法和多元回归方法。为构建全国范围 VIC 模型的水文参数，本节基于已建立的 VIC 模型全国范围参数网格化公式(全国公式)，通过改进南方地区参数网格化公式(南方公式)，确定全国范围 VIC 模型网格化参数。

1. 全国范围参数网格化公式

该套参数基于全国范围 43 个典型流域的参数率定结果，通过构建水文参数和流域土壤、气候因子的多元回归方程，建立水文参数网格化移用公式，详见《水文循环过程及定量预报》(陆桂华等，2010)。选取了流域内 9 个反映土壤特性的因子和 8 个反映气候特征的因子，通过逐步回归构建多元回归方程。在回归分析时，考虑了三种回归模型，即多元线性回归模型(LIN)、多元平方根模型(SQRT)和多元对数模型(LOG)。选取拟合最优、最显著的模型，作为参数移用公式。最终确定的参数网格化移用公式如下：

$$
\begin{aligned}B=&(-5.3262+1.4628\sqrt{\text{Cv\_Dry}}+9.8681\sqrt{\text{SAT}}-3.9723\sqrt{\text{WpFT}}\\&+3.7661\sqrt{\text{RESM}}+0.6554\sqrt{\text{Cv\_T}}-1.4943\sqrt{\text{Cv\_P}})^2\end{aligned} \tag{6.1}
$$

$$
\begin{aligned}D_{\mathrm{s}}=&(-1.2819-0.7118\sqrt{\text{Dry}}+0.8036\sqrt{\text{Cv\_P}}+0.0280\sqrt{\text{Em}}\\&+0.7640\sqrt{\text{Cv\_T}}+0.3529\sqrt{\text{Cv\_E}}+0.2330\sqrt{\text{Cv\_Dry}})^2\end{aligned} \tag{6.2}
$$

$$
\begin{aligned}D_{\mathrm{m}}=&(283.20+267.52\sqrt{\text{WpFT}}+0.1143\sqrt{P}+1.2008\sqrt{\text{BUBBLE}}\\&-103.03\sqrt{\text{QUARZ}}-569.58\sqrt{\text{WcrFT}}+6.0872\sqrt{\text{Cv\_T}})^2\end{aligned} \tag{6.3}
$$

$$
\begin{aligned}W_{\mathrm{s}}=&-6.67-0.33\text{Cv\_P}+7.88\text{QUARZ}-0.163\text{EXPT}\\&-0.0014\text{Ksat}+18.63\text{WcrFT}-0.326\text{Cv\_Dry}\end{aligned} \tag{6.4}
$$

$$
\begin{aligned}d_1=&(8.0807-1.0168\sqrt{\text{Cv\_Dry}}-0.2240\sqrt{T}+1.0026\sqrt{\text{EXPT}}\\&-15.341\sqrt{\text{SAT}}+8.1252\sqrt{\text{Weff}}-1.6263\sqrt{\text{Cv\_E}})^2\end{aligned} \tag{6.5}
$$

$$
d_2=3.33-2.5\text{Cv\_E}-0.071T+0.188\text{EXPT}-4.91\text{WpFT}+0.0011\text{Em}-1.452\text{Cv\_P} \tag{6.6}
$$

水文参数移用公式所选取的土壤和气候因子，以及所采用的回归模型见表 6.2。6 个水文参数中有 4 个采用了多元平方根模型，水文参数与土壤、气候因子的关系以非线性为主。影响水文变量的主要是气候因子，其中，年内月降水变差系数(Cv_P)和年内月干燥度变差系数(Cv_Dry)出现在 4 个移用公式中；饱和水力传导度变化指数(EXPT)、凋萎含水量比例(WpFT)、年内月气温变差系数(Cv_T)、年内月水面蒸发变差系数(Cv_E)出现在 3 个移用公式中。从中可以看出，水文参数与气候特征和土壤的下渗特性密切相关。

表 6.2　参数规律分析表

类型	序号	变量	含义	B	D_s	D_m	W_s	d_1	d_2
土壤因子	1	EXPT	饱和水力传导度变化指数				√	√	√
	2	Ksat	饱和土壤水力传导度				√		
	3	BUBBLE	气泡压力			√			
	4	QUARZ	土壤含沙量			√	√		
	5	SAT	土壤饱和含水量	√				√	
	6	WcrFT	临界含水量比例			√	√		
	7	WpFT	凋萎含水量比例	√		√			√
	8	RESM	体积残余含水量	√					
	9	Weff	有效含水量比例					√	

续表

类型	序号	变量	含义	B	D_s	D_m	W_s	d_1	d_2
气候因子	10	T	多年平均气温/℃					√	√
	11	P	多年平均降水量/mm			√			
	12	Em	多年平均水面蒸发/mm		√				√
	13	Dry	年干燥度(=Em/P)		√				
	14	Cv_T	年内月气温变差系数	√	√	√			
	15	Cv_P	年内月降水变差系数	√	√		√		√
	16	Cv_E	年内月水面蒸发变差系数		√			√	√
	17	Cv_Dry	年内月干燥度变差系数	√	√		√	√	
			变量个数	6	6	6	6	6	6
			回归模型	SQRT	SQRT	SQRT	LIN	SQRT	LIN
			确定性系数(R^2)	0.65	0.78	0.51	0. 62	0.56	0.70

2. 南方地区参数网格化公式改进

南方地区参数网格化公式是对全国范围参数网格化公式(Wu et al., 2007)的完善和补充。针对全国范围参数网格化公式未考虑我国气候、土壤等因子南北差异的特殊影响和地形地貌、植被特征等因子的问题，重点对我国南方地区参数网格化公式进行了重新构建。选取了 49 个率定流域和 8 个验证流域，流域的分布如图 6.1 所示。构建的具体参数网格化公式如下：

$$B=(-22.445+0.018\sqrt{P}-1.352\sqrt{\text{Cv\_P}}+0.526\sqrt{\text{Cv\_Dry}}-0.303\sqrt{\text{Slope}}+0.010\sqrt{\text{ME}}+27.214\sqrt{\text{TR}}-1.725\sqrt{\text{Cv\_LAI}}-1.656\sqrt{\text{ALAI}})^2 \tag{6.7}$$

$$D_s=(-0.493+0.149\sqrt{\text{EXPT}}+0.794\sqrt{\text{QUARZ}}+0.743\sqrt{\text{Cv\_E}}-0.920\sqrt{\text{Cv\_P}}-0.254\sqrt{\text{Cv\_EIE}})^2 \tag{6.8}$$

$$D_m=\exp\left[0.756+0.179\ln(\text{Weff})+0.787\ln(\text{Cv\_E})+0.544\ln(\text{Rdls})+0.349\ln(\text{Cv\_LAI})\right] \tag{6.9}$$

$$W_s=(18.776+2.007\sqrt{\text{Cv\_E}}-15.518\sqrt{\text{TR}}-0.292\sqrt{T}+1.019\sqrt{\text{WpFT}}-4.498\sqrt{\text{SAT}})^2 \tag{6.10}$$

$$d_1=(19.947-3.943\sqrt{\text{RESM}}-1.897\sqrt{\text{Weff}}-0.827\sqrt{\text{Cv\_E}}-0.0210\sqrt{\text{ME}}-16.561\sqrt{\text{TR}}+0.023\sqrt{\text{Rdls}}-1.111\sqrt{\text{Cv\_EIE}})^2 \tag{6.11}$$

$$d_2=(-13.123-0.087\sqrt{\text{EXPT}}+19.135\sqrt{\text{RESM}}+0.0820\sqrt{T}+0.001\sqrt{\text{Em}}-1.056\sqrt{\text{Cv\_E}}+11.964\sqrt{\text{TR}})^2 \tag{6.12}$$

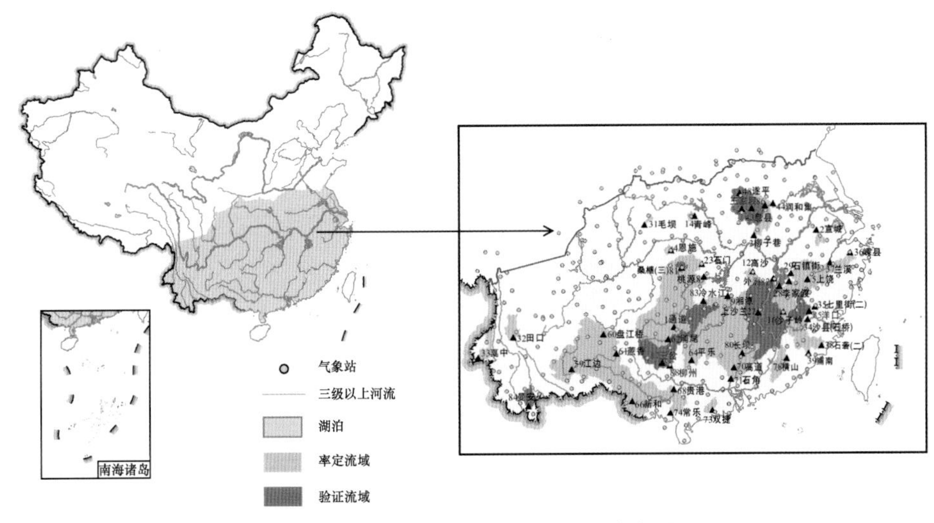

图 6.1　南方地区 57 个流域样本分布图

南方地区参数网格化公式显著性检验及规律分析见表 6.3。各水文参数网格化公式的 R^2 为 0.22～0.81，可信度最好的是参数 W_s 和参数 d_2 的网格化公式，其次是参数 B，最差的是参数 D_m。所建立的水文参数网格化公式显著性水平都在 5% 以内，并且都通过了显著性水平 5% 的 F 检验(当样本个数为 49 时，选用 4 个变量时的临界值 $F_{0.05}$=2.816，选用 8 个变量时的临界值 $F_{0.05}$=2.180)。6 个水文参数网格化公式中有 1 个采用了多元对数模型，5 个采用了多元平方根模型。

表 6.3　南方地区参数网格化公式显著性检验及规律分析

水文参数	均方误差	确定性系数 R^2	F	变量个数	回归模型
B	0.006	0.67	10.0	8	SQRT
D_s	0.006	0.58	12.0	4	SQRT
D_m	0.129	0.22	3.2	5	LOG
W_s	0.007	0.81	37.0	5	SQRT
d_1	0.015	0.52	6.4	7	SQRT
d_2	0.011	0.81	30.6	6	SQRT

从南方地区参数网格化公式中可以看出，南方地区 VIC 模型水文参数与气候、土壤、地形地貌和植被因子密切相关且都呈非线性。影响水文参数的主要因子是气候与地形因子，Cv_E 出现在 5 个网格化公式中；TR 出现在 4 个网格化公式中。T、EXPT、Weff、Cv_P、Cv_Dry、Slope、Rdls、Cv_ELE 与 Cv_LAI 分别出现在 2 个网格化公式中。

表 6.4 描述了应用式(6.7)～式(6.12)构建的参数网格化公式计算的南方地区 VIC 模型水文参数的空间分布规律及各参数的主要影响因子；图 6.2 为构建的参数网格化公式计算的南方地区 0.125°×0.125°网格 VIC 模型水文参数的空间分布图。

表 6.4　南方地区网格 VIC 模型水文参数的空间分布规律及各参数的主要影响因子

参数	取值范围	高值区	低值区	主要影响因子(正相关)	主要影响因子(负相关)
B	0.01～0.40	南方山区、云贵高原	淮河以南地区	TR	Cv_P、Cv_LAI、ALAI
D_s	0.001～0.502	四川盆地、华中地区	淮河以南地区、云贵高原	QUARZ、Cv_E	Cv_P
D_m	1.5～40	四川盆地、云贵高原、南方山区	淮河以南地区、东南沿海地区	Weff、Cv_E、Rdls、Cv_LAI	—
W_s	0.200～1.000	淮河以南地区、四川盆地、华中地区	东南沿海地区、云贵高原	WpFT、Cv_E	SAT、TR
d_1	0.1～1.5	江淮少数地区	南方大部分地区	Rdls	RESM、Weff、Cv_E、TR、Cv_EIE
d_2	0.1～1.5	云贵高原、东南沿海地区、秦岭山区	淮河以南地区、四川盆地、华南山区	RESM、TR	Cv_E

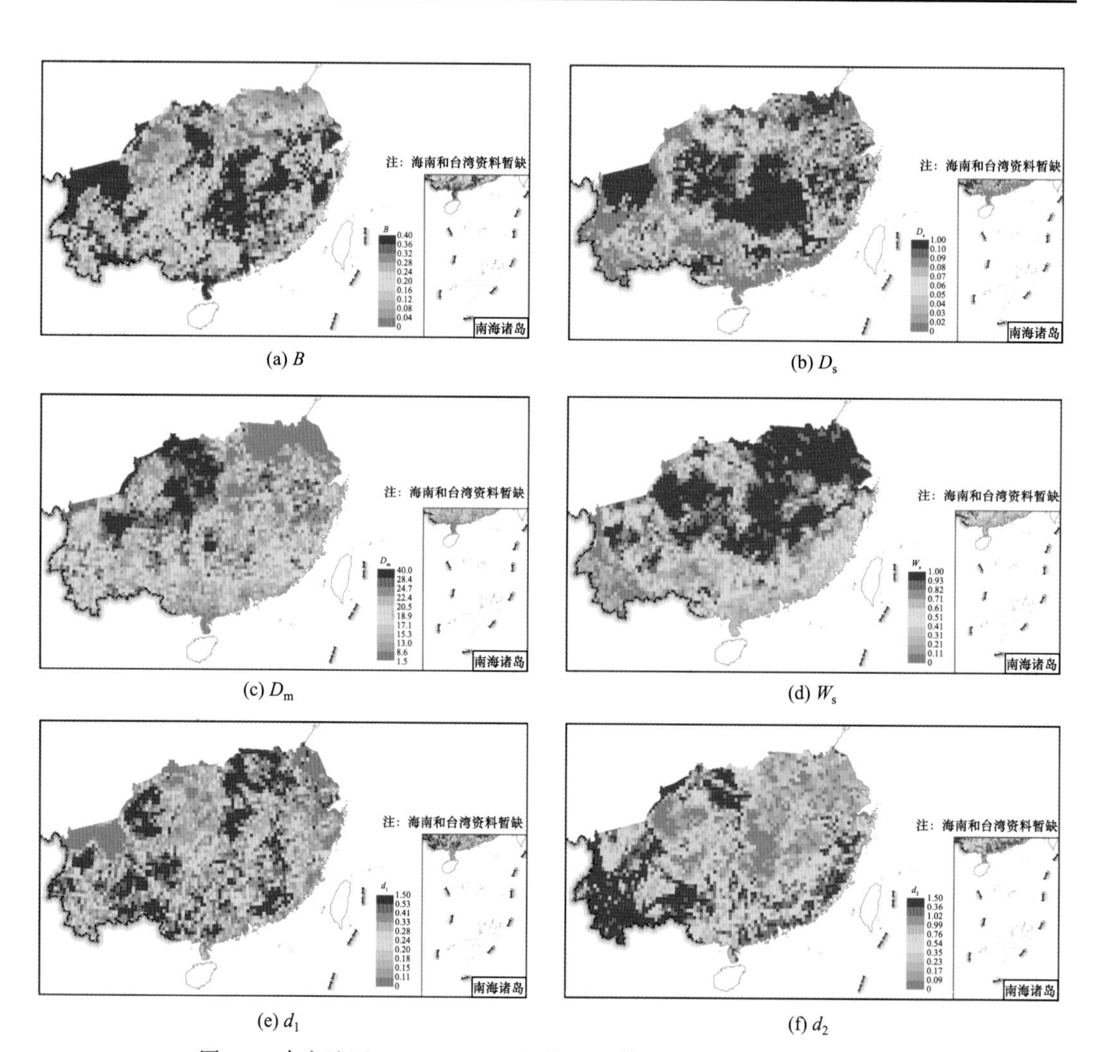

(a) B　(b) D_s　(c) D_m　(d) W_s　(e) d_1　(f) d_2

图 6.2　南方地区 0.125°×0.125°网格 VIC 模型水文参数的空间分布图

为了验证两种参数网格化公式的应用效果，将各套网格化公式一起应用于验证流域水文参数的确定，并对模拟结果进行比较。同时给出通过参数率定得到的模拟结果，以分析参数化公式的实际效果。表 6.5 给出了两套公式水文参数的模拟结果对比。从表 6.5 中可知，采用南方公式进行水文参数模拟的日径流的平均相对误差与效率系数优于全国公式的结果(除王家坝站点的平均相对误差)。较全国公式而言，南方公式选用了更具代表性的典型流域，考虑了更多影响因子，取得了较好的效果。

表 6.5　南方公式与全国公式在验证流域上模拟结果的对比统计

序号	水文站	水系	时间	E_r/%		E_c	
				南方	全国	南方	全国
1	桑植(三)	澧水	1961～1980 年	−1.7	−44.0	0.72	0.31
2	外洲	赣江	1969～1988 年	18.5	40.8	0.88	0.74
3	冷水江	资水	1971～1990 年	14.1	16.3	0.78	0.75
4	曼安	澜沧江	1997～2006 年	20.6	27.8	0.62	0.52
5	洋口	富屯溪	1970～1989 年	−3.3	18.3	0.79	0.78
6	王家坝	淮河干流	1970～1978 年	28.2	−0.3	0.76	0.47
7	三岔	西江	1971～1990 年	−0.7	−13.2	0.73	0.62
8	柳州	西江	1971～1990 年	5.1	−16.6	0.78	0.68

3. VIC 模型误差验证

本节选择全国范围 166 个典型流域，验证综合两套水文参数网格化公式构建的 VIC 模型。典型流域及控制断面基本信息见表 6.6。为了充分讨论模型的效率和适应性，研究区域选取了中国范围内不同气候条件下的流域。由于资料条件限制，干旱地区、新疆和青藏高原北部地区的典型流域相对较少，东北、华北、华中、华东及华南地区的典型流域相对较多。

表 6.6　典型流域及控制断面基本信息

序号	站名	水系	集水面积/km^2	序号	站名	水系	集水面积/km^2
1	梨树沟	爱河	5629	9	大阁	潮白河	1850
2	长坝	北江	6794	10	张家坟	潮白河	8506
3	高道	北江	9007	11	朝阳	大凌河	10236
4	石角	北江	38363	12	复兴堡	大凌河	2932
5	四会	北江	6502	13	戴村坝	大汶河	8264
6	状头	北洛河	25645	14	西峡	丹江	3418
7	嵊县	曹娥江	2280	15	荆紫关	丹江	7060
8	戴营	潮白河	4266	16	河源	东江	15750

续表

序号	站名	水系	集水面积/km²	序号	站名	水系	集水面积/km²
17	博罗	东江	25325	50	润河集	淮河干流	40360
18	河源	东江	15750	51	鲁台子	淮河干流	88630
19	王奔	东辽河	10418	52	吴家渡	淮河干流	121330
20	拉布达林	额尔古纳河	13373	53	大宁	黄河	3992
21	河津(三)	汾河	38728	54	兴县(二)	黄河	650
22	沙子岭	抚河	1225	55	靖远	黄河	10647
23	李家渡	抚河	15811	56	西宁	湟水	9022
24	洋口	富屯溪	12669	57	青石嘴	湟水	8011
25	外洲	赣江	80948	58	潢川	潢河	2050
26	上沙兰	赣江	5257	59	五道沟	辉发河	12391
27	常乐(二)	桂南沿海诸河	6645	60	北碚(二)	嘉陵江	156142
28	横山	韩江	12624	61	七里街(二)	建溪	14787
29	溪口	韩江	9228	62	石鼓	金沙江	232651
30	白河	汉江	59115	63	石砻(二)	晋江	5060
31	汉中	汉江	9329	64	洪德	泾河	4640
32	新店铺(三)	汉江区(唐白河)	10958	65	平凉	泾河	1305
33	郭滩	汉江区(唐白河)	6877	66	袁家庵	泾河	1661
34	青峰	汉江中游	2082	67	浦南	九龙江	8490
35	黄龙滩	汉江中游	10668	68	大山口	开都河	19022
36	莺落峡	黑河	10009	69	王道恒塔(三)	窟野河	3839
37	札马什克	黑河	4589	70	德令哈(三)	库尔雷克湖	7281
38	遂平	洪河	1760	71	拉萨	拉萨河	26225
39	沙口	洪河	5560	72	昌都	澜沧江	53800
40	班台	洪河	11280	73	田口	澜沧江	9318
41	临涣集	洪泽湖	2470	74	曼安	澜沧江	6609
42	栏杆集	洪泽湖	622	75	桑植(三)	澧水	3114
43	固其故(二)	呼玛河	10882	76	石门	澧水	15307
44	白雀园	淮河	284	77	兴隆坡	辽河	19140
45	蚌埠(吴家渡)	淮河	121330	78	三道河子	滦河	17100
46	白雀园	淮河	284	79	承德(二)	滦河	2200
47	长台关	淮河干流	3090	80	围场	滦河	1227
48	息县	淮河干流	10190	81	莲花(二)	蚂蚁河	10425
49	王家坝	淮河干流	30630	82	镇江关	岷江	4486

续表

序号	站名	水系	集水面积/km^2	序号	站名	水系	集水面积/km^2
83	双捷	漠阳江	4345	116	梧州	西江	327006
84	密山桥	穆棱河	13325	117	高要	西江	351535
85	石梁	南运河	9652	118	江边	西江	25116
86	同盟	嫩江	108029	119	盘江桥	西江	14492
87	依安大桥	嫩江	7354	120	蔗香	西江	82480
88	北安	嫩江	2592	121	涌尾	西江	13045
89	文得根	嫩江	12447	122	三岔	西江	16280
90	工布江达	尼洋河	6417	123	柳州	西江	45413
91	日喀则	年楚河	11101	124	平乐	西江	12159
92	嘉玉桥	怒江	69384	125	百色	西江	21720
93	兰溪	钱塘江	18233	126	新和	西江	5791
94	常乐	钦江	6645	127	南宁	西江	72656
95	五龙口	沁河	9245	128	贵港	西江	86333
96	宣城	青弋江	3410	129	金鸡	西江	9103
97	西河镇	青弋水阳江	5796	130	高古马	西江	6301
98	恩施	清江	2928	131	三岔	西江	16280
99	东林(二)	渠江	6462	132	金鸡	西江	9103
100	巴中	渠江	2732	133	大板	西拉木伦河	8217
101	毛坝	渠江	1428	134	湘潭	湘江	81638
102	渡峰坑	饶河	5013	135	双峰(二)	湘江	1462
103	石镇街	饶河	8367	136	郴州	湘江	354
104	戛中	瑞丽江	7762	137	屯溪	新安江	2670
105	沙县(石桥)	沙溪	9922	138	梅港	信江	15535
106	蒋家集	史河	5930	139	上饶	信江	2735
107	大兴镇	沭河	5108	140	高沙	修水	5303
108	莒县	沭河	1676	141	道孚	雅砻江	14465
109	依兰	松花江	491706	142	碾子山(二)	雅鲁河	13567
110	晨明(二)	汤旺河	19186	143	响水堡	洋河	14507
111	李家村	洮河	19693	144	黑石关(四)	伊洛河	18563
112	华县	渭河	106498	145	东里店	沂河	1182
113	横山	无定河	2415	146	临沂	沂河	10315
114	迁江	西江	128938	147	东里店	沂河	1182
115	大湟江口	西江	288544	148	德惠	饮马河	7573

续表

序号	站名	水系	集水面积/km²	序号	站名	水系	集水面积/km²
149	紫罗山	颍河	1800	158	书院	运河	1542
150	漯河	颍河	12150	159	宜昌	长江	1005501
151	周口	颍河	25800	160	柳子港	长江	2997
152	固定桥	永定河	15803	161	茅台	长江上游干流	8003
153	桃源	沅江	85223	162	赤水	长江上游干流	16622
154	通道	沅江	3784	163	竹竿铺	竹竿河	1639
155	崇滩	沅江	5243	164	冷水江	资水	16236
156	锦屏	沅江	13483	165	微水(河道二)	子牙河	5387
157	石堤	沅江	8400	166	端庄(二)	子牙河	2280

典型流域面积为 28～1005501km²，面积大于 100000km² 的占 7.2%，面积在 10000～100000km² 的占 39.2%，面积在 3000～10000km² 的占 33.7%，面积在 1000～3000km² 的占 16.9%，小于 1000km² 的占 3.0%。资料系列长度为 3～52 年，其中系列长度达到 20 年的站点比例为 25.3%，10～20 年的站点比例为 65.7%。

表 6.7 对各大江河流域片区的验证流域模拟结果进行了统计，验证流域模型日效率系数空间分布如图 6.3 所示。从平均相对误差、平均日效率系数和平均月效率系数来看，珠江流域、浙闽山区、藏南滇西和长江流域模型的模拟精度较高，很好地模拟了流域径流总量和径流过程，四个流域的平均日效率系数大于 0.70，平均月效率系数大于 0.80。这些流域地处湿润地区，降水较为丰沛，以蓄满产流为主，很适合使用 VIC 模型进行流域径流模拟。黑龙江流域虽然处于东北湿润半湿润地区，但是，其冬季存在积雪，由于 VIC 模型模拟的融雪径流系统性偏少(Zhao et al.，2013)，所以模拟精度比南方地区稍差。海河流域、黄河流域、辽河流域和淮河流域模拟精度相对较差，四个流域的平均日效率系数略小于 0.60，平均月效率系数略小于 0.80。这些地区位于半干旱地区和部分半湿润地区，降水量相对较少，而且降水多为阵性局部降水，产流方式偏超渗产流，所以，VIC 模型模拟的效果相对较差。但是，同处半干旱地区的黑河流域，VIC 模型模拟的精度却很好，这是因为所选的流域为黑河上游山区，由于地形的作用降水相对较多，产流方式偏蓄满产流。

表 6.7　全国各大流域片区模拟结果统计

流域片区(站点数)	特征值	相对误差/%	日效率系数	月效率系数
内陆河流域(4)	最大值	9.5	0.71	0.86
	最小值	4.2	0.27	0.48
	绝对值平均	7.8	0.51	0.70

续表

流域片区(站点数)	特征值	相对误差/%	日效率系数	月效率系数
黑龙江流域(14)	最大值	28.9	0.82	0.89
	最小值	1.9	0.38	0.45
	绝对值平均	10.7	0.61	0.73
辽河流域(5)	最大值	15.3	0.67	0.94
	最小值	1.3	0.26	0.62
	绝对值平均	6.6	0.47	0.76
海河流域(11)	最大值	56.3	0.93	0.92
	最小值	0.6	0.22	0.14
	绝对值平均	23.2	0.47	0.59
黄河流域(17)	最大值	29.5	0.74	0.88
	最小值	0.0	0.14	0.44
	绝对值平均	9.7	0.49	0.71
淮河流域(26)	最大值	28.2	0.89	0.95
	最小值	0.3	0.22	0.48
	绝对值平均	10.3	0.64	0.78
长江流域(42)	最大值	31.0	0.94	0.97
	最小值	1.5	0.44	0.59
	绝对值平均	11.5	0.71	0.84
浙闽山区(8)	最大值	11.2	0.88	0.96
	最小值	1.5	0.62	0.80
	绝对值平均	6.4	0.78	0.90
珠江流域(31)	最大值	21.0	0.91	0.96
	最小值	0.0	0.59	0.72
	绝对值平均	5.9	0.79	0.90
藏南滇西(8)	最大值	22.0	0.83	0.91
	最小值	0.6	0.54	0.71
	绝对值平均	7.7	0.67	0.82
全国	最大值	56.3	0.94	0.97
	最小值	–46.2	0.14	0.14
	绝对值平均	0.5	0.66	0.80

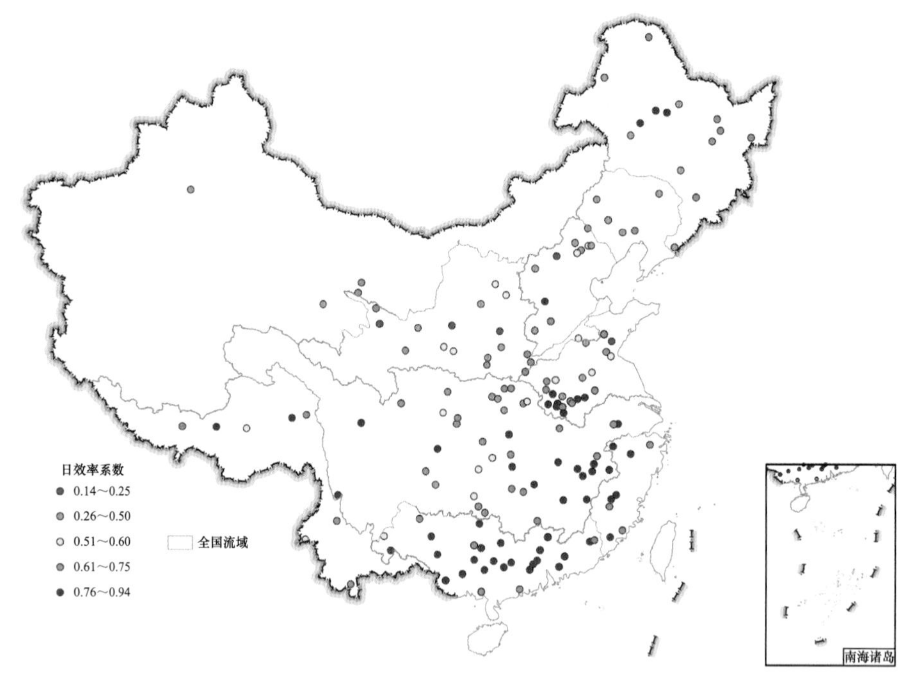

图 6.3 验证流域模型日效率系数空间分布图

6.1.3 模拟土壤含水量验证

基于上述 VIC 模型模拟了全国范围 10km×10km 的土壤含水量数据。假设各网格 VIC 模型三层土壤含水量在每一层中都是均匀分布的，根据各层的深度线性插值成逐日浅层 0～20cm 土壤含水量(SM1)和深层 20～100cm 土壤含水量(SM2)，并将 0～100cm 土壤含水量定义为整层(SM3)。

天然土壤含水量表现出很突出的各向异性特征，因此其观测值的空间代表性很有限，且空间观测点十分稀疏。而水文模型所涉及的参数和变量，代表了模拟网格(或流域)内参数和物理量的平均状态。因此如何有效检验模拟土壤含水量的合理性，至今还是学术界颇受关注和颇具争议的问题。为此本节提出了一套 VIC 土壤含水量检验的有效方法。

(1) 第一步检验实测点与 VIC 模拟土壤含水量的相关性(Robock et al.，2000)。采用 28 个站(图 6.4)的实测土壤含水量资料，分别对 0～20cm、20～100cm 和 0～100cm 三个土层厚度进行比较。这些实测值于 1981～1999 年每月分 3 次(8 日、18 日和 28 日)在 0～100cm 的 11 个土层深度处实测获得。

图 6.5 为 1981～1999 年模拟土壤含水量和实测土壤含水量年平均相关系数分布图。从图 6.5 中可以看出，0～20cm 和 20～100cm 土层相关系数最小值出现在新疆吐鲁番站，最大值出现在甘肃省的西峰镇站；20～100cm 土层相关系数最小值出现在新疆乌拉乌苏站，最大值出现在宁夏回族自治区的固原站。三个土层中相关系数大于 0.5 的站点比例分别为 75%、50%和 50%。虽然土壤含水量的模拟效果在不同测站有所差别，但是 28 个测站三层的平均相关系数却分别达到 0.6、0.5 和 0.52，表明 VIC 模型模拟土壤含水量可以较好地反映实际土壤含水量的变化过程。

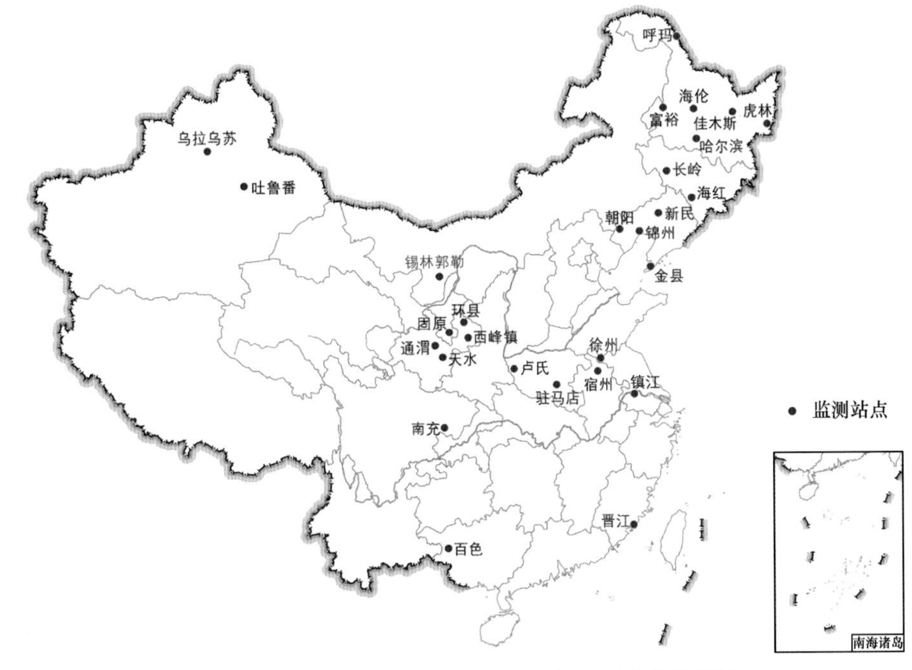

图 6.4　1981～1999 年 28 个土壤墒情监测站点分布图

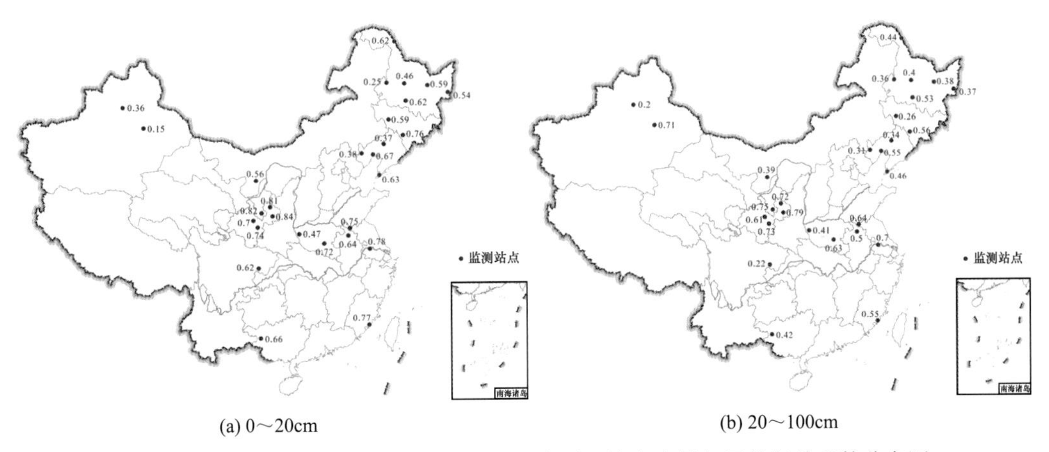

(a) 0～20cm　　(b) 20～100cm

图 6.5　1981～1999 年模拟土壤含水量和实测土壤含水量年平均相关系数分布图

(2) 第二步检验实测点与 VIC 模拟土壤含水量的距平值的合理性。由于土壤分布具有高度非均匀性，所以实测站点土壤含水量(代表面积<0.005km^2)通常与模型模拟的网格平均值(代表面积>100km^2)的结果很不一致。一些学者提出，比较土壤含水量的距平值是较为实用的方法(Dirmeyer，1995)。

图 6.6 和图 6.7 分别是部分站点在 0～20cm 和 20～100cm 土层的模拟土壤含水量和实测土壤含水量的距平过程线图。从图 6.6 和图 6.7 中可以看出，0～20cm 土层的过程拟合得较好，模拟的土壤含水量数据资料较好地反映了实际土壤含水量的盈亏变化。对于 20～100cm 的土层，总体没有 0～20cm 土层的模拟效果好，尤其是西部干旱地区西峰镇

站的模拟结果较差。

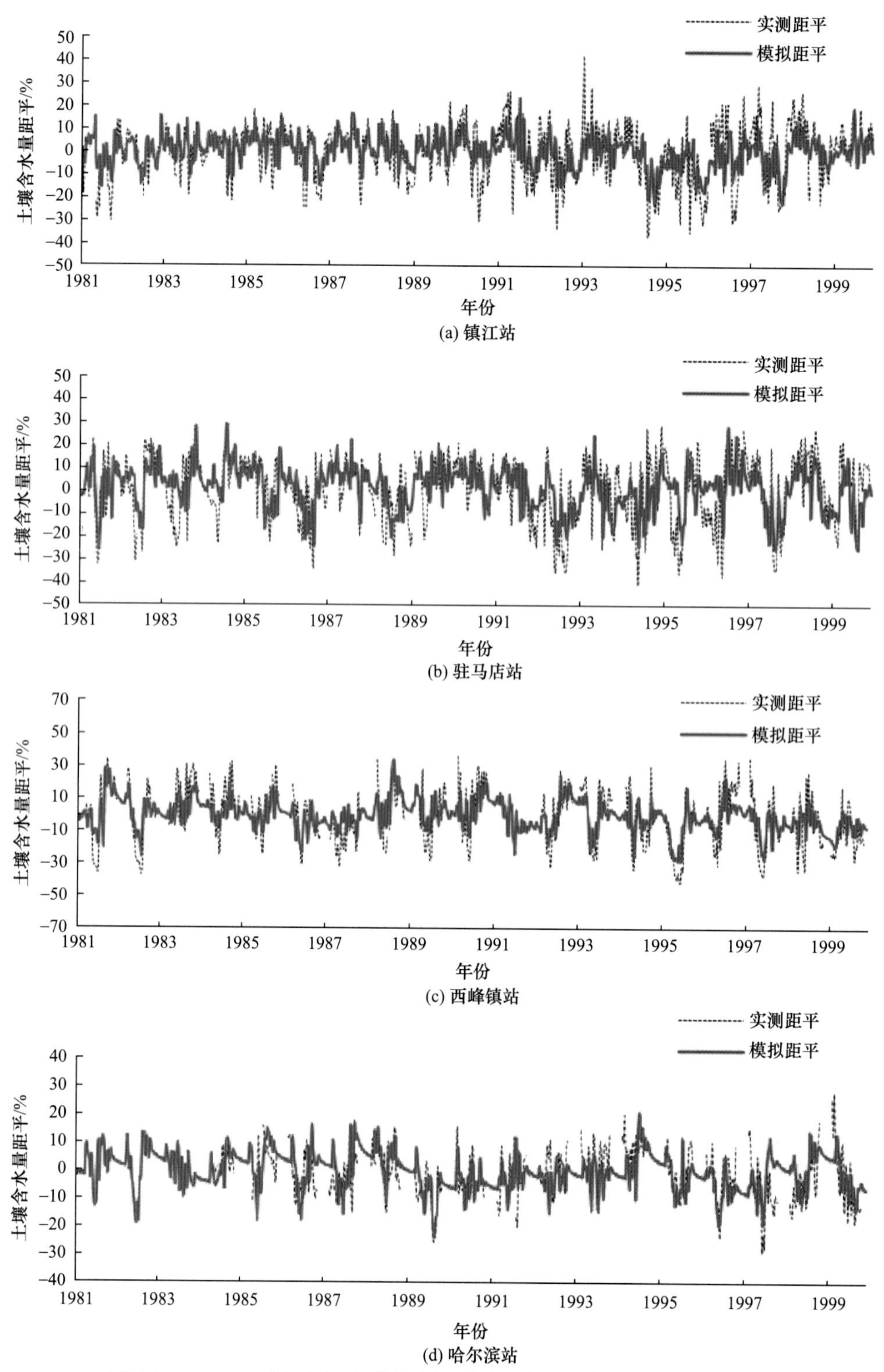

图 6.6　0～20cm 土层模拟土壤含水量距平和实测土壤含水量距平的比较

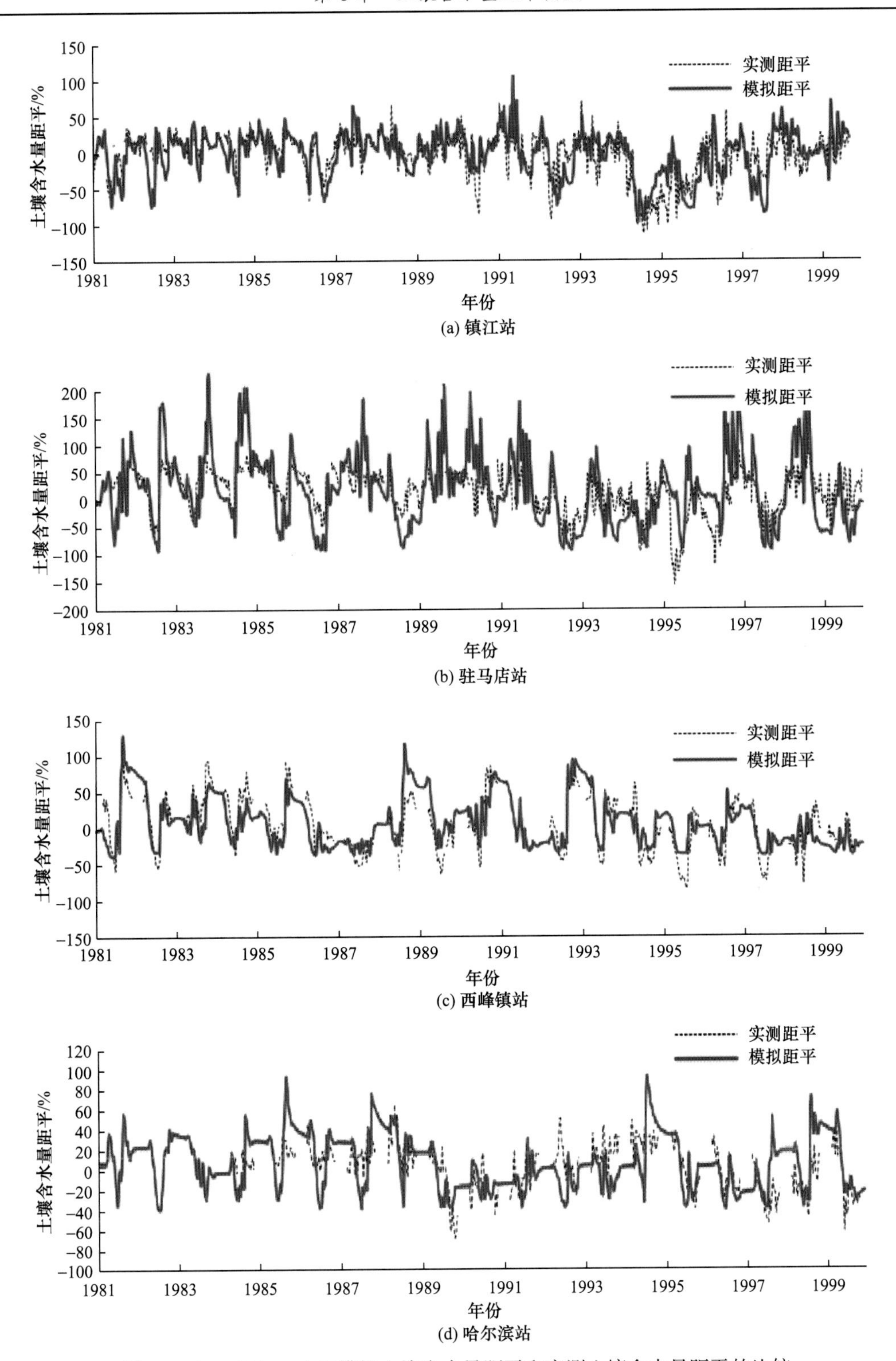

图 6.7　20～100cm 土层模拟土壤含水量距平和实测土壤含水量距平的比较

(3) 第三步采用遥感反演验证 VIC 模拟土壤含水量的合理性。遥感反演土壤含水量资料来源于气候变化倡议(Climate Change Initiative，CCI)项目，它是基于多种微波遥感数据的土壤含水量合成产品(Liu Y Y et al.，2012；Wagner et al.，2012)，与站点观测值具有良好的一致性(Albergel et al.，2013)，是适用于气候变化研究的一个长期一致的土壤水分时间序列，空间分辨率为 0.25°×0.25°，时间分辨率为 24h。

图 6.8 给出了 VIC 模型模拟的全国 0～20cm 土壤含水量与 CCI 数据集多年平均值(1979～2013 年)的空间分布。从整体来看，VIC 模型模拟的土壤含水量较 CCI 数据集多年平均值偏大，多年平均土壤含水量分别为 0.26m^3/m^3 和 0.21m^3/m^3。在中部、南部及东北地区，VIC 模型模拟值不低于 0.3m^3/m^3，在赣湘两省的值超过了 0.4m^3/m^3。而 CCI 数据集在中部和东北地区的值为 0.25～0.3m^3/m^3。新疆中部偏南地区和内蒙古东部的 VIC 模型模拟值(0.02～0.08m^3/m^3)较 CCI 数据集的值(0.06～0.1m^3/m^3)略小。虽然两者在数值上存在差异，但是在空间分布上具有较好的一致性，呈现出由东南向西北逐渐减少的分布特征。

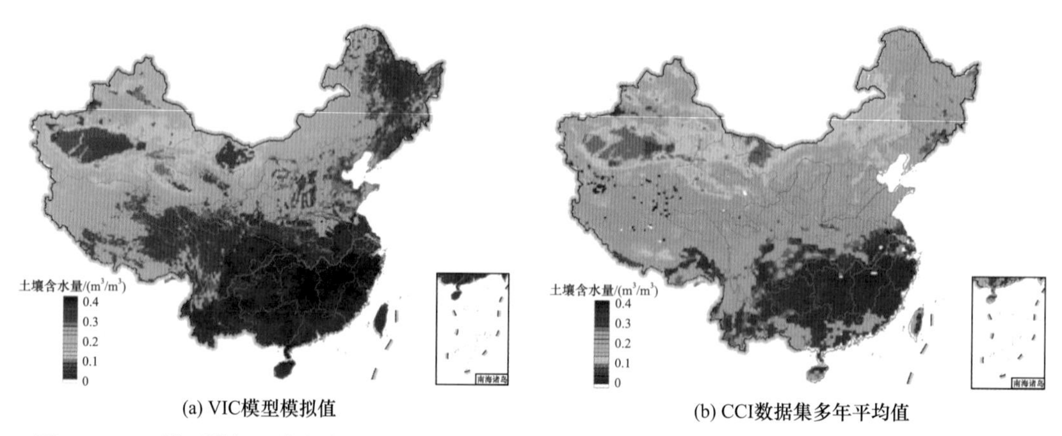

图 6.8　VIC 模型模拟土壤含水量(0～20cm)与 CCI 数据集多年平均值(1979～2013 年)的空间分布图

图 6.9 给出了 VIC 模型模拟 0～20cm 土壤含水量与 CCI 数据集各季节多年平均值(1979～2013 年)的空间分布图。与图 6.8 相似，VIC 模型模拟的土壤含水量整体较 CCI 数据集的多年平均值偏大，VIC 模型模拟值在各季节的空间分布变化不大，春、夏、秋、冬四季多年平均土壤含水量分别为 0.25m^3/m^3、0.27m^3/m^3、0.27m^3/m^3、0.26m^3/m^3。在不同的季节，VIC 模型模拟值和 CCI 数据集空间分布特征相似，高值(不低于 0.3m^3/m^3)中心出现在华南和西南地区。低值中心存在差别，夏秋两季的低值中心出现在新疆中部和内蒙古西部。在春季，VIC 模型模拟土壤含水量的低值中心仍然在新疆中部，而 CCI 数据集的低值中心在新疆和西藏交界处。在冬季，CCI 数据集在新疆、西藏、青海、甘肃和内蒙古交界处缺少数据，造成 VIC 模型模拟值在这些地区与 CCI 数据集的低值区存在较大的差别。

为了更加具体地研究各季节 VIC 模型模拟土壤含水量和 CCI 数据集的空间分布情况，分别绘制 2013 年冬季 2 月上旬、春季 5 月中旬、夏季 8 月上旬和秋季 11 月上旬的平均土壤含水量空间分布图(图 6.10)。图 6.10 中的空间分布规律与图 6.8 和图 6.9 的规律相似，VIC 模型模拟值较 CCI 数据集偏大，主要原因在于模拟的土壤含水量是表层 20cm 的平均值，而 CCI 遥感产品代表的是表层 5cm 的土壤含水量。根据已有的研究，深度为

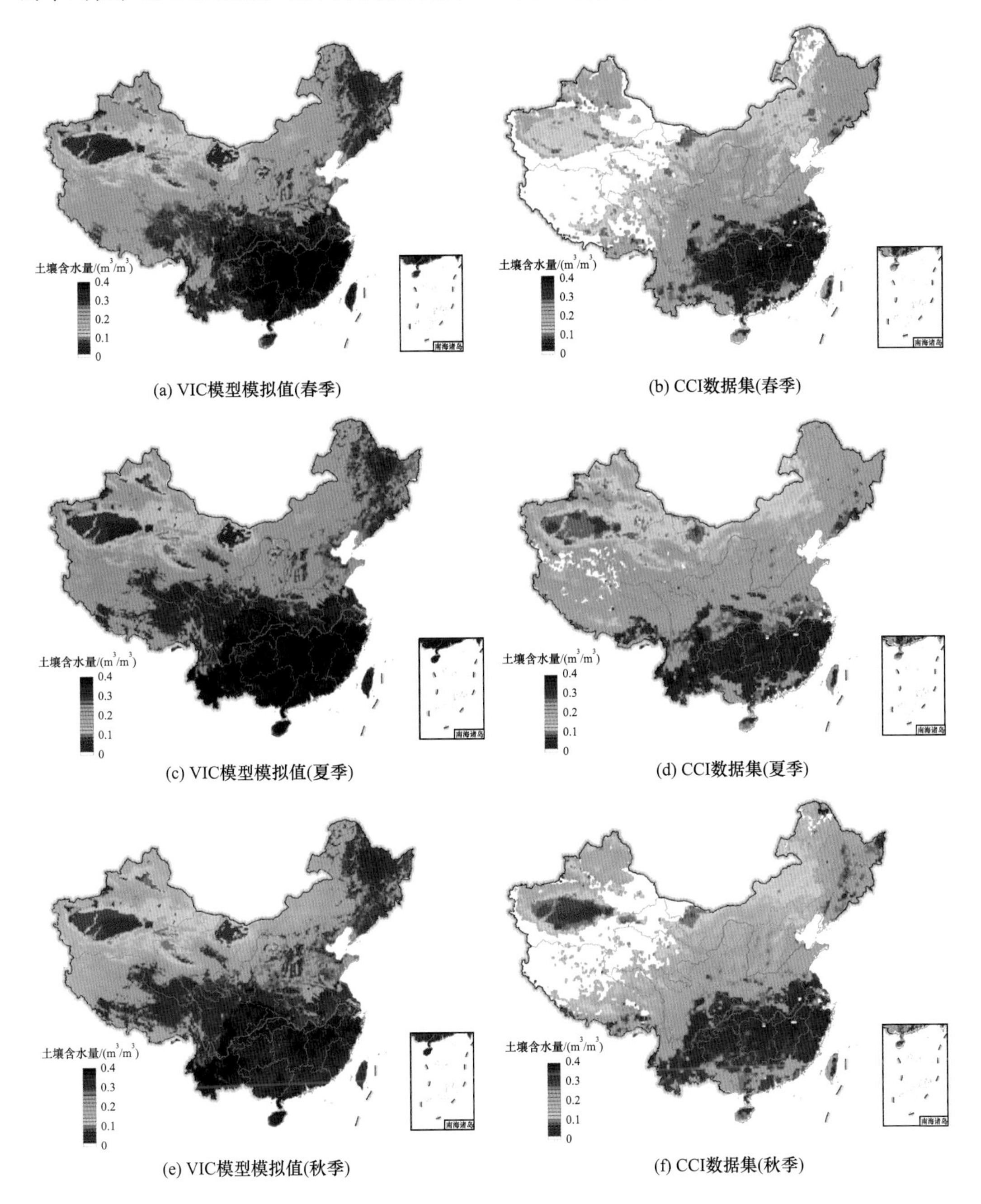

(a) VIC模型模拟值(春季)　(b) CCI数据集(春季)

(c) VIC模型模拟值(夏季)　(d) CCI数据集(夏季)

(e) VIC模型模拟值(秋季)　(f) CCI数据集(秋季)

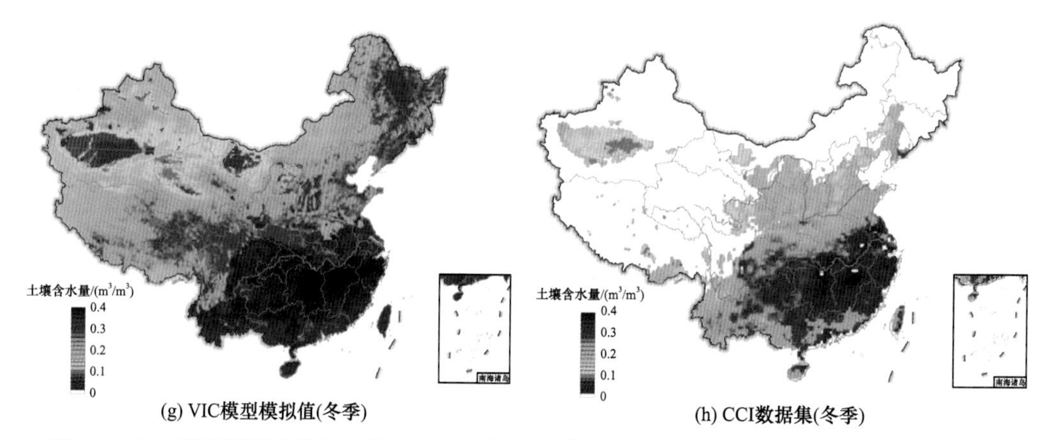

(g) VIC模型模拟值(冬季)　(h) CCI数据集(冬季)

图 6.9　VIC 模型模拟土壤含水量(0～20cm)与 CCI 数据集各季节多年平均值(1979～2013 年)的空间分布图

0～20cm 土层的土壤含水量在垂向分布上有土层越深含水量越大的特点(Manfreda et al., 2014)。因此，VIC 模型模拟值较大。

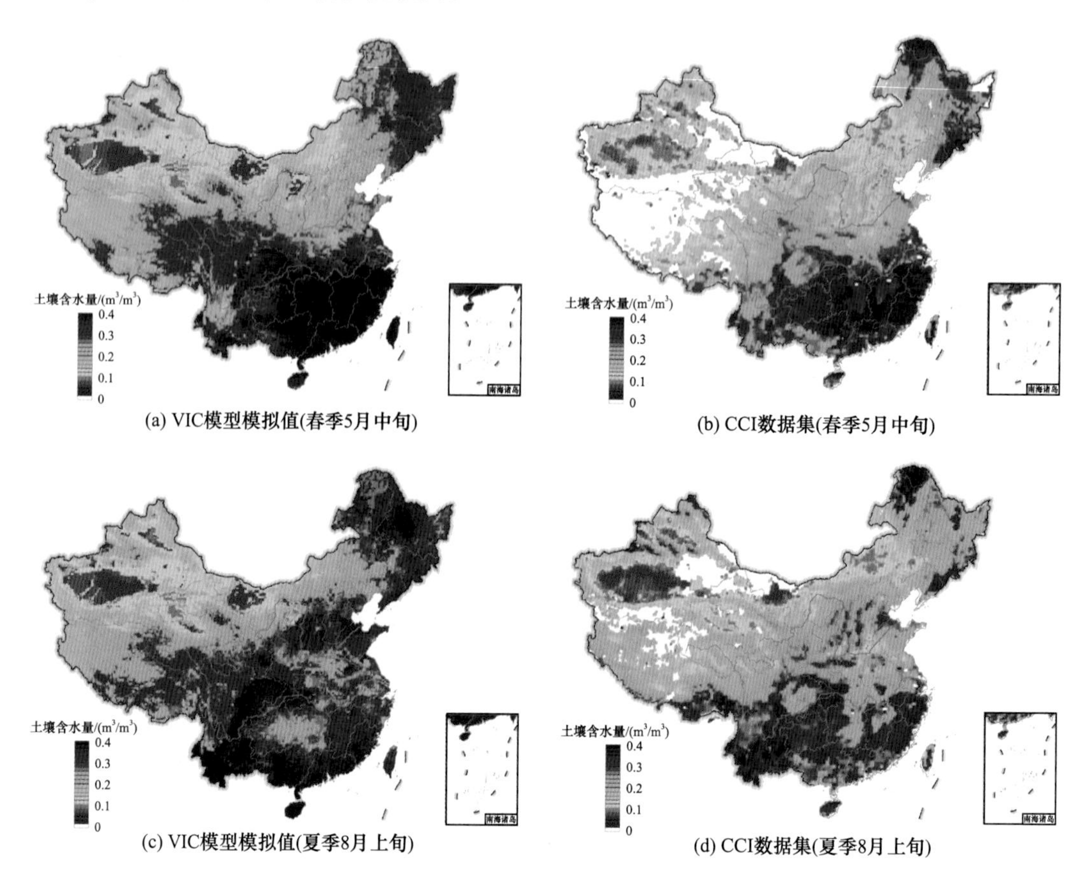

(a) VIC模型模拟值(春季5月中旬)　(b) CCI数据集(春季5月中旬)

(c) VIC模型模拟值(夏季8月上旬)　(d) CCI数据集(夏季8月上旬)

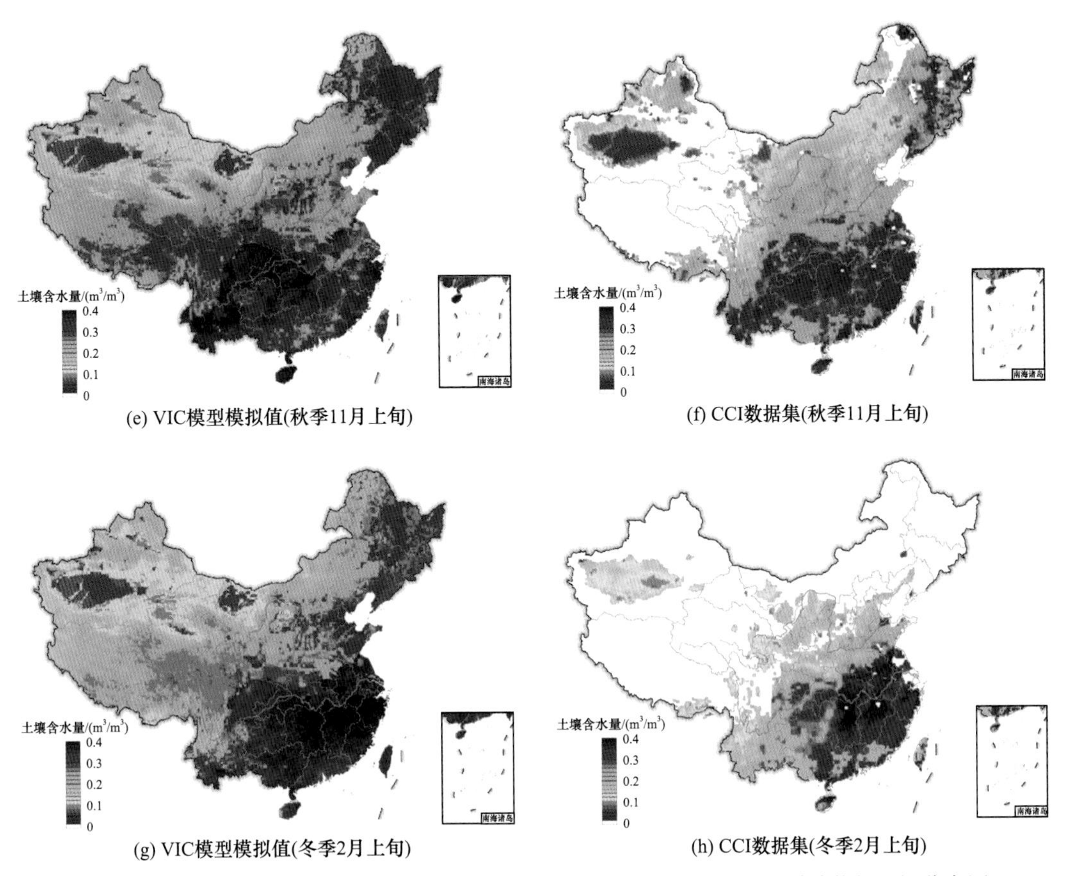

(e) VIC模型模拟值(秋季11月上旬)　(f) CCI数据集(秋季11月上旬)

(g) VIC模型模拟值(冬季2月上旬)　(h) CCI数据集(冬季2月上旬)

图 6.10　VIC 模型模拟土壤含水量(0～20cm)与 CCI 数据集 2013 年不同季节的空间分布图

6.2　土壤含水量距平指数构建

6.2.1　SMAPI

1. *计算方法*

SMAPI 是指实际土壤含水量与同期多年平均土壤含水量的差值占同期多年平均土壤含水量的百分比。该指数将一个地区某个时段的多年平均土壤含水量作为当地该时段的土壤含水量的气候适宜值。当实际土壤含水量小于多年平均土壤含水量时，土壤水分出现亏缺，由此确定发生干旱现象。该指数反映土壤含水量偏离正常态的程度，是一种相对干旱指数，其无量纲，可以很好地进行不同区域不同时期的干旱特性比较，有利于研究大范围的干旱：

SMAPI 的计算过程如下：

(1) 计算各网格模拟土壤含水量逐日多年平均值 $\overline{m}$，例如，1 月 1 日的多年平均值等于计算年份中每年的 1 月 1 日的算术平均值。

(2) 各网格每日的 SMAPI(λ)为该日的模拟土壤含水量 m 与相应的 $\overline{m}$ 之差占 $\overline{m}$ 的百分比，计算公式为

$$\lambda = \frac{m-\bar{m}}{\bar{m}} \times 100\% \tag{6.13}$$

式中，m 和 $\bar{m}$ 分别为当前土壤含水量和该时段的土壤含水量的气候适宜值，因而 $\bar{m}$ 可看作土壤含水量时间序列的数学期望值。

2. SMAPI 与 PDSI 和 SPI 对比分析

为研究 SMAPI 反映干旱过程的特点，选择我国西南地区 13 个和华北地区 15 个国际交换站所在格点数据进行分析，并将其与 PDSI 及不同时间尺度 SPI 进行对比，格点信息见表 6.8。

表 6.8　西南和华北地区代表站点信息

地区	省(直辖市)	站名	站码	所在网格中心坐标	
				纬度/(°)	经度/(°)
西南	云南	澜沧	56954	22.6045	99.8876
	云南	思茅	56964	22.7915	100.936
	云南	蒙自	56985	23.4303	103.413
	云南	临沧	56951	23.8966	100.04
	云南	昆明	56778	25.0174	102.702
	云南	楚雄	56768	25.0213	201.509
	贵州	兴义	57902	25.4253	105.161
	贵州	贵阳	57816	26.5643	106.713
	云南	丽江	56651	26.9023	100.209
	贵州	毕节	57707	27.3199	105.26
	贵州	遵义	57713	27.735	106.873
	四川	西昌	56571	27.8722	102.257
	四川	甘孜	56146	31.6374	99.9705
华北	河北	承德	54423	40.9483	117.898
	河北	怀来	54405	40.355	115.555
	河北	乐亭	54539	39.4612	118.926
	河北	石家庄	53698	38.0039	114.454
	河南	郑州	57083	34.7543	113.603
	河南	驻马店	57290	32.9661	114.067
	山东	惠民县	54725	37.5064	117.541
	山东	潍坊	54843	36.7777	119.187
	山东	济南	54823	36.5618	116.992
	山东	兖州	54916	35.591	116.905

续表

地区	省(直辖市)	站名	站码	所在网格中心坐标	
				纬度/(°)	经度/(°)
华北	山西	大同	53487	40.0728	113.386
	山西	原平	53673	38.7593	112.741
	山西	太原	53772	37.7888	112.59
	山西	介休	53863	37.0049	111.877
	天津	天津	54527	39.0389	117.106

西南地区代表站 SMAPI 与 PDSI、SPI 区域平均值在 1961～2000 年各月及年的相关系数见表 6.9，其中年序列相关系数是指 1961～2000 年各月指数值序列的相关值。从整个序列看，SMAPI 与 SPI3 相关性最高，其次是 SPI6 和 PDSI；从各月看，除 2～4 月，SMAPI 与 SPI6 相关性最高外，其他各月 SMAPI 与 SPI3 的相关性最高，其次是 SPI6；并且夏季各月相关性高于其他各月，其中 6 月、7 月相关系数最大，达到 0.9 以上，这说明降水是土壤含水量增加的重要途径，降水增加时，土壤含水量也会增加。夏季降水量大幅度增加，导致土壤含水量急剧增加；而冬季降水量相对较少，土壤含水量相对较低。而 2～4 月 SMAPI 与 SPI6 相关性较高，可能是由于受秋季降水较多的影响，对后续的土壤含水量影响较大。另外，蒸发作为土壤水支出的主要途径，是影响土壤水动态变化的另一重要原因。PDSI 除考虑降水外，主要还考虑了受温度影响较大的蒸散发等因素，因此，SMAPI 与 PDSI 的相关性也较高。

表 6.9　西南地区 SMAPI 与 PDSI、SPI 的相关系数

时间	PDSI	SPI1	SPI3	SPI6	SPI12	SPI24
1 月	0.70	0.31	0.77	0.66	0.64	0.40
2 月	0.75	0.35	0.67	0.76	0.65	0.46
3 月	0.69	0.21	0.58	0.81	0.48	0.33
4 月	0.69	0.52	0.80	0.81	0.54	0.36
5 月	0.71	0.78	0.90	0.85	0.51	0.45
6 月	0.75	0.64	0.93	0.92	0.64	0.48
7 月	0.80	0.61	0.92	0.86	0.69	0.71
8 月	0.75	0.65	0.88	0.84	0.67	0.60
9 月	0.65	0.44	0.76	0.71	0.60	0.51
10 月	0.58	0.44	0.70	0.53	0.51	0.32
11 月	0.65	0.52	0.77	0.66	0.65	0.39
12 月	0.67	0.56	0.78	0.64	0.61	0.31
年	0.70	0.50	0.77	0.76	0.60	0.45

表 6.10 给出了华北地区代表站 SMAPI 与 PDSI、SPI 区域平均值在 1961～2000 年各月及年相关系数。从年相关系数看，SMAPI 与各指数的相关性均较高，其中与 SPI6 的相关系数最大，相关性最高，其次是与 PDSI 的相关系数较大。从各月看相关系数变化较大，SMAPI 与 SPI3 在 4～11 月相关性相对较高，都在 0.84 以上，其中 5 月和 8 月达到 0.9 以上；1～2 月，SMAPI 与 SPI6 的相关性最高，其次是与 PDSI 的相关性较高；3 月和 9 月，SMAPI 与 PDSI 的相关系数最大，相关性最高；4～8 月和 10～12 月，SMAPI 与 SPI3 的相关性最高，其次夏季各月(5～8 月)SMAPI 与 SPI6 的相关性较高，而冬季各月如 9～12 月，甚至 1～3 月，SMAPI 与 PDSI 的相关性较高，这与指数的性质有关。SPI 只考虑了降水量，而 PDSI 除考虑降水量外，还考虑了蒸散发量、径流量、土壤含水量等因素。本节所计算的 SMAPI 是基于 VIC 模型模拟的结果计算出来的，而 VIC 模型在计算中充分考虑了积雪融雪及土壤冻融过程对土壤含水量的影响，故在冬半年，SMAPI 与 PDSI 具有相对较高的相关性。

表 6.10　华北地区 SMAPI 与 PDSI、SPI 的相关系数

时间	PDSI	SPI1	SPI3	SPI6	SPI12	SPI24
1 月	0.69	−0.13	0.27	0.76	0.51	0.46
2 月	0.71	0.42	0.41	0.84	0.39	0.39
3 月	0.78	0.25	0.50	0.64	0.46	0.56
4 月	0.80	0.81	0.88	0.80	0.45	0.53
5 月	0.67	0.70	0.91	0.88	0.26	0.30
6 月	0.57	0.61	0.84	0.81	0.15	0.13
7 月	0.74	0.80	0.89	0.83	0.68	0.28
8 月	0.83	0.76	0.90	0.82	0.84	0.56
9 月	0.88	0.71	0.84	0.80	0.80	0.59
10 月	0.76	0.54	0.86	0.67	0.62	0.50
11 月	0.72	0.28	0.84	0.65	0.52	0.39
12 月	0.67	0.09	0.72	0.64	0.48	0.35
年	0.83	0.74	0.82	0.90	0.80	0.50

由上述分析可知，无论是西南地区还是华北地区，SMAPI 与 SPI3、SPI6 及 PDSI 均具有较高的相关性。

分别以云南省昆明站和河南省驻马店站为例，绘制 SMAPI 与各指数 1961～2000 年时间变化序列图，如图 6.11 和图 6.12 所示。

图 6.11 为昆明站 1961～2000 年 SMAPI 与 PDSI、SPI3 及 SPI6 时间序列变化图。由图 6.11 可知，对于 SPI，时间尺度越短，干湿变化越频繁。随着时间尺度的增加，干旱发生次数减少，干旱历时增加。PDSI 与 6 个月以上的 SPI 变化趋势较为一致，而 SMAPI 与 SPI3 及 SPI6 的变化趋势较为一致。这进一步证明了 PDSI 能够反映中长期(6 个月以上)降水变化对旱涝的影响，而 SMAPI 能够反映 3～6 个月降水的变化，即反映中期干旱变化。

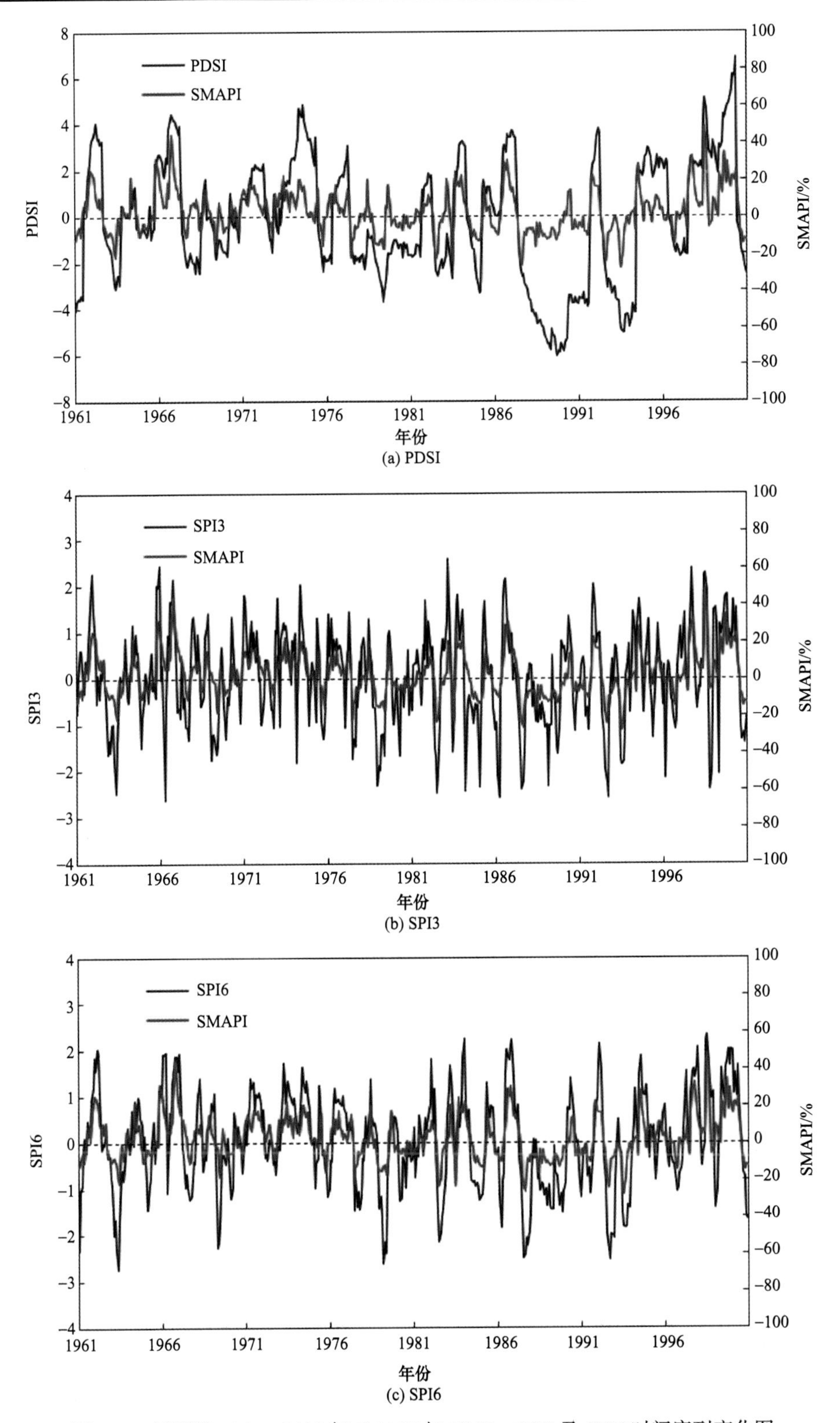

图 6.11　昆明站 1961～2000 年 SMAPI 与 PDSI、SPI3 及 SPI6 时间序列变化图

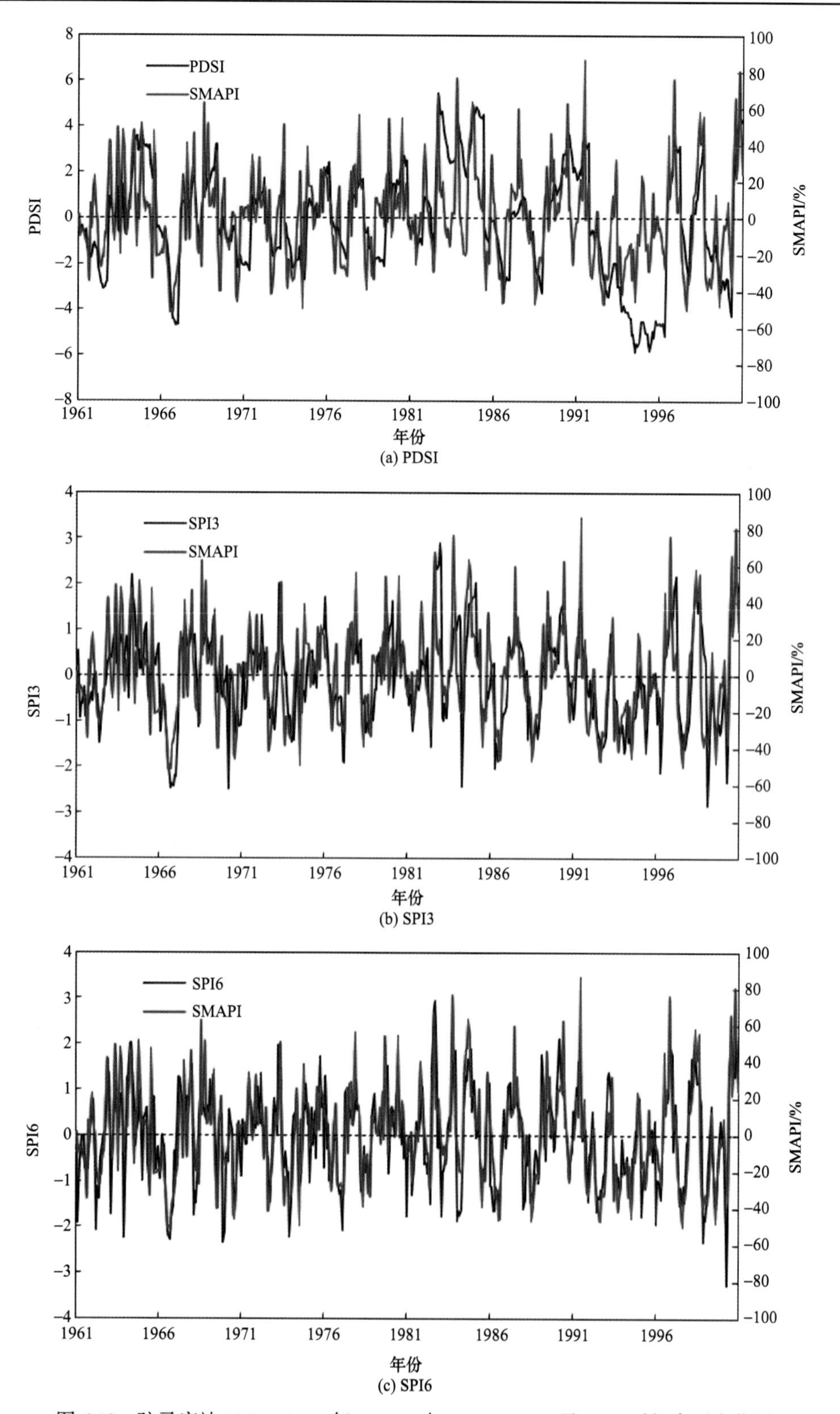

图 6.12　驻马店站 1961～2000 年 SMAPI 与 PDSI、SPI3 及 SPI6 时间序列变化图

图 6.12 为驻马店站 1961～2000 年 SMAPI 与 PDSI、SPI3 及 SPI6 时间序列变化图。从整体上看，SMAPI 与 PDSI、SPI3 及 SPI6 变化趋势较为一致，但与个别干旱指数反映的不太一致。例如，PDSI 指数指出 1994～1995 年持续干旱，但 SMAPI 却在此段表现出波动性的变化。总体来说，SMAPI 与各指数随时间的变化较为一致。

由上述分析可知，SMAPI 与 SPI3 的相关性最高，其次是 SPI6 和 PDSI，说明 SMAPI 能够反映中长期的干旱状况。

6.2.2 SMAPI 等级划分标准

SMAPI 能够反映土壤的干湿状况。就干旱识别而言，目前还没有基于 SMAPI 的干旱等级划分标准。如何将 SMAPI 与干旱等级挂钩，是本节的关键问题。为此，本节提出了采用概率统计与实际旱情资料相结合的方法，确定干旱等级定量划分标准。首先基于历史旱情调查资料分析不同等级干旱实际发生概率，选取不同气候区代表站建立一条全国范围的 SMAPI 综合频率分布曲线，然后参考实际干旱发生概率在综合频率分布曲线上对应的区间，由此反推出各等级干旱对应的 SMAPI 区间，从而确定干旱等级划分标准。

1. 不同等级干旱实际发生概率分析

1) 实际旱情资料选取与统计特征分析

受旱面积是反映旱情轻重程度的重要指标之一。农作物受旱面积的定义为由于降水少、河川径流及其他水源短缺、发生干旱、作物正常生长受到影响的面积；农作物成灾面积是指在受旱面积中农作物产量比正常年产量减产 3 成以上(含 3 成)的面积。受旱/成灾面积的统计考虑了土壤墒情、耕作层土壤相对湿度及作物叶子萎蔫或死苗现象等，是一类及时、准确体现区域综合农业旱情及作物生产情况的指标。本节选取 1971～2010 年全国受旱/成灾面积开展不同干旱等级概率分析。

根据 1971～2000 年资料的统计，全国多年平均受旱面积约 2278.98 万 hm^2，占全国耕地总面积的 15.4%。其中多年平均成灾面积为 1131.62 万 hm^2，约占全国耕地总面积的 3.1%。1971～2000 年全国受旱面积和成灾面积总体呈扩大趋势(图 6.13)，1985 年以前，受旱/成灾面积呈缓慢增长趋势，1985 年以后则保持在高位振荡，20 世纪 90 年代末干旱最为严重。继 1997 年全国大范围干旱灾害后，1999～2001 年我国又经受连续 3 年干旱灾害，其中 2000 年全国大部分地区降水偏少，出现大范围干旱，受旱面积和成灾面积最大，分别约为 4008 万 hm^2 和 1965 万 hm^2。

从年代上看，20 世纪 90 年代全国受旱面积与 70 年代相比具有明显的增长趋势。20 世纪 70 年代全国平均每年受旱面积约为 1815 万 hm^2，80 年代增加到 2372 万 hm^2，90 年代又增加到 2651 万 hm^2。受旱/成灾面积增加也较为显著，90 年代受旱面积(1286 万 hm^2)是 70 年代(808 万 hm^2)的 1.59 倍。

旱灾在我国的分布具有很大的区域不平衡性。统计各区(西藏地区除外)受旱面积如图 6.14 所示，受旱面积在地区上分布不均，华北和华东地区较为严重，1971～2000 年年平均受旱面积百分率分别为 29.7%和 20.3%，占全国受旱面积的 50%；其次是东北、西南和西北地区，受旱面积百分率分别为 14.3%、11.2%和 11.2%；华南和内蒙古地区相对

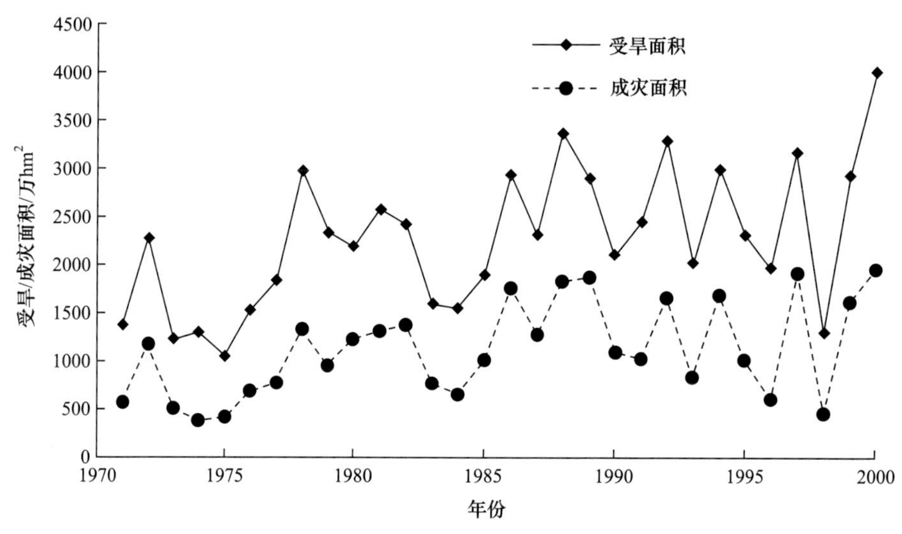

图 6.13　全国 1971～2000 年受旱/成灾面积变化曲线

较低，分别约占全国总受旱面积的 6.5%和 6.0%。从成灾面积看，华北地区最为严重，成灾面积占全国的 31.5%，华东和东北地区也较高，分别约占全国的 17.0%和 17.4%；其次是西北地区约占 13.4%；西南地区、内蒙古地区和华南地区相对较低，分别为 8.5%、6.2%和 5.1%。新疆地区受旱面积和成灾面积均较低，这可能和该地区的种植面积较低有关。

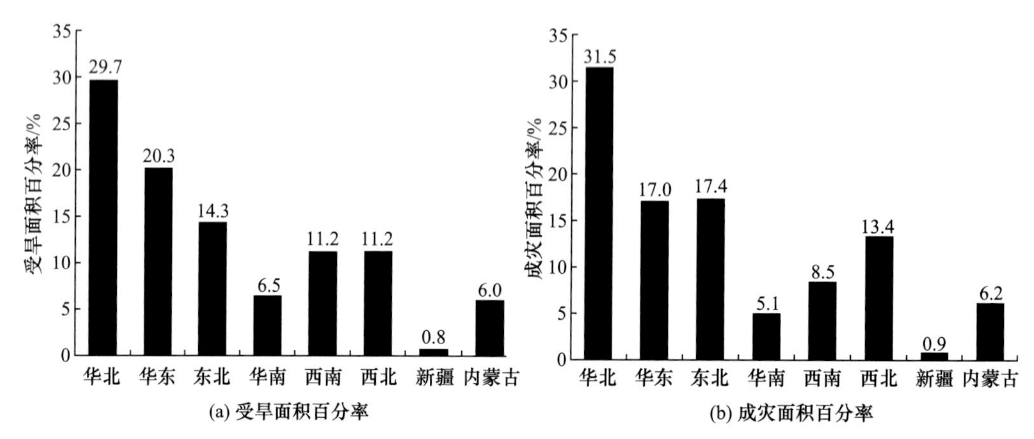

图 6.14　1971～2000 年全国各区受旱面积百分率和成灾面积百分率

全国 20 世纪 90 年代受旱面积与 70 年代相比，在地区分布上也有所变化(表 6.11)。90 年代华北地区年平均受旱面积最大，占全国总受旱面积的 32.6%，所占比例比 70 年代增加了 8.1 个百分点；70 年代，华东地区受旱面积所占比例与华北地区相当，但到了 90 年代减少到 18.7%；90 年代东北地区受旱面积占全国受旱面积的 14.7%，比 70 年代增加 2.1 个百分点；西南地区 90 年代受旱面积所占比例与 70 年代相比减少了 5.8 个百分点；其他各区变化不大。总体而言，20 世纪 90 年代与 70 年代相比，北方各区(华北、东北、西北、新疆和内蒙古)受旱面积增加，而南方各区(华东、华南和西南地区)受旱面积有所减少。从受旱成灾率看，除内蒙古、华东和华南地区略有增加外，其他各区均有所减少，但变化幅度均不大。

表 6.11　20 世纪 90 年代与 70 年代受旱/成灾面积分区对比

区域	受旱面积占全国总受旱面积的比例/%		成灾面积占全国总成灾面积的比例/%	
	1971～1980 年	1991～2000 年	1971～1980 年	1991～2000 年
华北	24.5	32.6	31.4	29.7
华东	24.4	18.7	16.8	18.5
东北	12.6	14.7	16.7	16.5
华南	6.3	4.8	4.0	4.5
西南	13.9	8.1	8.1	6.9
西北	12.0	12.7	16.3	14.9
新疆	0.5	1.1	1.0	0.9
内蒙古	5.8	7.2	5.7	8.0

为了进一步比较分析各区受旱情况，统计分析 1971～2000 年各区单位耕地面积受旱情况，分别用受旱率(表示农作物受旱面积占该区农作物播种面积的百分比)和受旱成灾率(表示农作物受旱成灾面积占当年农作物播种面积的百分比)表示。统计结果见表 6.12，由表 6.12 可知，内蒙古和西北地区多年平均受旱率较高，分别为 27.0% 和 25.8%，其次是东北和华北地区，分别为 19.9% 和 18.4%，新疆最低为 5.9%，其他各区受旱率在 10% 左右；从受旱成灾率来看，西北地区最高达 15.3%，其次是内蒙古地区为 13.9%，华东、华南和西南地区较低，均在 5% 以下，东北和华北地区处于两者中间，分别为 11.9% 和 10.2%。总体而言，除新疆外，北方各区(华北、东北、西北、内蒙古地区)和南部地区(华东、华南、西南地区)受旱率和受旱成灾率具有显著性差异，且北部显著高于南部。

表 6.12　1971～2000 年各区受旱率和受旱成灾率统计

统计指标	统计特征	华北	东北	西北	新疆	内蒙古	华东	华南	西南
受旱率/%	平均值	18.4	19.9	25.8	5.9	27.0	10.8	10.4	13.3
	最大值	31.2	54.1	46.6	24.7	57.0	26.8	24.3	28.5
	最小值	5.4	2.6	7.5	0.9	3.7	2.4	2.0	5.0
	方差	8.2	13.8	10.2	5.2	13.4	6.1	6.1	6.5
受旱成灾率/%	平均值	10.2	11.9	15.3	3.3	13.9	4.6	4.0	4.9
	最大值	20.2	44.2	28.9	9.1	37.2	14.6	11.8	14.2
	最小值	2.4	1.3	2.6	0.4	1.2	0.5	0.3	1.2
	方差	5.4	10.6	8.0	2.2	9.6	3.7	3.3	3.7

从 1971～2000 年各干旱区受旱率和受旱成灾率演变趋势上看(图 6.15)，30 年来华北

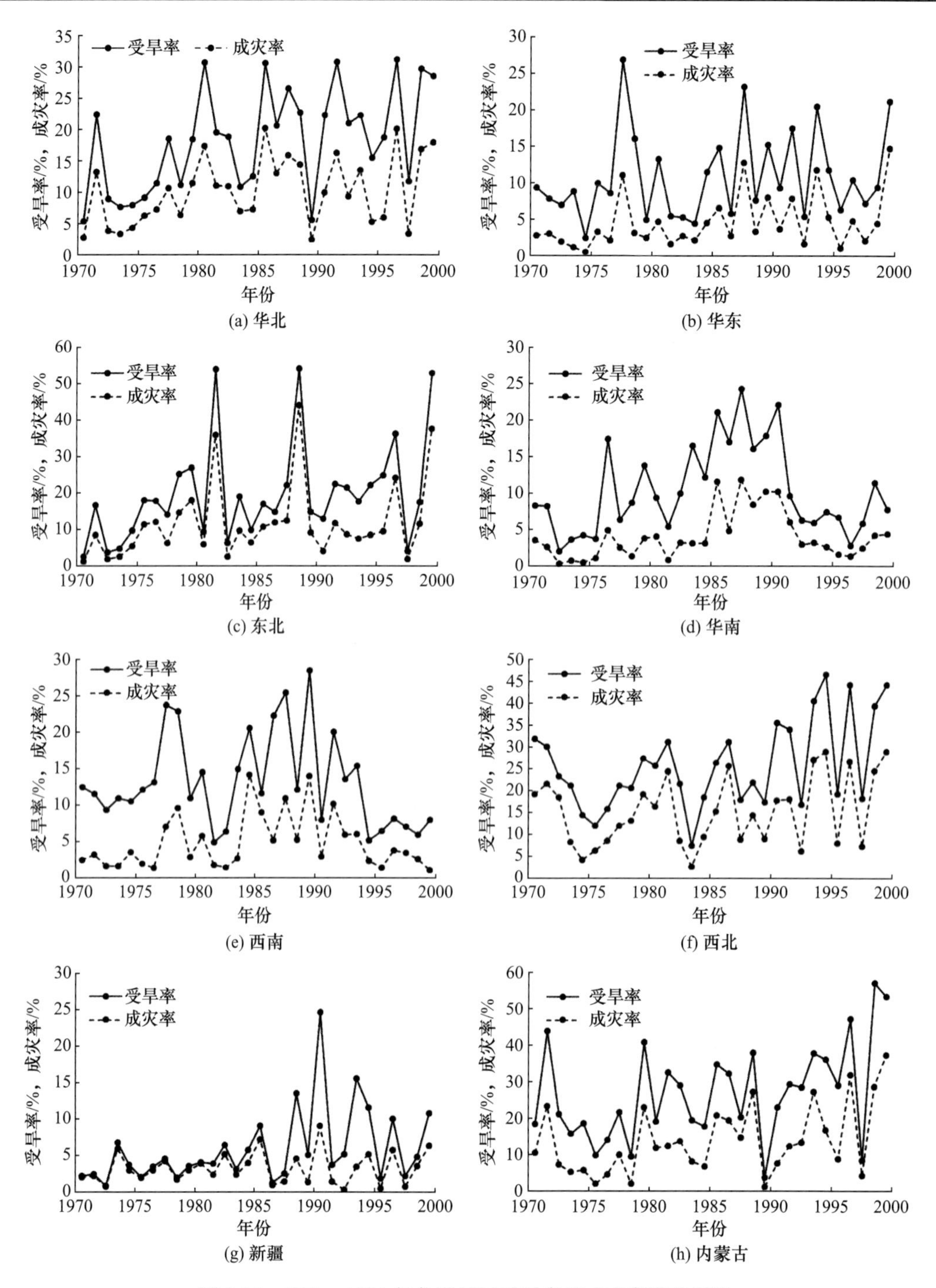

图 6.15　1971～2000 年各干旱区受旱率和成灾率演变规律

地区受旱率和受旱成灾率均呈增加趋势，20 世纪 90 年代年均受旱率和受旱成灾率分别为 23.2% 和 11.9%，均约为 70 年代的 2 倍。华东地区除个别年份受旱率较高外(如 1978 年受旱率较高约为 27%)，30 年来的变化较为平稳。东北地区的受旱率和受旱成灾率呈增加趋势，其中 1982 年、1989 年和 2000 年旱灾较为严重，受旱率分别为 53.9%、54.1% 和 53%，均超过 50%，受旱成灾率也较高，分别为 36%、44.2%和 37.7%。华南地区干旱呈现阶段性变化，80 年代中后期至 90 年代初期受旱率和受旱成灾率较高，其他时期相对较低。1971～2000 年西南地区干旱阶段性也较为明显，70 年代后期和 80 年代中期至 90 年代中期受旱率和受旱成灾率相对较高，其他时期相对较低。西北地区干旱呈振荡增加趋势，90 年代年平均受旱率和受旱成灾率分别为 33.9%和 19.3%，分别比 70 年代高 12% 和 6%。新疆地区在 90 年代干旱较为严重，其受旱率为 9.1%，约为 70 年代的 3 倍；内蒙古地区呈阶段性波动增加，90 年代的受旱率和受旱成灾率分别为 35% 和 18.8%，分别约为 70 年代的 1.7 倍和 2 倍。

2) 不同等级干旱实际发生概率分析

为了将变量的影响因素表述为受旱率的变化区间，消除不同年份、不同地区对受旱率的影响，利用东北、华北、华东、华南、西北和西南六大干旱区 1971～2000 年的受旱率和受旱成灾率数据样本序列，绘制受旱率和受旱成灾率频率曲线如图 6.16 所示。运用 SPSS 系统聚类的方法进行分级，统计每一级受旱率和受旱成灾率的最小值、最大值、均值和样本数，构成初级分类结果(表 6.13)。对初级分类结果进行分析，得出受旱率和受旱成灾率聚类分析线性判别函数系数估计值(表 6.14)。

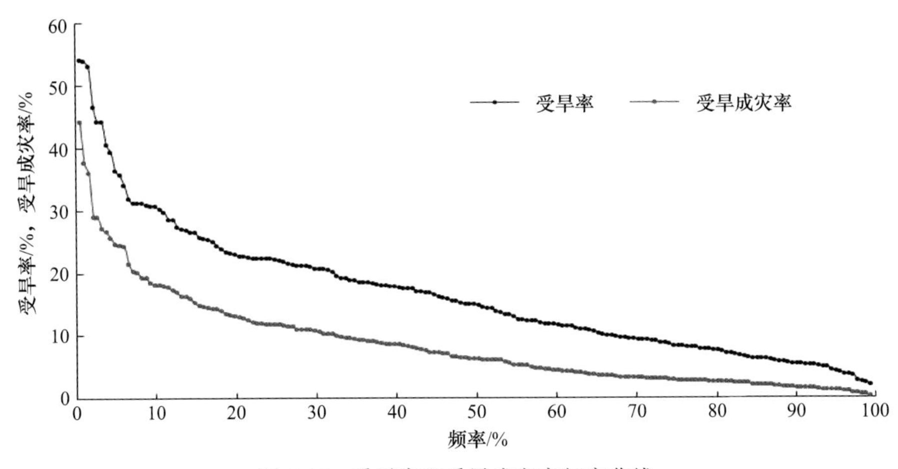

图 6.16　受旱率和受旱成灾率频率曲线

表 6.13　旱情等级样本判别特征值

等级	受旱率/%			所占比例/%	受旱成灾率/%			所占比例/%
	均值	最小值	最大值		均值	最小值	最大值	
0	8.9	2.0	15.5	53.3	3.6	0.3	8.0	58.3
1	19.7	15.8	23.3	28.3	11.1	8.3	15.2	27.2
2	28.9	23.8	36.4	13.9	18.2	15.9	21.5	8.3
3	43.0	39.4	46.6	2.78	26.3	24.3	28.9	4.4
4	53.7	53.0	54.1	1.67	39.3	36.0	44.4	1.7

表 6.14　受旱率和受旱成灾率聚类分析线性判别函数系数估计值

等级	受旱率/%					受旱成灾率/%				
	0	1	2	3	4	0	1	2	3	4
x	0.90	1.99	2.93	5.43	4.35	0.91	2.81	4.58	9.89	6.62
常量	−4.63	−20.84	−44.37	−149.76	−96.93	−3.27	−17.24	−43.32	−95.94	−88.72

根据表 6.14 线性判别函数系数估计值，构建判别函数式，计算每一个旱情等级判别值。从计算结果来看，受旱率和受旱成灾率越高，判别值越高。将每一级受旱率和受旱成灾率代入公式，在临界点附近采用最大隶属度判别法，计算出每一个等级的临界值，结合图 6.16，对临界值进行调整，划分旱灾等级(表 6.15)。

表 6.15　基于受旱率和受旱成灾率的旱灾等级划分标准

指标	无旱 D0	轻旱 D1	中旱 D2	重旱 D3	极旱 D4
受旱率/%	<20	20～30	30～40	40～50	≥50
受旱成灾率/%	<10	10～15	15～25	25～35	≥35

不同年份按照受旱率和受旱成灾率划分的旱灾等级不完全一致，鉴于单独根据受旱率或受旱成灾率确定的旱灾等级会产生不协调的情况，考虑将两者结合起来，利用模糊综合评价法确定旱灾等级。将八大干旱区受旱率和受旱成灾率数据序列进行相关分析，发现两者复相关系数 $R^2 = 0.94$。从各分区看，东北、华北、华东、华南、西北、西南、内蒙古和新疆的受旱率和受旱成灾率相关系数分别为 0.97、0.95、0.91、0.88、0.94、0.81、0.93 和 0.78，说明受旱率与受旱成灾率存在一定程度的线性关系。

将受旱率和受旱成灾率作为评价因素，即

$$U = \{u_1, u_2\} = \{\text{受旱率}, \text{受旱成灾率}\} \tag{6.14}$$

确定干旱等级论域：

$$V = \{v_1, v_2, v_3, v_4, v_5\} = \{D_0, D_1, D_2, D_3, D_4\} \tag{6.15}$$

因旱情程度分级标准具有不确定性，所以用隶属度来确定分级界限更为合理。采用降半梯形分布法，确定旱灾等级模糊集隶属函数分别为

$$U_{V_1} = \begin{cases} 1, & x \leqslant x_1 \\ \dfrac{x_2 - x}{x_2 - x_1}, & x_1 < x \leqslant x_2 \\ 0, & x > x_2 \end{cases} \tag{6.16}$$

$$U_{V_2} = \begin{cases} \dfrac{x}{x_1}, & x \leqslant x_1 \\ 1, & x_1 < x \leqslant x_2 \\ \dfrac{x_3 - x}{x_3 - x_2}, & x_2 < x \leqslant x_3 \\ 0, & x > x_3 \end{cases} \tag{6.17}$$

$$U_{V_3}=\begin{cases}0, & x\leqslant x_1\\ \dfrac{x-x_1}{x_3-x_2}, & x_1<x\leqslant x_2\\ 1, & x_2<x\leqslant x_3\\ \dfrac{x_4-x}{x_4-x_3}, & x_3<x\leqslant x_4\\ 0, & x>x_4\end{cases}\tag{6.18}$$

$$U_{V_4}=\begin{cases}0, & x\leqslant x_2\\ \dfrac{x-x_2}{x_3-x_2}, & x_2<x\leqslant x_3\\ 1, & x_3<x\leqslant x_4\\ \dfrac{x_4}{x}, & x>x_4\end{cases}\tag{6.19}$$

$$U_{V_5}=\begin{cases}0, & x\leqslant x_3\\ \dfrac{x-x_3}{x_4-x_3}, & x_3<x\leqslant x_4\\ 1, & x>x_4\end{cases}\tag{6.20}$$

式中，$U_{V_1}\sim U_{V_5}$ 为与五类干旱等级相对应的干旱等级论域。

根据受旱率和受旱成灾率之间的相关程度，按照权重集的权重系数 $W=\{w_1,w_2\}=\{0.9,0.1\}$，计算各大区 1971～2000 年旱灾等级，计算结果见表 6.16。由表 6.16 可知，旱灾主要发生在我国北方地区(新疆除外)，其中内蒙古和西北地区发生次数最多，在过去 30 年中有 20 年为旱灾年，且内蒙古地区旱灾较为严重，1999 年和 2000 年为极旱灾害年；其次是华北地区，有 13 个旱灾年，但灾情相对较轻，没有发生严重干旱灾害；东北地区有 11 年发生旱灾，旱灾相对严重，其中 1982 年、1989 年和 2000 年发生极旱灾害。南方各区中西南、华南和华东地区分别有 7 年、3 年和 4 年发生旱灾，且灾情相对较轻，以轻旱为主。统计各等级旱灾发生概率可知，1971～2000 年全国八大干旱区发生极旱、重旱、中旱和轻旱的概率分别为 2.1%、2.9%、7.5%和 20.4%，这与美国国家干旱监测指数(DM)干旱级别划分较为一致。美国利用国家干旱监测指数(DM)进行干旱监测，其划分标准认为，极旱、重旱、中旱和轻旱(轻旱+偏干)的发生概率分别约为 2%、3%、5% 和 20%。

表 6.16　我国八大干旱分区综合旱灾等级

年份	东北	华北	西北	华东	华南	西南	内蒙古	新疆
1971			○					
1972		△	○				▲	
1973			△				△	
1974			△					

续表

年份	东北	华北	西北	华东	华南	西南	内蒙古	新疆
1975								
1976								
1977								
1978			△	△		△	△	
1979	△		△			△		
1980	△		△				▲	
1981		○	△				△	
1982	●		○				○	
1983			△				△	
1984								
1985						△		
1986		○	△		△		○	
1987		△	○			△	○	
1988	△	△		△	△	△	△	
1989	●	△	△				○	
1990						△		
1991		△	○		△		△	△
1992	△	○	○			△	△	
1993	△	△					△	
1994		△	▲	△			○	
1995	△		▲				○	
1996	△						△	
1997	○	○	▲				▲	
1998								
1999		△	○				●	
2000	●	△	▲	△			●	
●	3						2	
▲			4				3	
○	1	4	7				6	
△	7	9	9	4	3	7	9	1
合计	11	13	20	4	3	7	20	1

注：●表示极旱，▲表示重旱，○表示中旱，△表示轻旱。

2. SMAPI 旱涝等级划分标准确定

为了给出 SMAPI 干旱等级评价标准，2011 年，在全国范围内选取哈尔滨、西峰镇、海红、锦州、驻马店、徐州、宿县、镇江、晋江及百色等站进行 SMAPI 旱涝等级划分研究，分别将 SMAPI≤−50%、−50%<SMAPI≤−30%、−30%<SMAPI≤−15%、−15%<SMAPI≤−5%和 SMAPI>−5%划分为极旱、重旱、中旱、轻旱和无旱(Wu Z Y et al., 2011)。赵兰兰(2011)基于上述划分标准分析东北地区干旱特征后，指出识别重旱和极旱的标准偏高。

为了制定更加适用的干旱等级划分标准，本节在 Wu Z Y 等(2011)的基础上，在全国范围内选取代表性较好的国际交换气象站所在的 180 个格点的逐月 SMAPI，如图 6.17 所示。将 180 个格点 1951 年 1 月～2013 年 12 月的 SMAPI 频率分布拟合成一条综合曲线，如图 6.18 所示。与 Wu Z Y 等(2011)的曲线相比，两条曲线总体上比较接近，但本节的曲线更接近正态分布。其分布函数为

$$y = y_0 + A\exp\left[-0.5\left(\frac{x - x_c}{w}\right)^2\right] \tag{6.21}$$

式中，y_0 为基数，取值 0.0016；A 为系数，取值 0.17；x 为 SMAPI；x_c 为平均值，统计值−1.10；w 为标准差，统计值 11.03。该拟合曲线的卡方检验值为 0.000013，拟合相似度为 0.99，拟合程度较好。

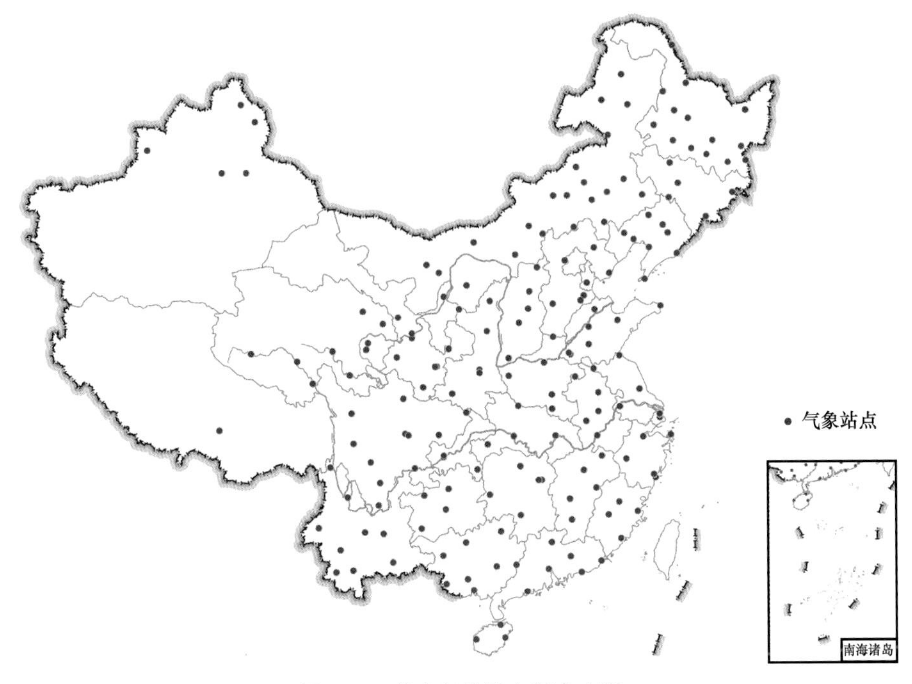

图 6.17　代表气象站空间分布图

根据 SMAPI 综合频率分布和我国实际干旱发生频率，划分 SMAPI 旱涝等级，见表 6.17。根据该划分标准，基于综合曲线计算的极旱、重旱、中旱和轻旱的发生频率分别为 2.4%、3.0%、5.6%和 23.6%。

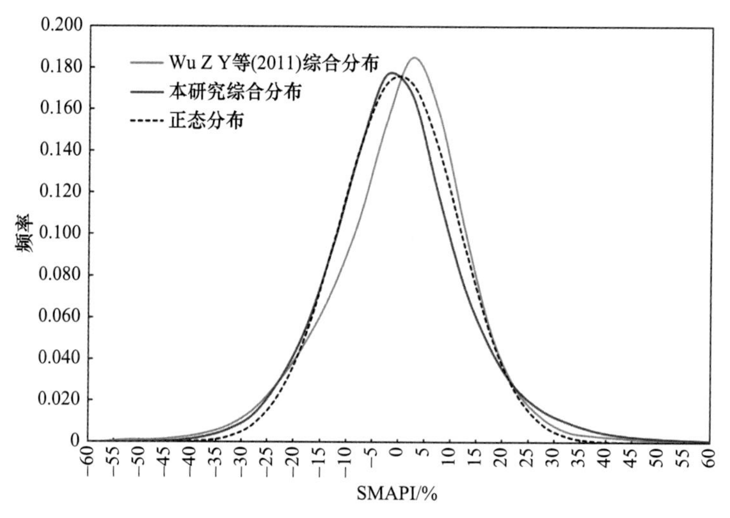

图 6.18　SMAPI 频率分布

表 6.17　SMAPI 旱涝等级划分

SMAPI	旱涝等级	SMAPI	旱涝等级
SMAPI ≤ −25%	极旱	5% < SMAPI ≤10%	轻涝
−25% < SMAPI ≤ −20%	重旱	10% < SMAPI ≤15%	中涝
−20% < SMAPI ≤ −15%	中旱	15% < SMAPI ≤25%	重涝
−15% < SMAPI ≤ −5%	轻旱	SMAPI >25%	极涝
−5% < SMAPI ≤ 5%	无旱		

3. 干旱等级划分标准合理性评价

由 6.2.1 节分析可知，不管是我国北方的华北地区还是南方的西南地区，SMAPI 与 PDSI 和 SPI3 均具有较高的相关性。本节仍然以西南地区和华北地区为例，比较分析各指数不同干旱等级发生频率，评价 SMAPI 等级划分标准的合理性。图 6.19～图 6.23 分别为我国西南地区和华北地区 PDSI、SPI3 和 SMAPI 不同干旱指标识别的极旱、重旱、中旱、轻旱和干旱发生的总体频率空间分布图，为了便于比较分析，各指数均取 1961 年 1 月～2000 年 12 月数据序列。

由图 6.19 各指数极旱(D4)发生频率空间分布图可知，PDSI 表明西南地区在云南、重庆与四川东北部各有一个极旱高发区，发生频率达到 9%。以极旱频发中心向四周扩散，极旱发生次数逐渐减少，四川西北部极旱发生频率较低，在 1% 以下；SPI3 显示我国西南地区在四川东部极旱发生频率较低，在 1% 以下。以此为中心，四周极旱发生频率逐渐增加，四川南部至云南东南部形成极旱高发带，发生频率均在 3% 以上；SMAPI 显示西南地区东北部的重庆和四川交界处形成极旱高发中心，其他区域发生频率较低，四川西南部、贵州大部及云南地区极旱发生频率在 1% 以下。华北地区，PDSI 指出在山西省东部极旱发生频率较低，在 1% 以下。以此为中心，东部的河北(包括北京和天津)、山东、河南及山西西部极旱频率相对较高，河南南部部分地区达到 5% 以上；SPI3 反映出华北

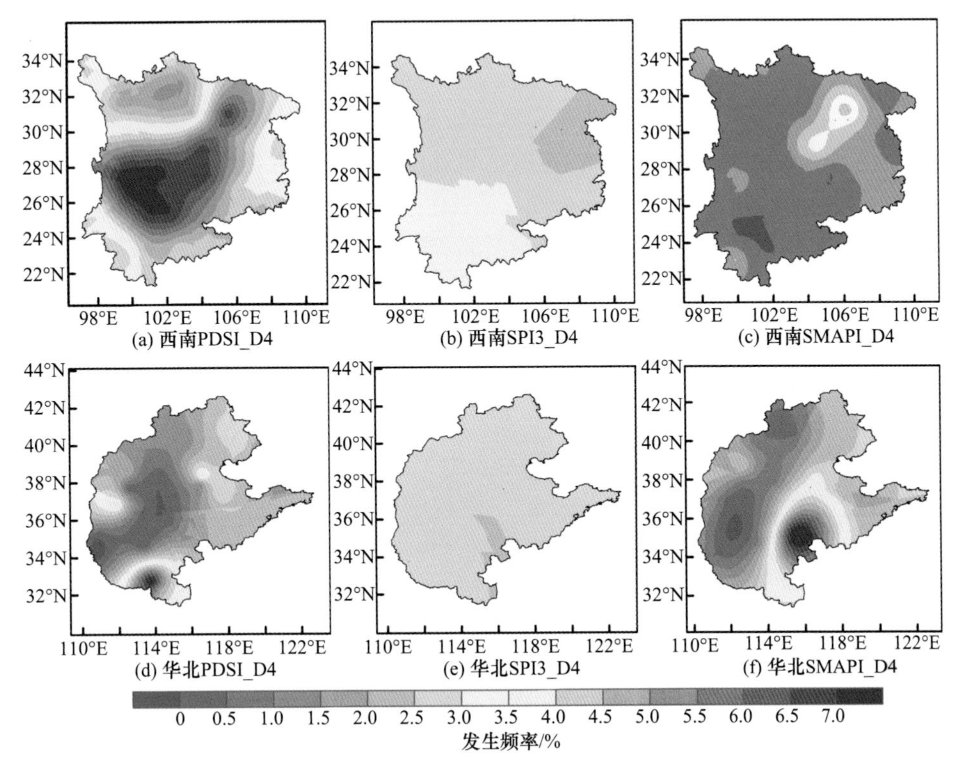

图 6.19　我国西南地区和华北地区极旱(D4)发生频率空间分布图

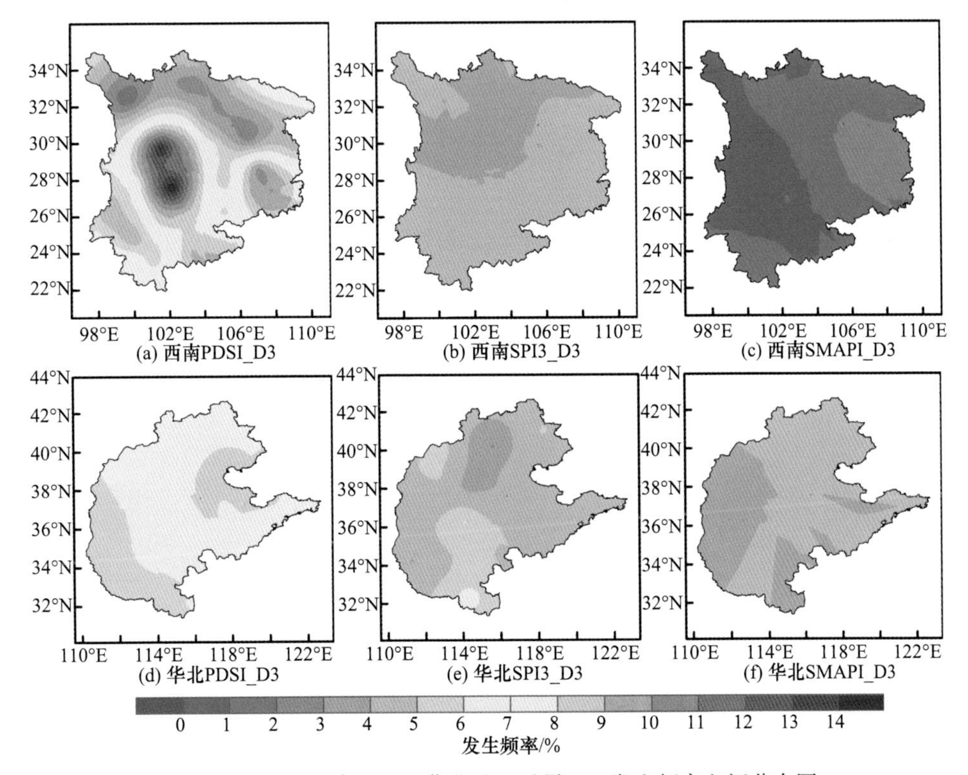

图 6.20　我国西南地区和华北地区重旱(D3)发生频率空间分布图

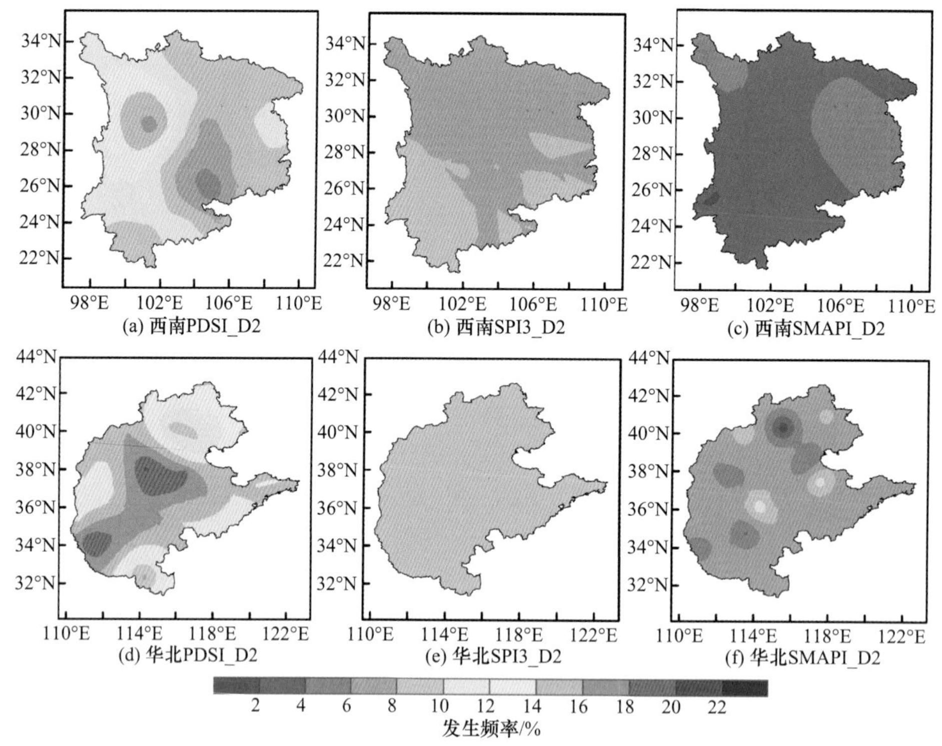

图 6.21　我国西南地区和华北地区中旱(D2)发生频率空间分布图

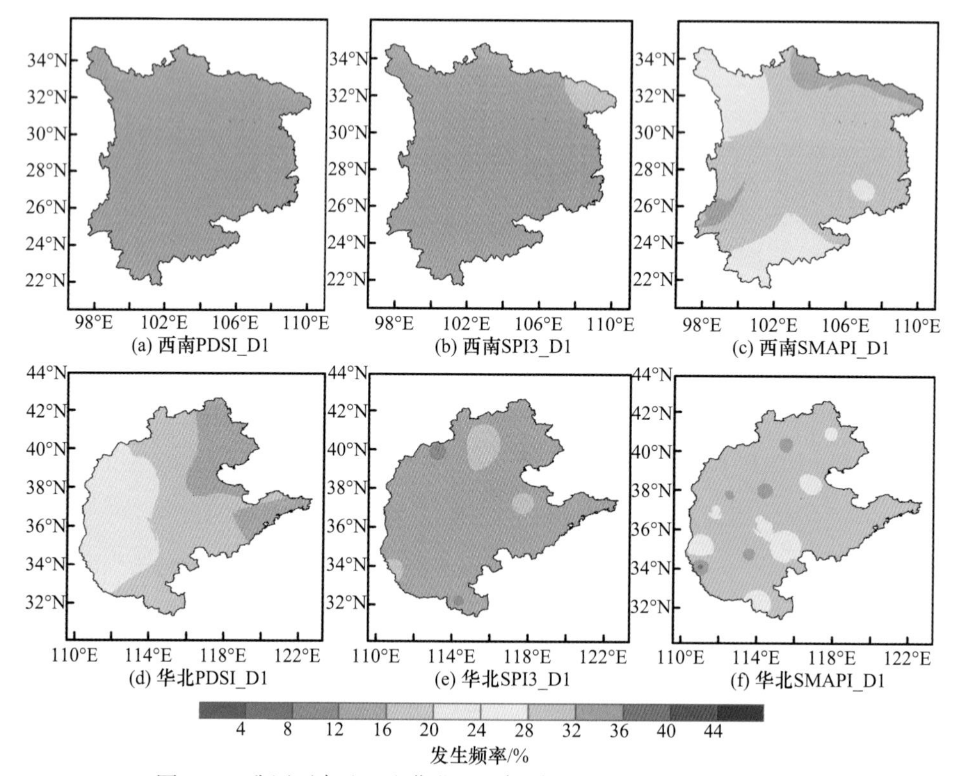

图 6.22　我国西南地区和华北地区轻旱(D1)发生频率空间分布图

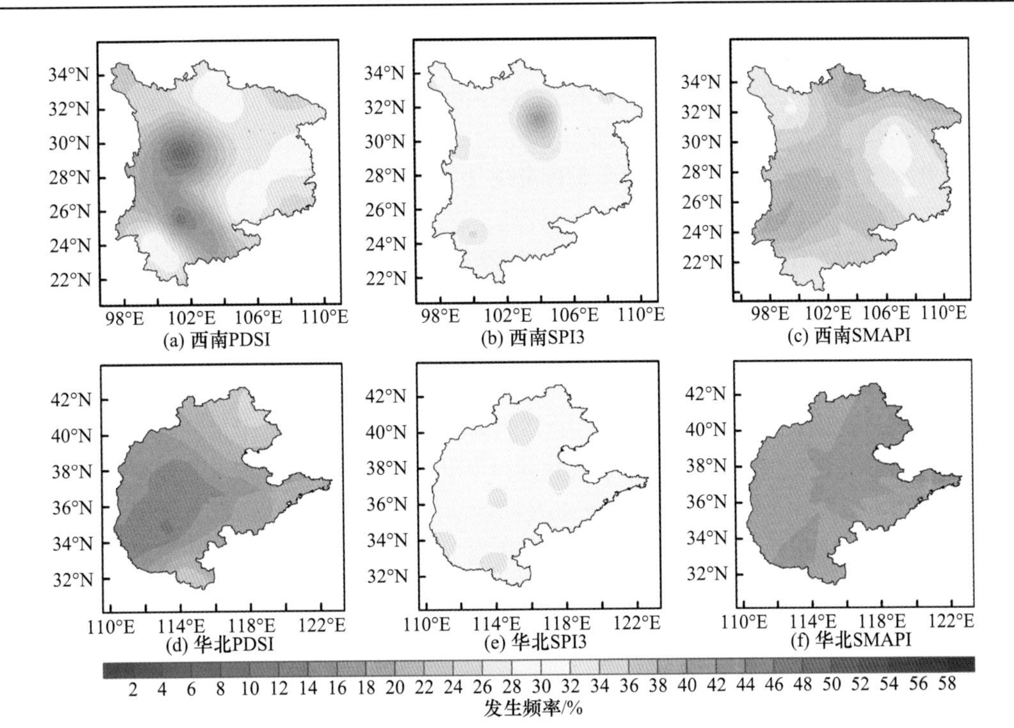

图 6.23　我国西南地区和华北地区干旱发生的总体频率空间分布图

地区极旱发生频率从北向南逐渐减少；SMAPI所反映的极旱发生频率的空间分布与PDSI相似，在山西东南部为极旱低发带，以此向东南和西北，极旱发生频率逐渐增加。

图6.20为各指数对应我国西南地区和华北地区重旱(D3)发生频率空间分布图。PDSI显示西南地区在四川南部和云南北部形成重旱高发区，发生频率达到10%以上，其次是贵州东南部，而四川西北部重旱发生频率较低；SPI3显示云南南部重旱发生频率较高，在5%以上，其次是贵州大部和四川北部地区；SMAPI反映出华北地区重旱发生频率大致呈现从西南部到东北部逐渐增加的趋势。PDSI反映出华北地区在北京、天津附近重旱发生频率较高，在10%以上，其次是河南北部，形成两个重旱发生中心，向四周重旱发生频率逐渐减少；SPI3反映出华北地区重旱发生频率大致呈现从北向南逐渐减少的趋势；SMAPI指出河北西北部和河南西部干旱频率较低，山西西部、河北和河南大部及山东重旱发生频率相对较高。

图6.21为我国西南地区和华北地区中旱(D2)发生频率空间分布图。在西南地区，PDSI显示中旱发生频率从西至东逐渐减少，四川中南部发生频率较高，在15%以上；SPI3反映出西南地区在四川东部中旱发生频率较低，以此为中心，向四周频率逐渐增加；SMAPI反映出在四川与重庆交界处、贵州中东部、云南南部及四川的东北部中旱发生频率较高。在华北地区，PDSI反映出在河南、河北及山西三省交界附近中旱发生频率较高，向四周频率逐渐降低；SPI3反映出不同区域中旱发生频率大多在8%～10%；SMAPI反映出中旱发生频率从河北北部、河南西部这两个相对低值中心向四周扩散，频率逐渐增加，山东东部达到10%以上。

由图6.22可知，PDSI反映出西南地区在贵州南部和云南北部，轻旱(D1)发生频率相对较低；SPI3 显示西南地区轻旱形成两个低频中心和三个高频中心，低频中心分别为四川东部和云南西部，高频中心为四川西部、重庆北部及云南东南部；SMAPI 反映出四川北部、云南西部发生轻旱的频率相对较低，向东南和西北发生频率逐渐增加。就华北地区而言，PDSI 反映出轻旱频率从东北向西南逐渐增加，多年平均值为 19% 左右；SPI3 在河北北部、河南西部和山东北部发生频率相对较高，在 15% 以上；SMAPI 反映出从河南西部至河北北部形成轻旱高频带，向西北和东南发生频率逐渐减少。

图 6.23 为我国西南地区和华北地区干旱发生的总体频率空间分布图，即达到轻旱以上等级干旱发生频率之和。在西南地区，PDSI 显示四川南部为干旱发生的高频中心，向四周干旱频率逐渐减少；SPI3 反映出四川东北部为干旱的低频中心，向四周干旱频率逐渐增加；SMAPI 反映出在四川东北部与重庆交界处、四川西北部和云南发生干旱频率较高，且在四川北部干旱频率较低。就华北地区而言，PDSI 大致反映出干旱发生频率由西南至东北减少的趋势；SPI3 反映出河北北部、山西北部及河南南部干旱发生频率较低，其他大部分地区干旱发生频率在 30% 左右；SMAPI 显示河北北部干旱发生频率相对较低，而山东大部、河南中北部、河北中南部及山西南部干旱发生频率较高，在 50% 左右。

由上述分析可知，在不同地区不同指数不同干旱等级发生频率空间分布不尽相同。从区域平均看(表 6.18)，基于 PDSI 西南地区干旱发生频率较高，尤其是极旱发生频率较高，接近 5%；SPI3 表明西南地区的干旱频率为 29.3%，略高于 SMAPI；PDSI 和 SMAPI 表明华北地区干旱发生频率较高，在 42% 左右，但不同等级干旱频率不同。SPI3 显示华北地区干旱发生频率较低，为 31.1%，其中轻旱的发生频率仅为 SMAPI 轻旱频率的 50%，极旱和重旱发生频率与 SMAPI 较为接近。比较不同地区，SPI3 反映出两个地区干旱频率均在 30% 左右，不适用于不同地区干旱的比较；PDSI 和 SMAPI 能够用于比较分析不同地区的干旱发生频率，SMAPI 显示华北地区的干旱频率高于西南地区，符合实际旱情，然而 PDSI 识别的西南地区重旱以上发生频率偏高。

表 6.18 我国西南地区和华北地区不同干旱等级发生频率平均值 (单位：%)

干旱程度	PDSI		SPI3		SMAPI	
	西南	华北	西南	华北	西南	华北
极旱	4.6	1.9	2.8	2.6	0.9	2.5
重旱	6.8	6.7	4.2	4.7	1.7	4.2
中旱	10.1	14.5	7.9	9.6	3.6	6.5
轻旱	14.2	18.9	14.4	14.2	18.8	28.4
干旱	35.7	42.0	29.3	31.1	25.0	41.6

6.2.3 基于 SMAPI 的干旱事件识别方法

干旱事件的特征由干旱历时、干旱强度、严重程度及干旱面积来描述。本节提出一套基于 SMAPI 识别网格和区域干旱事件的具有实用价值的干旱识别方法。

1. 网格干旱事件识别方法

对于一场干旱，基于 SMAPI 可以完整描述其发生、发展、持续和缓解的过程。如图 6.24 所示，当 SMAPI 在 t_1 时刻进入−5%以下，一场干旱即开始了，从 $t_1 \sim t_2$ 的轻旱和 $t_2 \sim t_3$ 的中旱为干旱的发展阶段，$t_3 \sim t_4$ 的重旱、$t_4 \sim t_5$ 的极旱及 $t_5 \sim t_6$ 的重旱为干旱的持续阶段，$t_6 \sim t_7$ 的中旱和 $t_7 \sim t_8$ 的轻旱为干旱的缓解阶段。

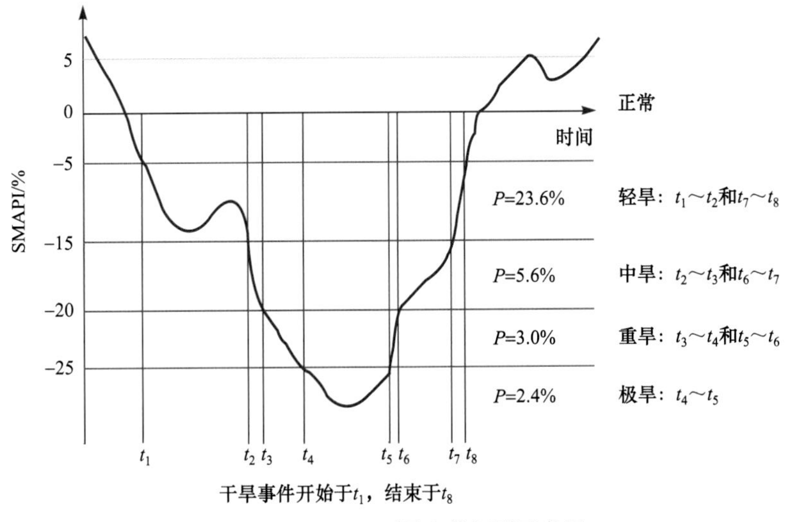

图 6.24　SMAPI 干旱事件识别示意图

对于网格而言，本节将干旱历时定义为 SMAPI 取值低于干旱阈值−5%的连续天数，并取 60 天作为干旱历时的阈值来识别一场网格干旱事件(图 6.25)。网格干旱强度和干旱严重程度定义如下。

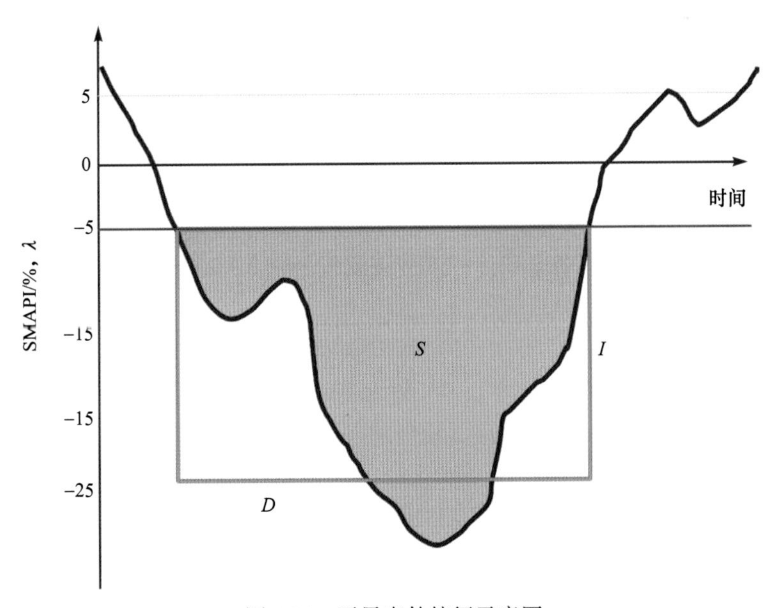

图 6.25　干旱事件特征示意图

1) 干旱强度

$$I = \sum \frac{\lambda}{n}, \quad \lambda < -5\% \tag{6.22}$$

式中，λ 为 SMAPI 的取值；n 为λ<−5%的总天数。干旱强度是表征一个地区干旱发生时($\lambda < -5\%$ 的情况)，土壤含水量离均的平均情况。

2) 干旱严重程度

$$S = ID \tag{6.23}$$

式中，D 为 $\lambda < -5\%$ 的天数(干旱历时)。干旱严重程度为干旱强度与干旱历时的乘积，其反映了地区干旱总体状况，干旱强度越强，历时越长，则干旱越严重。

2. 区域干旱事件识别方法

对于区域而言，干旱面积是识别大范围干旱事件的一个重要特征，其定义是区域内 SMAPI 取值低于−5%的网格百分比；干旱强度为区域全部网格的 SMAPI 的平均值；与网格干旱历时不同的是，这里将区域干旱历时定义为区域日干旱面积大于 30% 的持续天数；与网格干旱严重程度类似，区域干旱严重程度为区域干旱强度与干旱历时的乘积；取 60 天作为干旱历时的阈值来识别一场区域干旱事件。对两场连续干旱的时间间隔较短的情况，将时间间隔不超过 10 天的两场连续干旱事件合并为一场干旱。

6.3　土壤含水量距平指数验证

为了验证土壤含水量距平指数的适用性，本节运用该指数对西南、华北及全国的典型干旱事件进行识别，并利用实际旱情资料和气象干旱指数对比分析了干旱事件的时空发展和变化过程。

6.3.1　西南地区典型干旱事件分析

据《中国历史干旱(1949—2000)》(张世法等，2008)记载，1990 年我国西南地区灾情十分严重，受旱面积 553.9 万 hm^2，成灾面积 271.0 万 hm^2，受旱率和受旱成灾率分别为 28.5% 和 14.0%。其中，贵州省受旱面积和成灾面积分别为 128.9 万 hm^2 和 95.2 万 hm^2，粮食减产 90.4 万 t，受旱率和受旱成灾率分别达 36.0% 和 26.6%，灾情十分严重，是中华人民共和国成立以来灾情最严重的一年。四川省受旱面积和成灾面积分别为 417.2 万 hm^2 和 171.3 万 hm^2，受旱率和受旱成灾率分别达 36.8% 和 15.1%，灾情十分严重。在四川省内，以川东地区灾情最为严重，其受旱面积、成灾面积分别占全省受旱面积、成灾面积的 63% 和 74%。由于干旱缺水，人畜饮水发生困难。

绘制 1990 年 7～8 月西南地区 PDSI、SPI3 及 SMAPI 的空间分布图，如图 6.26 所示，SMAPI 识别的干旱发生区域与其他指数具有较好的一致性，均能反映此次夏伏旱的干旱中心为贵州中北部，能够反映实际旱情，但干旱等级具有一定的差异。PDSI 所反映的干旱等级较为严重，SPI3 反映的相对较轻，SMAPI 所反映的干旱范围和干旱强度介于 PDSI 和 SPI3 之间。

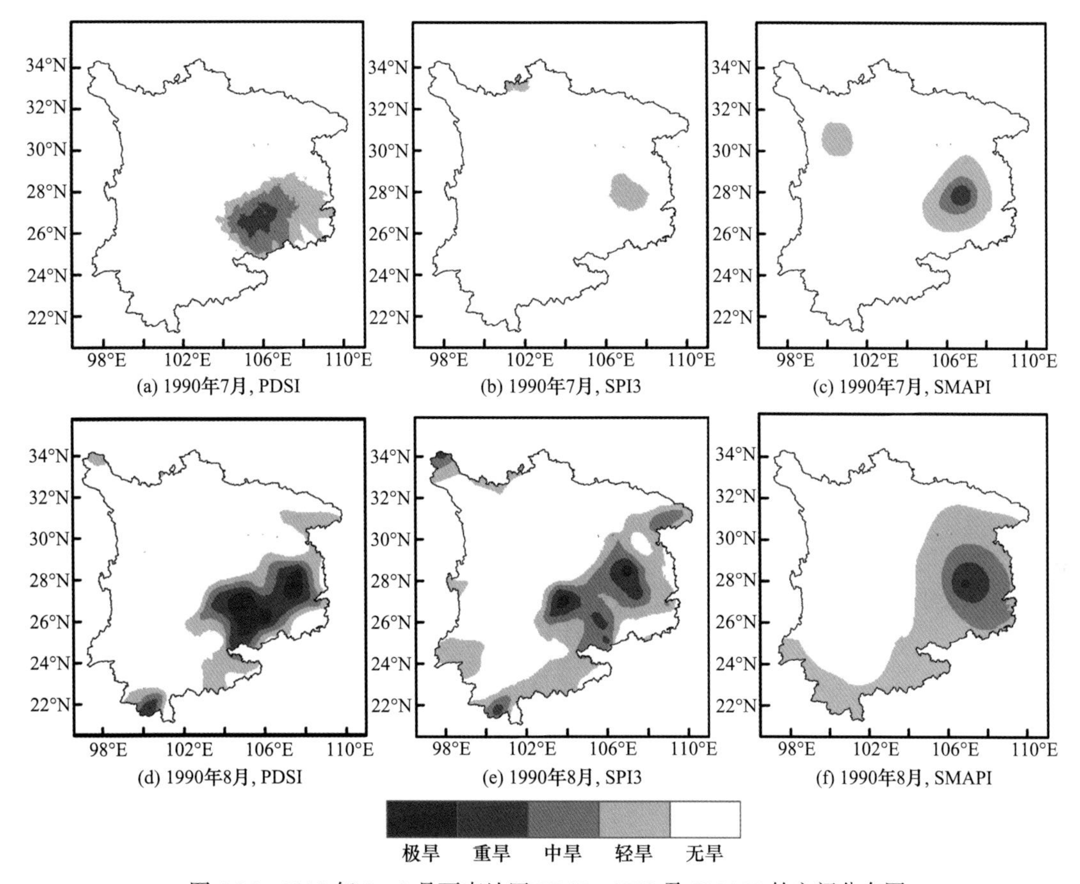

图 6.26　1990 年 7～8 月西南地区 PDSI、SPI3 及 SMAPI 的空间分布图

6.3.2　华北地区典型干旱事件分析

1. 1997 年华北地区干旱

1997 年我国北方地区发生严重的春夏旱和伏秋旱，持续时间长，灾情十分严重。华北地区受旱面积 1155.4 万 hm^2，成灾面积 744.5 万 hm^2，受旱率和受旱成灾率分别为 31.2% 和 20.1%，在华北地区 1949～2000 年 52 年中分别排在第 1 位和等 2 位。其中，河北省受旱面积 290.0 万 hm^2，成灾面积 198.3 万 hm^2，受旱率和受旱成灾率分别为 32.7% 和 22.4%。

绘制 1997 年 7～8 月 PDSI、SPI3 及 SMAPI 的空间分布图，如图 6.27 所示，各指数对该次干旱的识别结果差别较大。相比而言，PDSI 识别干旱结果相对较轻，干旱发生的范围相对较小，仅在 1997 年 8 月识别出部分地区发生重旱；而 SPI3 识别的结果相对较重，干旱发生范围较广，尤其是 1997 年 8 月，华北大部分地区包括河北南部、山西东部、河南中北部等发生极旱。SMAPI 识别出 1997 年 7 月、8 月华北地区发生严重干旱，河南大部、山东中西部及河北南部发生大范围重旱，干旱等级介于 PDSI 和 SPI3 等级之间，能够较好地反映实际旱情的发生和发展过程。

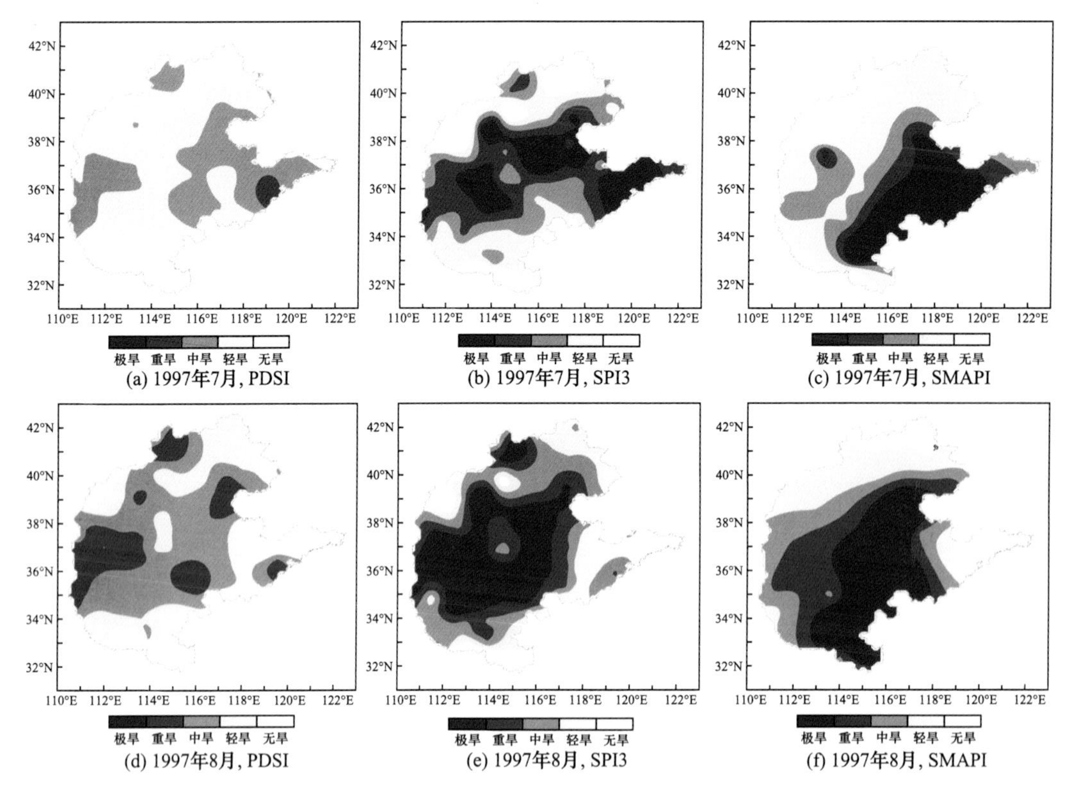

(a) 1997年7月, PDSI　(b) 1997年7月, SPI3　(c) 1997年7月, SMAPI

(d) 1997年8月, PDSI　(e) 1997年8月, SPI3　(f) 1997年8月, SMAPI

图 6.27　1997 年 7～8 月华北地区 PDSI、SPI3 及 SMAPI 的空间分布图

2. 2002 年山东干旱

2002 年山东省降水严重偏少，是继 1999 年、2000 年、2001 年严重干旱之后的又一特大干旱年份。2002 年 6 月以后，山东省持续高温少雨，特别是 7～9 月，全省平均降水量仅 163mm，较常年同期减少 60%，为山东省 1916 年有降水资料记载以来同期最少的年份，致使全省旱情持续发展。

图 6.28 给出了 2002 年山东省逐月受旱面积与平均 SMAPI 的对比曲线，受旱面积来源于文献(张胜平等，2004)。从实际受旱面积看，2002 年 6～9 月受旱面积不断增加，到 10 月上旬受旱面积稍有减小。图 6.28 中的 SMAPI(0～100cm)过程，反映的是山东省区域 1m 土层土壤含水量距平百分率的月过程。从图 6.28 中可以看出，SMAPI 6 月大于–5%，处于正常范围，没有出现旱情；7 月 SMAPI 达到–23%，出现中旱；8～9 月 SMAPI 小于–30%，旱情加剧，达到重旱级别；10 月以后旱情趋于缓和。从实际受旱面积和 SMAPI 过程的对比分析来看，SMAPI 能够较好地再现 2002 年山东省旱情的发生与发展，进一步说明该指数具有较好的适用性。

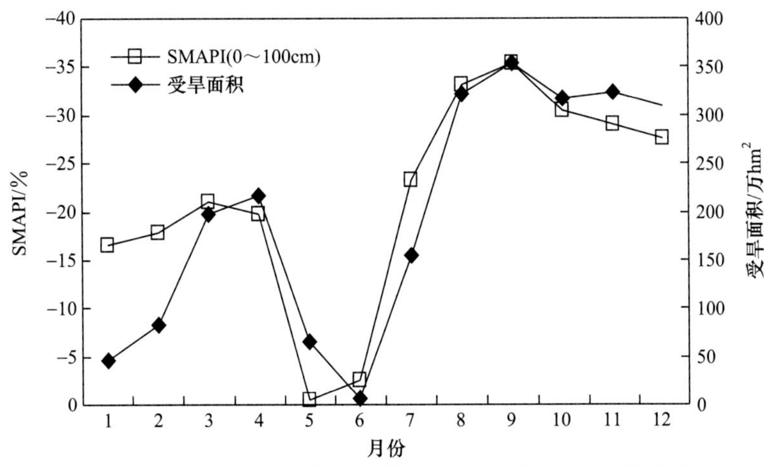

图 6.28　2002 年山东省逐月受旱面积与平均 SMAPI 的对比

6.3.3　2000 年全国典型干旱事件分析

由上述分析可知，SMAPI 能够稳定、连续地反映我国西南地区和华北地区的旱情。为了进一步验证 SMAPI 旱涝等级划分的合理性，以 2000 年为例进行全国范围干旱事件识别分析。2000 年属于极旱年，是 20 世纪后半叶最严重的干旱年。据《中国历史干旱(1949—2000)》(张世法等，2008)记载，2000 年全国受旱面积 4054.1 万 hm^2，成灾面积 2678.4 万 hm^2，粮食减产 5996 万 t。旱区遍及 21 个省(自治区、直辖市)，重旱区分布在北方大部分地区和南方部分地区，灾情均十分严重。以东北、华北、西北、内蒙古和华东地区的灾情最为严重，受旱率均大于 20%，受旱成灾率均大于 10%；新疆地区受旱率和受旱成灾率分别为 10.9% 和 6.4%，在该地区也属灾情较重的年份。综合旱灾指数分析指出，我国北方地区的内蒙古和东北地区发生极旱灾害，西北和华北地区发生重旱灾害和中旱灾害，除此之外，华东地区干旱灾害也较为严重。

从旱情来看，春旱和夏旱较为严重。据《中国历史干旱(1949—2000)》(张世法等，2008)记载，春季 4～6 月降水量较常年同期减少，旱情严重的地区主要分布在东北和华北的大部、西北和内蒙古的东部，以及长江中下游沿江地区和华南的部分地区。这些地区干旱少雨的同时，还受到高温热浪的袭击，蒸发量较常年同期偏大，平均气温比常年同期偏高，旱情十分严重。由图 6.29 SMAPI 不同干旱等级空间分布可知，2000 年 4～5 月在我国的华北、东北等地区干旱较为严重，并且范围逐渐扩大。干旱中心从华北逐渐向东南移动，5 月长江中下游沿江地区发生极旱，并且范围较广。SMAPI 所反映的干旱与历史旱情的描述较为一致。

除春旱外，2000 年夏旱和伏旱旱情也比较严重。内蒙古和新疆大部，以及东北、华北、西北、华东、华南和西南的部分地区，7～8 月降水量较常年同期减少 20%~50%，而蒸发量较常年同期偏高。如图 6.29 所示，7 月和 8 月 SMAPI 不同干旱等级空间分布反映出在我国的内蒙古东部、东北和华北大部，以及华东和华南部分地区旱情较为严重，但新疆地区的旱情没有反映出来，这可能是由于在我国西部地区国际交换站站点相对较少造成的。

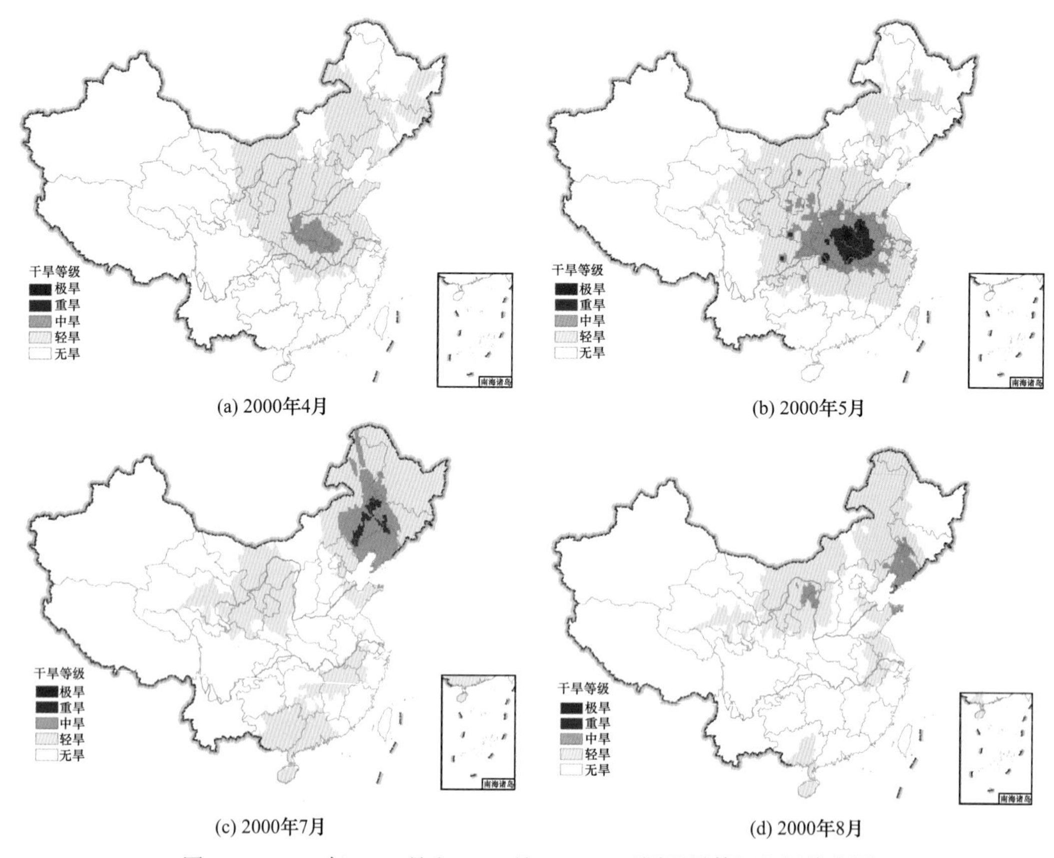

(a) 2000年4月　(b) 2000年5月

(c) 2000年7月　(d) 2000年8月

图 6.29　2000 年 4～5 月和 7～8 月 SMAPI 不同干旱等级空间分布图

6.4　基于 SMAPI 的全国农业干旱特征分析

由于受各地气候和地形等因素的影响，我国各地区干旱发生时间、发生强度和严重程度、发生频率等都存在很大差异，研究全国多年平均干旱和不同季节干旱在空间上的分布特征有利于提高对全国干旱空间分布整体规律的认识。

6.4.1　多年平均特征

基于 SMAPI 的干旱识别方法，分别绘制全国 1951～2010 年干旱强度分布图(图 6.30)、干旱频率分布图(图 6.31)和干旱严重程度分布图(图 6.32)。

如图 6.30 所示，我国的干旱强度呈现出西部低、东部高、中部极高的空间分布格局。我国干旱强度高值中心有三个：一是东北西部和内蒙古中东部地区；二是整个华北地区、华东北部地区和西北东部地区；三是西藏及其与西北西部地区的交接地带。第二个高值中心覆盖较广，第一个和第三个高值中心范围相对较小，同时，这三个高值中心及周围的高值区基本连接成片。

东北西部和内蒙古中东部地区主要发育有黑钙土，其持水能力差，干旱频发。加之该区大气降水是土壤水分的主要来源，降水发生时土壤含水量急剧上升，随后下降。该区的降水集中在夏季，而 3～5 月降水稀少、蒸发强烈，土壤含水量易偏离正常值而处于干旱状态。

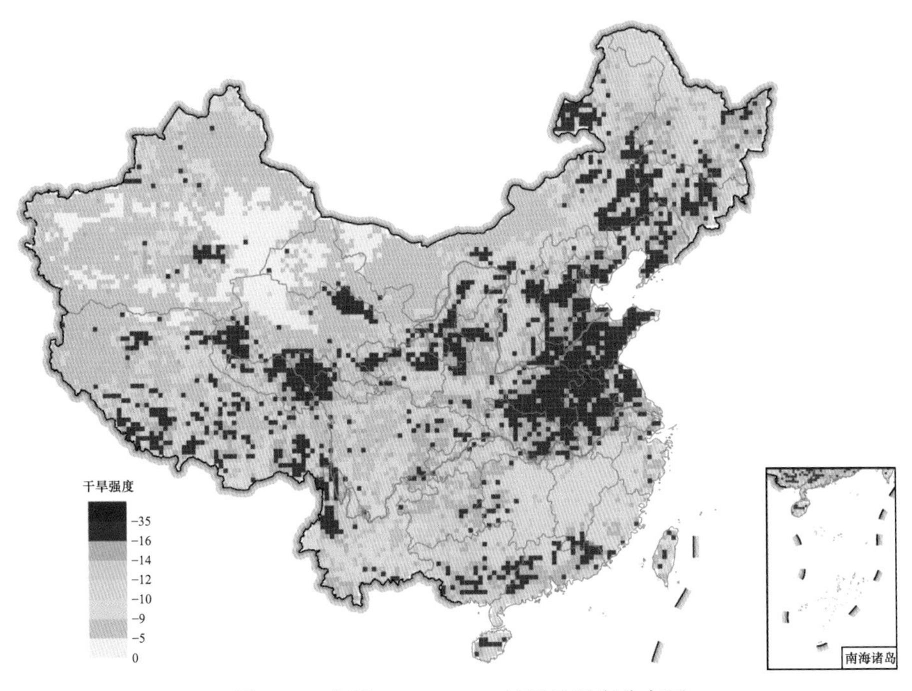

图 6.30　全国 1951～2010 年干旱强度分布图

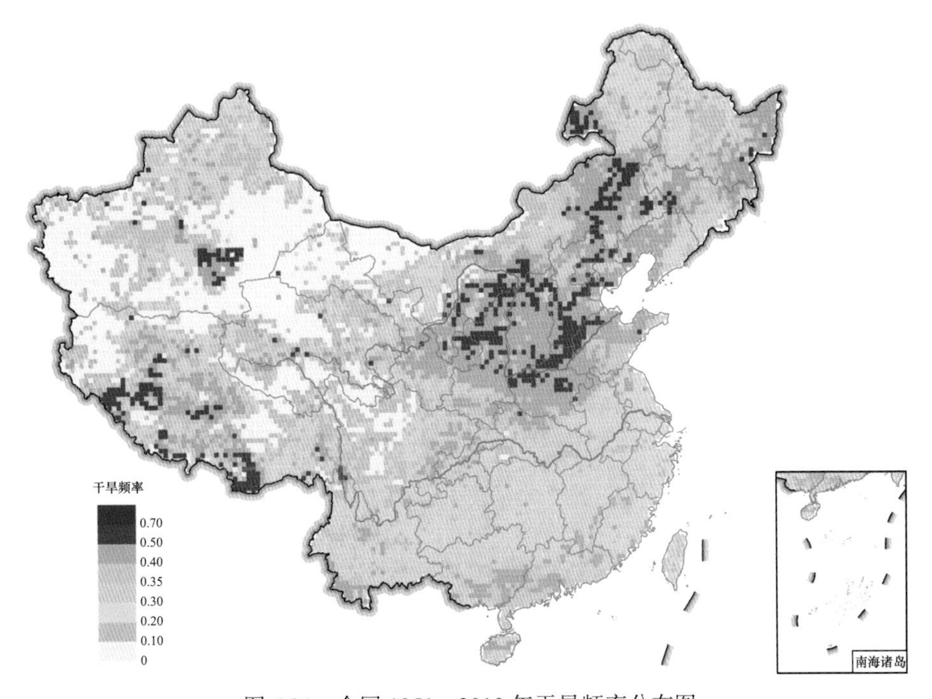

图 6.31　全国 1951～2010 年干旱频率分布图

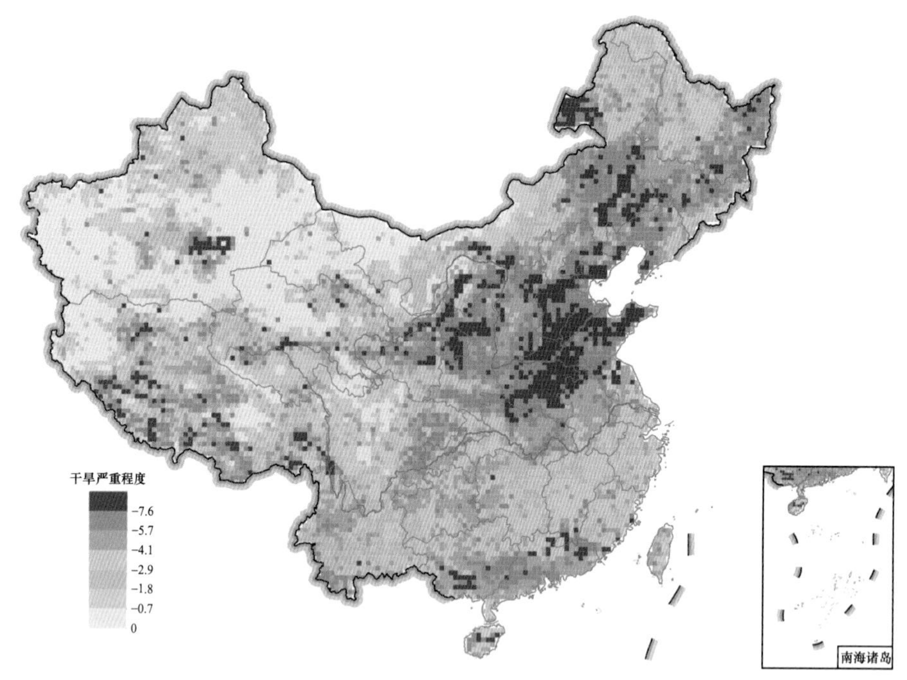

图 6.32　全国 1951～2010 年干旱严重程度分布图

华北地区、华东北部地区和西北东部地区主要是由黄河、淮河与海河及其支流冲积而成的黄淮海平原，该区的降水受到太平洋季风的强弱及雨区进退的影响，在空间上分布不均，在时间上的变化更是剧烈，年内表现为频繁的旱涝交替，年际表现为连涝连旱。因此，该区日土壤含水量易较大程度地偏离同期平均土壤含水量。

西藏及其与西北西部地区的交接区气候较干燥，降水稀少，大部分区域植被稀少，土壤持水能力差，蒸发强烈。由于季风气候的影响，该区降水的年变率大，年内分布不均，一年的降水甚至集中于几场大暴雨中，形成丰水年洪旱并存，枯水年干旱缺水的状况，丰水年与枯水年的日土壤含水量与多年平均日土壤含水量相差较大。

图 6.31 为全国 1951～2010 年干旱频率分布图。干旱频率为干旱发生的频繁程度，定义为 SMAPI 小于−5%的天数占总天数的比例。由图 6.31 可以看出，干旱频率的分布东西差异明显。西北部大部地区干旱发生的频率低，东部和南部地区高。

高频中心分布在东北西南部地区、三江平原地区，黄淮海平原、珠江三角洲和藏南谷地南部地区，次高频中心分布在湘赣地区、江汉平原、川黔地区和塔里木盆地。次高频和中频区基本连成一片，中国西北部干旱发生频率明显低于东部及南部地区。降水、蒸发等变率大，土壤含水量变率大，易出现干旱。

西北干旱地区深居内陆，距海遥远，加上地形偏高，对湿润气流有阻挡作用，主要属大陆性气候，气候干旱，全年降水偏少，土壤含水量变率不大，土壤含水量距平值低于−5%的情况少，故干旱频率低。华北、东北位于半湿润、半干旱地区，处于东亚季风区边缘，东部和南部地区受海洋季风影响较大，这些地区降水、蒸发等变率大，土壤含水量变率大，易出现干旱。

图 6.32 为全国 1951～2010 年干旱严重程度分布图。干旱烈度整体分布呈现出西北偏低、华南江南较高、华北和东北最高的现象。高值区主要分布在锡林郭勒高原、华北地区及华南小部分地区，次高值区则主要分布在东北西部的松嫩平原、东北东部的牡丹江—三江平原、江南广大地区和藏南谷地西部和南部。

华北地区是最大的高值中心，同时从干旱频率和干旱强度分布图可以看出，该地区也是高值中心。华北地区位于大陆东岸，邻近海洋，属半干旱、半湿润地区，是比较敏感的气候过渡带。冬季受来自西伯利亚的冬季风控制，夏季受来自海洋的夏季风控制，年降水季节分配不均匀，集中在夏季，且受季风影响，降水变率大。

6.4.2　多年季节平均特征

干旱的发生具有明显的季节性差异，从干旱发生时间来看，干旱季节类型分为春旱、伏旱、秋旱和冬旱。不同季节类型的干旱在空间上的分布差异较大，图 6.33 给出了全国 1951～2010 年各季节干旱天数占全年总干旱天数的百分比，该百分比能够反映各地季节干旱类型及其易发程度。

春季[图 6.33(a)]干旱易发地区主要位于新疆北部的阿尔泰山西北部和准噶尔盆地、西南地区的横断山脉西部和滇东高原、四川盆地和云贵高原，频率高达 30%以上。

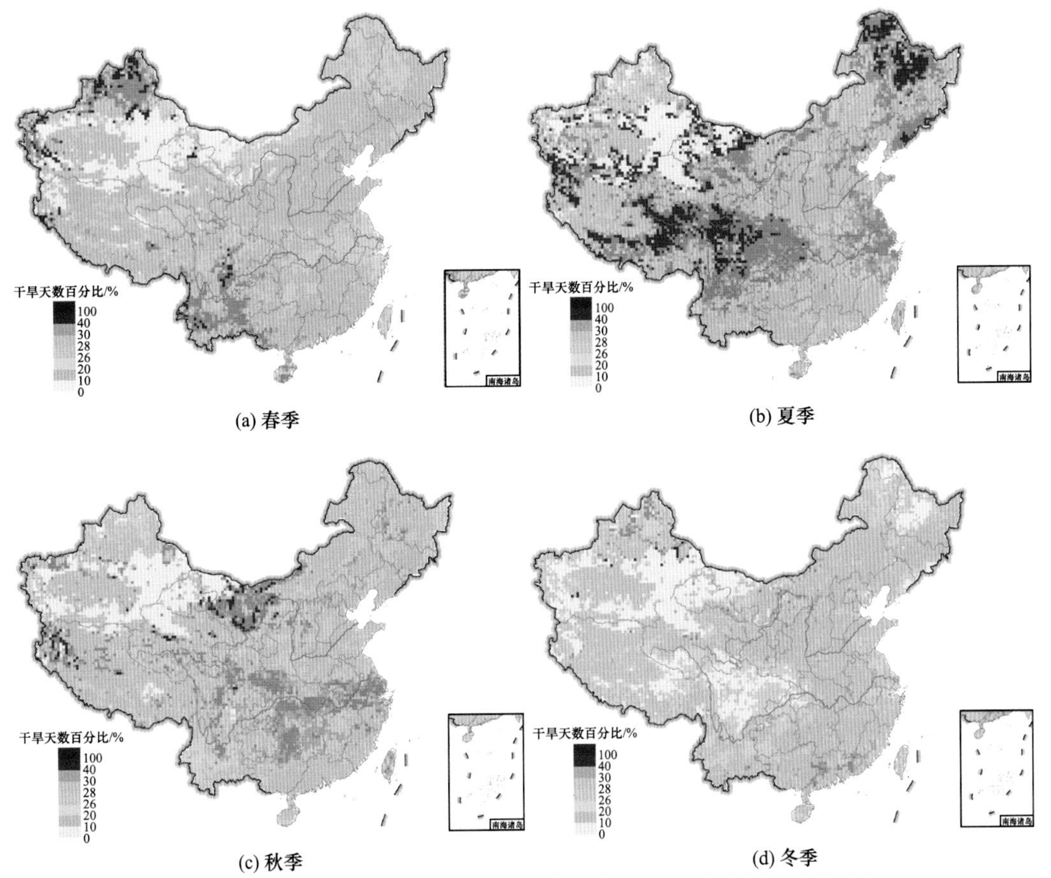

图 6.33　全国 1951～2010 年各季节干旱天数占全年总干旱天数百分比

夏季[图 6.33(b)]干旱范围较春旱有明显的扩大，是四季中干旱发生范围最大的季节。易发区主要沿长江流域分布，且在中国东北部也存在伏旱易发区。具体来说，伏旱易发区主要分布在青藏南部广大地区、帕米尔高原，东北西部的大兴安岭东北部、嫩江上游地区、长白山地区，西南区的横断山脉地区、四川盆地、云贵高原地区，新疆、甘肃、内蒙古地区的塔里木盆地中部、长江下游区。而华北、江南和华南地区干旱发生较少。

秋季[图 6.33(c)]干旱发生频率与夏季相比明显减弱，高值区中心有了明显的转移，主要聚集在秦岭—淮河一线南部地区的江淮地区、江南地区等广大地区，以及甘肃、宁夏、内蒙古地区的河西走廊、宁夏平原、阿拉善高原和河套平原一带。

冬季[图 6.33(d)]干旱向东部和南部转移，且干旱发生范围在四季中最小，仅在华南沿海和中国西北部的部分地区有冬旱发生。

图 6.34 给出了全国 1951～2010 年各季节干旱天数占所在季节总天数的百分比，反映了各季节干旱的干旱频率。由图 6.34 可知，4 个季节干旱频率空间分布图均呈现出整体上与干旱多年平均空间分布(图 6.31)较相似的空间格局，具体表现为 4 个季节在中国西北部大部地区的干旱频率均较低，在东部和南部地区干旱频率较高，存在明显的东西差异。

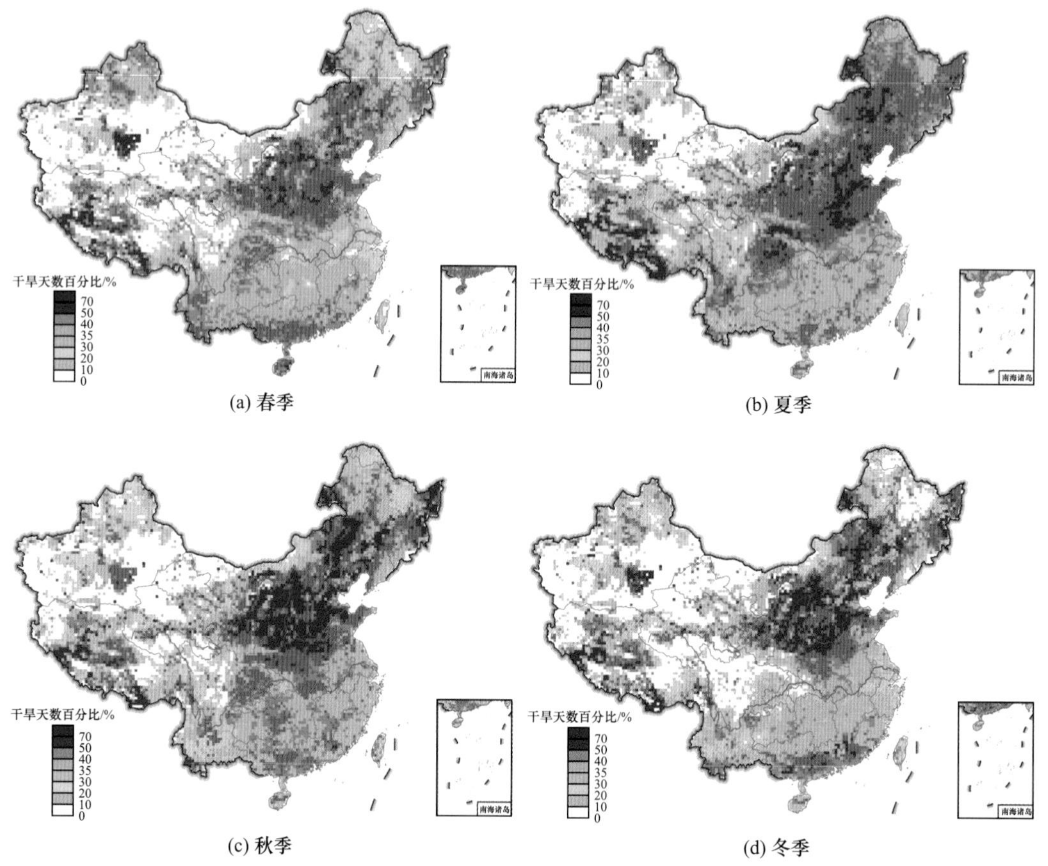

图 6.34　全国 1951～2010 年各季节干旱天数占所在季节总天数的百分比

高频中心分布在东北西南部地区、三江平原地区，黄淮海平原、珠江三角洲和藏南谷地南部地区，次高值中心分布在湘赣地区、江汉平原、川黔地区和塔里木盆地。然而不同季节干旱的干旱频率在空间上局部存在差异，表现为春旱和冬旱在华东地区的干旱频率基本均不高于 30%，且冬旱在西南地区的干旱频率也基本不高于 30%，而伏旱和秋旱在华东地区和西南东部地区的干旱频率基本为 30%～40%。

6.4.3 年代变化特征

图 6.35 为全国 6 个年代(1951～1960 年、1961～1970 年、1971～1980 年、1981～1990 年、1991～2000 年和 2001～2009 年)干旱强度的空间分布图。由图可以清楚地看出，全国范围干旱强度发生的年代变化。20 世纪 50 年代，西藏与西北地区交接带的干旱强度极大，为−40～−20，其次是黄淮海平原大部分地区和珠江三角洲，西北地区和西南地区干旱强

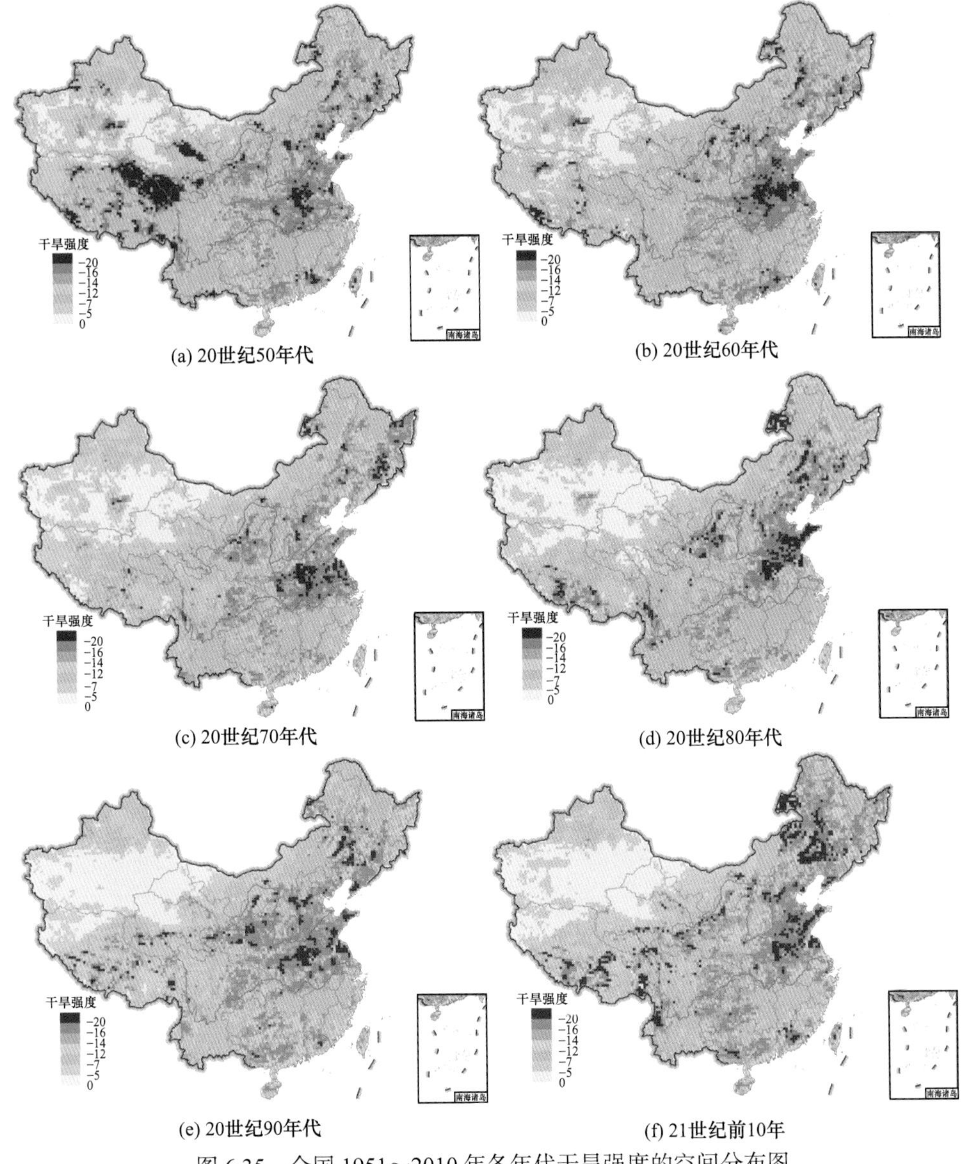

图 6.35 全国 1951～2010 年各年代干旱强度的空间分布图

度较小；而在 20 世纪 60 年代以后，全国范围的干旱强度和干旱面积均减小，仅华北地区东部的干旱强度增加，而西藏与西北地区交接带的干旱中心消失；20 世纪 70 年代和 20 世纪 80 年代，全国范围的干旱强度较 1960 年略有减小，干旱范围变化不明显；20 世纪 90 年代和 21 世纪前 10 年，全国范围的干旱强度较 20 世纪 80 年代变化不明显，但干旱范围有增加趋势，江汉平原和江南东部地区的干旱强度有所增加。

全国干旱频率在各年代也有较大的变化，如图 6.36 所示。由图 6.36 可知，在 60 年中出现了干旱频率高值区逐渐由我国西部向东部转移的现象。西部干旱频率和干旱面积

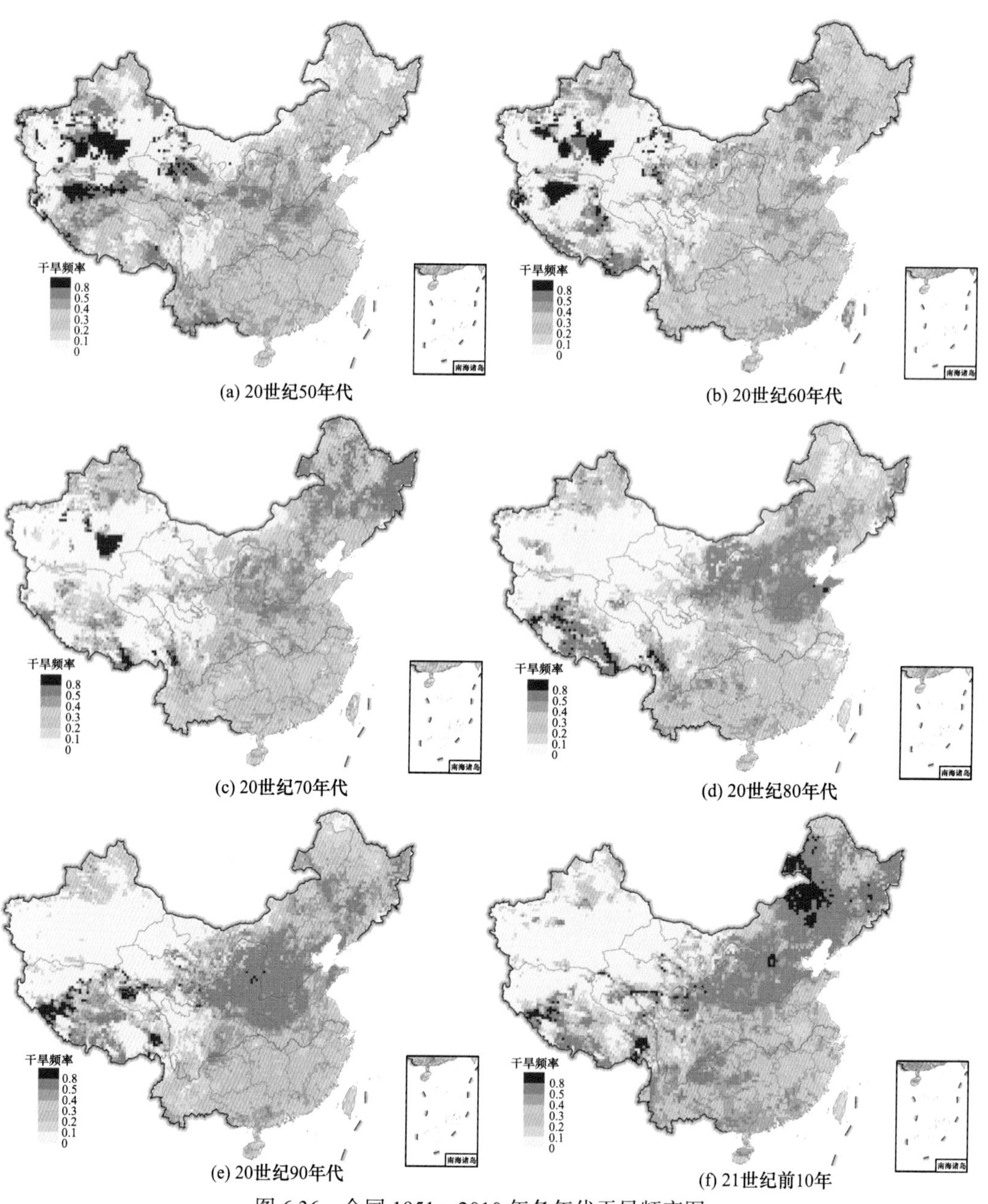

图 6.36　全国 1951～2010 年各年代干旱频率图

逐渐减小，从 20 世纪 80 年代开始，新疆地区和西北地区西部干旱极少发生，干旱频率基本不超过 10%；而我国东部干旱频率和干旱面积逐渐增加，尤其是 20 世纪 80 年代初以后，东部干旱频率明显增加，干旱范围明显变大，华北发展为干旱频发区，并在 21 世纪前 10 年进一步向东北地区延伸，形成更有序与集中的华北和东北干旱频发区。自 1980 年另一个较小的干旱中心逐渐发展，并在 21 世纪前 10 年延伸到华南和西南大部分地区。整个结果表明我国干旱情势变得越来越严峻，尤其是社会经济高度发展的东部地区。

6.5 本章小结

土壤含水量是影响农作物生长的直接因素，也是表征农业干旱发生和发展的重要变量。本章基于大尺度 VIC 水文模型模拟生成全国范围 10km×10km 分辨率的网格化土壤含水量，采用站点实测资料和遥感反演资料对其进行验证，在此基础上构建土壤含水量距平指数，绘制全国范围的 SMAPI 综合频率分布曲线，并结合全国实际旱情的发生频率制定了基于 SMAPI 的干旱等级划分标准，在验证 SMAPI 等级划分标准合理性的基础上，进一步分析了全国农业干旱多年平均特征和多年季节平均特征及年代变化特征。

基于更新的全国参数网格化公式建立的全国范围 VIC 模型模拟生成的土壤含水量与实测土壤含水量具有较高的一致性，能够很好地反映土壤含水量的时空变化特征。构建的 SMAPI 物理意义明确，易于理解，可以很好地进行不同区域、不同时期的干旱特性比较，与其他指数相比更适用于大范围干旱的研究。提出的基于 SMAPI 的干旱等级划分标准能够客观反映大范围干旱实际旱情等级，具有较好的适用性。全国农业干旱特征分析应用结果表明，SMAPI 能够较为合理地反映全国实际干旱的严重程度和演变过程，为大范围干旱动态监测与预测提供了有效的方法。

第 7 章　标准化径流指数

以河道径流短缺为表征的水文干旱与农业灌溉、水资源供需和生态建设等密切相关。近年来，受气候变化、人类活动和流域下垫面条件变化的影响，我国极端水文干旱事件显现出频率增加、范围扩大的趋势。但是，基于站点实测径流资料的干旱分析，难以全面反映大范围水文干旱的时空特征。本章将基于第 6 章 VIC 模型输出的全国 10km×10km 网格产流，构建大尺度汇流模型，在验证流域网格径流模拟效果的基础上，模拟全国范围网格化径流数据集。基于该数据集，构建适宜我国天然径流分布特征的标准化径流指数 SRI，分析 1961～2013 年我国七大流域的水文干旱特征。

7.1　全国范围网格化径流模拟

构建大尺度分布式汇流模型是获得径流时空分布信息的重要手段，也是研究大范围水文干旱的基础。汇流模型构建的方式包括源汇方式和逐单元方式。源汇方式假设每个单元水流到流域出口的路径是独立的、互不影响的，将各单元的径流单独演算到流域出口，然后线性叠加成流域出口断面的总流量，也称为先演后合方式。逐单元方式是根据子流域或网格的拓扑关系，从上游到下游，在各个水流汇合点，先将所有流量叠加在一起，作为下一单元的入流，沿着单元逐步向流域出口演算的方式，也称为先合后演方式。该方式能够较为合理地模拟洪水演进的实际过程，已被越来越多地应用于分布式水文模型中。本节将基于逐单元方式构建大尺度分布式汇流模型进行全国河川径流的模拟。

网格汇流模型的构建，首先需要确定网格的流向和集水区。早期的 D8 网格划分方法，假设单个网格中的水流只能流入与之相邻的 8 个网格中，当网格尺度较大时，该方法提取的河网与真实河网存在较大偏差。针对 D8 法的不足，从控制网格主要流向的角度出发，近年来提出了基于高分辨率数字高程模型(digital elevation model，DEM)升尺度的河网划分方法(Wen et al.，2012；Wu H A et al.，2011；Davies et al.，2009；Paz et al.，2006；Reed，2003；Olivera et al.，2002)，提高了网格主要水流路径的合理性。针对网格集水区的确定问题，Yamazaki 等(2009)引入网格代表单元表示网格集水区，进一步保证了网格河网汇流路径、集水区与真实河网的统一。

其次，子流域的调蓄作用对大尺度分布式汇流模型来说不容忽略(Zaitchik et al.，2010；Gong et al.，2009)。要有效解决这一问题，需要考虑不同子流域的空间异质性、调蓄方法的物理基础、可移植性。因此，各国学者从不同角度考虑子流域或次网格调蓄作用，Lohmann 等(1996)利用统一单位线反映网格调蓄作用；Wang 等(2011)利用线性水库考虑子网格调蓄作用；Ye 等(2013)利用运动波模拟坡面流；Wen 等(2012)考虑了网格内高分辨率 DEM 格点与河道的距离分布，近似考虑网格对河道入流的调蓄作用；Gong 等(2009)则提供了一种更合理的概化思路，他们利用高分辨率网格汇流响应函数积分获得了低分辨率网格汇流响应函数。

综合上述方法的优缺点，本节提出了基于网格与子流域融合单元的河网划分方法，既可保证网格单元汇流路径的统一，又可提取更加真实的河网信息。以融合单元作为网格代表单元，采用融合单元响应函数进行网格代表单元内的调蓄演算，利用扩散波解析法进行融合单元间河道汇流演算，可使汇流模型结构更为完善。河网划分和子流域响应函数提取，利用了高分辨率 DEM 信息，将高精度信息升尺度到大尺度分布式汇流模型中，结合解决参数空间分布的河道汇流参数估计方法，使得汇流模型具有更加合理的结构和精细化特征，对于不同尺度网格均具有较高的精度。模型可以在大尺度网格划分情况下取得与更加精细化网格相近的结果，有效提高了分布式水文模型的计算效率。

7.1.1　流域尺度网格汇流模型建立

本节基于大尺度分布式 VIC 模型生成的产流进行汇流演算。汇流方案的构建分为三部分：①基于高分辨率的 DEM 资料和 D8 法，生成流域内高分辨率 DEM 格点流向和汇流累积量数据，在此数据基础上，利用网格与子流域融合的方法进行河网划分；②基于 VIC 模型产流计算，利用融合单元响应函数，进行不同融合单元内调蓄演算；③利用参数化方案获取河道汇流参数，代入扩散波公式得到河道汇流响应函数，进行河道汇流演算，获得流量空间分布及出口流量过程。模型框架图如图 7.1 所示。

1. 网格与子流域融合的河网划分方法

本节引入 Yamazaki 等(2009)提出的基于网格与子流域融合的河网划分方法，该方法利用高分辨率 DEM 资料提取真实的河道特征，确定网格流向，保证各网格代表区域汇流路径的统一。该方法首先要确定每一个网格边界对应的高分辨率 DEM 格点最大集水面积点，将这个点作为网格控制点。在此基础上，基于高分辨率 DEM 生成的流向信息获取网格控制单元范围(融合单元)，并获得网格控制点间基于高分辨率 DEM 提取的汇流路径，该汇流路径长度作为融合单元间河道长度。具体步骤如下：

(1) 网格控制点的确定。

利用高分辨率 DEM，获得流域高分辨率 DEM 格点的流向和汇流累积量，基于汇流累积量获得单个网格的最大集水面积 DEM 格点作为网格控制点。利用网格控制点向下游搜索下一个控制点，通过判断两个控制点之间的距离，剔除不能代表网格主要集水区情况的控制点。两控制点间汇流路径的长度为两个网格之间的河道距离。

(2) 下游网格的确定。

利用最终确定的汇流网格控制点和高分辨率 DEM 格点流向文件，向下游搜索，直至搜索到第一个下游网格控制点，该网格控制点所在网格即为下游网格。

(3) 网格内地形、地貌信息的提取。

网格间河道距离已在步骤(1)中获得。依据网格控制点的位置，从高分辨率 DEM 资料中获取每个网格控制点的高程，代表整个网格的高程。将控制点汇流累积面积从小到大排序，依次搜索每个控制点的上游集水面积，直至搜索到边界或上游控制点为止，如此可得到每个控制点的集水面积和控制区域，该区域称为融合单元。

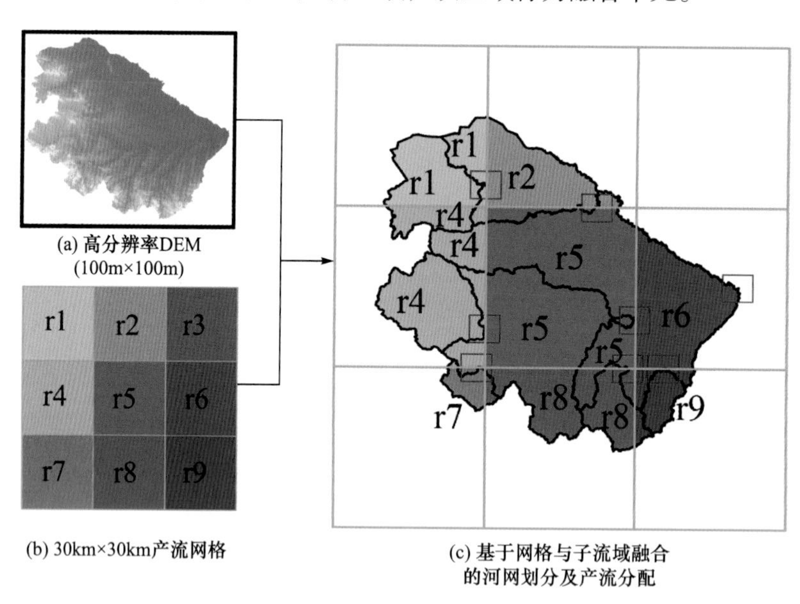

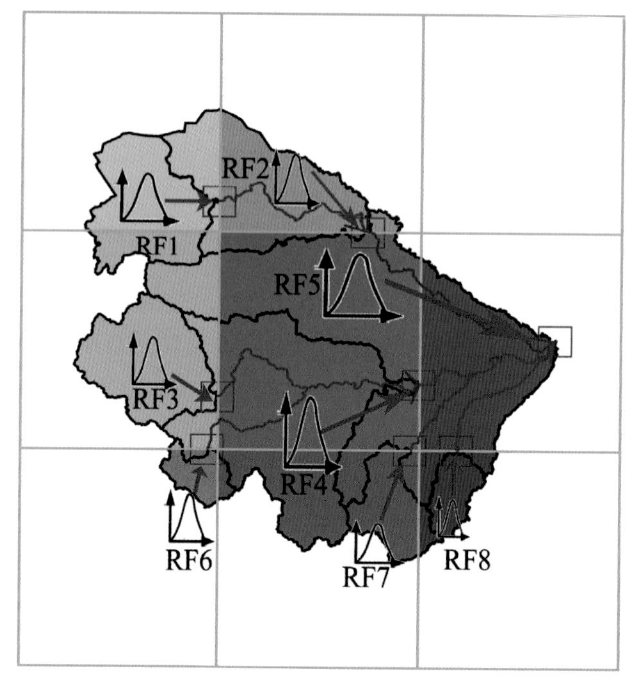

(d) 大尺度汇流方案

图 7.1　大尺度汇流模型汇流方案

(c) 图中红色格点是融合单元出口位置；(d) 图中 RF 为融合单元响应函数

2. 融合单元响应函数

对于大尺度分布式汇流模型来说，由于网格单元的控制面积大，所以网格单元内的调蓄作用不容忽略。因此，研究网格单元的调蓄作用，对提高汇流模型的精度具有重要作用。本节引入了基于网格与子流域融合单元的河网划分方法，网格代表单元即为融合单元。基于已有研究，提出结合运动波和高分辨率 DEM 的方法获得融合单元响应函数。融合单元响应函数生成示例如图 7.2 所示。

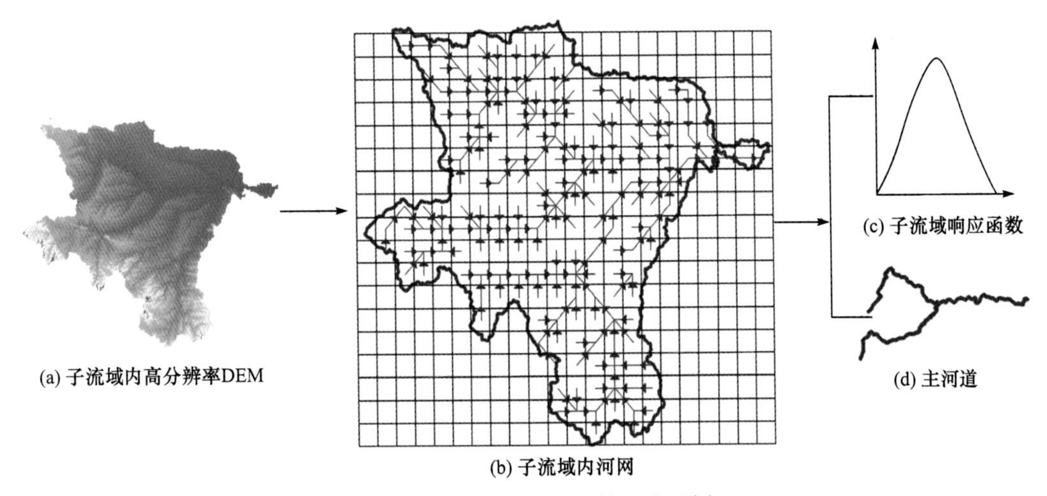

图 7.2　融合单元响应函数生成示例

(b) 图中蓝线为子流域融合单元边界，红线为流向

具体过程如下：

(1) 根据高分辨率 DEM 资料，通过河网划分融合单元的边界，提取融合单元内的 DEM 信息。

(2) 基于提取的融合单元内的高分辨率 DEM 信息，利用 D8 法生成子网格的流向，进而生成网格间坡度、网格间距离、网格汇流累积量等信息。

(3) 假设融合单元内降水分布均匀，利用运动波进行先演后合的汇流演算。对于有多个上游入流的，以上游网格总入流作为网格入流。对于运动波，断面流量和过水面积呈单一关系，见式(7.1)。结合式(7.1)和连续方程(7.2)得到运动波方程(7.3)。

$$\frac{\partial A}{\partial t}=\frac{\mathrm{d}A}{\mathrm{d}Q}\frac{\partial Q}{\partial t} \tag{7.1}$$

$$\frac{\partial Q}{\partial x}+\frac{\partial A}{\partial t}=0 \tag{7.2}$$

$$\frac{1}{c}\frac{\partial Q}{\partial t}+\frac{\partial Q}{\partial x}=0 \tag{7.3}$$

式中，c 为波速；Q 为流量；x 为河道长度；t 为时间；A 为过水断面面积。

基于曼宁公式可以得到流速式(7.4)。对于坡面流，河道水深与河道宽度相比可以忽略不计，进而可得到流速近似公式(7.5)。由此，得到流速公式(7.6)。对于宽浅型河道流速和波速存在 5/3 倍的关系，进而得到波速公式(7.7)：

$$v = \frac{1}{n} R^{\frac{2}{3}} i^{\frac{1}{2}} \tag{7.4}$$

$$v \approx \frac{1}{n}\left(\frac{A}{B}\right)^{\frac{2}{3}} i^{\frac{1}{2}} = \frac{1}{n}\left(\frac{Q}{vB}\right)^{\frac{2}{3}} i^{\frac{1}{2}} \tag{7.5}$$

$$v = \frac{i^{0.3}}{B^{0.4} n^{0.6}} Q^{0.4} \tag{7.6}$$

$$c = \frac{5}{3} v \tag{7.7}$$

式中，v 为流速；i 为坡度；n 为河道糙率；R 为水力半径；B 为湿周。

坡度可以通过 DEM 数据及相邻网格间距计算得到。坡面宽度为网格宽度。如果网格的集水面积大于某一阈值(本节取 10km^2)，则该网格为河道，水面宽度可采用河道汇流参数确定方法进行计算。其中糙率的取值范围一般为 0.01～0.05，本节取糙率为固定值 0.03。

(4) 获得融合单元出口流量过程，并将其归一化，作为融合单元响应函数。实现每一个融合单元都有一个反映自身网格特性的响应函数，更好地反映流域内的汇流机制。

3. 单元间河道汇流方法

1) 河道汇流演算方法

采用扩散波方法进行河道汇流演算，求解扩散波方程的解析解。扩散波方程的定解问题可用式(7.8)～式(7.11)表达：

$$\frac{\partial Q}{\partial t} = \mu \frac{\partial^2 Q}{\partial x^2} - c\frac{\partial Q}{\partial x}, \quad x \geqslant 0, \quad t \geqslant 0 \tag{7.8}$$

$$Q(x,0) = 0, \quad x \geqslant 0 \tag{7.9}$$

$$Q(0,t) = I(t), \quad t \geqslant 0 \tag{7.10}$$

$$\lim_{x \to \infty} Q(x,t) = 0 \tag{7.11}$$

式中，Q 为流量；$I(t)$ 为上断面入流过程；c 为波速；μ 为扩散波系数。

当上边界条件：式(7.10)为恒定单位入流时，对式(7.8)做拉普拉斯变换，结合式(7.10)可得下断面流量出流过程的表达式(S-曲线)：

$$S(x,t) = \frac{1}{2}\left\{\left[1 - \text{erf}\left(\frac{x}{2\sqrt{\mu t}} - \frac{c}{2}\sqrt{\frac{t}{\mu}}\right)\right] + \text{e}^{\frac{cx}{\mu}}\left[1 - \text{erf}\left(\frac{x}{2\sqrt{\mu t}} + \frac{c}{2}\sqrt{\frac{t}{\mu}}\right)\right]\right\} \tag{7.12}$$

式中，erf(·)为误差函数，其数值可查表 7.1；x 为河段长度；t 为时间。

表 7.1　误差函数表

x	erf(x)	x	erf(x)	x	erf(x)	x	erf(x)
0.00	0.00000	0.66	0.64938	1.32	0.93807	1.98	0.99489
0.02	0.02256	0.68	0.66378	1.34	0.94191	2.00	0.99532
0.04	0.04511	0.70	0.67780	1.36	0.94556	2.02	0.99572
0.06	0.06762	0.72	0.69143	1.38	0.94902	2.04	0.99609
0.08	0.09008	0.74	0.70468	1.40	0.95229	2.06	0.99642
0.10	0.11246	0.76	0.71754	1.42	0.95538	2.08	0.99673
0.12	0.13476	0.78	0.73001	1.44	0.95830	2.10	0.99702
0.14	0.15695	0.80	0.74210	1.46	0.96105	2.12	0.99728
0.16	0.17901	0.82	0.75381	1.48	0.96365	2.14	0.99753
0.18	0.20094	0.84	0.76514	1.50	0.96611	2.16	0.99775
0.20	0.22270	0.86	0.77610	1.52	0.96841	2.18	0.99795
0.22	0.24430	0.88	0.78669	1.54	0.97059	2.20	0.99814
0.24	0.26570	0.90	0.79691	1.56	0.97263	2.22	0.99831
0.26	0.28690	0.92	0.80677	1.58	0.97455	2.24	0.99846
0.28	0.30788	0.94	0.81627	1.60	0.97635	2.26	0.99861
0.30	0.32863	0.96	0.82542	1.62	0.97804	2.28	0.99874
0.32	0.34913	0.98	0.83423	1.64	0.97962	2.30	0.99886
0.34	0.36936	1.00	0.84270	1.66	0.98110	2.32	0.99897
0.36	0.38933	1.02	0.85084	1.68	0.98249	2.34	0.99906
0.38	0.40901	1.04	0.85865	1.70	0.98379	2.36	0.99915
0.40	0.42839	1.06	0.86614	1.72	0.98500	2.38	0.99924
0.42	0.44747	1.08	0.87333	1.74	0.98613	2.40	0.99931
0.44	0.46623	1.10	0.88020	1.76	0.98719	2.42	0.99938
0.46	0.48466	1.12	0.88679	1.78	0.98817	2.44	0.99944
0.48	0.50275	1.14	0.89308	1.80	0.98909	2.46	0.99950
0.50	0.52050	1.16	0.89310	1.82	0.98994	2.48	0.99955
0.52	0.53790	1.18	0.90584	1.84	0.99074	2.50	0.99959
0.54	0.55494	1.20	0.91031	1.86	0.99147	2.60	0.99976
0.56	0.57162	1.22	0.91553	1.88	0.99216	2.70	0.99987
0.58	0.58792	1.24	0.92051	1.90	0.99279	2.80	0.99992
0.60	0.60386	1.26	0.92524	1.92	0.99338	2.90	0.99996
0.62	0.61941	1.28	0.92973	1.94	0.99392	3.00	0.99998
0.64	0.63459	1.30	0.93401	1.96	0.99443	3.30	1.00000

当入流为单位时段入流时，利用 S-曲线，可得河段的响应函数：

$$\mathrm{RF}(\Delta t,x,t)=S(x,t)-S(x,t-\Delta t) \tag{7.13}$$

假设河道为宽浅型河道，波速采用参考稳定波速 c_0，其可反映河道波速的一个稳定状态：

$$c_0=\frac{5}{3}v_0 \tag{7.14}$$

参考稳定流速 v_0 采用曼宁公式计算：

$$v_0=\frac{i_0^{0.3}}{B_0^{0.4}n^{0.6}}Q_0^{0.4} \tag{7.15}$$

式中，Q_0 为参考稳定流量；B_0 为参考稳定水面宽；n 为河道糙率；i_0 为河底坡度。

参考扩散波系数采用式(7.16)计算：

$$\mu_0 = \frac{Q_0}{2i_0 B_0} \tag{7.16}$$

河底坡度 i_0 的确定：利用网格与子流域融合单元的河网划分方法，可获取子流域和网格边界相交的控制点高程。根据流向可获得两个控制点之间的汇流距离(河道长度)。两控制点之间的高程差与两控制点之间的河道长度之比即为对应河段的河底坡度。

参考稳定流量和水面宽的确定：本节从河流动力学的角度出发，采用造床流量(又称支配流量)作为河段的参考稳定流量 Q_0。造床流量是指对维持河槽处于稳定状态最具影响的流量。造床流量的大小将决定河槽的大小和形态。实际上，河流的流量是流域加于河流的外部条件，经过长时期的相互作用，河流的其他特性，如曼宁糙率系数、坡度、河宽会不断地自动调整，以使河流达到稳定状态。造床流量不但包含了河流的众多信息，而且还是流域气候特性的集中反映。因此，基于造床流量推求的参数具有较强的适用性。可以利用水文站点的多年平均流量或站点年最大流量平均值建立相关关系。

在大尺度分布式汇流模型中，考虑网格参数空间异质性，需要为每一个网格概化河道估算一个 Q_0。本节假定任意网格的 Q_0 可与该网格的集水面积 $A(\mathrm{km}^2)$ 建立如下幂指数经验关系式：

$$Q_0 = \alpha_1 A^{\beta_1} \tag{7.17}$$

式中，Q_0 为参考稳定流量；A 为集水面积；α_1 和 β_1 为幂函数系数，利用实测资料拟合得到。

由于选用了造床流量作为河段的参考稳定流量，参考稳定水面宽 B_0 即为参考稳定流量时对应的河道宽度。在网格汇流模型中，假定每个网格 B_0 可与该网格的 Q_0 建立以下经验关系式：

$$B_0 = \alpha_2 Q_0^{\beta_2} \tag{7.18}$$

式中，α_2 和 β_2 为系数，可由流域上部分支流直接测量或通过高分辨率遥感影像图获得的 B_0 与相应的 Q_0 来确定。

2) 河道特征参数确定方案

参数网格化需要用到河道参考稳定流量、参考稳定水面宽等信息。这些信息可通过实测水文资料获取。首先获取本流域及相邻流域内具有共同地形地貌特征的多个站点不少于 10 年的年最大流量，取平均值作为站点的 Q_0；其次，结合站点的集水面积 A，建立 A 和 Q_0 的幂指数拟合关系[式(7.17)]，求得 Q_0 估算式的参数 α_1 和 β_1；最后，由于造床流量与集水面积相关，可根据不同尺度下各网格的集水面积来确定每个网格的 Q_0。

对于参考稳定水面宽 B_0，根据所确定的多个站点的参考稳定流量 Q_0，利用实测流量成果表确定流量与水面宽的幂指数拟合关系。求出站点对应的 Q_0，进而根据 Q_0 和 B_0 建立幂指数关系[式(7.18)]，确定估算公式中的 α_2 和 β_2，最后根据不同尺度下各网格的 Q_0 来确定每个网格的 B_0。

4. 汇流模型的验证

选取了长江水系赣江外洲以上流域、淮河水系干流王家坝以上流域及西江水系郁江南宁以上流域，研究模型在不同气候区的适用性。同时选取了西江水系干流高要以上流域验证模型在大尺度流域的应用效果。图 7.3 给出了 4 个研究流域的水系和河网划分结果。

1) 研究区域河道汇流参数公式的确定

根据河道特征参数估算方案，在外洲、南宁、王家坝、高要以上流域建立的集水面积与参考稳定流量的拟合方程如下：$Q_{外洲}=0.3331A_{外洲}^{1.2021}$，$Q_{南宁}=21.384A_{南宁}^{0.4708}$，$Q_{王家坝}=9.8377A_{王家坝}^{0.6327}$，$Q_{高要}=1.5948A_{高要}^{0.7432}$。参考稳定流量与参考稳定水面宽的拟合方程如下：$B_{外洲}=4.7435Q_{外洲}^{0.4793}$，$B_{南宁}=0.9181Q_{南宁}^{0.7521}$，$B_{王家坝}=2.7748Q_{王家坝}^{0.5753}$，$B_{高要}=3.6789Q_{高要}^{0.4692}$。图 7.4 给出了在外洲以上流域建立的集水面积与参考稳定流量及参考稳定流量与参考稳定水面宽之间的河道参数估算公式，R^2 分别达到 0.84 和 0.66(其他流域略)。

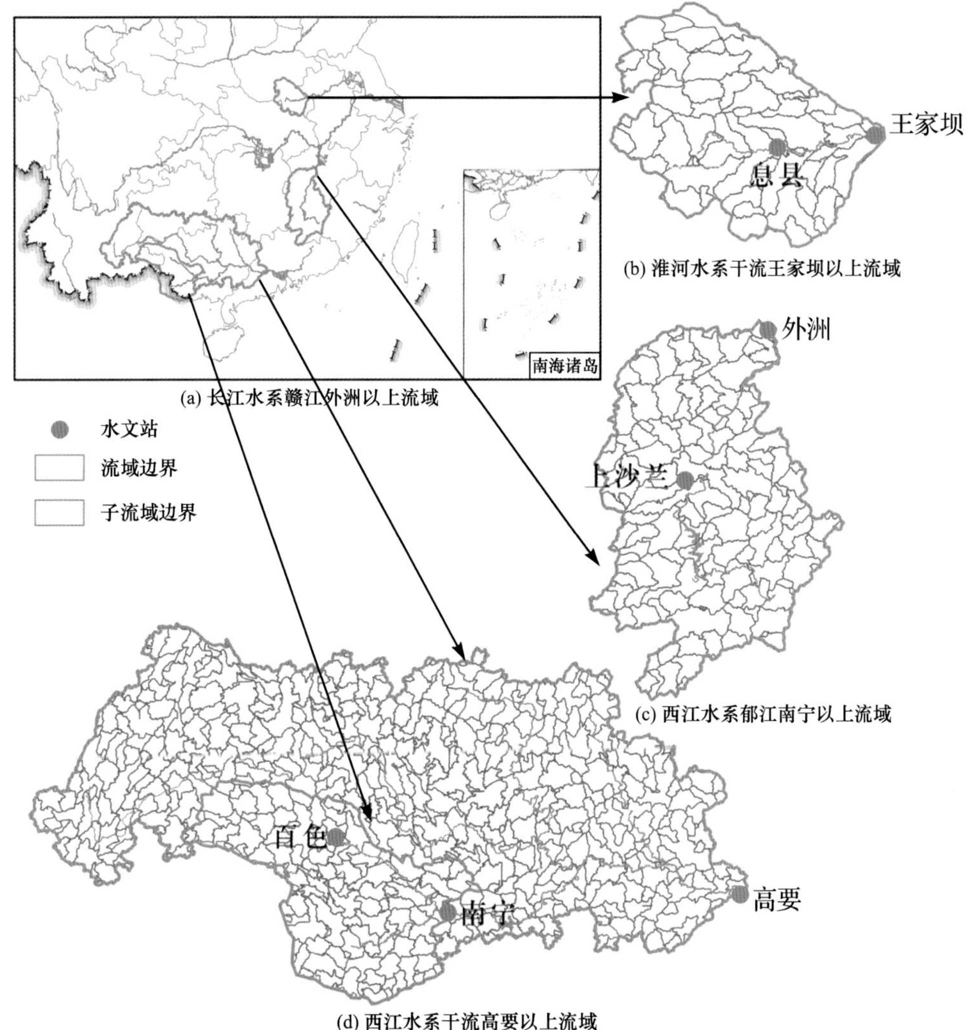

图 7.3　4 个研究流域的水系和河网划分结果

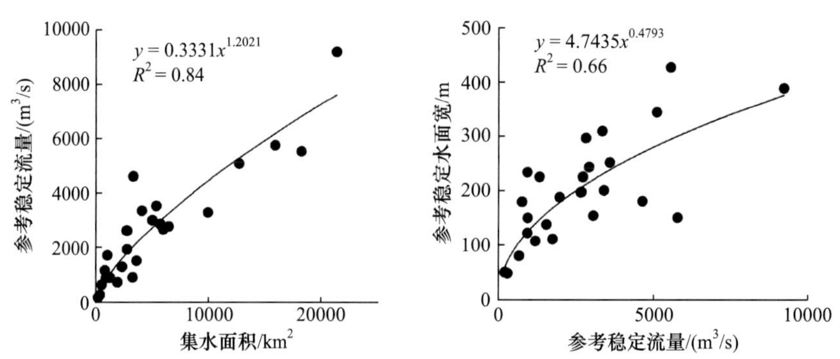

图 7.4　外洲以上流域集水面积与参考稳定流量及参考稳定流量与参考稳定水面宽拟合结果

2) 模型在不同流域的应用

采用 0.125°网格构建了外洲、王家坝、南宁 3 个控制站的汇流方案，以 VIC 模型产流为输入获得了研究流域网格流量模拟结果，并采用实测流量对出口断面模拟流量进行验证，验证结果见表 7.2。由表 7.2 可知，3 个典型流域的纳什效率系数均在 0.7 以上，模型效果较好。其中，纳什效率系数最高达到 0.83(外洲站)，最低为 0.75(王家坝站)。

表 7.2　典型流域网格汇流模型模拟结果验证

站名	时间序列	相对误差/%	纳什效率系数
外洲	1970～2009 年	−5.6	0.83
王家坝	1970～1980 年	−11.3	0.75
南宁	1970～2009 年	3.2	0.81

此外，分别选取了外洲站以上流域上沙兰站，南宁以上流域百色站，王家坝以上流域息县站验证所对应网格流量模拟结果，以评价模型对各网格流量的模拟能力。结果见表 7.3，3 个站点的日效率系数均不小于 0.55，说明模型对流域内流量过程有较好的模拟能力。由上沙兰、百色、息县断面模拟的典型洪水过程模拟效果分析可知，模型对降水的响应比较合理，能够模拟出主要的洪水过程。同时，汇流模型可以给出不同时间下的流量空间分布，图 7.5 给出了外洲以上流域 0.125°网格尺度下 1970 年 5 月 11 日的流量空间分布。

表 7.3　典型流域网格汇流模型空间模拟结果验证

站名	时间序列	相对误差/%	日效率系数	月效率系数
上沙兰	1970～1998 年	−13.8	0.65	0.85
百色	1997～2007 年	19.6	0.55	0.78
息县	1970～1980 年	−21.2	0.59	0.70

3) 不同网格尺度汇流模型模拟效果分析

基于网格与子流域融合单元的大尺度分布式汇流模型，其河网划分和汇流方法具有

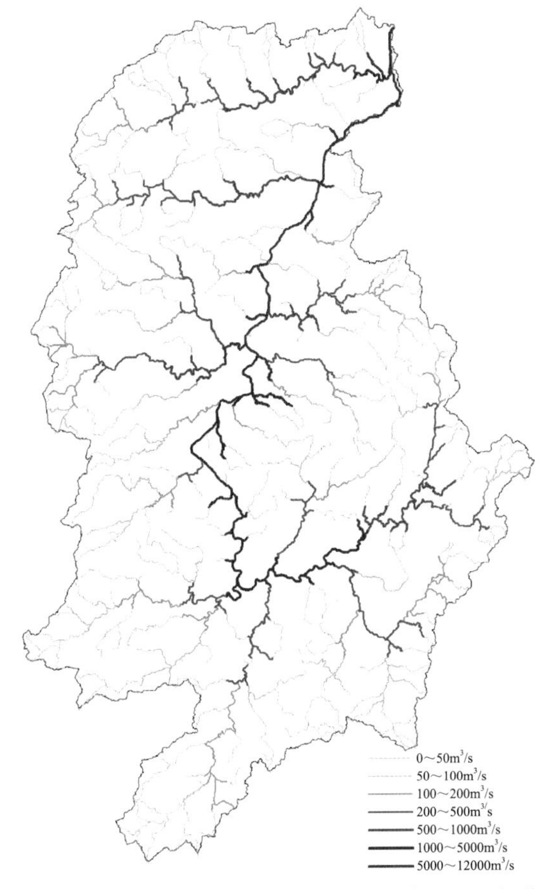

图7.5　外洲以上流域1970年5月11日平均流量空间分布图

结构完善、尺度适应性强的特点，能够取得较高的模拟精度。为证实模型的特点，在外洲以上流域、王家坝以上流域、南宁以上流域开展了不同网格尺度的模拟比较。同时，为说明融合单元响应函数的优点，针对是否考虑融合单元响应函数进行了对比试验。3个流域模拟径流时间序列分别为1970～2009年、1970～1980年、1970～2009年。

不同网格尺度下流域产流结果会存在一定的差异，为保证不同网格尺度下汇流模拟结果的可比性，采用两种不同的产流方案作为汇流模型的输入来进行对比试验。方案一，采用0.125°网格率定的产流参数，驱动VIC模型分别生成不同网格尺度(0.125°、0.25°、0.5°、0.75°、1°)下的产流。方案二，利用大尺度融合单元的覆盖区域内包含的小尺度(0.125°)融合单元，将0.125°网格的产流结果进行面积加权平均作为大尺度网格(0.25°、0.5°、0.75°、1°)的产流结果，以保证不同尺度下整个流域内产流结果空间分布是一致的。

(1) 方案一汇流模拟结果分析。

以不同尺度的产流结果为输入进行大尺度分布式流域汇流，生成不同尺度下径流模拟结果，并与不考虑融合单元响应函数的模拟结果进行了比较，比较结果见表7.4。从相对误差来看，3个流域在不同尺度下模拟结果的相对误差比较接近，控制在15%以内，绝大多数控制在10%以内。从纳什效率系数来看，多在0.70以上，说明该汇流方案具有较好的模拟能力，且适用于不同的网格尺度。考虑融合单元响应函数的汇流方案优于不考虑融合单元响应函数的汇流方案，且随着网格尺度的增大，融合单元响应函数的作用更加明显，融合单元内调蓄作用更不可忽略。同时，可以看出融合单元响应函数的引入可减小网格尺度变化对模拟效果的影响。总体而言，网格分辨率越高，模拟效果越好，但不同网格尺度下模拟结果相差较小，表明模型参数具有较好的尺度自适应能力。

表 7.4　汇流模型在 3 个流域不同尺度的模拟及子流域响应函数应用效果对比

站名	网格尺度/(°)	相对误差/%	纳什效率系数	
			考虑融合单元响应函数	不考虑融合单元响应函数
外洲	0.125	−5.6	0.83	0.82
	0.250	−5.9	0.81	0.80
	0.500	−6.2	0.80	0.74
	0.750	−6.3	0.80	0.71
	1.000	−9.7	0.77	0.68
南宁	0.125	3.2	0.81	0.79
	0.250	3.4	0.81	0.77
	0.500	−5.1	0.80	0.69
	0.750	−6.4	0.79	0.71
	1.000	−2.9	0.73	0.57
王家坝	0.125	−11.3	0.75	0.74
	0.250	−9.2	0.74	0.70
	0.500	−14.5	0.72	0.70
	0.750	−12.7	0.68	0.58
	1.000	−6.3	0.69	0.58

(2) 方案二汇流模拟结果分析。

采用 0.125°网格的产流结果进行面积加权平均，分别获得了 3 个流域 0.25°、0.5°、0.75°、1°的产流结果。在此基础上，进行了不同尺度的汇流模拟，模拟结果见表 7.5。对比表 7.4 和表 7.5 可知，基于方案二的产流为输入比基于方案一的产流为输入的汇流模拟效果好，3 个站共 24 个统计结果中有 13 个比方案一有所提升，其中尤其以 1°的网格点提升比较明显。说明在保证产流精度相同的前提下，即使在网格尺度较大的情况下，汇流模型也可以取得较好的结果。同时，不同网格尺度下模型模拟精度接近，再次说明考虑融合单元响应函数的汇流模型适用于不同尺度的模拟。

表 7.5　基于 0.125°产流结果下不同尺度汇流模型的模拟效果

站名	网格尺度/(°)	相对误差/%	纳什效率系数	
			考虑融合单元响应函数	不考虑融合单元响应函数
外洲	0.250	−5.4	0.81	0.80
	0.500	−5.7	0.81	0.76

续表

站名	网格尺度/(°)	相对误差/%	纳什效率系数	
			考虑融合单元响应函数	不考虑融合单元响应函数
外洲	0.750	−5.7	0.81	0.73
	1.000	−5.2	0.80	0.71
南宁	0.250	3.8	0.81	0.77
	0.500	5.5	0.79	0.67
	0.750	5.9	0.79	0.75
	1.000	6.4	0.76	0.55
王家坝	0.250	−10.7	0.74	0.71
	0.500	−15.1	0.73	0.69
	0.750	−11.9	0.73	0.62
	1.000	−12.1	0.73	0.50

4) 模型在西江流域的应用

以上 3 个流域的应用，是针对我国主要水系的某一支流或控制区中小流域开展的研究。为验证模型在大范围、大流域的应用效果，并为进一步开展全国范围网格汇流模拟提供研究基础，选取了集水面积为 35 万 km^2 的西江流域进行模型应用验证。

考虑到西江流域面积较大，本节选取 0.25° 网格对流域进行河网划分，据此对流域控制站高要站以上流域 1971～1980 年流量过程进行模拟，模拟结果如图 7.6 所示。与实测流量相比，模拟流量的相对误差为−1.6%，日效率系数达到 0.90，说明该汇流方案在大尺度流域同样具有较好的应用效果。

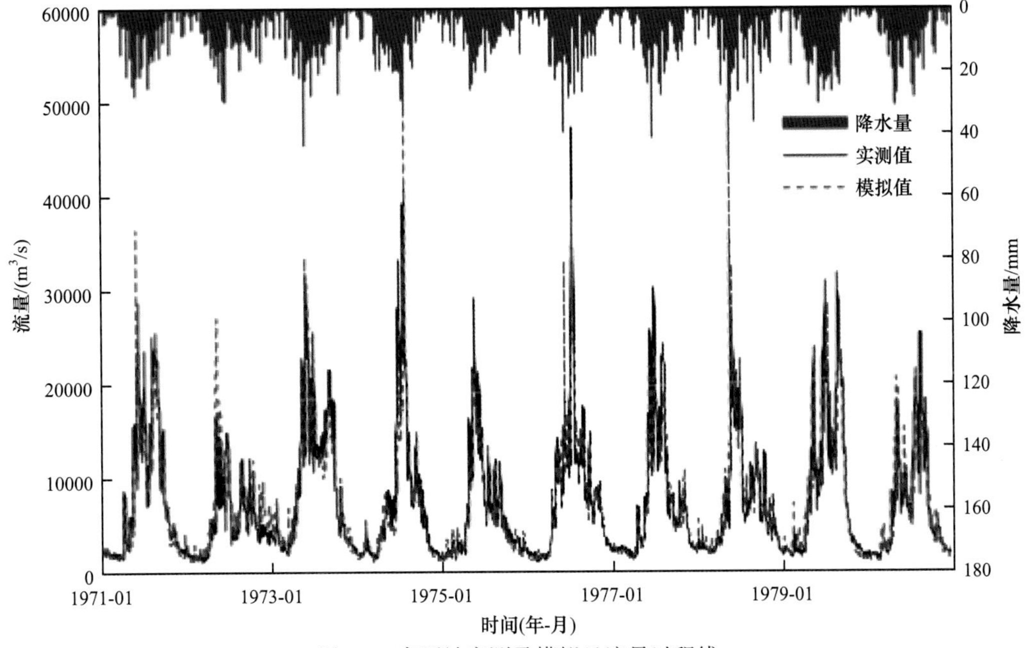

图 7.6　高要站实测及模拟日流量过程线

7.1.2　全国范围网格汇流模型构建

全国范围网格汇流模型构建的关键是大尺度河网划分的精度和全国范围汇流模型参数的确定，以及计算效率的问题。针对上述问题，本节首先根据全国流域水系实际情况将其分成 11 个分区；然后在各分区上进行河网划分，分别确定不同分区的汇流模型参数，构建各分区的汇流模型，并分别进行分区的流量模拟；最后，将各分区的径流模拟结果拼接成为全国范围的径流分布图。全国 11 个径流分区如图 7.7 所示。

图 7.7　基于主要水系划分的全国 11 个径流分区

1. 河网划分及融合单元汇流方案

受到分辨率的限制，基于 DEM 生成的河网信息可能与真实河道信息不符。本节基于实测的河道矢量信息，将其栅格化来改善河网划分精度。考虑到河网信息的交叉、人工河道的影响等因素，为保证自然流域的闭合，主要将全国范围的 3 级河道进行栅格化。

根据 7.1.1 节研究提出的基于网格与子流域融合的河网划分方法，以及融合单元汇流方案，建立了全国 11 个分区的汇流方案。基于上述方法构建的汇流方案可以考虑不同网格单元空间调蓄作用的异质性，实现空间参数的独立性与合理性。构建的分区汇流文件包括：网格主要控制点位置、网格控制点高程、网格控制点代表单元面积、网格控制点集水面积、网格控制点间拓扑关系、网格拓扑关系多层文件、融合单元数据信息等。图 7.8 给出了淮河流域 10km×10km 网格河网划分及各网格间的汇流路径。

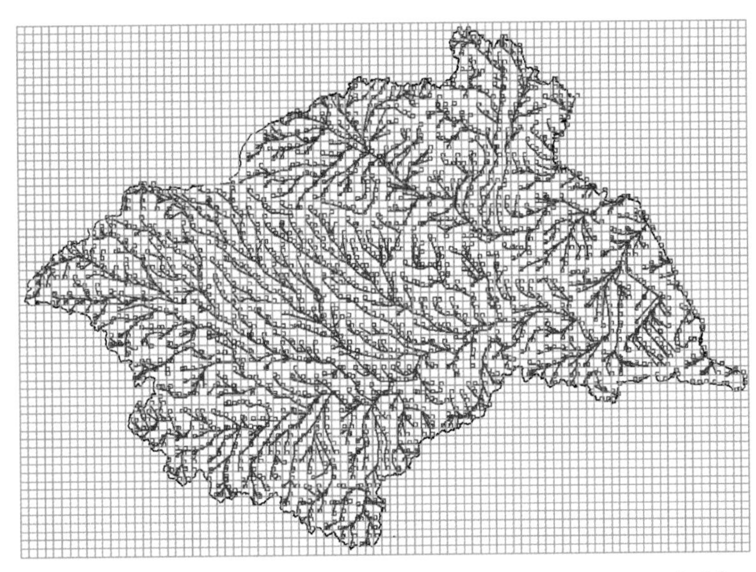

图 7.8　淮河流域 10km×10km 网格河网划分及网格间的汇流路径

2. 全国范围汇流模型参数的确定

受气候、地貌、土壤等特征影响，全国范围流域网格汇流模型参数差异较大。为了确定全国范围网格化的河道汇流参数，本节基于气候、土壤和地貌特性将全国分为 20 个地理单元分区，并选取典型水文站进行分区的汇流参数规律进行研究。全国气候、地貌分区及典型水文站点分布如图 7.9 所示。全国 20 个气候、地貌分区基本统计信息见表 7.6。

图 7.9　全国气候、地貌分区及典型水文站点分布图

表 7.6　全国 20 个气候、地貌分区基本统计信息

序号	分区名称	多年平均气温/℃	多年平均降水量/mm	平均高程/m	分区面积/km^2
1	辽东小起伏低山	4.5	662.7	333	36.9
2	大小兴安岭中低起伏山	−0.9	482.0	655	42.8
3	松辽洪积-冲积平原	4.6	458.9	216	29.8
4	燕山大、中起伏山区	6.7	485.6	776	19.3
5	六盘水中起伏高中山	8.9	499.6	1295	16.0
6	吕梁山大、中起伏高中山	9.7	549.4	952	17.9
7	苏北、黄淮冲积、海积平原	14.4	720.7	35	31.6
8	胶莱冲积平原	13.2	765.0	123	10.0
9	太行山—大别山山前洪积-冲积平原	12.2	729.9	871	12.7
10	武夷山大、中起伏中山	18.0	1616.5	400	40.1
11	鄱阳湖冲积平原	18.2	1603.4	139	11.2
12	江浙冲积三角洲平原	16.8	1301.8	81	22.3
13	长江流域中部区	14.8	1169.1	928	55.5
14	横断山脉以东二阶地形区	16.1	1139.2	1534	38.3
15	秦岭淮河以南地区	13.8	1009.9	661	21.8
16	乌珠穆沁中丘陵平原	6.5	146.8	1351	222.0
17	高要气候区	−3.5	337.8	4633	204.4
18	阿拉善中丘陵风蚀平原	0.0	182.3	3306	37.6
19	南横断山极大起伏高中山	17.8	1339.6	1178	60.1
20	陇中中、小起伏中高山黄土梁、峁	6.5	252.4	1764	18.7

根据 7.1.1 节的河道特征参数确定方案，拟合了全国范围内 20 个气候、地貌分区集水面积与参考稳定流量，以及参考稳定流量与参考稳定水面宽的函数关系式，统计了集水面积与参考稳定流量、参考稳定流量与参考稳定水面宽拟合结果的拟合优度。全国 20 个气候、地貌分区集水面积与参考稳定流量的幂函数关系及参考稳定流量与参考稳定水面宽的幂函数关系拟合结果如图 7.10 所示，集水面积与参考稳定流量、参考稳定流量与参考稳定水面宽拟合结果的拟合优度的统计结果如图 7.11 所示。

由 20 个气候、地貌分区集水面积与参考稳定流量、参考稳定流量与参考稳定水面宽函数拟合效果统计结果(图 7.11)可知，20 个气候、地貌分区建立的参数移用公式拟合结果较好，拟合优度多数在 0.6 以上。集水面积与参考稳定流量关系的最大拟合优度为 0.9833，

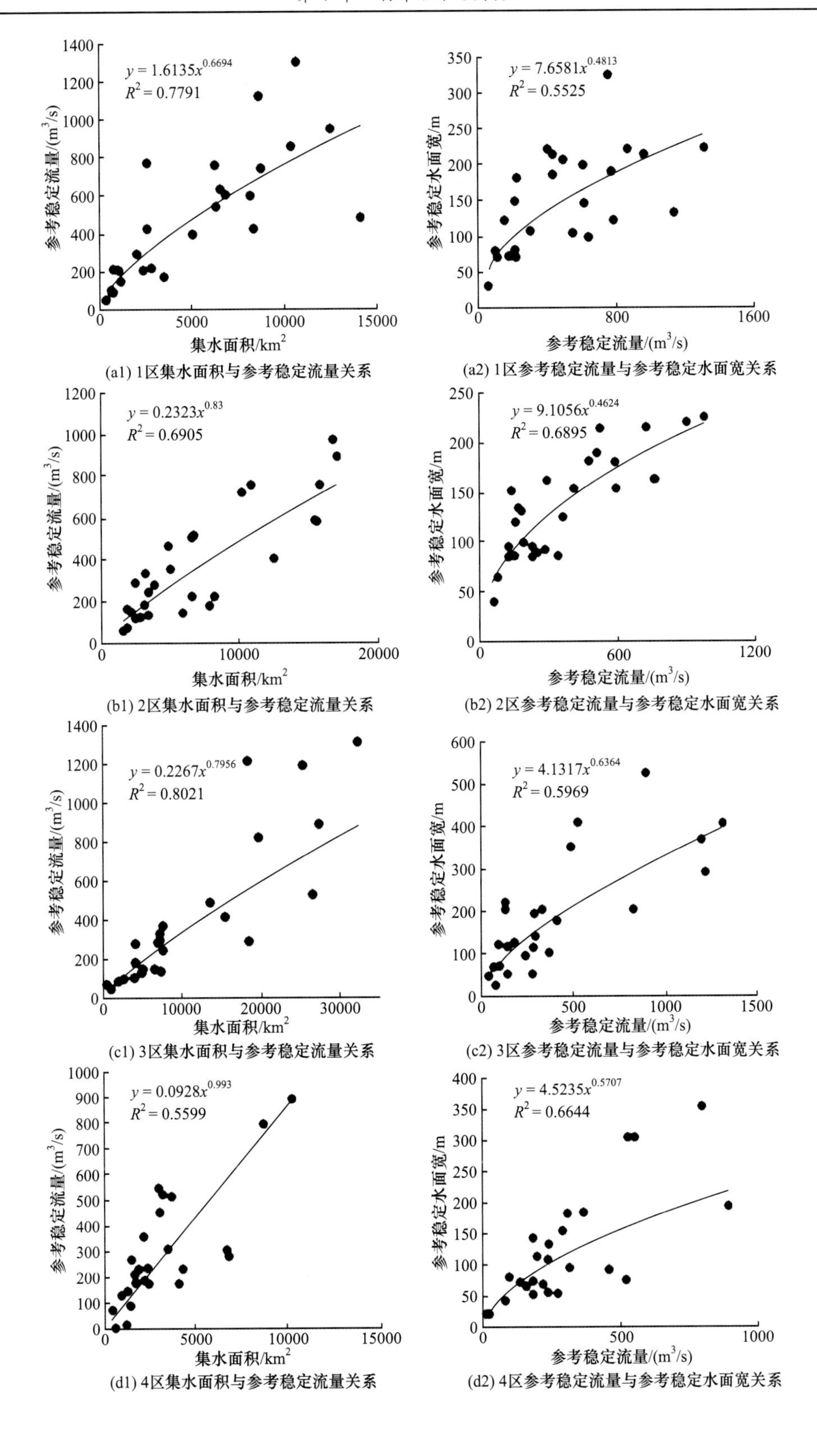

(a1) 1区集水面积与参考稳定流量关系　(a2) 1区参考稳定流量与参考稳定水面宽关系

(b1) 2区集水面积与参考稳定流量关系　(b2) 2区参考稳定流量与参考稳定水面宽关系

(c1) 3区集水面积与参考稳定流量关系　(c2) 3区参考稳定流量与参考稳定水面宽关系

(d1) 4区集水面积与参考稳定流量关系　(d2) 4区参考稳定流量与参考稳定水面宽关系

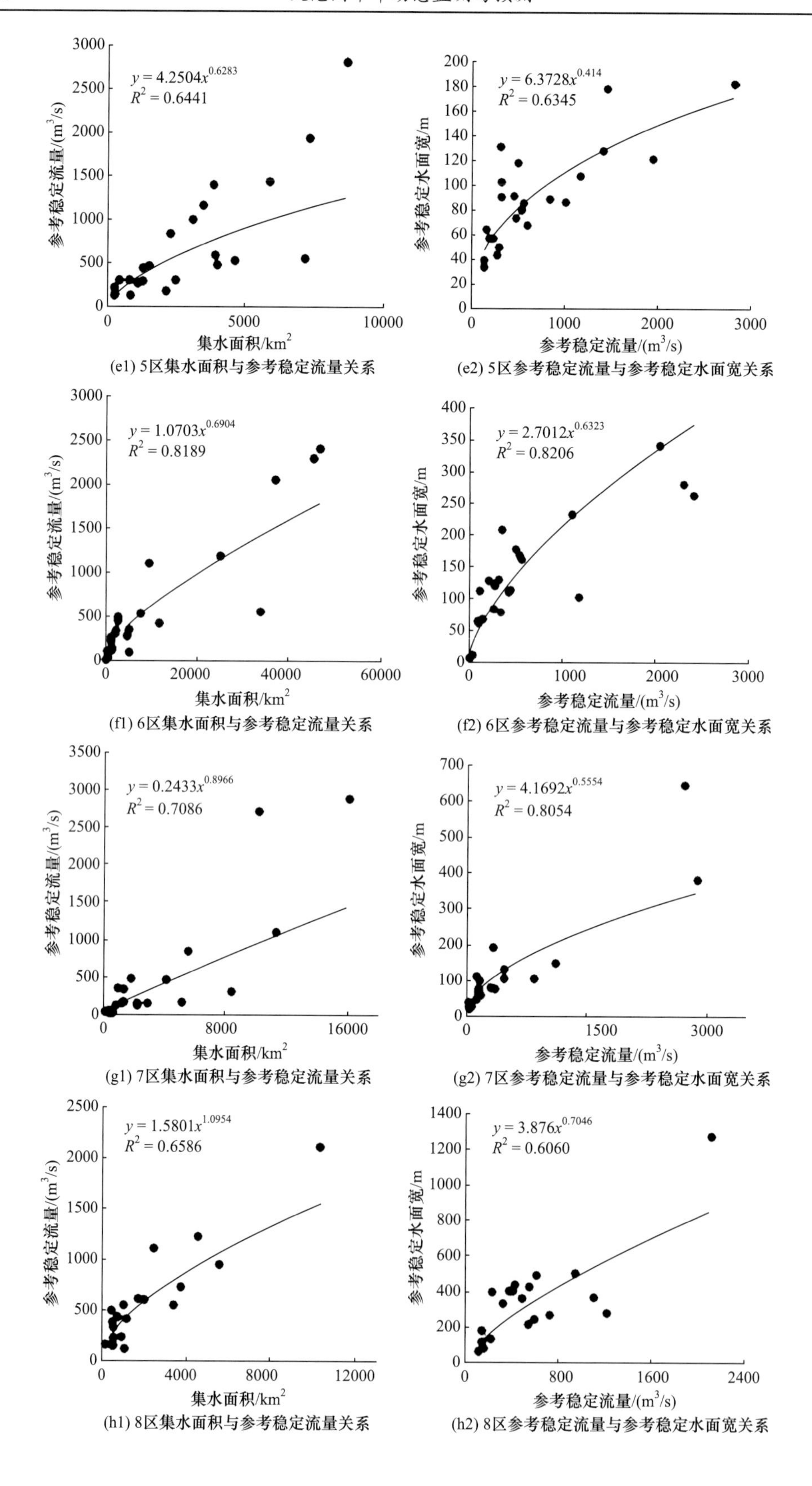

(e1) 5区集水面积与参考稳定流量关系　(e2) 5区参考稳定流量与参考稳定水面宽关系

(f1) 6区集水面积与参考稳定流量关系　(f2) 6区参考稳定流量与参考稳定水面宽关系

(g1) 7区集水面积与参考稳定流量关系　(g2) 7区参考稳定流量与参考稳定水面宽关系

(h1) 8区集水面积与参考稳定流量关系　(h2) 8区参考稳定流量与参考稳定水面宽关系

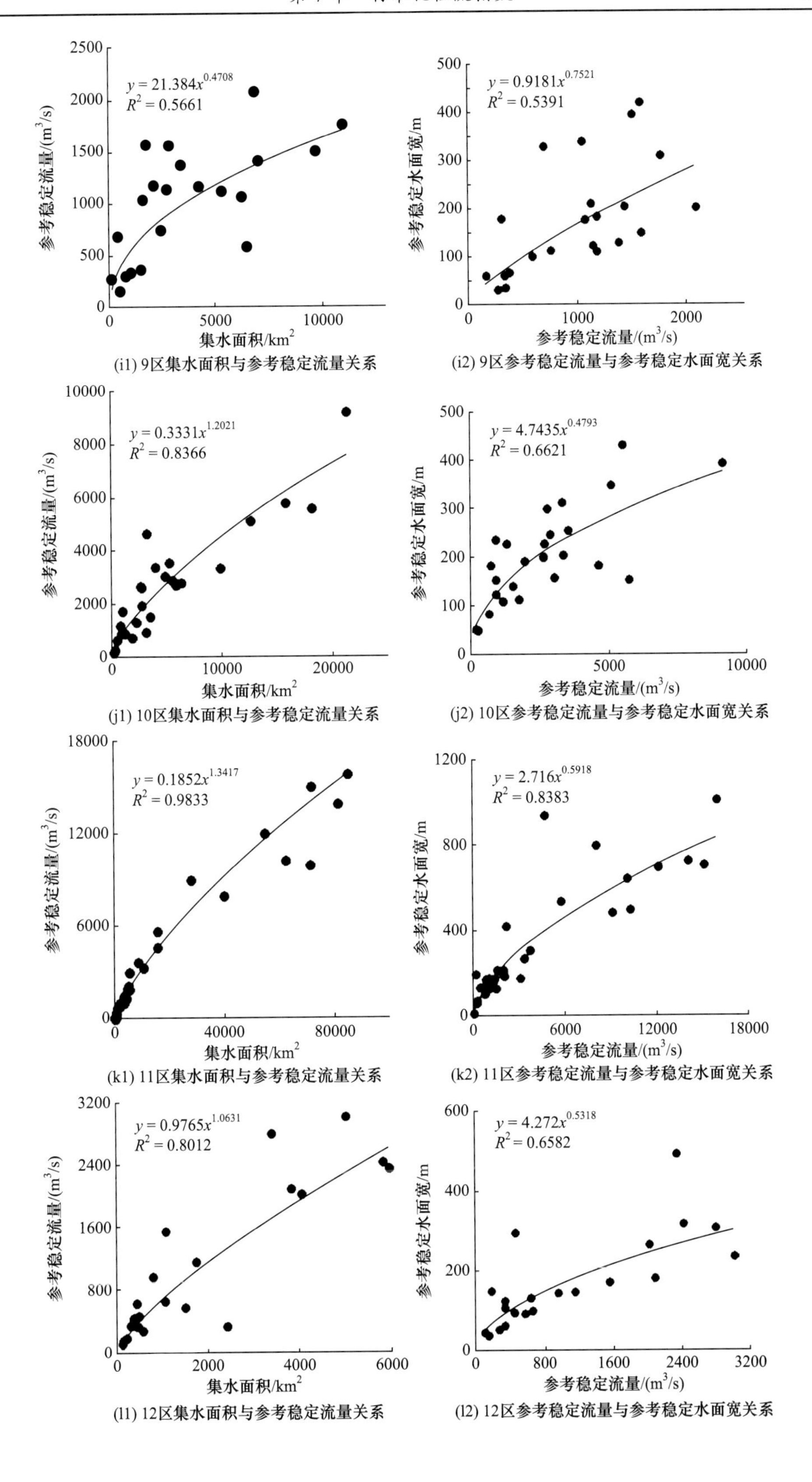

(i1) 9区集水面积与参考稳定流量关系　(i2) 9区参考稳定流量与参考稳定水面宽关系

(j1) 10区集水面积与参考稳定流量关系　(j2) 10区参考稳定流量与参考稳定水面宽关系

(k1) 11区集水面积与参考稳定流量关系　(k2) 11区参考稳定流量与参考稳定水面宽关系

(l1) 12区集水面积与参考稳定流量关系　(l2) 12区参考稳定流量与参考稳定水面宽关系

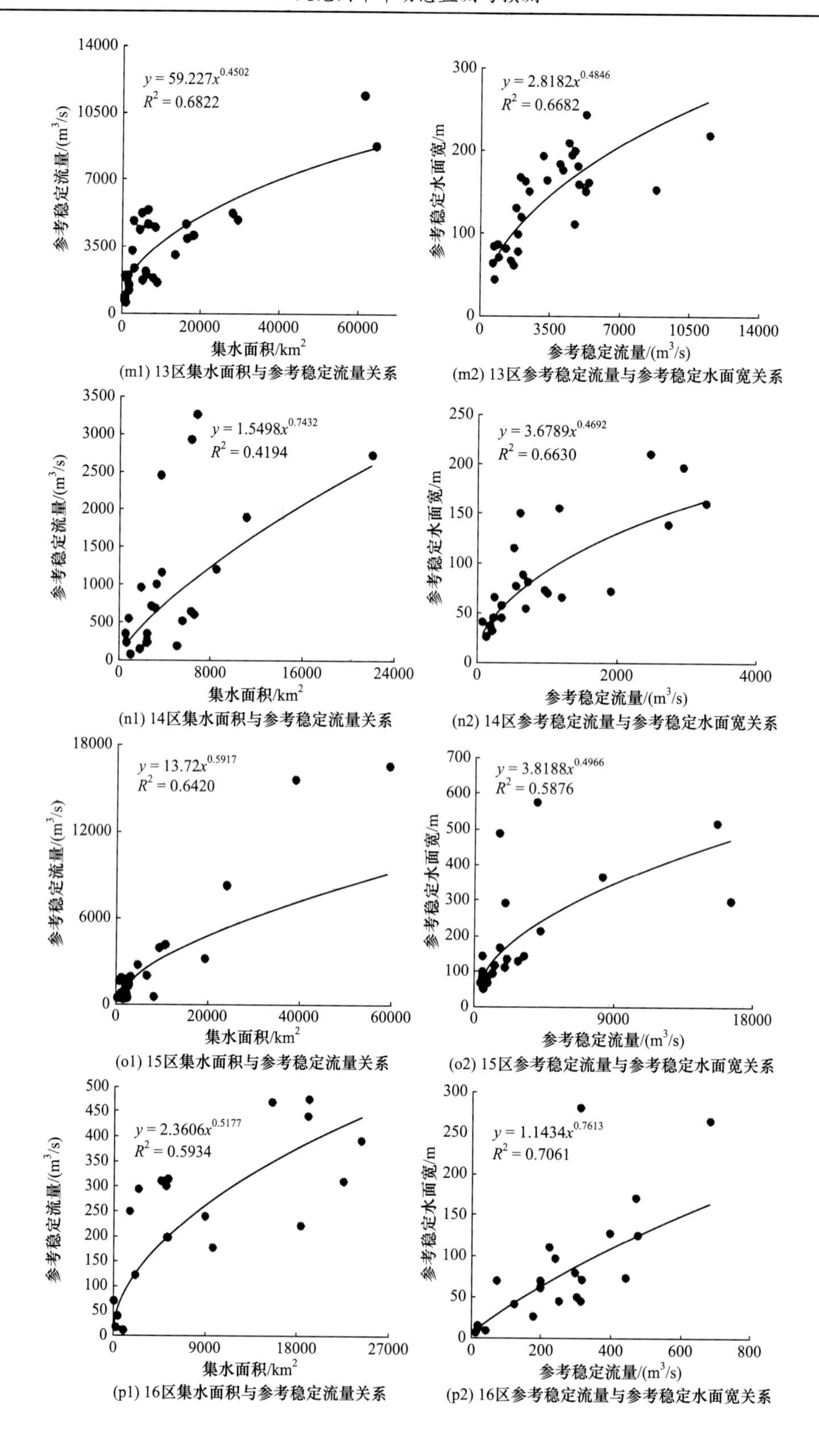

(m1) 13区集水面积与参考稳定流量关系

(m2) 13区参考稳定流量与参考稳定水面宽关系

(n1) 14区集水面积与参考稳定流量关系

(n2) 14区参考稳定流量与参考稳定水面宽关系

(o1) 15区集水面积与参考稳定流量关系

(o2) 15区参考稳定流量与参考稳定水面宽关系

(p1) 16区集水面积与参考稳定流量关系

(p2) 16区参考稳定流量与参考稳定水面宽关系

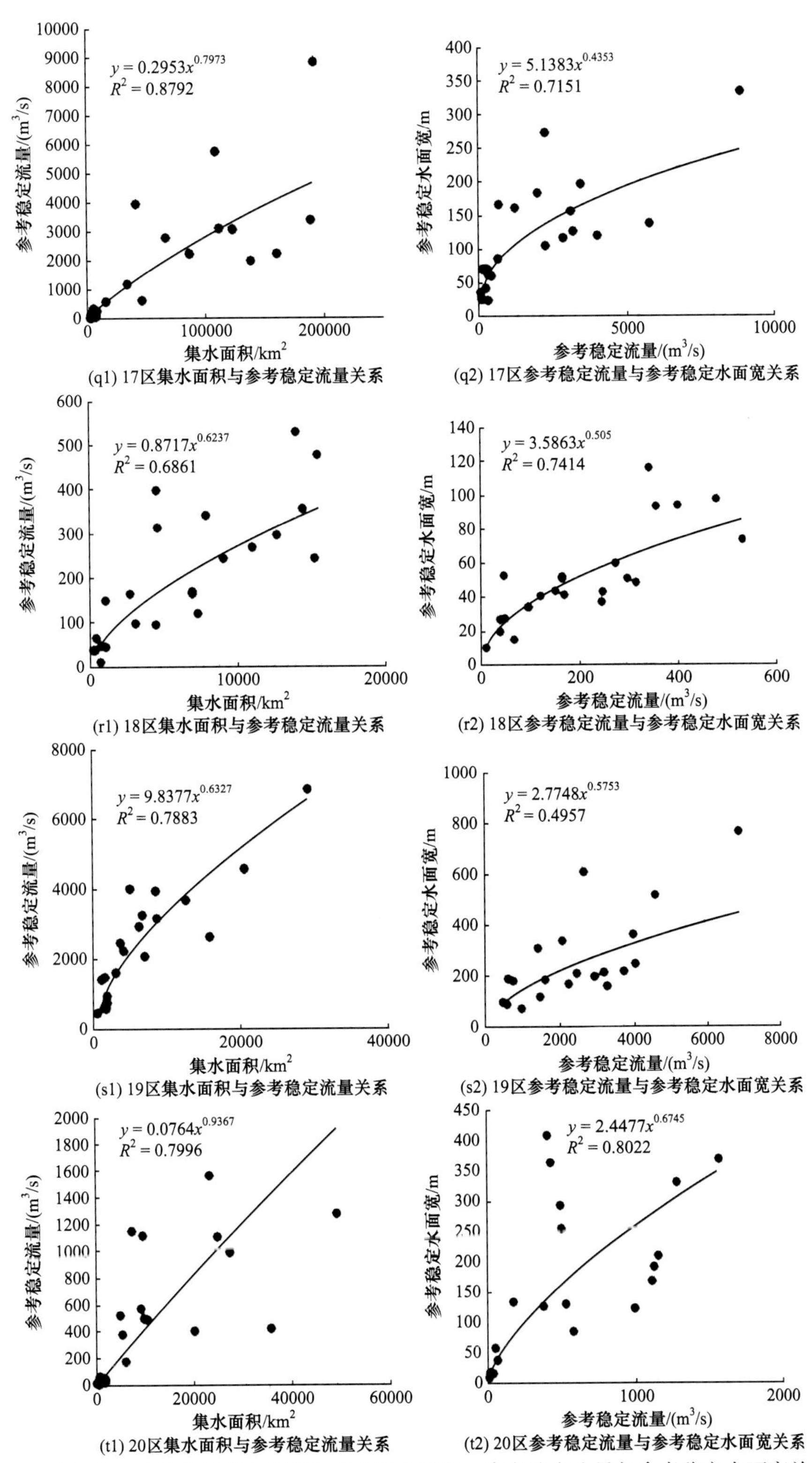

图 7.10　20 个气候、地貌分区集水面积与参考稳定流量、参考稳定流量与参考稳定水面宽关系拟合图

在第 11 气候、地貌分区鄱阳湖冲积平原区；第 14 区横断山脉以东二阶地形区的河道特征参数拟合优度最低，为 0.4194。参考稳定流量与参考稳定水面宽关系的拟合优度最高为 0.8383，属于鄱阳湖冲积平原区；最低为 0.5391，属于太行山—大别山山前洪积-冲积平原区。结合图 7.9～图 7.11 及表 7.6，各气候、地貌分区的参数规律分析如下：按照全国北方分区(1～8 分区)、南方分区(9～15 分区)、西北分区(17、18 分区)、西藏分区(16 分区、19 分区、20 分区)来看，各分区河道参数的平均拟合优度接近并没有明显规律。从站点分布来讲，西北地区及西藏地区站点较为稀少，站点的代表性弱。北方地区各站点的集水面积为 31.7km^2～4.7 万 km^2，南方地区的集水面积为 33.1km^2～8.5 万 km^2，青藏地区为 192km^2～19.1 万 km^2，西北地区为 117km^2～4.9 万 km^2。从站点与拟合曲线的空间分布来看，多数站点分布在拟合曲线两侧。对于拟合优度相对较低的分区，主要存在以下三种情况：①在拟合曲线上端，水文站点偏离要大；较大的集水面积网格会导致拟合的参考稳定流量或参考稳定水面宽偏小；②水文站点整体比较离散，导致拟合曲线相关系数较差；③参考稳定流量与参考稳定水面宽的拟合曲线存在部分中间点偏离较大的情况，但这种情况比较少。总体而言，20 个气候、地貌分区的河道特征参数拟合效果较好，可以应用于全国范围网格汇流模型的构建。

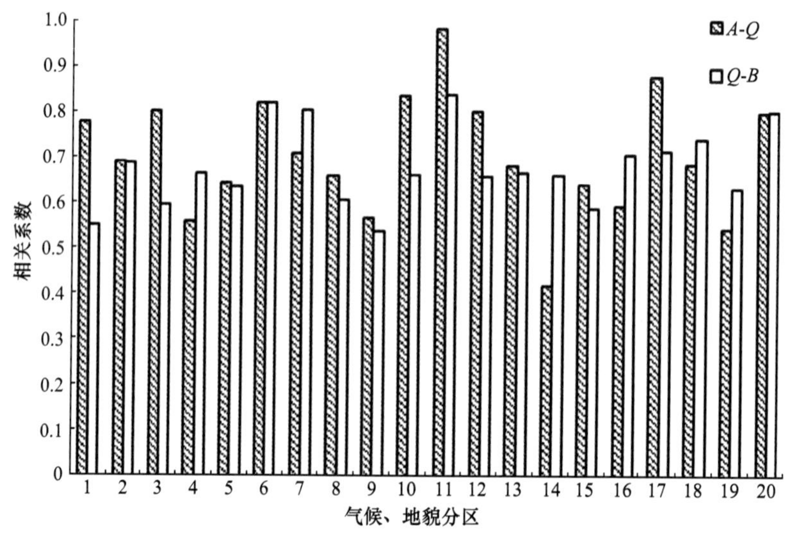

图 7.11 20 个气候、地貌分区河道特征参数拟合效果统计

A. 集水面积；*Q*. 参考稳定流量；*B*. 参考稳定水面宽

7.1.3 全国网格径流模拟及验证

根据第 6 章构建的全国 10km×10km 分辨率的 VIC 产流模型，以及上述构建的全国范围网格汇流模型，构建了全国范围 10km×10km 的产汇流模型，模拟计算了 1961～2013 年全国范围 10km×10km 分辨率日尺度的网格流量数据集。

1. 全国七大流域径流模拟结果验证

选取长江、黄河等七大流域典型站点进行验证。各流域用于验证的典型站点分布如

图 7.12 所示，各验证站点的径流模拟时段及模拟效果见表 7.7。从表 7.7 可以看出，淮河流域、珠江流域、长江流域的模拟效果较好，日效率系数都在 0.60 以上。淮河流域鲁台子站相对误差最小为 1.5%，日效率系数最高为润河集站 0.76。珠江流域梧州站日效率系数最高为 0.85，月效率系数达到 0.95。长江流域大通站相对误差最小为–8.8%，日效率系数为 0.82。黄河流域、海河流域、辽河流域的模拟效果相对较差。黄河流域模拟效果最差，相对误差为–52.3%～8.7%，日效率系数为 0.29～0.54。海河流域相对较好，相对误差均偏小，为–48.0%～–9.8%，日效率系数为 0.38～0.68。辽河流域与海河流域模拟结果相近，相对误差为–46.8%～–1.2%，日效率系数为 0.33～0.78。

整体来看，模型在全国径流模拟中具有一定的适用性，精度较高。南方流域的径流模拟效果优于北方流域。

图 7.12 全国各验证流域典型站点分布

表 7.7 全国主要流域流量验证

流域	站点名称	相对误差/%	日效率系数	月效率系数	开始时间	结束时间
淮河流域	王家坝	24.6	0.61	0.68	1997-01-02	2008-04-02
	润河集	9.6	0.76	0.80	1992-01-01	1997-12-31
	鲁台子	1.5	0.67	0.78	1959-01-04	1998-12-31
珠江流域	高要	0.1	0.77	0.90	1984-01-01	1993-12-31
	梧州	1.0	0.85	0.95	1997-01-01	2008-04-02
	石角	–6.4	0.85	0.93	1971-01-01	1990-12-31

续表

流域	站点名称	相对误差/%	日效率系数	月效率系数	开始时间	结束时间
长江流域	宜昌	−25.4	0.64	0.70	1959-01-04	2008-04-02
	大通	−8.8	0.82	0.87	1959-01-04	2008-04-02
	外洲	21.1	0.61	0.88	1961-01-01	2012-12-31
	汉口	−15.1	0.79	0.82	1959-01-04	2008-04-02
	桃源	−26.5	0.63	0.73	1961-01-01	2000-12-31
	湘潭	21.4	0.74	0.85	1961-01-01	2000-12-31
黄河流域	黑石关	−10.7	0.29	0.61	1997-01-01	2008-04-02
	大宁	8.7	0.50	0.80	1961-01-01	1997-12-31
	李家村	−25.0	0.54	0.65	1965-01-01	2001-12-31
	五龙口	−52.3	0.34	0.31	1980-01-01	1997-12-31
海河流域	微水	−9.8	0.68	0.87	1961-01-01	2000-12-31
	端庄	−29.3	0.58	0.62	1961-07-18	2000-08-25
	围场	−48.0	0.38	0.33	1961-01-01	2000-12-31
	戴营	−15.1	0.38	0.58	1961-01-01	2000-12-31
辽河流域	拉布达林	−38.9	0.33	0.53	1971-01-01	1985-12-31
	晨明	−20.6	0.78	0.81	1959-01-04	1962-09-30
	五道沟	−46.8	0.35	0.46	1997-01-17	2008-04-02
	复兴堡	−1.2	0.50	0.95	1997-06-01	2008-04-01

为进一步分析径流模拟的效果，分别选取珠江流域和长江流域的典型站点进行流量过程的验证，两个代表站的实测与模拟的月流量、日流量过程验证结果分别如图 7.13 和图 7.14 所示。

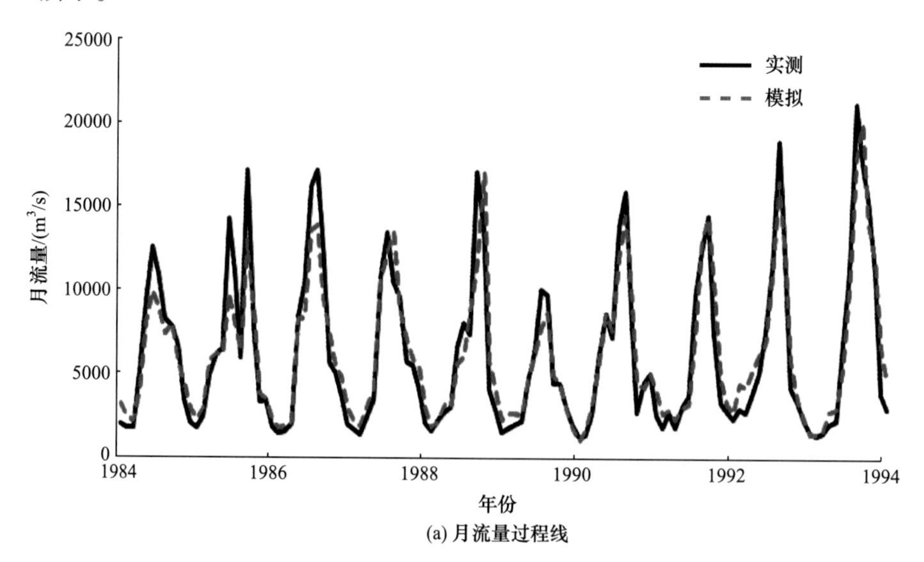

(a) 月流量过程线

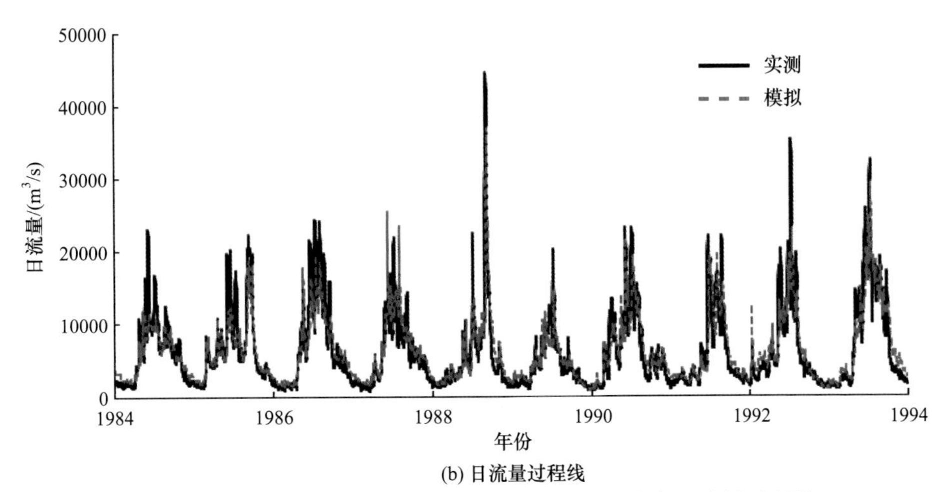

(b) 日流量过程线

图 7.13　珠江流域高要站实测与模拟月流量过程线与日流量过程线

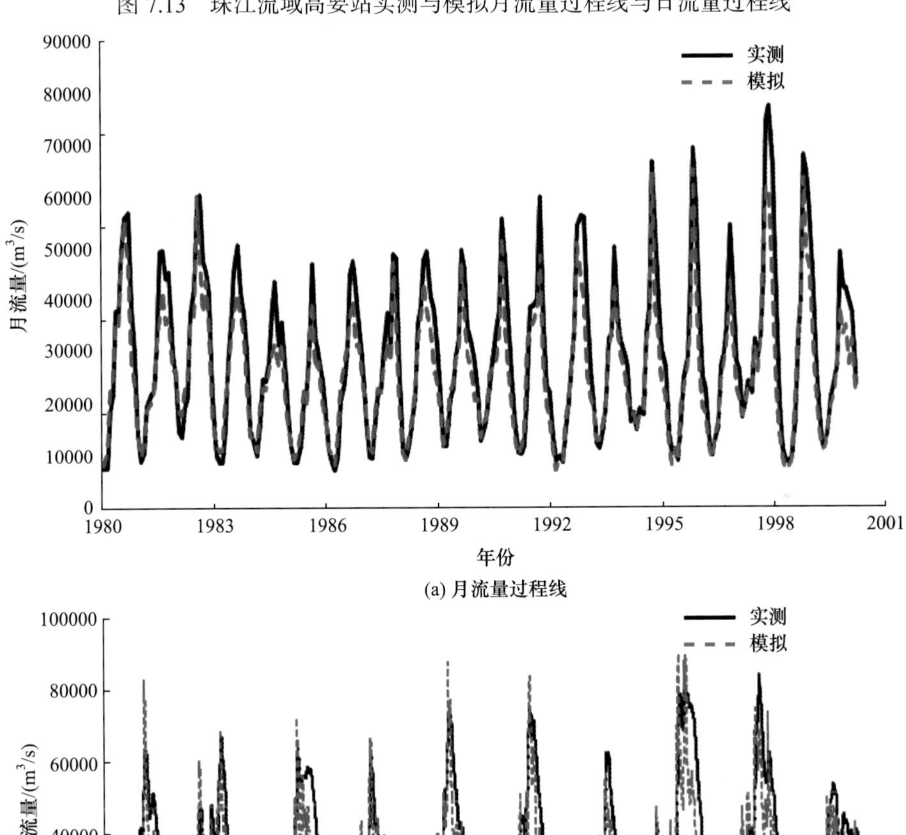

(a) 月流量过程线

(b) 日流量过程线

图 7.14　长江流域大通站实测与模拟月流量过程线与日流量过程线

1) 珠江流域高要站

由图 7.13 可知，珠江流域高要站流量过程模拟与实测的月流量过程和日流量过程拟合程度都较高，效率系数分别达到了 0.90 和 0.78。从过程线可以看出，高要站流量很大，最大月流量达到 22000m^3/s 左右。模型模拟误差主要集中在 1984～1988 年，模拟的流量过程在汛期偏小，最大月流量误差可达 5000m^3/s(1988 年的 9 月)，分析原因是洪峰流量时间存在偏差，1988 年实测最大流量发生在 9 月，而模拟最大值发生在 10 月，值得进一步探讨。

2) 长江流域大通站

长江流域大通站月流量过程如图 7.14 所示。由图 7.14 可知，模拟与实测的月流量过程和日流量过程拟合程度都较高，效率系数分别达到了 0.86 和 0.82。大通站是长江流域下游的控制站，相比高要站流量又要大很多，最大实测月流量达到 78000m^3/s 左右(1997 年 11 月)。从图 7.14 可以看出，模拟流量过程的误差主要表现在汛期，模拟月流量过程普遍偏小。模拟的月流量过程多为单峰型，而实测月流量过程有的为多峰型。

表 7.8 给出了不同年份模拟与实测百分位流量的相关关系，由于海河流域的端庄站和辽河流域的晨明站现有实测序列只是对汛期流量的统计，未能给出 50% 及以下百分位流量相关系数。由表 7.8 可以看出，全国站点验证整个序列相关系数均不小于 0.6，南方站点大于北方站点，年平均径流系列相关系数更高。在 50% 以上百分位流量的相关系数较高，随着百分位系数的减小，个别站点相关系数存在显著减少趋势，主要是北方站点，但并不影响整体分析。因此，模拟的全国径流数据可以用于径流变化趋势分析。

表 7.8　模拟与实测百分位流量的相关关系

站点名称	整个序列相关系数	最大值	90%	75%	50%	25%	10%	最小值	平均值
王家坝	0.83	0.85	0.89	0.89	0.79	0.88	0.82	0.80	0.90
润河集	0.92	0.95	0.95	0.91	0.88	0.87	0.88	0.69	0.98
鲁台子	0.82	0.73	0.89	0.93	0.85	0.80	0.79	0.75	0.94
高要	0.88	0.82	0.75	0.88	0.80	0.76	0.82	0.55	0.92
梧州	0.93	0.84	0.98	0.91	0.96	0.87	0.67	0.30	0.98
石角	0.93	0.61	0.85	0.91	0.95	0.97	0.94	0.88	0.94
宜昌	0.91	0.74	0.94	0.91	0.67	0.50	0.73	0.79	0.89
大通	0.92	0.83	0.90	0.94	0.88	0.94	0.79	0.67	0.95
外洲	0.84	0.83	0.91	0.95	0.94	0.88	0.81	0.43	0.95
汉口	0.95	0.79	0.89	0.93	0.93	0.93	0.85	0.72	0.94
桃源	0.86	0.62	0.89	0.86	0.83	0.79	0.62	0.57	0.95
湘潭	0.88	0.82	0.92	0.93	0.94	0.88	0.83	0.59	0.96
黑石关	0.60	0.73	0.71	0.82	0.91	0.92	0.87	0.63	0.88
大宁	0.71	0.79	0.71	0.85	0.89	0.77	0.70	0.41	0.91
李家村	0.76	0.86	0.89	0.89	0.74	0.89	0.87	0.82	0.90

续表

站点名称	整个序列相关系数	最大值	90%	75%	50%	25%	10%	最小值	平均值
五龙口	0.65	0.83	0.86	0.57	0.32	0.33	0.31	0.32	0.87
微水	0.95	0.98	0.88	0.77	0.50	0.44	0.53	0.72	0.96
端庄	0.81	0.94	0.65	0.68	—	—	—	—	0.72
围场	0.65	0.52	0.52	0.43	0.56	0.68	0.40	0.26	0.65
戴营	0.62	0.50	0.92	0.94	0.71	0.66	0.54	0.42	0.89
拉布达林	0.64	0.81	0.90	0.78	0.43	−0.04	0.13	0.37	0.92
晨明	0.87	0.97	0.94	0.54	—	—	—	—	0.96
五道沟	0.69	0.94	0.97	0.92	0.89	0.93	0.98	0.60	0.98
复兴堡	0.71	0.96	0.91	0.98	0.96	0.93	0.73	0.15	0.98

2. 全国网格化径流空间分布

基于全国各分区的径流模拟，合并生成全国径流逐日空间分布，结果如图 7.15 所示。图 7.15(a)给出了 2014 年 7 月 13 日全国逐日模拟径流空间分布图。基于逐日径流模拟数据，进一步计算多年平均流量，图 7.15(b) 给出了 1961～2013 年全国多年平均径流情况。从图 7.15(b) 中可以明显看出，全国各网格多年平均流量的差异。长江干流下游的多年平均流量为 25000～50000m^3/s，金沙江上游区为 50～500m^3/s。长江流域各主要支流的下游为 500～5000m^3/s。珠江流域多年平均流量为 5000～10000m^3/s。南方地区一般河流的多年平均流量多为 5～50m^3/s。北方地区松辽流域的网格多年平均流量为 500～5000m^3/s，其他一般河流主要为 5～50m^3/s。黄河流域干流多年平均流量为 500～5000m^3/s。西部地区及内蒙古地区的多年平均流量比较小，为 50～500m^3/s。一般河流在 5m^3/s 以下，这主要是由于内陆地区距离海洋比较远，达到这里的水汽比较少，使得降水较少。加之沙漠的存在，使得产流量也比较少。

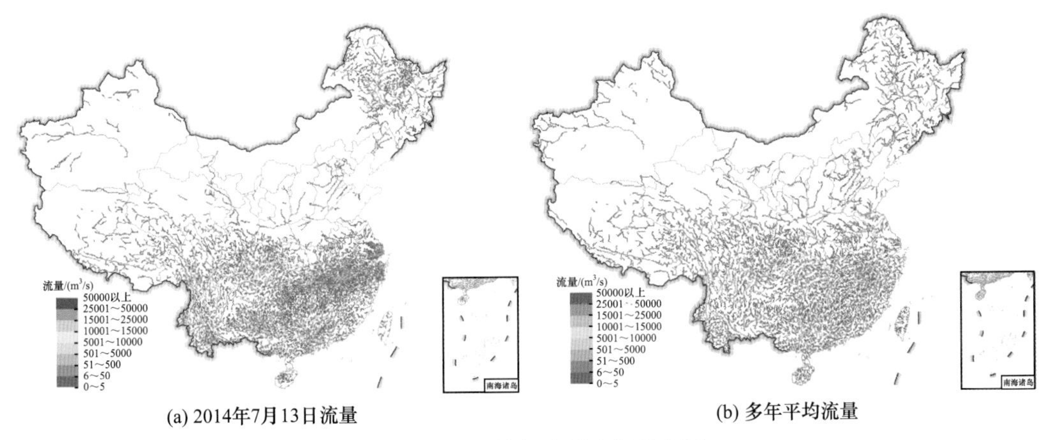

图 7.15　全国模拟流量空间分布图

为进一步分析模型模拟径流的效果，对比分析了不同流域内不同河段和站点所在网格的径流模拟精度。

长江主要干流代表站：宜昌站实测多年平均流量为 13600m³/s，模拟多年平均流量为 10000m³/s，相对误差为−26.5%。大通站实测多年平均流量为 28400m³/s，模拟多年平均流量为 25500m³/s，相对误差为−10.2%。汉口站实测多年平均流量为 22500m³/s，模拟多年平均流量为 18800m³/s，相对误差为−16.4%。资水站实测多年平均流量为 2060m³/s，模拟值为 1460m³/s，相对误差为−29.1%。湘江站实测的年平均流量为 2090m³/s，模拟值为 2520m³/s，相对误差为 20.6%。嘉陵江站实测多年平均流量为 1690m³/s，模拟值为 1940m³/s，相对误差为 14.8%。

珠江流域西江站实测多年平均流量为 7410m³/s，模拟多年平均流量为 7000m³/s，相对误差为−5.5%。郁江站实测多年平均流量为 1460m³/s，模拟值为 1390m³/s，相对误差为−4.8%。北江站实测多年平均流量为 1320m³/s，模拟值为 1260m³/s，相对误差为−4.5%。东江站实测多年平均流量为 740m³/s，模拟值为 775m³/s，相对误差为 4.7%。

淮河中游河段实测多年平均流量为 689m³/s，模拟值为 657m³/s，相对误差为 5% 左右。黄河流域实测多年平均流量为 1690m³/s，模拟值为 1520m³/s，相对误差为 10%左右。

通过以上分析可知，模型具有较好的模拟能力，可获得具有一定精度的全国网格化流量，可为实施基于标准化径流指数的大范围水文干旱监测提供技术支撑。

7.2 标准化径流指数的建立

为了分析全国范围水文干旱的时空变化特征，本节选取全国七大流域代表站点的长系列径流资料，在径流概率分布特征分析的基础上，构建了标准化径流指数 SRI，并分别应用站点实测径流系列和全国范围网格化径流模型模拟的 1961～2013 年的网格化径流系列，验证了 SRI 对水文干旱特征识别的适用性。

7.2.1 SRI 定义

一般地，假定长系列径流资料符合某种函数分布(如 Gamma 分布)，将其正态标准化后可得到 SRI。指数的不同取值表征了不同的旱涝程度，能够灵活地用于不同区域多时间尺度的旱涝情况比较。SRI 的计算方法为

$$\mathrm{SRI}=\frac{R_i-\overline{R}}{\delta_R} \tag{7.19}$$

式中，SRI 为标准化径流指数；R_i 为符合某函数分布的径流量；$\overline{R}$ 为符合某函数分布径流的多年平均值；δ_R 为符合某函数分布径流的均方差。

据式(7.19)，确定径流序列合理的函数分布后，即可对应构建标准化径流指数。

7.2.2 概率分布线型优选

为探究我国复杂气候背景下的径流分布特征，确定标准化径流指数的构建方法。选

取了资料年限较长的水文站点实测径流资料并拟合其函数分布，尽量选择分布在不同流域的站点以增强样本代表性。选取的代表站点基本信息见表 7.9。

表 7.9　典型水文站点基本信息

序号	站名	集水面积/km^2	所属流域	时间	东经/(°)	北纬/(°)
1	文得根	12447	松花江	1960～1985 年	121.98	46.88
2	微水	5387	海河	1961～2000 年	114.13	38.03
3	李家村	19693	黄河	1965～2001 年	103.82	35.27
4	王家坝	30630	淮河	1953～2007 年	115.60	32.43
5	外洲	80948	长江	1961～2012 年	115.83	28.63
6	高要	351535	珠江	1955～2014 年	112.47	23.05

挑选以上水文站点每月 15 日的流量构成径流子系列，选用常见的连续型分布函数展开拟合，并采用 Kolmogorov-Smirnov 检验评价拟合效果，检验结果见表 7.10。

表 7.10　典型水文站点拟合天然径流函数分布的 Kolmogorov-Smirnov 检验(α=0.5)

序号	站名	Kolmogorov-Smirnov 检验通过率/%					
		指数分布	均匀分布	Gamma 分布	对数正态分布	韦伯分布	泊松分布
1	文得根	8.3	8.3	91.7	91.7	83.3	8.3
2	微水	16.7	0.0	50.0	41.7	50.0	0.0
3	李家村	0.0	8.3	66.7	83.3	50.0	0.0
4	王家坝	0.0	0.0	8.3	75.0	16.7	0.0
5	外洲	0.0	0.0	25.0	66.7	41.7	0.0
6	高要	0.0	0.0	33.3	75.0	25.0	0.0

表 7.10 显示 Gamma 分布、对数正态分布和韦伯分布对径流系列的拟合效果明显优于指数分布、均匀分布和泊松分布。当前，已有研究多类同于标准化降水指数 SPI，选取 Gamma 分布拟合径流，构建标准化径流指数 SRI。但是，对数正态分布在南方站点(王家坝、外洲、高要)的拟合效果较 Gamma 分布表现出更强的优势。因此，选择对数正态分布作为构建标准化径流指数的函数分布，SRI 的计算方法可由式(7.19)转化为式(7.20)：

$$\mathrm{SRI}_{y,d}=\frac{\ln Q_{y,d}-\overline{\ln Q_d}}{\delta\left(\ln Q_d\right)} \tag{7.20}$$

式中，$\mathrm{SRI}_{y,d}$ 为第 y 年第 d 日的标准化径流指数；$\ln Q_{y,d}$ 为第 y 年第 d 日的径流对数值；$\overline{\ln Q_d}$ 为第 d 日流量对数系列的平均值；$\delta\left(\ln Q_d\right)$ 为第 d 日流量对数系列的均方差。

7.2.3　干旱等级划分

在构建标准化径流指数的基础上，需进一步确立干旱等级划分标准，以实现干旱监测和预测，更准确、有效地实施防旱和抗旱措施。SRI 对流量进行了正态化变换，它同 SPI 一样服从于正态分布，按照频率分布区间划分 SRI 指数的干旱等级(表 7.11)。

表 7.11　基于标准化径流指数 SRI 的干旱等级划分标准

等级	类型	SRI 值	出现频率/%
1	无旱	SRI>−0.5	68
2	轻旱	−1.0<SRI≤−0.5	15
3	中旱	−1.5<SRI≤−1.0	10
4	重旱	−2.0<SRI≤−1.5	5
5	极旱	SRI≤−2.0	2

7.2.4　时间尺度分析

由于标准化径流指数 SRI 考虑了径流服从尖峰厚尾的偏态特征，且对径流进行了正态标准化处理。因此，SRI 适用于不同时间尺度的干旱监测评价，能够反映实时、短期、中长期及长期水文干旱情势，是一种较好的水文干旱指标。

SRI 的时间尺度体现在考虑前期流量对当前旱情的影响上。一般而言，前期径流亏缺对当前水文干旱情势的影响将随着历时增加而降低。因此，在计算不同时间尺度的累积流量时，采用线性递减权重方法，其表达式为

$$Q_j = \sum \frac{i+n-j}{n} Q_i, \quad i = j-n+1,\cdots,j \tag{7.21}$$

式中，Q_j 为第 j 天的累积流量；n 为水文干旱指数的时间尺度；Q_i 为第 i 天的流量累积值，i 的范围为 $[j-n+1, j]$。

当 SRI 时间尺度增加时，以上考虑递减权重的干旱指数识别的干旱过程将与不考虑权重影响产生差异。赣江流域外洲站的 SRI-360 变化过程显示，两者间的差异主要体现在等权重 SRI 监测的干旱过程在时程上滞后于线性递减 SRI 监测的干旱(图 7.16)。

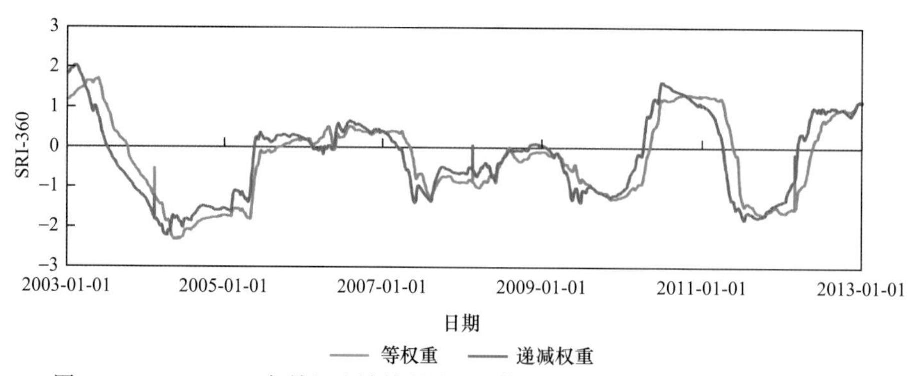

图 7.16　2003～2013 年赣江流域外洲站基于等权重和递减权重的 SRI-360 过程线

在日径流系列较完善的西江流域高要站和赣江流域外洲站，计算考虑递减系数、时间尺度为 1 天、30 天、90 天、180 天和 360 天的 SRI 指数，基于游程理论统计不同的水文干旱要素统计值，结果见表 7.12。

表 7.12　典型流域基于不同时间尺度 SRI 的水文干旱要素统计值

水文站	干旱要素	SRI				
		1 天	30 天	90 天	180 天	360 天
外洲	干旱场次	445	152	82	51	40
	平均干旱历时	13.8	40.0	71.5	113.6	145.8
	最大干旱历时	126	332	437	594	624
	平均干旱烈度	7.9	23.7	44.8	72.9	93.3
	最大干旱烈度	171.1	438.7	550.5	493.0	601.6
高要	干旱场次	779	178	104	71	44
	平均干旱历时	8.9	38.2	63.6	89.1	138.0
	最大干旱历时	138	242	287	450	510
	平均干旱烈度	5.1	23.4	40.9	59.2	93.2
	最大干旱烈度	154.0	223.6	408.3	661.9	905.6

表 7.12 显示，水文干旱监测结果与干旱指数的尺度选择密切相关。随着干旱指数时间尺度增加，水文干旱场次减少、干旱历时和干旱烈度增加。当时间尺度由 1 日增加到 30 日时，干旱场次下降尤为剧烈。以上统计分析结果表明，SRI 时间尺度越大，监测到的区域干湿交替越缓。

7.2.5　SRI 的适用性分析

1. 对地区粮食减产率的反映

干旱指数的适用性验证是确保指数合理并得以推广运用的前提。以西江流域高要站和赣江流域外洲站为例，基于 SRI 计算日干旱烈度(超过轻旱以上部分)，累积为年干旱烈度，对照广西壮族自治区和江西省的因旱粮食减产率，检验以上标准化径流指数的合理性(图 7.17)。

图 7.17 中西江流域年水文干旱烈度与粮食减产率的相关系数为 0.71，在赣江流域这一系数为 0.41，均超过了 0.4 的显著性水平。表明在典型流域基于 SRI 的干旱要素统计对于作物在地表供水不足形势下的旱情具有较好的反映能力。对比图 7.17 中因旱粮食减产率及年干旱烈度过程线，基于 SRI 的干旱分析能凸显出 1963 年广西壮族自治区和江西省的极端干旱缺水态势，对广西壮族自治区 1984～1992 年的多年连旱过程也能合理展现。

水文干旱发生时，不仅会因灌溉水源不足造成粮食减产，而且极端长历时的干旱将进一步波及社会各个用水对象，带来严重的社会经济影响。在此，选取地表水供水量占总供水量 90% 以上的广西壮族自治区为例，收集 2003～2013 年的社会用水数据，探究

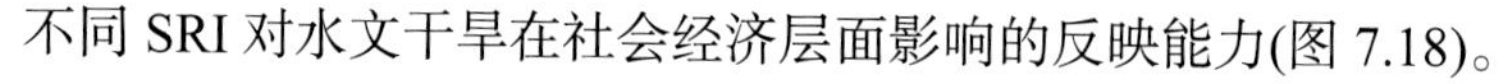
不同 SRI 对水文干旱在社会经济层面影响的反映能力(图 7.18)。

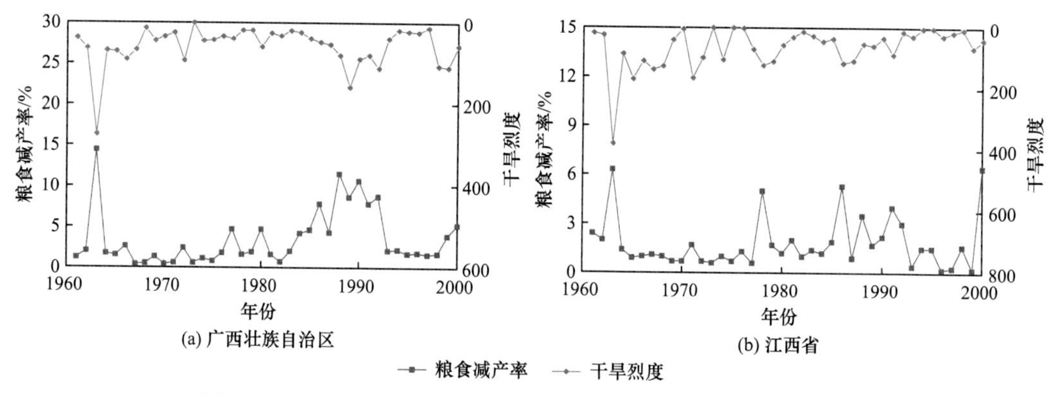

图 7.17　1961～2000 年水文干旱烈度与粮食减产率的变化过程图

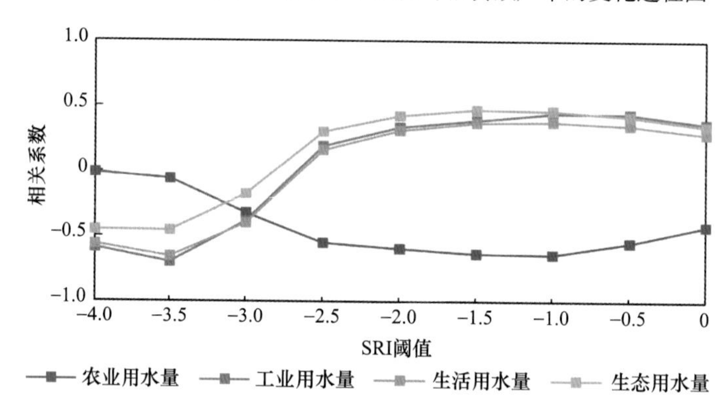

图 7.18　基于不同 SRI 阈值的水文干旱烈度与不同类用水量的相关性分析

社会用水主要表现在农业、工业、生活和生态四个方面。图 7.18 显示，当 SRI 在 −2.5～0 变化，也即地表年径流偏少概率在 0.62%～50%时，水文干旱烈度与农业用水量具有较好的负相关，与其他类用水不存在相关性。随着地表径流进一步亏缺，有限的水量将优先保障工业、生活和生态等基础用水，此时水文干旱烈度与以上三类用水量的相关性显著增加，而与农业用水的相关关系减弱。图 7.18 中水文干旱烈度与不同类用水量间的相关性曲线符合社会供水优先权的分配原则，反映出 SRI 能合理反映研究区水文干旱与社会用水的关系。

2. 对流域粮食减产率的反映

为了在流域面上验证基于模拟流量构建的水文干旱指数的适用性，本节基于 VIC 模拟的 1961～1990 年 10km×10km 逐网格数据系列，生成各网格单元 SRI 系列数据库，统计六大流域的年干旱烈度(轻旱以上)，计算其与各区域粮食减产率的相关系数，见表 7.13。

表 7.13　1961～1990 年六大流域模拟水文干旱烈度与粮食减产率的相关性

流域	长江	海河	淮河	黄河	松辽河	珠江
相关系数	0.51	0.24	0.47	0.15	0.36	0.84

表 7.13 显示基于水文干旱模拟模型统计的干旱烈度与粮食减产率在南方流域(珠江流域、长江流域和淮河流域)的相关性较好，而在北方流域(黄河流域、海河流域及松辽河流域)相关性不显著。这与三方面因素有关：一是 VIC 模型更适宜南方蓄满产流模式；二是受气候条件的影响，我国南方、北方农作物种植结构存有差异，南方气候高温多雨，耕地多以种植生长习性喜高温多雨的水稻为主，而我国北方降水较少，气温较低，耕地多为旱地，多种植喜干耐寒的小麦，水稻的抗旱性较小麦弱，因此，当干旱持续发展时水稻将明显减产；三是与我国南方、北方灌溉模式差异相关，南方为灌溉农业，地表径流是常见的灌溉水源，而北方水资源不足，为雨养农业，但是，当长历时、高烈度的水文干旱发生时，北方流域的作物减产也同河道径流亏缺密切相关。对此检验水文干旱指数对南方、北方流域典型干旱年份的识别效果(表 7.14 和表 7.15)。

表 7.14　全国六大流域 1961～1990 年前 10 位粮食减产率排序及相应年份(张世法等，2008)

排序	长江		海河		淮河		黄河		松辽河		珠江	
	粮食减产率/%	年份	粮食减产率/%	年份	粮食减产率/%	年份	粮食减产率/%	年份	粮食减产率/%	年份	粮食减产率/%	年份
1	8.66	1978	22.23	1962	13.66	1988	62.21	1965	30.42	1972	7.22	1963
2	5.61	1972	12.54	1972	10.94	1961	16.67	1961	22.23	1982	4.26	1986
3	4.70	1988	9.48	1986	8.53	1978	15.24	1980	13.44	1977	4.21	1988
4	4.38	1985	7.28	1981	8.36	1966	14.58	1962	13.21	1976	3.60	1990
5	4.34	1976	6.91	1989	5.79	1977	13.90	1973	9.97	1980	3.19	1989
6	4.12	1986	6.68	1965	5.66	1986	12.93	1972	9.05	1961	2.58	1980
7	3.90	1990	6.64	1987	4.71	1989	12.82	1981	8.96	1968	2.54	1977
8	3.85	1974	6.63	1980	4.71	1962	12.58	1987	7.74	1963	2.28	1987
9	3.82	1977	5.88	1983	4.36	1976	12.02	1982	7.10	1981	1.83	1985
10	3.44	1979	5.21	1961	3.70	1987	11.09	1966	6.93	1965	1.29	1984

表 7.15　全国六大流域 1961～1990 年前 10 位干旱烈度排序及相应年份

排序	长江		海河		淮河		黄河		松辽河		珠江	
	干旱烈度	年份	干旱烈度	年份	干旱烈度	年份	干旱烈度	年份	干旱烈度	年份	干旱烈度	年份
1	19869.4	1979	2489.4	1981	7211.8	1967	5494.5	1973	7729.4	1977	17782.3	1963
2	19159.9	1978	2165.1	1987	5903.9	1978	3828.0	1972	7599.3	1968	10563.0	1989
3	16817.8	1972	1924.1	1980	4997.9	1968	3804.4	1987	7084.4	1982	6116.4	1990
4	13803.0	1988	1817.5	1982	4890.3	1966	3642.5	1988	7081.2	1976	4535.5	1988
5	13394.6	1986	1578.2	1988	4453.9	1977	3524.6	1981	6714.7	1979	3987.2	1987
6	12810.6	1987	1555.9	1984	4201.5	1979	2924.8	1980	4930.1	1978	3946.9	1980

续表

排序	长江		海河		淮河		黄河		松辽河		珠江	
	干旱烈度	年份	干旱烈度	年份	干旱烈度	年份	干旱烈度	年份	干旱烈度	年份	干旱烈度	年份
7	12632.8	1971	1378.1	1985	3338.4	1962	2698.6	1983	4595.4	1967	3863.5	1986
8	11914.0	1981	1291.6	1989	3299.4	1989	2563.9	1982	4591.8	1980	3743.8	1977
9	11856.9	1974	1230.4	1983	3226.9	1961	2488.0	1971	4189.5	1983	3663.0	1972
10	11058.1	1989	1121.5	1972	3037.5	1988	2167.4	1974	3830.6	1989	3591.5	1966

表 7.14 列出了我国六大流域粮食减产最为严重的前 10 个年份，表 7.15 为对应水文干旱指数识别的各流域水文干旱最为严重的前 10 个年份。对照两表可见，基于模拟径流构建的水文干旱指数识别的水文干旱年份与实际粮食减产严重年份具有较好的对应关系，重合率达到了 0.5 以上。其中，珠江流域有 8 个年份重合(1963 年、1986 年、1988 年、1990 年、1989 年、1980 年、1977 年、1987 年)，淮河流域有 7 个年份重合(1988 年、1961 年、1978 年、1966 年、1977 年、1989 年、1962 年)，长江流域(1978 年、1972 年、1988 年、1986 年、1974 年、1979 年)、海河流域(1972 年、1981 年、1989 年、1987 年、1980 年、1983 年)和黄河流域(1980 年、1973 年、1972 年、1981 年、1987 年、1982 年)均有 6 个年份重合，松辽河流域有 5 个年份重合(1982 年、1977 年、1976 年、1980 年、1968 年)。以上典型干旱年份良好的一致性体现了水文干旱指数在干旱监测上具有一定的适用性。

7.3　全国七大流域水文干旱分析及时空变化

基于网格化径流模型模拟的全国范围 1961～2013 年日径流数据集，应用 SRI 开展我国七大流域水文干旱分析，探讨各流域的水文干旱特征。

7.3.1　全国七大流域水文干旱分析

水文干旱发生的程度通常由多个统计要素界定，这些要素包含干旱历时、干旱烈度、干旱面积、干旱频率等特征量。1961～2013 年，七大流域的水文干旱演变过程在不同区域气候变率下反映出不同特征，本节主要从水文干旱要素的多年变化角度对其展开研究。

1. 干旱烈度

干旱烈度表征了研究流域在干旱持续过程中的水分亏缺程度，是干旱的一个重要统计量。以网格为研究单元，计算日尺度 SRI 并统计每日轻旱以下(SRI<−0.5)数值与正常态(SRI=−0.5)之间的差量，作为当日该网格的干旱烈度。进一步地，在空间上累加至研究区域，时间上累积至逐年，形成七大流域 1961～2013 年的干旱烈度系列，编制七大流域 1961～2013 年干旱烈度变化过程图(图 7.19)。设定干旱烈度上限为年平均干旱网格数

与 1.5(极旱阈值所对应干旱烈度)的乘积，进而定义“干旱相对烈度”为年平均干旱烈度与干旱烈度上限的比值。据此，分析不同流域 1961～2013 年水文干旱烈度情况如下。

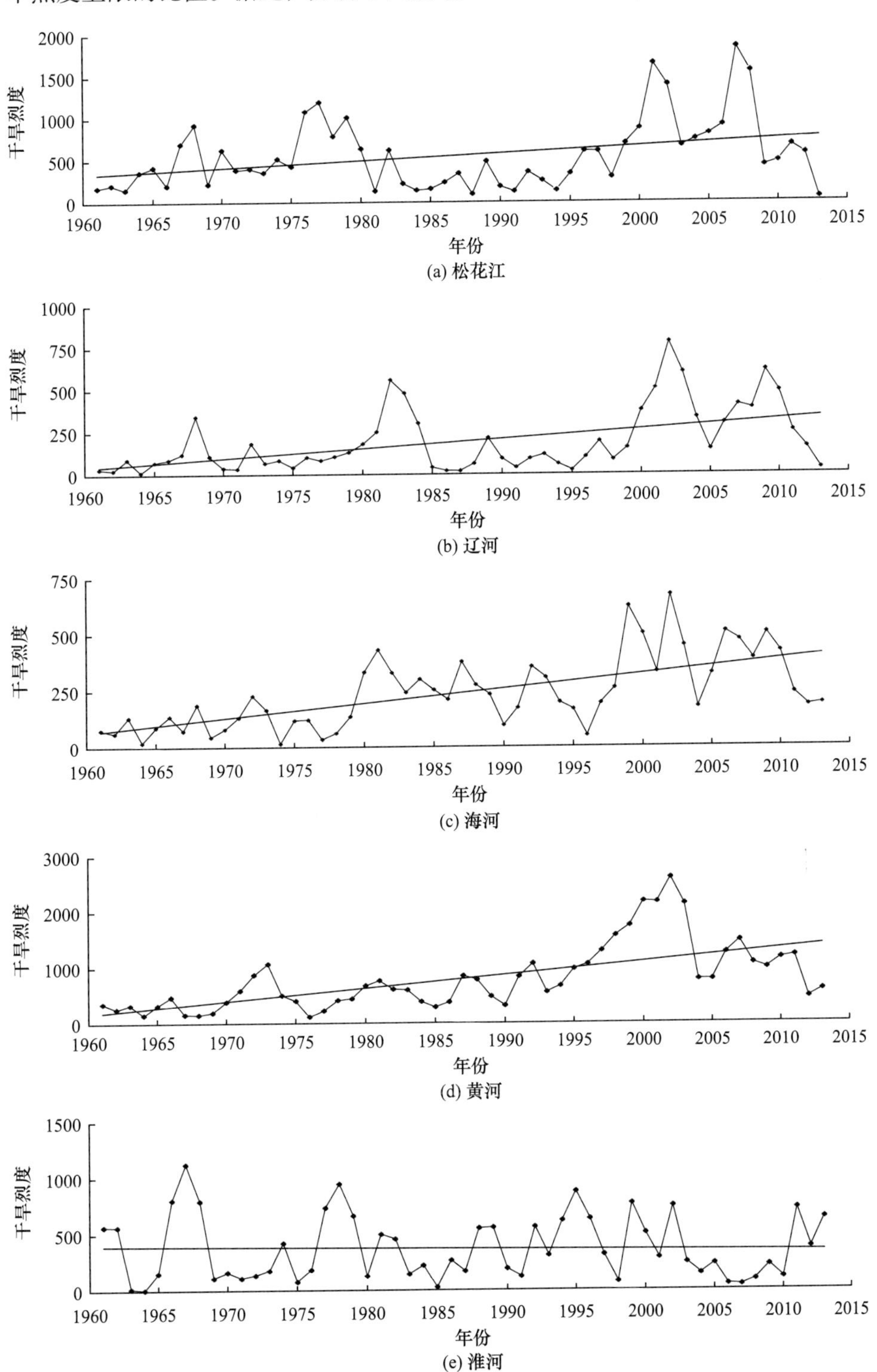

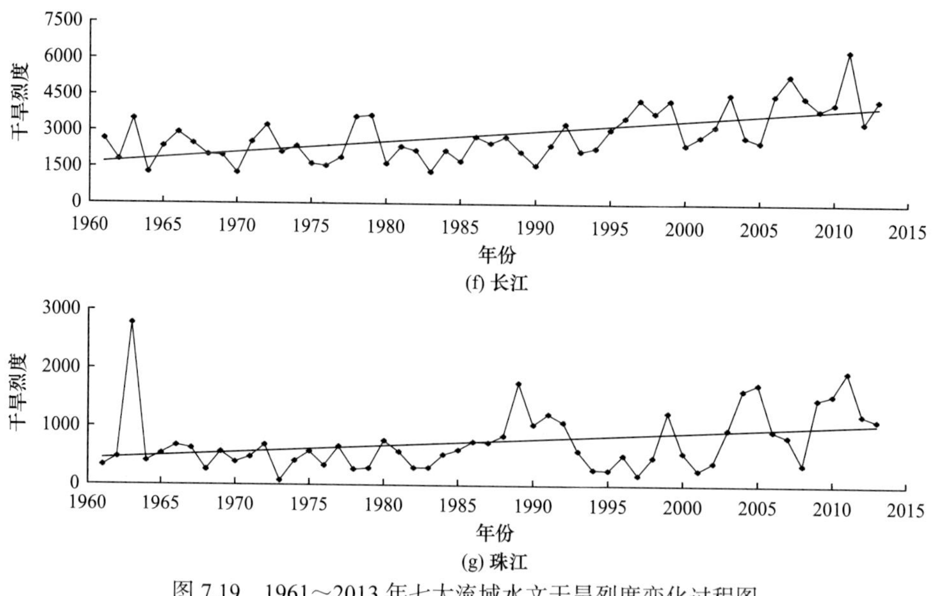

图 7.19　1961～2013 年七大流域水文干旱烈度变化过程图

黄河流域及其以北的松花江流域、辽河流域和海河流域，21 世纪以前高烈度干旱年份相对较少，是水文干旱较轻时期，21 世纪之后高烈度干旱年份明显增加，是水文干旱较重的时期；淮河流域 20 世纪 80 年代以前高烈度干旱年份较多，是干旱较重时期，20 世纪 80 年代之后高烈度水文干旱年份减少，是干旱较轻时期；长江流域和珠江流域在 21 世纪前 10 年高干旱烈度年份虽相对较多，但相较北方流域，极端高烈度干旱年份并不突出。

从年平均干旱相对烈度的时间分布来看，松花江流域干旱相对烈度大于 25%，1961～2013 年干旱相对烈度在 50% 以上的年份有 15 年，其中有 9 年发生在 21 世纪以后，干旱严重的 2001 年干旱相对烈度为 73.4%，2007 年和 2008 年更是达到 80.2%，整体水平和极旱水平均超过其他流域。

辽河流域、海河流域和黄河流域的年最小干旱相对烈度在 15% 左右，干旱相对烈度超过 50% 的年份在辽河流域有 9 年，全部发生在多年连旱期间(1982～1984 年、2001～2004 年和 2009～2010 年)，表明辽河流域的多年连旱与年内干旱相比，不仅历时更长而且烈度更大。海河流域和黄河流域均仅有 3 年的干旱相对烈度超过 50%，前者出现在 1999 年、2002 年和 2010 年，后者出现在连续的 2001～2003 年。

淮河流域的干旱相对烈度虽只在 11% 以上，较北方流域低，但干旱相对烈度超过 50% 的年份有 11 年，除 2002 年、2003 年和 2011 年外，其他 8 年均发生在 21 世纪以前，与黄河流域及其以北的流域特征不同。

长江流域的干旱相对烈度在 25% 以上，和松花江流域持平，但干旱相对烈度仅在 1999 年和 2011 年达到 53.7% 和 54.9%。珠江流域的干旱相对烈度在 22% 以上，略低于长江流域，相对烈度在 50% 以上的有 8 年，最高的 1963 年达到 72.4%，除松花江流域外其他流域未出现该情况。事实上，1963 年是我国发生南旱北涝严重自然灾害的一年，虽然全国范围的水文干旱情势并不到重旱水平，但在我国南方河流珠江流域，1963 年是

1961 年以来缺水程度最严重的干旱年份。2009～2012 年，珠江流域的干旱相对烈度连续超过 50%，虽在珠江流域的缺水程度小于 1963 年，但干旱范围涵盖西南地区(云南省、贵州省、广西壮族自治区、重庆市和四川省)，危害之广、损失之重为历史罕见。

从 1961～2013 年水文干旱烈度的变化趋势来看，淮河流域呈不明显的下降趋势，其他北方、南方流域均呈上升趋势。其中，海河流域、黄河流域、辽河流域的年干旱烈度增长率(年平均干旱增长烈度/年平均干旱烈度)为 2.7%～2.9%，年干旱烈度增长率高于松花江流域、长江流域和珠江流域的 1.5%～1.6%。

2. 干旱面积

不同流域的集水面积不同，因此采用干旱面积的相对指标，即面积百分率进行不同流域干旱影响面积的分析和比较，并绘制 1961～2013 年七大流域水文干旱面积百分率变化过程图(图 7.20)。

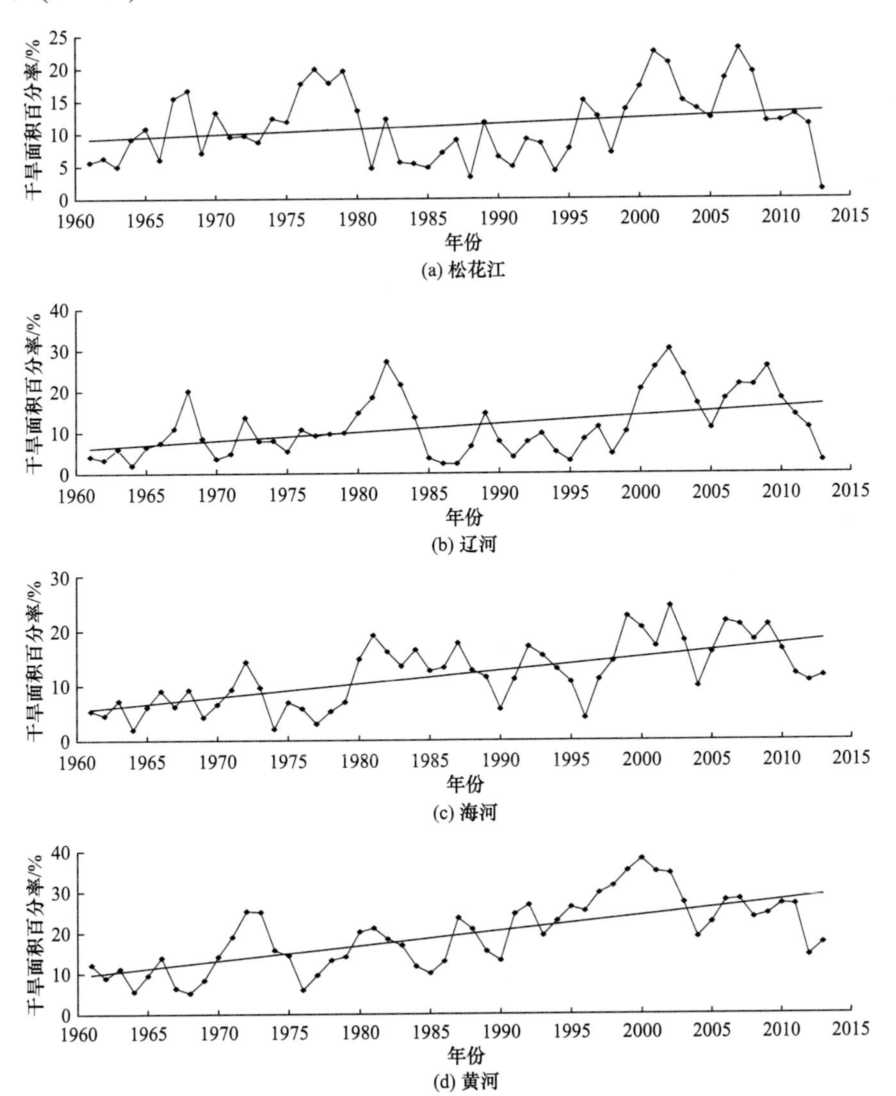

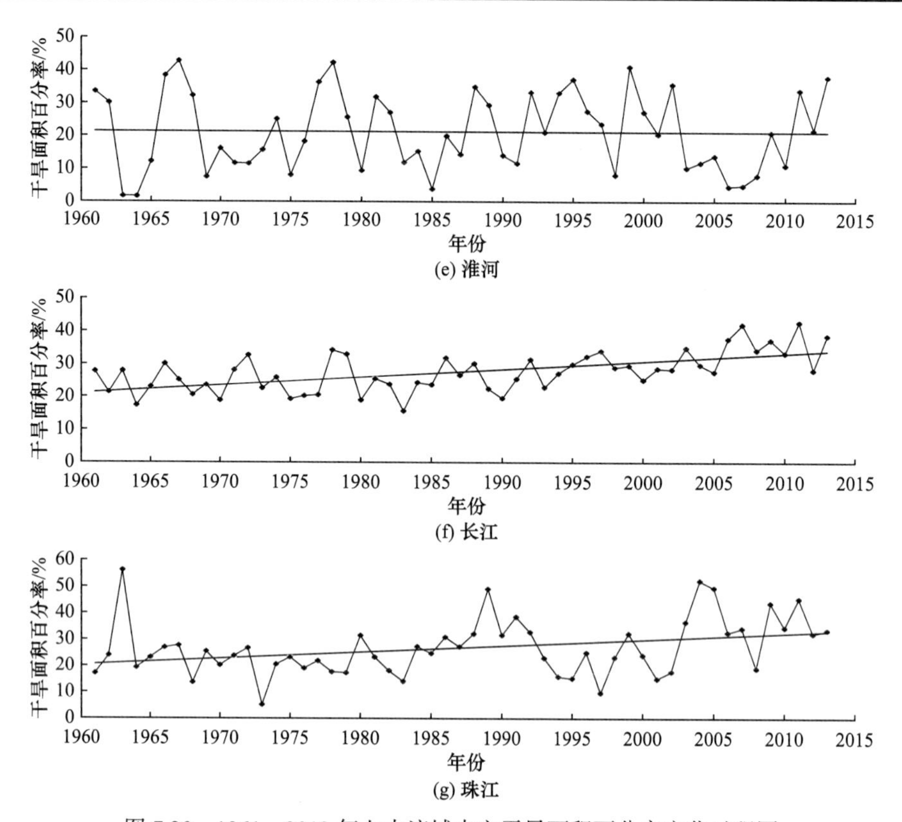

图 7.20　1961～2013 年七大流域水文干旱面积百分率变化过程图

1961～2013 年，北方松花江流域、辽河流域和海河流域的年平均干旱面积百分率分别为 11.3%、11.5%和 12%，黄河流域及其以南的淮河流域、长江流域和珠江流域的年平均干旱面积百分率分别为 19.4%、21.2%、27.6%和 26.8%，南方流域的年平均干旱面积百分率约为北方流域的 2 倍。

七大流域干旱面积的变化趋势与干旱烈度的变化趋势一致，除淮河流域外，其他流域呈上升趋势。其中，黄河流域的上升趋势为 0.37%/a，高于其他六大流域。海河流域、长江流域及珠江流域干旱面积的上升趋势在 0.24%/a 左右，辽河流域为 0.20%/a，松花江流域为 0.08%/a，远低于其他流域。

7.3.2　流域典型水文干旱的时空变化

典型水文干旱是指研究区域在研究时段内发生的历时长、烈度高，对社会经济带来严重不利影响的水文干旱事件。

1. 2006～2013 年长江流域干旱特征

长江流域盘根错节，干流流经青海、西藏、四川、云南、重庆、湖北、湖南、江西、安徽、江苏、上海 11 省(自治区、直辖市)；支流延伸到河南、陕西、甘肃、浙江、贵州、广西、福建、广东 8 省(自治区)，总流域面积达 180.7 万 km^2。由于面积辽阔，流域部分地区出现的局部严重干旱都将被水文干旱指数监测到。所以，长江流域极端长历时的干旱场次高于其他六大流域。2006 年川渝大旱以来，长江流域局地的极端干旱多见报道，本节重点探究 2006～2013 年长江流域影响范围较大的水文干旱事件的空间分布特征(图 7.21)。

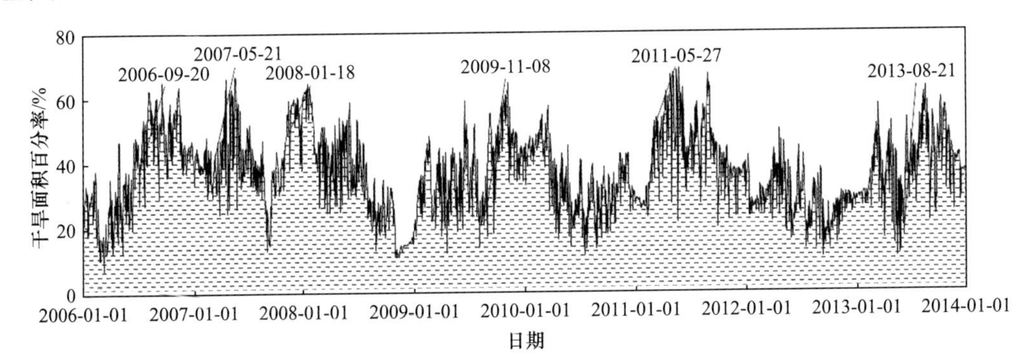

图 7.21　2006～2013 年长江流域多年连续水文干旱变化过程图

图 7.21 显示基于 SRI 识别的长江流域水文干旱情势严重，2006～2009 年平均每年出现 1 个干旱面积峰值，2009～2013 年平均 2 年出现 1 个干旱面积峰值。挑选干旱过程线中的 6 个面积峰值，研究对应时刻水文干旱的空间分布，结果如图 7.22 所示。

2006 年水文干旱影响范围最广时期内，9 月 20 日的干旱相对烈度为 55%，干旱面积百分率达到 65.3%，主要发生在流域中、西部地区，水文干旱中心位于西南地区东部的川渝地区。受大气环流异常的影响，2006 年夏季川渝地区持续高温少雨，出现严重的高温干旱(李泽明等，2014；李永华等，2009；刘银峰等，2009；刘银峰，2008；邹旭恺等，2007)。水文干旱期间，长江寸滩站、嘉陵江北碚站出现有记录以来历史同期最低水位，重庆市 2/3 的溪河断流，275 座水库达到甚至低于死水位(张娟娟，2008)。

2007 年夏季水文干旱(2007-05-21)程度较 2006 年秋季有所降低，干旱相对烈度为 47%，干旱面积百分率达到 66.5%。较 2006 年而言，东部湘江、赣江及长江干流旱情加重，西部金沙江、雅砻江旱情缓解。干旱中心位于流域中部，呈东西走向，重旱、极旱主要出现在宜昌站以下的干、支流河段。

2008 年冬季(2008-01-18)水文干旱面积较 2007 年几乎没有变化，但区域性更强，发展出较独立的 3 个干旱中心：岷沱江流域、汉水流域和两湖流域(洞庭湖和鄱阳湖)，干旱中心的缺水程度也较 2007 年明显增强，干旱相对烈度达到 68%。

2009 年秋季(2009-11-08)水文干旱主要发生在长江以南的云南、贵州、湖南等地区，干旱面积百分率为 64.9%，干旱相对烈度为 52%。2009 年秋季，我国西南地区遭遇了百年一遇的重旱，图 7.22 中反映了云南、贵州等西南省份的部分地区在特大旱灾中的旱情。

2011 年春末夏初(2011-05-27)长江流域水文干旱最为严重，干旱相对烈度达到 76%。干旱呈现东西分异的格局，西部旱情较轻，东部干旱范围广、旱情重，干旱区域主要分布在乌江流域、两湖流域及长江干流的上游和中游段。

2013 年夏季(2013-08-21)长江流域干旱相对烈度为 55%，干旱的空间分布较均匀，干旱中心分散，是研究时段内旱情最轻微的时段。

综上所述，2006～2013 年干旱期间，长江流域两湖地区水文干旱情势最为严峻。不

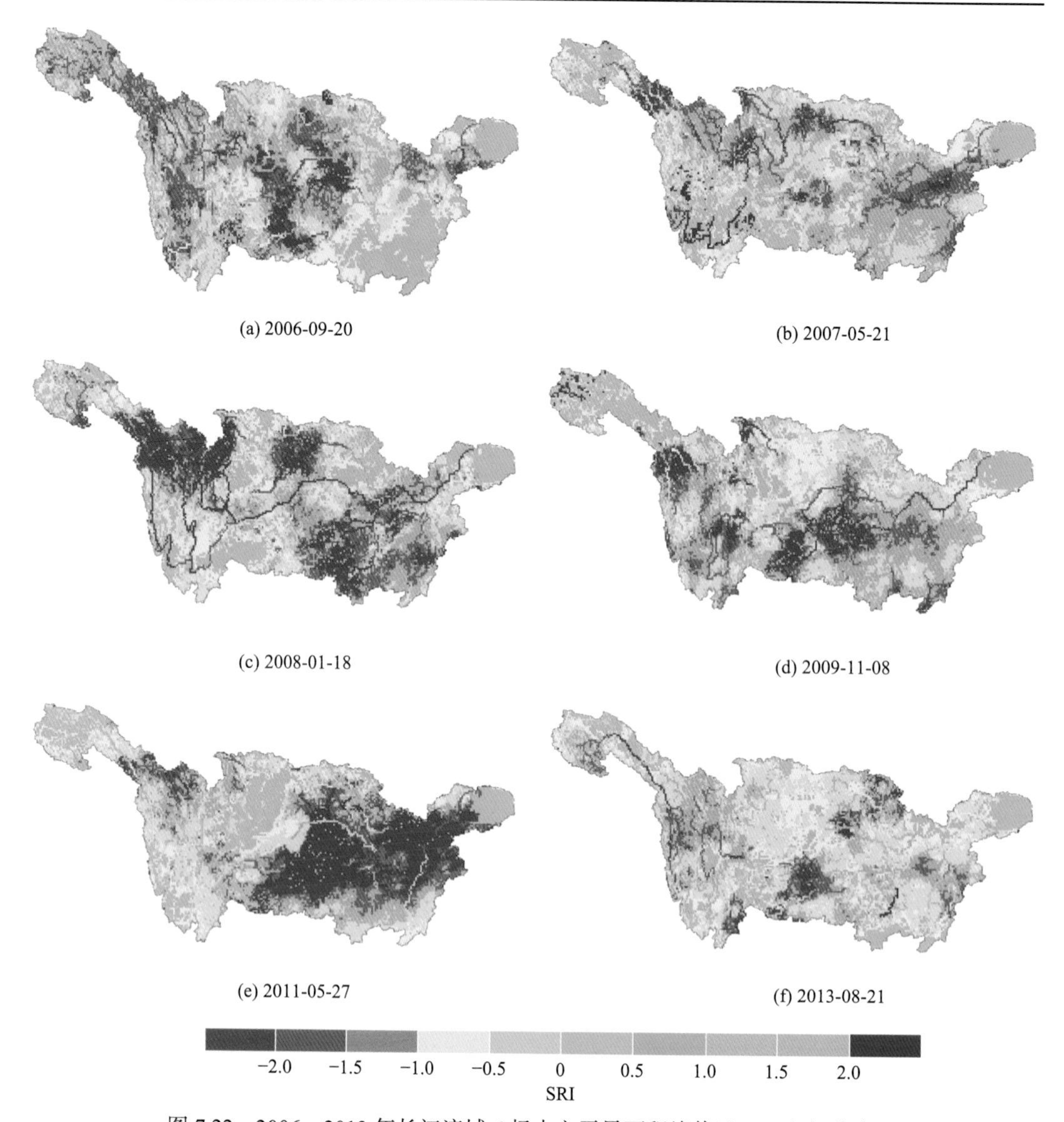

图 7.22　2006～2013 年长江流域 6 场水文干旱面积峰值日 SRI 空间分布图

同年份旱情严重时期，干旱面积百分率都在 65% 左右，但干旱严重程度并不相同。当前，农业和牧业干旱已经提出了综合考虑不同等级干旱影响的区域综合旱情指数，并针对全国、省(自治区、直辖市)、市(县)等提出了旱情指数等级划分标准。但是，水文干旱区域旱情指标系统尚未构建起来，且以上研究表明，仅依据干旱面积单一指标判定区域旱情等级，存在无法反映干旱缺水程度的问题，有待进一步展开水文干旱区域旱情指标的研究。

2. 2009～2010 年珠江流域典型干旱

珠江流域泛指由西江、北江、东江及珠江三角洲诸河所组成的流域。其中西江是珠江的主干流。以发生在 2009 年/2010 年西南大旱大背景下的 2009～2010 年珠江流域干旱为例，研究一场典型水文干旱从起始到结束的时空发展过程。将已有研究和实际旱情相结合，选择干旱面积百分率大于 10% 且持续时间超过 60 日作为场次水文干旱识别标准。

图 7.23 为 2009～2010 年珠江流域典型极端水文干旱的变化过程图，图中显示这场持续 334 日的水文干旱开始于 2009 年夏季，并持续到 2010 年夏季。2009 年冬季干旱有一个短暂的缓和，但随后干旱状态持续。因此，这场干旱过程有两个干旱峰值期。针对这场干旱，选定合理的时间节点代表干旱的起始、发展、持续、缓和、衰退和解除的过程，绘制图 7.24，以研究这场干旱的空间发展过程。

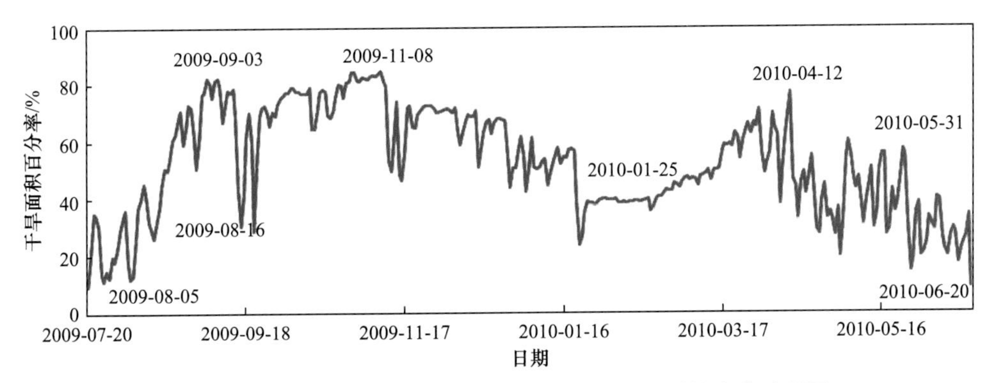

图 7.23　2009～2010 年珠江流域典型极端水文干旱的变化过程图

2009 年/2010 年典型干旱起始(2009-08-05)，干旱面积百分率仅为 12%，分布在珠江干流的西江红水河上游段、右江及北江、东江，干旱程度以轻旱为主，东江出现小范围中旱。干旱发展到 8 月中旬，干旱面积百分率迅速扩大到 37%，红水河、右江、北江和东江的干旱加剧，西江源头的北盘江，左岸支流桂江也开始出现轻旱。

到 9 月初，干旱面积占到全流域面积的 82%，开始进入本次干旱的顶峰阶段，空间上共存在 6 个干旱中心，其中 5 个干旱中心位于北纬 24°～25°，近似排列成一条直线。此时，全流域干旱相对烈度为 38.5%。干旱面积百分率维持在 80% 以上的状态持续达 2 个月，到 11 月初，干旱程度加剧，干旱面积百分率仍然达到 85%，干旱中心主要分布在流域东、西两侧，尤其出现在珠江干流西江的上游地区，而流域中部旱情稍缓。全流域干旱相对烈度为 73%，旱情十分严重。

2009 年/2010 年冬季，珠江流域部分地区的水文干旱状态有所缓和，干旱面积百分率下降到 39%。2010 年 1 月下旬，流域内的水文干旱呈东西分异格局，东部的东江、北江及西江干流水文干旱解除，而西部的西江源头，南盘江、北盘江及红水河仍处于极端干旱状态，这些干旱区域的缺水量高达 95.3%。

冬季旱情的缓和并没有使得这场严重干旱解除。2010 年春季，流域内的水文干旱由西向东推进，西江流域发生全面干旱，而东江、北江也由丰水的状态转为缺水状态。4 月中旬，流域干旱面积百分率为 77%，干旱相对烈度高达 97.2%，是本场干旱中影响范围最广、缺水程度最严重的时期。随着汛期的到来，严重的水文干旱开始了由东向西的衰退过程。到 5 月底，水文干旱面积百分率减少到 39%，西江流域的干旱程度大幅缓和。随着汛期降水的进一步增加，6 月中下旬，珠江流域的水文干旱全部解除。

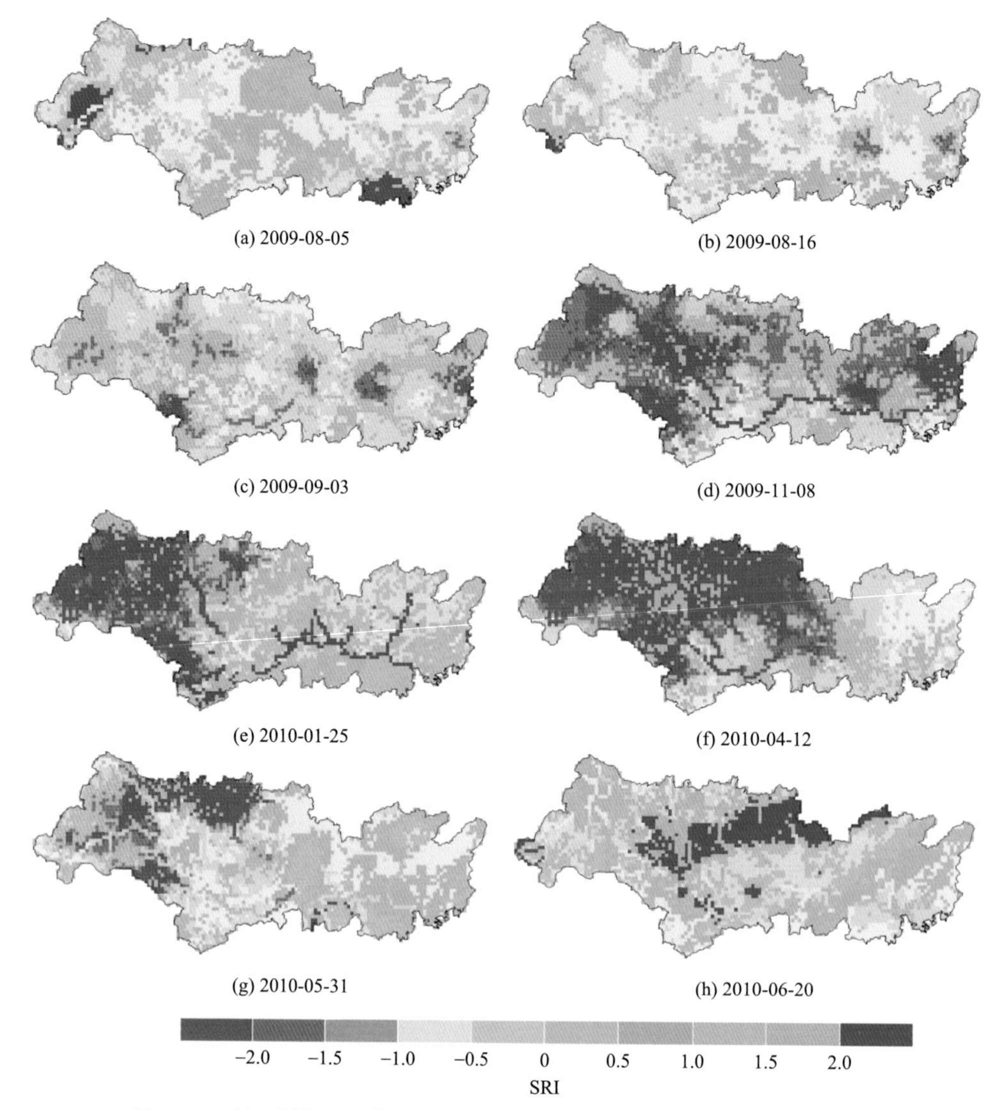

图 7.24　珠江流域 2009 年/2010 年典型水文干旱发展过程 SRI 空间分布图

整体而言，2009 年/2010 年珠江流域典型干旱起始于 2009 年夏季，经过了秋季的发展和冬季的缓和，在 2010 年春季随降水进一步亏缺达到最严重状态。之后，汛期丰沛的降水使其缓和并得到解除。事实上，我国大部分地区的干旱均以秋冬春连旱为主，对这场典型水文干旱的分析有助于加深我们对秋冬春连旱的认识和理解。

7.4　本 章 小 结

本章提出了网格与子流域融合的河网划分方法，采用融合单元响应函数和河道扩散波汇流方法构建了全国范围网格化汇流模型，并提出基于河道特征值的汇流参数确定方法。在不同流域不同空间尺度的流域应用表明，该模型具有较好的物理基础和尺度独立性，适用于不同的网格尺度，具有较好的空间模拟能力。利用该模型模拟计算了具有较高精度的全国范围长系列网格流量数据集。

基于天然径流服从对数正态分布的假设构建了具有多时间尺度的标准化径流指数SRI，并验证了其对水文干旱特征识别的有效性。基于全国范围网格化模拟径流构建了全国范围 SRI，弥补了实测站点径流资料难以全面反映大范围水文干旱时空变化的不足。在我国七大流域的水文干旱监测结果表明，SRI 能合理反映水文干旱的发展趋势和时空演变特征，有利于不同流域间水文干旱特性的对比，是一种良好的水文干旱监测指数。

第 8 章　基于环流异常的干旱预测模型

大范围干旱预测是干旱防御工作的重要组成部分。然而，干旱成因复杂，影响因素众多，使得干旱预测成为干旱防御的难点问题。本章在第 2 章致旱天气系统异常特征分析的基础上，识别区域干旱海、气要素场显著相关区并概化干旱气候模式，从大气环流和海表温度角度，构建基于环流指数的干旱年尺度统计预测模型和基于天气系统异常信号的干旱季节尺度统计预测模型，实现了对大范围干旱的年尺度和季节尺度预测。

8.1　基于环流指数的年尺度干旱预测模型

在第 2 章中，通过对前期海温场和高度场的研究，识别出与西南干旱线性显著相关的致旱区域；然而区域干旱成因复杂，影响因素众多，海、气异常特征与干旱事件的相关性未必呈现线性关系。因此，本节引入 74 项环流指数作为初选致旱因子，通过聚类分析和主分量分析两种方法，充分考虑了致旱因子间的独立性问题，构建多元回归干旱预测模型，对未来一年的区域干旱情势进行预测。

8.1.1　致旱因子挑选及建模评价方法

提取的显著致旱前兆信号是干旱统计模型的重要组成部分。本节以西南区域干旱指标 SPI3 为基础构建干旱预测对象，选用气候预测中常用的 74 项环流指数、已识别的海温和 500hPa 高度场显著相关区域，作为初选预测因子，所选时段超前预测对象 3～9 个月。通过聚类分析和主分量分析方法，获取与西南干旱显著相关的前兆异常信号。由于西南地区冬春旱发生频繁且影响严重，故以西南地区冬半年干旱(12 月～次年 6 月)为研究对象，进行预测因子筛选和干旱预测研究。

1. 预测对象处理

在 1961～2004 年西南地区 SPI3 构建的基础上，从前一年的 12 月至当年 6 月连续 7 个月的 SPI3 中挑选出最小值作为干旱预测对象，以此反映当年西南冬春半年最严重干旱月份。

2. 预测因子构建

1) 来源

干旱预测的初选预测因子来源有三项，即 74 项环流指数月值、第 2 章中识别的海温显著相关区因子及 500hPa 高度场显著相关区因子。

74 项环流指数月值，采用国家气候中心气候系统诊断预测室提供的 1956～2014 年数据为初选预测因子(表 8.1)。类别包括：①副热带高压类，11 个区副热带高压强度和位置(编号 1～45)；②极涡类，5 个区极涡强度和位置(编号 46～57)；③环流类，环流型及环流指数(编号 58～64)；④槽类，几种槽的位置与强度(编号 65～69)；⑤其他类，包括冷空气、台风、太阳黑子及南方涛动指数(编号 70～74)。

表 8.1　74 项环流指数

编号	初选致旱因子	编号	初选致旱因子
1	北半球副高面积指数(5°E～360°)	30	大西洋副高脊线(55°W～25°W)
2	北非副高面积指数(20°W～60°E)	31	南海副高脊线(100°E～120°E)
3	北非大西洋北美副高面积指数(110°W～60°E)	32	北美大西洋副高脊线(110°W～20°W)
4	印度副高面积指数(65°E～95°E)	33	太平洋副高脊线(110°E～115°W)
5	西太平洋副高面积指数(110°E～180°)	34	北半球副高北界(5°E～360°)
6	东太平洋副高面积指数(175°W～115°W)	35	北非副高北界(20°W～60°E)
7	北美副高面积指数(110°W～60°W)	36	北非大西洋北美副高北界(110°W～60°E)
8	大西洋副高面积指数(55°W～25°W)	37	印度副高北界(65°E～95°E)
9	南海副高面积指数(100°E～120°E)	38	西太平洋副高北界(110°E～150°E)
10	北美大西洋副高面积指数(110°W～20°W)	39	东太平洋副高北界(175°W～115°W)
11	太平洋副高面积指数(110°E～115°W)	40	北美副高北界(110°W～60°W)
12	北半球副高强度指数(5°E～360°)	41	大西洋副高北界(55°W～25°W)
13	北非副高强度指数(20°W～60°E)	42	南海副高北界(100°E～120°E)
14	北非大西洋北美副高强度指数(110°W～60°E)	43	北美大西洋副高北界(110°W～20°W)
15	印度副高面积强度指数(65°E～95°E)	44	太平洋副高北界(110°E～115°W)
16	西太平洋副高强度指数(110°E～180°)	45	西太平洋副高西伸脊点
17	东太平洋副高强度指数(175°W～115°W)	46	亚洲区极涡面积指数(1 区，60°E～150°E)
18	北美副高强度指数(110°W～60°W)	47	太平洋区极涡面积指数(2 区，150°E～120°W)
19	大西洋副高强度指数(55°W～25°W)	48	北美区极涡面积指数(3 区，120°W～30°W)
20	南海副高强度指数(100°E～120°E)	49	大西洋欧洲区极涡面积指数(4 区,30°W～60°E)
21	北美大西洋副高强度指数(110°W～20°W)	50	北半球极涡面积指数(5 区，0°～360°)
22	太平洋副高强度指数(110°E～115°W)	51	亚洲区极涡强度指数(1 区，60°E～150°E)
23	北半球副高脊线(5°E～360°)	52	太平洋区极涡强度指数(2 区，150°E～120°W)
24	北非副高脊线(20°W～60°E)	53	北美区极涡强度指数(3 区，120°W～30°W)
25	北非大西洋北美副高脊线(110°W～60°E)	54	大西洋欧洲区极涡强度指数(4 区,30°W～60°E)
26	印度副高脊线(65°E～95°E)	55	北半球极涡强度指数(5 区，0°～360°)
27	西太平洋副高脊线(110°E～150°E)	56	北半球极涡中心位置(JW)
28	东太平洋副高脊线(175°W～115°W)	57	北半球极涡中心强度(JQ)
29	北美副高脊线(110°W～60°W)	58	大西洋欧洲环流型 W

续表

编号	初选致旱因子	编号	初选致旱因子
59	大西洋欧洲环流型 C	67	西藏高原(25°N～35°N，80°E～100°E)
60	大西洋欧洲环流型 E	68	西藏高原(30°N～40°N，75°E～105°E)
61	欧亚纬向环流指数(IZ，0°～150°E)	69	印缅槽(15°N～20°N，80°E～100°E)
62	欧亚经向环流指数(IM，0°～150°E)	70	冷空气
63	亚洲纬向环流指数(IZ，60°E～150°E)	71	编号台风
64	亚洲经向环流指数(IM，60°E～150°E)	72	登陆台风
65	东亚槽位置(CW)	73	太阳黑子
66	东亚槽强度(CQ)	74	南方涛动指数

海温显著相关区因子，采用 2.4.1 节中分析的与西南地区冬春旱显著相关的前期冬季、前期春季和前期夏季等共计 18 个显著相关区域的季平均海温因子(表 8.2)。实际计算时，对显著相关区内的季平均格点海温数据逐年计算区域平均值。对于形状不规则的较大干旱相关海区，分割成多个小矩形区域再进行合并平均计算。此外，500hPa 高度场显著相关区因子共计 20 个，其计算方法与上述海温因子相同。

表 8.2　海温场和 500hPa 高度场相关区范围

时间	海温场			500hPa 高度场		
	因子序号	区域范围		因子序号	区域范围	
		经度	纬度		经度	纬度
前期冬季	1	5°E～11°E	37°N～42°N	1	47°E～64°E	37°S～43°S
	2	53°E～62°E	6°S～5°N	2	108°E～132°E	16°S～27°S
	3	95°W～99°W	8°N～15°N	3	153°E～167°E	12°S～17°S
		85°W～99°W	1°S～7°N	4	124°W～157°W	18°S～10°N
	4	142°W～148°W	28°N～32°N		59°W～110°W	18°S～1°N
	5	110°W～120°W	28°S～35°S		35°W～55°W	13°S～21°N
	6	8°W～17°W	62°S～68°S		13°W～33°W	8°S～4°N
		—	—	5	157°E～36°W	85°N～90°N
		—	—		162°E～134°W	77°N～85°N
		—	—	6	9°E～36°E	58°S～84°S
		—	—		0°～360°	84°S～90°S
前期春季	7	6°E～15°E	30°S～35°S	7	46°E～57°E	23°N～29°N
		2°W～14°W	18°S～28°S	8	127°W～144°W	16°N～22°N
	8	33°W～38°W	12°S～17°S	9	63°W～97°W	10°S～16°S
	9	118°W～132°W	32°S～37°S	10	64°W～80°W	42°N～48°N
		—	—	11	5°W～15°W	20°N～25°N
		—	—	12	19°W～72°W	84°S～87°S
		—	—	13	23°W～45°W	37°S～44°S

续表

时间	海温场			500hPa 高度场		
	因子序号	区域范围		因子序号	区域范围	
		经度	纬度		经度	纬度
前期夏季	10	0°E～8°E	24°S～33°S	14	3°E～28°E	36°N～43°N
		26°W～35°W	0°～7°S	15	65°E～101°E	46°S～54°S
		3°W～13°W	15°S～25°S	16	75°W～92°W	9°S～19°S
	11	56°E～63°E	9°S～15°S	17	15°W～140°W	76°N～86°N
	12	61°E～66°E	1°S～6°N		41°W～63°W	60°N～69°N
	13	63°E～70°E	18°N～23°N	18	9°E～47°E	55°N～67°N
	14	70°W～76°W	27°N～34°N	19	138°E～152°E	51°S～59°S
	15	143°E～146°E	56°S～59°S	20	152°E～92°W	58°S～70°S
	16	23°E～42°E	45°S～49°S			
	17	159°W～165°W	44°N～45°N			
	18	29°W～33°W	41°N～43°N			

在 74 项环流指数中，多数因子的构建是基于 500hPa 高度场数据或海温的月平均值；所选的海温、高度场显著相关区因子是季平均数据，对小范围短历时(月、旬时间尺度)的波动进行了平滑。3 套因子的配合使用能更全面地反映前期海气变化对于西南干旱的影响。

2) 标准化处理

对所选用的 3 套因子数据进行标准化处理，使它们变成同一水平的无量纲值，以达到放大异常信号的目的。

3) 非线性关系假设

预测因子筛选标准通常是检验预测因子与预测对象的线性相关关系是否显著。但由于气象要素之间关系的复杂性，不仅要考虑它们之间的线性关系，还应对其非线性关系予以考虑(黄嘉佑等，1993)。本节所假设的非线性关系为对数、幂函数和指数函数关系(黄嘉佑，2004)：

对数函数型：

$$y = a + b\lg x \tag{8.1}$$

幂函数型：

$$y = dx^b \tag{8.2}$$

指数函数型：

$$y = d\mathrm{e}^{bx} \tag{8.3}$$

式中，y、x 分别为预测对象和经过标准化处理的初选预测因子；a、b、d 为参数。

对于对数函数关系，令式(8.1)中的 $\lg x = x'$，则式(8.1)转化为

$$y = a + bx' \tag{8.4}$$

这样就把假设的对数函数关系转化成了线性函数关系。

对于幂函数关系，对式(8.2)取对数，有

$$\lg y = \lg d + b\lg x \tag{8.5}$$

令式(8.5)中的 $\lg y = y'$， $\lg d = a$， $\lg x = x'$，式(8.5)可转化为

$$y' = a + bx' \tag{8.6}$$

这就是一个一元线性回归问题，利用最小二乘法得到系数 b 的大小 b_d。现用 y_t 和 $x_t(t = 1,2,\cdots,n)$分别表示预测对象和预测因子，令

$$e = \sum_{t=1}^{n}(y_t - ax_t^b)^2 \tag{8.7}$$

则

$$\hat{e} = e_{\min} \Leftrightarrow b = b_d$$

令

$$r = \frac{\sum_{t=1}^{n}(x_t^b - \overline{x^b})(y_t - \overline{y})}{\sqrt{\sum_{t=1}^{n}(x_t^b - \overline{x^b})^2(y_t - \overline{y})^2}} \tag{8.8}$$

则

$$\hat{r} = r_{\max} \Leftrightarrow b = b_d$$

由此，确定好系数 b 后，即把假设的幂函数关系转化成了 y 与 x^b 的线性函数关系。对于指数函数关系，非线性变换原理及系数 b 的确定方法与幂函数关系类似，经过变换同样可以得到 y 与 e^{bx} 的线性函数关系。

由于预测对象及因子的数值有正有负，在进行上述对数变换时，要求其变量必须是正数。故在取对数之前，首先要对预测对象及因子做适当处理，使其变为正数。具体方法是，针对预测对象及每项因子，选取时间系列的最小值，对其取反后加 0.1 或 0.01 的小量，将该值作为增量，系列中每个元素与其相加，即确保取对数变换无误。

4) 最优线性化分析

对假设的 3 种非线性函数关系，通过变量代换及系数率定，可分别得到预测对象 y 与非线性假设变换后因子的线性相关关系。针对每项因子，从对数、幂函数、指数及线性这 4 种关系中挑选出最合适的线型代入回归模型，分别用 f_1、f_2、f_3、f_4 依次表示上述 4 种函数型，r_1、r_2、r_3、r_4 表示其与预测对象 y 之间的单相关系数，并进行 t 检验(黄嘉佑，2004)。预测对象 y 与第 k 项第 j 种线型因子的相关系数为

$$r_{kj} = \frac{1}{n}\sum_{i=1}^{n}\left(\frac{y_i - \overline{y}}{s_y}\right)\left(\frac{x_{kj} - \overline{x}_k}{s_k}\right),\quad j=1，2，3，4 \tag{8.9}$$

式中，y_i 为预测对象变量；x_{kj} 为前期致旱因子变量；$\overline{y}$、$\overline{x}_k$ 分别为预测对象和前期致旱因子的样本均值；s_y、s_k 分别为预测对象和前期致旱因子的样本标准差；n 为样本容量，即资料长度。当计算的相关系数 $r_{kj} > r_c$，则通过显著性的 t 检验，其中，r_c 为给定样

本容量和显著性水平情况下的相关系数临界值。

对于通过 0.05 显著性水平检验的因子，选择 $y = f_i$，使 $1-\left|r_{kj}\right|$ 最小，即将每个因子与预测对象最显著相关的线型作为该因子对于预测对象显著相关的因子。该处理方法可使与预测对象不满足线性相关关系的候选因子尽量线性化，以满足数理统计方法的建模要求。

5) 干旱前期因子选取

由于对干旱反映显著的某项因子的异常信号每年出现月份不固定，选取按照季节划分每 3 个月的极值作为某项指数某一季节的值，更有利于体现前期致旱因子的异常信号。从 74 项环流指数中分别选取对应于冬春半年(12 月～次年 6 月)的预测对象前一年冬、春、夏三季的极值因子，与预测对象做最优线性化分析。

3. 预测因子筛选

根据前述方法，分别对预测对象及 3 套备选预测因子进行筛选处理，以 1961～2004 年为率定期，2005～2013 年为检验期，建立干旱预测模型。对于 74 项环流指数，从前期 3 个季节所假设的 4 种线型，共 888 个因子系列中，按照前述方法筛选出 29 个因子(表 8.3)。

表 8.3　环流指数预测因子

序号	环流指数	滞时	极值	线型	系数 b	相关系数
C1	东太平洋副高面积指数(175°W～115°W)	前期春季	极大值	指数函数型	−0.758	0.39**
C2	大西洋副高面积指数(55°W～25°W)	前期冬季	极小值	幂函数型	−1.135	0.42**
C3	大西洋副高面积指数(55°W～25°W)	前期春季	极大值	指数函数型	−1.389	0.32*
C4	南海副高面积指数(100°E～120°E)	前期冬季	极大值	幂函数型	−0.084	0.32*
C5	南海副高面积指数(100°E～120°E)	前期夏季	极小值	指数函数型	−0.170	0.30*
C6	北美大西洋副高面积指数(110°W～20°W)	前期冬季	极大值	线性	—	−0.37*
C7	西太平洋副高强度指数(110°E～180°)	前期春季	极大值	指数函数型	−0.335	0.33*
C8	西太平洋副高强度指数(110°E～180°)	前期夏季	极大值	线性	—	−0.31*
C9	东太平洋副高强度指数(175°W～115°W)	前期春季	极大值	线性	—	−0.34*
C10	北美副高强度指数(110°W～60°W)	前期冬季	极大值	指数函数型	−0.699	0.32*
C11	大西洋副高强度指数(55°W～25°W)	前期冬季	极小值	指数函数型	−3.192	0.43**
C12	南海副高强度指数(100°E～120°E)	前期冬季	极大值	指数函数型	−0.113	0.30*
C13	南海副高强度指数(100°E～120°E)	前期春季	极大值	对数函数型	—	−0.33*
C14	北美大西洋副高强度指数(110°W～20°W)	前期冬季	极大值	线性	—	−0.38*
C15	太平洋副高强度指数(110°E～115°W)	前期春季	极大值	指数函数型	−0.247	0.31*
C16	北半球副高脊线(5°E～360°)	前期春季	极大值	指数函数型	−0.342	−0.30*
C17	印度副高脊线(65°E～95°E)	前期冬季	极大值	幂函数型	0.112	0.34*
C18	东太平洋副高脊线(175°W～115°W)	前期春季	极大值	线性	—	−0.41**
C19	大西洋副高脊线(55°W～25°W)	前期冬季	极小值	指数函数型	−3.394	0.41**
C20	东太平洋副高北界(175°W～115°W)	前期春季	极大值	线性	—	−0.38*
C21	大西洋副高北界(55°W～25°W)	前期冬季	极大值	线性	—	−0.33*

续表

序号	环流指数	滞时	极值	线型	系数 b	相关系数
C22	西太平洋副高西伸脊点	前期夏季	极大值	对数函数型	—	0.40**
C23	大西洋欧洲区极涡面积指数(4 区，30°W～60°E)	前期夏季	极小值	线性	—	-0.31*
C24	大西洋欧洲区极涡强度指数(4 区，30°W～60°E)	前期夏季	极小值	线性	—	-0.39**
C25	大西洋欧洲环流型 W	前期夏季	极大值	指数函数型	-1.013	0.34*
C26	大西洋欧洲环流型 E	前期夏季	极大值	对数函数型	—	0.40**
C27	欧亚纬向环流指数(IZ，0～150°E)	前期冬季	极小值	指数函数型	-0.305	0.32*
C28	欧亚纬向环流指数(IZ，0～150°E)	前期夏季	极大值	指数函数型	-1.904	0.32*
C29	南方涛动指数	前期冬季	极小值	幂函数型	0.107	0.33*

*通过 0.05 显著性水平检验，**通过 0.01 显著性水平检验。

对于海温场，将前期 3 个季节已挑选出的 18 个显著相关区内的格点数据分别合成区域标准化季平均海温值，在率定期内与冬春干旱指数做线性相关分析，从中筛选出 12 个通过 0.05 显著性水平检验的标准化海温区因子(表 8.4)。其中显著正相关区有 7 个，显著负相关区有 5 个，有 3 个关键区的致旱相关性超过 0.01 的显著性水平检验。对 12 个显著相关标准化海温区因子统一命名为 S1～S12，用于后续的干旱预测模型分析。

表 8.4　显著相关标准化海温区因子

因子序号	区域范围		滞时	相关系数
	经度	纬度		
S1	5°E～11°E	37°N～42°N	前期冬季	-0.37*
S2	95°W～99°W 85°W～99°W	8°N～15°N 1°S～7°N	前期冬季	-0.30*
S3	142°W～148°W	28°N～32°N	前期冬季	0.41**
S4	110°W～120°W	28°S～35°S	前期冬季	0.41**
S5	8°W～17°W	62°S～68°S	前期冬季	0.31*
S6	6°E～15°E 2°W～14°W	30°S～35°S 18°S～28°S	前期春季	-0.32*
S7	33°W～38°W	12°S～17°S	前期春季	-0.30*
S8	118°W～132°W	32°S～37°S	前期春季	0.39**
S9	0°～8°E 26°W～35°W 3°W～13°W	24°S～33°S 0°～7°S 15°S～25°S	前期夏季	-0.35*
S10	23°E～42°E	45°S～49°S	前期夏季	0.36*
S11	159°W～165°W	44°N～45°N	前期夏季	0.34*
S12	29°W～33°W	41°N～43°N	前期夏季	0.31*

*通过 0.05 显著性水平检验，**通过 0.01 显著性水平检验。

对于 500hPa 高度场，把前期 3 个季节已挑选出的 20 个显著相关区内的格点数据分别合成区域标准化季平均位势高度值，在率定期内与冬春干旱指数做线性相关分析，从中筛选出 11 个通过 0.05 显著性水平检验的标准化位势高度区因子(表 8.5)。其中显著正相关区有 4 个，显著负相关区有 7 个，在前期夏季有 2 个正相关区的显著性水平超过了 0.01。对 11 个显著相关标准化位势高度区因子统一命名为 H1～H11，用于后续的干旱预测模型分析。

表 8.5　显著相关标准化位势高度区因子

因子序号	区域范围		滞时	相关系数
	经度	纬度		
H1	108°E～132°E	16°S～27°S	前期冬季	−0.35*
H2	157°E～36°W 162°E～134°W	85°N～90°N 77°N～85°N	前期冬季	−0.37*
H3	9°E～36°E 0°～360°	58°S～84°S 84°S～90°S	前期冬季	0.30*
H4	127°W～144°W	16°N～22°N	前期春季	−0.34*
H5	63°W～97°W	10°S～16°S	前期春季	−0.31*
H6	64°W～80°W	42°N～48°N	前期春季	−0.31*
H7	5°W～15°W	20°N～25°N	前期春季	−0.32*
H8	23°W～45°W	37°S～44°S	前期春季	0.37*
H9	75°W～92°W	9°S～19°S	前期夏季	−0.32*
H10	9°E～47°E	55°N～67°N	前期夏季	0.55**
H11	138°E～152°E	51°S～59°S	前期夏季	0.43**

*通过 0.05 显著性水平检验，**通过 0.01 显著性水平检验。

综上所述，在率定期内共选出 52 个与西南地区冬春干旱指数 SPI3 显著相关的前期预测因子，分别为 29 个环流指数、12 个标准化海温区和 11 个标准化位势高度区。考虑在数理统计模型建模时，对因子独立性的要求，采用聚类分析和主成分分析方法，对前期预测因子序列进行进一步筛选，为构建多元逐步回归干旱预测模型做准备。

4. 模型评价指标

采用均方根误差、复相关系数、回归方程 F 检验及预测正确率等指标对模型的检验期和率定期模拟效果进行评价，具体指标如下。

1) 均方根误差

均方根误差又称标准误差，其计算公式如下：

$$S=\sqrt{\frac{1}{n}\sum_{i=1}^{n}(Y_i-\hat{Y}_i)^2} \tag{8.10}$$

式中，S 为均方根误差；Y_i 为率定期每年的预测对象值；$\hat{Y}_i$ 为模型拟合值；n 为预测对象数量。S 值越小，模型拟合精度越高。

2) 复相关系数

复相关系数用于衡量预测对象与多个预测因子之间的线性关系程度，通常记为 R，即

$$R = \sqrt{U / S_{yy}} \tag{8.11}$$

式中，U 为回归平方和，反映 p 个因子和预测对象线性关系部分；S_{yy} 为预测对象总离差平方和。故复相关系数衡量了 p 个因子对预测对象的线性解释方差的百分率，R 在 0～1 变化，数值越大，模拟精度越高。

3) 回归方程 F 检验

尽管复相关系数 R 是检验回归效果的一个重要指标，但由于它与回归方程自变量个数 p 及样本容量 n 有关，所以尚需找出另一个指标以反映 p、n 对回归效果的影响，这个指标就是 F：

$$F = \frac{R^2 / p}{(1 - R^2) / (n - p - 1)} \tag{8.12}$$

该指标在回归系数 $\beta_i=0(i=1,2,\cdots,p)$的假设条件下服从自由度为$(p,n-p-1)$的 F 分布。可以用这个统计量检验这 p 个变量组成的回归方程的回归效果。

4) 预测正确率

对西南地区冬春干旱的模拟及预测效果进行评价，定义预测正确率 Q 为

$$Q = N' / N \tag{8.13}$$

式中，N 为模型模拟或预测的年数；N'为模拟值与实际值分等级后的等级差在允许范围内的年数。

8.1.2　聚类回归预测模型

1. 聚类分析

聚类分析是研究样本或变量指标分类问题的一种多元统计分析方法，可应用于区域划分、相似年的确定、预报因子的合并归类等问题(施能，2002)。聚类分析方法有模糊聚类法、系统聚类法、分解法、动态聚类法，而系统聚类法使用最多，根据聚类对象的不同又分为对样本聚类和对变量指标聚类。以 Pearson 相关系数为相似性统计量，在系统聚类方法中采用最近邻方法对变量(即 52 个致旱因子)进行聚类分析。将变量分成 25 类，每类中选取与西南地区冬春旱相关性最好的因子作为该类的代表因子，见表 8.6。在聚类分析出的 25 个致旱因子中，环流指数有 12 个，海温区有 7 个，位势高度区有 6 个，因子的具体含义见表 8.3～表 8.5。

2. 模型构建

以西南地区冬春两季的极值干旱月 SPI3 为预测对象，聚类分析得到的 25 个致旱因子作为建模备选致旱因子，采用多元逐步回归方法构建预测模型。预测模型率定期是 1961～2004 年，检验期是 2005～2013 年，模型见式(8.14)：

$$Y = -0.145X_{\mathrm{H2}} + 0.146X_{\mathrm{H8}} + 0.181X_{\mathrm{H10}} - 0.17X_{\mathrm{C18}} + 0.282\exp(-1.013X_{\mathrm{C25}}) \\ - 0.342X_{\mathrm{S9}} + 0.154X_{\mathrm{S10}} + 0.248X_{\mathrm{S12}} - 1.054 \tag{8.14}$$

式中，Y 为预测对象；X 为预测模型的预测因子，其下标为参与建模的具体因子，见表 8.6。其中，参与建模的环流指数 C18 和 C25 的具体含义在表 8.3 中已明确给出，其最优线型分别是线性和指数函数型，C25 的系数−1.013 是经过因子筛选阶段率定得到的；此外，参与建模的 8 个预测因子在聚类分析前都进行了标准化处理。

表 8.6　致旱因子聚类分析结果

因子	相关系数	因子	相关系数	因子	相关系数	因子	相关系数
C11	0.43**	C24	−0.39**	S5	0.31*	H6	−0.31*
C14	−0.38	C25	0.34*	S9	−0.35*	H8	0.37*
C16	−0.30*	C26	0.40**	S10	0.36*	H10	0.55**
C17	0.34*	C27	0.32*	S11	0.34*	H11	0.43**
C18	−0.41**	C28	0.32*	S12	0.31*	—	
C22	0.40**	S1	−0.37*	H2	−0.37*	—	
C23	−0.31*	S4	0.41**	H3	0.30*	—	

*通过 0.05 显著性水平检验，**通过 0.01 显著性水平检验。

由聚类回归预测模型可知，在聚类分析得到的 25 个因子中，选取了 8 个因子用于建立预测模型。其中，3 个标准化位势高度因子是前期冬季的北极上空的显著负相关区、前期春季大西洋(23°W～45°W，37°S～44°S)和前期夏季北欧(9°E～47°E，55°N～67°N)上空的显著正相关区；2 个环流指数分别是前期春季的东太平洋副高脊线(175°W～115°W)极大值、前期夏季大西洋欧洲环流型 W 的极大值；3 个标准化海温区因子都选自前期夏季，分别是大西洋低纬海域的显著负相关区、南印度洋(23°E～42°E，45°S～49°S)和北大西洋(29°W～33°W，41°N～43°N)的显著正相关区。

3. 模型评价

在 1961～2004 年这 44 年的模型率定期，采用均方根误差、复相关系数和回归方程 F 检验来评价模型拟合效果。在显著性水平 α=0.01，分子自由度 8，分母自由度 35 的条件下，F 的临界值 F_α 为 3.1，而 F 检验值为 29.6，其远大于临界值，拟合效果显著；均方根误差为 0.24，也在允许的误差范围内；复相关系数达到 0.933，预测对象与预测因子之间的线性相关程度较高，效果较好。模型的模拟及预测效果如图 8.1 所示。

率定期的模拟值和实测值拟合效果用黑色小圆点表示，验证期用红色菱形表示。图 8.1 中散点越接近线性趋势线，说明模型模拟越准确。在虚线分割成的 4 个象限中，散点较集中落在第Ⅲ象限和第Ⅰ象限内，且都在线性趋势线附近聚集，说明模拟值与预测对象 SPI3 趋势及量级模拟较准确。根据表 2.2 的干旱指标等级划分对实测值及模拟值进行等级划分，在率定期 44 年中，有 29 年模拟值与实测值在同一等级，有 8 年模拟值干旱程度偏轻一个等级，有 7 年偏重一个等级。

在验证期，对西南地区 2005～2013 年的冬春旱进行了后预测。在图 8.1 中，散点多

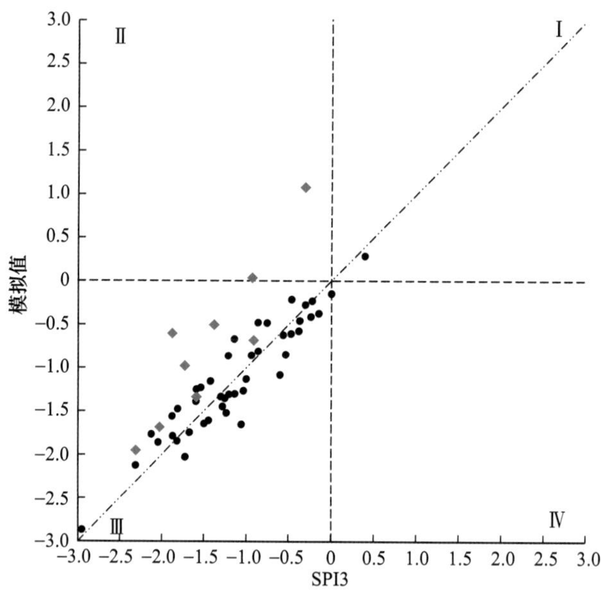

图 8.1　聚类回归模型模拟及预测效果

● 率定期　◆ 验证期　----- 线性趋势

数落在第Ⅲ象限中，对干旱趋势预测准确。而落在第Ⅱ象限的散点，SPI3 值介于−0.5～0，属于无旱无涝的正常年份，预测略微偏涝，偏差可接受；预测的总体变化趋势与实测值一致，但干旱程度略微偏轻。表 8.7 给出了模型在验证期的预测值与 SPI3 数值及干旱等级的对比。2006 年，干旱程度为轻旱，预测的等级一致；有 5 年预测值程度偏轻一个等级，2009 年、2010 年的极旱，都预测为重旱，但数值相差较小；而 2008 年和 2011 年的重旱，预测偏轻两个等级。故在验证期，预测的干旱程度偏差不超过一个等级的达 66.7%，对干旱的逐年变化趋势及典型重旱年有较好的把握，且预测值的干旱程度普遍较实际情况偏轻。

表 8.7　聚类回归模型预测西南地区冬春旱极值干旱月 SPI3 结果比较

年份	实测值	实测等级	预测值	预测等级
2005	−1.59	重旱	−1.34	中旱
2006	−0.92	轻旱	−0.68	轻旱
2007	−0.31	无旱	1.08	中度湿润
2008	−1.72	重旱	−0.98	轻旱
2009	−2.03	极旱	−1.69	重旱
2010	−2.31	极旱	−1.95	重旱
2011	−1.87	重旱	−0.61	轻旱
2012	−0.93	轻旱	0.03	无旱
2013	−1.38	中旱	−0.51	轻旱

8.1.3　主分量回归预测模型

1. 主分量分析

主分量分析又称为主成分分析，是一种很有效的多变量分析方法，它能够把随时间变化的气象要素场分解为空间函数部分和时间函数部分。空间函数部分不随时间变化，而时间函数部分则由空间点(或变量)的线性组合所构成，称为主分量，这些主分量的前几个占有原空间点(或变量)的总方差的很大部分。由主分量分析的性质(黄嘉佑，2004)可知，各主分量的方差分别为原 P 个变量的协方差阵的特征值，不同的主分量彼此是无关的，即是相互独立的。由此，在进行回归分析之前，将许多具有相关性的预测因子进行主分量分析，可转化为互相独立的组合因子，以便更好地满足回归分析的建模要求，获得良好的预测效果。

本节对 52 个备选因子序列标准化后，按环流指数、海温区、位势高度区三类分别进行主分量分析。对 29 个标准化环流因子进行主分量分析，得到前 9 个主分量，其累计方差贡献率达到 85.08%；从 12 个标准化海温区因子中提取前 7 个主分量，累计方差贡献率达到了 88.46%；对 11 个标准化位势高度区因子提取出累计方差贡献率达 86.35%的前 6 个主分量。需要说明的是，29 个环流因子与聚类回归分析的环流因子相同，都是根据 8.1.1 节所述的经过最优线性化分析而筛选出的转化为最优线型的因子变量，具体见表 8.3。从三类因子组合序列中提取出的主分量方差贡献率及其在率定期内与干旱指数的相关性见表 8.8，表 8.8 中 CP1～CP9 是环流指数因子得到的主分量，SP1～SP7 是海温区因子得到的主分量，HP1～HP6 是位势高度区因子得到的主分量。

表 8.8　因子的主分量信息

主分量	方差贡献率/%	累计方差贡献率/%	相关系数
CP1	37.27	37.27	0.46^{**}
CP2	15.72	52.99	-0.32^{*}
CP3	7.28	60.27	0.53^{**}
CP4	6.47	66.74	0.19
CP5	5.41	72.15	0.05
CP6	4.55	76.70	0.01
CP7	3.17	79.87	0.06
CP8	2.84	82.71	0.13
CP9	2.37	85.08	−0.22
SP1	31.07	31.07	-0.42^{**}
SP2	20.05	51.12	0.50^{**}
SP3	10.79	61.91	0.22
SP4	8.07	69.98	0.19
SP5	6.67	76.65	−0.22
SP6	5.98	82.63	0.17
SP7	5.83	88.46	0.18

续表

主分量	方差贡献率/%	累计方差贡献率/%	相关系数
HP1	38.78	38.78	–0.41**
HP2	14.85	53.63	0.69**
HP3	10.74	64.37	0.14
HP4	8.21	72.58	0.11
HP5	7.45	80.03	–0.19
HP6	6.32	86.35	–0.11

*通过 0.05 显著性水平检验，**通过 0.01 显著性水平检验。

2. 模型构建

模型的预测对象依然是西南地区冬春两季的极值干旱月 SPI3，以主分量分析得到的三类共 22 个主分量作为初选因子，采用多元逐步回归方法构建预测模型。预测模型率定期是 1961～2004 年，检验期是 2005～2013 年，模型见式(8.15)。

$$Y=-0.052X_{\mathrm{CP2}}+0.163X_{\mathrm{CP3}}-0.078X_{\mathrm{CP6}}-0.084X_{\mathrm{SP1}}+0.127X_{\mathrm{SP4}}+0.206X_{\mathrm{SP7}}+0.124X_{\mathrm{HP2}}+0.106X_{\mathrm{HP3}}-1.084 \tag{8.15}$$

式中，Y 为预测对象；X 为预测模型的预测因子，其下标为参与建模的具体因子，见表 8.8。

由主分量回归预测模型可知，在主分量分析得到的 22 个主分量因子中，选取了 8 个因子用于建立预测模型，其中，环流指数的主分量因子有 3 个，分别是第 2、3、6 主分量，其余是标准化海温区的第 1、4、7 主分量及标准化位势高度区的第 2、3 主分量。

3. 模型评价

在 1961～2004 年这 44 年的模型率定期，采用均方根误差、复相关系数和回归方程 F 检验来评价模型拟合效果。均方根误差为 0.24，模型对历史干旱的模拟均在允许的误差范围内；复相关系数达到 0.94，说明参与建模的 8 个因子对预测对象的线性解释方差贡献程度大，预测对象与预测因子之间的线性相关程度较高。考虑建模因子个数的影响，进行回归方程 F 检验，在显著性水平 α=0.01，分子自由度 8，分母自由度 35 的条件下，F 的临界值 F_α 为 3.069，F 的检验值为 30.84。由此可见，在模型率定期，各回归方程的 F 检验值均远大于临界值，拟合效果显著。模型的模拟及预测效果如图 8.2 所示。

由图 8.2 可以看出，散点基本集中在第Ⅰ象限和第Ⅲ象限，且都落在线性趋势线附近。而落在第Ⅱ象限的点处于–0.5～0，表明在非典型旱涝的正常状态年份，模拟趋势的偏差在合理范围内。因此，模拟值与预测对象基本同号，趋势及量级模拟较准确。在率定期 44 年中，有 33 年模拟值与实测值在同一等级，模拟无等级偏差的正确率达到 75%；有 7 年模拟值干旱程度偏轻一个等级，有 4 年偏重一个等级。模型对 1963 年、1966 年、1969 年、1984 年、1988 年、1991 年和 1995 年等典型干旱年有较好的模拟效果。图 8.2 中，用红色菱形表示验证期，用黑色圆点表示率定期，从对西南地区 2005～2013 年的冬春旱的后预测效果来看，预测的总体变化趋势与实测值一致，但程度略微偏轻。预测值与实测值的对比见表 8.9。

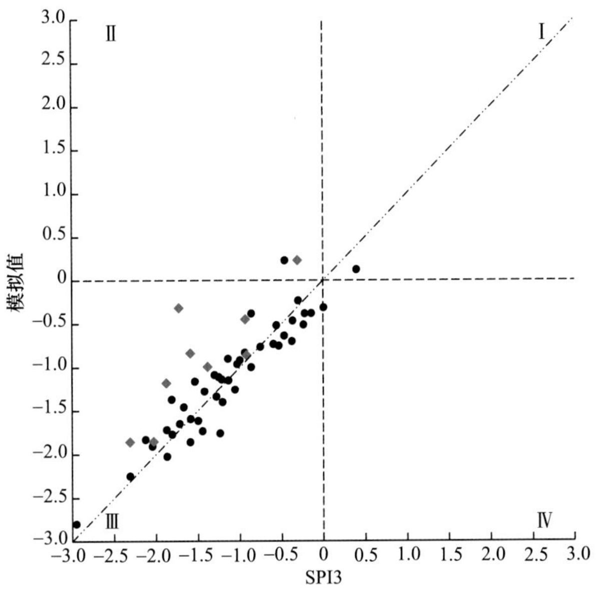

图 8.2　主分量回归模型模拟及预测效果

• 率定期　◆ 验证期　----- 线性趋势

表 8.9　主分量回归模型预测西南地区冬春旱极值干旱月 SPI3 结果比较

年份	实测值	实测等级	预测值	预测等级
2005	−1.59	重旱	−0.83	轻旱
2006	−0.92	轻旱	−0.86	轻旱
2007	−0.31	无旱	0.23	无旱
2008	−1.72	重旱	−0.31	无旱
2009	−2.03	极旱	−1.85	重旱
2010	−2.31	极旱	−1.86	重旱
2011	−1.87	重旱	−1.18	中旱
2012	−0.93	轻旱	−0.45	无旱
2013	−1.38	中旱	−0.99	轻旱

对 2006 年(轻旱)和 2007 年(无旱)预测准确；在模型预测 9 年中，有 7 年的预测等级偏差不超过 1 级(含预测准确)，正确率达到 77.8%。对 2009 年、2010 年的极旱程度的预测略微偏轻，把 2005 年重旱年份模拟为轻旱，偏轻了两个等级，2008 年的重旱年份模拟为正常，偏轻三个等级。总的来看，模型的率定期结果优于验证期，验证期的后预测波动规律基本一致，预测的干旱程度稍微偏轻。

8.1.4 模型对比分析

1. 预测因子对比分析

聚类分析以因子间的线性相关系数为度量指标，把 52 个因子分成 25 类，再选出每类中与干旱预测对象相关性最好的因子来代表该类，故参与建模的因子都与预测对象显著相关且相互间又相对独立。主分量分析则是利用了其计算出的不同主分量之间相互正交(协方差为 0)，并且前几个主分量可以反映组合变量绝大部分信息的性质，对三类可能预测因子分别进行主分量分析，提取累计方差贡献率在 85% 以上的主分量。虽然每一类选出的后几个主分量所反映的原组合变量的信息较少，其与干旱预测对象的相关性也未必超过 0.05 显著性水平检验，但多元回归分析时，因子间相互配合，为预测对象的模拟及预测贡献了较全面的信息。两个模型各预测因子及相应的回归系数的显著性检验见表 8.10。

表 8.10　模型预测因子对比分析

聚类回归模型			主分量回归模型		
预测因子	检验统计量 t	显著性水平	预测因子	检验统计量 t	显著性水平
C18	−3.714	0.001	CP2	−5.098	0.000
C25	4.429	0.000	CP3	7.249	0.000
S9	−7.016	0.000	CP6	−2.377	0.023
S10	3.581	0.001	SP1	−7.181	0.000
S12	4.503	0.000	SP4	2.999	0.005
H2	−3.406	0.002	SP7	2.960	0.005
H8	3.220	0.003	HP2	3.789	0.001
H10	3.471	0.001	HP3	2.896	0.006

参与聚类回归模型的 8 个因子回归系数的显著性水平均超过了 0.01 的显著性检验，对于主分量回归模型的 8 个预测因子，回归系数通过 0.01 显著性水平检验的有 7 个，只有环流指数的第 6 主分量这一个因子是仅通过了 0.05 的显著性水平检验。总体上，两个模型建模因子对预测对象的贡献都十分显著。

2. 预测效果对比分析

对比分析两个模型的模拟及预测效果(表 8.11)，调整后的复相关系数及模型显著性的 F 检验都考虑了因子个数的不同对模型拟合优度指标的影响，从这两个指标来看，两个模型在率定期的模拟效果显著。

表 8.11　模型预测效果对比分析

模型基本信息	率定期				验证期			
	因子个数	调整后的复相关系数	F 显著性水平	同级正确率/%	同级年数	偏轻 1 级年数	偏轻 2 级年数	不超过 1 级正确率/%
聚类回归模型	8	0.84	0.000	65.9	2	5	2	77.8
主分量回归模型	8	0.85	0.000	70.5	3	4	2	77.8

在 44 年模型率定期中，模拟值与实测值的干旱等级相同的正确率分别为 65.9% 和 70.5%，主分量回归模型模拟结果略优。在验证期模型后预测的 9 年里，两个模型预测的程度都整体偏轻，原因可能与所选用的预测对象有关。利用每年冬春旱中的最旱月份来作为预测对象，所建模型虽能很好地拟合出旱涝过程，但在数值上却难以达到 SPI3 极值的程度。以预测结果偏差不超过 1 级来定义正确率，两模型均为 77.8%。主分量回归模型预测结果与实测干旱级别一致的年数比聚类回归模型多 1 年，且程度偏轻 1 级的年数较聚类回归模型少 1 年，故从预测正确的年数分布来看，主分量回归模型略占优势。

综上所述，两个模型的模拟及预测都表现出良好效果，主分量回归模型优于聚类回归模型，在实际干旱预测中，要考虑预测结果程度偏轻的可能，对预测出发生干旱的年份要格外重视，加强防范。

8.1.5　全国九大干旱分区预测应用

采用逐步回归预测方法，基于 74 项环流指数构建全国九大干旱分区的干旱预测模型。考虑到实际应用的需求，将预测干旱的时间尺度扩大为年尺度，即将前一年 12 月～当年 11 月的时间段内的最小 SPI3 作为该年干旱发生的特征值构建预测对象。从 74 项环流指数中分别选取对应于该年预测对象前一年冬、春、夏三季的极值因子(最大值、最小值)，与目标变量做最优线性化分析，选出预测因子，进而构建回归方程，建立各干旱分区的中长期干旱预测模型。

为了尽可能长地使用实测 SPI3 序列构建方程，每年预测前要重新构建预测方程，实现滚动预测。为了分析模型的预测成功率，本节采用后预报的方法，预测 2010～2014 年 5 年的干旱结果，进行统计分析。基于 1961～2009 年构建 2010 年的预测方程，基于 1961～2010 年构建 2011 年的预测方程，以此类推。

在西南地区的预测模型评价中，本节采用了极旱、重旱、中旱、轻旱和无旱的等级方法，分析的时候采用偏差不超过 1 级来定义正确率。为了给出更加实用的预测结果，在年尺度上对预测结果的等级进行适当调整，将预测输出的干旱等级设为三级，即重旱、轻旱、无旱。其中，重旱年为年最小 SPI3<–1.5；轻旱年为年最小 SPI3<–0.75；无旱年为年最小 SPI3⩾–0.75。这样的处理实际上是给预测结果增加了容差，降低预测结果的不确定性，使结果更具实用性。

图 8.3 给出了 2010 年九大干旱区实测与预测干旱等级分布图。从图 8.3(b) 中可以清楚地看到该年实测干旱的空间分布，在西南、西藏和内蒙古发生了重旱，在西北和华北发生了轻旱，在新疆、东北、华东和华南没有发生干旱。这表明三级干旱等级的划分是可行的，可以清晰地展示出全国干旱的空间格局。此外，图 8.3(a) 给出的预测结果表明，除了东北、华东和华南预测干旱等级偏重之外，该年其他 6 个区域全部预测正确，正确率达到 67%。模型成功预测出了该年实际发生重旱和轻旱的区域，考虑到具有一年的预见期，模型的结果较好，具有重要的应用价值。

表 8.12 为 2010～2014 年全国九大干旱分区年尺度干旱预测结果评价。从表 8.12 中可以看出，九大干旱分区的年尺度等级预测正确率为 40%～80%，总体成功率为 64%。验证结果表明西北、华北、西南和内蒙古这 4 个区域的预测模型效果最好，5 年预测成

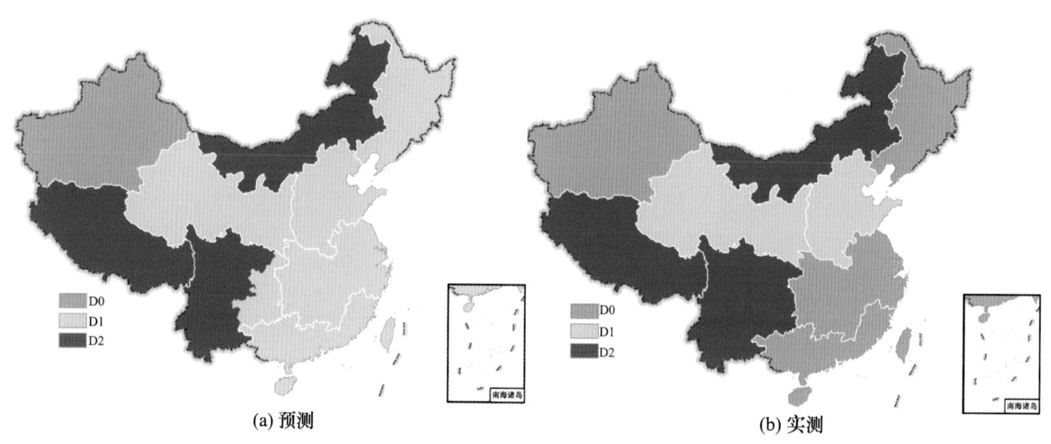

(a) 预测　　(b) 实测

图 8.3　2010 年九大干旱区实测与预测干旱等级分布图

D0. 无旱；D1. 轻旱；D2. 重旱

功率都为 80%；华东、西藏和新疆 3 个区域次之，5 年预测成功率都为 60%；东北和华南的预测效果较差，5 年预测成功率仅为 40%。预测出现偏差主要表现为预测比实测干旱偏重，占 24%，而偏轻的占 11%。

表 8.12　2010～2014 年全国九大干旱分区年尺度干旱预测结果评价

区域	年份	预测	实测	预测评价	成功率/%	区域	年份	预测	实测	预测评价	成功率/%
东北	2010	轻旱	无旱	偏重	40	西北	2010	轻旱	轻旱	正确	80
	2011	重旱	重旱	正确			2011	轻旱	重旱	偏轻	
	2012	轻旱	重旱	偏轻			2012	轻旱	轻旱	正确	
	2013	轻旱	无旱	偏轻			2013	重旱	重旱	正确	
	2014	重旱	重旱	正确			2014	轻旱	轻旱	正确	
华北	2010	轻旱	轻旱	正确	80	西藏	2010	重旱	重旱	正确	60
	2011	重旱	重旱	正确			2011	轻旱	轻旱	正确	
	2012	重旱	轻旱	偏重			2012	重旱	轻旱	偏重	
	2013	轻旱	轻旱	正确			2013	轻旱	重旱	偏轻	
	2014	重旱	重旱	正确			2014	重旱	重旱	正确	
华东	2010	轻旱	无旱	偏重	60	西南	2010	重旱	重旱	正确	80
	2011	重旱	重旱	正确			2011	重旱	重旱	正确	
	2012	无旱	无旱	正确			2012	轻旱	轻旱	正确	
	2013	轻旱	轻旱	正确			2013	重旱	重旱	正确	
	2014	轻旱	无旱	偏重			2014	重旱	轻旱	偏重	

续表

区域	年份	预测	实测	预测评价	成功率/%	区域	年份	预测	实测	预测评价	成功率/%
华南	2010	轻旱	无旱	偏重	40	新疆	2010	无旱	无旱	正确	60
	2011	重旱	重旱	正确			2011	无旱	无旱	正确	
	2012	轻旱	轻旱	正确			2012	轻旱	无旱	偏重	
	2013	轻旱	无旱	偏重			2013	无旱	轻旱	偏轻	
	2014	轻旱	无旱	偏重			2014	轻旱	轻旱	正确	
内蒙古	2010	重旱	重旱	正确	80						
	2011	重旱	重旱	正确							
	2012	重旱	重旱	正确							
	2013	轻旱	无旱	偏重							
	2014	轻旱	轻旱	正确							

图 8.4 给出了 2010～2014 年九大干旱区逐年预测成功率。从年份上看，不同年份对九大分区的预测效果也存在差异，预测成功率介于 44%(2013 年)到 89%(2011 年)。从实测干旱上看(表 8.12)，2011 年全国除了新疆和西藏外，其他 7 个区域都发生了重旱及以上干旱，这种大范围的重旱受控于大尺度相对显著的环流异常，预测模型易于反映这种特征，预测效果较好。从实际发生重旱相对应的预测成功率来看(图 8.5)，也进一步证明了这一特点，2010～2014 年，各区发生重旱共计 18 次，预测正确 15 次，成功率达到了 83%。

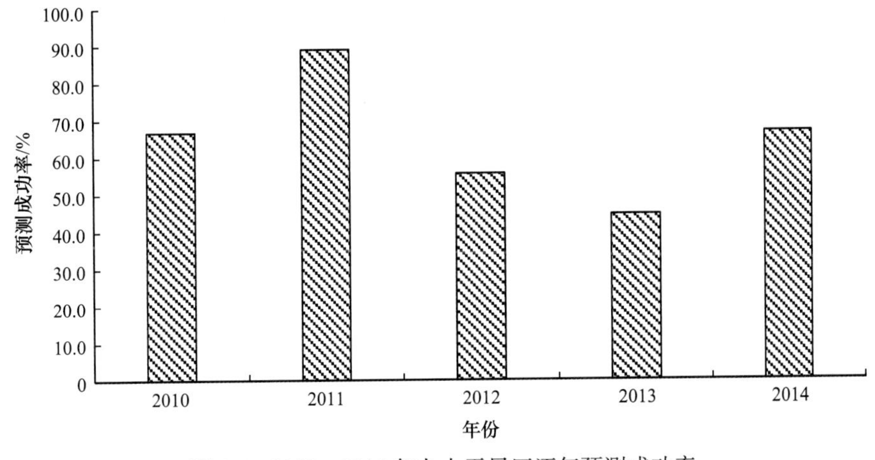

图 8.4　2010～2014 年九大干旱区逐年预测成功率

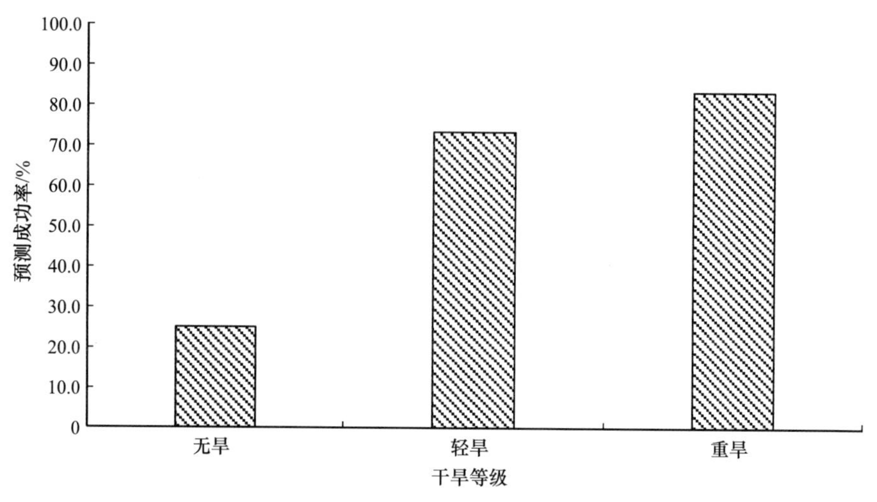

图 8.5　2010～2014 年九大干旱区实测干旱等级对应预测成功率

综上所述，本节构建的全国九大干旱区中长期干旱预测模型具有一定的精度，对大范围严重干旱具有较好的预测效果，可应用于全国干旱的年尺度预测，为防旱工作提供重要技术支撑。

8.2　基于天气系统异常的季节尺度干旱预测模型

大范围干旱的发生和发展背景与大气、海洋异常环流型的时空变化密切相关。通过建立表征干旱状态的 SPI3 和海、气异常信号的同期统计关系，并通过短期气候预测模式进行驱动，可实现对未来 3 个月旱情变化趋势的预测。

本节首先对致旱过程同期的海温信号场和 200hPa、500hPa 高度信号场进行经验正交分解，并利用第一模态的信号异常中心空间配置，构建预测指标。将异常信号指标作为初选因子，利用逐步回归模型率定异常信号指标-SPI3 的同期统计模型，再利用气候模式产品动力输出的海、气要素场进行驱动，结合当日干旱状态进行实时校正，得到逐日滚动预测的未来 3 个月干旱趋势变化曲线。进一步地，对所预测的干旱趋势变化曲线倾角进行计算、判别，得到未来旱情变化趋势的展望，为水利部门的抗旱决策提供参考。

8.2.1　概述

干旱预测因子的选取和干旱预测方法是干旱预测模型可以改进的重要组成部分。

除了作为干旱预测目标的干旱指数外，与干旱形成密切相关的气候物理因子也是干旱预测因子选取的重要来源。它们既包括与干旱事件有直接联系的近地面气温(Behrangi et al.，2015)、蒸发量(McEvoy et al.，2015)、降水量和土壤湿度(Pan et al.，2013)等水文气象变量，也包含有间接联系的大气遥相关型指数和表征海洋热力状态的海温指数。如用于干旱预测的北大西洋涛动(North Atlantic oscillation，NAO)指数(Moreira et al.，2016；

Bonaccorso et al.，2015)、厄尔尼诺-南方涛动(El Niño-Southern oscillation，ENSO)相关指数(Mehr et al.，2014；Chen et al.，2013)等具有物理机制的气候因子，体现典型大气遥相关型和海洋热力作用在塑造致旱大气环流形势的普遍作用，也是区域干旱预测建模过程中值得考虑的重要输入。尽管这些气候因子物理概念清晰、具有普适性、运用广泛，但是一些学者也针对区域干旱指数与潜在的大气、海洋异常环流型开展了相关研究，旨在寻找与区域干旱直接相关的异常环流型并构建相应预测因子(Kingston et al.，2015；Funk et al.，2014)。例如，在发现东非春季降水与海温波动的前两个模态密切相关的基础上，Funk 等(2014)利用这两个海温相关因子构建预测模型并预测东非春旱。

作为干旱预测模型的另一重要组成部分，干旱预测方法也仍有较大的改进空间。在已有的干旱预测方法中，统计-动力相结合的方法仍是目前干旱预测的重要方法。国际上现行的统计-动力相结合的预测，是在融合两者各自预测的降水状态基础上实现预测(Madadgar et al.，2016)。然而，数值动力模式在降水预测上具有较大的不确定性，但诸如高度场、海温场等动力模式输出产品却有较高的预报精度。从数值动力模式产品释用的角度出发，进一步考虑到干旱发生、发展与同期大尺度环流型的时空异常特征密切相关，因而可以尝试建立干旱指数-大尺度环流异常的同期统计关系，利用动力模式输出的大气环流型进行驱动，实现对未来干旱过程的预测。

此外，在以往区域干旱预测研究中，多采用逐月滑动窗口，而实际水利部门抗旱更需要滚动预测和干旱发生、持续、缓解等不同阶段较为精确的信息。因此，可以尝试采用逐日滑动窗口进行干旱预测，在建模过程中利用更多干旱相关信息，为水利部门抗旱工作提供实时的参考依据。

8.2.2　预测指标构建

本节在识别天气系统异常对不同等级干旱的致旱过程基础上，将其按照不同干湿期进行致旱过程划分，对同一干湿期内的逐日海温信号场和高度信号场进行经验正交分解，并利用第一模态正负异常中心的空间配置，构建天气系统异常信号场指标。

1. 致旱过程的干湿期划分方法

参考第 2 章中的致旱过程划分方法，为了尽可能反映干旱过程不同阶段天气系统的异常特征，将干旱过程依据四个干湿期进行划分，进而获取全国九大干旱分区各干湿期重旱和极旱期间异常天气系统致旱过程的起止时间，为提取致旱过程不同阶段的主要天气系统异常特征提供基础。

1) 干湿期划分

中国幅员辽阔，各干旱分区降水量年内分布差别较大；同时，影响降水的大气环流形势和海温分布也具有明显的季节性。因此，参考四季划分方法，可依据降水量大小及其变幅(图 8.6)，划分出与降水密切相关的干湿期，分为湿润期、干燥期、干燥期转湿润期、湿润期转干燥期四种类型(表 8.13)。

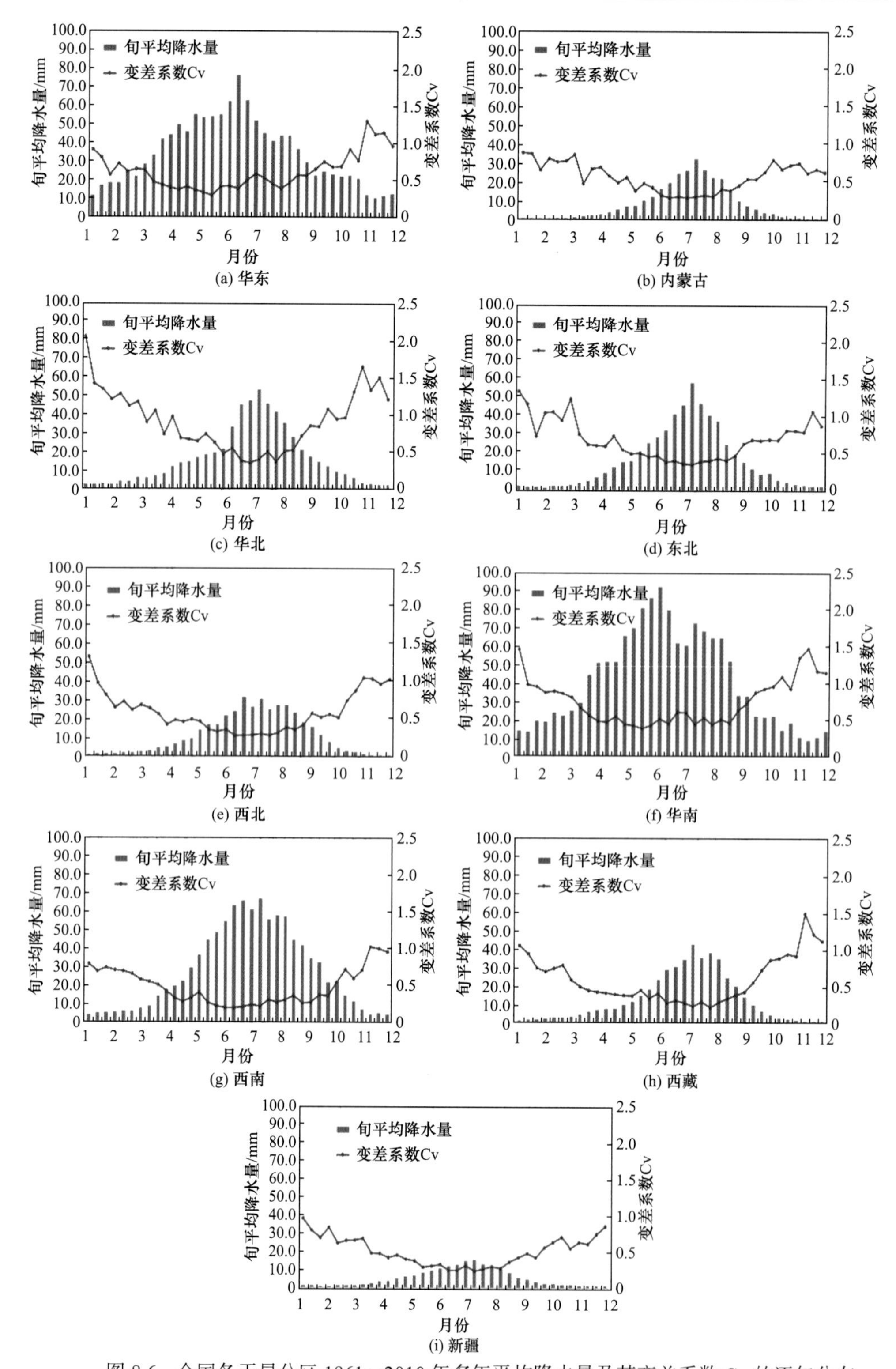

图 8.6　全国各干旱分区 1961～2010 年多年平均降水量及其变差系数 Cv 的逐旬分布

表 8.13 全国各干旱分区干湿期的开始时间和结束时间及其降水总量占全年降水总量的比例

地区	湿润期		湿润期转干燥期		干燥期		干燥期转湿润期	
	时间(月-日)	比例/%	时间(月-日)	比例/%	时间(月-日)	比例/%	时间(月-日)	比例/%
华东	3-21～8-31	65.7	9-1～11-20	16.3	11-21～1-10	4.8	1-11～3-20	13.2
内蒙古	6-11～9-10	67.6	9-11～11-10	11.1	11-11～3-20	4.0	3-21～6-10	17.3
华北	6-21～9-10	56.4	9-11～11-20	14.9	11-21～3-20	6.3	3-21～6-20	22.4
东北	6-1～9-10	67.7	9-11～11-10	12.2	11-11～3-20	5.3	3-21～5-31	14.8
西北	5-21～9-20	72.7	9-21～11-10	10.7	11-11～3-20	4.6	3-21～5-20	12.0
华南	4-1～9-10	72.0	9-11～11-20	11.0	11-21～1-20	4.8	1-21～3-31	12.2
西南	5-21～9-20	66.0	9-21～11-20	13.6	11-21～3-20	6.6	3-21～5-20	13.7
西藏	6-11～9-20	69.3	9-21～10-31	7.5	11-1～3-20	5.5	3-21～6-10	17.8
新疆	5-21～9-10	66.1	9-11～11-20	11.9	11-21～3-10	6.6	3-11～5-20	15.4

2) 干湿期内的致旱过程时段提取方法

在本节中致旱过程是指致旱因子(高度场和海温)对干旱过程影响的时段，也是致旱因子的提取时段。由于预测对象 SPI3 反映的是过去 3 个月降水量的异常特征；相应地，致旱过程是指干旱开始日期前 3 个月至干旱结束日期之间的时段。致旱过程往往跨越若干干湿期，为了满足后期提取相同干湿期内不同致旱过程时段共同特征的需要，先对致旱过程进行分割，得到不同干湿期内的致旱过程时段。干湿期内的致旱过程时段提取规则如图 8.7 所示，将致旱过程依据跨越的干湿期区间分割成片段，计算出该时段与各干湿期区间的交集占比 IR，将交集占比 IR 与临界占比 *P*(本节为 40%)进行比较，进而完成致旱过程时段向干湿期的归并与提取。

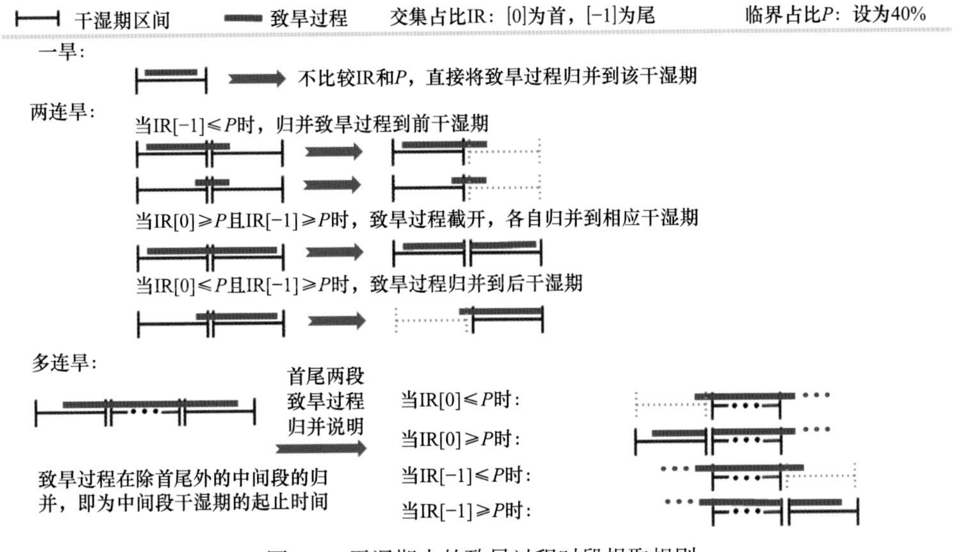

图 8.7 干湿期内的致旱过程时段提取规则

基于上述方法，即可得到全国九大干旱分区 1979～2008 年各干湿期内的重旱和极旱等级的致旱过程起止时间，见表 8.14。

表 8.14　全国九大干旱分区不同干湿期的重旱和极旱等级的致旱过程起止时间

区域	干旱类型	干燥期		干燥期转湿润期		湿润期		湿润期转干燥期	
		开始时间	结束时间	开始时间	结束时间	开始时间	结束时间	开始时间	结束时间
华东	极旱	1988-11-21	1989-01-30	—	—	—	—	1988-08-29	1988-11-20
	重旱	1979-11-21	1980-01-10	1980-01-11	1980-02-20	1985-02-28	1985-09-23	1979-07-20	1979-11-20
		1991-11-21	1992-01-06	2007-02-04	2007-03-20	2006-07-04	2006-11-26	1991-07-09	1991-11-20
		—	—	—	—	2007-03-21	2007-07-15	—	—
内蒙古	极旱	—	—	—	—	2002-05-14	2002-09-10	2002-09-11	2002-12-24
	重旱	1986-01-14	1986-03-20	1986-03-21	1986-07-01	2000-06-11	2000-09-10	1988-09-01	1988-11-10
		1988-11-11	1989-01-26	2000-03-12	2000-06-10	2005-05-18	2005-09-10	2000-09-11	2000-12-09
		2005-11-11	2006-01-19	2007-03-31	2007-06-10	2007-06-11	2007-09-10	2005-09-11	2005-11-10
		2007-11-11	2008-02-08	—	—	—	—	2007-09-11	2007-11-10
华北	极旱	1998-11-21	1999-04-11	1997-03-14	1997-06-20	1997-06-21	1997-09-10	1997-09-11	1997-11-28
		—	—	—	—	1998-08-04	1998-09-10	1998-09-11	1998-11-20
	重旱	1983-11-21	1984-03-20	1984-03-21	1984-05-14	1999-06-21	1999-09-10	1983-10-17	1983-11-20
		1988-11-21	1989-01-09	1999-04-18	1999-06-20	2001-06-21	2001-08-01	1988-08-11	1988-11-20
		1999-12-24	2000-03-20	2000-03-21	2000-06-27	2002-06-21	2002-09-10	1999-09-11	1999-11-01
		2001-01-14	2001-03-20	2001-03-21	2001-06-20	—	—	2002-09-11	2002-12-04
		2005-11-21	2006-02-02	2002-05-05	2002-06-20	—	—	2005-09-27	2005-11-20
东北	极旱	—	—	1982-03-13	1982-05-31	1982-06-01	1982-09-22	—	—
	重旱	1995-11-11	1996-03-19	2000-03-15	2000-05-31	1996-07-31	1996-09-10	1995-10-13	1995-11-10
		2001-11-11	2002-01-22	2007-03-25	2007-05-31	2000-06-01	2000-09-28	1996-09-11	1996-11-29
		—	—	—	—	2001-05-11	2001-09-10	2001-09-11	2001-11-10
		—	—	—	—	2003-01-29	2003-07-05	2007-09-11	2007-11-01
		—	—	—	—	2007-06-01	2007-09-10	—	—
西北	极旱	—	—	1995-01-29	1995-05-20	1995-05-21	1995-08-29	—	—
	重旱	1979-01-16	1979-03-20	1979-03-21	1979-05-20	1979-05-21	1979-07-23	1986-09-21	1986-11-10
		1986-11-11	1987-01-03	1997-04-07	1997-05-20	1986-05-31	1986-09-20	1991-09-21	1991-11-10
		1991-11-11	1992-01-29	1999-03-21	1999-05-14	1991-05-31	1991-09-20	1997-09-21	1997-12-31
		1998-11-11	1999-03-20	2000-03-21	2000-06-22	1997-05-21	1997-09-20	1998-08-12	1998-11-10
		2000-01-14	2000-03-20	2001-02-09	2001-05-20	2001-05-21	2001-09-19	2002-09-21	2002-11-29
		—	—	—	—	2002-05-28	2002-09-20	—	—
华南	极旱	—	—	—	—	—	—	—	—
	重旱	1979-11-21	1980-01-20	1980-01-21	1980-02-25	1985-03-05	1985-09-03	1979-08-25	1979-11-20
		1986-11-10	1987-01-20	1987-01-21	1987-03-20	1989-04-11	1989-09-10	1989-09-11	1989-11-20
		1989-11-21	1990-01-15	1991-01-07	1991-03-31	1991-04-01	1991-08-27	1992-09-11	1992-11-20

续表

区域	干旱类型	干燥期		干燥期转湿润期		湿润期		湿润期转干燥期	
		开始时间	结束时间	开始时间	结束时间	开始时间	结束时间	开始时间	结束时间
华南	重旱	1992-11-21	1993-01-13	2005-01-21	2005-02-27	1992-05-14	1992-09-10	1996-08-14	1996-11-20
		1996-11-21	1997-01-24	—	—	1998-06-22	1998-09-10	1998-09-11	1998-11-20
		1998-11-21	1998-12-20	—	—	2006-07-24	2006-12-12	2003-08-15	2003-11-20
		2003-11-21	2004-02-05	—	—	—	—	2004-07-11	2004-11-20
		2004-11-21	2005-01-20	—	—	—	—	—	—
西南	极旱	—	—	2006-04-12	2006-05-20	2006-05-21	2006-09-20	2006-09-21	2006-11-24
	重旱	1983-12-27	1984-03-20	1983-03-14	1983-05-20	1983-05-21	1983-08-17	1992-09-21	1992-11-30
		1986-12-18	1987-03-20	1984-03-21	1984-05-16	1987-05-21	1987-07-30	2007-08-24	2007-11-20
		1987-12-30	1988-03-20	1987-03-21	1987-05-20	1988-05-21	1988-09-01	—	—
		2007-11-21	2008-02-07	1988-03-21	1988-05-20	1992-05-21	1992-09-20	—	—
		—	—	1992-03-10	1992-05-20	—	—	—	—
西藏	极旱	—	—	1982-05-03	1982-06-10	1982-06-11	1982-09-20	1982-09-21	1982-11-28
	重旱	1984-11-01	1985-01-01	1979-02-10	1979-06-10	1979-06-11	1979-07-28	1983-09-21	1983-10-18
		1994-11-01	1995-01-12	1983-04-14	1983-06-10	1983-06-11	1983-09-20	1984-09-21	1984-10-31
		1996-10-29	1997-03-13	1987-02-25	1987-06-10	1984-06-11	1984-09-20	1994-08-19	1994-10-31
		1998-11-08	1999-03-20	1993-01-29	1993-06-10	1987-06-11	1987-08-27	2007-08-31	2007-10-31
		2005-10-22	2006-03-13	1999-03-21	1999-05-21	1993-06-11	1993-10-06	—	—
		2007-11-01	2008-01-10	—	—	—	—	—	—
新疆	极旱	—	—	—	—	1997-05-07	1997-09-10	1997-09-11	1997-12-22
	重旱	1983-11-21	1984-04-02	1980-03-22	1980-05-20	1980-05-21	1980-09-10	1980-09-11	1980-10-20
		—	—	—	—	1986-05-21	1986-09-10	1983-10-08	1983-11-20
		—	—	—	—	1990-07-10	1990-09-10	1986-09-11	1986-12-11
		—	—	—	—	1991-08-03	1991-12-27	1990-09-11	1990-11-23

2. 逐日信号场构建与经验正交分解

依据第 2 章信号场计算方法，计算全球 200hPa、500hPa 高度场和海温场的逐日多年平均值及其均方差，得到其相应的逐日信号场。其中，高度场的计算时段为 1978 年 1 月 1 日～2008 年 12 月 31 日，受资料系列限制，海温场为 1982 年 1 月 1 日～2008 年 12 月 31 日。

经验正交函数(empirical orthogonal function, EOF)分解法是针对气象要素场进行的，其基本原理是对包含 p 个空间点(变量)的场，随时间和空间变化的不同模态进行分解，得到不随时间变化的空间函数部分和只随时间变化的时间函数部分，且分解的空间结构具有明确的物理意义。本节对包含在相同干湿期内的致旱过程时间段的逐日高度场、海温场进行 EOF 分解。

3. 异常信号指标构建

在得到上述九大干旱分区 1979～2008 年各干湿期内重旱和极旱等级致旱过程时段的基础上，对其同期海温场和 200hPa、500hPa 高度场进行 EOF 分解，其第一模态的方差贡献率见表 8.15。九大分区的不同海、气要素场信号场的 EOF 分解第一模态的方差贡献率不同，500hPa 高度场、200hPa 高度场、海温场第一模态方差贡献率的变幅范围分别为 6.4%～22.2%、6.6%～21.3%、10.6%～62.1%。

表 8.15　全国九大干旱分区各干湿期海、气信号场 EOF 分解的第一模态方差贡献率 (单位：%)

区域	要素	干燥期		干燥期转湿润期		湿润期转干燥期		湿润期	
		极旱	重旱	极旱	重旱	极旱	重旱	极旱	重旱
华东	hgt500	17.5	15.0	—	13.1	14.4	8.6	—	7.4
	hgt200	18.6	14.2	—	11.4	14.7	8.9	—	8.1
	sst	53.5	49.1	—	59.9	47.1	32.3	—	20.1
内蒙古	hgt500	—	8.5	—	8.2	11.6	8.6	10.7	9.0
	hgt200	—	8.4	—	8.6	12.5	9.6	10.7	9.5
	sst	—	18.6	—	17.8	39.5	18.1	36.9	20.5
华北	hgt500	14.8	10.2	12.5	6.6	10.6	8.3	11.6	9.9
	hgt200	15.5	11.2	13.4	6.6	12.3	9.1	12.5	10.1
	sst	45.4	13.1	44.4	17.4	28.8	16.3	32.3	20.5
东北	hgt500	—	9.6	13.1	10.5	—	8.1	12.3	7.2
	hgt200	—	10.4	14.2	11.4	—	8.4	12.0	7.9
	sst	—	21.5	38.2	27.6	—	20.0	36.5	12.6
西北	hgt500	—	10.3	11.4	8.6	—	8.0	13.7	7.6
	hgt200	—	10.6	12.4	8.6	—	9.4	14.2	8.3
	sst	—	24.8	36.3	22.2	—	16.0	36.3	10.6
华南	hgt500	—	7.0	—	10.9	—	6.4	—	7.5
	hgt200	—	7.4	—	11.1	—	7.1	—	7.8
	sst	—	14.9	—	20.2	—	12.0	—	11.0
西南	hgt500	—	8.7	18.7	7.5	13.5	8.3	8.9	7.8
	hgt200	—	9.3	19.4	7.6	14.3	8.5	9.8	8.2
	sst	—	23.8	62.1	19.2	50.2	35.1	34.0	15.4
西藏	hgt500	—	9.4	22.2	7.1	14.8	7.8	12.3	8.6
	hgt200	—	10.4	21.3	7.5	14.0	8.3	11.8	9.7
	sst	—	13.1	50.6	19.1	48.3	22.5	37.8	13.5
新疆	hgt500	—	13.8	—	15.5	14.9	9.6	11.7	6.6
	hgt200	—	15.1	—	16.4	16.9	10.1	12.4	6.8
	sst	—	33.4	—	—	47.9	20.7	41.3	16.8

注：hgt500 为 500hPa 高度信号场，hgt200 为 200hPa 高度信号场，sst 为海温信号场。

针对提取的第一模态特征值，统计其重旱和极旱等级的干旱场次相应的海、气三要素中的海温场、500hPa 高度场、200hPa 高度场的异常信号区的出现频次(图 8.8～图 8.10)。

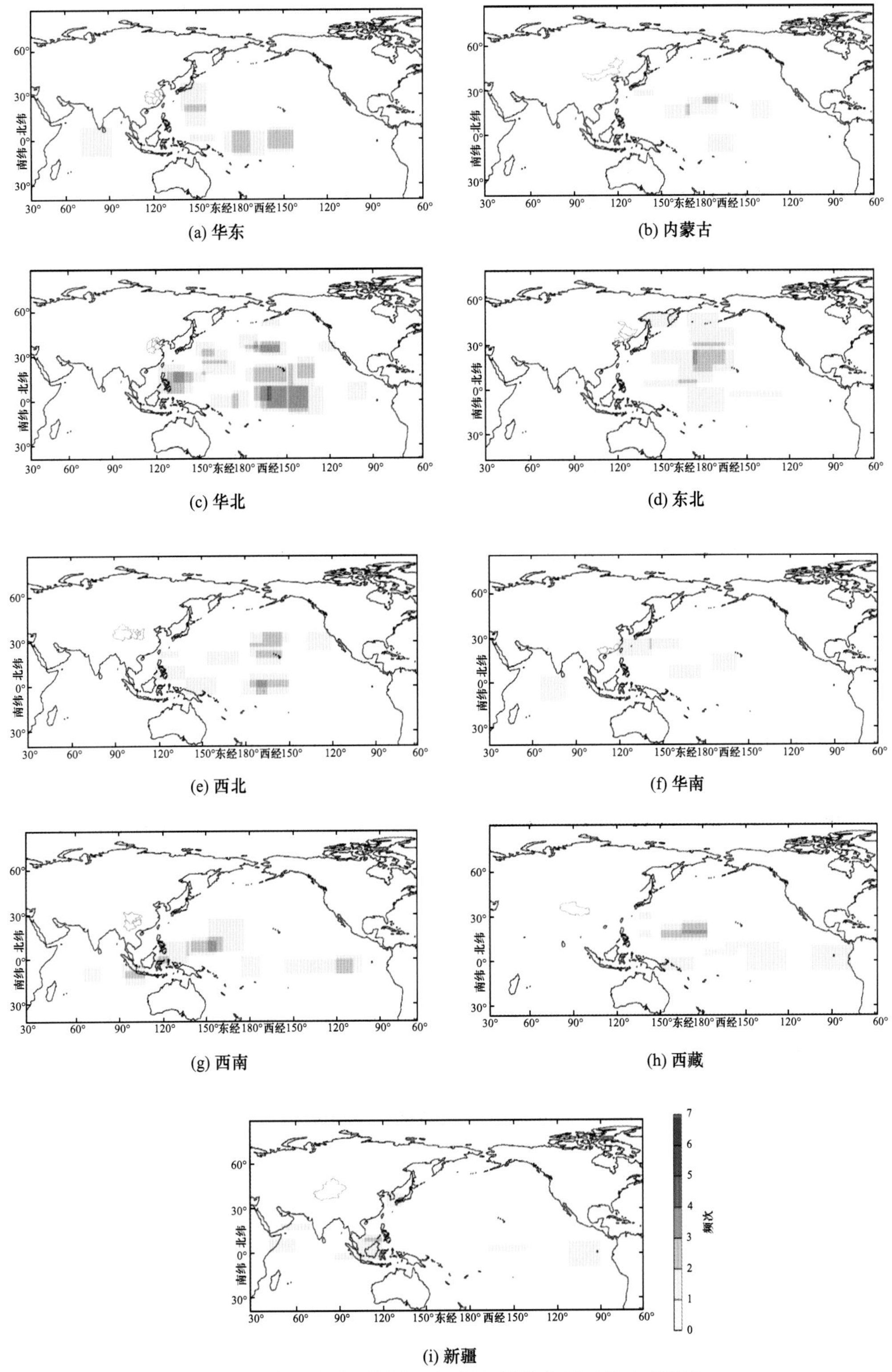

图 8.8　全国九大干旱分区海温场异常信号区的出现频次

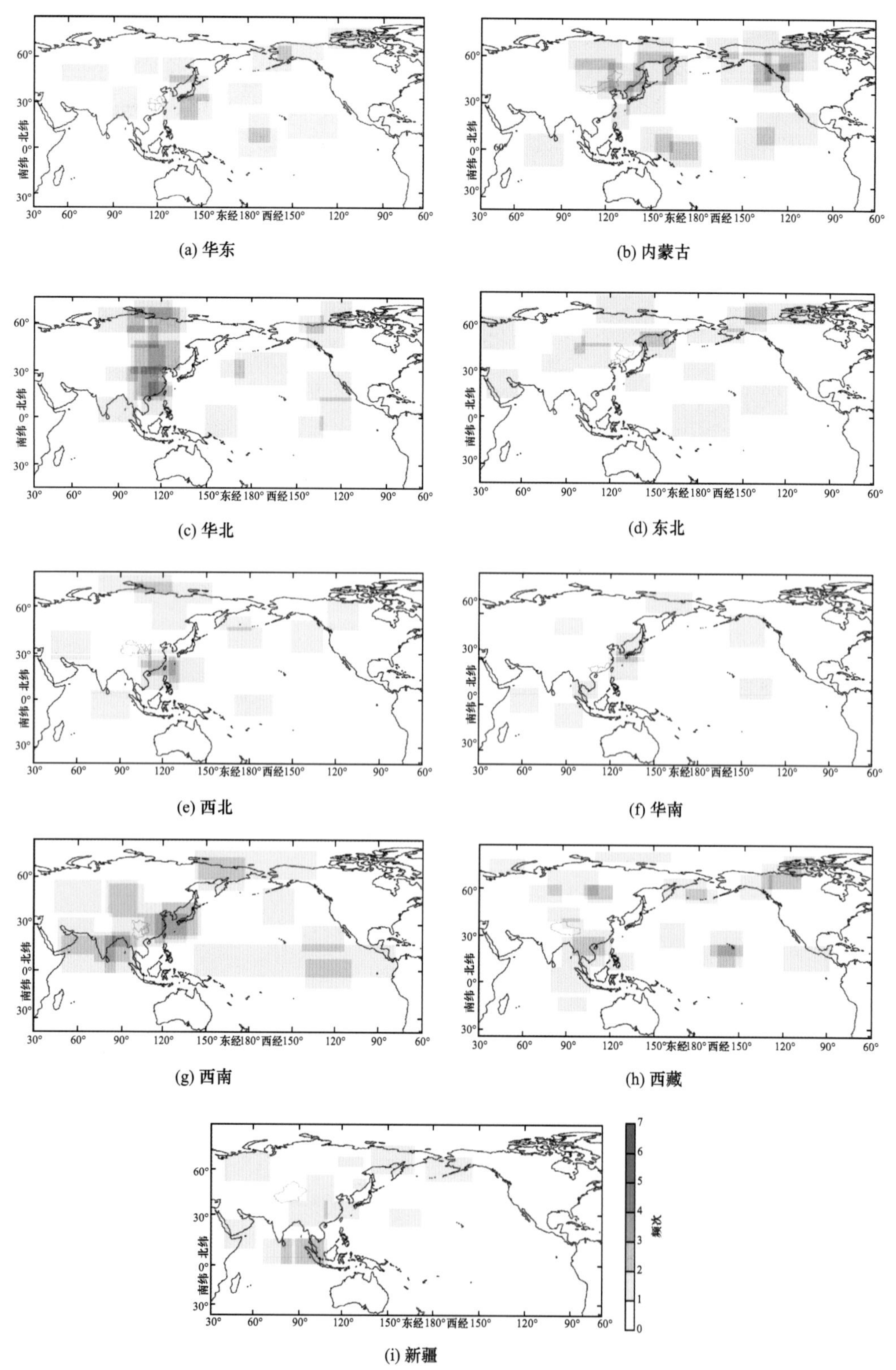

图 8.9　全国九大干旱分区 500hPa 高度场异常信号区的出现频次

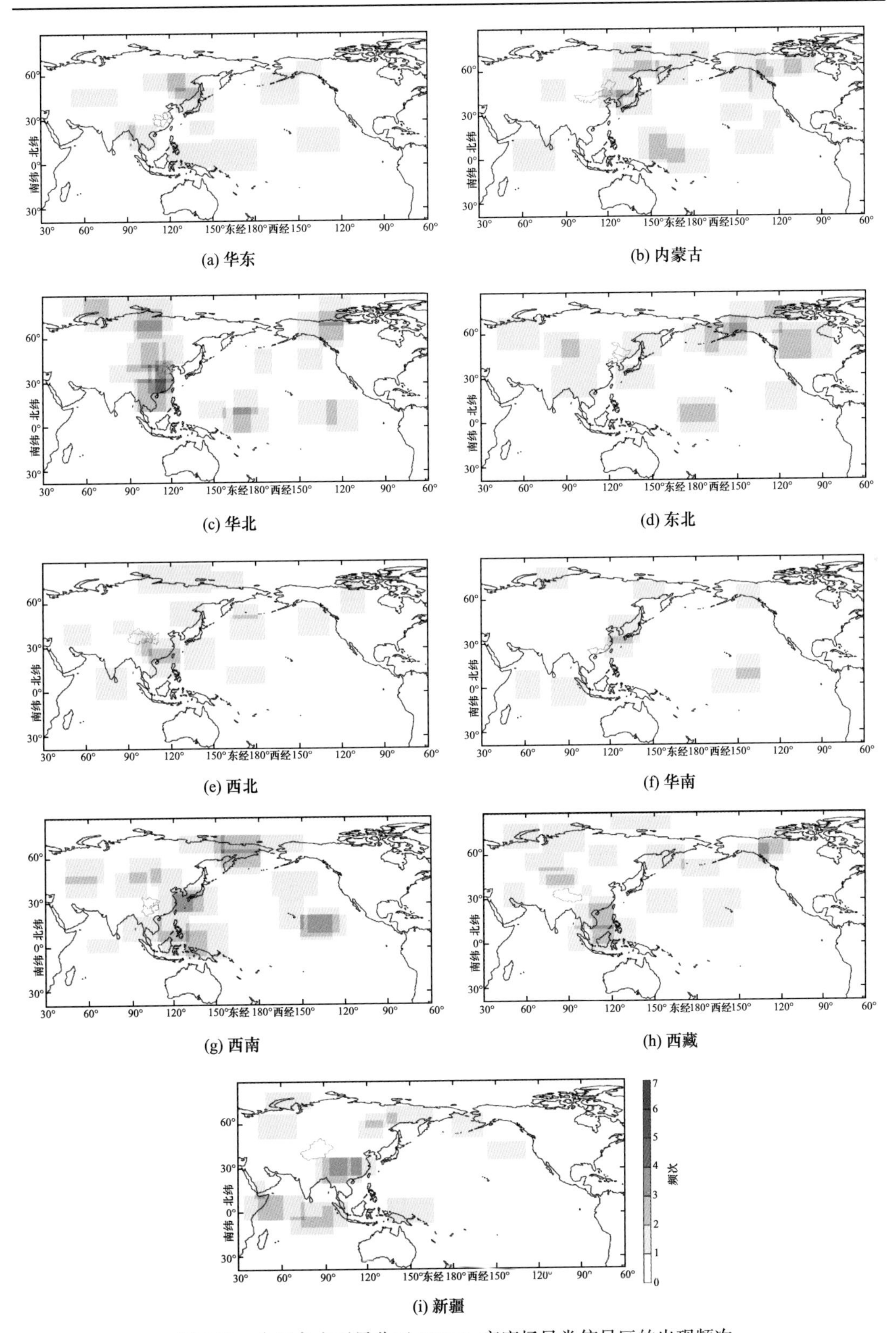

图 8.10　全国九大干旱分区 200hPa 高度场异常信号区的出现频次

基于上述高度场和海温场的第一模态分解结果，考虑 EOF 分解正负异常中心的空间配置和对区域干旱有影响的天气气候系统配置，构建异常信号指标。以西南地区高度场和海温场异常信号指标构建为例，阐述致旱天气系统异常信号指标的构建过程。

1) 高度场

500hPa 高度场异常信号区的提取，须考虑影响西南地区的天气气候系统和空间异常配置关系。西南地区致旱天气系统 500hPa 高度场异常信号区提取如图 8.11 所示。

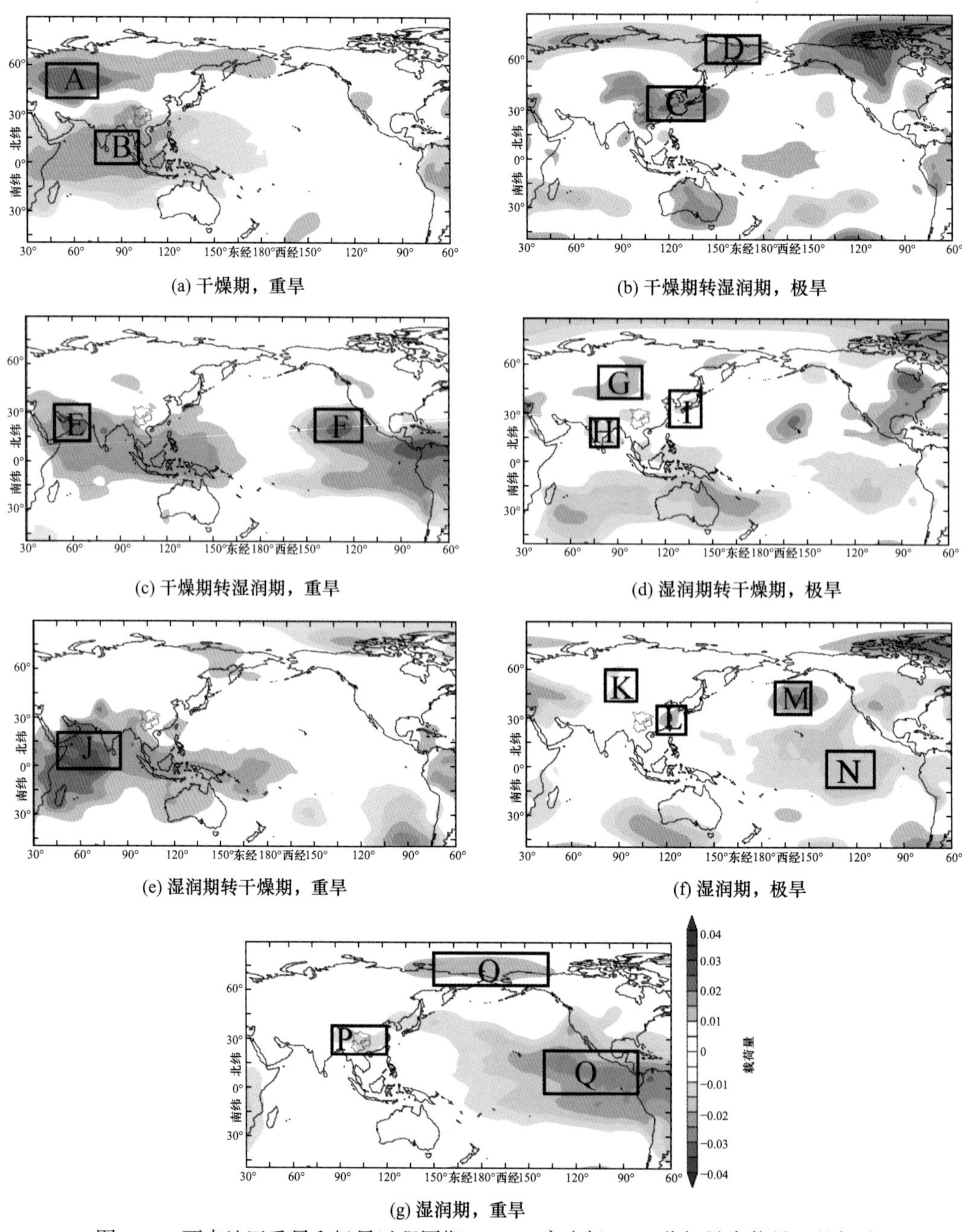

(a) 干燥期，重旱

(b) 干燥期转湿润期，极旱

(c) 干燥期转湿润期，重旱

(d) 湿润期转干燥期，极旱

(e) 湿润期转干燥期，重旱

(f) 湿润期，极旱

(g) 湿润期，重旱

图 8.11　西南地区重旱和极旱过程同期 500hPa 高度场 EOF 分解异常信号区的提取

图 8.11(a) 中的区域 A、B 分别表征乌拉尔山高压脊活动的影响、对流层中层引导气流对西南季风水汽输送的作用。湿润期转干燥期阶段极旱等级天气系统致旱过程[图 8.11(d)]以西南地区为中心，选取其周边正负异常特征的空间配置，构建出异常信号 3=G–H–I。

依据 500hPa 高度场异常信号，构建了西南地区 500hPa 高度场异常信号指标，见表 8.16。由表 8.16 可知，对于西南地区 500hPa 高度场，利用 17 个异常信号区，共构建 9 个异常信号指标，所有指标的选取地理范围为 45.0°E～280.0°E，10.0°S～80.0°N。

表 8.16　西南地区 500hPa 高度场异常信号指标构建信息

干湿期	指标	区域	经度		纬度	
干燥期	指标 0=A–B	A	45.0°E	75.0°E	40.0°N	60.0°N
		B	80.0°E	100.0°E	0.0°N	22.5°N
干燥期转湿润期	指标 1=C–D，指标 2=E–F	C	107.5°E	145.0°E	25.0°N	45.0°N
		D	145.0°E	175.0°E	55.0°N	75.0°N
		E	47.5°E	70.0°E	12.5°N	35.0°N
		F	217.5°E	245.0°E	15.0°N	30.0°N
湿润期转干燥期	指标 3=G–H–I，指标 4=J	G	82.5°E	105.0°E	37.5°N	57.5°N
		H	72.5°E	95.0°E	7.5°N	25.0°N
		I	120.0°E	142.5°E	22.5°N	45.0°N
		J	50.0°E	85.0°E	0.0°N	22.5°N
湿润期	指标 5=L–K，指标 6=M–N	K	80.0°E	100.0°E	40.0°N	60.0°N
		L	115.0°E	135.0°E	20.0°N	37.5°N
		M	190.0°E	210.0°E	32.5°N	55.0°N
		N	220.0°E	250.0°E	−10.0°N	7.5°N
	指标 7=O–P，指标 8=O–Q	O	142.5°E	225.0°E	62.5°N	80.0°N
		P	85.0°E	120.0°E	17.5°N	37.5°N
		Q	142.5°E	280.0°E	−2.5°N	17.5°N

此外，200hPa 高度场信号异常区的选取与指标构建与 500hPa 高度场相似，所以本节未展示。

2) 海温场

西南地区致旱海温场异常信号区的提取如图 8.12 所示。与 500hPa 高度场相比，海温场的 EOF 分解第一模态上的异常信号区较少，且空间正负异常配置不明显。所以，在构建异常信号指标的过程中，既考虑指标间异常配置关系，如利用图 8.12(c)中的区域 B、C 表征北、南赤道逆流区；也单独考虑异常信号区，如利用图 8.12(a)中的区域 A 构建指标。

依据西南地区干旱同期海温场异常区构建了海温场异常信号指标，见表 8.17。由

表 8.17 可知，对于西南地区海温信号场，利用 11 个异常信号区，共构建 7 个异常信号指标，所选指标的地理范围为 70.0°E～260.0°E，15.0°S～30.0°N。

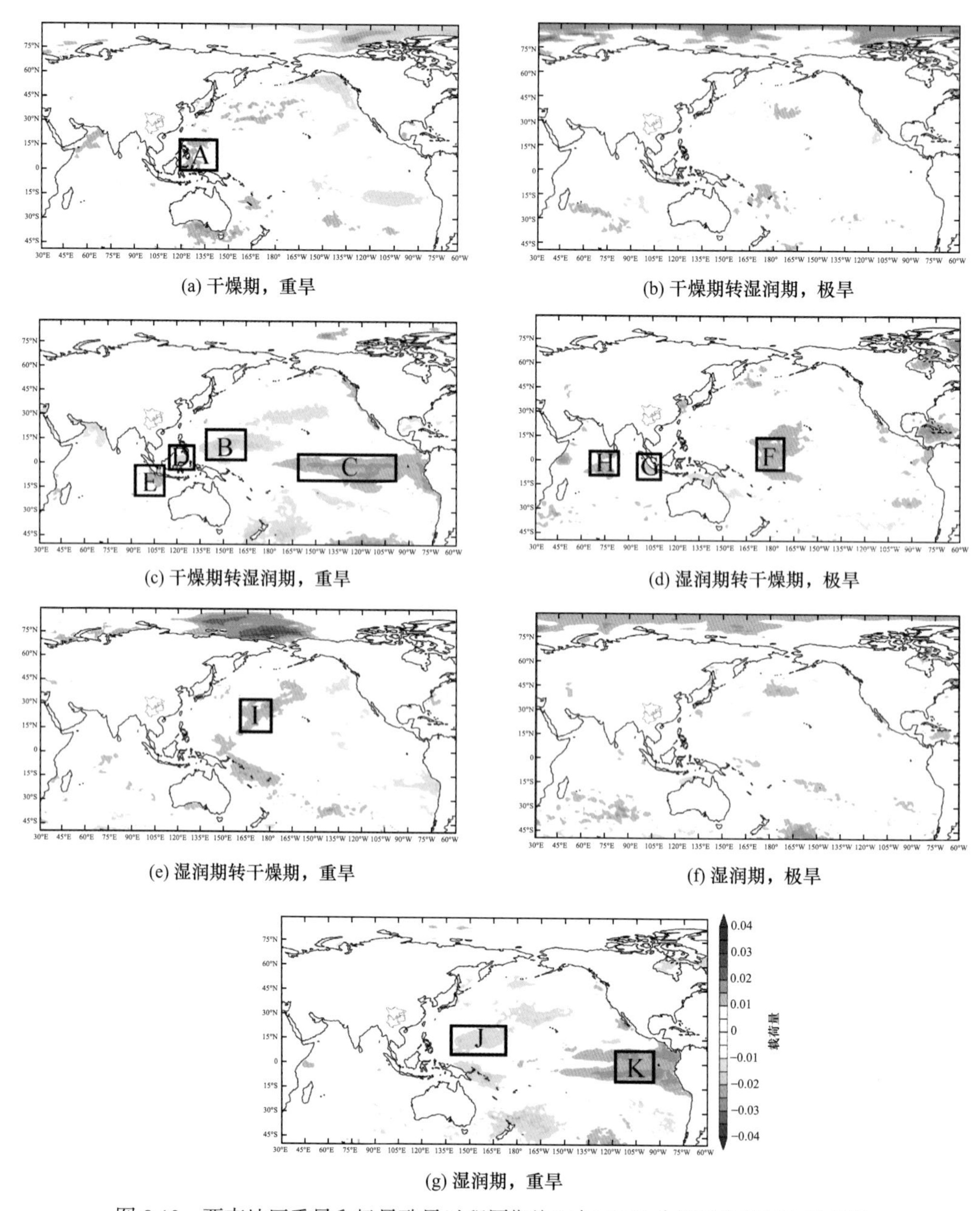

(a) 干燥期，重旱　(b) 干燥期转湿润期，极旱

(c) 干燥期转湿润期，重旱　(d) 湿润期转干燥期，极旱

(e) 湿润期转干燥期，重旱　(f) 湿润期，极旱

(g) 湿润期，重旱

图 8.12　西南地区重旱和极旱致旱过程同期海温场 EOF 分解异常信号区的提取

无论是在模型模拟、验证还是实际预测阶段，各干湿期所有异常信号指标的计算方式均是对选定的异常信号区内格点信号场进行区域平均，再进行异常信号区之间的算术加减。

表 8.17　西南地区海温场异常信号指标构建信息

干湿期	指标	区域	经度		纬度	
干燥期	指标 0=A	A	122.5°E	140.0°E	0.0°N	15.0°N
干燥期转湿润期	指标 1=C–B 指标 2=E–D	B	142.5°E	160.0°E	5.0°N	15.0°N
		C	210.0°E	255.0°E	−7.5°N	2.5°N
		D	117.5°E	127.5°E	−2.5°N	5.0°N
		E	100.0°E	110.0°E	−15.0°N	−5.0°N
湿润期转干燥期	指标 3=H–G 指标 4=F–G 指标 5=I	F	180.0°E	190.0°E	−10.0°N	5.0°N
		G	97.5°E	110.0°E	−10.0°N	0.0°N
		H	70.0°E	80.0°E	−12.5°N	−2.5°N
		I	157.5°E	180.0°E	7.5°N	30.0°N
湿润期	指标 6=K–J	J	145.0°E	165.0°E	7.5°N	17.5°N
		K	245.0°E	260.0°E	−7.5°N	5.0°N

8.2.3　异常信号指标与 SPI3 的同期逐步回归模型构建

将构建的异常信号指标作为初选因子，利用逐步回归模型率定出异常信号指标-SPI3 的同期统计关系，可为未来旱情预测提供基础。

1. 同期逐步回归模型构建

异常信号指标-SPI3 的同期统计关系构建采用逐步回归模型。逐步回归方法是从可供选择的变量中，根据一定的显著性标准，每步只选一个变量代入回归方程，并要求当步选出的变量是所有可供选择的变量中能使剩余方差下降最多的一个。由于新变量的引入，已代入回归方程的变量变得不显著，从而在下一步予以剔除。因此，逐步回归能使最后组成的方程只包含重要的变量，从而提高了筛选因子的效率。

异常信号指标-SPI3 的同期统计关系，即为预测指标和预测对象的同期统计关系。考虑到大范围干旱的致旱过程与同期持续稳定的大气环流形势直接相关，与同期海温场有一定联系，因此均选用同期信号场值具有合理性。为了尽可能反映大范围干旱的旱情变化趋势、发生和发展过程，本节沿用 SPI3 作为预测指标；为了与预测指标 SPI3 的时间尺度相匹配，同期异常信号指标的计算，采用同期逐日信号场的 90 天累积值，例如，1983 年 1 月 1 日当日异常指标值，为 1982 年 10 月 4 日～1983 年 1 月 1 日这 90 天逐日信号场值的累积。

在模型率定的过程中，各干湿期所有的预测指标均参与挑选，得到适用于全年逐日预测唯一的预测方程。该模型每年 1 月 1 日率定一次，率定期从 1983 年 1 月 1 日开始，并加入刚刚过去一整年的数据。以 2009 年 1 月 1 日～12 月 31 日的 SPI3 滚动预测为例，其实际预测所用模型的率定期为 1983 年 1 月 1 日～2008 年 12 月 31 日。

2. 异常信号指标选用和模型统计参数

在逐年率定、逐日滚动预测的过程中，异常信号指标的选用是否具有稳定性，以及模型统计参数值是否具有显著性是模型评价的重要参考依据。以西南地区为例，2009～2013 年各年预测所用的逐步回归方程初选因子有 27 个异常信号指标。其中，持续参与 6 年的有 14 个因子，参与 5 年的有 5 个因子，参与 4 年的有 5 个因子，参与 3 年的有 2 个因子，参与 2 年的有 1 个因子。由此可见，参与构建的异常信号指标总体差异不大，具有稳定性。此外，以全国九大干旱分区为例，2009～2013 年各年预测所用的逐步回归模型相关统计参数见表 8.18。九大干旱分区入选指标数和初选指标数均随率定期资料增加而稍有变化；复相关系数均在 0.5 以上，且 F 值均通过 α=0.05 的显著性水平检验，所以上述九大分区各率定期相应方程均为统计意义上的回归效果显著。

表 8.18　全国九大干旱分区 2009～2013 年各年预测所用的逐步回归模型相关统计参数范围

区域	初选指标数	入选指标数	复相关系数	F 值	F 临界值 $F_{\alpha=0.05}$
华东	21	19～21	0.64～0.66	359～395	1.56～1.59
内蒙古	31	25～30	0.67	259～364	1.46～1.51
华北	43	37～39	0.75～0.76	348～389	1.40～1.41
东北	21	18～21	0.58～0.64	266～386	1.56～1.60
西北	25	20～23	0.64～0.65	335～383	1.53～1.57
华南	21	18～20	0.51～0.52	179～221	1.57～1.60
西南	27	22～24	0.51～0.54	147～183	1.52～1.54
西藏	32	26～28	0.56～0.58	175～187	1.48～1.50
新疆	32	25～29	0.61～0.65	196～274	1.47～1.50

注：$F > F_{\alpha=0.05}$ 回归效果显著。

3. SPI3 模拟效果的定性分析

以华东、华北、西南三大干旱分区 2009 年所用的逐步回归模型为例，它们在 1983～2008 年率定期内的 SPI3 过程模拟序列如图 8.13～图 8.15 所示。

由图 8.13～图 8.15 可知，华东、华北、西南三大干旱分区 SPI3 模拟的趋势变化和转折点有较好的相关性。以西南地区为例，同期逐步回归模型对干旱变化趋势的模拟有一定的指示作用。结合表 8.14 中划分的西南地区重旱和极旱过程进行分析，对于这 7 场干旱过程，除 2006 年 7～11 月极旱过程外，对其余 6 场(1983 年 6～8 月、1984 年 3～5 月、1987 年 3～7 月、1988 年 3～8 月、1992 年 6～11 月、2007 年 11 月～2008 年 2 月)的干旱过程变化趋势有较好的模拟能力。

8.2.4　干旱趋势状态判别与确定

基于异常信号指标的逐步回归模型对 SPI3 趋势变化的预测结果，与实测相比具有较好的相关性，对干旱过程的转折点、变化趋势有较好的指示作用。因此，在已知当日旱情状态的前提下，完成对未来三个月的 SPI3 时间序列实时校正，对其表征的干旱趋势曲线倾角进行计算，可以获得未来干旱趋势变化信息。进一步地，通过制定干旱状态判别规则，得到无旱、发生、持续、缓解、解除 5 种干旱状态逐日未来 3 个月的旱情判断，实现预测过程线向干旱趋势状态的转换。

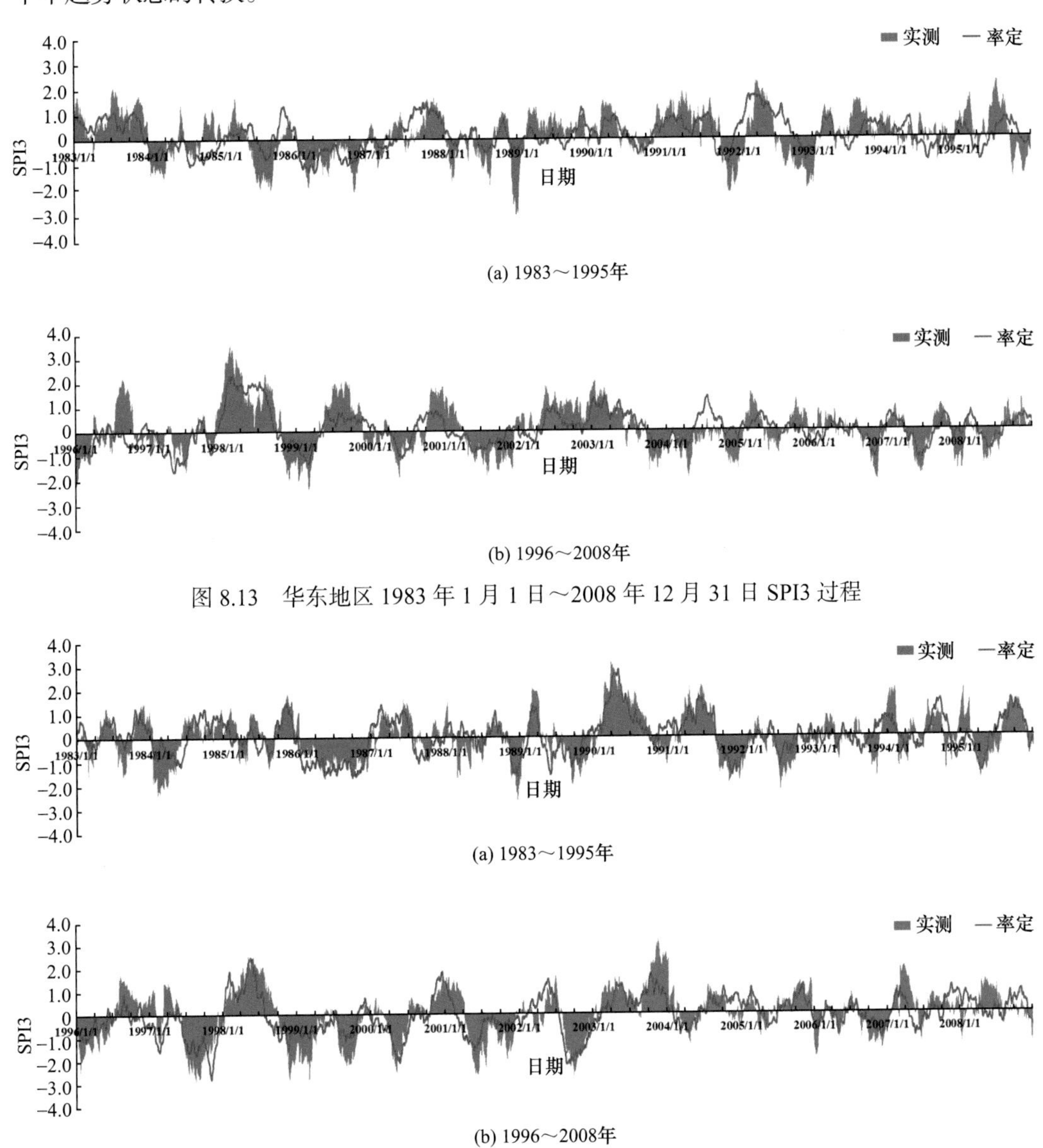

(a) 1983～1995年

(b) 1996～2008年

图 8.13　华东地区 1983 年 1 月 1 日～2008 年 12 月 31 日 SPI3 过程

(a) 1983～1995年

(b) 1996～2008年

图 8.14　华北地区 1983 年 1 月 1 日～2008 年 12 月 31 日 SPI3 过程

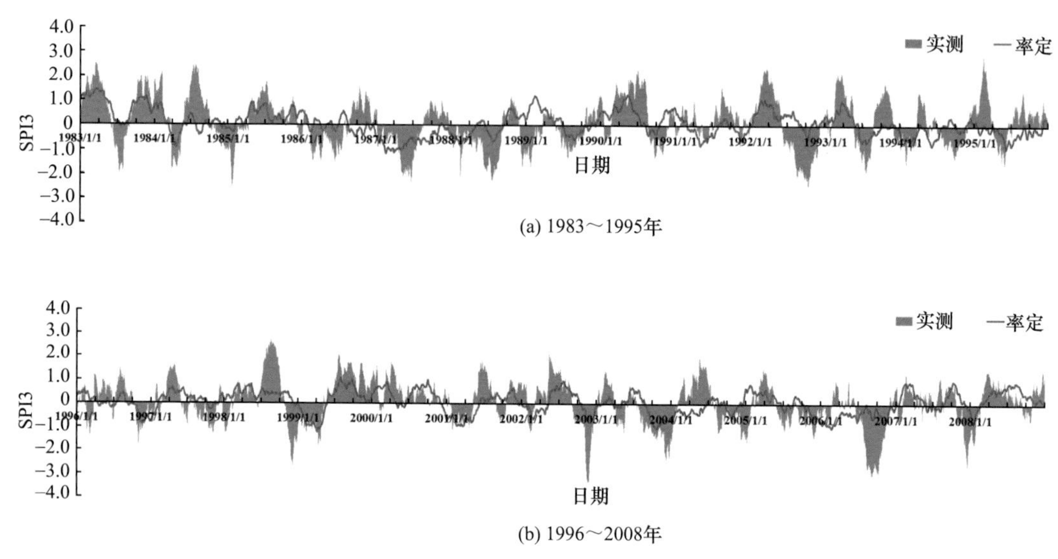

图 8.15　西南地区 1983 年 1 月 1 日～2008 年 12 月 31 日 SPI3 过程

1. 判别方法

干旱趋势曲线的倾角能有效表示干旱趋势的变化。当倾角为正且增加，预示干旱状态向湿润方向发展；当倾角为负且减小，表征干旱状态将持续发展。

如图 8.16(a) 所示，如果当前状态处于无旱状态，那么通过比较干旱趋势线倾角 α 与临界角 α_1 的相对大小，可以确定干旱是否发生。当 $\alpha \geqslant \alpha_1$ 时，未来仍将处于无旱状态；否则干旱发生。

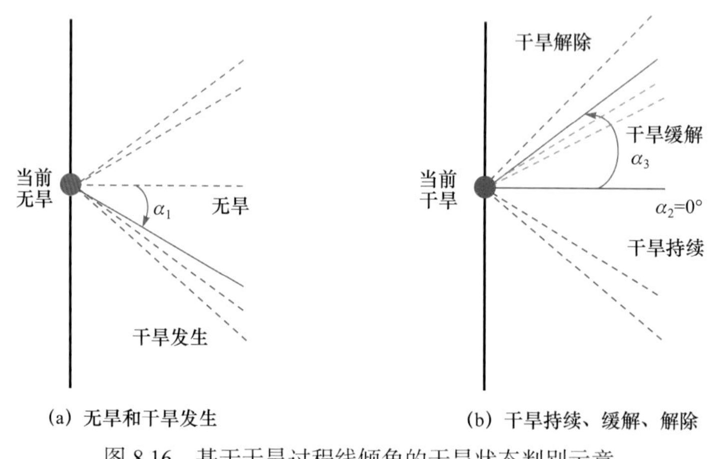

图 8.16　基于干旱过程线倾角的干旱状态判别示意

如图 8.16(b) 所示，如果当前处于干旱状态，那么同样可以通过比较倾角 α 与临界角 α_2(α_2=0°)、α_3 的相对大小，确定旱情的变化。当 $\alpha<\alpha_2=0°$时，干旱持续；当 $\alpha_2=0°<\alpha<\alpha_3$ 时，干旱缓解；当 $\alpha \geqslant \alpha_3$ 时，干旱解除。

2. 确定方法

临界角的确定对干旱趋势状态的判别至关重要。而对于未来 3 个月逐日干旱过程，其干旱过程曲线的倾角每天都在变化。因此，本节在已知当前旱情状态(可由 $SPI3_{当日}$表示，$SPI3_{当日} > -0.5$，表征无旱；否则表征干旱)的前提下，通过对未来 3 个月 SPI3 时间序列的倾角计算，能够得到未来 3 个月干旱趋势的逐日变化；进而在统计倾角与临界倾角相对大小结果占比的基础上，进一步判断未来 3 个月的干旱趋势。

如图 8.17 和图 8.18 所示，由当前状态点向相应横轴作射线，可得第 2～90 天的临界

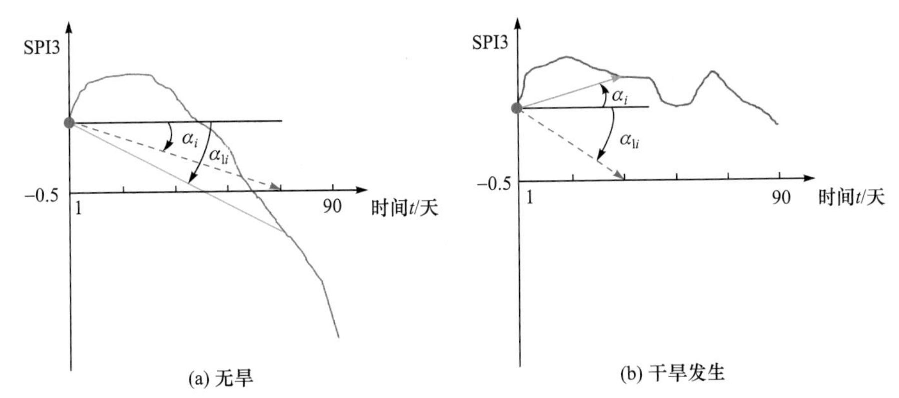

(a) 无旱　　(b) 干旱发生

图 8.17　基于当前无旱状态的 2 种干旱趋势确定示意图

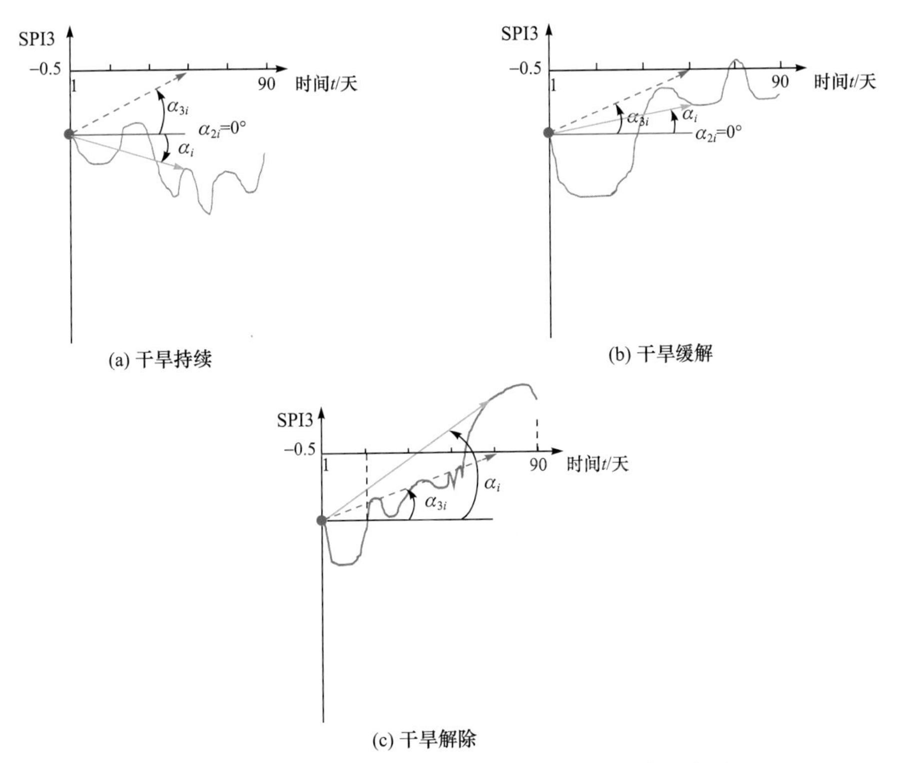

(a) 干旱持续　　(b) 干旱缓解

(c) 干旱解除

图 8.18　基于当前干旱状态的 3 种干旱趋势确定示意图

倾角 α_{1i} 或 α_{3i} 序列(i=2,…,90)，其中“干旱持续”和“干旱缓解”状态的判别，还涉及平角 α_{2i} 序列(i=2,…,90)；再由当前状态点向干旱过程曲线逐日点作射线，也可得第 2～90 天的倾角 α_i 序列(i=2,…,90)。进一步地，依据表 8.19 所示的干旱判别规则得到未来 3 个月的干旱趋势。

表 8.19　未来干旱趋势状态判别规则

当前状态	α_i 小于 α_{1i} 或 α_{3i} 的天数占未来 89 天的比例/%	第 45～90 天时间序列中 α_i 不小于 α_{2i} 的天数占第 45～90 天的比例/%	未来干旱趋势状态
无旱	<10	—	无旱
	≥10	—	干旱发生
干旱	≥90	≤10	干旱持续
	≥90	>10	干旱缓解
	<90	—	干旱解除

8.2.5　模型验证

在本节中，基于天气系统异常信号的干旱预测模型，本质上是异常信号指标-SPI3 的同期逐步回归关系，其本身并不具有预见期。然而，借助于气候预测模式产品动力预测输出的 200hPa、500hPa 高度场及海温场，计算相关异常信号因子时，该模型的预见期即为气候预测模式产品的预见期。在模型模拟阶段和验证阶段，均使用 NCEP/NCAR 再分析资料驱动同期逐步回归模型；而在第 10 章的模型运用部分中，利用现行的气候预测模式 NCEP CFSv2(Saha et al.，2014)所预测的未来三个月的高度场和海温场产品驱动该模型，使其获得相应的预见期。

利用 NCEP/NCAR 再分析资料，驱动异常信号指标-SPI3 的同期逐步回归模型，对华东、华北、西南三大干旱分区 2009 年 1 月 1 日～2014 年 12 月 31 日持续 6 年进行逐年滚动率定、逐日滚动模拟，分别得到华东地区、华北地区和西南地区 SPI3 模拟结果如图 8.19～图 8.21 所示。

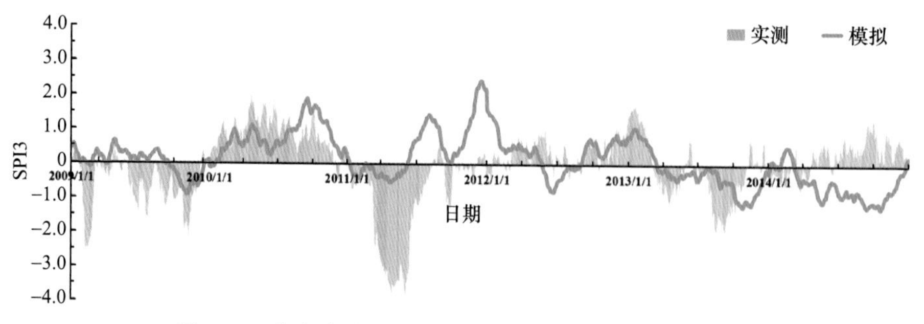

图 8.19　华东地区 2009～2014 年 SPI3 模拟与实测对比

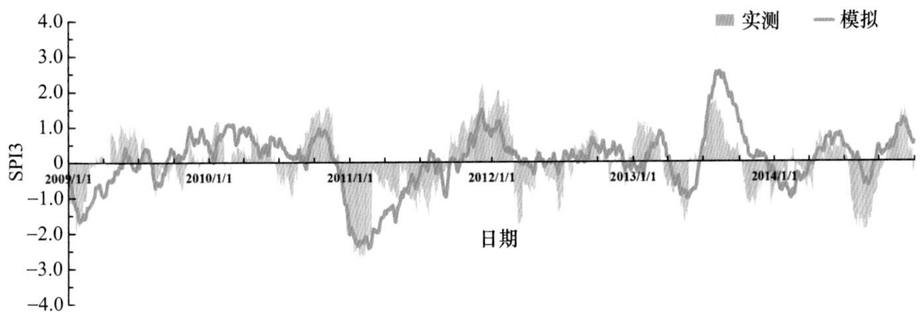

图 8.20　华北地区 2009～2014 年 SPI3 模拟与实测对比

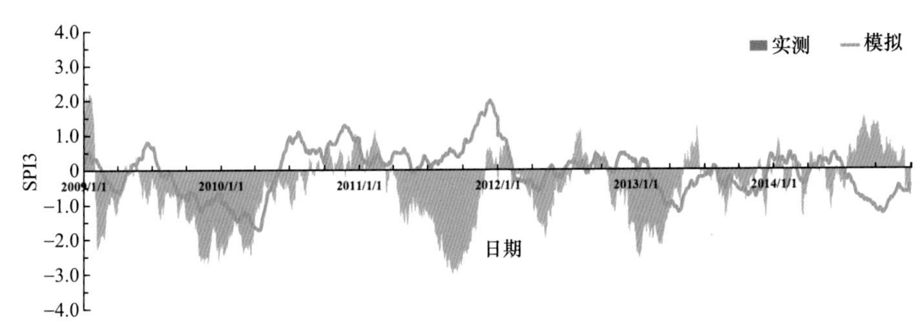

图 8.21　西南地区 2009～2014 年 SPI3 模拟与实测对比

以华东地区为例，从图 8.19 华东地区 2009～2014 年 SPI3 模拟与实测对比可知，该模型模拟结果和 2011 年华东地区大旱的实测 SPI3 过程有较好的相关性，尤其是在干旱程度达到最重时，模拟的 SPI3 也达到极小值，此后指示干旱向缓解方向发展。以华北地区为例，从图 8.20 华北地区 2009～2014 年 SPI3 模拟与实测对比可知，对 2011 年 1 月～2012 年 2 月、2013 年 3～8 月两时段的“干旱转向湿润”的状态变化，同期逐步回归模型模拟效果很好，基本与实际 SPI3 过程线保持一致。以西南地区为例，从图 8.21 西南地区 2009～2014 年 SPI3 模拟与实测对比可知，模拟的 SPI3 反映的干旱过程变化有较好的一致性。例如，2009～2010 年西南地区冬春连旱期间，模拟的 SPI3 经过先下降再上升的过程，整体变化趋势与实际干旱过程变化相一致；又如，2011 年西南伏旱，尽管对 SPI3 下降状态所表征的干旱发生和发展的模拟不够，但在 SPI3 于极小值点后上升段模拟一致，表明该模型模拟结果对干旱发展趋势有较好的指示作用。

由图 8.19～图 8.21 可知，基于天气系统异常信号指标与 SPI3 的同期逐步回归模型对 2011 年华东大旱(对应 2011 年长江中下游大旱)、2009～2012 年西南连旱、2014 年华北大旱的干旱趋势发展均有较好的预测作用。

以华东、华北、西南地区近年来的 4 场大旱过程为例，用 NCEP/NCAR 再分析资料驱动同期逐步回归模型，对 4 场大旱过程进行逐旬滚动模拟，并利用各模拟起始时刻的实测 SPI3 值进行实时校正，得到模拟 SPI3 与实测过程线(图 8.22)。由图 8.22 可知，实时校正的逐旬滚动模拟的未来 90 天 SPI3 过程线，能够从整体上较好地把握干旱过程变化发展。

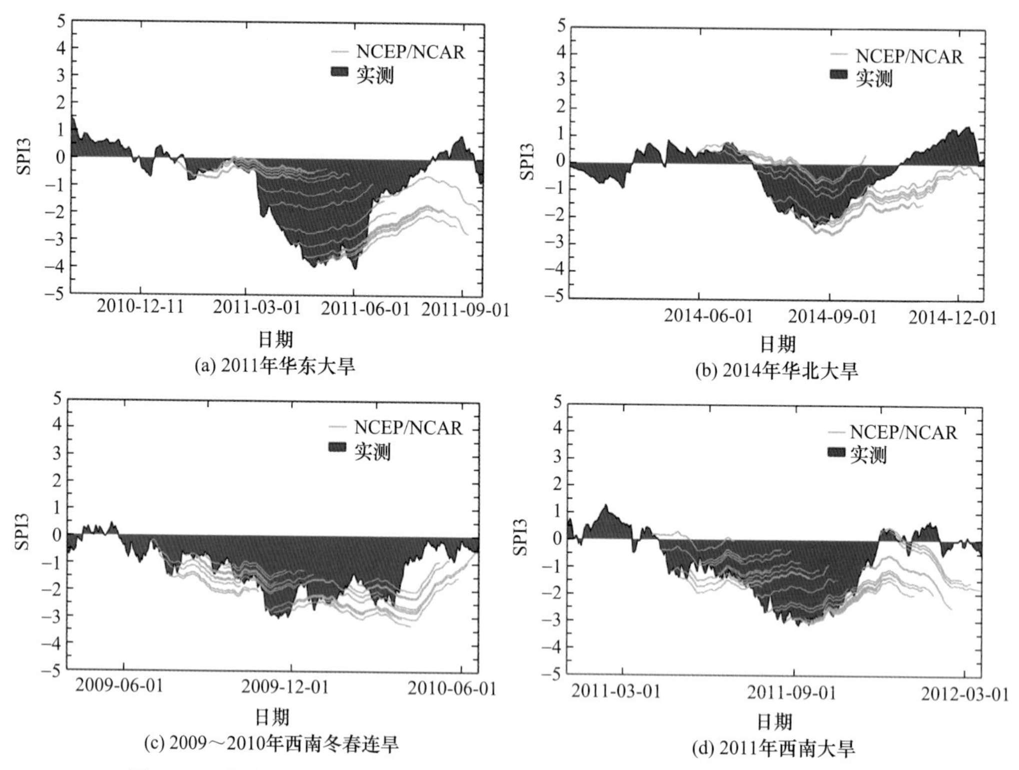

图 8.22　华东、华北、西南地区近年来 4 场大旱的逐旬滚动模拟与实测对比

利用本干旱趋势状态判别和确定方法，可以获得基于 SPI3 模拟结果的干旱不同趋势状态的展望(表 8.20)。

表 8.20　华东、华北、西南地区近年来 4 场大旱的逐旬滚动模拟与实测的干旱趋势状态

干旱事件	起始日期	模拟	实测	结果评价	起始日期	模拟	实测	结果评价	起始日期	模拟	实测	结果评价
2009～2010 年西南冬春连旱	2009-06-30	1	2	—	2009-09-28	3	2	—	2010-01-11	2	3	—
	2009-07-10	2	2	一致	2009-10-18	3	2	—	2010-01-21	2	3	—
	2009-07-20	2	3	—	2009-11-02	3	3	一致	2010-01-31	3	4	—
	2009-07-30	2	3	—	2009-11-12	3	3	一致	2010-02-10	3	4	—
	2009-08-09	2	2	一致	2009-11-22	3	3	一致	2010-02-20	3	4	—
	2009-08-19	2	2	一致	2009-12-02	3	3	一致	2010-03-02	3	4	—
	2009-08-29	2	2	一致	2009-12-12	2	3	—	2010-03-12	3	4	—
	2009-09-08	2	2	一致	2009-12-22	2	3	—	2010-03-22	3	4	—
	2009-09-18	2	2	一致	2010-01-01	2	3	—				
2011 年华东大旱	2011-01-01	1	1	一致	2011-03-02	1	1	一致	2011-05-01	3	3	一致
	2011-01-11	1	1	一致	2011-03-12	3	2	—	2011-05-11	3	4	—
	2011-01-21	1	1	一致	2011-03-22	3	2	—	2011-05-21	3	4	—

续表

干旱事件	起始日期	模拟	实测	结果评价	起始日期	模拟	实测	结果评价	起始日期	模拟	实测	结果评价
2011 年华东大旱	2011-01-31	1	1	一致	2011-04-01	3	3	一致	2011-06-01	3	4	—
	2011-02-10	0	1	—	2011-04-11	3	3	一致	2011-06-11	3	4	—
	2011-02-20	1	1	一致	2011-04-21	3	3	一致	2011-06-21	3	4	—
2011 年西南大旱	2011-04-11	1	1	—	2011-07-01	3	2	—	2011-09-21	3	4	—
	2011-04-21	2	2	一致	2011-07-11	3	2	—	2011-10-01	3	4	—
	2011-05-01	2	2	一致	2011-07-21	3	2	—	2011-10-11	3	4	—
	2011-05-11	2	2	一致	2011-08-01	3	3	一致	2011-10-21	3	4	—
	2011-05-21	4	2	—	2011-08-11	3	3	一致	2011-11-01	3	4	—
	2011-06-01	3	2	—	2011-08-21	3	3	一致	2011-11-11	3	4	—
	2011-06-11	3	2	—	2011-09-01	3	3	一致	2011-11-21	2	4	—
	2011-06-21	3	2	—	2011-09-11	3	4	—				
2014 年华北大旱	2014-06-01	4	4	一致	2014-07-11	3	3	一致	2014-08-21	3	4	—
	2014-06-11	4	4	一致	2014-07-21	3	4	—	2014-09-01	3	4	—
	2014-06-21	4	4	一致	2014-08-01	3	4	—	2014-09-11	3	4	—
	2014-07-01	1	1	一致	2014-08-11	3	4	—	2014-09-21	4	4	一致

注：数字 0～4 依次代表无旱、干旱发生、干旱持续、干旱缓解和干旱解除趋势状态。

由表 8.20 可知，在 4 场大旱全程前半部分，基于模拟结果的干旱趋势状态展望，大多与实际情况相符。后半程的模拟结果多为干旱缓解，而非实际结果所示的干旱解除；尽管缓解程度不够，但是已经能够模拟出干旱缓解的趋势。

综上所述，基于天气系统异常信号的干旱统计模型，对未来 3 个月干旱过程的转折点及变化趋势有较好的参考性；同时，据已有的验证结果可见，该模型的状态模拟不一致部分多为模拟为干旱缓解而实际为干旱解除，尽管缓解程度不够，但对缓解趋势把握正确。总之，考虑到具有 3 个月的预见期，该套模型对未来干旱变化趋势的判断具有较好的参考性。

8.3　本章小结

本章从大气和海洋异常特征角度入手，分别构建干旱年尺度和季节尺度的回归预测模型。在分析研究区干旱过程与环流异常相关关系的基础上，基于前期环流指数、显著相关的海气异常区，采用聚类回归、主分量回归、逐步回归等方法，构建基于环流指数的干旱年尺度预测模型；基于与干旱过程密切相关的海、气要素信号场经验正交分解第一模态的异常信号配置，采用逐步回归方法，构建了异常信号指标-SPI3 的同期统计模型，利用气候预测模式的动力预测产品进行驱动，在对旱情状态进行实时校正的基础上，依据制定的干旱趋势状态判别规则，实现对未来 3 个月旱情发展趋势的预测。

验证结果表明，基于环流指数的干旱预测模型，对全国年尺度大范围严重干旱具有较好的预测效果；基于天气系统异常信号的干旱预测模型，可对未来 3 个月旱情发展趋势进行较好的预测。本章构建的干旱年尺度和季节尺度预测模型，可为水利部门的水资源空间配置和调度提供重要的决策参考。

第 9 章　多模式降水预报分析与集成

降水预报是开展大范围干旱预测的重要前提，数值模式是定量降水预报的主要方法。本章首先对 3 种全球数值天气预报模式在中国区域的中期预报效果进行检验分析。同时，基于中尺度区域数值预报模式，对中国区域进行动力降尺度，提供高分辨率的短期定量降水预报，并对模式预报进行偏差订正，提出九大干旱区最优的降水预报集成方案，为干旱预测提供基础。

9.1　中期降水预报

9.1.1　全球数值模式简介

目前全球数值模式 ECMWF、GFS、GEM 均提供未来 10 天的中期定量降水预报结果。

ECMWF 是一个包括 24 个欧盟成员国的国际性天气预报研究和业务机构。该中心于 1979 年 6 月首次做出了实时中期天气预报，1979 年 8 月 1 日开始发布业务性中期天气预报，为其成员国提供实时的天气预报服务。ECMWF 主要提供未来 10 天的中期数值预报产品，各成员国通过专用的区域气象数据通信网络得到这些产品后做出各自的中期预报，同时 ECMWF 也通过由 WMO 维护的全球通信网络向世界所有国家发送部分有用的中期数值预报产品。2012 年，ECMWF 运行的全球数值模式水平分辨率已达到 16km，垂直方向至大气层顶分为 91 层。2016 年 3 月，ECMWF 进一步将全球数值模式分辨率提高至 9km，并考虑了高分辨率可能导致虚报暴雨中心的问题，定量降水预报能力有了进一步的提高。

GFS 模式是由 NOAA 推出的全球天气预报模式。2005 年 9 月美国国家气象局开始发布经过升级后的天气信息，目前应用的天气预报产品主要有：飓风、暴雪、干旱、暴雨、航天等。本次升级包括改进大气物理模型、陆面过程模型等，并采用了来自美国国家航空航天局大气红外探测仪的卫星资料等。GFS 模式未来 10 天的水平分辨率约为 13km，10～16 天的水平分辨率约为 35km，垂直方向至大气层顶分为 128 层，每日 0 时、6 时、12 时、18 时 4 个时次运行模式(董颜等，2015；梁国华等，2009)。

GEM 模式是由加拿大气象中心(Canadian Meteorological Centre, CMC)和气象研究部(Meteorological Research Branch, MRB)共同研发的全球数值预报模式，该模式采用有限元网格划分方法，对未来 10 天的天气状况进行预报(吴娟等，2012)。目前，GEM 模式的水平分辨率已经达到了 0.24°(约 25km)，垂直方向至大气层顶分为 58 层。

为分析不同模式在中国的适用性，本节从降水量、降水落区的角度，分析模式预报误差规律，为构建多模式集成预报提供依据。

9.1.2 降水预报检验方法

1. 降水落区预报检验指标

降水落区的检验采用 TS、BS 评分。TS 和 BS 的计算公式为

$$\mathrm{TS}=\frac{\mathrm{NA}}{\mathrm{NA}+\mathrm{NB}+\mathrm{NC}} \tag{9.1}$$

$$\mathrm{BS}=\frac{\mathrm{NA}+\mathrm{NB}}{\mathrm{NA}+\mathrm{NC}} \tag{9.2}$$

式中，NA 为在有降水的情况下，预报准确的测站数或网格点数；NB 为空报的测站数或网格点数；NC 为漏报的测站数或网格点数。

2. 降水量预报检验指标

为分析预报降水量误差，引入标准化泰勒图分析方法。与其他检验方法相比，泰勒图能够有效地将多模式信息集中表示，近年来已广泛应用于数值模式评估与检验中。泰勒图主要由相关系数、标准化均方根误差、均方差比率组成极坐标图，其中相关系数决定极坐标图中的方位角位置，径向距离为均方差比率，与参考点 REF 的距离为标准化均方根误差(徐晶晶等，2013)。相关系数 R 表征数值模式对降水过程的预报能力；标准化均方根误差 RMS 在计算预报降水均方根误差的基础上，对其进行标准化处理。RMS 表征预报的降水过程与观测过程的相似度，标准化均方根误差越接近 0，表示预报精度越高。均方差比率 σ 表示模式对中心振幅的预报能力，均方差比率越接近于 1，表明预报中心振幅与实测值越接近。

$$R=\frac{\sum_{i=1}^{N}(O_i-\overline{O})(F_i-\overline{F})}{\sqrt{\sum_{i=1}^{N}(O_i-\overline{O})^2}\sqrt{\sum_{i=1}^{N}(F_i-\overline{F})^2}} \tag{9.3}$$

$$\mathrm{RMS}=\frac{\sqrt{\sum_{i=1}^{N}(F_i-O_i)^2}}{\sqrt{\frac{1}{N}\sum_{i=1}^{N}(O_i-\overline{O})^2}} \tag{9.4}$$

$$\sigma=\frac{\sigma_{\mathrm{fcst}}}{\sigma_{\mathrm{obs}}}=\frac{\sqrt{\frac{1}{N}\sum_{i=1}^{N}(F_i-\overline{F})^2}}{\sqrt{\frac{1}{N}\sum_{i=1}^{N}(O_i-\overline{O})^2}} \tag{9.5}$$

式中，N 为预报总次数或网格总数；O_i 和 F_i 分别为各网格实测和预报降水量或区域实测和预报面平均雨量；$\overline{O}$ 和 $\overline{F}$ 分别为实测和预报降水量均值。

9.1.3 ECMWF、GFS、GEM 模式比较分析

为比较 3 种数值模式的预报精度，对 2015 年 2 月 1 日～7 月 20 日未来 10 天的定量降水预报结果进行比较。实测资料来自中国气象科学数据共享服务网的网格分辨率为 0.25°×0.25°的全国逐日降水量数据集。利用双线性插值方法，将预报网格降水量插值到实测网格，从预报降水落区和降水量两个方面进行检验分析。

1. 降水落区预报比较

比较 ECMWF、GFS、GEM 模式九大干旱区不同预见期的 TS 评分，不同降水量级预报差异明显(图 9.1)。对于晴雨(降水量>0.1mm)预报而言，ECMWF 模式和 GFS 模式预报优于 GEM 模式。ECMWF 模式和 GFS 模式对华东和华南地区未来 10 天的晴雨预报 TS 评分均为 0.6～0.7，对西南地区晴雨预报的 TS 评分为 0.5～0.6。GEM 模式对华东和华南地区未来 1～3 天的预报 TS 评分达到了 0.6，但随着预见期的延长，预报能力下降，4～7 天的降水预报 TS 评分为 0.5～0.6，7～10 天的 TS 评分为 0.4～0.5；GEM 模式对西南地区晴雨预报 TS 评分除了预见期为 0 天为 0.6～0.7 以外，其他预见期 TS 评分均低于 0.6。3 个模式对华北和东北地区预报差异不大，1～5 天预见期 TS 评分为 0.5～0.6，而 6～10 天 TS 评分为 0.4～0.5。GFS 模式对内蒙古、新疆、西藏和西北的晴雨预报 TS 评分优于 ECMWF 模式和 GEM 模式。

对于小雨以上量级(降水量>10mm)的预报，ECMWF 模式预报效果优于 GFS 模式和 GEM 模式。ECMWF 模式对华东地区未来 1～2 天的降水 TS 评分能够达到 0.5 左右，3～6 天的 TS 评分为 0.4～0.5，而 GFS 模式的 TS 评分均在 0.5 以下。但对于新疆和西藏地区，GFS 和 GEM 模式预报效果优于 ECMWF 模式，GFS 模式和 GEM 模式的 TS 评分为 0.2～0.3，而 ECMWF 模式 TS 评分低于 0.2。

对于中雨以上降水量级(降水量>25mm)预报，ECMWF 模式和 GEM 模式预报效果优于 GFS 模式。其中，ECMWF 模式对华东和华北地区预报效果最佳，未来 1～3 天预报的 TS 评分为 0.3～0.4，未来 4～7 天预报的 TS 评分为 0.25～0.3。与其他两个模式相比，ECMWF 模式在西南和西北地区的预报精度最高。GEM 模式对东北地区未来 1～4 天预报的 TS 评分与 ECMWF 接近，但随着预见期的延长，GEM 模式预报评分低于 ECMWF 模式。

3 个全球数值模式对暴雨以上量级(降水量>50mm)的降水预报精度仍有待提高，不同模式间预报能力差异显著。ECMWF 模式在华北、西北、西南的预报效果优于 GEM 模式和 GFS 模式，而 GEM 模式在华南地区降水预报效果最佳，GFS 模式在东北地区降水预报效果最佳。3 个模式对内蒙古、新疆、西藏、西北地区暴雨空间预报的能力有限。

ECMWF、GFS、GEM 模式对华东、华南地区的晴雨预报 BS 评分均较为理想，未来 10 天的评分结果均为 0.75～1.5(图 9.2)。对于东北、内蒙古、新疆、西北地区，ECMWF 模式的降水面积预报和实测最为接近，GFS 模式和 GEM 模式都存在预报降水面积偏大的情况，且 GEM 模式偏大更为严重。ECMWF 模式对西藏地区降水预报偏小，而 GEM 和 GFS 模式预报偏大。GEM 模式对西南地区的预报效果好于 ECMWF 模式和 GFS 模式。

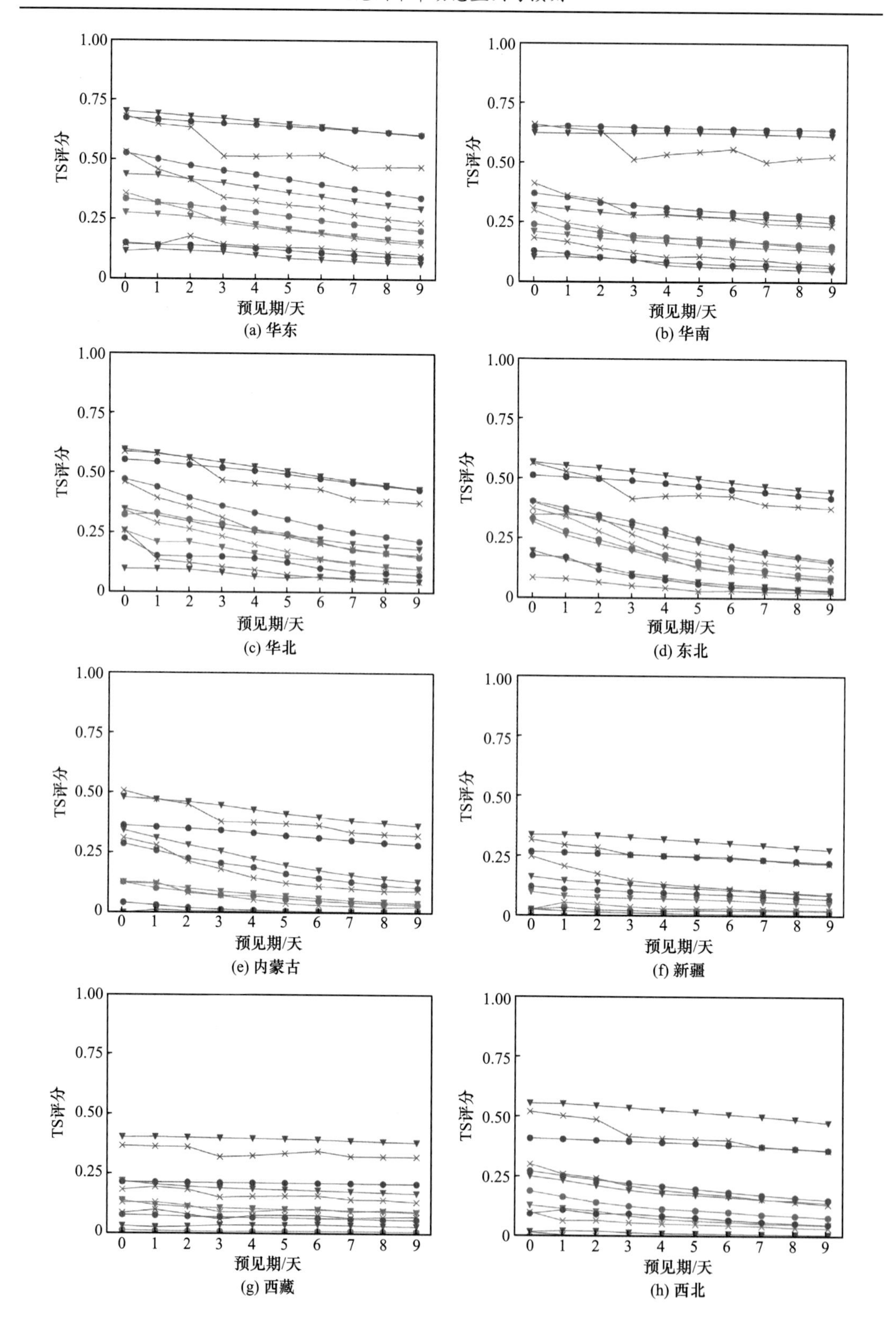

TS评分
预见期/天
1.00
0.75
0.50
0.25
0
0 1 2 3 4 5 6 7 8 9
(a) 华东
(b) 华南
(c) 华北
(d) 东北
(e) 内蒙古
(f) 新疆
(g) 西藏
(h) 西北

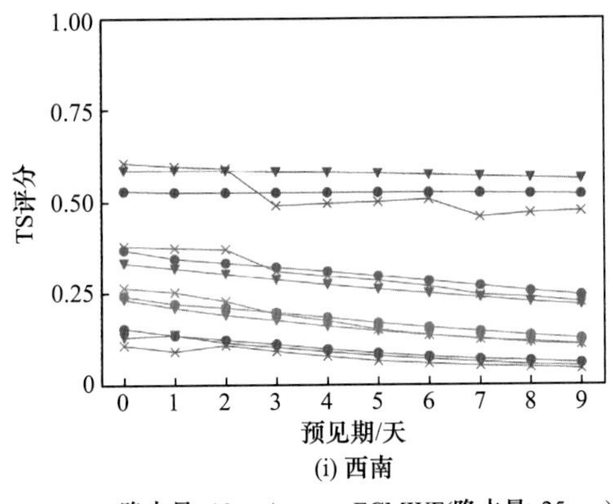

图 9.1　ECMWF、GFS、GEM 模式九大干旱区不同预见期的 TS 评分

对于小雨以上量级的降水面积预报而言，3 种模式均表现出较高的预报水平。除新疆、西藏、西北地区外，其他地区的 BS 评分均为 0.75～1.5。ECMWF 模式对内蒙古地区降水面积预测偏小，而 GFS 模式和 GEM 模式的预报和实测较为接近。ECMWF 模式和 GFS 模式对西南地区降水面积预测偏大，而 GEM 模式预测结果和实测更为接近。

随着降水量级的增大，预测降水面积较实测面积偏小的程度增大。ECMWF 模式对华东、华南、西南地区中雨以上量级的 BS 评分为 0.75～1.5，而 GFS 模式对华东、华南、

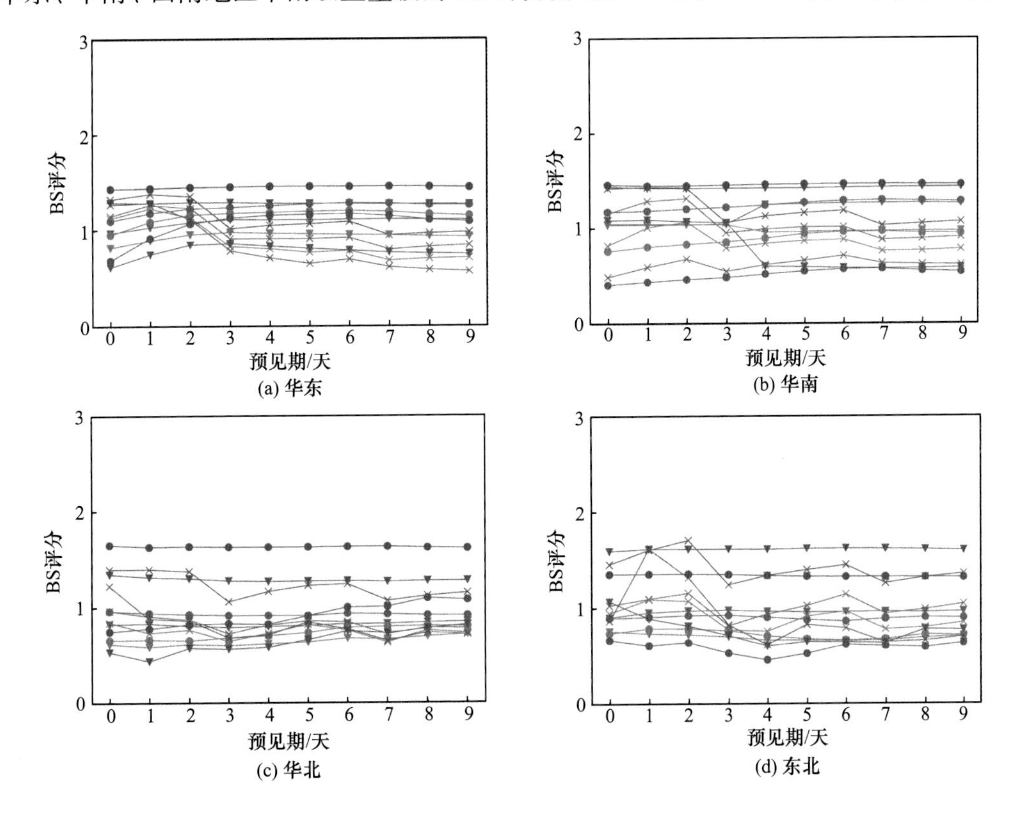

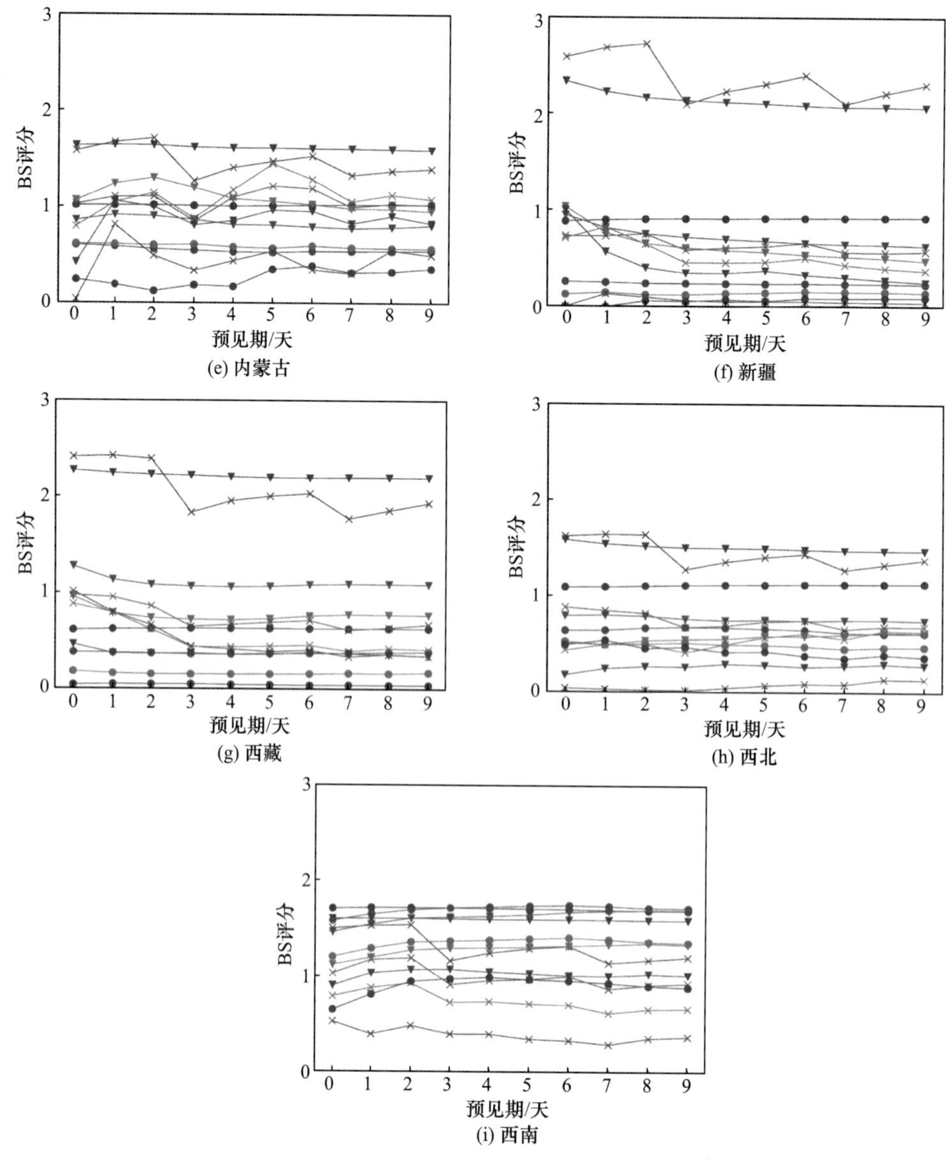

图 9.2　ECMWF、GFS、GEM 模式九大干旱区不同预见期的 BS 评分

内蒙古和西南地区的 BS 评分，以及 GEM 模式对华东、东北、内蒙古地区的预报也在这一水平。其他地区预报面积较实测面积偏小。

对于暴雨预报而言，除了 ECMWF 模式和 GFS 模式在华东、华北、西南地区的 BS 评分能够在 0.75～1.5 外，其他地区的暴雨预报面积普遍偏小。

2. 降水量预报比较

从相关系数、标准化均方根误差、均方差比率三个方面比较了 ECMWF 模式、GFS

模式、GEM 模式对九大干旱分区面平均雨量的预报精度。图 9.3 为 ECMWF、GFS、GEM 模式九大干旱区不同预见期泰勒图比较，图中 ECMWF、GFS、GEM 模式分别用红色、蓝色、黄色数字表示。从图 9.3 中可以看出，3 种模式对西北、东北、华北、华东地区面平均雨量的预报效果较好，其中，华东地区的预报效果最佳。华东地区均方差比率均接近于 1，说明 3 种模式对降水过程中心振幅具有较好的预报能力；当预见期为 1 天时，华东地区预测和实测面平均雨量相关系数在 0.9 附近；未来 10 天的面平均雨量

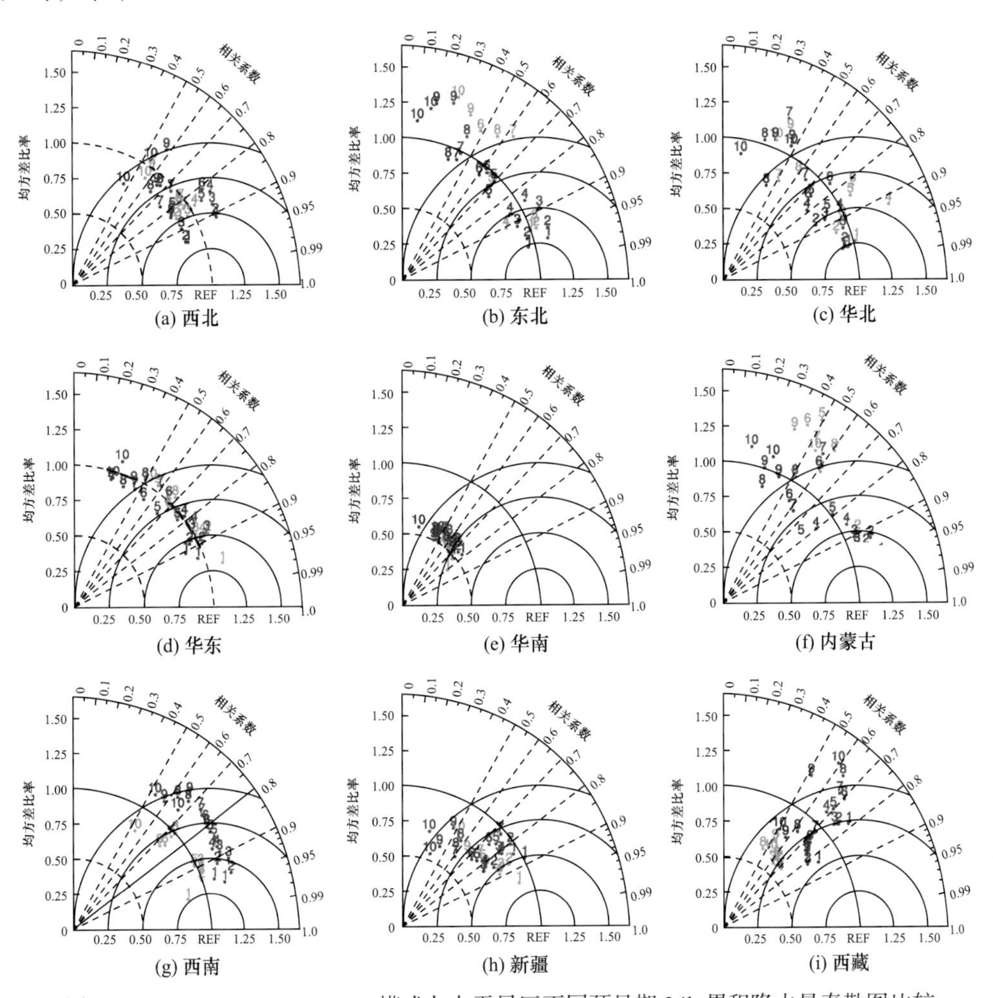

图 9.3　ECMWF、GFS、GEM 模式九大干旱区不同预见期 24h 累积降水量泰勒图比较

·1 ECMWF 模式，预见期 0 天	·1 GFS 模式，预见期 0 天	·1 GEM 模式，预见期 0 天
·2 ECMWF 模式，预见期 1 天	·2 GFS 模式，预见期 1 天	·2 GEM 模式，预见期 1 天
·3 ECMWF 模式，预见期 2 天	·3 GFS 模式，预见期 2 天	·3 GEM 模式，预见期 2 天
·4 ECMWF 模式，预见期 3 天	·4 GFS 模式，预见期 3 天	·4 GEM 模式，预见期 3 天
·5 ECMWF 模式，预见期 4 天	·5 GFS 模式，预见期 4 天	·5 GEM 模式，预见期 4 天
·6 ECMWF 模式，预见期 5 天	·6 GFS 模式，预见期 5 天	·6 GEM 模式，预见期 5 天
·7 ECMWF 模式，预见期 6 天	·7 GFS 模式，预见期 6 天	·7 GEM 模式，预见期 6 天
·8 ECMWF 模式，预见期 7 天	·8 GFS 模式，预见期 7 天	·8 GEM 模式，预见期 7 天
·9 ECMWF 模式，预见期 8 天	·9 GFS 模式，预见期 8 天	·9 GEM 模式，预见期 8 天
·10 ECMWF 模式，预见期 9 天	·10 GFS 模式，预见期 9 天	·10 GEM 模式，预见期 9 天

预报结果与实测雨量相关系数在 0.3 左右。3 种模式均未能准确预报华南地区的面平均雨量，虽然相关系数为 0.5～0.9，但 3 种模式的均方差比率均在 0.6 附近，说明预测降水过程的振幅小于实测。和华南地区类似，3 种模式对新疆地区的预报均方差比率也小于 1，但是略高于华南地区的预报结果。对于内蒙古地区，当预见期为 1～3 天时，3 种模式预报精度较为一致，均方差比率接近于 1，且相关系数为 0.8～0.9；随着预见期的延长，GEM 模式对该地区的面平均雨量预报出现了较大的偏差，均方差比率逐渐增大，而 ECMWF 模式和 GFS 模式的均方差比率还是在 1 左右。GEM 模式对西南地区预报效果优于 ECMWF 模式和 GFS 模式，其均方差比率在 1 附近，而 ECMWF 模式和 GFS 模式的预报结果较为相似，均方差比率均大于 1。ECMWF、GFS、GEM 模式对西藏地区面平均雨量的预报不同，其中，GFS 模式预报和实测最为接近，其均方差比率接近于 1，而 ECMWF 模式均方差比率大于 1，GEM 模式均方差比率小于 1。

9.2　短期降水预报

为改善全球预报模式未来 1～4 天的预报效果，选用 WRF 区域数值预报模式对全球模式进行动力降尺度。WRF 模式是 1997 年由 NCAR 中小尺度气象处、NCEP 环境模拟中心、美国预报系统实验室(Forecast System Laboratory，FSL)的预报研究处和俄克拉荷马大学(the University of Oklahoma，OU)的风暴分析预报中心 4 家单位首次联合发起建立的天气预报模式。计划发起后，得到了包括美国空军气象局(Air Force Weather Agency，AFWA)、美国海军研究实验室(Naval Research Laboratory，NRL)和美国联邦航空局(Federal Aviation Administration，FAA)在内的美国本土及海外的 150 多家组织和大学的响应，并共同参与联合研究开发(陈锋等，2012；李嘉鹏等，2012；王晓君等，2011)。

WRF 模式的物理参数化方案分为以下 5 类：①微物理过程参数化；②积云对流参数化；③陆面过程参数化；④大气辐射参数化；⑤行星边界层。直接影响降水的主要是微物理过程参数化方案和积云对流参数化方案。

WRF 模式提供了 9 种积云对流参数化方案。这里介绍试验中使用的 3 种。

(1) Kain-Fritsch(KF)方案。该方案利用一个伴有水汽上升下沉的简单云模式，考虑了云中上升气流卷入和下曳气流卷出及相对粗糙的微物理过程的影响。新方案在边缘不稳定、干燥的环境场中考虑了最小卷入率以抑制大范围的对流，对于不能达到最小降水云厚度的上升气流，考虑浅对流，最小降水云厚度随云底温度变化(郁红弟等，2008；徐国强等，2007)。

(2) Betts-Miller-Janjic(BMJ)方案。该方案是从 Betts-Miller 对流调整方案改进而来，其最初的基本思想是：在对流区存在着特征温湿结构，当判断有对流活动时，对流调整使得大气的温湿结构向着这种特征调整。调整速度和特征结构的具体形式可根据大量试验得出。在新方案中，深对流特征廓线及松弛时间随积云效率变化，积云效率取决于云中熵的变化、降水及平均温度；浅对流水汽特征廓线中熵的变化较小且为非负值(郁红弟等，2011；杨群娜等，2010)。

(3) Grell-Devenyi(GD)方案。该方案的原型是 Arakawa-Schubert 质量通量方案，采用准平衡假设，使用两个由上升和下沉气流决定的稳定状态环流构成的云模式，除了在环流顶层和底层外，云与环境空气没有直接混合。2002 年，Devenyi 和 Grell 引进了集成积云方案，在每个格点运行多种积云方案和变量，再将结果平均反馈到模式中。上升气流卷入、下曳气流卷出及降水较以前模式有所不同，云质量通量由静力及动力条件共同控制，动力控制取决于对流有效位能(convective available potential energy，CAPE)、低层垂直速度及水汽汇合(廖镜彪等，2012；伍华平等，2009)。

9.2.1　全国 10km WRF 模式构建与验证

区域数值模式中包含了多种参数化方案，同时水平分辨率可以任意给定。然而，不同分辨率、不同参数化方案模拟的降水结果不同。因此，有必要研究不同水平分辨率、物理参数化方案下 WRF 模式对中国不同地区的预报精度，构建适用于中国区域的 WRF 模式预报方案。

为研究不同的水平分辨率、物理参数化方案对全国区域降水预报结果的影响，挑选 2009～2012 年全国九大干旱分区典型降水过程(表 9.1)，利用 WRF 模式(version 3.5)分别对降水过程进行模拟，比较模拟精度。所有降水过程的模拟均积分 36h，每隔 6h 更换一次边界，每隔 3h 输出一次结果，前 12h 作为模式的起报时间。

表 9.1　2009～2012 年全国九大干旱分区典型降水过程

序号	地区	降水发生时间	WRF 模式起报时间
降水 1	华南	2011 年 7 月 15～16 日	2011 年 7 月 14 日 12 时
降水 2	华东	2011 年 6 月 14～15 日	2011 年 6 月 14 日 12 时
降水 3	华北	2012 年 7 月 21～22 日	2012 年 7 月 20 日 12 时
降水 4	东北	2012 年 7 月 22～23 日	2012 年 7 月 21 日 12 时
降水 5	内蒙古	2011 年 7 月 25～26 日	2011 年 7 月 24 日 12 时
降水 6	西北	2011 年 7 月 5～6 日	2011 年 7 月 4 日 12 时
降水 7	西南	2010 年 6 月 28～29 日	2010 年 6 月 27 日 12 时
降水 8	新疆	2010 年 6 月 22～23 日	2010 年 6 月 21 日 12 时
降水 9	西藏	2009 年 6 月 25～26 日	2009 年 6 月 25 日 12 时

WRF 模式模拟区域如图 9.4 所示。水平分辨率敏感性试验中，模拟区域不发生改变；物理参数化方案敏感性试验中，水平分辨率为优选后的值，仅对直接影响降水的积云对流参数化方案进行敏感性试验。其他参数化方案如下：Lin 微物理过程参数化方案、RRTM 长波辐射方案、Dudhia 短波辐射方案、MM5 相似理论近地面层方案、Noah 陆面过程方案、YSU 行星边界层方案。

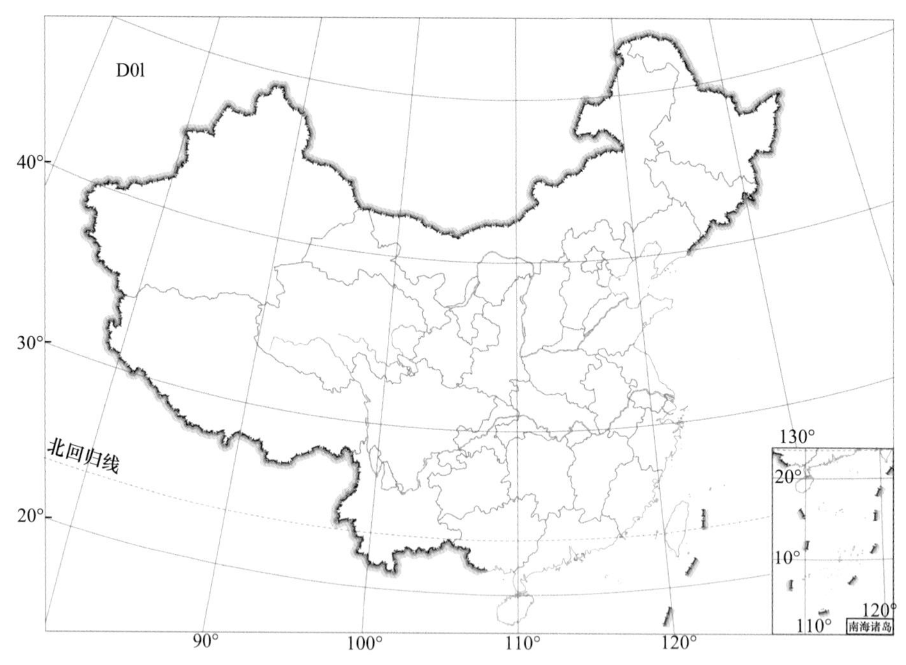

图 9.4　WRF 模式模拟区域示意图

1. 水平分辨率敏感性分析

设计相同区域范围、不同水平分辨率的 5 组试验方案，对比分析单层嵌套下 WRF 模式水平分辨率对全国九大干旱区降水预报结果的影响，详情见表 9.2。在水平分辨率敏感性试验中，积云对流参数化方案采用的是 KF 方案。

表 9.2　不同水平分辨率对比试验

试验	水平分辨率	网格数
方案一	30km	160×140
方案二	25km	192×168
方案三	20km	240×210
方案四	15km	320×280
方案五	10km	480×420

这里主要展示华南、华东、华北地区典型降水不同水平分辨率的预报差异。

比较华南地区不同水平分辨率(30km、25km、20km、15km、10km)模拟与实测降水分布(图 9.5)，WRF 模式不同水平分辨率的降水主要集中在广东一带。不同水平分辨率的降水中心及降水量级存在一定的差异：当水平分辨率小于 15km 时，WRF 模式预报广东中西部的降水量级为 10～25mm，而实测为 50～100mm；当水平分辨率大于 15km 时，预报降水量增大，量级上超过了 100mm。

比较华东地区不同水平分辨率(30km、25km、20km、15km、10km)模拟与实测降水分布(图 9.6)，不同水平分辨率对华东地区降水均有较好的模拟效果，雨带分布与实测较为一致。

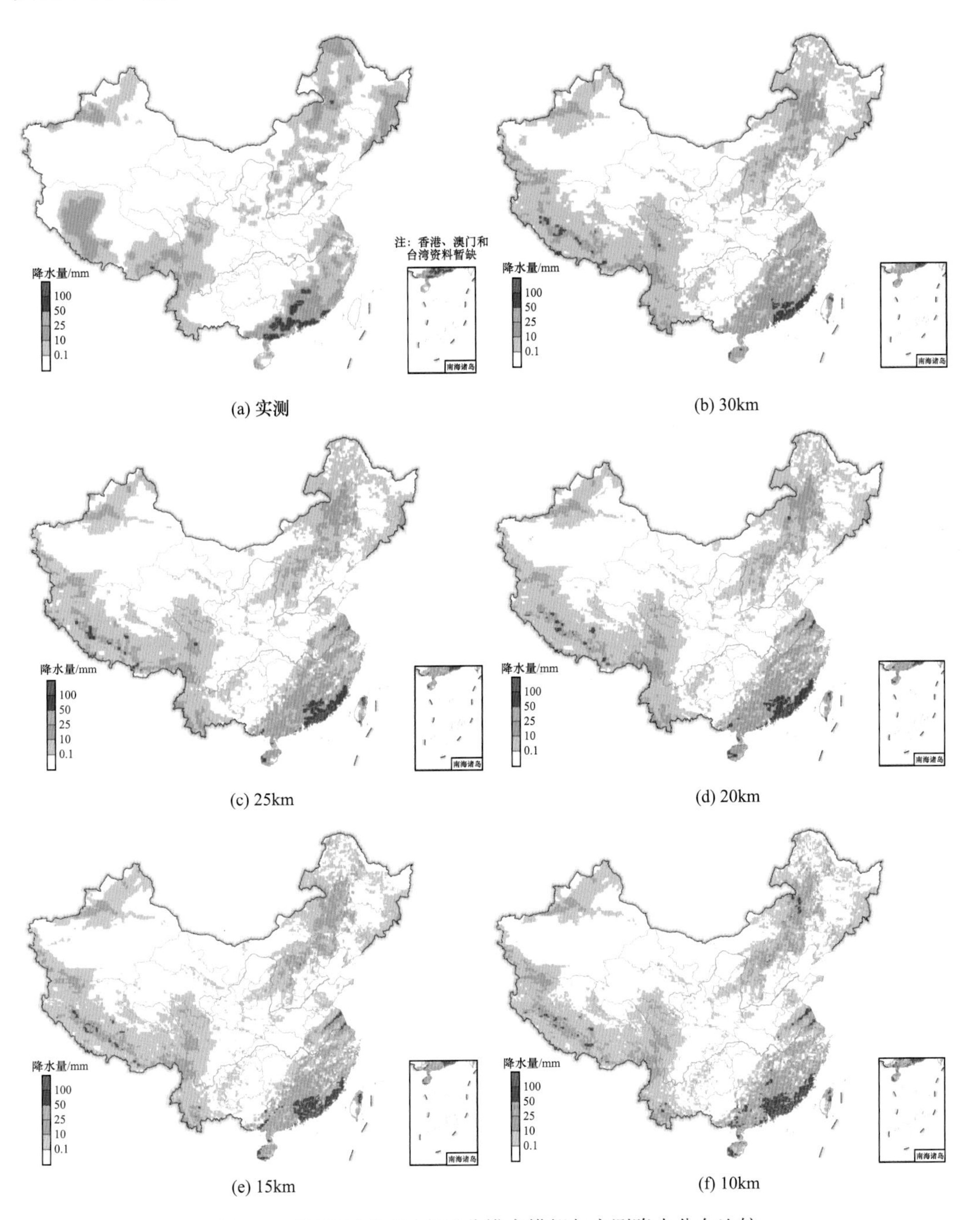

(a) 实测　(b) 30km
(c) 25km　(d) 20km
(e) 15km　(f) 10km

图 9.5　华南地区不同水平分辨率模拟与实测降水分布比较

比较华北地区不同水平分辨率模拟结果，结论与华南、华东地区结果相似，不同水平分辨率模拟的雨带位置、降水量较为接近(图 9.7)。降水主要集中在北京地区，实测降水量达到了 100mm 以上。当水平分辨率小于 15km 时，WRF 模式预报降水量虽然部分大于 100mm，但是仍有一半区域预报降水量仅为 25～50mm。水平分辨率提高至 15km 之后，北京地区的降水预报量级有所提高。当天四川也发生了较大的降水过程，只有当水平分辨率提高至 10km 时，四川的降水预报才有较好体现。

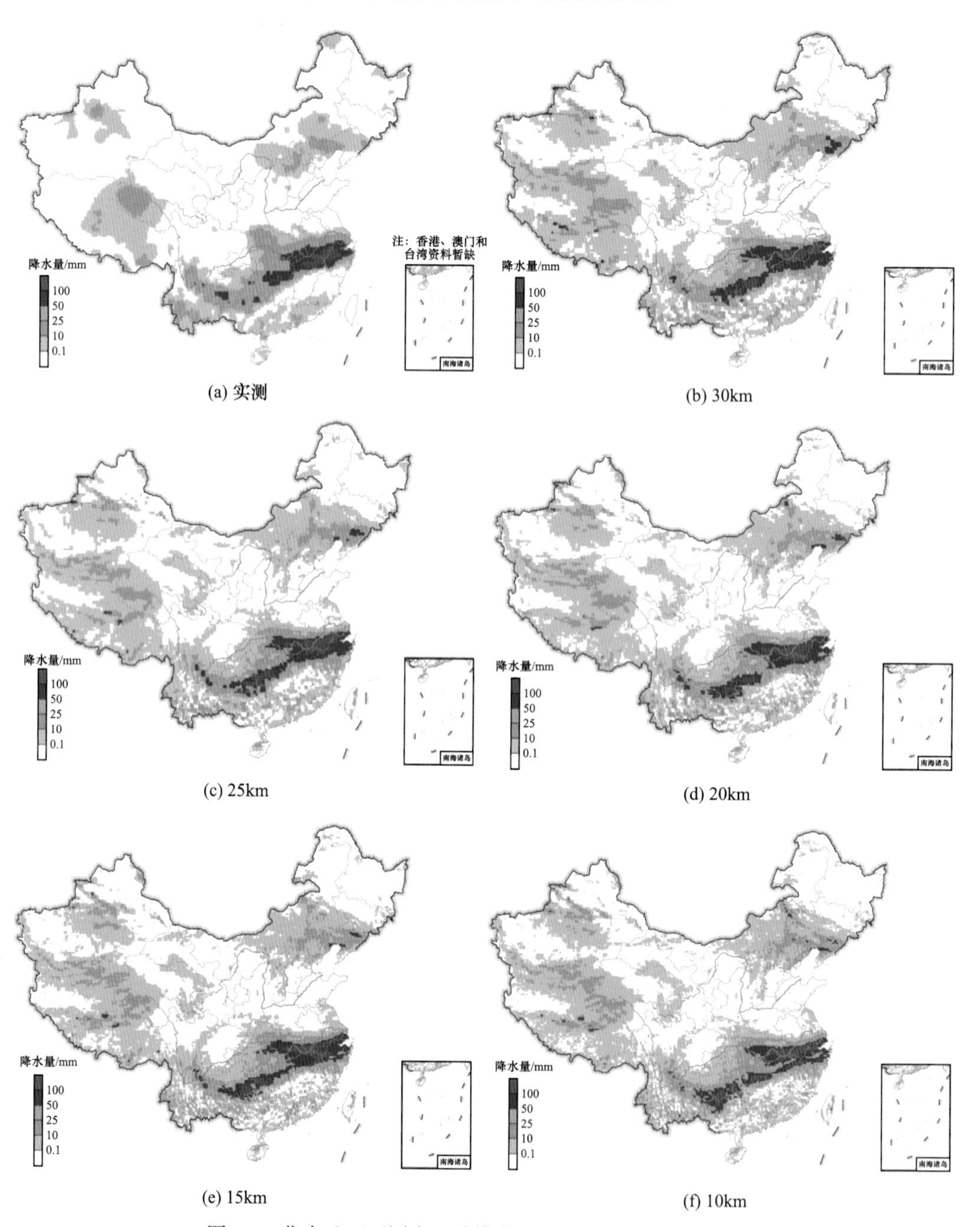

(a) 实测　(b) 30km　(c) 25km　(d) 20km　(e) 15km　(f) 10km

图 9.6　华东地区不同水平分辨率模拟与实测降水分布比较

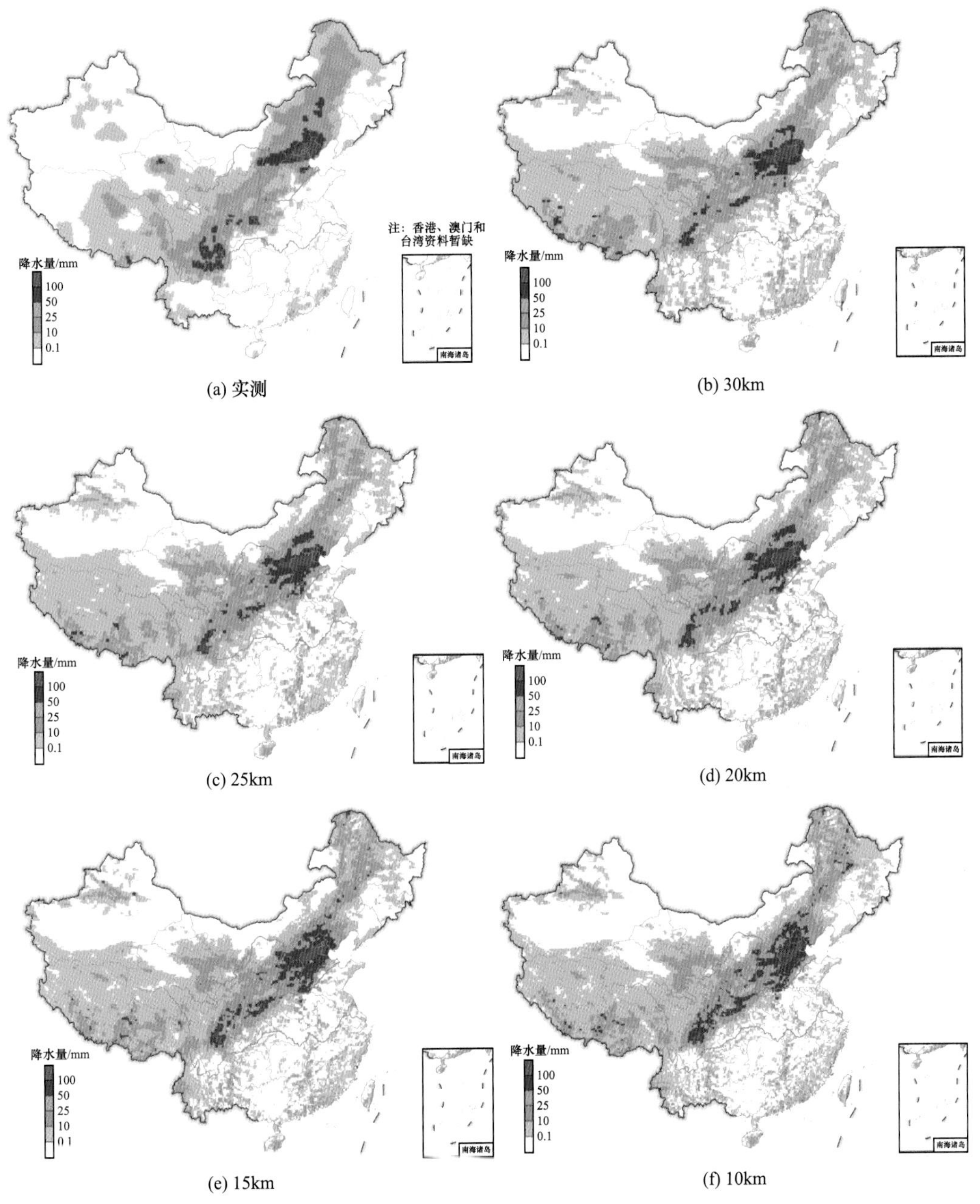

图 9.7　华北地区不同水平分辨率模拟与实测降水分布比较

分别计算华南、华东、华北地区不同水平分辨率的 TS 评分和 BS 评分，比较不同水平分辨率的模拟效果(表 9.3～表 9.5)。其中，华东地区降水预报精度最高，暴雨以上的 TS 评分可以达到 0.5 以上，BS 评分在 1.0 附近。不同水平分辨率间 TS 评分和 BS 评分差异并不明显，但是总体而言，水平分辨率为 10km 时，对暴雨的预报 TS 评分更高。

表 9.3　华南地区不同水平分辨率 TS 评分和 BS 评分

评价指标	水平分辨率/km	降水量>0.1mm	降水量>10mm	降水量>25mm	降水量>50mm
TS 评分	30	0.805	0.651	0.342	0.166
	25	0.815	0.658	0.338	0.146
	20	0.811	0.656	0.342	0.169
	15	0.795	0.627	0.396	0.173
	10	0.810	0.645	0.382	0.200
BS 评分	30	1.186	1.350	1.089	1.035
	25	1.191	1.302	1.061	1.070
	20	1.180	1.320	1.138	1.123
	15	1.135	1.300	1.220	1.439
	10	1.117	1.272	1.281	1.526

表 9.4　华东地区不同水平分辨率 TS 评分和 BS 评分

评价指标	水平分辨率/km	降水量>0.1mm	降水量>10mm	降水量>25mm	降水量>50mm
TS 评分	30	0.841	0.799	0.752	0.639
	25	0.842	0.785	0.749	0.639
	20	0.818	0.785	0.727	0.603
	15	0.819	0.787	0.697	0.599
	10	0.809	0.769	0.694	0.548
BS 评分	30	0.945	1.009	1.108	1.273
	25	0.940	0.998	1.092	1.215
	20	0.921	1.006	1.072	1.163
	15	0.928	0.995	1.058	1.189
	10	0.914	0.984	1.045	1.061

表 9.5　华北地区不同水平分辨率 TS 评分和 BS 评分

评价指标	水平分辨率/km	降水量>0.1mm	降水量>10mm	降水量>25mm	降水量>50mm
TS 评分	30	0.808	0.680	0.498	0.252
	25	0.808	0.665	0.489	0.230
	20	0.802	0.689	0.501	0.203
	15	0.808	0.668	0.505	0.284
	10	0.816	0.690	0.511	0.279
BS 评分	30	0.945	1.009	1.108	1.273
	25	0.940	0.998	1.092	1.215
	20	0.921	1.006	1.072	1.163
	15	0.928	0.995	1.058	1.189
	10	0.914	0.984	1.045	1.061

比较不同水平分辨率的计算时长，水平分辨率越高，计算时长越长(表 9.6)。而在实际预报中，需要考虑到预报的时效性，若水平分辨率提高至 10km 以上，模式积分结束时可能暴雨过程已经发生，导致预报失效。综上所述，全国区域的 WRF 模式选用水平分辨率为 10km。

表 9.6　不同水平分辨率模式计算时长

水平分辨率/km	预报时效/h	计算时长/min
30	36	26
25	36	32
20	36	50
15	36	80
10	36	180

2. 参数化方案敏感性分析

在全国区域模式水平分辨率为 10km 的前提下，为比较不同积云对流参数化方案对降水模拟的影响，采用 3 种积云对流参数化方案(KF 方案、BMJ 方案、GD 方案)，对全国九大干旱区典型降水实例进行后预报。

比较不同积云对流参数化方案对华南地区降水的影响。从图 9.8 中可以看出，不同积云对流参数化方案对预报降水的量级和分布影响显著，KF 和 BMJ 方案预报华南地区降水偏大，而 GD 方案预报偏小(图 9.8)。

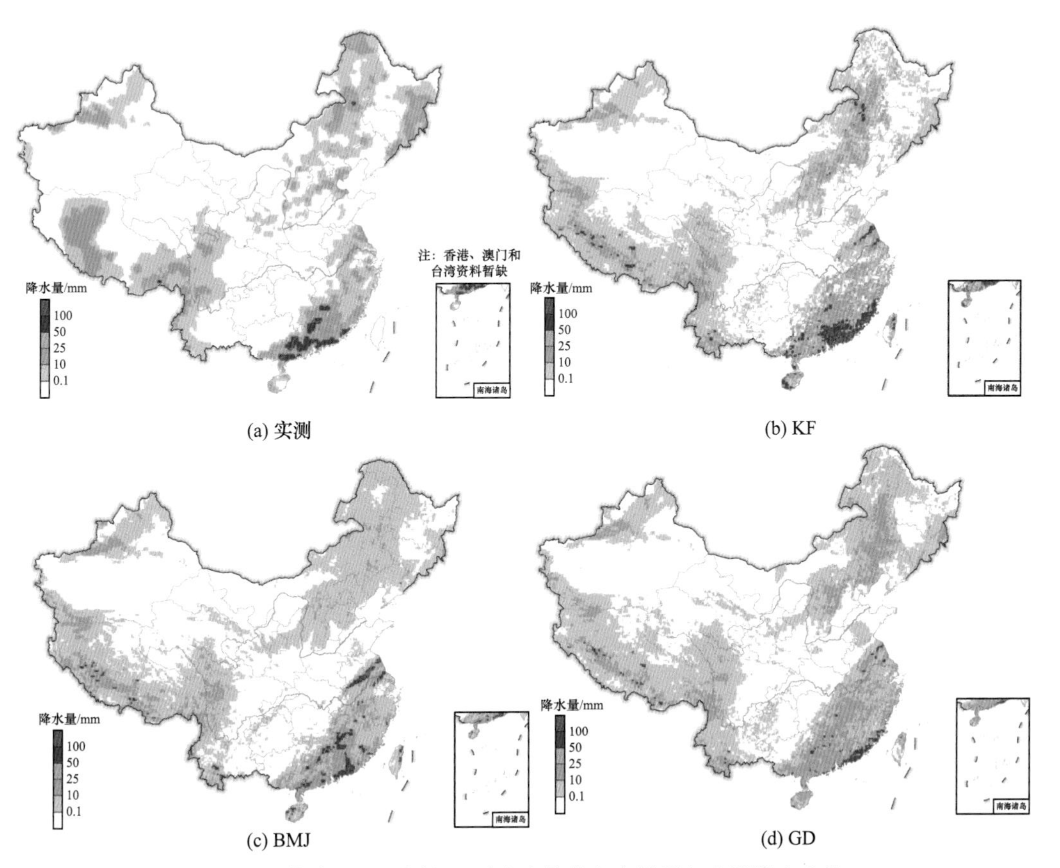

图 9.8　华南地区不同积云对流参数化方案结果与实测降水比较

对于华东地区而言，KF 方案预报降水量偏大，GD 方案预报降水量偏小。安徽南部和浙江北部地区实测降水量达到了 100mm 以上，BMJ 和 KF 方案均准确预测了该量级降水，而 GD 方案预报降水量仅为 25～50mm(图 9.9)。

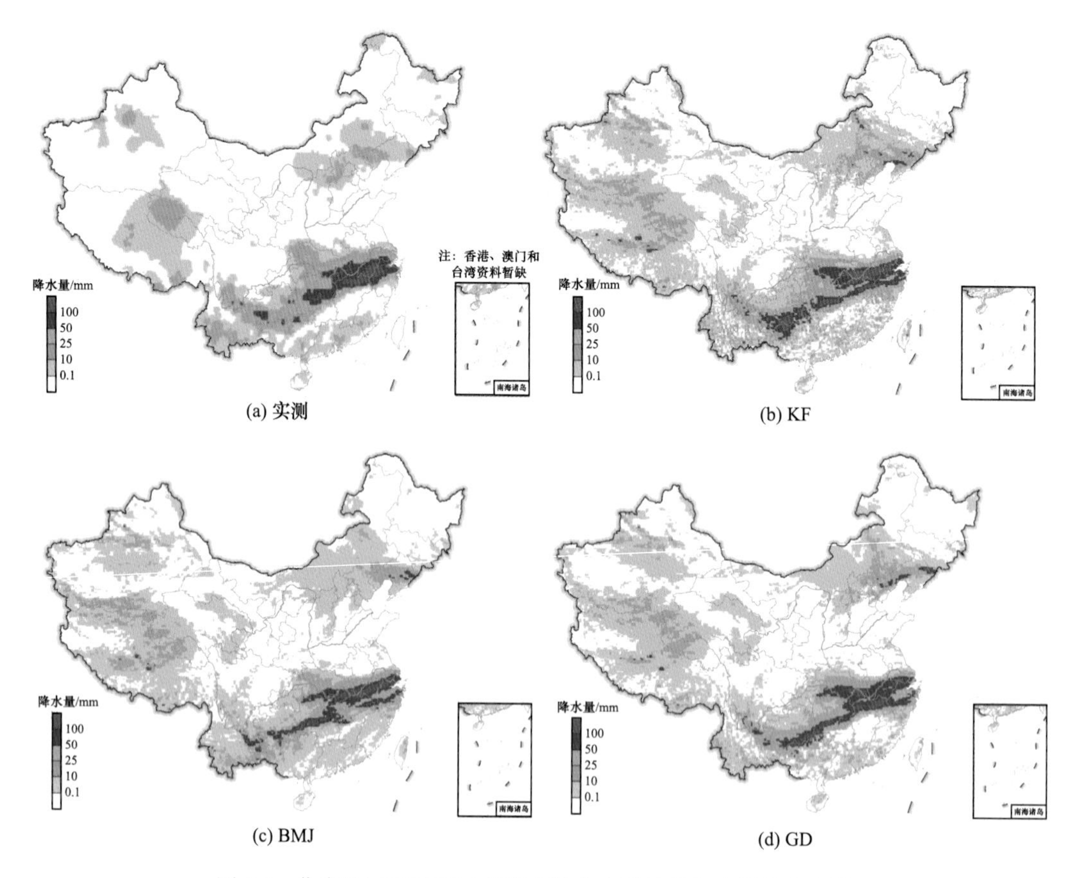

图 9.9　华东地区不同积云对流参数化方案结果与实测降水比较

华北地区不同参数化方案降水分布大致相同，但暴雨中心位置存在差异。实测暴雨中心主要在北京一带，而 KF 方案的暴雨中心较实测偏南，BMJ 方案偏北，GD 方案和实测最为接近(图 9.10)。

从表 9.7 中可以看出，当实测降水量>0.1mm 时，在大部分地区不同积云对流参数化方案的 TS 评分差异并不显著。华南、华东、华北、东北、西北、新疆、西藏地区不同积云对流参数化方案的 TS 评分仅相差 0.02～0.05。西南地区 KF 方案预报 TS 评分最高，为 0.58；其次为 GD 方案，TS 评分为 0.57；BMJ 方案的 TS 评分最低，为 0.49。不同地区预报精度差异明显，三个方案华南、华东、华北、东北的 TS 评分均在 0.8 左右，而其他地区的 TS 评分均低于 0.7。各方案的 BS 评分为 0.57～1.17，差异不显著。

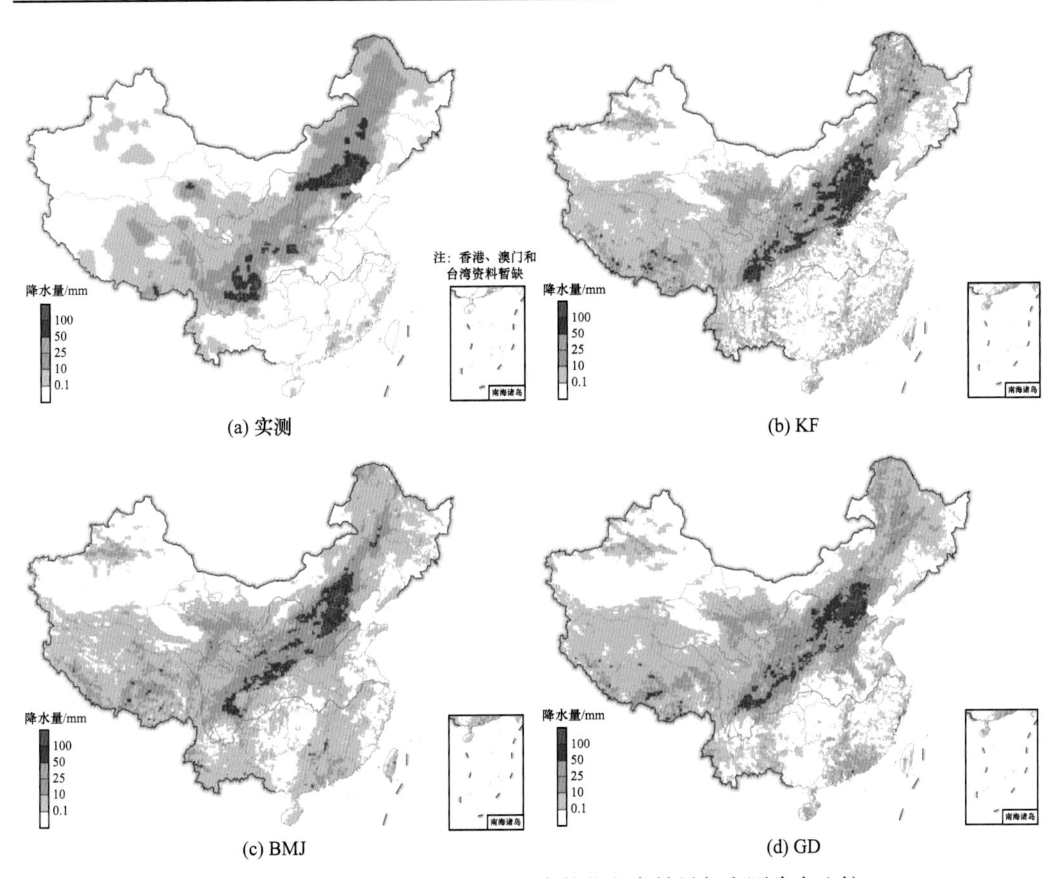

(a) 实测　(b) KF　(c) BMJ　(d) GD

图 9.10　华北地区不同积云对流参数化方案结果与实测降水比较

表 9.7　不同积云对流参数化方案 TS 评分和 BS 评分(降水量>0.1 mm)

方案	指标	华南	华东	华北	东北	内蒙古	西北	西南	新疆	西藏
KF	TS 评分	0.81	0.80	0.81	0.88	0.61	0.65	0.58	0.54	0.64
	BS 评分	1.11	0.91	1.03	0.88	0.68	0.84	0.97	0.72	0.85
BMJ	TS 评分	0.81	0.82	0.80	0.86	0.55	0.62	0.49	0.57	0.67
	BS 评分	1.15	0.95	1.11	0.86	0.57	0.82	0.85	0.81	0.92
GD	TS 评分	0.79	0.82	0.78	0.88	0.68	0.62	0.57	0.56	0.62
	BS 评分	1.17	0.89	1.14	0.88	0.74	0.80	0.91	0.72	0.83

随着降水量级的增大，TS 评分逐渐降低(表 9.8)。除西南地区外，其他不同地区不同参数化方案的差异仍不显著，大部分地区不同方案 TS 评分差异为 0.01～0.06。西南地区 BMJ 方案的 TS 评分仅为 0.17，而 KF 和 GD 方案的 TS 评分分别为 0.25 和 0.31，相差达到了 0.14；同时，KF 和 GD 方案的 BS 评分更接近于 1。

表 9.8　不同积云对流参数化方案 TS 评分和 BS 评分(降水量>10mm)

方案	指标	华南	华东	华北	东北	内蒙古	西北	西南	新疆	西藏
KF	TS 评分	0.64	0.76	0.68	0.71	0.60	0.32	0.25	0.33	0.29
	BS 评分	1.27	0.98	1.23	0.87	0.87	1.35	1.04	1.30	1.01
BMJ	TS 评分	0.56	0.79	0.62	0.69	0.61	0.37	0.17	0.29	0.29
	BS 评分	0.97	0.98	1.13	0.81	0.68	1.39	0.84	1.18	1.24
GD	TS 评分	0.60	0.78	0.61	0.63	0.54	0.30	0.31	0.33	0.29
	BS 评分	1.15	0.96	1.33	0.83	0.86	1.29	1.04	1.20	0.91

通过比较不同积云对流参数化方案对我国不同地区的降水预报精度，发现积云对流参数化方案对降水的雨带影响不大。积云对流参数化方案主要影响暴雨中心的位置及量级。从结果中可以看出，不同地区最优的参数化方案并不一致，西藏和西南地区采用 GD 方案预报精度更高，而西北地区更适合 BMJ 方案。若采用 GD 方案，西北地区的降水预报精度将会较低；若采用 BMJ 方案，西南地区的预报精度降低。综合考虑各地区的 TS 评分，最终采用 GD 方案作为中国区域 WRF 模式的积云对流参数化方案。

当降水量级在 25mm 以上时，大部分地区的 TS 评分下降至 0.4 以下(表 9.9)。华东和华北地区的 TS 评分仍较高，不同参数化方案的 TS 评分分别在 0.7 和 0.5 附近，且差异不显著。不同参数化方案对西北地区预报差异较大，其中，GD 方案的 TS 评分仅为 0.09，而 BMJ 方案的 TS 评分为 0.27。对于西南地区，BMJ 方案的预报精度则较差，TS 评分仅为 0.04，KF 和 GD 方案的 TS 评分在 0.2 左右。

表 9.9　不同积云对流参数化方案 TS 评分和 BS 评分(降水量>25mm)

方案	指标	华南	华东	华北	东北	内蒙古	西北	西南	新疆	西藏
KF	TS 评分	0.38	0.69	0.51	0.32	0.46	0.16	0.18	0.04	0.16
	BS 评分	1.28	1.00	1.48	0.65	1.14	2.09	0.98	2.00	1.10
BMJ	TS 评分	0.26	0.72	0.54	0.33	0.45	0.27	0.04	0.09	0.17
	BS 评分	0.63	1.03	1.10	0.63	0.90	1.81	1.19	1.60	1.45
GD	TS 评分	0.33	0.72	0.48	0.29	0.40	0.09	0.26	0.04	0.16
	BS 评分	0.70	1.06	1.42	0.54	0.90	1.46	1.14	2.09	1.07

除华东地区外，其他地区暴雨以上降水预报的 TS 评分均较低(表 9.10)。GD 方案对西藏和西南地区的 TS 评分分别为 0.17 和 0.22，高于其他参数化方案。其他地区不同参数化方案差异不大，华东地区的 TS 评分均在 0.53 附近，BS 评分在 1.0 附近。

表 9.10　不同积云对流参数化方案 TS 评分和 BS 评分(降水量>50mm)

方案	指标	华南	华东	华北	东北	内蒙古	西北	西南	新疆	西藏
KF	TS 评分	0.20	0.54	0.27	0.04	0.18	0.11	0.02	0.00	0.10
	BS 评分	1.52	1.06	1.56	1.66	1.97	0.97	0.22	0.60	0.85
BMJ	TS 评分	0.16	0.53	0.30	0.05	0.19	0.17	0.00	0.00	0.09
	BS 评分	0.54	0.96	1.14	1.23	1.97	0.69	1.97	0.70	1.08
GD	TS 评分	0.16	0.53	0.33	0.00	0.13	0.03	0.22	0.00	0.17
	BS 评分	0.33	1.14	1.27	1.10	1.29	0.44	1.00	0.30	0.79

9.2.2　短期降水预报检验分析

1. 降水落区预报检验

分析比较 WRF 模式不同干旱区不同预见期的降水预报结果发现，WRF 模式能够较好地提高部分地区的降水预报精度，尤其是中雨以上量级的降水。

对于降水量>0.1mm 的预报而言，大部分地区未来 4 天的 TS 评分为 0.5～0.6(图 9.11)；华东地区未来 2 天的 TS 评分为 0.6～0.7；西藏地区的 TS 评分虽然较低，为 0.3～0.5，但与 ECMWF、GFS、GEM 模式相比，有较大的提高。WRF 模式对中雨以上量级预报精度的提高更加显著，其对新疆、西藏地区在该量级上的 TS 评分约为 0.2，而全球数值

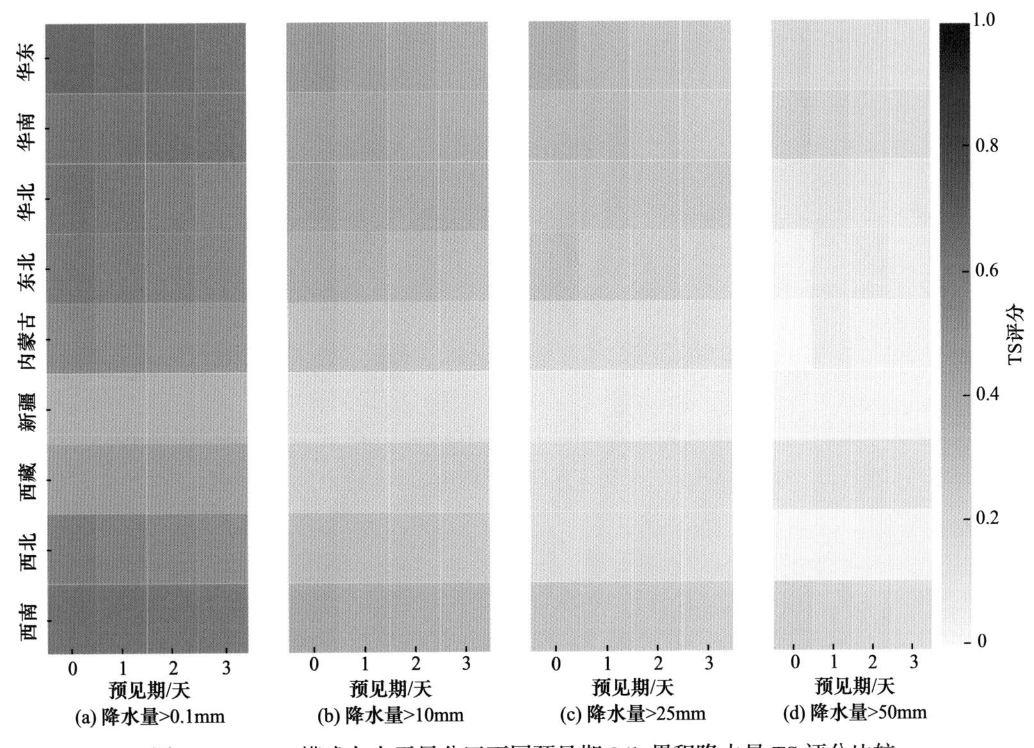

图 9.11　WRF 模式九大干旱分区不同预见期 24h 累积降水量 TS 评分比较

模式的评分均低于 0.1；西北和内蒙古地区的 TS 评分在 0.2 以上，和全球模式结果较为接近。WRF 模式对大部分区域大雨以上量级预报的 TS 评分为 0.2～0.3，新疆地区该量级降水预报 TS 评分低于 0.1。WRF 模式对暴雨以上量级预报的改善最为显著，华东、华南、西南地区的 TS 评分仍能够维持在 0.2 左右，西藏地区的 TS 评分为 0.1～0.2。

WRF 模式和全球数值模式的 BS 评分差异较为显著(图 9.12)。从总体上来看，WRF 模式预报降水面积普遍大于实测降水面积。当降水量>0.1mm 时，除了华东、华北地区的 BS 评分为 0.75～1.5，其余地区的 BS 评分均高于 1.5，新疆地区 BS 评分高于 2。WRF 模式对中雨以上量级的降水面积预报最为准确，除西藏地区外，其余地区 BS 评分均为 0.75～1.5。随着降水量级的增大，不同地区的预报精度出现较大差异。WRF 模式对新疆地区大雨以上量级的面积预报小于实测值，而其他大部分地区在该量级上的 BS 评分仍能维持在 1 附近，西藏地区预报面积偏大。对于暴雨预报，WRF 模式对其降水面积的预报仍表现出较好的性能，其中华东、华南、华北和西藏地区的 BS 评分仍在 1 附近。

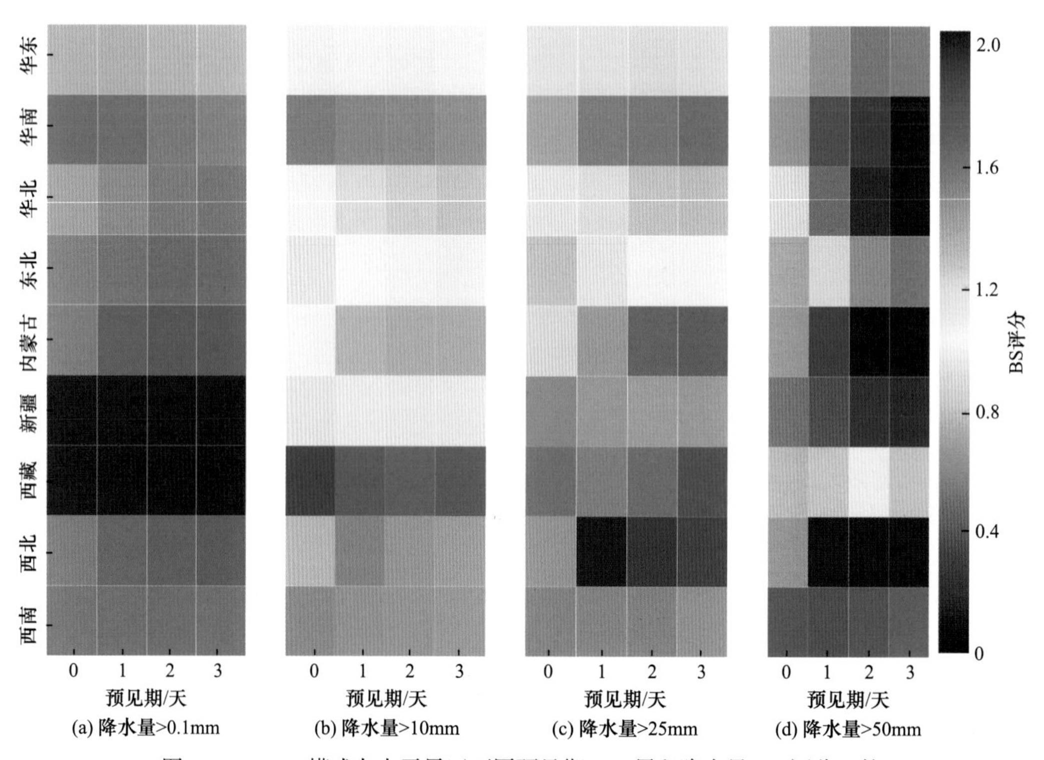

图 9.12　WRF 模式九大干旱区不同预见期 24h 累积降水量 BS 评分比较

2. 降水量预报检验

从 WRF 模式的泰勒图分析可以看出，WRF 模式对各个地区的面平均雨量过程的中心振幅能力较全球模式有一定的提高(图 9.13)，尤其是华南地区。ECMWF、GEM、GFS 三种全球模式在华南地区的均方差比率均小于 1，不能准确地模拟出面平均雨量的变化过程，而 WRF 模式对华南地区未来 1 天的均方差比率接近于 1，未来 2 天、3 天、4 天的均方差比率大于 1。WRF 模式对新疆地区未来 4 天的均方差比率均在 1 附近，且相关系数不低于 0.6。西藏地区不同预见期实测面平均雨量和预报面平均雨量的相关系数均在 0.7 以上，高于全球模式。虽然其余地区 WRF 模式的均方差比率大于 1，但偏大幅度较小，相关系数与全球模式结果大致相同，均在 0.8 以上。

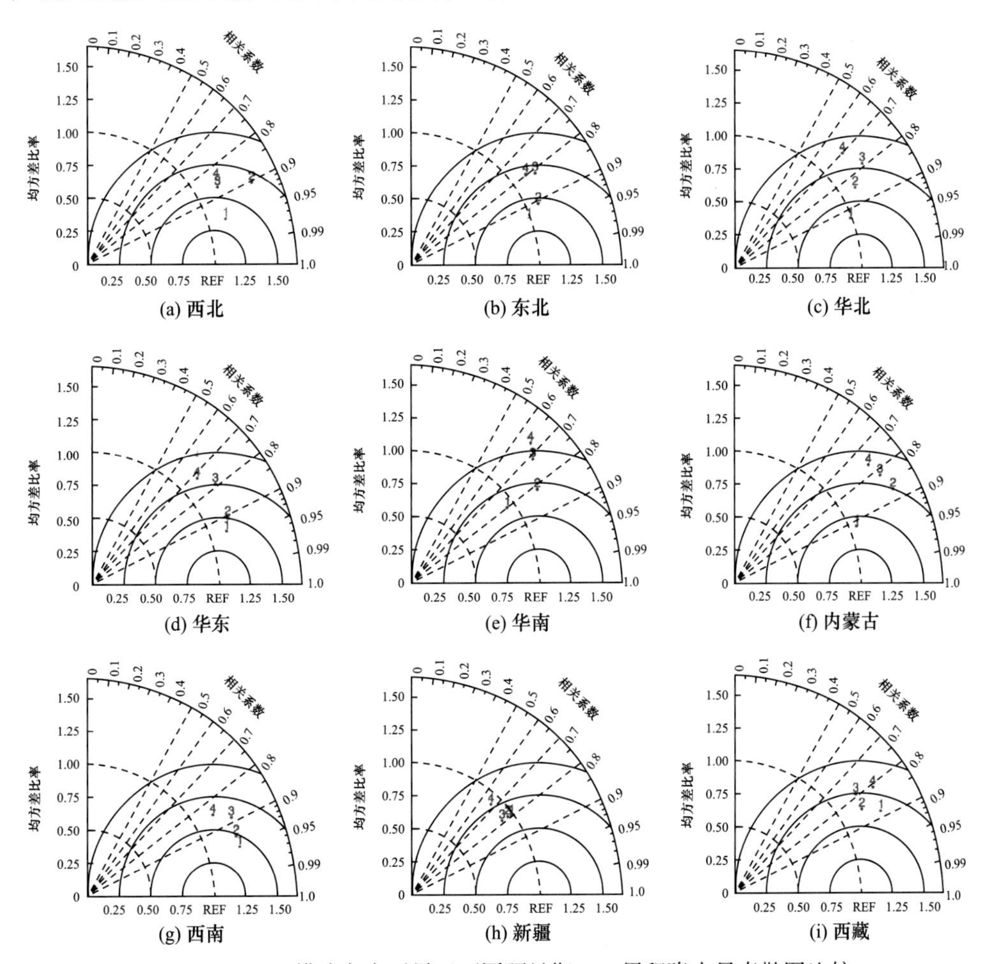

(a) 西北　(b) 东北　(c) 华北

(d) 华东　(e) 华南　(f) 内蒙古

(g) 西南　(h) 新疆　(i) 西藏

图 9.13　WRF 模式九大干旱区不同预见期 24h 累积降水量泰勒图比较

·1 WRF 模式，预见期 0 天　·2 WRF 模式，预见期 1 天

·3 WRF 模式，预见期 2 天　·4 WRF 模式，预见期 3 天

9.3　多模式降水预报集成

从以上研究可以看出，数值模式普遍存在一定的系统偏差。本节利用概率密度匹配法分别对 WRF 模式、ECMWF 模式、GEM 模式、GFS 模式在不同干旱区的预报进行偏差订正，分析订正方法在不同模式、不同地区的适用性，并在此基础上，综合考虑订正后的各模式预报结果，对不同模式进行集成，给出最优的未来 10 天定量降水预报集成方案。

9.3.1 降水预报集成方法

1. 单模式降水偏差订正方法

目前，利用一定的释用技术对数值模式产品进行后处理是改进模式预报效果通行的做法，其中主要包括完全预报法(perfect prognostic method，PP)、模式输出统计(model output statistics，MOS)法等。订正对象由最初的天气形势订正发展为具体的天气要素订正。PP 通过建立实测值和预测值的统计关系，对预测值进行订正，该方法采用的历史资料较长，样本容量大，统计关系稳定(田秀芬等，1984)。MOS 法通过建立数值预报场和预报量的统计关系，可较好地修正模式系统误差，但资料系列较短，构建的统计关系稳定性较差(李玉华等，2000)。

对于数值模式而言，其系统误差往往随时间和空间变化较大，利用统计关系进行订正的方法有一定的局限性。但对于一定空间范围内，模式预报降水和实测的概率密度分布相对稳定(江志红等，1998)。因此，可以调整模式降水值，使其与实测降水的概率密度分布一致，从而达到订正数值模式预报降水的目的(宇婧婧等，2015；刘雨佳，2013；游然，2010)。在同一累积频率下，利用实测和预测降水量的差异，对预测降水量进行订正。根据订正系数及该概率下的预测降水量，最终建立预测降水量的订正系数曲线。订正系数越接近于 1，说明预测降水量和实测降水量越接近；订正系数小于 1，说明预测降水量偏大；订正系数大于 1，说明预测降水量偏小。由于不同研究区域出现降水的概率不同，不同模式在不同地区的系统偏差也不尽相同。本节分别对不同数值模式九大干旱分区建立不同预见期的降水订正系数曲线，修正模式降水预报系统偏差。

2. 多模式降水预报集成方法

对于多模式集成预报而言，目前主要采用的方法有简单集合平均法、消除偏差的集合平均法和多模式超级集合法等。研究表明，简单集合平均法能够改善单一模式的预报，但效果并不明显。消除偏差的集合平均法和多模式超级集合法预报效果相当，且随着预见期的延长，消除偏差的集合平均法预报更加稳定(林春泽等，2009)。然而，订正后的多模式集合平均预报能力并不一定优于订正后的单一模式，并且由于多模式集合平均要求每个参与集合的预报成员均正常预报，对预报资料要求较高。因此，为了能够给各干旱分区提供稳定可靠的定量降水预报产品，本节将比较订正前后各个模式在各干旱区不同预见期的预报效果，为各干旱区选定一定预见期下最优的模式预报产品，构建适合于我国区域的未来 1～10 天的集成预报方案。

9.3.2 降水预报偏差订正结果检验

1. 短期降水预报偏差订正结果检验

为比较订正前后降水量预报的差异，对订正前后预报的相关系数、均方差比率、标准化均方根误差进行分析(图 9.14)。图中订正前 WRF 模式用蓝色数字表示，订正后 WRF

模式用红色数字表示。比较发现，订正后主要提高了对面平均雨量中心振幅的预报能力，同时标准化均方根误差、相关系数也有一定的改善。订正前不同地区均方差比率均大于 1，说明 WRF 模式预报中心振幅偏强；除了西藏地区外，其余地区订正后的均方差比率均接近于 1。

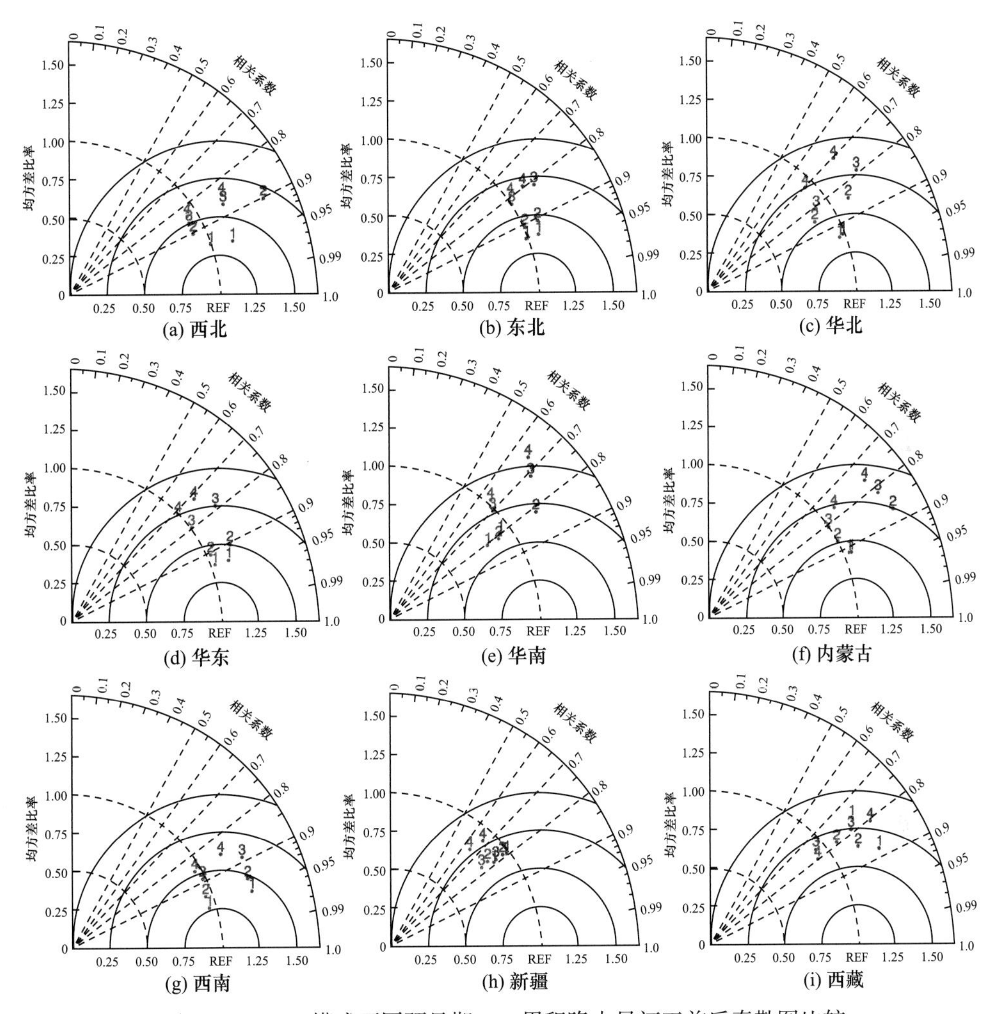

图 9.14　WRF 模式不同预见期 24h 累积降水量订正前后泰勒图比较

·1 订正后 WRF 模式，预见期 0 天　·1 订正前 WRF 模式，预见期 0 天
·2 订正后 WRF 模式，预见期 1 天　·2 订正前 WRF 模式，预见期 1 天
·3 订正后 WRF 模式，预见期 2 天　·3 订正前 WRF 模式，预见期 2 天
·4 订正后 WRF 模式，预见期 3 天　·4 订正前 WRF 模式，预见期 3 天

由于 WRF 模式分辨率较高，能够提供更加详细的降水预报信息，而 GFS、ECMWF 分辨率较为粗糙，提供的降水预报信息有限。通过比较看出，WRF 模式对未来 1～4 天的定量降水预报能力也优于全球模式，尤其是对于暴雨的预报，WRF 模式 24h 预见期对华南地区的 TS 评分在 0.2 左右，而全球模式基本在 0.1 附近。订正后不同地区 WRF 模式预报和实测的相关系数均在 0.7 左右，除新疆外，其他地区均方差比率

均接近于 1。因此，将订正后 WRF 模式的定量降水预报作为未来 1～4 天的预报值，GFS、ECMWF 模式主要为未来 5～10 天提供预报结果。

2. 中期降水预报偏差订正结果检验

GFS、ECMWF、GEM 模式均提供了未来 10 天的定量降水预报，但通过分析发现，不同模式对不同地区预报能力不同。利用概率密度匹配法对 GFS、ECMWF 和 GEM 模式分别进行订正。WRF 模式已提供具有高时空分辨率的未来 1～4 天预报降水，因此这里主要比较未来 5～10 天各个模式订正前后的预报能力。

分析订正前后 GFS 模式降水量的预报效果(图 9.15)，图中订正前 GFS 模式用蓝色数

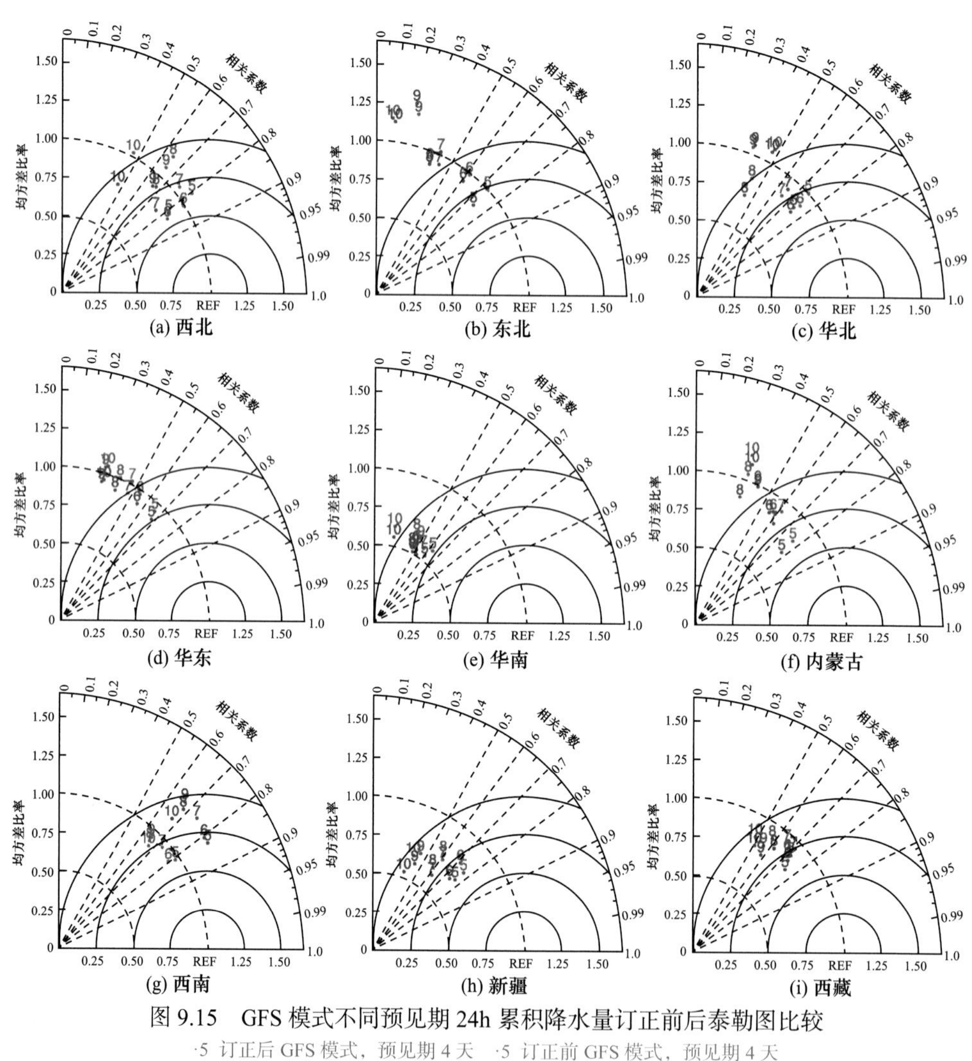

图 9.15　GFS 模式不同预见期 24h 累积降水量订正前后泰勒图比较

·5 订正后 GFS 模式，预见期 4 天　·5 订正前 GFS 模式，预见期 4 天
·6 订正后 GFS 模式，预见期 5 天　·6 订正前 GFS 模式，预见期 5 天
·7 订正后 GFS 模式，预见期 6 天　·7 订正前 GFS 模式，预见期 6 天
·8 订正后 GFS 模式，预见期 7 天　·8 订正前 GFS 模式，预见期 7 天
·9 订正后 GFS 模式，预见期 8 天　·9 订正前 GFS 模式，预见期 8 天
·10 订正后 GFS 模式，预见期 9 天　·10 订正前 GFS 模式，预见期 9 天

字表示，订正后 GFS 模式用红色数字表示。订正后西南地区降水预报有明显改善。订正前西南地区预报的均方差比率在 1.25 左右，订正后不同预见期的均方差比率均接近于 1。西北地区订正前未来 5～7 天的均方差比率在 0.8 左右，订正后预报均方差和实测均方差基本一致。其余地区也有一定的改善，但效果并不明显。

订正后的 ECMWF 模式提高了对西南和西藏地区降水量的预报能力，预报标准化均方差和实测更为接近(图 9.16)。图中订正前 ECMWF 模式用蓝色数字表示，订正后 ECMWF 模式用红色数字表示。但同时也看出，订正后的 ECMWF 模式并没有提高预报和实测降水量的相关系数，不同预见期订正前后的相关系数仍在同一区间内。

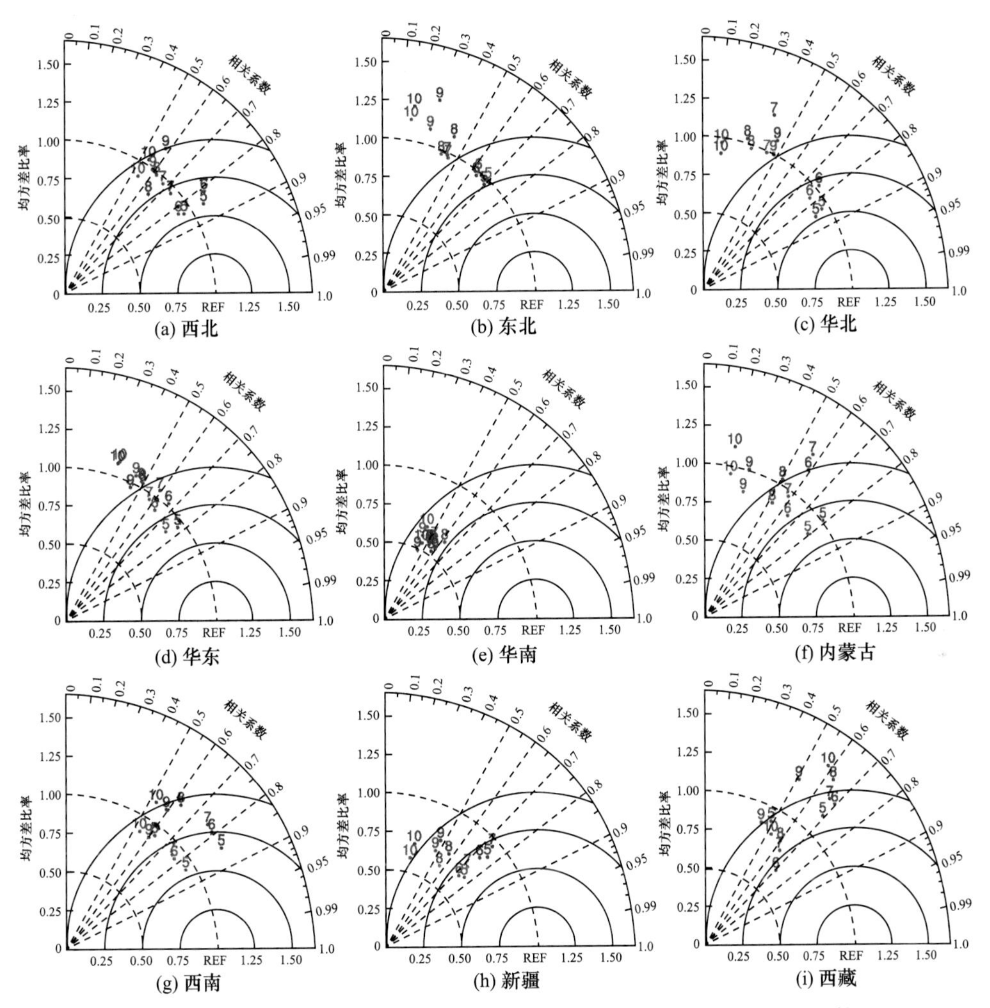

图 9.16　ECMWF 模式不同预见期 24h 累积降水量订正前后泰勒图比较

·5 订正后 ECMWF 模式，预见期 4 天　·5 订正前 ECMWF 模式，预见期 4 天
·6 订正后 ECMWF 模式，预见期 5 天　·6 订正前 ECMWF 模式，预见期 5 天
·7 订正后 ECMWF 模式，预见期 6 天　·7 订正前 ECMWF 模式，预见期 6 天
·8 订正后 ECMWF 模式，预见期 7 天　·8 订正前 ECMWF 模式，预见期 7 天
·9 订正后 ECMWF 模式，预见期 8 天　·9 订正前 ECMWF 模式，预见期 8 天
·10 订正后 ECMWF 模式，预见期 9 天　·10 订正前 ECMWF 模式，预见期 9 天

图 9.17 为 GEM 模式不同预见期 24h 累积降水量订正前后泰勒图比较。图中订正前 GEM 模式用蓝色数字表示，订正后 GEM 模式用红色数字表示。订正后的 GEM 模式对东北、华北、华南、内蒙古地区的面平均雨量预报有一定的改善。其中，华南地区的预报提高最为显著，虽然相关系数有所降低，但订正前后均方差比率由 0.5 左右提高至 1 附近，使得预报标准化均方根误差和实测标准化均方根误差接近(图 9.17)。

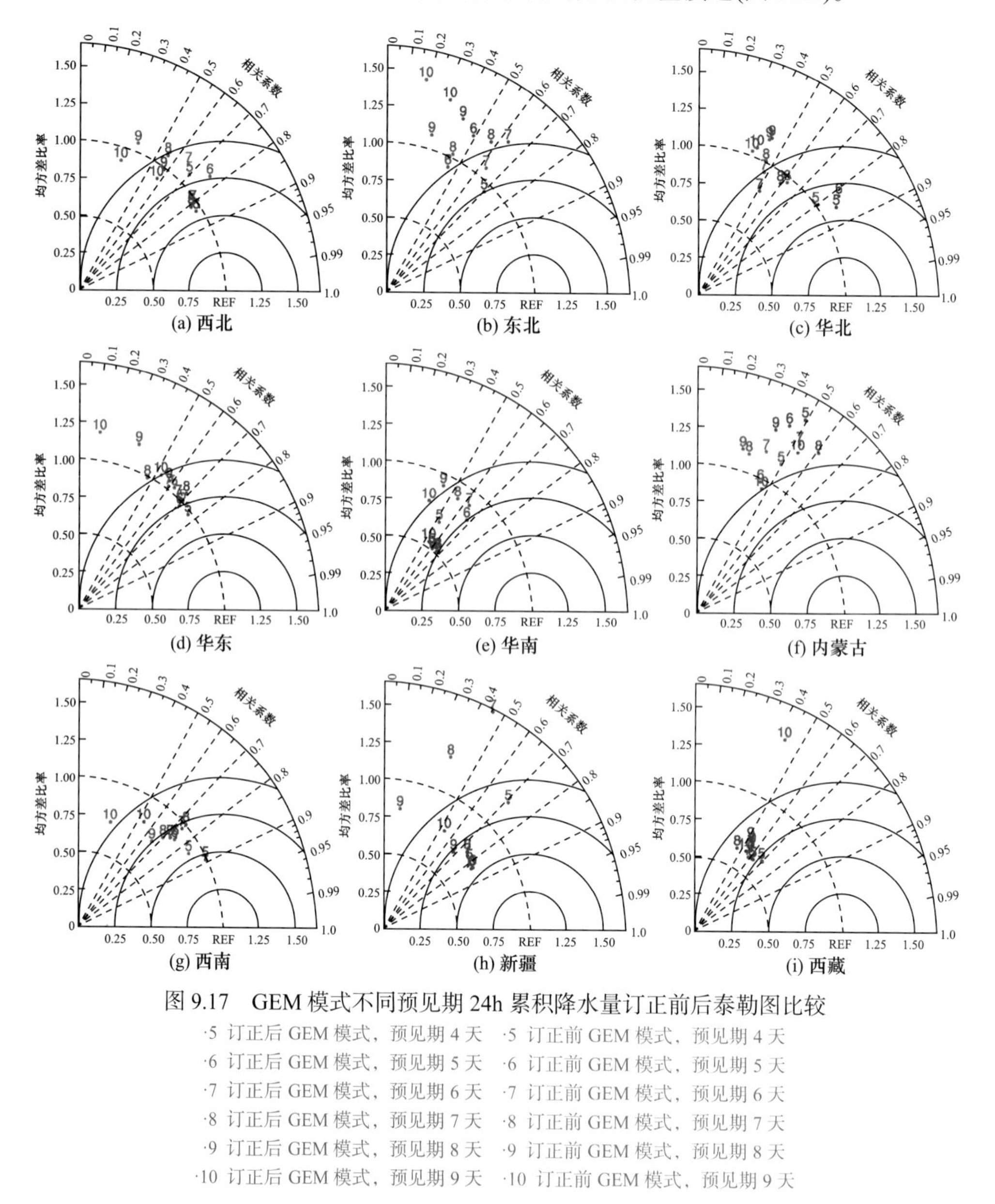

图 9.17　GEM 模式不同预见期 24h 累积降水量订正前后泰勒图比较

·5 订正后 GEM 模式，预见期 4 天　·5 订正前 GEM 模式，预见期 4 天
·6 订正后 GEM 模式，预见期 5 天　·6 订正前 GEM 模式，预见期 5 天
·7 订正后 GEM 模式，预见期 6 天　·7 订正前 GEM 模式，预见期 6 天
·8 订正后 GEM 模式，预见期 7 天　·8 订正前 GEM 模式，预见期 7 天
·9 订正后 GEM 模式，预见期 8 天　·9 订正前 GEM 模式，预见期 8 天
·10 订正后 GEM 模式，预见期 9 天　·10 订正前 GEM 模式，预见期 9 天

为了能够制定每个区域的最佳预报方案，比较订正前后 ECMWF、GFS、GEM 模式对不同地区的预报能力。

对于西北地区，当预见期为 5 天时，订正后的 GFS 模式晴雨预报的 TS 评分在 0.5

左右，而订正后的 ECMWF 模式的 TS 评分在 0.4 左右，未订正的 GEM 模式 TS 评分和 ECMWF 模式较为接近。订正后的 GFS 模式和 ECMWF 模式对西北地区的 BS 评分均在 1 附近。进一步考虑降水量预报的差异，西北地区不同预见期订正后的 GFS 模式和 ECMWF 模式的相关系数均为 0.5～0.8，均方差比率均接近于 1，标准化均方根误差为 0.5～1.0，GFS 模式的标准化均方根误差略低于 ECMWF 模式。

对于东北地区，订正后的 GFS 模式和 ECMWF 模式及未订正的 GEM 模式的 TS 评分较为接近，晴雨预报均在 0.5 左右，而小雨以上预报在 0.3 左右。订正后的 GFS 模式和 ECMWF 模式的 BS 评分均在 1 附近，降水量预报能力也较为接近，但当预见期达到 9 天后，订正后的 ECMWF 模式优于 GFS 模式。

对于华北地区，订正后的 ECMWF 模式预报性能较高，其晴雨预报的 TS 评分达到了 0.6，而订正后的 GFS 模式的晴雨预报仅为 0.5。当预见期为 5 天和 6 天时，ECMWF 模式、GFS 模式和实测的相关系数均为 0.7～0.8。随着预见期的延长，GFS 模式对降水量的预报能力略优于 ECMWF 模式。

华东地区降水预报精度较高，订正后的 GFS 模式和 ECMWF 模式对该地区晴雨预报的 TS 评分均在 0.6 以上，订正后的 ECMWF 模式略优于 GFS 模式。比较降水量预报精度，订正后的 ECMWF 模式预报相关系数为 0.4～0.8，而订正后的 GFS 模式的相关系数低于 ECMWF 模式，其值为 0.3～0.7。

华南地区地形复杂，预报难度较大。GFS 模式和 ECMWF 模式均为全球模式，水平分辨率较为粗糙，无法较好地解析该地区的中小尺度天气系统，导致预报能力较差。订正后的 GEM 模式预报能力明显优于订正后的 GFS 模式和 ECMWF 模式，其均方差和实测最为接近，且相关系数也优于 GFS 和 ECMWF 模式。

内蒙古地区降水偏少，利用概率密度匹配法进行订正存在样本不足的问题。订正后的 GFS 模式的 BS 评分为 0，订正后的 ECMWF 模式的 BS 评分也偏小。因此比较订正前的 GFS 模式、ECMWF 模式、GEM 模式，发现订正前的 GFS 模式对内蒙古地区的降水预报能力较强，不同预见期的 BS 评分均为 0.75～1.5。

对于西南地区，订正后的 GFS 模式的晴雨预报的 TS 评分在 0.6 左右，而订正后的 ECMWF 模式在 0.5 左右，GFS 模式预报能力高于 ECMWF 模式，且 GFS 模式预测和实测的相关系数也高于 ECMWF 模式。

对于新疆地区，GFS 模式订正前后降水落区预报能力差异不大，但订正后降水量预报能力有所提高，预测标准化均方差和实测更加接近，相关系数为 0.5～0.7。订正后的 ECMWF 模式对降水落区预报能力有所增强，但订正后的预测均方差较订正前偏离实测的程度更大，相关系数为 0.3～0.7。

对于西藏地区，订正后的 GFS 模式明显优于订正后的 ECMWF 模式，其晴雨预报的 TS 评分在 0.4 左右，而 ECMWF 模式在 0.2 左右。订正后的 GFS 和 ECMWF 模式预测降水量和实测的相关系数均为 0.5～0.7，然而 GFS 模式预测的均方差更接近于实测。

综合以上研究内容，制定我国九大干旱区的定量降水预报集成方案，如图 9.18 所示。

图 9.18 我国九大干旱区的定量降水预报集成方案

9.3.3 多模式降水集成结果检验

为检验多模式降水集成方案的预报能力，对全国九大干旱区未来 1 天、4 天、7 天、10 天的累积降水量进行分析。

由于不同干旱区的气候条件不同，降水量存在明显的差异。降水阈值是 TS、BS 评分中的关键要素。对于 24h 降水量而言，气象部门制定了划分标准，规定了 TS、BS 评分的降水阈值。对于未来 10 天的累积降水量而言，目前并没有严格的阈值划分标准。为了有效地对不同干旱区的 TS、BS 评分进行比较，计算大于不同降水阈值的 TS、BS 评分，绘制不同干旱区 TS、BS 评分随降水阈值的变化，分别如图 9.19、图 9.20 所示。

从图 9.19 中可以看出，华东、华南、西南地区未来 1 天、4 天、7 天、10 天的累积降水量 TS 评分较高；其次为东北、华北、西藏地区；TS 评分最低的是西北、内蒙古、新疆地区。其中，华南地区 10 天累积降水量 TS 评分最高，当降水阈值达到 200mm 时，TS 评分仍能维持在 0.2 以上。对于未来 7 天、10 天累积降水量预报：当降水阈值在 100mm 以内时，西南地区的 TS 评分高于西藏，但随着降水量级的增大，西藏地区的 TS 评分高于西南和华东地区，接近于华南地区；当降水阈值在 50mm 以内时，西北、东北、华北地区的 TS 评分结果较为接近，在 0.2 以上；内蒙古地区的 TS 评分略高于新疆，50mm 以上降水的 TS 评分在 0.1 以上。1 天、4 天累积降水量 TS 评分规律与 7 天、10 天累积降水量 TS 评分较为一致，但低于 7 天、10 天的结果。

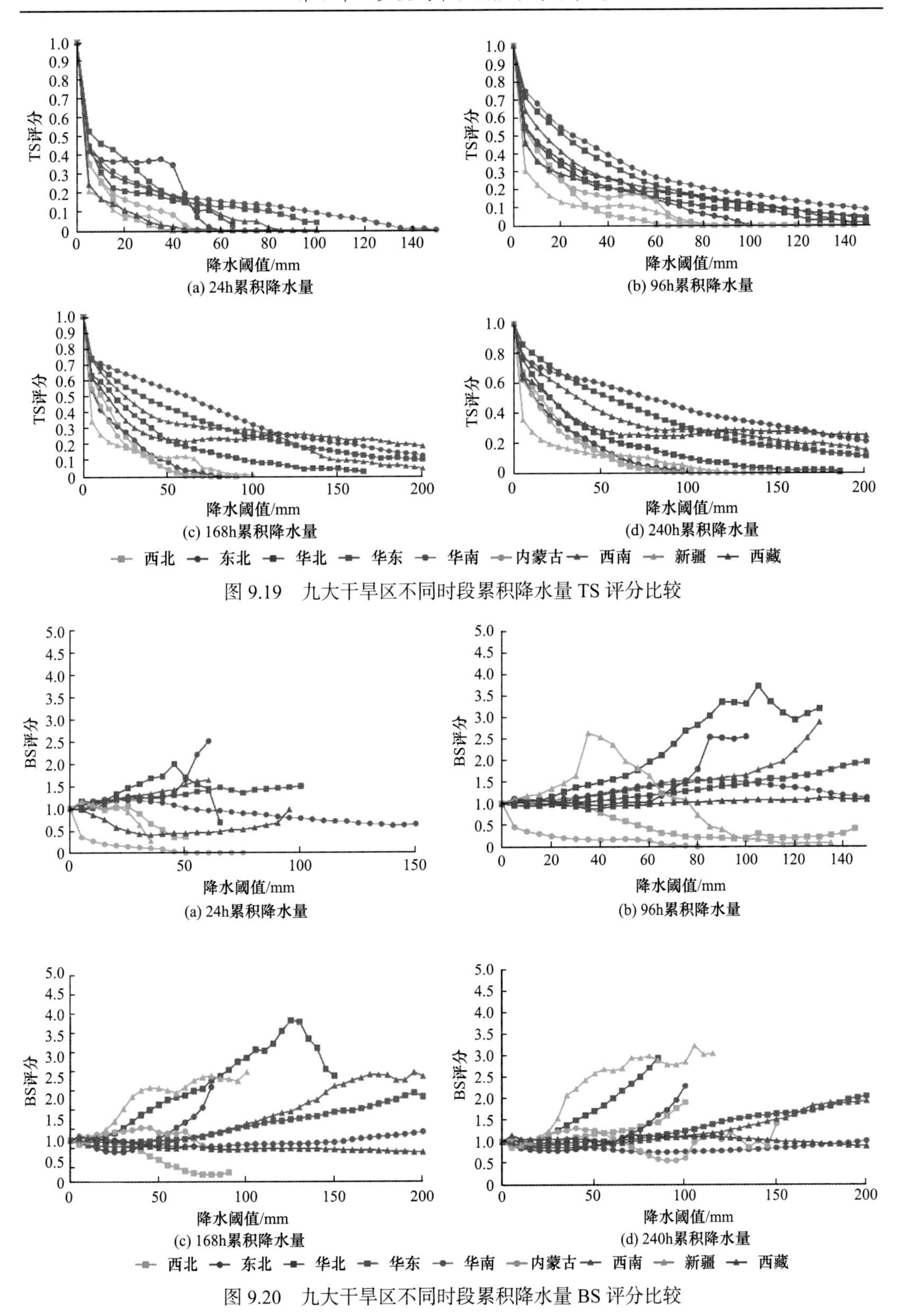

图 9.19　九大干旱区不同时段累积降水量 TS 评分比较

图 9.20　九大干旱区不同时段累积降水量 BS 评分比较

从图 9.20 中可以看出，对于不同时段累积降水量而言，10 天累积降水量预测的 BS 评分最佳，除新疆、华北、东北地区外，其余地区 BS 评分不随降水阈值发生显著的变化，BS 评分在 1 附近。华东、华南、西南、西藏地区 7 天累积降水量的 BS 评分仍能够在 1 附近，但随着降水阈值的增大，BS 评分出现较大的差异，华东、华南、西南地区有增大的趋势，而西藏地区有减小的趋势。4 天累积降水量的 BS 评分和 7 天累积降水量的 BS 评分较为接近，但西北、内蒙古地区 BS 评分随降水阈值减小的趋势更加明显。对于 1 天累积降水量而言，华东、华南、西南地区的 BS 评分结果仍较为理想，内蒙古、新疆、西北地区 BS 评分较低。

比较九大干旱区未来 1 天、4 天、7 天、10 天累积面平均雨量预报能力(图 9.21)，其结果与 TS、BS 评分相反。1 天累积面平均雨量的预报效果优于 4 天、7 天、10 天的累积面平均雨量预报，除华南、新疆、西藏地区外，其余地区的相关系数均能够达到 0.9 以上，且均方差比率接近于 1，预测面平均雨量随时间的变化和实测较为接近。4 天累积降水量预测结果与 1 天累积降水量预测结果较为接近，但相关系数有所降低，除华南地区外，其

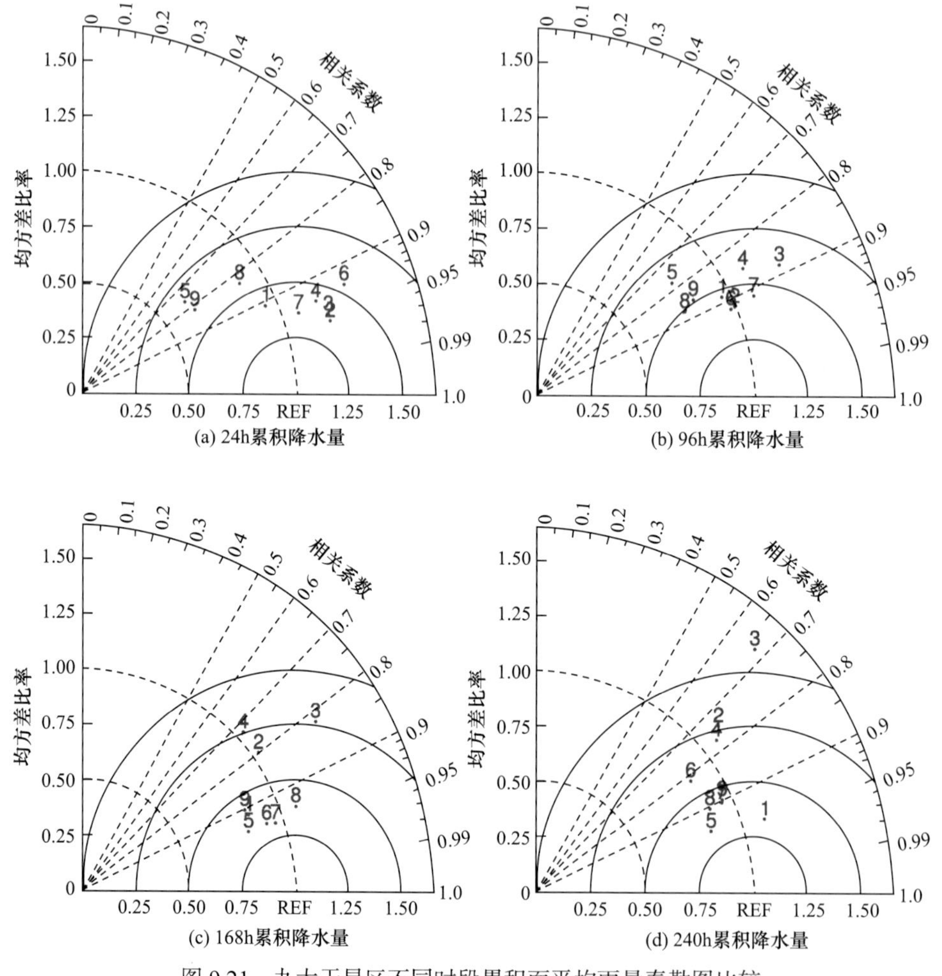

图 9.21　九大干旱区不同时段累积面平均雨量泰勒图比较

·1 西北　·2 东北　·3 华北　·4 华东　·5 华南　·6 内蒙古　·7 西南　·8 新疆　·9 西藏

余地区的相关系数为 0.8～0.9。西北、华南、内蒙古、西南、新疆、西藏 7 天累积降水量预测和实测的相关系数也能达到 0.9 以上，华东、华北地区虽然相关系数较低，但其均方差比率仍能够在 1 附近。10 天累积降水量预测和实测的相关系数比 7 天累积降水量低，大部分地区的相关系数为 0.8～0.9，华北地区 10 天累积降水量预测和实测相关系数最低，为 0.65～0.7。除华北地区外，其余地区的均方差比率均在 1 附近。

选取 2015 年 7 月 23 日 8 时～24 日 8 时的实测降水，分析集成方案和单一模式预报的差异，如图 9.22 所示。从图 9.22 中可以看出，在华东、华北、东北地区，ECMWF 模

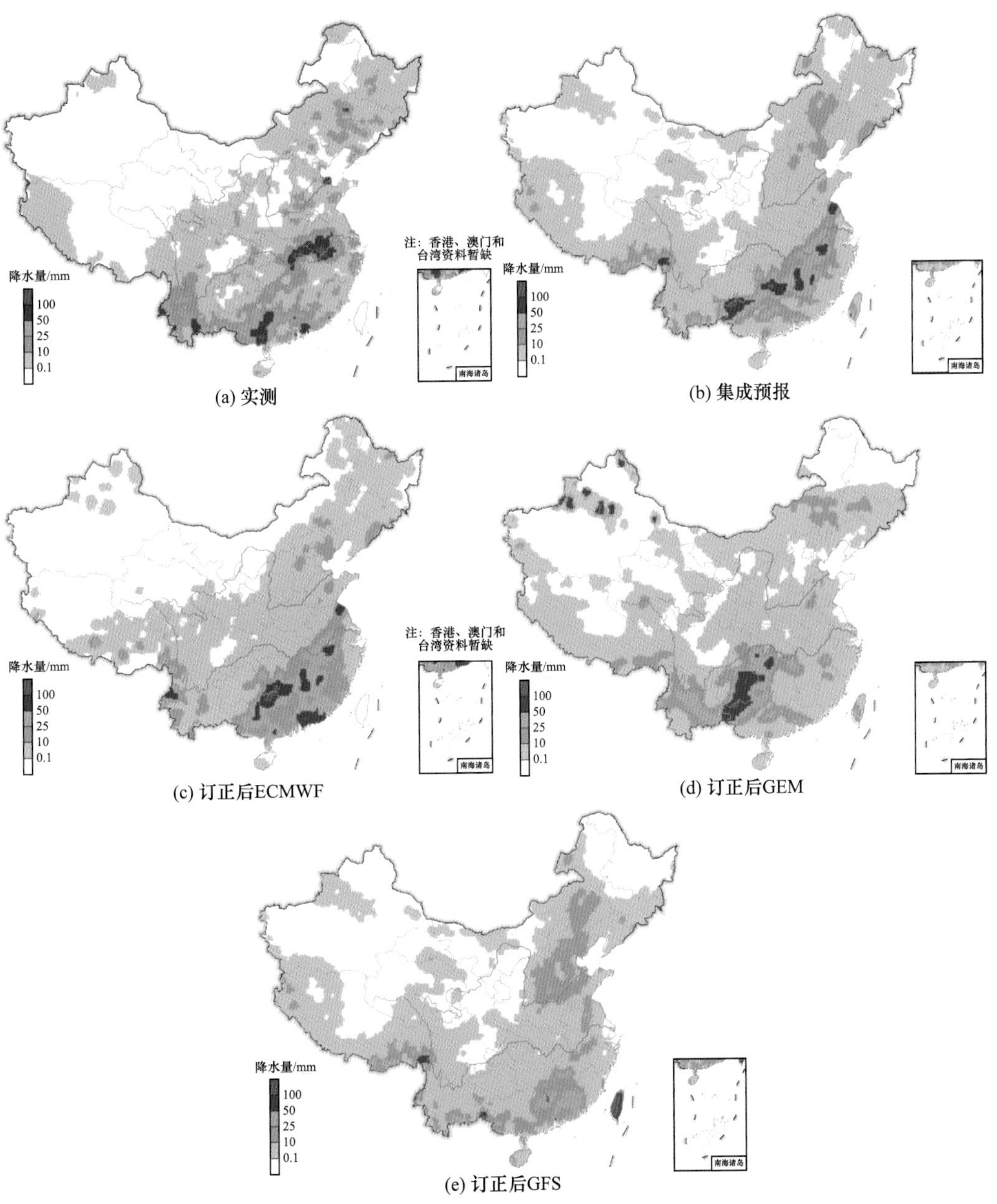

图 9.22　集成预报与单一模式预报场次降水空间分布图比较(预见期为 216h)

式较好地预报了湖南、江西一带暴雨；在华南地区，GEM 模式较好地预报了广西一带的暴雨；在西北、西南、新疆、西藏、内蒙古地区，GFS 模式较好地预报了内蒙古地区的降水。集成方案融合了 3 种模式各自的优点，预报结果优于任何的单一模式。

9.4 本章小结

本章在分析 ECMWF、GEM、GFS 3 种全球模式对我国九大干旱分区定量降水预报能力的基础上，利用 WRF 模式对全球模式进行动力降尺度，利用概率密度匹配法对模式进行系统偏差订正，构建了应用于气象-水文耦合干旱预测系统的多模式降水集成方案。

验证结果表明，3 种全球模式对中国九大干旱分区的降水具有一定的预报能力，不同模式对相同区域的预报差异并不显著，但相同模式对不同干旱区的预报差异较大。由于全球模式的局限性，对暴雨以上量级的降水预报存在系统偏小的特征。利用中尺度区域数值模式——WRF 模式进行动力降尺度，能够较好地提高暴雨预报效果，但整体上仍存在一定的系统偏差。通过概率密度匹配法能够有效地消除模式预报系统偏差。在此基础上构建的降水预报集成方案对全国未来 10 天的累积降水量预报效果较好，为干旱预测系统的构建提供了较可靠的输入。

第 10 章　大范围干旱动态监测与预测系统

大范围干旱动态监测与预测系统的目标是利用遥感、水文、气象等信息，采用气象-水文耦合的方式，计算多种干旱指数，形成标准化的干旱预测流程，建成可业务运行的系统，以图表和统计数据的形式输出，反映旱情实况和未来短期、中期旱情发展变化的信息，进行全国范围干旱预测，为指导抗旱、水利建设、水资源调配、农业生产等提供科学依据和决策支持。前面章节对干旱形成的天气系统异常识别、资料融合、干旱指数构建和分析、中长期干旱预测模型及降水预报集成等进行了详细的介绍，本章介绍基于上述技术基础的大范围干旱动态监测与预测系统的集成和应用。

10.1　系统总体设计

10.1.1　关键技术思路

大范围干旱动态监测与预测系统在干旱动态监测的基础上，结合统计方法和动力方法，对干旱进行年尺度、季尺度和旬尺度的多尺度预测。首先，基于环流指数构建年尺度统计预测模型，对未来一年干旱等级进行预测；其次，基于天气系统异常信号构建集成预测指标的季尺度统计预测模型，对未来 3 个月的干旱发展趋势进行预测；最后，基于多源降水预报构建气象-水文耦合干旱预测系统，对未来 10 天的干旱时空动态变化进行预测，同时逐日滚动输出监测与预测信息，实现大范围干旱动态监测与预测。

气象-水文耦合是系统构建最为关键的技术。这里的耦合实际上包含两层含义：一是利用气象-水文耦合变量构建干旱监测与预测指数，使指数能够全面反映地表水分的盈亏；二是利用气象模式与水文模型的耦合预报干旱指数的未来变化，实现对大范围干旱的预测。基于气象-水文耦合的干旱预测技术思路如图 10.1 所示，具体为将实测的降

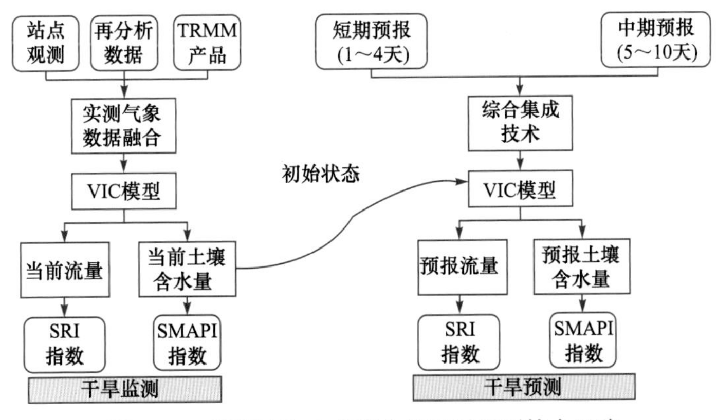

图 10.1　基于气象-水文耦合的干旱预测技术思路

水、气温等多源数据融合，输入到大尺度水文(VIC)模型模拟径流量和土壤含水量，构建相应的 SRI 和 SMAPI，绘制指数分布图，实现干旱的监测。在监测的基础上，提供模型当前土壤含水量等初始状态，引入多种预报降水，综合集成后输入 VIC 模型，输出预报的径流量和土壤含水量，构建预见期内的干旱指数，实现短期干旱预测。通过逐日滚动运行实现干旱动态发展变化过程的连续监测与预测。

10.1.2 系统组成

大范围干旱预测系统是一个跨平台分布式的集成系统，由部署在数据服务器、计算服务器和客户端的子系统构成，由多任务运行智能控制平台集成。数据服务器上部署数据支撑服务平台，实现水情、气象和站网数据查询检索，同时获取全球数值模式数据。计算服务器上部署 7 个核心子系统，进行数据融合、耦合计算和统计分析。客户端上包含 C/S 和 B/S 结构的可视化平台和监测预报发布平台。各部分间的关系如图 10.2 所示。

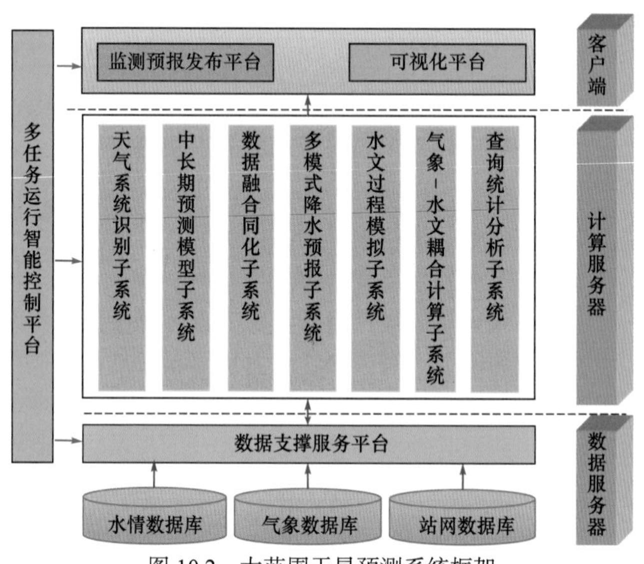

图 10.2　大范围干旱预测系统框架

大范围干旱预测系统的核心部分由天气系统识别子系统、中长期预测模型子系统、数据融合同化子系统、多模式降水预报子系统、水文过程模拟子系统、气象-水文耦合计算子系统和查询统计分析子系统组成。采用单向耦合方案实现多模式降水预报子系统和水文过程模拟子系统的耦合集成。核心部分的模块由 C、Fortran、IDL、NCL 和 Shell 脚本等语言编写，运行于计算服务器上。其他模块采用 Visual Basic 和 Java Script 语言编写，主要运行于客户端计算机上。

10.2 系统主要功能

10.2.1 中长期预测模型子系统

中长期预测模型子系统包括两个模块：一个是基于环流指数的干旱预测模块，进行区域干旱的年尺度预测；另一个是基于天气系统异常信号的干旱趋势预测模块，进行区域干旱的季尺度预测。这两个模块基于 Visual Basic 和 IDL 软件开发，采用 C/S 结构。

1. 基于环流指数干旱预测模块

干旱预测模块包括数据定制子模块、指标生成子模块、因子挑选子模块、回归建模子模块、模型分析子模块、预测计算子模块和结果查询子模块。

1) 数据定制子模块

数据定制子模块的功能是基于选取的分析区域边界文件，提取融合的气象数据或水文部门的雨量数据，构建逐月区域面平均降水系列。模块给出了东北、华北、华东、华南、内蒙古、西北、西藏和西南地区的边界文件。

2) 指标生成子模块

指标生成子模块的功能是基于提取区域降水数据，计算区域 SPI3 数据，并绘制过程线，以供查询和分析。SPI3 是指三个月时间尺度的 SPI，用于反映区域干旱的变化过程，是干旱预测模型构建所选用的目标变量。该子模块的界面如图 10.3 所示。

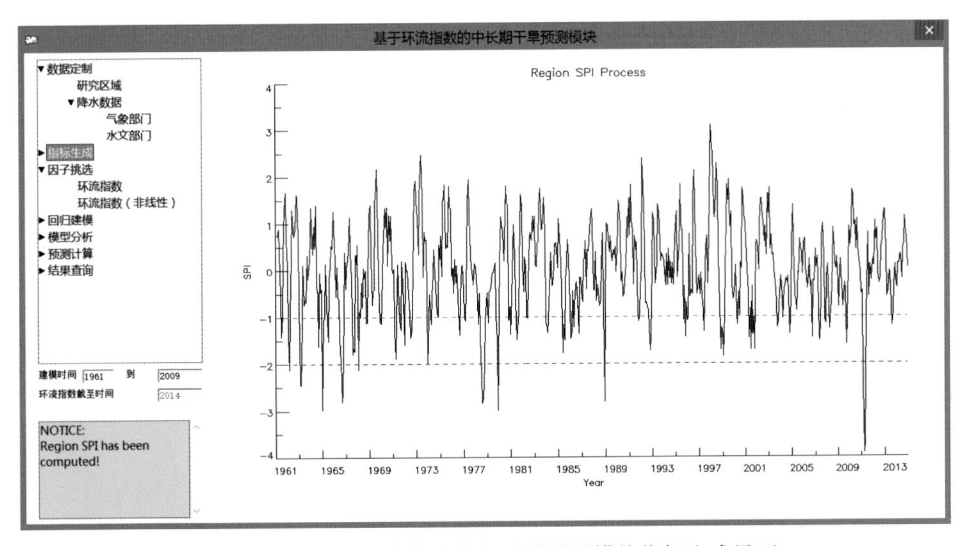

图 10.3 基于环流指数中长期干旱预测模块指标生成界面

3) 因子挑选子模块

因子挑选子模块的功能是通过分析区域 SPI3 与 74 项环流指数之间的相关性，选取具有一定相关性的指数，用于构建干旱预测模型。子模块选用的 74 项环流指数来源于国家气候中心气候系统诊断预测室，该数据包含了 1951 年 1 月以来的 74 项对我国天气有重要影响的大气环流指数。该模块基于指定区域的年干旱极值及 74 项环流指数的逐季极值进行相关计算，挑选出显著性水平高于 0.05 的指数。该模块包含线性相关计算和四种线型的非线性相关两种方法，其界面如图 10.4 所示，图中第一张表是 74 项环流指数名称与序号对应表，第二张表是筛选出的指数因子系列，分别是项目编号、相关系数、季节、极值(极大/极小)。

图 10.4　基于环流指数中长期干旱预测模块因子挑选界面

4) 回归建模子模块

回归建模子模块的功能是通过逐步回归，建立预测因子与年度 SPI3 极值的回归方程，构建干旱预测模型。建模时，根据所给的建模时间(如 1961～2011 年)，提取该时间段内的预测因子和年度 SPI3 极小值，构建逐步回归方程，并将该方程应用于该时段之后的年份进行干旱预测。该子模块的界面如图 10.5 所示，图中黑色的线条为实测 SPI3 年度极值序列，蓝线为回归方程模拟值，红色为预测值。

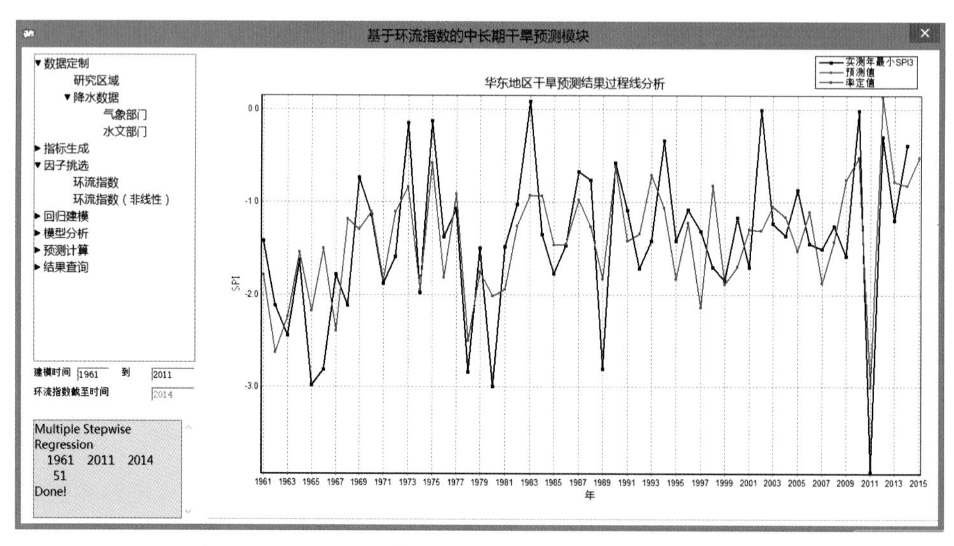

图 10.5　基于环流指数中长期干旱预测模块回归建模界面

5) 模型分析子模块

模型分析子模块的功能是分析通过逐步回归选取的预测因子、系数和模型检验指标，分析模型的有效性，指导模型的应用。该子模块的界面如图 10.6 所示。

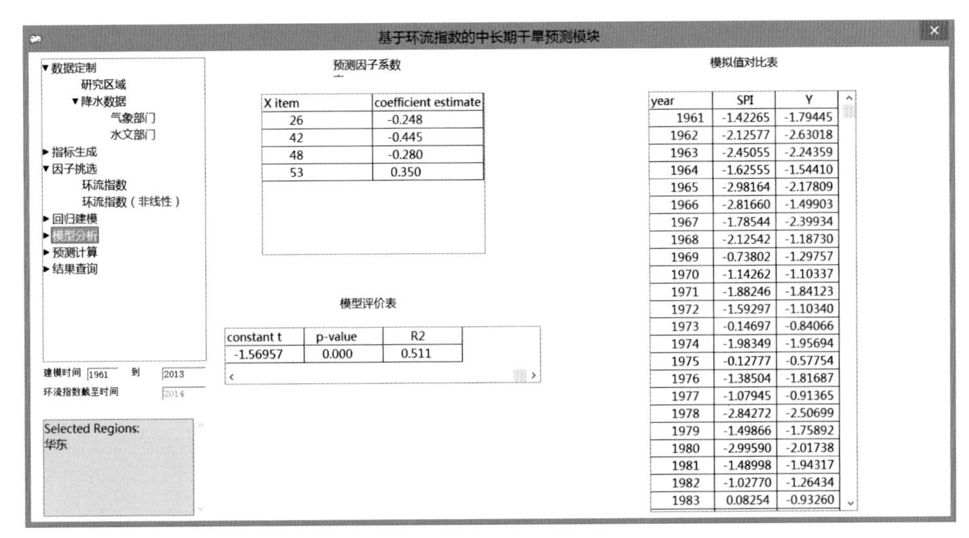

图 10.6　基于环流指数中长期干旱预测模块模型分析界面

6) 预测计算子模块

预测计算子模块的功能是基于构建的回归模型生成所有研究区域的干旱预测结果。

7) 结果查询子模块

结果查询子模块的功能是显示各区预测结果列表、分布图和过程线。该子模块的界面如图 10.7 所示。分区预测结果列表，给出各年度预测干旱等级和实测干旱等级的对比，并评价预测结果，计算预测正确率。分布图显示同一年度各分区实测干旱的等级或预测干旱的等级。干旱的等级分为 D0(无旱)、D1(轻旱)和 D2(重旱)。

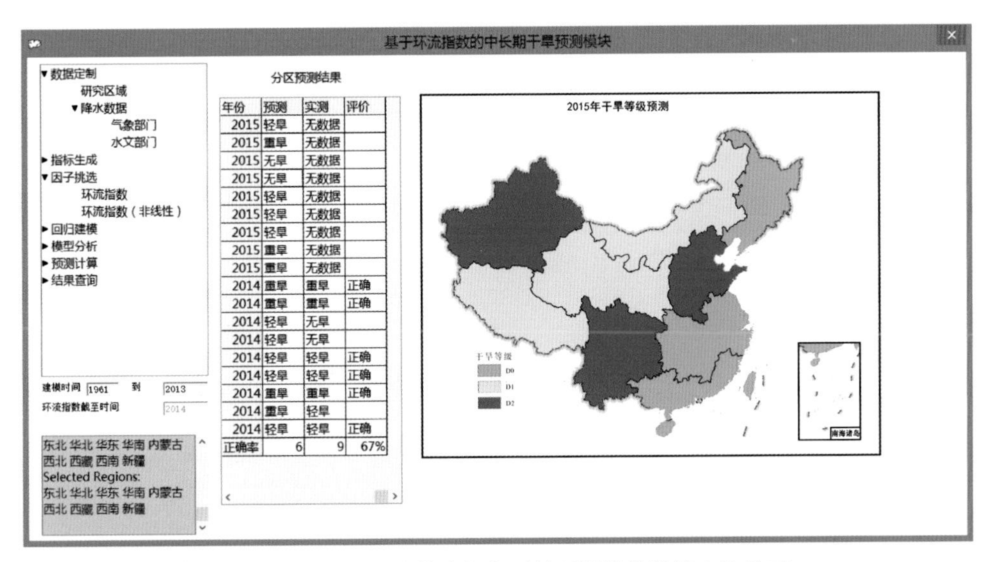

图 10.7　基于环流指数中长期干旱预测模块结果查询界面

2. 基于天气系统异常信号干旱预测模块

基于天气系统异常信号干旱预测模块首先采用 NCEP 再分析资料建立历史上的天气

系统异常信号指标-SPI3 的同期统计关系，构建干旱的季尺度预测模型；然后采用气候预测模式 CFSv2 的季节预报结果计算模型的异常信号指标，实现对未来三个月干旱发展趋势的逐日滚动预测与预警。该模块主要包括模型构建子模块、模型滚动运行子模块、预测结果查询子模块三部分，分别实现该模型的各项率定参数展示、模型滚动预测信息展示、未来 90 天各干旱分区的干旱发展趋势(无旱、干旱发生、干旱持续、干旱缓解和干旱解除)的逐日滚动预测结果查询等功能。

1) 模型构建子模块

预测模型构建子模块，在点击“回归建模”时，即进行模型率定。该子模块的交互界面如图 10.8 所示。选择区域和模型率定期(图中绿框部分)，即可进行模型率定，给出率定结果，图中黄框内即为响应部分。子模块可以展示率定期内的集成预测指标和 SPI3 的时间序列，展示集成预测指标对 SPI3 的模拟效果，展示模型构建的相关参数，展示模型的回归效果是否显著等，还可以显示 200hPa 高度场、500hPa 高度场、海温场三类信号场异常指标相关信息，便于查询。

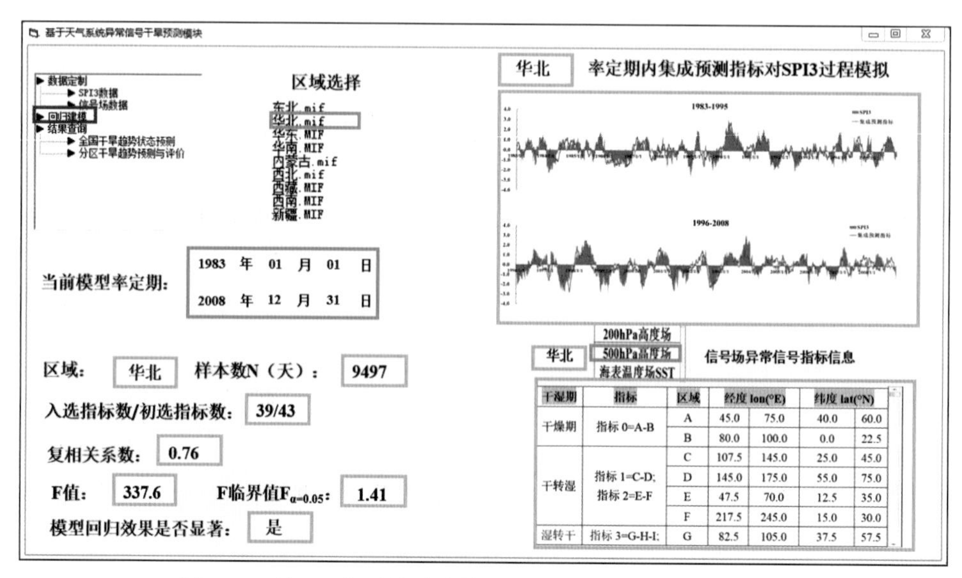

干湿期	指标	区域	经度 lon(°E)		纬度 lat(°N)	
干燥期	指标 0=A-B	A	45.0	75.0	40.0	60.0
		B	80.0	100.0	0.0	22.5
干转湿	指标 1=C-D; 指标 2=E-F	C	107.5	145.0	25.0	45.0
		D	145.0	175.0	55.0	75.0
		E	47.5	70.0	12.5	35.0
		F	217.5	245.0	15.0	30.0
湿转干	指标 3=G-H-I;	G	82.5	105.0	37.5	57.5

图 10.8 基于天气系统异常信号干旱预测模块模型构建界面

2) 模型滚动运行子模块

模型滚动运行子模块分为 SPI3 数据和信号场数据定制两部分，界面如图 10.9 所示。SPI3 数据定制部分，从文件中提取当日站点降水数据入库，再结合各分区的站点经度和纬度信息，完成九大干旱分区当日 SPI3 值的计算。信号场数据定制部分，即从 CFSv2 下载网址上，完成 200hPa 高度场、500hPa 高度场、海温场的数据下载，并提取出未来 90 天的海气要素场数据。结合本地相应要素的平均值和均方差文件，完成未来 90 天海气信号场计算。利用异常信号指标-SPI3 的同期统计关系，计算出集成预测指标。

3) 预测结果查询子模块

预测结果查询子模块的交互界面如图 10.10 所示，通过选择查询不同的起报时刻，可以展示全国九大干旱分区未来 90 天的干旱趋势状态分布；同时，通过选择不同的干旱

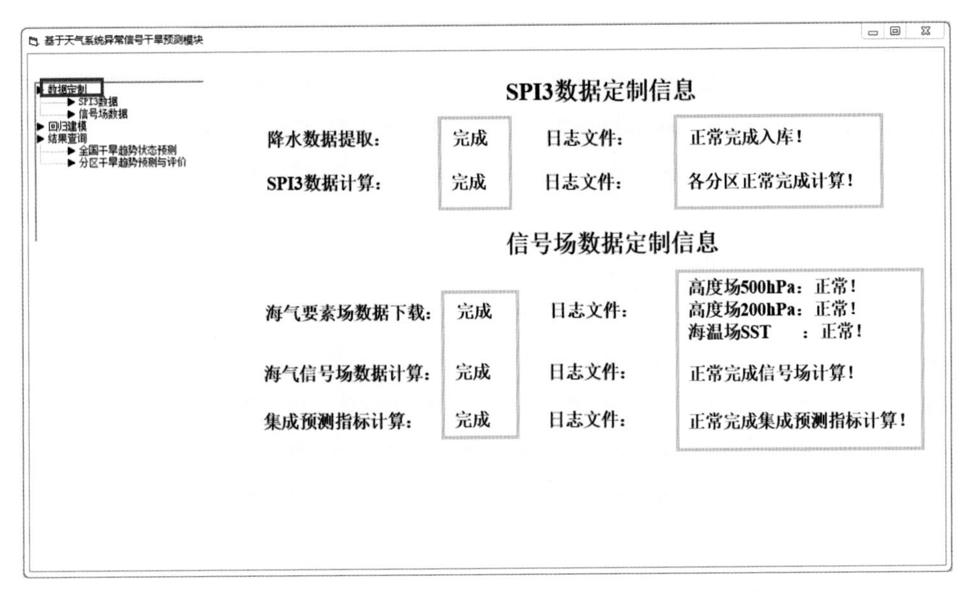

图 10.9　基于天气系统异常信号干旱预测模块模型滚动运行界面

分区(黑框所示)，得到相应的未来三个月干旱趋势状态结果，并给出当前实测 SPI3 过程线及所预测的未来 90 天的 SPI3 过程线变化。

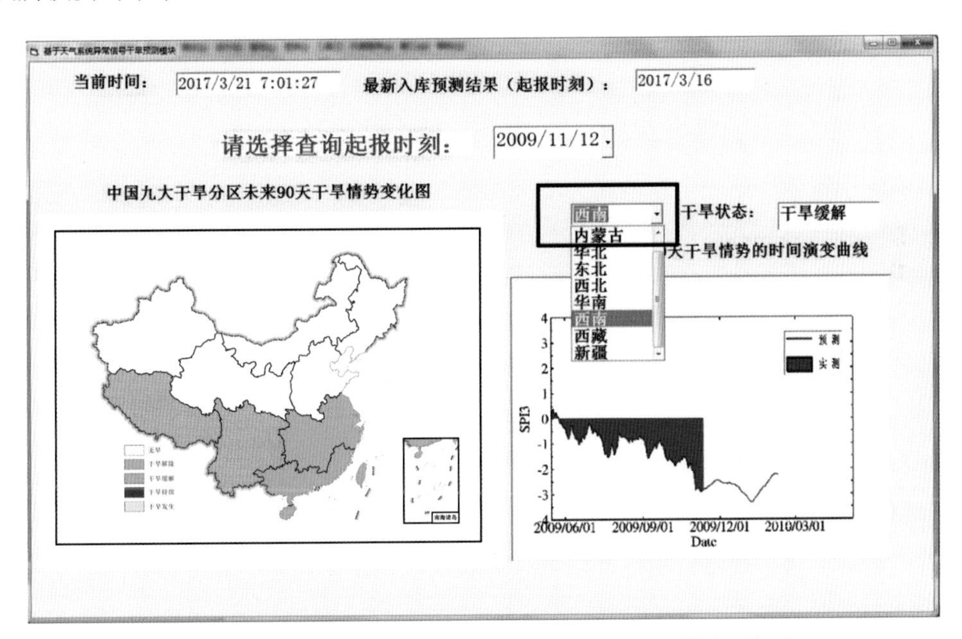

图 10.10　基于天气系统异常信号干旱预测模块预测结果查询界面

10.2.2　多模式降水预报子系统

多模式降水预报子系统的功能是基于 ECMWF、GFS 和 GEM 全球预报模式预报的结果，在比较各分区各模式预报效果的基础上，为每个分区选取最佳的预报模式，并基于 WRF 模式动力降尺度构建中尺度数值预报系统，实现全国范围 10km 网格分辨率的短期降水预报。在对数值模式预报结果系统偏差修正的基础上，基于 4 套降水预报数据，集成输出具有 10 天预见期的降水预报结果，为构建气象-水文耦合干旱预测子系统提供基础。子系统主要包括动力降尺度子模块、全球模式下载子模块、降水预报修正子模块和多源降水集成子模块。

1. 动力降尺度子模块

多模式降水预报子系统中动力降尺度子模块选取 WRF 模式为降尺度模式，构建基于 B/S 结构的动力降尺度应用软件。在 MyEclipse 与 Flash Builder 开发平台下，构建一套界面友好、操作简单，功能上集敏感性方案构建、预报结果分析和实时降水预报于一体的动力降尺度模块，实现 1～4 天短期高时空分辨率定量降水预报。

为使 WRF 模式能够动态选取模拟的区域、时间或者物理方案，本节编写自动运行脚本对前处理配置文件 namelist.wps 及 WRF 主程序运行的配置文件 namelist.input 进行动态修改。利用脚本在 namelist.wps 中指定模式模拟范围、模式水平分辨率、数据文件输入和输出路径、可执行文件的路径等参数；在 namelist.input 中指定模式积分的起止时间、积分步长、物理方案等参数，形成通用的配置文件。最后，将模式运行所需要的气象数据文件、地形数据文件、可执行程序、配置文件等链接到指定工作空间，并逐步运行 WRF 模式，包括地形数据的插值、气象数据的水平及垂直插值、初始化程序和主程序的运行。整个过程只需要对自动运行脚本进行设置，实现一键运行 WRF 模式，简捷方便。

2. 全球模式下载子模块

目前应用较为广泛的全球模式为 GFS 模式、ECMWF 模式和 GEM 模式。三种模式每天以.grib 文件的形式，向外发布未来 10 天的数值预报成果。该全球模式下载子模块，以 Visual Basic 作为界面开发平台，通过调用类 Linux 系统 Cygwin，执行 bash 和 NCL 脚本，实现全球模式预报数据的自动下载和解码功能，通过该子模块能实现预报数据的实时查看。

图 10.11 为子模块界面，主要分为四部分功能区：预报选择区、数据下载进程区、数据解码进程区、结果查看区。在预报选择区中，用户可以选择 ECMWF 模式、GEM 模式、GFS 模式中的一种模式。由于全球数值模式每日滚动运行多次，因此设置了预报初始化时间选择按钮，可分别选择 8 时、14 时、20 时、2 时模式运行的结果。点击功能控制区的“数据下载”按钮，即可开始下载全球模式数据。数据下载进程区中展示了当前下载文件的进程。

3. 降水预报修正子模块

降水预报修正子模块针对数值模式对降水的预报均存在一定的系统偏差问题，利用实测资料对系统偏差进行订正。该模块根据第 9 章的预报偏差修正方法，构建降水预报修正子模块。如图 10.12 所示，该子模块主要包含四部分功能区：数据导入区、模式修正区、降水累积频率曲线区、模式修正曲线区。

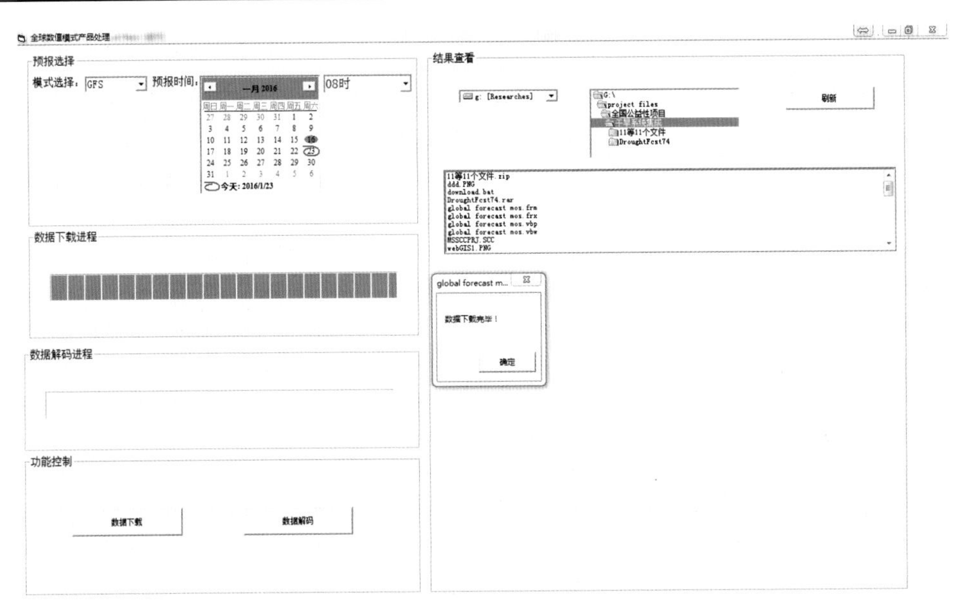

图 10.11　全球数值预报提取解码处理下载界面

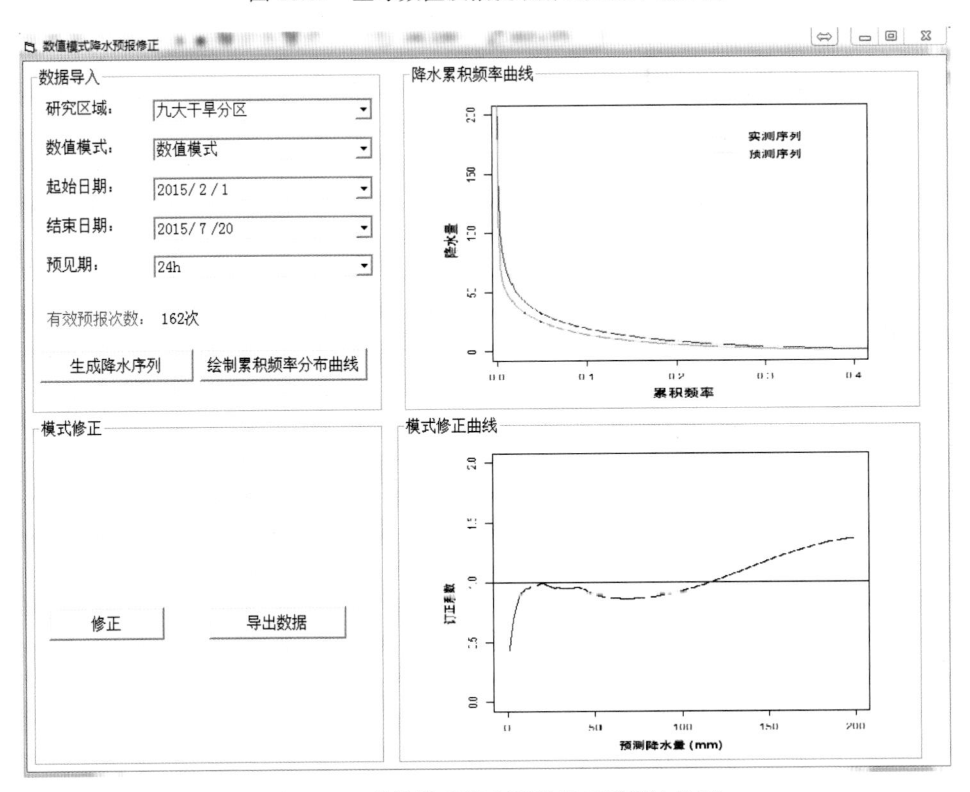

图 10.12　数值模式降水预报修正子模块界面

不同地区气候条件不同，数值模式预报的系统偏差不同，因此有必要分别针对特定区域进行修正。同时，同一模式不同预见期的系统偏差也不相同。该子模块根据用户的需求，选择不同的研究区域、数值模式、预报起止日期及预见期，从而针对特定区域和特定的预见期进行误差修正。由于该子模块采用概率匹配法对模式预报进行修正，需要对预报数据进行采样，有效预报次数的多少决定了概率匹配方法的有效性。所以，该子模块还对预报次数进行了统计。点击“生成降水序列”按钮，将预报起止时段内的所有区域网格降水数据处理成一个与时间、空间不相关的统计序列。点击“绘制累积频率分布曲线”按钮，生成该模式在特定预见期内的降水累积频率曲线和实测累积频率曲线。

如图 10.12 所示，点击“修正”按钮，根据第 9 章中介绍的计算方法，计算不同降水量的预报订正系数，并绘制曲线。点击“导出数据”按钮，获取根据订正系数修正后的降水预报结果。

4. 多模式降水集成子模块

根据第 9 章研究的降水预报集成方案，构建了多模式降水集成子模块，主要分为降水集成方案查询和结果查询两个部分。如图 10.13 所示，集成方案查询区可选择特定的研究区域，预见期 1～4 天和 5～10 天所采用的默认数值模式和第 9 章的研究成果一致。通过点击查询按钮，可以查询不同预见期、不同数值模式的降水预报分布图及逐日预报降水量。

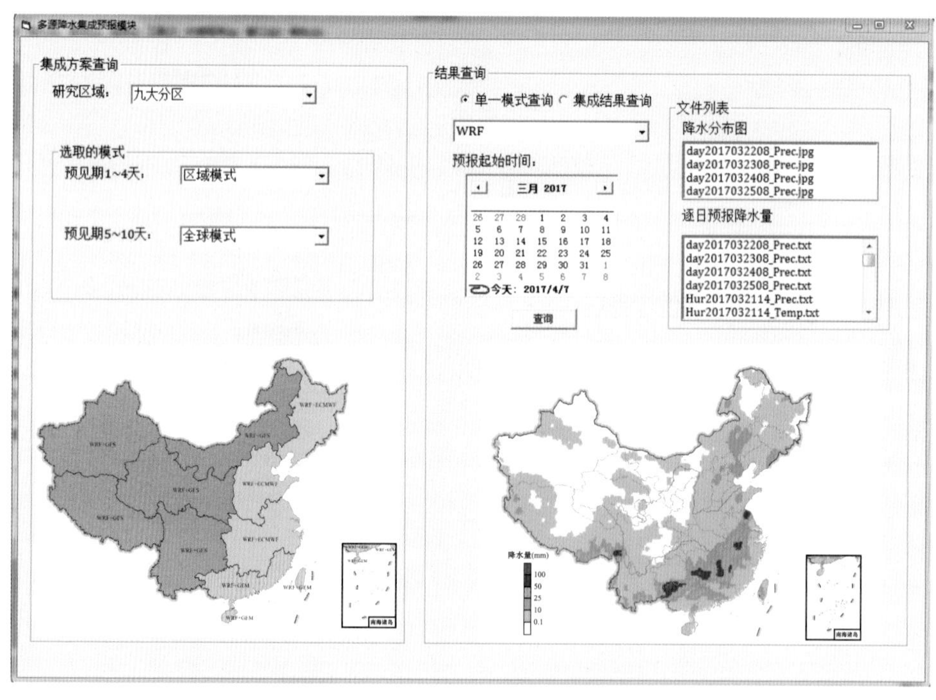

图 10.13　多模式降水预报集成模块

10.2.3　水文过程模拟子系统

水文过程模拟子系统基于 VIC 模型开发。本节基于 Windows 平台开发了一套操作简单方便、能够直观显示参数及输出结果的 VIC 模型人机交互应用系统。子系统开发分别选取了 Visual Basic 语言进行系统界面的设计和 IDL 语言进行核心程序的设计，实现联合开发。该子系统主要包括 VIC 模型构建模块、水文参数率定模块、模拟土壤含水量验证模块和网格汇流计算模块。

1. Win32 版 VIC 模型的编译

VIC 模型是一个由 C 语言编写的庞大而繁杂的程序,其耦合的汇流模型由 Fortran 77 编写，通常的运行环境都为 UNIX 或 Linux。本节在 Windows 下，利用虚拟 UNIX/Linux 环境,在虚拟的环境下运行 VIC 模型,编写输入和输出控制程序调用 VIC 模型。Windows 下 MinGW 和 Cygwin 是获取 GNU 工具链的两种主要方式,MinGW 是 Minimalist GNU for Windows 的简称，它使用 Windows C 的运行库 msvcrt.dll，该库在所有 Windows 95 以上版本中都有效，因此它允许人们在没有第三方动态链接库的情况下使用 GCC(GNU Compiler Collection)产生 Windows32 程序；Cygwin 是 Cygwin 公司的产品，它提供了 Windows 操作系统下的一个 UNIX/Linux 环境，它可以帮助程序开发人员把应用程序从 UNIX/Linux 移植到 Windows 平台，其由两部分组成：①cygwin1.dll。它作为 UNIX 的一个仿真层，提供 UNIX API 功能。②一组工具。它的功能是负责创建一个 UNIX/Linux 的外观界面。

MinGW 允许在没有第三方动态链接库的情况下使用 GCC 产生的 Windows32 程序，因此其编译的程序在模型移植上具有优势，但是 MinGW 中不再有 g77 编译器，取而代之的是 gfortran 编译器，并且其编译的程序需要 libgfortran-3.dll 和 libgcc_s_dw2-1.dll 动态库的支持。为了获取更快的产汇流模型运行速度，本节选取金沙江直门达以上流域(空间尺度 0.25°,时间尺度 1 日,计算时段 1951 年 1 月 1 日～2009 年 12 月 31 日)分别对 MinGW 和 Cygwin 环境下编译的 VIC 及其汇流模型运行速度进行测试，测试结果见表 10.1。

表 10.1　MinGW 和 Cygwin 环境下 VIC 及其汇流模型运行速度测试结果

运行环境	计算机配置	网格数/个	产流计算时间/s	汇流计算时间/s	总时间/s
Cygwin	Pentium Dual-Core CPU E5200 2.50GHz	279	2864	221	3085
MinGW			1461	17	1478

从表 10.1 可以看出,使用 MinGW 编译的产汇流模型在运算速度上明显优于 Cygwin 环境，且能够取得与 Cygwin 一致的产汇流结果，因此本节选用 MinGW 对 VIC 及其汇流模型进行编译，并将其编译的可执行程序用于 VIC 模型系统的开发中。另外，VIC 模型的计算速度主要受限于计算机 CPU 的速度和硬盘的读写速度,因此模型对计算机 CPU 的速度和硬盘的读写速度要求较高，但对内存的要求不高。

2. VIC 模型构建模块

VIC 模型产汇流模型运行需要的输入有流域控制站名、控制站的经度和纬度坐标、所在的水系名、流域的边界文件、网格分辨率、实测流量文件、气象驱动文件的起始日期和终止日期等，这些基本信息通过系统基本设置界面进行输入，如图 10.14 所示。

图 10.14　水文过程模拟子系统基本设置界面

1) 流域网格划分子模块

分布式模型通常将流域划分为小的地域单元，这些地域单元可以是格网也可以是子流域，这个过程称为流域离散化过程。通常假设这些地域单元内部属性是一致的，各地理要素具有相应的模型输入参数，地域单元之间有一定的拓扑关系，通过这种拓扑关系能够说明物质的传输方向。分布式参数模型在每个地域单元上运行，输出结果通过汇流路径汇集到流域出口。分布式参数模型考虑了流域内部各地理要素的空间可变性，比集总式水文模型具有更高的空间分辨率。

随着计算机和 GIS 等地理信息工具的发展，可以很方便地获取流域边界信息的电子图层，而这些信息都可以以点的形式进行存储，因此可以将流域边界看作一个由大量点阵组成的多边形，多边形内部区域即为流域内部。在模型产流计算中，模型以网格代号对各网格各种参数进行识别，本节将覆盖流域的网格进行编号，以自左至右、从上而下的顺序进行。

2) 气象数据网格化子模块

VIC 模型可以同时进行陆气间的水量平衡模拟和能量平衡模拟，也可以只进行水量平衡模拟。模型在运行中可以以时间尺度为日的气象数据作为输入，也可以以时间尺度小于日的气象数据作为输入。气象驱动用于描述覆盖研究流域的各网格从起始日期到终止日期的每天的降水量、最高气温和最低气温等变量。

考虑到 VIC 模型系统需要能够模拟不同网格尺度的流域产汇流过程，本系统开发了基于模型网格生成气象驱动文件的模块，该模块的具体过程如下。

(1) 选取流域有效气象站点。通常气象站点分布较为稀疏，建模时需要考虑流域边界以外的站点。因此，在流域有效站点的选取中，以流域边界为基准，并向外围扩大一定的范围建立缓冲区，分布在缓冲区内部的站点即认为是流域的有效气象站点，本节将此范围设定为 1°，即流域边界向外延伸 1° 范围的站点都认为是流域的有效气象站点，在实际选取中，对准备数据时间段内各日的气象站点资料进行检测，若 1° 范围内站点资料缺测，则适当扩大此范围，直到存在有数据的气象站点为止。

(2) 基于流域离散化模块生成的网格，采用距离反比加权法将有效气象站点气象数据插值到各网格中心，插值中不考虑地形对降水的影响，但考虑了高程对气温的影响，依据高程每增加 100m 气温约下降 0.65℃的关系，先将气象站点处的气温各自垂直演算到与网格同高程处的气温，再将同一高程上的气温进行插值计算，各网格高程取网格内 1km 分辨率小网格高程平均值。插值范围采用动态搜索的方法，将有效气象站点中距网格中心最近的三个测站作为每个网格的插值站点。如果气象站点与网格中心的距离小于某一阈值，则取阈值范围内所有站点的平均值作为该网格的值。降水量、气温插值公式分别见式(10.1)和式(10.2)。

$$P_j = \frac{\sum_{i=1}^{m}(P_i/d_{ji})}{\sum_{i=1}^{m}(1/d_{ji})} \tag{10.1}$$

$$T_j = \frac{\sum_{i=1}^{m}\left\{\left[T_i + (H_i - H_j)\times 0.0065\right]/d_{ji}\right\}}{\sum_{i=1}^{m}(1/d_{ji})} \tag{10.2}$$

式中，P_j 和 T_j 分别为第 j 个网格中心的降水量和气温；P_i 和 T_i 分别为第 j 个网格周围邻近的第 i 个气象站的降水量和气温；d_{ji} 为第 j 个网格中心到其周围邻近的第 i 个气象站的距离；m 为第 j 个网格中心周围邻近的气象站数目；H_j 和 H_i 分别为第 j 个网格及其周围第 i 个气象站的高程值。

经过以上两个步骤就可以生成流域内各网格的气象驱动数据，气象驱动数据文件名以“forcing_纬度_经度”格式书写，其中“经度”“纬度”分别为各网格中心点对应的经度和纬度，其数值需要与土壤参数文件中的经度和纬度坐标一致，小数位数可以在全局控制文件中设置。

气象驱动数据文件可以包括不同的气象数据，也可以以不同的存储格式进行存储，因此在读取气象驱动数据文件之前，必须在全局控制文件中对数据文件的内容和存放格式加以说明。

3) 植被参数标定子模块

VIC 模型的植被参数由两部分组成：网格植被类型和植被参数库。

植被参数基于 Maryland 大学发展的全球 1km 分辨率的植被覆盖特征进行确定，共包括 11 种植被覆盖类型。在 VIC 模型运行中，每年的植被叶面积指数(leaf area index，LAI)数值假定是不变的，忽略了植被的年际变化特征。对于每种植被类型确定了其在三层土壤中的根系比例，方便计算矮小植被从第一层土壤及高大树木从深层土壤获取的水分。

植被参数文件存放网格编号、网格内的植被类型数、植被类型、植被类型所占的网格比例、植被根系所在土壤层厚度及在各层中所占的比例。植被参数描述了每个计算网格的植被组成，并要求与土壤参数网格编号一致，因此系统开发中植被参数的网格编号和土壤参数的网格编号统一使用由流域离散化模块生成的网格编号，网格内各种类型植被所占的比例可以根据网格内所包括的该植被类型的像元数与网格总像元数的比值确定，逐月叶面积指数参考陆面数据同化系统(land data assimilation system，LDAS)的设定。

在模型运行中还需要植被参数库的支持，当网格中包含某类植被时，就取用相应的参数。参数的确定参考 LDAS 的成果。

4) 土壤参数标定子模块

VIC 模型中土壤参数文件的建立有 3 种主要用途：①定义每个网格编号，用于与其他参数文件匹配；②定义每个网格土壤参数及网格的地理信息，如网格中心经度和纬度；③定义网格初始土壤含水量，用于无法获取初始土壤含水量时的计算。VIC 模型可以识别两类土壤参数文件：①单一的 ASCII 文件，每一行表示一个网格的各种参数；②一系列 Arc/Info 格式文件，每个文件用于存储所有网格的一个参数值。本节准备的土壤参数文件按前一种形式进行准备。

可以将土壤参数分为两类：一类土壤参数直接从 FAO 提供的数据集获取，并且计算中不需要调整，这些参数包括土壤含水量扩散系数 phi_s(mm/mm)、土壤气压 bubble(cm)、土壤石英含量 quartz、土层容积密度 bulk_density(kg/m^3)、土壤微粒密度 soil_density (kg/m^3)、饱和水力传导度 Ksat(m/s)及饱和水力传导度变化指数 expt 等；另一类土壤参数则需要通过率定实测水文资料获得，此类参数包括每层土壤厚度 d_i，可变下渗能力参数 infilt 和 3 个与基流方案相关参数 D_{m}、D_{s}、W_{s}。土壤种类根据 FAO 提供的 5′土壤数据集确定，每种土壤类型的土壤特征(土壤田间持水量、凋萎系数、饱和水力传导度)通过 Rawls 等(1982)和 Reynolds 等(2000)的研究确定。

5) 产流计算控制子模块

全局控制文件为 VIC 模型的接口文件，它描述了模型运行的时间步长、模拟时段的起始日期和终止日期、土壤、植被参数文件及气象驱动文件的路径、模拟结果的输出路径，以及是否运行融雪和冻土模型、湿地和湖泊模型、灌溉及水库调度模型等信息，对模型的运行起到了引导和功能设定的作用。

全局控制参数可以看作由四部分组成：模型模拟参数、模型模拟可选参数、气象驱动参数及各输入文件的存放路径和输出文件路径参数。

6) 汇流计算设置子模块

汇流功能模块提供了两种汇流方案：一是由 Lohmann 等(1996)开发的汇流方案，该方案主要应用于基于实测站点流量资料对 VIC 模型水文参数进行率定；另一个是第 7 章所改进的汇流方案，该方案主要用于输出网格化流量结果。Lohmann 等的方案需要准备表征流域网格拓扑关系的流向文件、表征各网格内包含的流域面积占网格面积比例的有效面积比例文件、上下游网格间距文件、出口站点位置文件、单位线文件和汇流方案的接口文件。此外，Lohmann 等的方案需要流速和扩散系数文件，而第 7 章改进的汇流方案需要根据实测资料确定的河道参考稳定流量和集水面积关系参数、稳定参考河面宽和稳定参考流量关系参数。其中，汇流模型的接口文件描述了汇流模型中使用的流向文件名、流速文件名(或流速值)、扩散系数名(或扩散系数值)、上下游间距文件名、网格有效面积比例名、流域出口位置文件名、VIC 产流输出文件名及小数位数、汇流输出文件目录、VIC 产流始末年月、汇流模型始末年月、单位线文件名，可以通过汇流控制文件设置模块进行设置。

3. 水文参数率定模块

水文参数优化采用 Rosenbrock 算法与人工干预相结合的方法。人工干预就是根据各参数的物理意义和合理的取值范围，结合流域特性确定各参数的初始值，并对优化结果进行合理性判断和最终参数的选择。

Rosenbrock 算法是一种直接的非线性规划方法，对目标函数的解析性质没有苛刻要求，甚至函数可以不连续。由于流域水文模型参数的优化具有多参数同时优化、目标函数难以用模型参数表达和不可能通过目标函数对参数求导求解最优值等特点，所以 Rosenbrock 算法在水文模型参数优选中得到了广泛应用。Rosenbrock 算法把各搜索方向排成一个正交系统，在完成一个坐标搜索循环之后进行改善，如此循环，直到满足优化终止条件为止。

参数优化的总目标是尽量减少模型模拟的流量和实测流量的相对误差，同时提高日径流过程的效率系数。用 Rosenbrock 方法调试参数时，输出每一调试结果并绘制模拟和实测日径流的过程线，以便人工判断参数的合理性。参数优化目标函数计算公式如下。

(1) 反映总量精度的多年径流相对误差 $E_{\mathrm{r}}(\%)$。

$$E_{\mathrm{r}}=\frac{\bar{Q}_{\mathrm{c}}-\bar{Q}_{\mathrm{o}}}{\bar{Q}_{\mathrm{o}}} \tag{10.3}$$

式中，$\bar{Q}_{\mathrm{c}}$ 和 $\bar{Q}_{\mathrm{o}}$ 分别为模拟和实测的多年平均径流量，$\mathrm{m^3/s}$。相对误差的绝对值越小，模拟精度越好。

(2) 反映径流过程拟合程度的效率系数 E_{C}。

$$E_{\mathrm{C}}=1-\frac{\sum_{i}(Q_{i,\mathrm{c}}-Q_{i,\mathrm{o}})^2}{\sum_{i}(Q_{i,\mathrm{o}}-\bar{Q}_{\mathrm{o}})^2} \tag{10.4}$$

式中，$Q_{i,c}$ 和 $Q_{i,o}$ 分别为模拟和实测的径流系列，m^3/s。E_C 越大，过程拟合越好，模拟精度越高。

VIC 模型参数率定界面如图 10.15 所示，通过给出参数最大最小取值、初始值、算法迭代次数、实测流量系列即可对模型参数进行率定，图 10.16 为模拟流量过程的显示界面。通过 VIC 模型子系统的开发，显著简化了模型构建的过程，提高了模型应用效率，为模型大范围使用提供了基础。

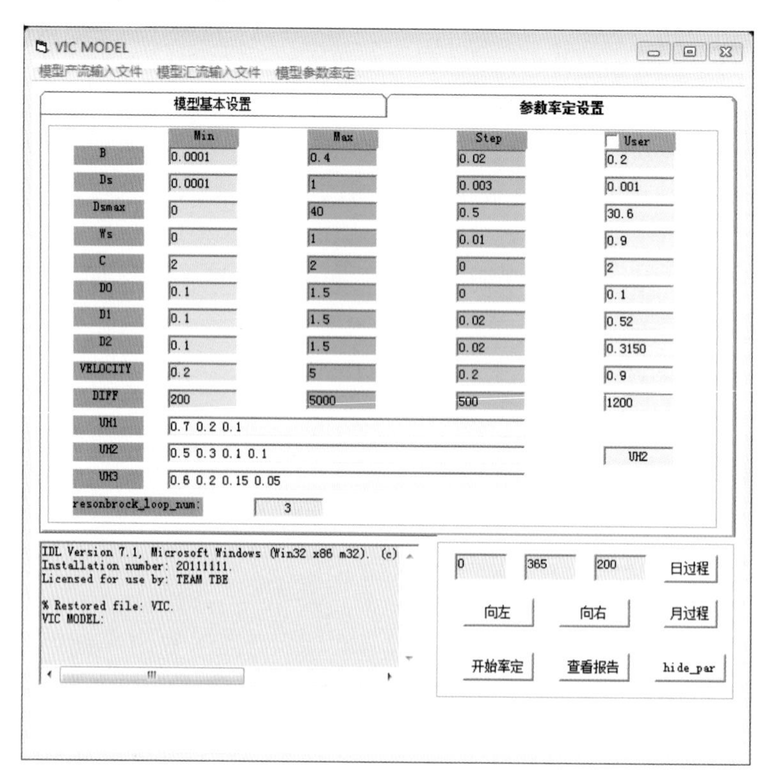

图 10.15　VIC 模型参数率定界面

4. 模拟土壤含水量验证模块

模拟土壤含水量验证模块的功能是采用实测土壤含水量资料对 VIC 模型模拟输出的网格土壤含水量进行验证，绘制过程线和计算统计参数。该模块基于实测土壤含水量站点经度和纬度，选取该站点所在的网格提取模拟土壤含水量资料进行验证。由于 VIC 模型每个网格的三层土壤厚度是不固定的，为了便于比较，假设土壤含水量在同一层内均匀分布，将土壤含水量统一到 0～20cm、20～100cm 和 0～100cm 进行验证。该模块的交互界面如图 10.17 所示。

5. 网格汇流计算模块

网格汇流计算模块的功能是基于 VIC 模型模拟的网格径流和基流计算的网格总入流，利用第 7 章构建的大尺度分布式的网格汇流模型，计算生成网格流量数据库。汇流模型以 VIC 模型网格控制的子流域为计算单元，计算子流域之间以基于高分辨率 DEM

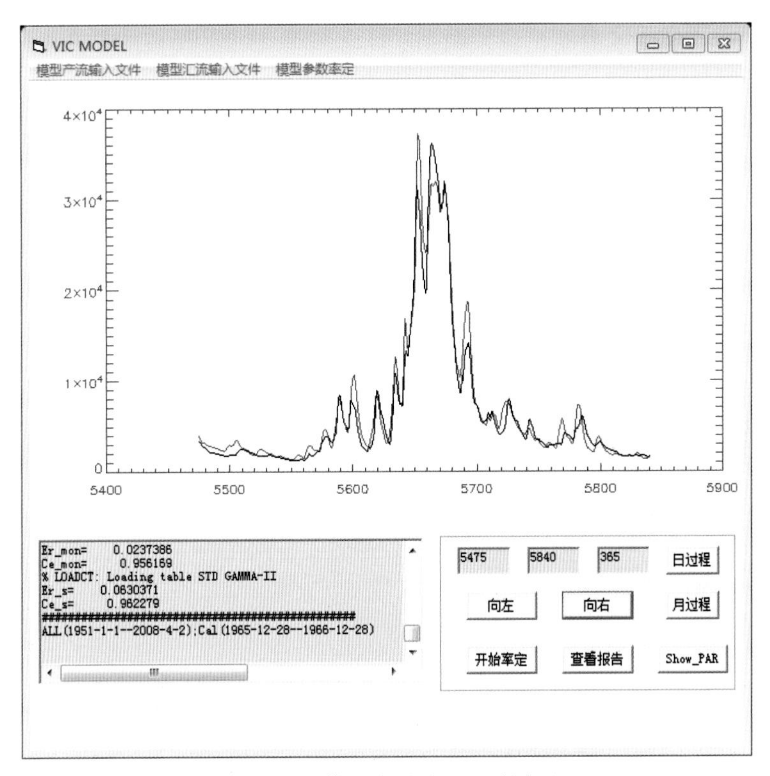

图 10.16　模拟流量过程显示界面

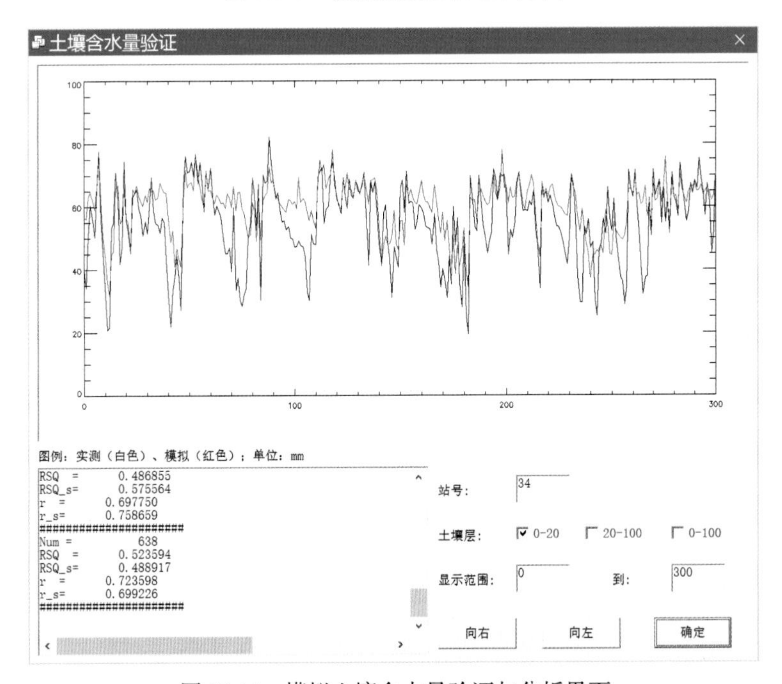

图 10.17　模拟土壤含水量验证与分析界面

提取的河道相连。子流域内的汇流采用基于高分辨率 DEM 提取的子流域响应函数，将径流转化为子流域的出流，子流域出流过程输入到子流域间的河道，采用扩散波方法进一步由河道演算到流域出口。为实现模型的连续运算和业务化运行，模块设有三个重要的时间参数，进行汇流计算开始时间和结束时间，以及保存中间状态的时间。业务预报滚动运行时，保存中间状态的时间可设为预报依据时间，即实测降水数据的截止时间。保存的中间状态是下一次运行的起始状态，该时间也是下一次计算的开始时间。由于全国范围网格数量大(超过 9 万个 10km 分辨率网格)，为了提高计算效率，先基于流域水系将全国分成 11 个分区计算，最后合并成全国网格流量数据文件。该模块交互界面如图 10.18 所示。

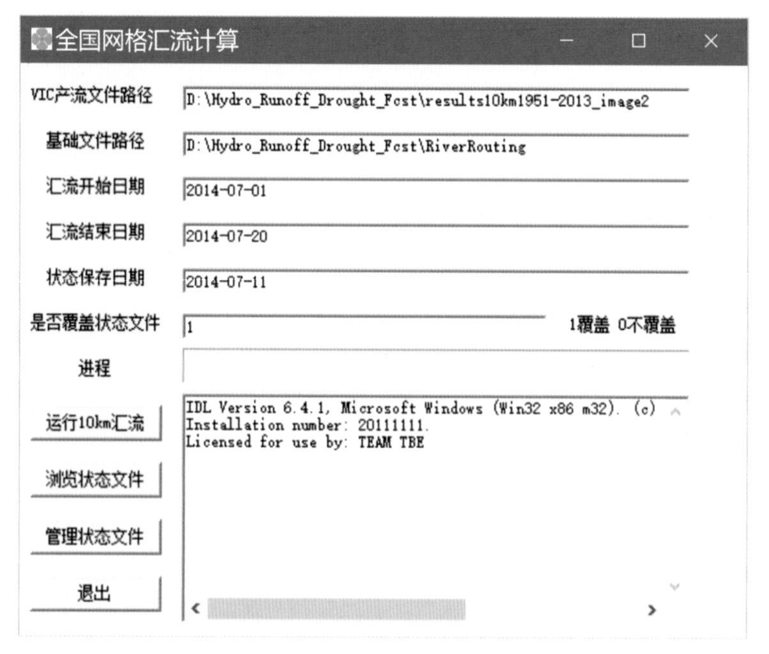

图 10.18　网格汇流计算控制界面

10.2.4　气象-水文耦合计算子系统

气象-水文耦合计算子系统是大气水文耦合干旱预测的核心子系统，基于全国范围 VIC 模型，采用融合降水、气温数据和集成预报降水驱动，计算网格土壤含水量和径流量数据，生成 SMAPI 和 SRI 指数数据库和全国分布图。该子系统为业务化运行系统，系统采用定时自动运算的方式，每隔 12h 完成自启动运行一次。

1. 气象-水文耦合方案

子系统采用单向耦合的方式将大气数值预报模式与 VIC 模型进行耦合，实现旬尺度的全国范围干旱时空变化的预报。气象-水文耦合方案及数据流程如图 10.19 所示。基于水文气象站点数据库，提取水文部门雨量站点(超过 10000)和气象站(超过 800)雨量数据、气温数据，以及 TRMM 测雨产品建立实测输入融合数据。基于 ECMWF、GFS 和 GEM

全球预报模式产品，以及 WRF 动力降尺度降水预报数据，建立集成预报降水数据。基于上述实测和预报的数据，构建 VIC 模型连续运算输入数据，并将实测降水输入部分的模型状态保存下来，作为下一次滚动计算的前期初始状态，实现 VIC 模型的高效连续滚动耦合计算。子系统输出全国网格土壤含水量和径流量数据，并生成 SMAPI 和 SRI 分布图。

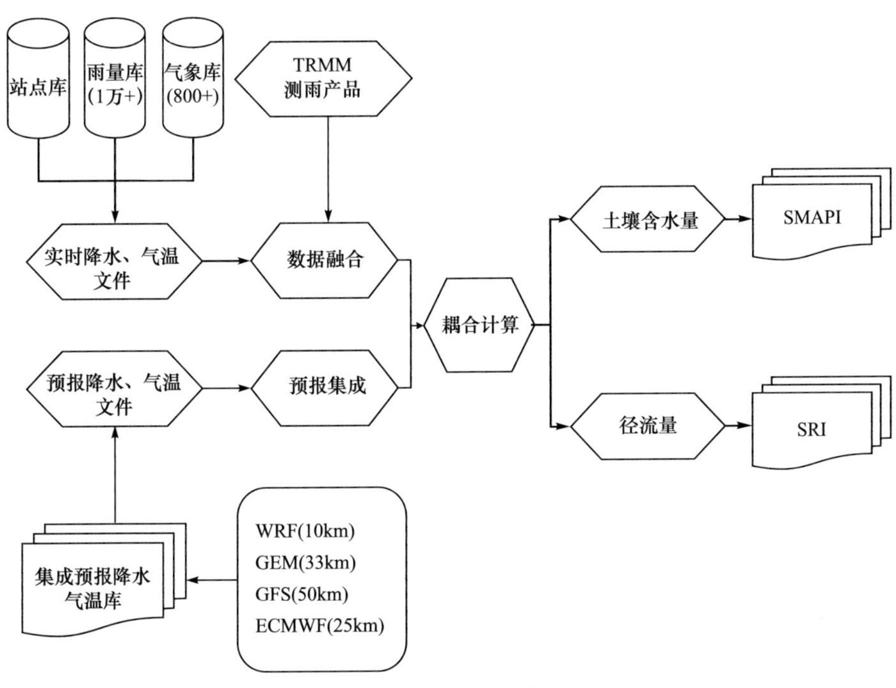

图 10.19　气象-水文耦合方案及数据流程

2. 耦合计算控制模块

耦合计算控制模块(图 10.20)的功能是设置耦合计算起止时间，提取最新气象预报起止时间和水情雨量实测截止时间，并设置模拟计算时间步长。基于设定时间，从数据库提取预报气温、预报降水和实测时段雨量资料，构建成耦合计算输入文件格式。启动耦合计算模块，并将耦合计算结果写入预报库。

3. 耦合计算模块

耦合计算模块(图 10.21)的功能是格式化融合气象数据网格、启动 VIC 模型计算程序、生成模拟和预报土壤含水量和径流量数据库。为提高计算速度，耦合计算采用并行计算的方式，可根据计算服务器的 CPU 配置，设置多进程计算。在 Intel Xeon E5-4607 v2 的 4 处理器计算服务平台上，设置 24 进程进行 10km 分辨率网格的计算，完成一次 10 天预见期的计算需耗时 27min，其中输入数据查询 5.5min，格式化输入数据 5.0min，完成 93977 个网格 VIC 模型计算 11min。模块运算具有较高的效率，可满足业务运行的要求。

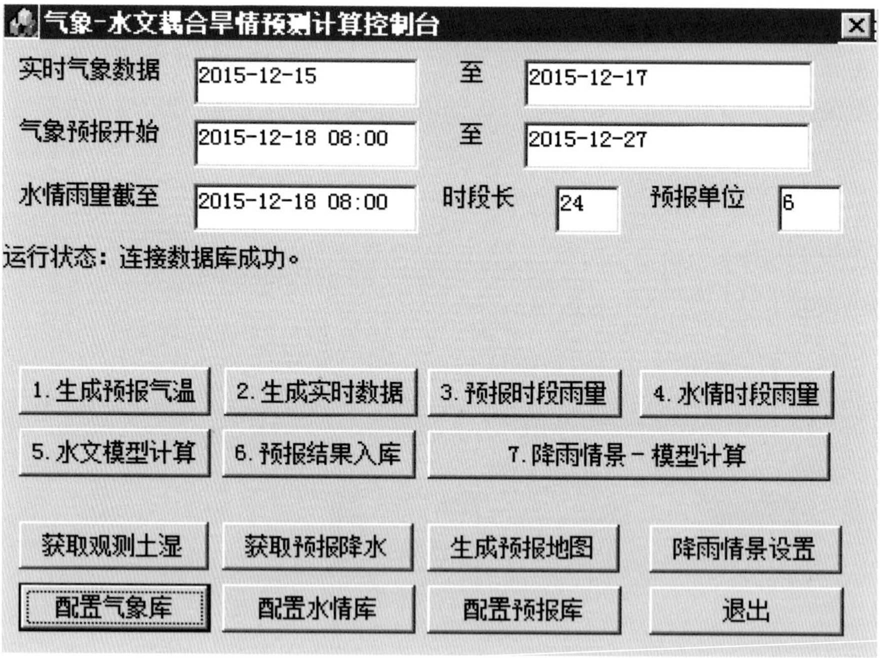

图 10.20　气象-水文耦合旱情预测系统耦合计算控制台

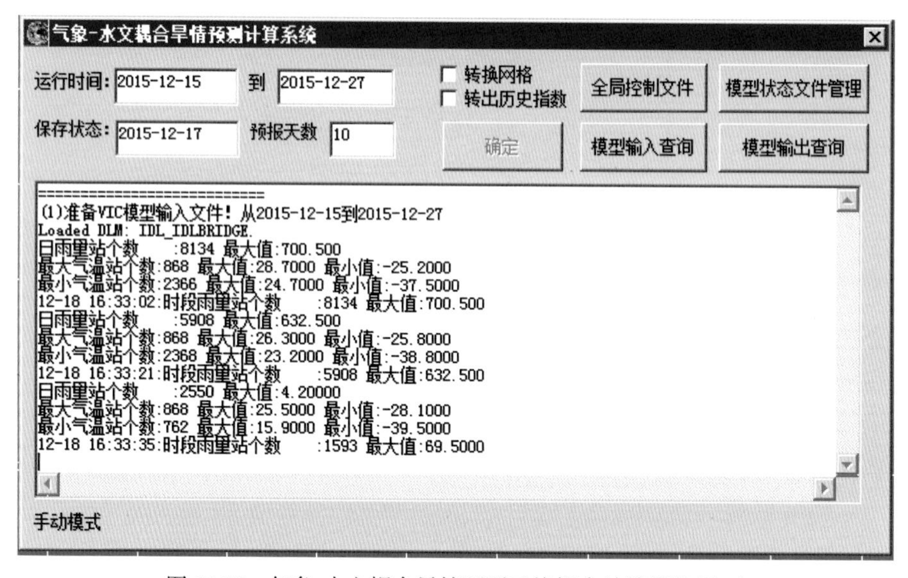

图 10.21　气象-水文耦合旱情预测系统耦合计算模块界面

10.2.5　查询统计分析子系统

查询统计分析子系统包含全国 VIC 模型设定模块、旱情监测预测查询模块和旱情统计分析模块。

1. 全国 VIC 模型设定模块

全国 VIC 模型设定模块的主要功能是查询和修改 VIC 模型参数，分为 VIC 模拟控制设置子模块和 VIC 模型参数设置子模块。

1) VIC 模拟控制设置子模块

VIC 模拟控制设置子模块主要设置 VIC 模型的全局控制文件，包含设置模型运行起止时间、设置全局参数和模块控制、设置模型输入文件和参数、设置参数文件路径、设置指数文件路径，以及计算进程数。同时该模块也是 VIC 模型参数率定模块和模型验证模块的入口。该模块的交互界面如图 10.22 所示。

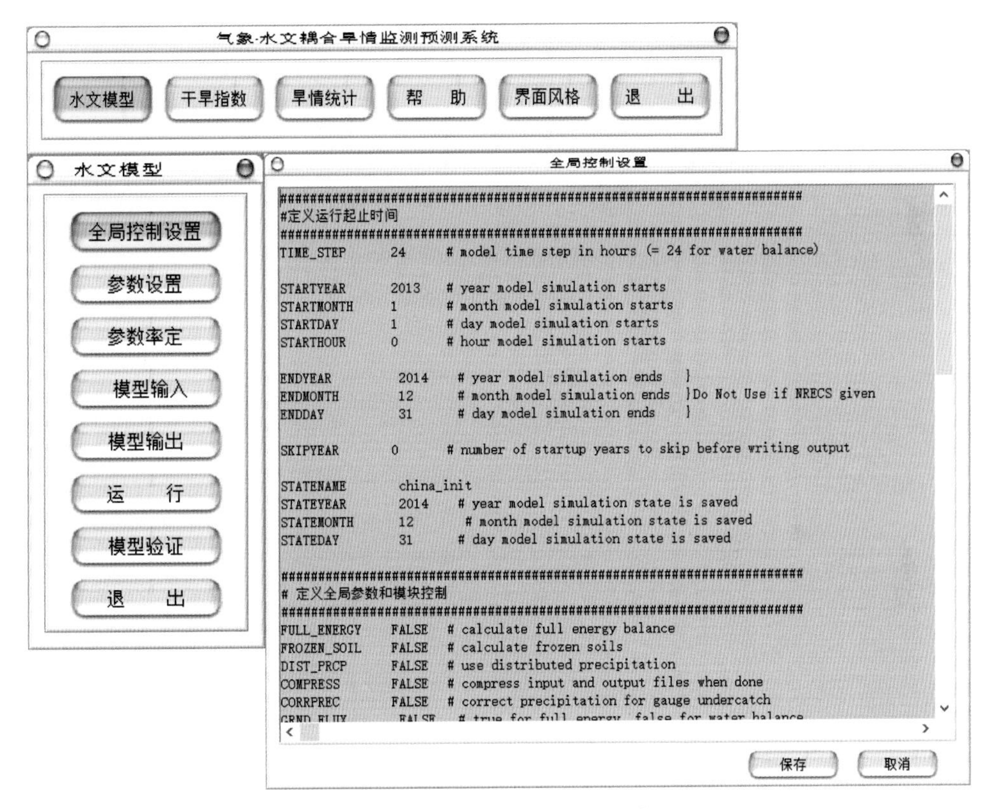

图 10.22　气象-水文耦合旱情预测水文模型设置界面

2) VIC 模型参数设置子模块

VIC 模型参数设置子模块包括参数的标定和显示。参数的标定是对土壤参数文件、植被类型文件和植被参数库文件进行确定和修改。可根据网格编号查询相应的土壤和植被参数(图 10.23)。

2. 旱情监测预测查询模块

旱情监测预测查询模块基于 GIS 的可视化平台构建，能够动态显示和查询各项预报结果，如图 10.24 和图 10.25 所示。具体的功能有：①基本的 GIS 功能，如放大、缩小、漫游、图层控制和标注等；②显示栅格地形图、水系、河流、测站、行政区划、公路、铁路和居民区等各种背景地理信息；③动态显示干旱指数、水文变量分布图。该平台采用 Visual Basic 开发，集成了 Mapinfo 公司的 MapX 地图控件和 IDL 控件。可查询三层土壤湿度、土壤含水量距平指数、标准化径流指数等，以及降水、蒸散发、地表径流、地下径流、总径流和网格流量。

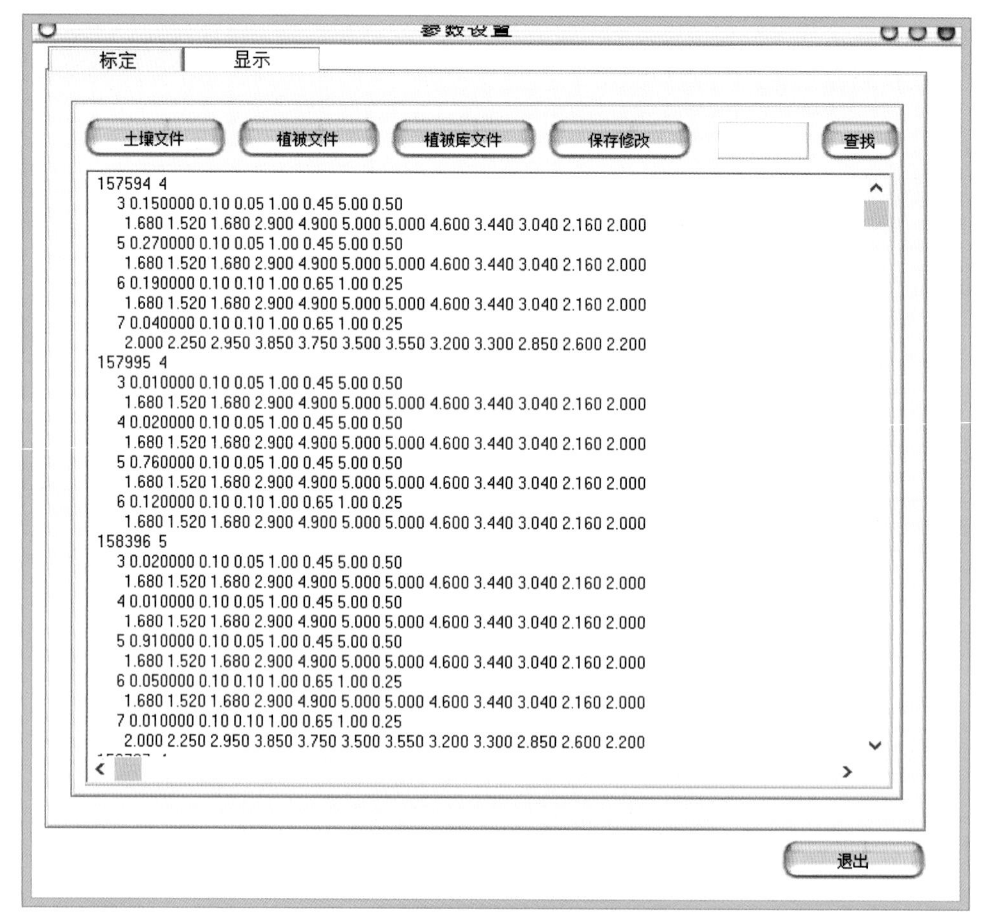

图 10.23　VIC 模型参数设置与显示界面

3. 旱情统计分析模块

旱情统计分析模块(图 10.26)的功能是基于分析区域边界提取网格干旱指数，进行区域干旱的统计分析。统计分区包含四大类：九大干旱大区、水资源分区、省级行政区、县级行政区。统计变量包括三层 SMAPI、SRI、不同等级干旱强度、不同等级干旱面积和干旱烈度等信息。统计结果包括区域平均过程线和统计表格。区域干旱指数过程线查询同时给出监测和滚动预报的结果，可对比分析预报效果。图 10.26 给出了华东地区 2009～2011 年 0～100cm 土层 SMAPI 的监测过程(绿线)，以及不同时间的滚动预报结果(红色)，可查看每次预报与监测的拟合程度，从而判断预报的效果。

图 10.27 是分区干旱监测预测结果统计界面，可统计指定时段各分区不同统计变量

的结果，以柱状图和表格的形式给出。图 10.27 中显示了 2009 年 8 月 11～20 日全国省份轻旱以上面积百分比的统计图。同时，给出了各省份逐日的干旱面积数值和平均值。

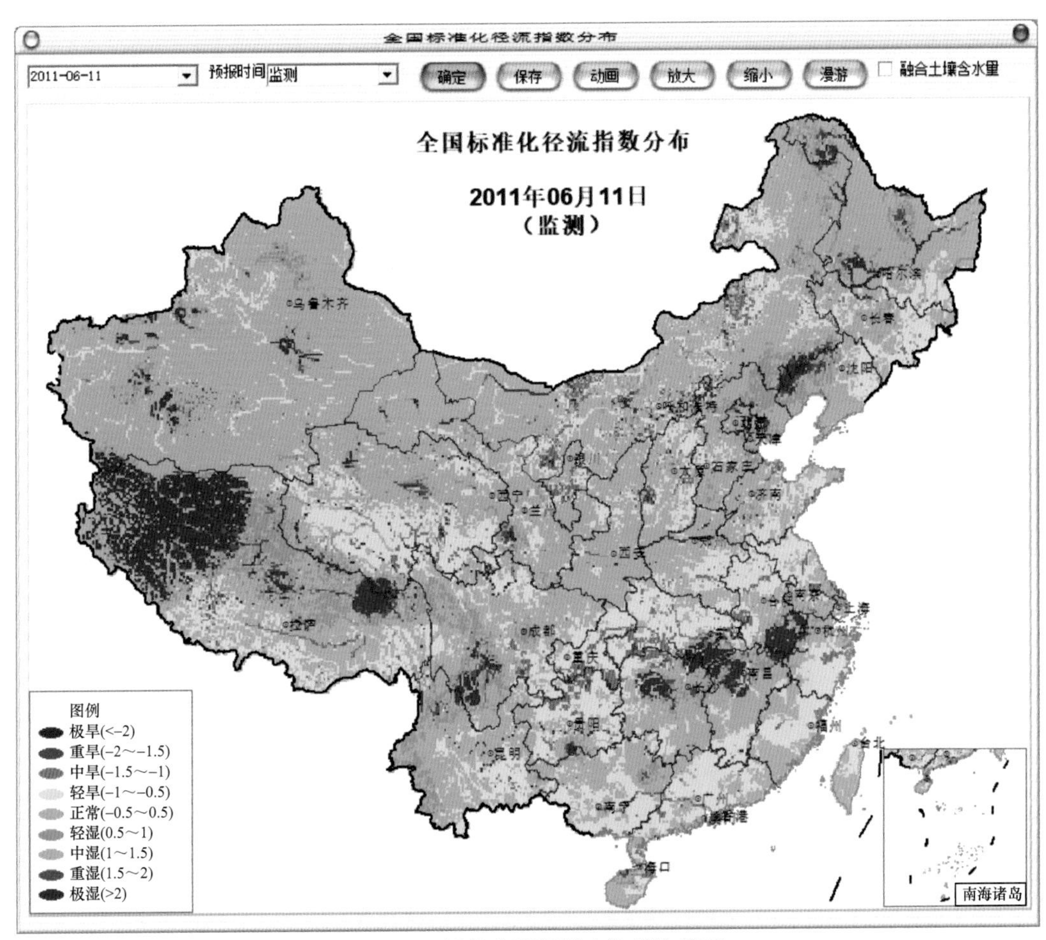

图 10.24　旱情监测预测查询模块界面

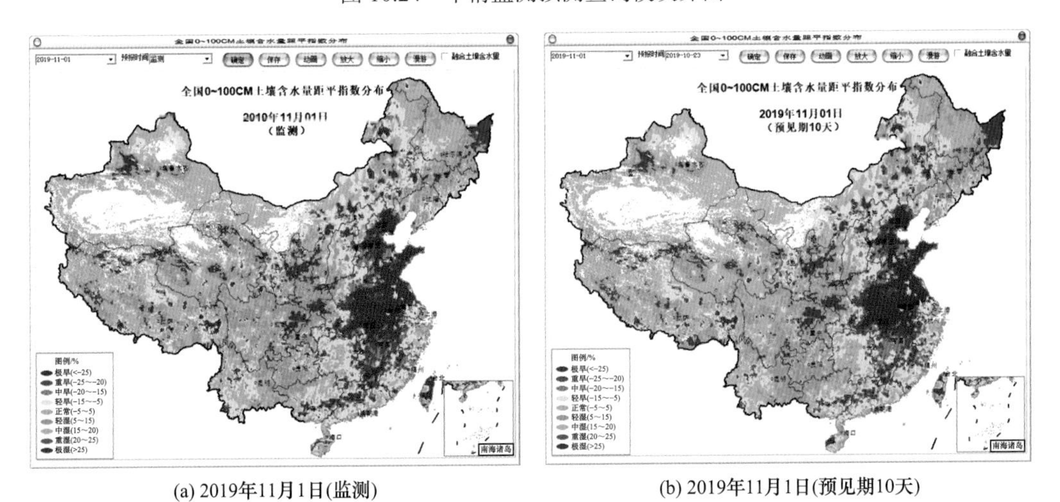

(a) 2019年11月1日(监测)　　(b) 2019年11月1日(预见期10天)

图 10.25　全国干旱监测与预测结果查询界面

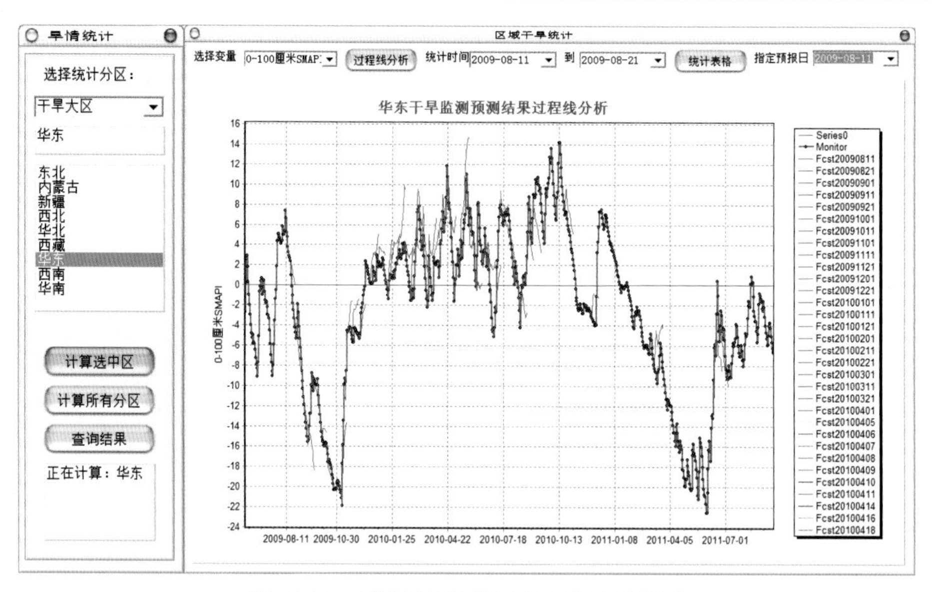

图 10.26　区域干旱指数过程查询显示界面

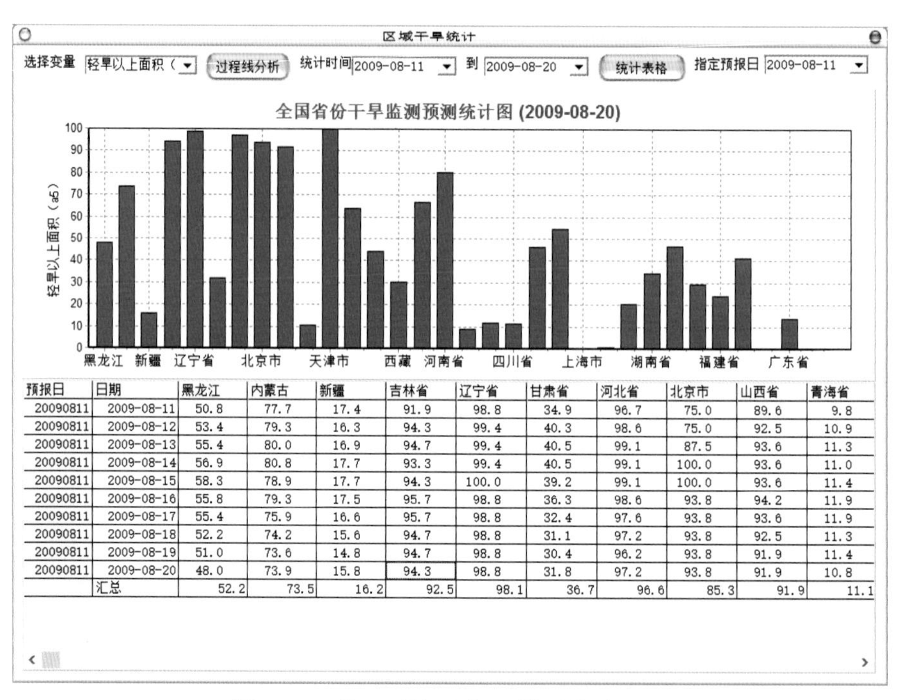

预报日	日期	黑龙江	内蒙古	新疆	吉林省	辽宁省	甘肃省	河北省	北京市	山西省	青海省
20090811	2009-08-11	50.8	77.7	17.4	91.9	98.8	34.9	96.7	75.0	89.6	9.8
20090811	2009-08-12	53.4	79.3	16.3	94.3	99.4	40.3	98.6	75.0	92.5	10.9
20090811	2009-08-13	55.4	80.0	16.9	94.7	99.4	40.5	99.1	87.5	93.6	11.3
20090811	2009-08-14	56.9	80.8	17.7	93.3	99.4	40.5	99.1	100.0	93.6	11.0
20090811	2009-08-15	58.3	78.9	17.7	94.3	100.0	39.2	99.1	100.0	93.6	11.4
20090811	2009-08-16	55.8	79.3	17.5	95.7	98.8	36.3	98.6	93.8	94.2	11.9
20090811	2009-08-17	55.4	75.9	16.6	95.7	98.8	32.4	97.6	93.8	93.6	11.9
20090811	2009-08-18	52.2	74.2	15.6	94.7	98.8	31.1	97.2	93.8	92.5	11.3
20090811	2009-08-19	51.0	73.6	14.8	94.7	98.8	30.4	96.2	93.8	91.9	11.4
20090811	2009-08-20	48.0	73.9	15.8	94.3	98.8	31.8	97.2	93.8	91.9	10.8
	汇总	52.2	73.5	16.2	92.5	98.1	36.7	96.6	85.3	91.9	11.1

图 10.27　分区干旱监测预测结果统计界面

10.3　系 统 应 用

本节构建的基于气象-水文耦合干旱预测系统对大范围干旱进行多尺度滚动预测是研究的一大特色。同时，系统中动态监测与预测实现无缝连接，使预测过程中不断引入实测数据校正，有效改进了预测结果。为了检验预测系统的实际效果，本节选用 2009～

2010 年西南大旱和 2011 年长江中下游大旱进行后预报验证，并选用 2014 年河南大旱为典型干旱事件，对系统进行实际预报应用检验。检验分为两部分：一是旱情动态监测评估分析；二是干旱预测分析。

10.3.1　2009～2010 年西南大旱

1. 2009～2010 年西南大旱概况

西南地区位于云贵高原上，西北为世界屋脊青藏高原，西侧为横断山脉，南接缅甸、老挝，东临平原地区，可受到分别来自孟加拉湾和南海的水汽影响。所处位置的复杂性导致其气候特殊，加上当地的地形和地貌原因，导致干旱频发。西南地区的干旱整体上以冬春两季干旱为主，尤其是冬春连旱影响较大。冬春连旱时，可持续 4～5 个月，有时也发生秋、冬、春连旱，例如，1959 年 11 月～1960 年 5 月，一些旱区持续 7 个月，以及 2009 年 8 月～2010 年 5 月一些旱区持续 10 个月。

2009～2010 年西南地区干旱过程可分为 4 个明显变化阶段：干旱增强、减弱、再增强、最后解除。

第一阶段：2009 年 8 月，云南东部出现轻度至中度气象干旱，10 月，云南大部、贵州南部及广西中北部地区持续出现无降水日，干旱区域由云南东部向中西部地区不断扩展，局部地区出现中度干旱。11 月以来，云南主要江河来水量较常年偏少 4 成多。12 月，云南大部、四川南部、贵州西部及广西西部存在中到重旱，云南中部、东部部分地区存在特旱。

第二阶段：12 月中旬西南地区出现了两次较大范围降水过程，过程总降水量>10mm 的地方主要出现在四川中东部、贵州中北部及广西东部地区，使得这些地区在中下旬旱情稍有缓解，云南特旱解除。

第三阶段：2010 年 1 月，云南与四川成灾区域扩大，云南西部出现极旱。2 月，云南和贵州出现连片重旱，同时极旱区域向东转移，贵州主要江河来水量较常年偏少 3 成多，2 月 23 日，西江干流梧州水文站(广西梧州)水位 1.60m，相应流量 680m^3/s，均为历史实测最小。3 月 1 日，各省大型水库蓄水量均比往年同期偏少 10% 以上。至 3 月中下旬，西南地区重旱区连片，极旱区的面积也不断扩大，云南大部分地区、贵州西部、广西北部均达到特大干旱等级。

第四阶段：3 月下旬起，西南部分旱区出现降水，其中云南大部地区出现>30mm 的降水，有效的降水使得贵州、云南及四川等地区气象干旱得到缓解或解除，至 5 月底，除云南中北部及贵州西部部分地区存在轻度气象干旱外，西南大部分旱区旱情基本解除。

此次干旱严重影响了农业生产和群众生活。以贵州为例，全省因旱灾受灾人口达到 1991.52 万人，占受灾县农业人口的 59%，其中高峰时段 695.2 万人和 503.36 万头大牲畜发生临时饮水困难(2010 年 4 月 5 日)，包括：城镇 86 万人，学校 40.4 万人，农村 568.8 万人。农作物受灾面积 156.83 万 hm^2，其中成灾面积 112 万 hm^2、绝收面积 51.86 万 hm^2。农业直接经济损失达到 95.51 亿元，总经济损失达到 139.99 亿元。统计西南地区此次干旱灾情，因旱饮水困难的人数超过 6000 万，耕地受旱面积超过 1 亿亩，经济损失高达

350 亿元。

2. 旱情动态监测评估分析

1) 旱情时间演变监测

图 10.28 为 2009～2010 年西南地区省份 0～100cm SMAPI 过程线界面。从图 10.28 中可以看出，此次干旱过程中，与其他省份相比，贵州省是最先受到干旱影响的省份，也是受干旱影响最重的省份。贵州省全省从 2009 年 8 月中旬整体进入干旱(SMAPI <−5) 之后，干旱发展迅速，9 月中旬即达到了极旱等级(SMAPI<−25)，之后的 7 个月，一直处于重旱以上，直到 2010 年 4 月干旱才逐渐缓解，2010 年 6 月中旬干旱解除。与贵州省相比，云南省进入干旱相对滞后，2009 年 9 月初整体进入干旱，干旱发展相对缓慢，2009 年 11 月初达到重旱等级并持续了 4 个月，2010 年 4 月开始整体徘徊在中旱和轻旱之间，持续到 2010 年 6 月也未缓解。实际上云南省在随后的 3 年都出现了严重的干旱。2009 年 9 月之后，四川、重庆和广西也相继出现干旱，广西也一度发展到重旱级别，但到了 2010 年 1 月中旬，广西的干旱便解除了，仅在 2010 年 3 月出现一次短暂的小干旱事件。此次干旱过程，四川受到的影响最小。

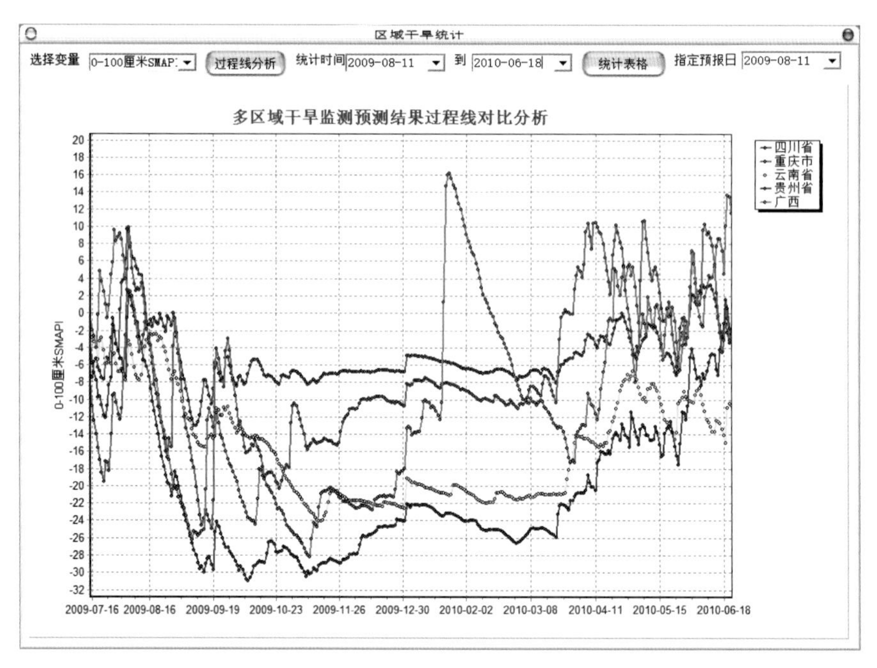

图 10.28　2009～2010 年西南地区省份 0～100cm SMAPI 过程线

从轻旱以上面积百分比来看(图 10.29)，此次干旱初期干旱影响范围大，2009 年 9 月上旬，轻旱以上影响面积各省份都超过 85%，其中广西和贵州一度达到 100%。贵州和云南 90% 以上的面积持续受轻度以上干旱影响长达 7 个月之久。广西和重庆轻旱以上干旱面积，在此次干旱过程中波动较大。而从重旱以上面积百分比来看(图 10.30)，由于贵州受到干旱影响最为严重，重旱以上面积覆盖范围最广，持续时间最长。

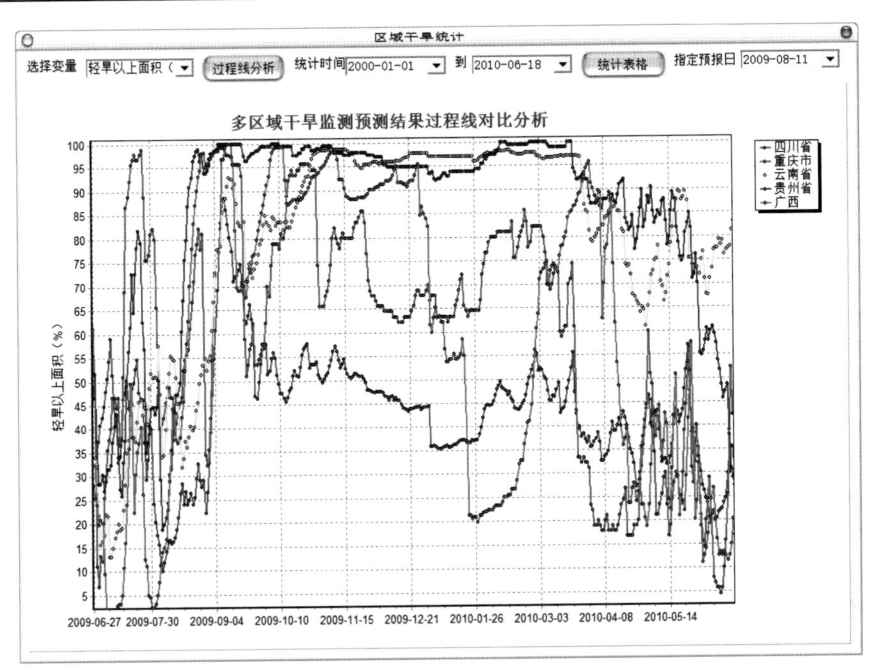

图 10.29　2009～2010 年西南地区省份轻旱以上面积百分比过程线

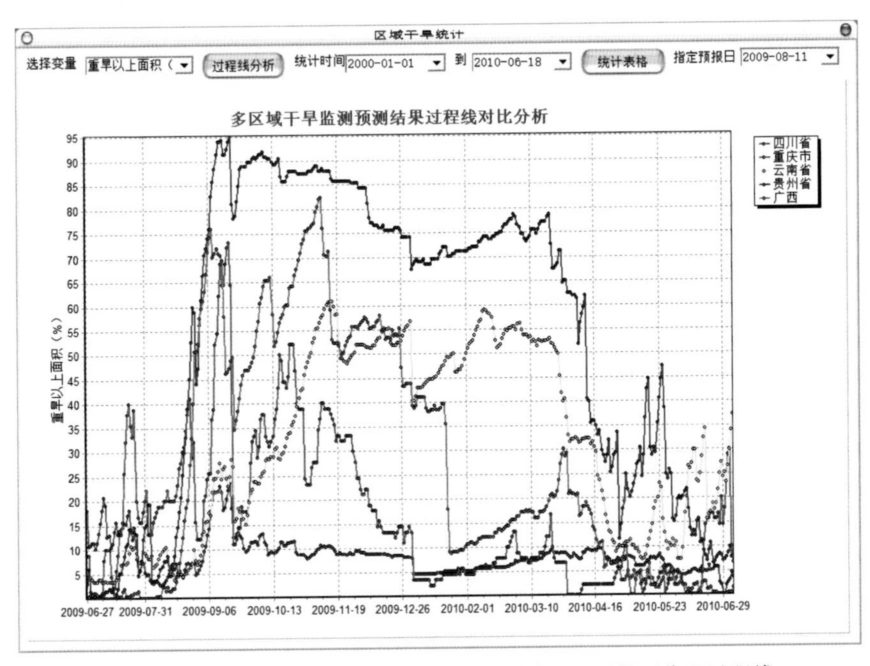

图 10.30　2009～2010 年西南地区省份重旱以上面积百分比过程线

2) 旱情空间演变监测

图 10.31 给出了 2009 年 8 月 1 日～2010 年 6 月 1 日，各月 1 日区域 0～100cm 土壤含水量距平指数(SMAPI)和标准化径流指数(SRI)的空间分布图。从图 10.31 中可以清楚看出，西南地区此次干旱过程的空间变化过程。

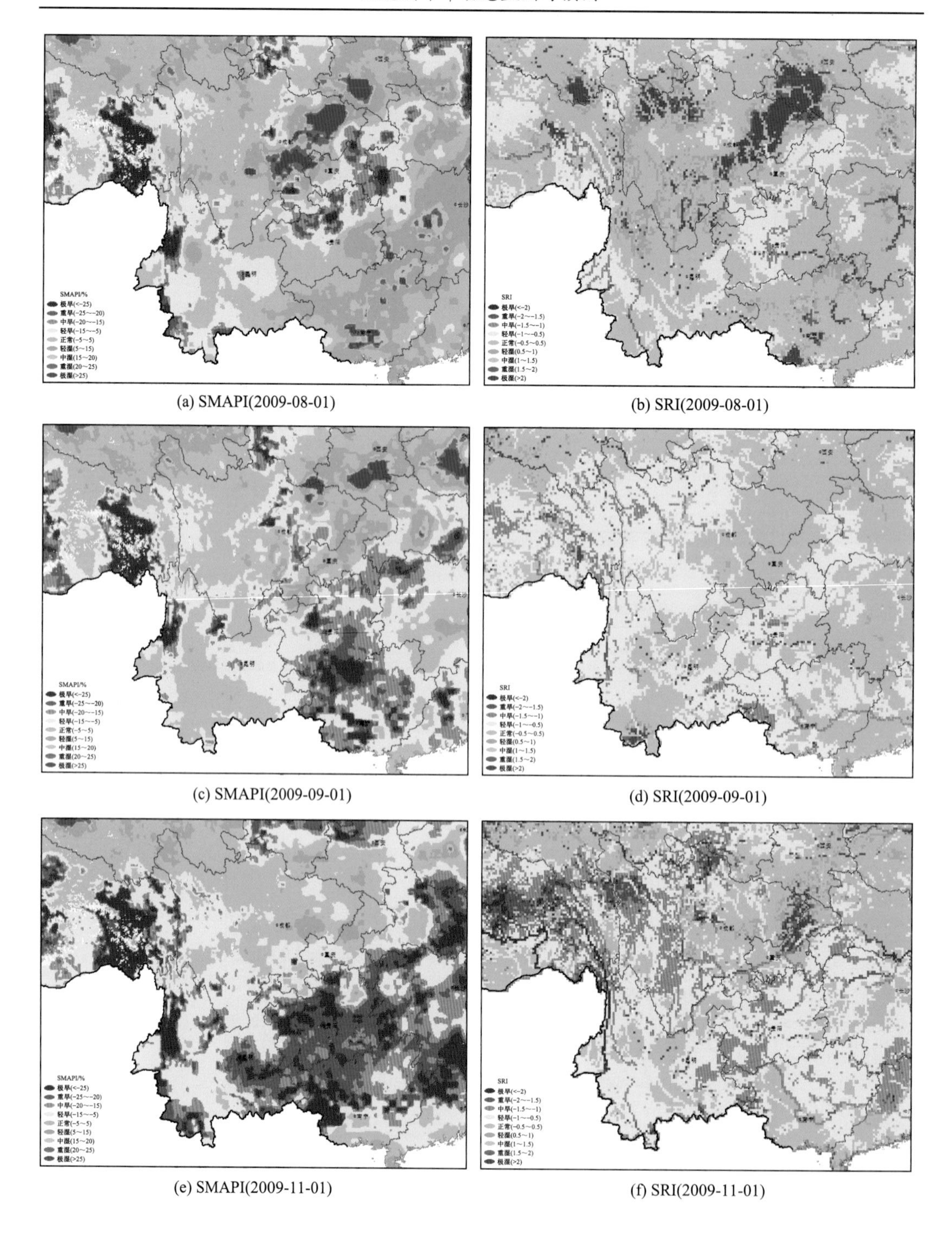

(a) SMAPI(2009-08-01)　　(b) SRI(2009-08-01)

(c) SMAPI(2009-09-01)　　(d) SRI(2009-09-01)

(e) SMAPI(2009-11-01)　　(f) SRI(2009-11-01)

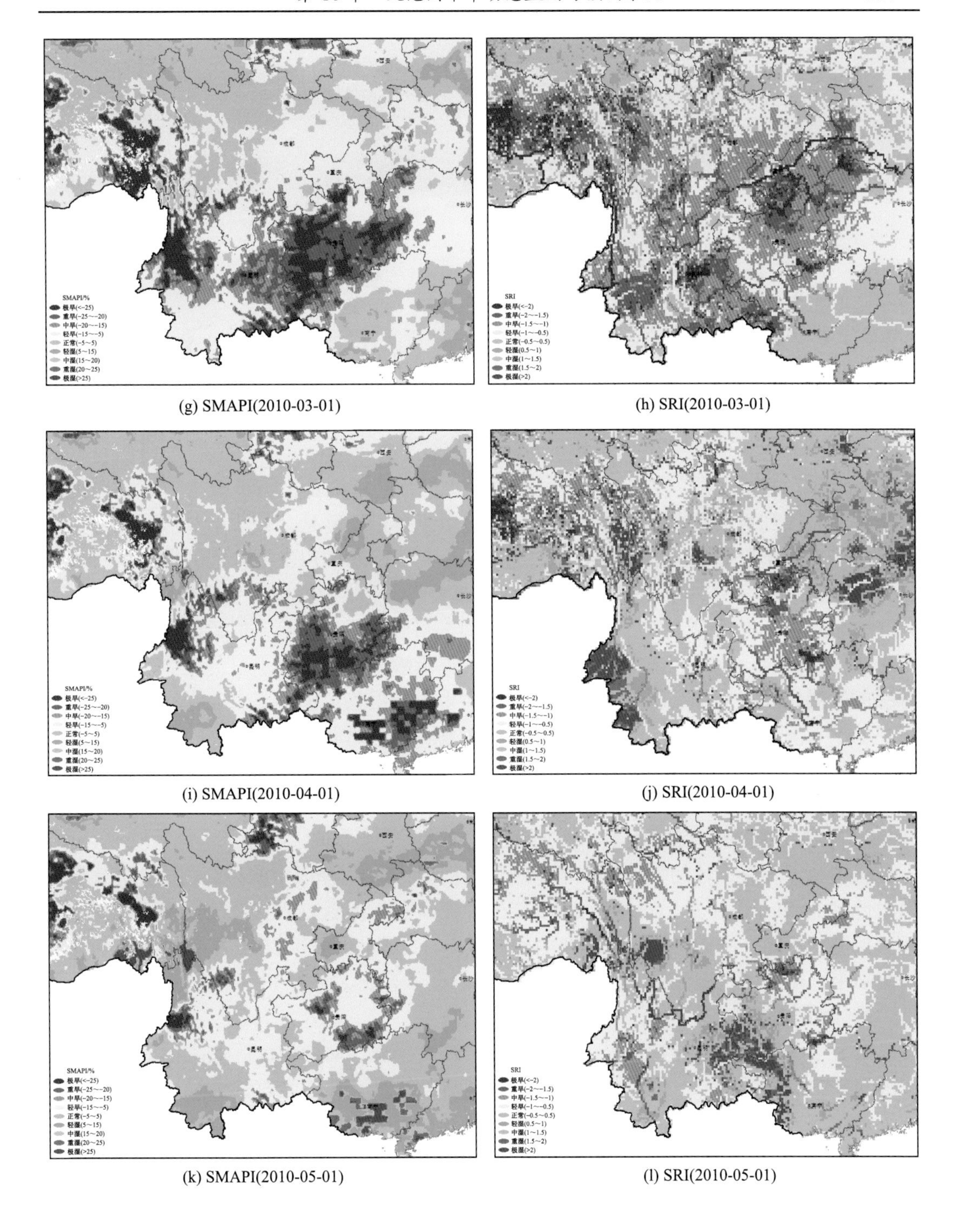

(g) SMAPI(2010-03-01)　　(h) SRI(2010-03-01)

(i) SMAPI(2010-04-01)　　(j) SRI(2010-04-01)

(k) SMAPI(2010-05-01)　　(l) SRI(2010-05-01)

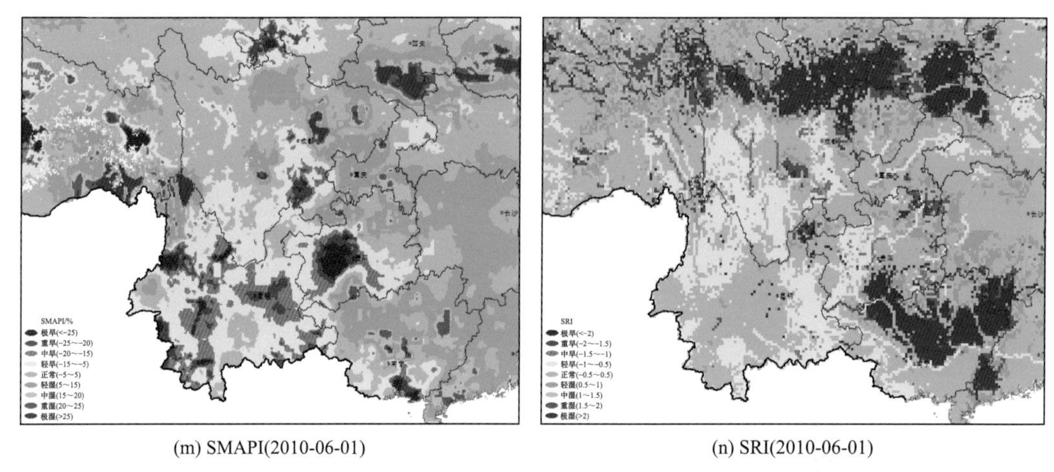

(m) SMAPI(2010-06-01)　　(n) SRI(2010-06-01)

图 10.31　2009～2010 年土壤含水量距平指数(SMAPI)和标准化径流指数(SRI)分布图

从图 10.31 显示的反映农业干旱的土壤含水量距平指数看，2009 年 8 月 1 日西南地区贵州、云南和重庆已经发生了局部干旱，之后干旱迅速蔓延，9 月 1 日广西和贵州大部发生干旱，干旱中心位于两地交界，之后干旱向云南和四川发展，2009 年 11 月 1 日到 2010 年 3 月 1 日干旱覆盖云南、贵州和广西大部，干旱中心位于三地交界，2010 年 4 月 1 日以后，干旱逐渐缓解，6 月 1 日广西和贵州大部干旱解除，但云南大部和贵州局部仍受干旱影响。从反映水文干旱的标准化径流指数来看，水文干旱的覆盖范围和干旱等级的发展较农业干旱有所延迟，各等级水文干旱的覆盖范围小于农业干旱，但两者所反映的干旱演变过程一致，都能很好地显示大范围干旱的动态发展过程。

3. 旱情预测分析

1) 干旱等级年尺度预测

采用基于环流指数的年尺度干旱等级预测模型，基于 2008 年的环流因子，本节预测西南地区 2009 年发生重旱；基于 2009 年的环流因子，预测 2010 年西南地区发生重旱，两次预测均正确。图 10.32 给出了全国九大干旱分区 2009 年和 2010 年年尺度干旱等级预测结果，图中西南地区预测结果都为 D2，即重旱等级。

2) 干旱趋势季尺度预测

本节基于天气系统异常信号的季尺度干旱预测模型，对西南地区此次干旱过程进行了滚动预测。由图 10.33 可知，逐旬滚动干旱趋势预测未来 3 个月的干旱过程线，能够大致预测出干旱过程的发生、持续、缓解等状态；进一步比较干旱趋势逐旬滚动后预报结果与实测结果(表 10.2)发现，本节所研制的预测模型对这场干旱实际发生、持续状态的预测准确(2009 年 10 月 18 日之前)，对干旱缓解阶段的预测也有较好的准确性(2009 年 11 月 2 日～2010 年 1 月 21 日)。这表明该方法对西南地区 2009～2010 年冬春连旱过程关键节点有较好的指示作用。尽管对干旱解除阶段(2010 年 1 月 31 日之后)预测多为“干旱缓解”，表明预测的强度不够，但对干旱缓解的趋势把握正确，因而也具有较高的参考价值。

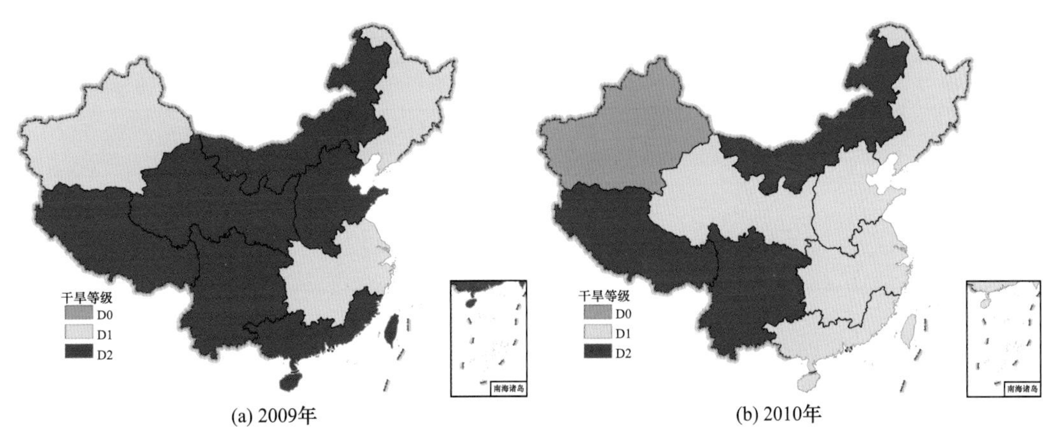

图 10.32　全国九大干旱分区 2009 年和 2010 年年尺度干旱等级预测结果

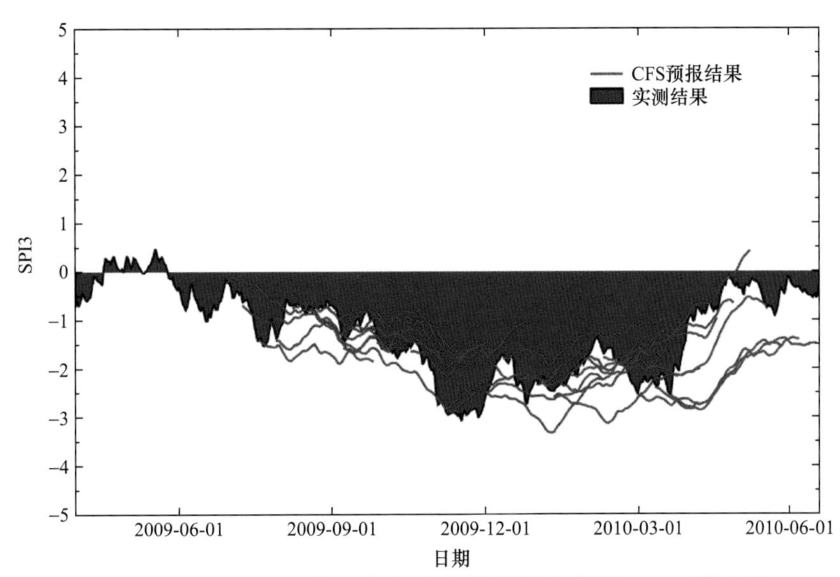

图 10.33　2009～2010 年西南大旱后预报结果与实测 SPI3 过程比较

表 10.2　2009～2010 年西南地区冬春连旱的季尺度干旱趋势滚动后预报结果与实测结果比较

起始日期	模拟结果	实测结果	结果评价	起始日期	模拟结果	实测结果	结果评价
2009-06-30	1	2	—	2009-09-28	3	2	—
2009-07-10	2	2	一致	2009-10-18	2	2	一致
2009-07-20	3	3	一致	2009-11-02	3	3	一致
2009-07-30	3	3	一致	2009-11-12	3	3	一致
2009-08-09	2	2	一致	2009-11-22	3	3	一致
2009-08-19	2	2	一致	2009-12-02	3	3	一致
2009-08-29	2	2	一致	2009-12-12	3	3	一致
2009-09-08	3	2	—	2009-12-22	3	3	一致
2009-09-18	2	2	一致	2010-01-01	3	3	一致

续表

起始日期	模拟结果	实测结果	结果评价	起始日期	模拟结果	实测结果	结果评价
2010-01-11	3	3	一致	2010-02-20	3	4	—
2010-01-21	3	3	一致	2010-03-02	3	4	—
2010-01-31	3	4	—	2010-03-12	3	4	—
2010-02-10	4	4	一致	2010-03-22	3	4	—

3) 旱情旬尺度动态预报

本节基于气象-水文耦合的干旱预测系统对西南地区的干旱过程进行了具有 10 天预见期的旬尺度滚动预报，并对预报结果进行了多角度的统计和验证，以分析预报结果的不确定性和适用性。

图 10.34 为贵州省 2009～2010 年干旱监测与旬尺度重旱以上面积预报过程图。总体来看，由于干旱过程持续时间长，对其进行全过程的预报基本不可能，旬尺度干旱预报只能预报干旱过程中的一小段，但基于监测的实时修正，通过滚动预报可以实现对干旱过程发展变化的短期预报。旬尺度干旱预报在干旱发生和干旱缓解阶段具有较好的精度，在干旱持续阶段预报效果相对较差。通常干旱发生阶段是由大范围长期持续的少雨造成的，此阶段降水事件相对较少，就降水预报来说，预报精度较高，相应的干旱预报效果较好。干旱缓解和结束阶段通常出现大范围高强度的降水，这种持续的大范围的降水事件降水预报相对稳定，具有较高的可预报性，相应的干旱过程预报效果也较好。但是，

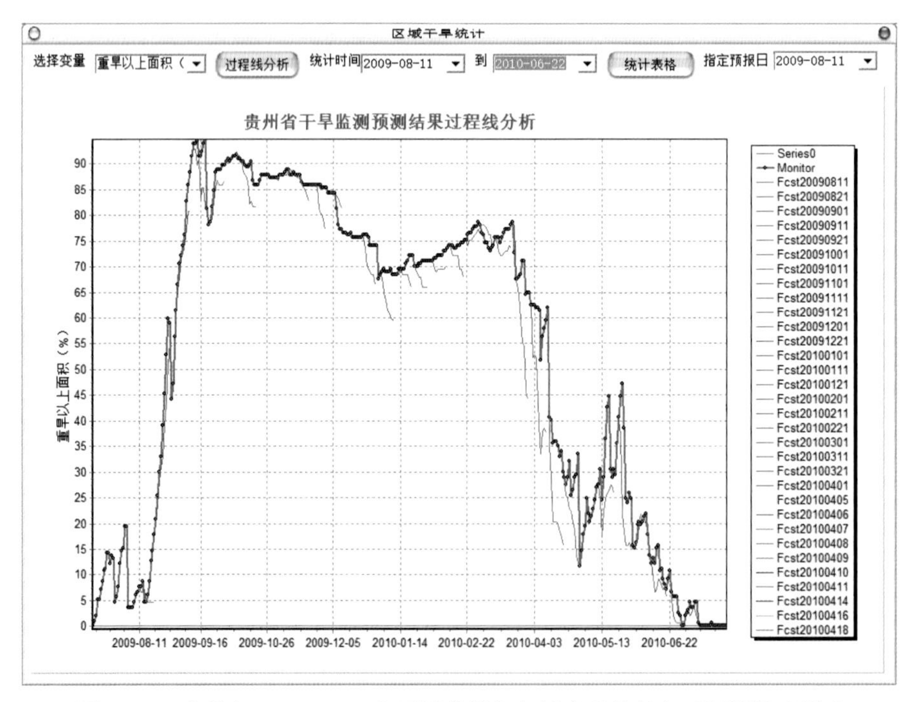

图 10.34　贵州省 2009～2010 年干旱监测与旬尺度重旱以上面积预报过程图

区域干旱持续阶段，通常出现局部的小降水事件，而气象模式对此类型降水的预报能力相对较差，相应的干旱过程预报不确定性也较大。

图 10.35 分别给出了云南省 2009～2010 年干旱监测与旬尺度 SMAPI 预报过程图，也具有上述的特征。干旱的发生阶段和干旱缓解阶段是抗旱管理决策的重要阶段，因此本节构建的气象-水文耦合干旱预测系统具有重要的应用价值，可为抗旱决策提供重要的决策依据和技术支撑。

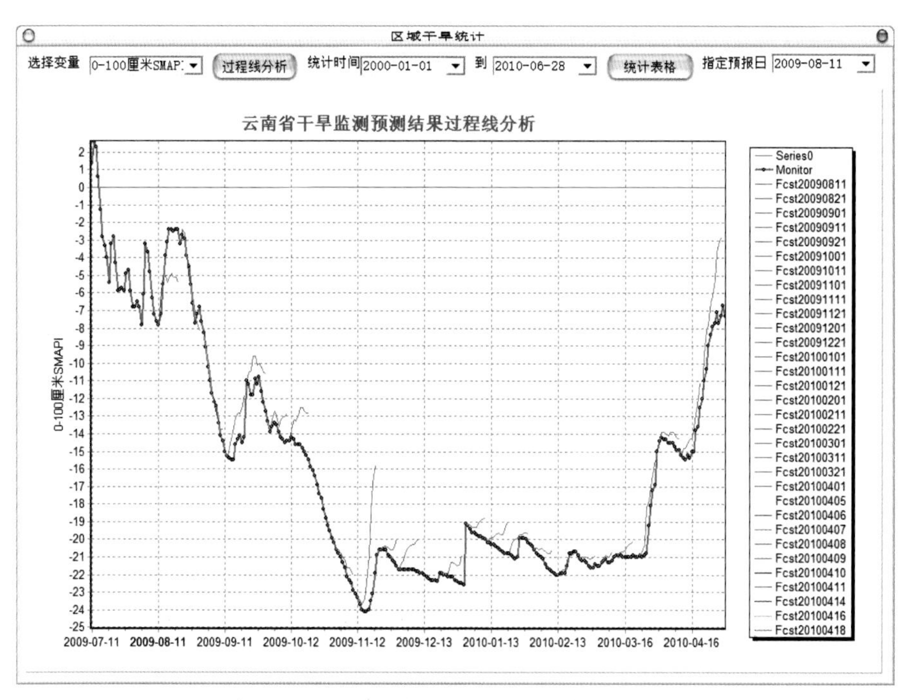

图 10.35　云南省 2009～2010 年干旱监测与旬尺度 SMAPI 预报过程图

10.3.2　2011 年长江中下游大旱

2011 年冬春季节，长江中下游地区降水持续偏少，连续 5 个月的降水量都较常年偏少 50% 左右(近 60 年来历史同期最少)，加上气温显著偏高，发生近 60 年来最严重的冬春气象干旱。

4 月，长江中下游大部地区气温较常年同期偏高 1～2℃，降水量较常年同期偏少 5 成以上。4 月上旬，江南北部一带出现轻旱，湘西出现中旱；中旬，长江中下游大部有轻旱，江淮东部、江南南部存在中旱；下旬，大部分区域存在中度以上干旱，旱情持续发展，受旱面积占区域总面积(去除水体面积)的 50.9%，其中湖北北部、安徽大部、江苏西部、湖南西南部存在重旱。

5 月，长江中下游地区气温较常年同期偏高 1～2℃，降水量仅为往年均值的 42%，其余大部区域偏少 30%～50%，旱情在 4 月的基础上持续发展。5 月上旬，江西南部和浙江南部旱情缓解，以轻旱为主，淮北区域出现重旱；中旬，江淮、江汉北部和江西南部旱情缓解，其余区域仍存在中旱到重旱，重旱区位于江苏南部、上海及湘、赣、鄂三省交界处；下旬，江苏、浙江旱情缓解，湖北东南部、江西西北部和湖南北部局地有中旱。

6 月，长江中下游地区出现降水过程，江南、江淮、江汉等地降水量为 200～400mm，江南东北部地区达 400～600mm，局部地区达 800mm，6 月底长江中下游旱情基本解除。

此次旱灾过程持续时间虽然较短，但是影响范围广，据统计，湖南、湖北、安徽、江西、江苏五省有 3483.3 万人遭受旱灾，423.6 万人饮水困难，饮水困难大小牲畜 107 万头，农作物受灾面积 370.5 万 hm^2，其中绝收面积 16.7 万 hm^2，直接经济损失达 149.4 亿元。

1. 旱情动态监测评估分析

1) 旱情时间演变监测

图 10.36 是长江中下游地区 2011 年江苏、安徽、湖北、江西和湖南五省 0～100cm SMAPI 过程线对比图。图中显示此次干旱开始于 2011 年 3 月下旬，江西首先进入中旱级别，其余 4 省干旱发展过程较为一致，反映了此次干旱覆盖范围大。干旱由 4 月初持续到 6 月中旬，干旱历时并不太长，6 月中旬的大范围强降水过程导致干旱迅速缓解。但是由于此次干旱沿长江中下游干流两边发展，各省区干旱发展同步，且覆盖范围大，导致长江干流特别是两湖区域干旱发展迅速，江湖出现严重的缺水，干旱影响严重。

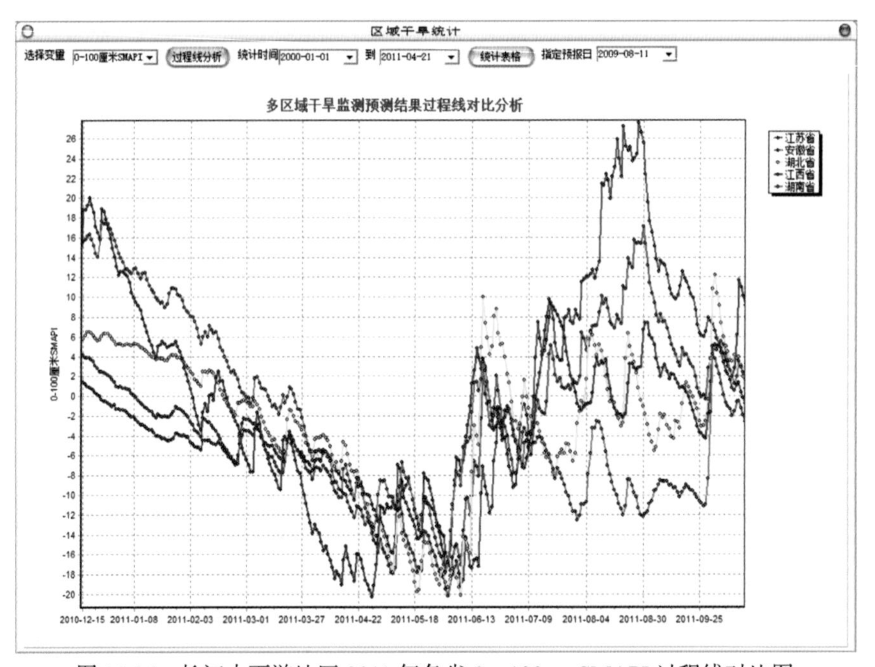

图 10.36　长江中下游地区 2011 年各省 0～100cm SMAPI 过程线对比图

图 10.37 和图 10.38 分别是江苏、安徽、湖北、江西和湖南五省 2011 年 2～8 月轻旱和重旱以上面积百分比过程图。由图 10.38 可知，4 月江西轻旱以上面积超过 95%，5 月降到 70% 以下，6 月重新扩大到 95% 以上，但随着干旱的解除，很快降到 20%以下。其他省 5 月干旱面积达到最大，6 月中旬逐渐减小，其中江苏干旱解除得最晚。重旱以上面积各省基本都在 50%以下，重旱的中心由江西向湖北、安徽和江苏转移。

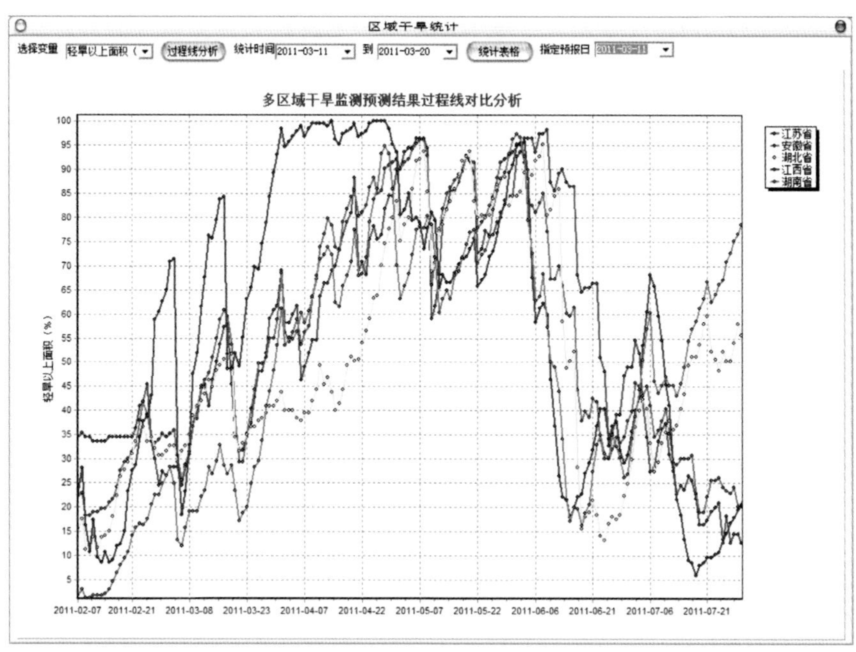

图 10.37　长江中下游地区 2011 年各省轻旱以上面积比例过程线对比图

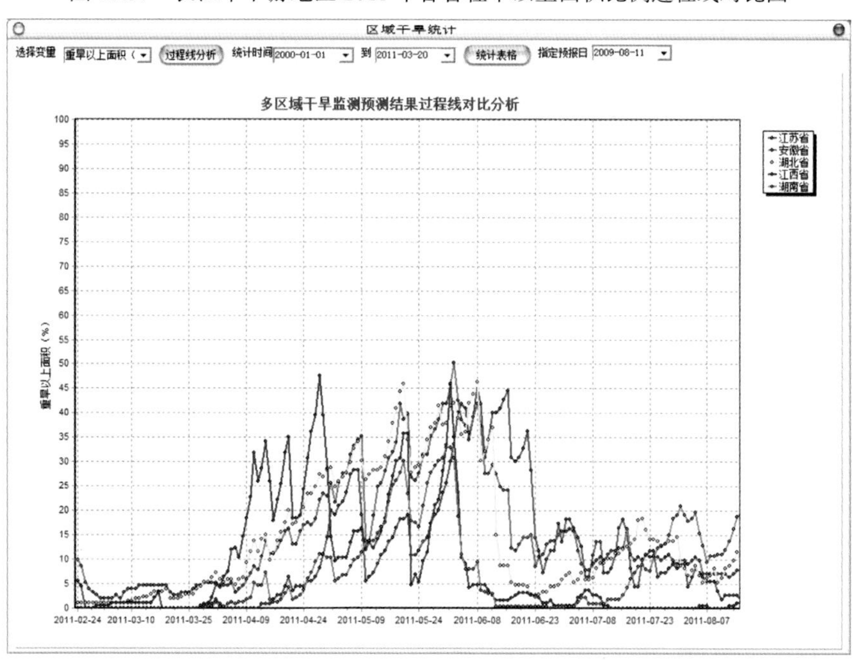

图 10.38　长江中下游地区 2011 年各省重旱以上面积比例过程线对比图

2) 旱情空间演变监测

图 10.39 是 2011 年 4～7 月区域土壤含水量距平指数(SMAPI)和标准化径流指数(SRI)分布图。图中显示，2011 年 4 月 1 日土壤含水量距平指数反映的农业干旱已覆盖长江中下游地区，干旱中心在江西、湖南和湖北的长江干流沿线；标准化径流指数反映的水文干旱分布范围和干旱等级与农业干旱接近。5 月 1 日农业干旱迅速向更严重的等级发展，

干旱程度加重，重旱以上区域覆盖大部分地区，干旱范围扩展至淮河和珠江流域；水文干旱发展相对缓慢，但长江干流出现重度水文干旱。6 月 1 日农业干旱继续向更广和更

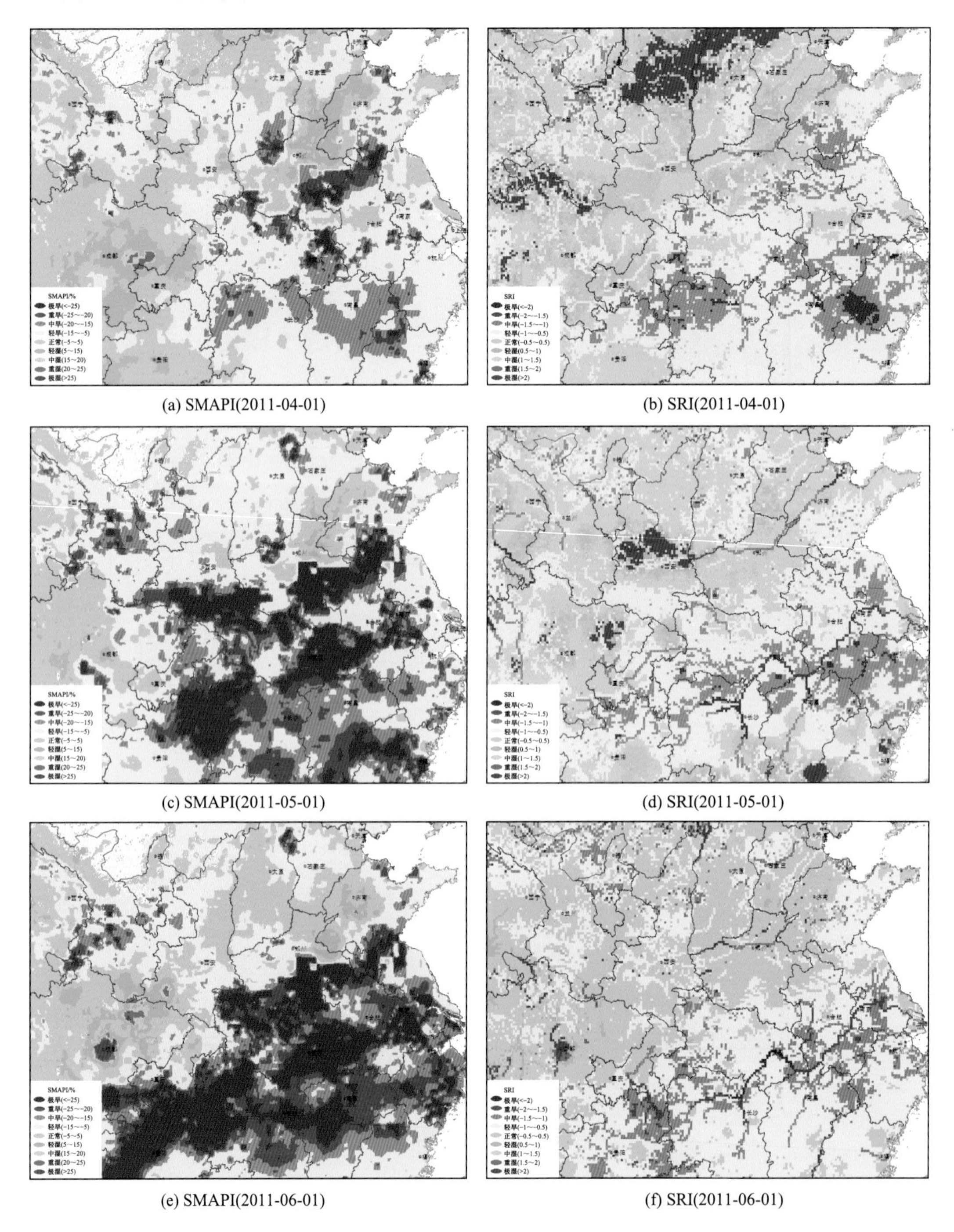

(a) SMAPI(2011-04-01)　(b) SRI(2011-04-01)

(c) SMAPI(2011-05-01)　(d) SRI(2011-05-01)

(e) SMAPI(2011-06-01)　(f) SRI(2011-06-01)

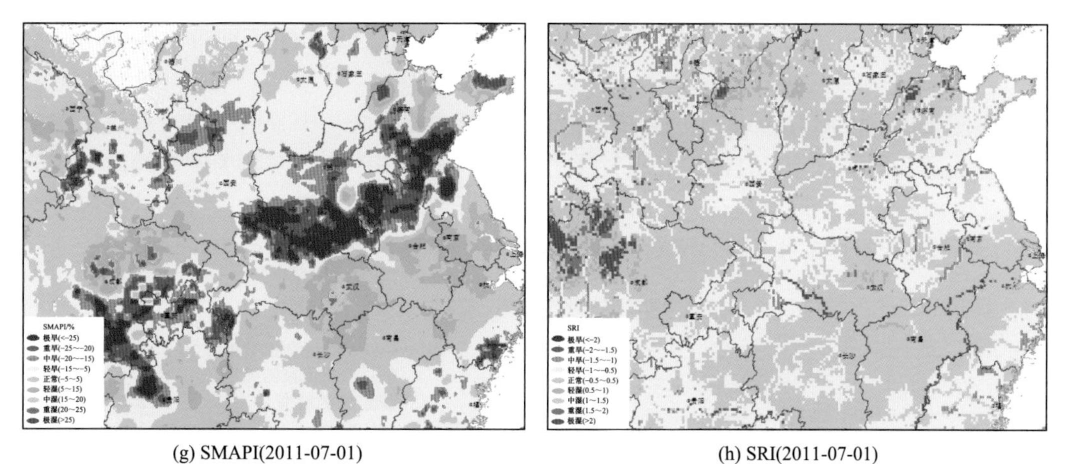

(g) SMAPI(2011-07-01)　　(h) SRI(2011-07-01)

图 10.39　2011 年 4～7 月区域土壤含水量距平指数(SMAPI)和标准化径流指数(SRI)分布图

重方向发展，重度以上干旱向长江上游下段和长江口段发展；重度以上水文干旱也由干流向支流发展。在 6 月中旬的强降水出现后，7 月 1 日长江中下游沿线的农业干旱和水文干旱迅速缓解，大部分地区已解除干旱，恢复到正常状态。

2. 旱情预测分析

1) 干旱等级年尺度预测

采用基于环流指数的年尺度干旱等级预测模型，基于 2010 年的环流因子，本节预测长江中下游所在的华东地区 2011 年发生重旱，预测结果正确。图 10.40 给出了全国九大

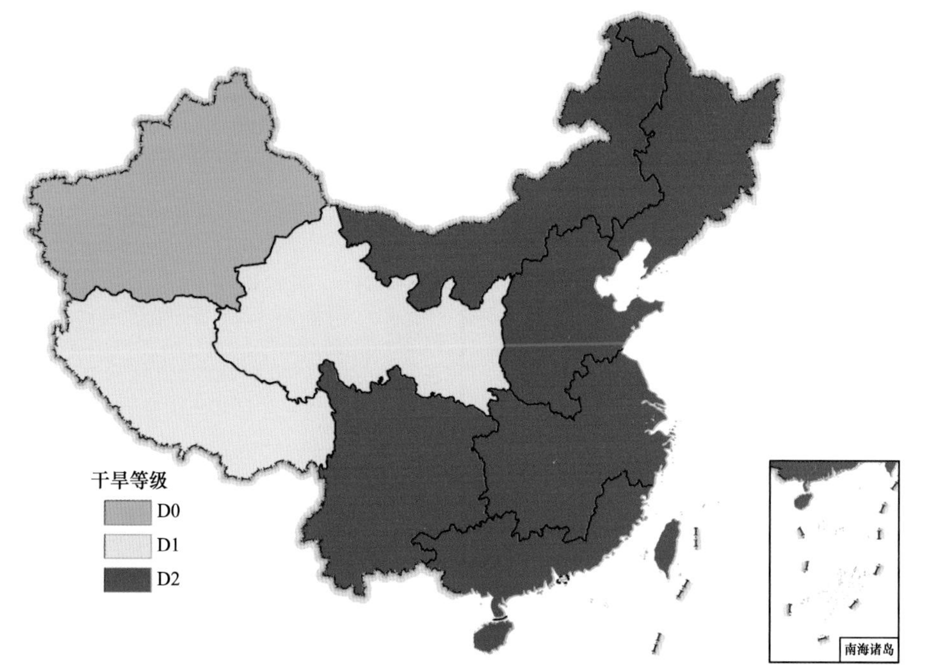

图 10.40　全国九大干旱分区 2011 年干旱等级预测结果

干旱分区 2011 年干旱等级预测结果，图中华东地区预测结果为 D2，即重旱等级。

2) 干旱趋势季尺度预测

由图 10.41 和表 10.3 可知，逐旬滚动干旱趋势预测未来三个月的干旱过程线，对干旱过程缓解和解除状态(2011 年 4 月 1 日之后)预测成功率不高；实际为干旱缓解、解除状态，而预测为干旱持续状态。然而，对于 2011 年华东干旱过程中的发生和持续等状态(2011 年 1 月 1 日～3 月 22 日)预测准确，对早期干旱预警具有一定参考价值。

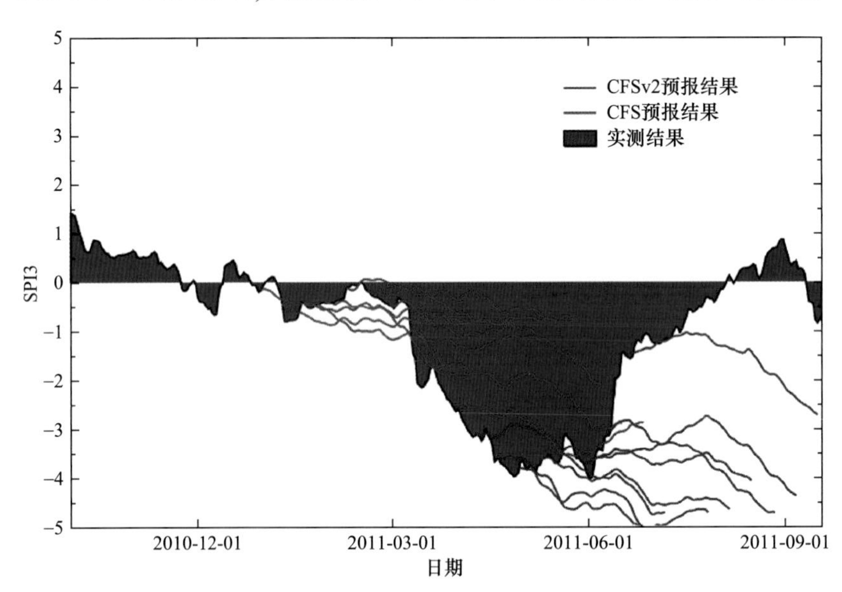

图 10.41　2011 年华东地区大旱后预报结果与实测 SPI3 过程比较

表 10.3　2011 年华东地区大旱的季节尺度干旱趋势滚动后预报结果与实测结果比较

起始日期	模拟结果	实测结果	结果评价	起始日期	模拟结果	实测结果	结果评价
2011-01-01	1	1	一致	2011-04-01	2	3	—
2011-01-11	1	1	一致	2011-04-11	2	3	—
2011-01-21	1	1	一致	2011-04-21	2	3	—
2011-01-31	1	1	一致	2011-05-01	2	3	—
2011-02-10	1	1	一致	2011-05-11	2	4	—
2011-02-20	1	1	一致	2011-05-21	2	4	—
2011-03-02	1	1	一致	2011-06-01	2	4	—
2011-03-12	2	2	一致	2011-06-11	3	4	—
2011-03-22	2	2	一致	2011-06-21	3	4	—

3) 旱情旬尺度动态预报

此次干旱过程持续大约 2.5 个月，在此期间，与西南干旱一样，本节开展了旬尺度干旱滚动预报。图 10.42 和图 10.43 分别给出了江西省和华东地区的干旱监测与旬尺度 SMAPI 预报过程图。预报结果同样表明，耦合模型对干旱发生和干旱结束阶段的预报具有较高的精度，2011 年 6 月 1 日和 11 日的两次预报，较为准确地预报出了旱涝急转的过程。但是，4 月 1 日和 5 月 1 日两次错误地预报了干旱的缓解和解除。由此可见，对于干旱持续阶段的预测耦合模型仍然具有较大的不确定性。

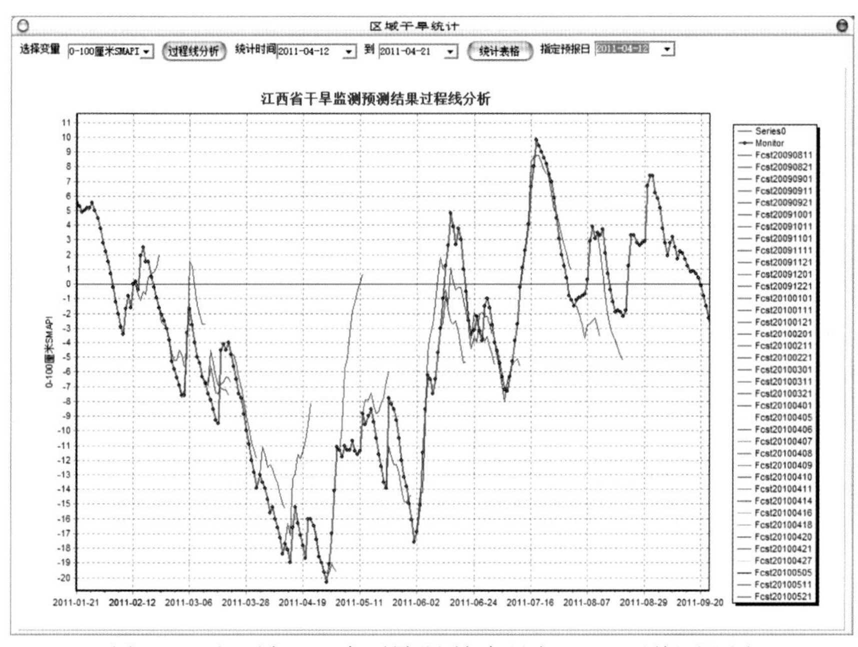

图 10.42　江西省 2011 年干旱监测与旬尺度 SMAPI 预报过程图

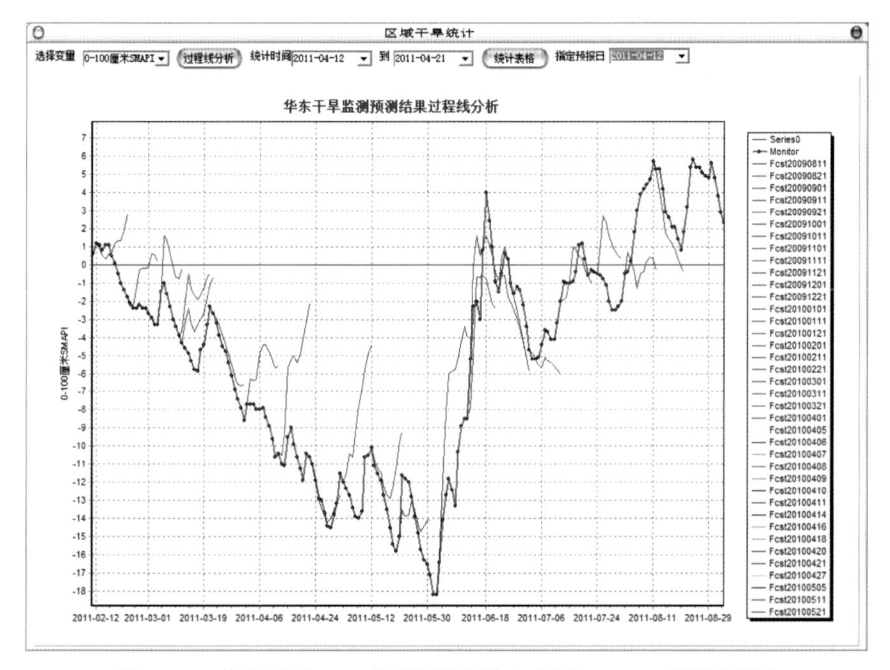

图 10.43　华东地区 2011 年干旱监测与旬尺度 SMAPI 预报过程图

10.3.3　2014 年河南大旱

2014 年入夏后，我国多地持续高温少雨天气，导致部分省份干旱现象严重，河南省更是遭遇 63 年来最严重的夏旱。自 6 月以来，河南省平均降水量仅为 96mm，较常年同期(254mm)减少 62%，为 1951 年以来同期最低值。

2014 年汛期河南省缺乏降水，且全省平均气温 26.5℃，比常年平均值偏高 0.4℃。7 月全省持续大范围高温天气，7 月 21 日西北部和中西部达到 40℃以上，其中孟州站 42.9℃，为全省最高，突破历史极值，且全省主要河道控制站月平均流量，除黄河外均较多年同期平均值减少 70%～90%。持续干旱少雨使全省大部分地区发生旱情，约 50%的县市气象干旱达到重旱等级，有 19.3% 的县市达到特旱等级。

2014 年 7 月 29 日河南北中部部分地区迎来入汛后较大范围的一场降雨，但降水过程对流性强，分布不均匀，对缓解旱情意义不大。8 月中旬以后，全省出现了几次降水过程，旱情逐步缓解，8 月 29 日～9 月 2 日，河南省出现一次大范围降水过程，全省平均降水量 49mm，全省农业旱情基本解除。

此次干旱高峰时全省秋粮受旱面积 180.9 万 hm^2，其中重旱 57.5 万 hm^2；全省山丘区有 74.2 万人、10.7 万头大牲畜出现临时性吃水困难问题。以焦作市为例，焦作市受旱面积达到 $7.13\times10^4hm^2$，重旱面积 $1.41\times10^4hm^2$，因干旱受灾总人口 27.5 万人，农作物受灾总面积 15962hm^2，成灾总面积 10746.8hm^2，绝收 2082.2hm^2，农作物经济损失 8201.5 万元。据有关部门公布的统计数字，全省有 24.5 万人、8 万头大牲畜发生临时性吃水困难，秋粮受旱面积达 154 万 hm^2，严重干旱 40.7 万 hm^2。

1. 旱情动态监测评估分析

1) 旱情时间演变监测

图 10.44 是河南省 2014 年 4～9 月 0～100cm SMAPI 过程线。图中显示，5 月初河南地区整体进入轻旱状态，持续到 6 月下旬；7 月初干旱进一步发展，进入重旱状态，并于 7 月中旬进入极旱状态，一直持续到 8 月底；9 月初，随着大范围降水的到来，干旱开始缓解，9 月中旬干旱解除。此次干旱，从干旱发生到干旱指数达到极值历时 3 个月，严重以上干旱状态持续 1 个月，干旱缓解到最终解除历时半个月。从重旱以上面积比例来看(图 10.45)，此次干旱，重旱以上区域从 6 月下旬开始发展，7 月下旬达到最大值(80%)，之后在 50%～80%变动，持续到 8 月底。干旱影响范围广，影响程度重。

2) 旱情空间演变监测

图 10.46 是 2014 年 6～9 月河南省土壤含水量距平指数(SMAPI)和标准化径流指数(SRI)分布图。由图可见，6 月 1 日农业干旱出现在河南北部和西部，干旱中心在许昌及周边；水文干旱相对较少，仅在黄河干流部分河段出现了重旱。7 月 1 日干旱中心发展，横贯河南中部南阳—周口一线；水文干旱有所发展，南阳、平顶山和商丘大部出现轻旱，黄河郑州和开封段出现中旱。8 月 5 日中等以上干旱全面覆盖河南省，开封、许昌、平顶山、南阳、漯河、周口和驻马店全境出现极旱等级；但是水文干旱却出现相对的缓解，主要原因是 7 月 28～30 日出现一次降水过程，有效补充了河道径流。9 月 16 日全省大

部地区农业干旱解除，干旱退至南阳的部分地区；水文干旱全面解除。

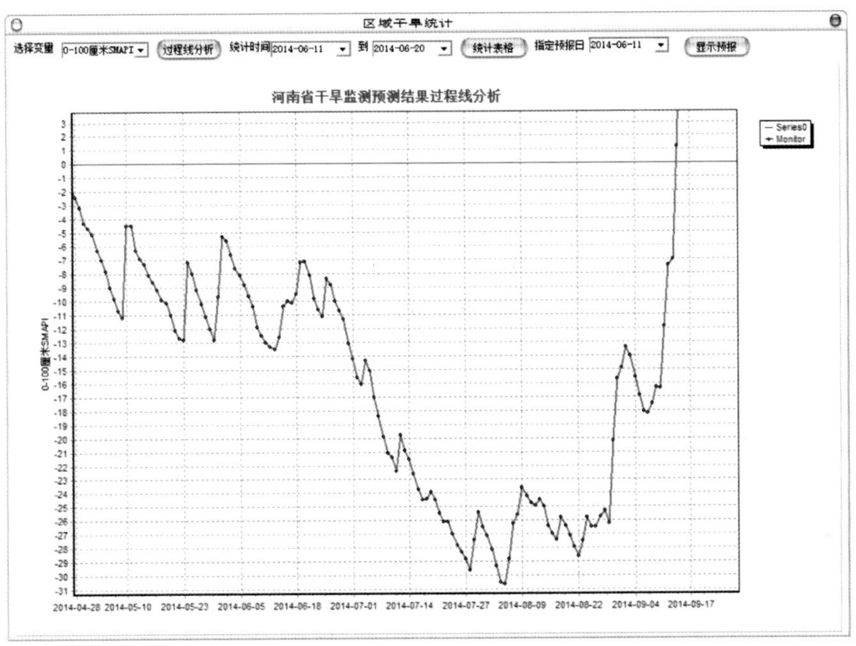

图 10.44　河南省 2014 年 4～9 月 0～100cm SMAPI 过程线图

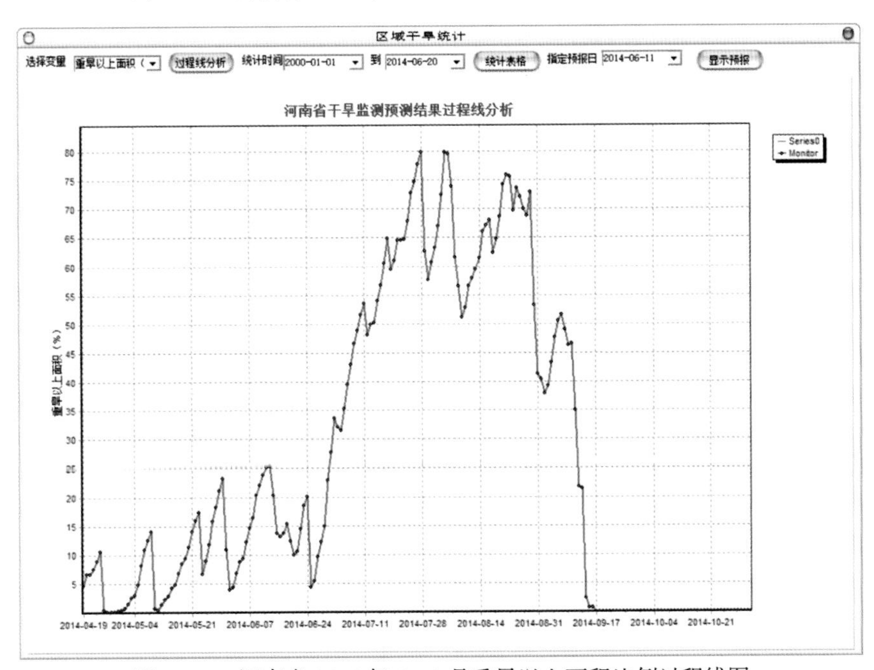

图 10.45　河南省 2014 年 4～9 月重旱以上面积比例过程线图

2. 旱情预测分析

1) 年尺度干旱等级预测

采用基于环流指数的年度干旱等级预测模型，基于 2013 年的环流因子，本节预测华北地区 2014 年发生重旱，预测结果正确。图 10.47 给出了全国九大干旱分区 2014 年干旱等级预测结果，图 10.47 中华北地区预测结果为 D2，即重旱等级。

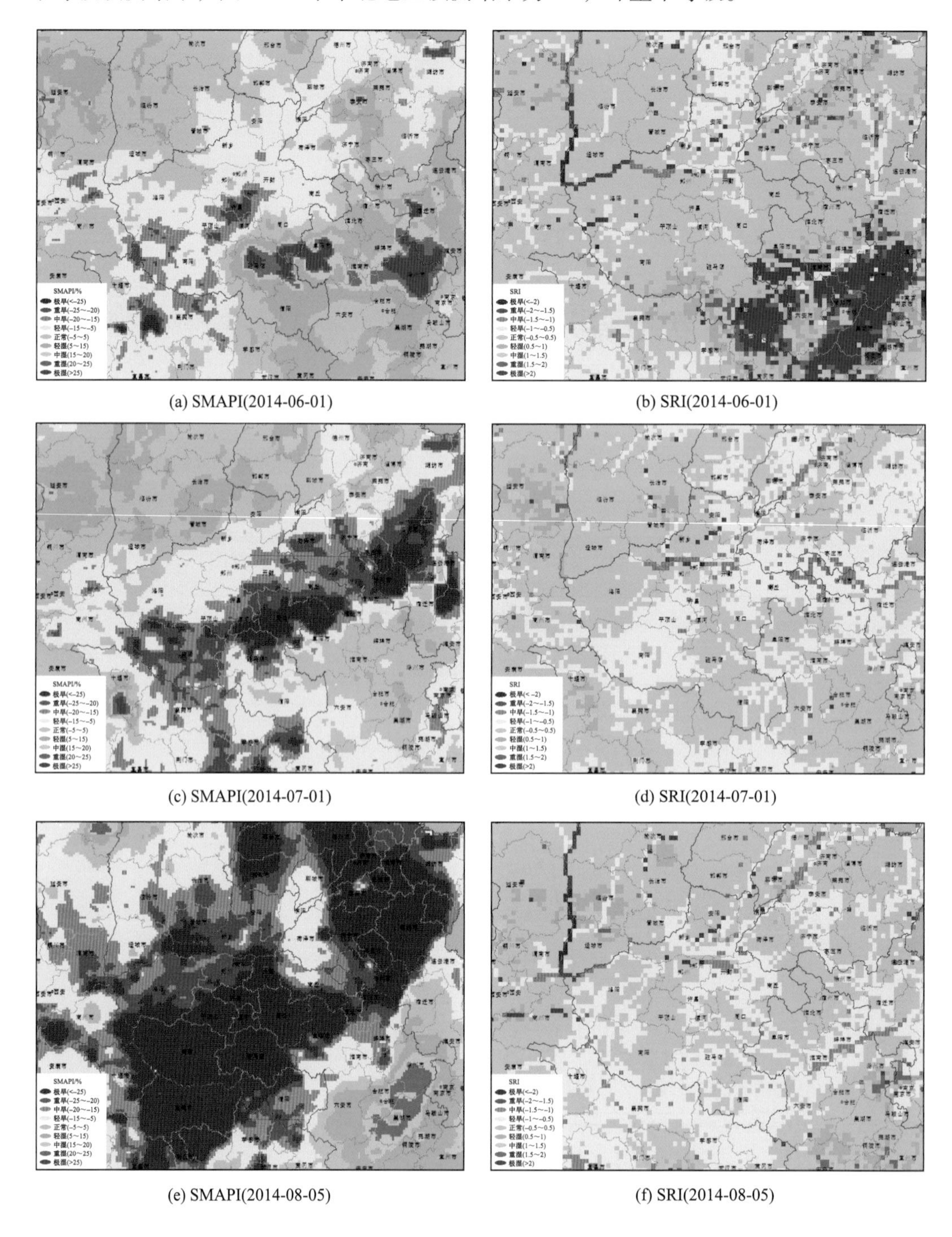

(a) SMAPI(2014-06-01)　(b) SRI(2014-06-01)

(c) SMAPI(2014-07-01)　(d) SRI(2014-07-01)

(e) SMAPI(2014-08-05)　(f) SRI(2014-08-05)

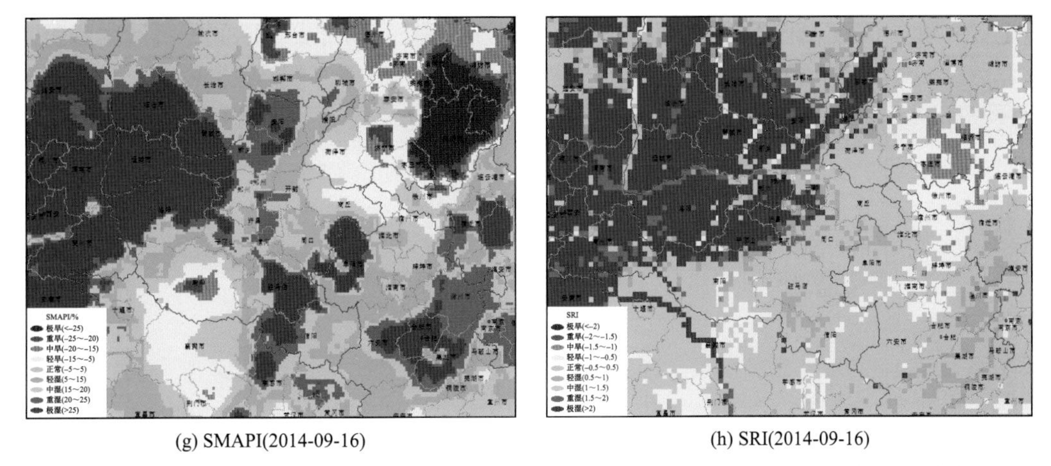

(g) SMAPI(2014-09-16)　　(h) SRI(2014-09-16)

图 10.46　2014 年 6～9 月河南省土壤含水量距平指数(SMAPI)和标准化径流指数(SRI)分布图

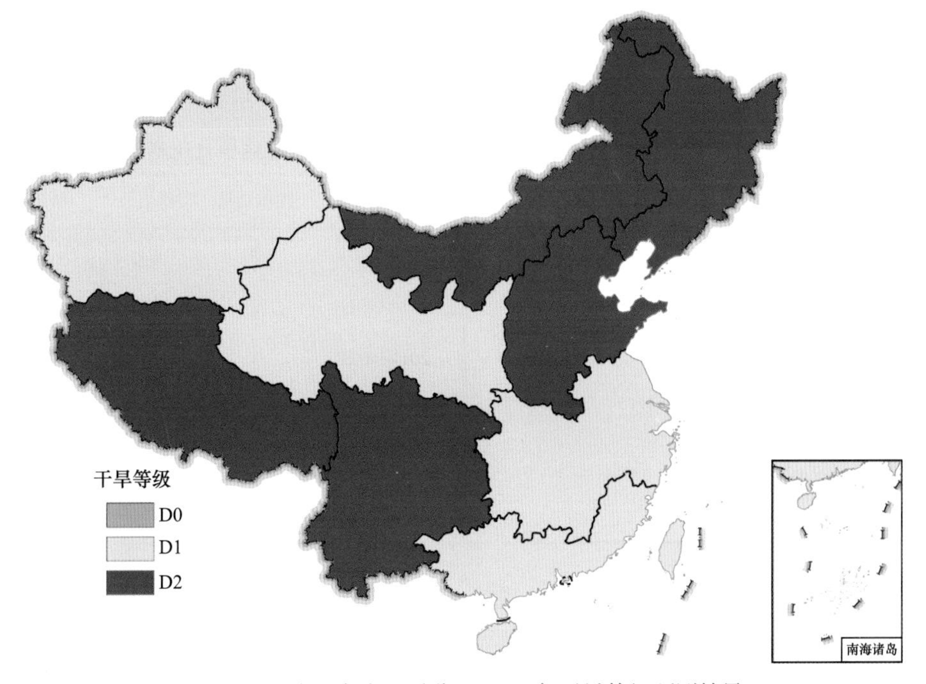

图 10.47　全国九大干旱分区 2014 年干旱等级预测结果

2) 干旱季尺度趋势预测

由图 10.48 和表 10.4 可知，逐旬滚动干旱趋势预测未来三个月的干旱过程线，能够大致预测出干旱过程的趋势变化。2014 年，华北地区干旱历时较短、变化发展迅速，致使在干旱过程初期的预测结果与实测趋势有较大出入，预测结果为“干旱发生”、“干旱持续”，而实测结果为“干旱解除”。尽管如此，对于 2014 年 9 月 1 日之后的干旱解除阶段，预测结果与实测趋势一致，表明对干旱过程的最终缓解仍有较好的参考价值。

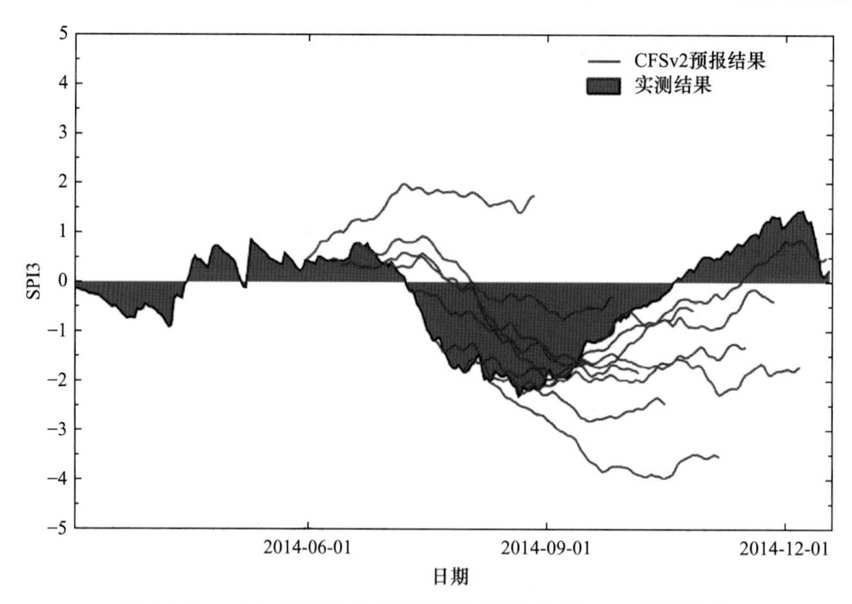

图 10.48　2014 年华北大旱后预报结果与实测 SPI3 过程比较

表 10.4　2014 年华北地区大旱的季尺度干旱趋势滚动后预报结果与实测结果比较

起始日期	模拟结果	实测结果	结果评价	起始日期	模拟结果	实测结果	结果评价
2014-06-01	0	4	—	2014-08-01	3	4	—
2014-06-11	1	4	—	2014-08-11	2	4	—
2014-06-21	1	4	—	2014-08-21	3	4	—
2014-07-01	1	1	一致	2014-09-01	4	4	一致
2014-07-11	1	3	—	2014-09-11	3	4	—
2014-07-21	2	4	—	2014-09-21	4	4	一致

3) 旱情旬尺度动态预报

为了多方面验证干旱预报的效果，从过程线和分布图两方面进行验证。图 10.49 是河南省 2014 年 8 月 21 日预报与监测土壤含水量距平指数分布对比图。图 10.49 中给出了此次预报 23 日、27 日和 30 日的 SMAPI 分布，预见期分别是 3 天、7 天和 10 天。从图 10.49 中可以看出，8 月 23 日和 27 日预报与监测结果在干旱等级和干旱覆盖范围总体上较为一致，在南阳周边预报的极旱等级覆盖范围比监测的大一些。8 月 30 日预报的中旱以上干旱等级覆盖范围比监测相对要小，河南北部预报出现偏差，预报安阳地区干旱解除，与实际不符；但是河南南部预报与监测结果一致。从水文干旱的预报上看(图 10.50)，此次预报的 23 日、27 日和 30 日分布图与监测基本相符，取得了较好的结果。

图 10.51 所示为河南省 2014 年干旱监测与旬尺度 SMAPI 预报过程图。从 6 月 11 日到 9 月 11 日的 10 次旬尺度滚动预报结果来看，其中 6 次预报过程与监测过程拟合较好，6 月 21 日和 7 月 1 日的两次预报准确反映了 10 天预见期内干旱形势的发展，8 月 11 日、

8 月 21 日和 9 月 1 日三次预报则准确反映了干旱从持续转向缓解和解除的过程。7 月 11 日和 7 月 21 日的预报相对较差，预报所指出的干旱缓解趋势与监测结果不符。

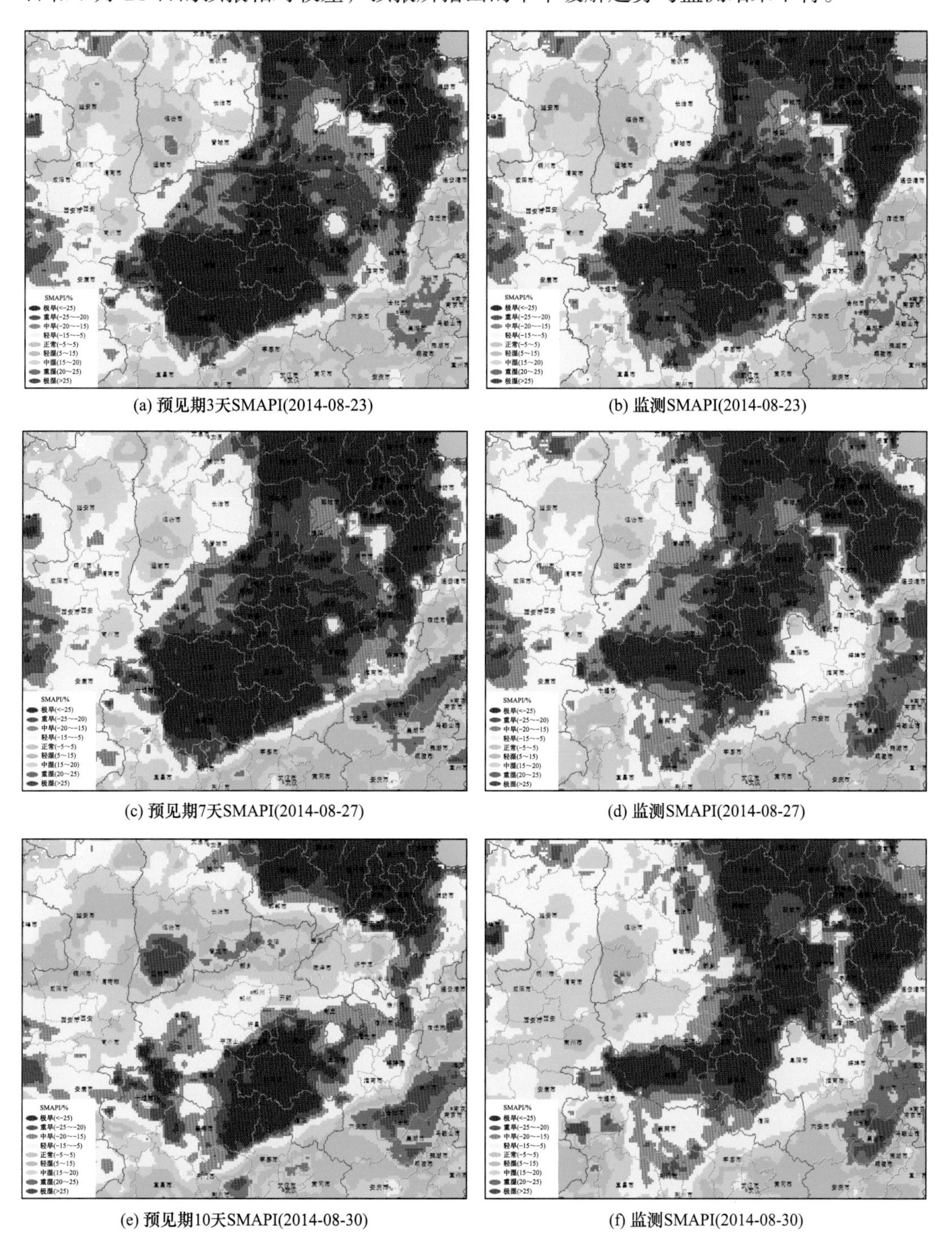

(a) 预见期3天SMAPI(2014-08-23)　(b) 监测SMAPI(2014-08-23)

(c) 预见期7天SMAPI(2014-08-27)　(d) 监测SMAPI(2014-08-27)

(e) 预见期10天SMAPI(2014-08-30)　(f) 监测SMAPI(2014-08-30)

图 10.49　河南省 2014 年 8 月 21 日预报(23 日、27 日和 30 日)与监测土壤含水量距平指数分布对比图

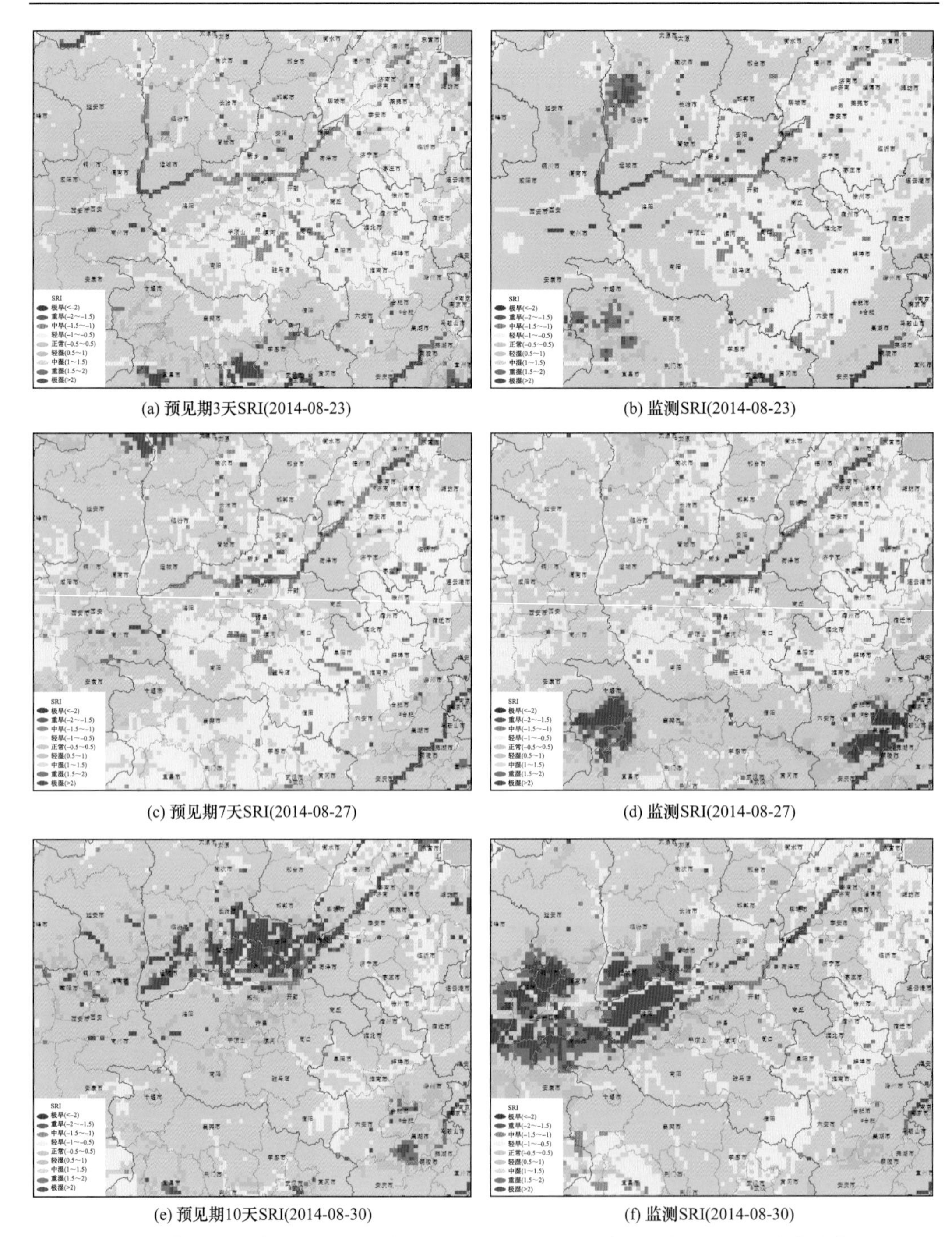

(a) 预见期3天SRI(2014-08-23)　(b) 监测SRI(2014-08-23)

(c) 预见期7天SRI(2014-08-27)　(d) 监测SRI(2014-08-27)

(e) 预见期10天SRI(2014-08-30)　(f) 监测SRI(2014-08-30)

图 10.50　河南省 2014 年 8 月 21 日预报(23 日、27 日和 30 日)与监测标准化径流指数分布对比图

综合来看，耦合预测系统对河南省此次干旱过程的滚动预报基本成功，对抗旱决策有重要参考价值。

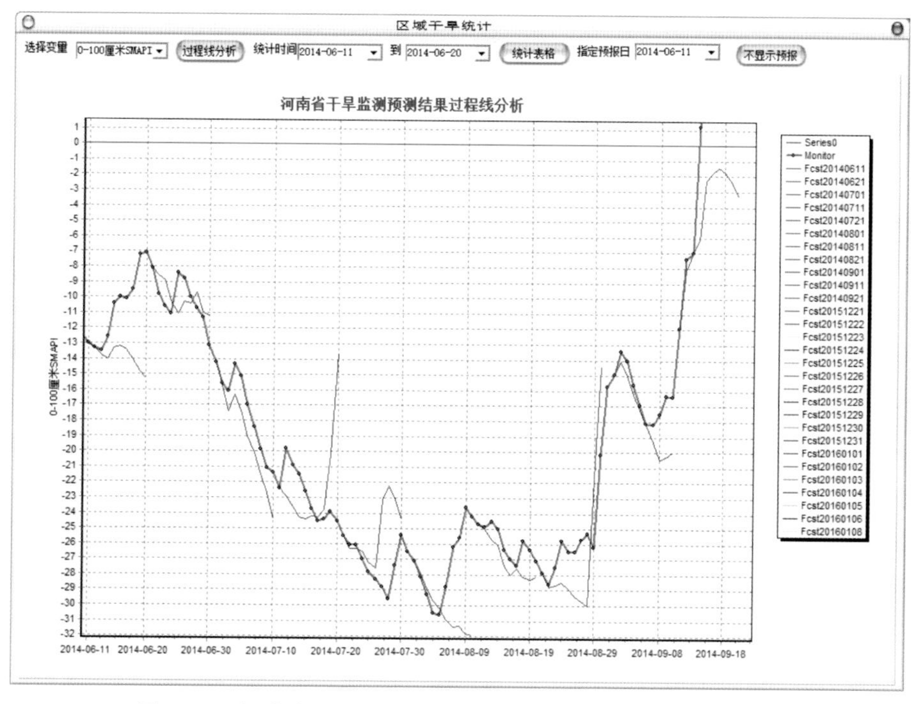

图 10.51　河南省 2014 年干旱监测与旬尺度 SMAPI 预报过程图

10.4　本 章 小 结

本章介绍了大范围干旱动态监测与预测系统的构建和应用。该系统是利用遥感、水文、气象等信息，采用气象-水文耦合的方式构建的可业务运行的旱情监测与预测系统。该系统在干旱动态监测的基础上，结合统计方法和动力方法，对干旱进行年尺度、季尺度和旬尺度的多尺度预测。系统由部署在数据服务器、计算服务器和客户端的子系统构成，由多任务运行智能控制平台集成，包含 C/S 和 B/S 结构的可视化平台和监测预报发布平台，以图表和统计数据的形式输出反映旱情实况和未来旱情发展变化的信息，实现了全国范围的动态旱情监测与预测。

2009～2010 年西南大旱、2011 长江中下游大旱和 2014 年河南大旱的预测验证结果表明，多尺度滚动预测具有一定的效果，能够较好地给出干旱发展过程的长期趋势判断和短期时空变化过程。该方法有效解决了干旱持续时间长，难以进行全过程预测的问题，在年尺度、季尺度预测的基础上，实施气象-水文耦合的干旱旬尺度预报，既有长期趋势的判断，又有短期过程的描述，结合连续监测的结果，形成了一套从实时监测到短期预报，再到长期预测的技术体系，可为指导抗旱、水资源调配、农业生产等提供重要科学依据和决策支持。

参考文献

安顺清, 邢久星. 1985. 修正的帕默尔干旱指数及其应用[J]. 气象, 11(2): 17-19.

蔡芗宁. 2011. 2011 年 3～5 月 T639、ECMWF 及日本模式中期预报性能检验[J]. 气象, 37(8): 1026-1030.

曹杰, 陶云. 2002. 中国的降水量符合正态分布吗? [J]. 自然灾害学报, 11(3): 115-120.

陈锋, 董美莹, 冀春晓, 等. 2012. WRF 模式对浙江 2011 年夏季降水和温度预报评估及其湿过程敏感性分析[J]. 浙江气象, 33(3): 3-12.

陈鹏, 邱新法, 曾燕. 2010. 城市干旱风险评估[J]. 生态经济(中文版), (7): 158-161.

陈晓燕. 2004. 旱情监测预测系统建设关键技术研究[D]. 南京: 河海大学.

陈晓燕, 叶建春, 陆桂华, 等. 2004. 全国土壤田间持水量分布探讨[J]. 水利水电技术, 35(9): 113-116, 119.

陈学君, 苏仲岳, 李仲龙, 等. 2012. 年降水量数据的正态变换方法对比分析[J]. 干旱气象, 30(3): 459-464.

戴永久, 等. 2013. 面向陆面模拟的中国土壤数据集[DB/OL]. 寒区旱区科学数据中心.

邓时琴. 1983. 土壤矿质颗粒及土壤质地[J]. 土壤, (1): 36-39.

邓时琴, 徐梦熊. 1982. 中国土壤颗粒研究——Ⅰ. 太湖地区白土型水稻土中白土层土壤及其各级颗粒的理化特性[J]. 土壤学报, 19(1): 22-33.

邓时琴, 徐梦熊, 何同康. 2011. 编制 1∶1400 万《中国土壤质地图》的意义和方法[C]//中国土壤学会第四次会员代表大会, 南京.

董颜, 刘寿东, 王东海, 等. 2015. GFS 对我国南方两次持续性降水过程的预报技巧评估[J]. 气象, 41(1): 45-51.

方锋, 梁东升, 张存杰. 2010. 西北干旱监测预警评估业务系统开发与应用[J]. 水土保持通报, 30(3): 140-143, 242.

费玲玲, 陆桂华, 吴志勇, 等. 2014. 西南地区特大干旱大气环流特征分析[J]. 中国农村水利水电, (8): 26-29.

冯平, 王仁超. 1997. 水文干旱的时间分形特征探讨[J]. 水利水电技术, 28(11): 48-51.

冯平, 王仲珏, 杨鹏. 2003. 海河流域区域干旱特征的分析与研究[J]. 水利水电技术, 34(3): 33-35.

冯强, 田国良, 柳钦火. 2003. 全国干旱遥感监测运行系统的研制[J]. 遥感学报, 7(1): 14-19.

高洁. 2015. 基于 TRMM 卫星数据的降雨测量精度评价[J]. 水力发电, 41(6): 28-31.

高学杰, 赵宗慈. 2000. 利用OSU/NCC模式进行我国汛期季度和年度短期气候预测的试验[J]. 应用气象学报, 11(2): 6.

郭安红, 刘巍巍, 安顺清, 等. 2008. 基于改进失水模式和增加建模站点的Palmer旱度模式[J]. 应用气象学报, 19(4): 502-506.

郭东明, 霍延昭. 2012. 干旱管理方法研究[M]. 北京: 中国水利水电出版社.

郭生练, 闫宝伟, 肖义, 等. 2008. Copula 函数在多变量水文分析计算中的应用及研究进展[J]. 水文, 28(3): 1-7.

何会中, 崔哲虎, 程明虎, 等. 2004. TRMM 卫星及其数据产品应用[J]. 气象科技, 32(1): 13-18.

何惠. 2010. 中国水文站网[J]. 水科学进展, 21(4): 460-465.

贺晓霞, 吴洪宝, 陈小兰. 2008. 我国东南夏季干旱指数的 ECC 预测方法[J]. 南京气象学院学报, 31(1): 10-17.

胡庆芳. 2013. 基于多源信息的降水空间估计及其水文应用研究[D]. 北京: 清华大学.

胡荣, 冯平, 李一兵, 等. 2015. 流域水文干旱等级预测问题的研究[J]. 自然灾害学报, (2): 147-156.
黄嘉佑. 2004. 气象统计分析与预报方法[M]. 2 版. 北京: 气象出版社.
黄嘉佑, 符长锋. 1993. 黄河三花地区汛期逐日降水 MOS 预报的因子选择试验[J]. 气象学报, (2): 232-236.
黄嘉佑, 黄茂怡, 张印, 等. 2003. 中国三峡地区汛期降水量的正态性研究[J]. 气象学报, 61(1): 122-127.
黄嘉佑, 杨扬, 周国良. 2002. 500hPa 高度场的信号场突变与我国暴雨的发生规律性研究[J]. 大气科学, 26(5): 625-632.
黄妙芬. 1991. 黄土高原西北部地区的旱涝模式[J]. 气象, 1991, 17(1): 23-27.
江志红, 丁裕国, 宋桂英. 1998. 黄淮流域夏半年旱涝概率时空分布的研究[J]. 自然灾害学报, 7(1): 94-104.
金光炎. 1993. 水文水资源随机分析[M]. 北京: 中国科学技术出版社.
金菊良, 郦建强, 周玉良, 等. 2014. 旱灾风险评估的初步理论框架[J]. 灾害学, 29(3): 1-10.
金君良. 2006. 西部资料稀缺地区的水文模拟研究[D]. 南京: 河海大学.
匡亚红. 2013. 中国历史干旱的特征识别及变化趋势的分析[D]. 南京: 河海大学.
旷达, 沈艳, 牛铮, 等. 2017. 卫星反演降水产品误差随时空分辨率和雨强的变化特征分析[J]. 遥感信息, 27(4): 75-81.
郎咸梅, 王会军, 姜大膀. 2004. 应用九层全球大气格点模式进行跨季度短期气候预测系统性试验[J]. 地球物理学报, 47(1): 19-24.
李家洋, 陈泮勤, 马柱国, 等. 2006. 区域研究: 全球变化研究的重要途径[J]. 地球科学进展, 21(5): 441-450.
李嘉鹏, 汤剑平. 2012. WRF 模式对中国东南地区的多参数化短期集合预报试验[J]. 南京大学学报(自然科学版), 46(6): 677-688.
李可让. 1999. 中国干旱灾害研究及减灾对策[M]. 郑州: 河南科学技术出版社.
李晓娟, 曾沁, 梁健, 等. 2007. 华南地区干旱气候预测研究[J]. 气象科技, 35(1): 26-30.
李耀辉, 胡田田, 王莺. 2013. 过去 60a 间全球干旱变化甚微[J]. 干旱气象, 31(1): 215-219.
李永华, 徐海明, 刘德. 2009. 2006 年夏季西南地区东部特大干旱及其大气环流异常[J]. 气象学报, 67(1): 122-132.
李玉华, 耿勃, 吴炜, 等. 2000. MOS, PP 方法在降水及温度预报中的效果对比检验[J]. 山东气象, (4): 14-15.
李泽明, 陈皎, 董新宁. 2014. 重庆 2011 年和 2006 年夏季严重干旱及环流特征的对比分析[J]. 西南大学学报(自然科学版), 36(8): 113-122.
梁国华, 王国利, 王本德, 等. 2009. GFS 可利用性研究及其在旬径流预报中的应用[J]. 水电能源科学, 27(1): 10-13.
廖镜彪, 王雪梅, 夏北成, 等. 2012. WRF 模式中微物理和积云参数化方案的对比试验[J]. 热带气象学报, 28(4): 461-470.
林春泽, 智协飞, 韩艳, 等. 2009. 基于 TIGGE 资料的地面气温多模式超级集合预报[J]. 应用气象学报, 20(6): 706-712.
林洁, 夏军, 佘敦先, 等. 2015. 基于马尔科夫链模型的湖北省干旱短期预测[J]. 水电能源科学, 33(4): 6-9, 51.
刘庚山, 郭安红, 安顺清, 等. 2004. 帕默尔干旱指标及其应用研究进展[J]. 自然灾害学报, 13(4): 21-27.
刘巍巍, 安顺清, 刘庚山, 等. 2004. 帕默尔旱度模式的进一步修正[J]. 应用气象学报, 15(2): 207-216.
刘小婵. 2015. TRMM 降水数据的空间降尺度研究[D]. 长春: 东北师范大学.
刘银峰. 2008. 2006 年川渝地区夏季干旱的成因分析及数值模拟[D]. 南京: 南京信息工程大学.
刘银峰, 徐海明, 雷正翠. 2009. 2006 年川渝地区夏季干旱的成因分析[J]. 大气科学学报, 32(5): 686-694.

刘颖秋. 2005. 干旱灾害对我国社会经济影响研究[M]. 北京: 中国水利水电出版社.
刘雨佳. 2013. 加密雨量计和雷达测量降水及其代表性研究[D]. 北京: 中国科学院大学.
刘元波, 傅巧妮, 宋平, 等. 2011. 卫星遥感反演降水研究综述[J]. 地球科学进展, 26(11): 1162-1172.
卢路, 刘家宏, 秦大庸, 等. 2011. 海河流域历史水旱序列变化规律研究[J]. 长江科学院院报, 28(11): 14-18.
陆桂华, 吴志勇, 何海. 2010. 水文循环过程及定量预报[M]. 北京: 科学出版社.
马寨璞, 井爱芹. 2004. 动态最优插值方法及其同化应用研究[J]. 河北大学学报(自然科学版), 24(6): 574-580.
马振锋, 彭骏, 高文良. 2006. 近40年西南地区的气候变化事实[J]. 高原气象, 25(4): 633-642.
马柱国. 2005. 中国北方干湿演变规律及其与区域增暖的可能联系[J]. 地球物理学报, 48(5): 1011-1018.
马柱国, 符淙斌. 2005. 中国干旱和半干旱带的10年际演变特征[J]. 地球物理学报, 48(3): 519-525.
马柱国, 符淙斌. 2006. 1951—2004年中国北方干旱化的基本事实[J]. 科学通报, 51(20): 2429-2439.
马柱国, 任小波. 2007. 1951—2006年中国区域干旱化特征[J]. 气候变化研究进展, 3(4): 195-201.
梅传贵, 陆桂华, 吴志勇, 等. 2013. 西南地区特大干旱前期天气系统异常特征分析[J]. 水电能源科学, 31(10): 1-5.
潘旸, 沈艳, 宇婧婧, 等. 2012. 基于最优插值方法分析的中国区域地面观测与卫星反演逐时降水融合试验[J]. 气象学报, 70(6): 1381-1389.
潘旸, 沈艳, 宇婧婧, 等. 2015. 基于贝叶斯融合方法的高分辨率地面-卫星-雷达三源降水融合试验[J]. 气象学报, 73(1): 177-186.
彭京备, 张庆云, 布和朝鲁. 2007. 2006年川渝地区高温干旱特征及其成因分析[J]. 气候与环境研究, 12(3): 464-474.
齐述华, 张源沛, 牛铮, 等. 2005. 水分亏缺指数在全国干旱遥感监测中的应用研究[J]. 土壤学报, 42(3): 367-372.
钱莉, 杨晓玲, 殷玉春. 2009. ECMWF产品逐日降水客观预报业务系统[J]. 气象科技, 37(5): 513-519.
钱忠华. 2012. 增暖背景下基于概率理论与过程性原理极端天气气候事件的检测及其特征研究[D]. 兰州: 兰州大学.
钱忠华, 周云, 李明辉, 等. 2010. 1954—2004年中国夏季日平均温度偏态性分布规律[J]. 兰州大学学报(自然科学版), 46(3): 42-46.
全国土壤普查办公室. 1998. 中国土壤[M]. 北京: 中国农业出版社.
任若恩. 1990. 货币需求函数形式的变量转换方法[J]. 北京航空航天大学学报, (3): 72-77.
沈彦军, 李红军, 雷玉平. 2013. 干旱指数应用研究综述[J]. 南水北调与水利科技, 11(4): 128-133, 186.
施能. 2002. 气象科研与预报中的多元分析方法[M]. 2版. 北京: 气象出版社.
水利部水利水电规划设计总院. 2008. 中国抗旱战略研究[M]. 北京: 中国水利水电出版社.
孙才志, 林学钰. 2003. 降水预测的模糊权马尔可夫模型及应用[J]. 系统工程学报, 18(4): 294-299.
孙力, 安刚, 丁立. 2002. 中国东北地区夏季旱涝的分析研究[J]. 地理科学, 22(3): 311-316.
孙荣强. 1994. 干旱定义及其指标评述[J]. 灾害学, 9(1): 17-21.
田秀芬, 周安南. 1984. MOS和PP法相结合作中期降水概率预报的试验[J]. 山东气象, (3): 7-12.
王斌, 黄金柏, 宫兴龙. 2015. 基于HWSD的流域栅格土壤水分常数估算[J]. 水文, 35(2): 8-11.
王会军, 周广庆, 林朝晖. 2002. 我国近年来短期气候预测研究的若干进展[J]. 气候与环境研究, 7(2): 220-226.
王卫国. 2005. 数据融合方法及其应用技术的研究[D]. 唐山: 河北理工大学.
王晓君, 马浩. 2011. 新一代中尺度预报模式(WRF)国内应用进展[J]. 地球科学进展, 26(11): 1191-1199.
王彦集, 刘峻明, 王鹏新, 等. 2007. 基于加权马尔可夫模型的标准化降水指数干旱预测研究[J]. 干旱地区农业研究, 25(5): 198-203.

王云强. 2010. 黄土高原地区土壤干层的空间分布与影响因素[D]. 北京: 中国科学院教育部水土保持与生态环境研究中心.
王志伟, 翟盘茂. 2003. 中国北方近 50 年干旱变化特征[J]. 地理学报, 58(增刊): 61-68.
王志伟, 翟盘茂, 武永利. 2007. 近 55 年来中国 10 个水文区域干旱化分析[J]. 高原气象, 26(4): 874-879.
王子良. 2010. 空间数据预处理及插值方法对比研究——以铜陵矿区土壤元素为例[D]. 合肥: 合肥工业大学.
韦芬芬, 汤剑平, 惠品宏. 2013. 基于雨量计的高分辨率格点降水数据与 TRMM 卫星反演降水数据在亚洲区域的比较[J]. 南京大学学报(自然科学版), 49(3): 320-330.
魏凤英. 2004. 华北地区干旱强度的表征形式及其气候变异[J]. 自然灾害学报, 13(2): 32-38.
魏凤英, 张京江. 2003. 华北地区干旱的气候背景及其前兆强信号[J]. 气象学报, 61(3): 354-363.
吴娟, 刘次华, 邱小霞, 等. 2008. 多元 Copula 参数模型的选择[J]. 武汉大学学报(理学版), 54(3): 267-270.
吴娟, 陆桂华, 吴志勇. 2012. 基于多模式降水集成的陆气耦合洪水预报[J]. 水文, 32(5): 1-6.
吴盛海, 胡珍强. 2007. 重庆市百年大旱的启示[J]. 水利发展研究, 7(2): 24-27.
伍华平, 束炯, 顾莹, 等. 2009. 暴雨模拟中积云对流参数化方案的对比试验[J]. 热带气象学报, 25(2): 175-180.
夏雯, 黄代民, 崔晨, 等. 2009. 西南喀斯特地区土壤水分研究进展[J]. 中国农学通报, 25(23): 442-446.
徐国强, 梁旭东, 余晖, 等. 2007. 不同云降水方案对一次登陆台风的降水模拟[J]. 高原气象, 26(5): 891-900.
徐晶晶, 胡非, 肖子牛, 等. 2013. 风能模式预报的相似误差订正[J]. 应用气象学报, 24(6): 731-740.
闫宝伟, 郭生练, 肖义, 等. 2007. 基于两变量联合分布的干旱特征分析[J]. 干旱区研究, 24(4): 537-542.
闫桂霞. 2009. 综合气象干旱指数及其应用研究[D]. 南京: 河海大学.
严华生, 严小冬. 2004. 前期高度场和海温场变化对我国汛期降水的影响[J]. 大气科学, 28(3): 405-414.
严小林, 杨扬, 黄嘉佑, 等. 2013. 海河流域严重干旱 500hPa 信号场异常信号分析[J]. 水文, 33(1): 27-31.
严忠权. 2008. 二维随机变量的分布与 Copula 函数[J]. 黔南民族师范学院学报, 28(3): 25-29.
杨剑锋, 刘玉敏, 贺金凤. 2006. 基于 Box-Cox 幂转换模型的非正态过程能力分析[J]. 系统工程, 24(8): 102-106.
杨金锡, 陈焱. 1994. 用 ECMWF 资料作江淮区域性暴雨落区预报的试验[J]. 气象, 20(9): 38-40.
杨开斌, 克来木汗・买买提, 葛朝霞, 等. 2016. 西南地区夏季干旱影响因素分析及干旱预测[J]. 水电能源科学, 34(3): 11-14.
杨群娜, 陈永, 邱克伟, 等. 2010. 不同对流参数化方案对暴雨过程影响的模拟试验[J]. 安徽农业科学, 38(28): 15722-15723.
杨绍锷, 吴炳方, 闫娜娜. 2012. 基于 AMSR-E 数据估测华北平原及东北地区土壤田间持水量[J]. 土壤通报, (2): 301-305.
杨文才, 多吉顿珠, 范春捆, 等. 2016. 西藏地区近 40 年温度和降水量变化的时空格局分析[J]. 生态环境学报, 25(9): 1476-1482.
叶佰生, 赖祖铭, 施雅风. 1997. 伊犁河流域降水和气温的若干特征[J]. 干旱区地理, 20(1): 46-52.
易丹辉, 董寒青. 2009. 非参数统计: 方法与应用[M]. 北京: 中国统计出版社.
游然. 2010. 星载微波遥感降水的若干问题研究[D]. 南京: 南京信息工程大学.
于海军, 车正浩. 2004. 牡丹江地区夏季旱涝特征及前兆信号初探[J]. 黑龙江气象, (3): 1-3.
余晓珍. 1996. 美国帕默尔旱度模式的修正和应用[J]. 水文, (6): 30-36.
余晓珍, 夏自强, 刘新仁. 1995. 应用土壤水模拟模型研究区域干旱[J]. 水文, (5): 4-9, 65.
宇婧婧, 沈艳, 潘旸, 等. 2013. 概率密度匹配法对中国区域卫星降水资料的改进[J]. 应用气象学报, 24(5): 544-553.

宇婧婧, 沈艳, 潘旸, 等. 2015. 中国区域逐日融合降水数据集与国际降水产品的对比评估[J]. 气象学报, 73(2): 394-410.

郁红弟, 沈桐立, 陈海山. 2008. 一次梅雨锋暴雨在不同物理过程下的模拟结果比较[J]. 科技信息, (35): 28-29.

郁红弟, 赵德显, 元慧慧, 等. 2011. 不同物理过程参数化方案对梅雨锋暴雨的敏感性试验[J]. 气象与环境科学, 34(3): 41-45.

袁文平, 周广胜. 2004. 标准化降水指标与 Z 指数在我国应用的对比分析[J]. 植物生态学报, 28(4): 523-529.

翟盘茂, 章国材. 2004. 气候变化与气象灾害[J]. 科技导报, 22(7): 11-14.

张宝庆, 吴普特, 赵西宁, 等. 2012. 基于可变下渗容量模型和 Palmer 干旱指数的区域干旱化评价研究[J]. 水利学报, 43(8): 926-934.

张波. 2012. 基于支持向量机的干旱预测研究[D]. 南京: 南京信息工程大学.

张娟娟. 2008. 2006 年重庆市特大干旱及其对农业的影响研究[D]. 重庆: 西南大学.

张楷. 2014. 陕西省土壤田间持水量分析研究[J]. 陕西水利, (2): 19-21.

张强, 高歌. 2004. 我国近 50 年旱涝时空变化及监测预警服务[J]. 科技导报, 22(7): 21-24.

张强, 韩兰英, 张立阳, 等. 2014. 论气候变暖背景下干旱和干旱灾害风险特征与管理策略[J]. 地球科学进展, 29(1): 80-91.

张强, 张良, 崔显成, 等. 2011. 干旱监测与评价技术的发展及其科学挑战[J]. 地球科学进展, 26(7): 763-778.

张胜平, 陈希村, 苏传宝, 等. 2004. 2002 年山东省严重干旱分析[J]. 水文, 24(3): 42-45.

张世法, 苏逸深, 宋德敦, 等. 2008. 中国历史干旱(1949—2000)[M]. 南京: 河海大学出版社.

张书余. 2008. 干旱气象学[M]. 北京: 气象出版社.

张彦林. 2010. Box-Cox 变换在遥感数据建模中的应用[J]. 东北林业大学学报, 38(8): 120-122.

张颖, 倪宗瓒, 姚树祥, 等. 2000. Box-Cox 转换在估计危险因素平均暴露剂量中的应用[J]. 现代预防医学, 27(2): 180-181.

赵济, 李海萍, 彭望录. 1995. 黄淮海平原历史旱涝灾害的时间序列分析[J]. 北京师范大学学报(自然科学版), (4): 549-552.

赵兰兰. 2011. 基于土壤湿度的干旱指数分析研究[D]. 南京: 河海大学.

中华人民共和国国家质量监督检验检疫总局, 中国国家标准化管理委员会. 2015. GB/T 32136—2015 农业干旱等级[S]. 北京: 中国水利水电出版社.

中华人民共和国国家质量监督检验检疫总局, 中国国家标准化管理委员会. 2017. GB/T 20481—2017 气象干旱等级[S]. 北京: 中国水利水电出版社.

中华人民共和国水利部. 2008. SL 424—2008 旱情等级标准[S]. 北京: 中国水利水电出版社.

周家斌, 黄嘉佑. 1997. 近年来中国统计气象学的新进展[J]. 气象学报, 55(3): 297-305.

周云, 钱忠华, 何文平, 等. 2011. 我国夏季高温极值的概率分布特征及其演变[J]. 应用气象学报, 22(2): 145-151.

邹旭恺, 高辉. 2007. 2006 年夏季川渝高温干旱分析[J]. 气候变化研究进展, 3(3): 149-153.

Adarnowski J F. 2008. Development of a short-term river flood forecasting method for snowmelt driven floods based on wavelet and cross-wavelet analysis[J]. Journal of Hydrology, 353(3-4): 247-266.

Aghakouchak A. 2014. A baseline probabilistic drought forecasting framework using standardized soil moisture index: Application to the 2012 United States drought[J]. Hydrology and Earth System Sciences, 18(7): 2485-2492.

Ahuja L R, Naney J W, Williams R D. 1985. Estimating soil water characteristics from simpler properties or limited data[J]. Soil Science Society of America Journal, 49(5): 1100-1105.

Albergel C, Dorigo W, Reichle R H, et al. 2013. Skill and global trend analysis of soil moisture from reanalyses and microwave remote sensing[J]. Journal of Hydrometeorology, 14(4): 1259-1277.

Allen R G, Pereira L S, Raes D, et al. 1998. Crop evapotranspiration—Guidelines for computing crop water requirements: Irrigation and Drainage Paper 56[R]. Rome: Food and Agriculture Organization of the United Nations.

Alley W M. 1984. The Palmer drought severity index: Limitations and assumptions[J]. Journal of Climate and Applied Meteorology, 23(23): 1100-1109.

Andreadis K M, Storck P. 2009. Modeling snow accumulation and ablation processes in forested environments[J]. Water Resources Research, 45(5): 483-487.

Arya L M, Paris J F. 1981. Physicoempirical model to predict the soil moisture characteristic from particle-size distribution and bulk density[J]. Soil Science Society of America Journal, 45(6): 1023-1030.

Aviles A, Celleri R, Solera A, et al. 2016. Probabilistic forecasting of drought events using Markov chain and Bayesian network-based models: A case study of an Andean regulated river basin[J]. Water, 8(2): 37.

Ba M B, Gruber A. 2001. GOES multispectral rainfall algorithm (GMSRA)[J]. Journal of Applied Meteorology, 40(8): 1500-1514.

Barros A P, Bowden G J. 2008. Toward long-lead operational forecasts of drought: An experimental study in the Murray-Darling River Basin[J]. Journal of Hydrology, 357(3): 349-367.

Behrangi A, Hai N, Granger S. 2015. Probabilistic seasonal prediction of meteorological drought using the bootstrap and multivariate information[J]. Journal of Applied Meteorology and Climatology, 54(7): 1510-1522.

Belayneh A, Adamowski J, Khalil B, et al. 2014. Long-term SPI drought forecasting in the awash river basin in ethiopia using wavelet neural network and wavelet support vector regression models[J]. Journal of Hydrology, 508(2): 418-429.

Bergman K H, Sabol P, Miskus D. 1988. Experimental indices for monitoring global drought conditions[C]//Proceedings of the 13th Annual Climate Diagnostics Workshop, Boston: 190-197.

Bonaccorso B, Cancelliere A, Rossi G. 2015. Probabilistic forecasting of drought class transitions in sicily (Italy) using standardized precipitation index and north Atlantic oscillation index[J]. Journal of Hydrology, 526: 136-150.

Bouma J.1989. Vsing Soil Survey Data for Quantitative Land Evaluation[M]. New York: Springer.

Bouma J, van Lanen H A J. 1986. Transfer functions and threshold values: From soil characteristics to land qualities[C]//Proceedings of the International Workshop on Quantified Land Evaluation Procedures, Washington DC: 106-110.

Bowling L C, Kane D L, Gieck R E, et al. 2003. The role of surface storage in a low-gradient Arctic watershed[J]. Water Resources Research, 39(4): 1-13.

Bowling L C, Lettenmaie D P. 2010. Modeling the effects of lakes and wetlands on the water balance of Arctic environments[J]. Journal of Hydrometeorology, 11(11): 276-295.

Box G E P, Cox D R. 1964. An analysis of transformations[J]. Journal of the Royal Statistical Society Series B—Statistical Methodology, 26(2): 211-252.

Bruand A, Baize D, Hardy M. 1994. Prediction of water retention properties of clayey soils: Validity of relationships using a single soil characteristic[J]. Soil Use and Management, 10: 99-103.

Campbell G S. 1974. A simple method for determining unsaturated hydraulic conductivity from moisture retention data[J]. Soil Science, 177(6): 311-314.

Canarache A. 1993. Technological soil maps, a possible product of soil survey for direct use in agriculture[J]. Soil Technology, 6: 3-15.

Chappell A, Renzullo L J, Raupach T H, et al. 2013. Evaluating geostatistical methods of blending satellite and gauge data to estimate near real-time daily rainfall for Australia[J]. Journal of Hydrology, 493(11): 105-114.

Chen S T, Yang T C, Kuo C M, et al. 2013. Probabilistic drought forecasting in southern Taiwan using El Nirio-southern oscillation index[J]. Terrestrial Atmospheric and Oceanic Sciences, 24(5): 911-924.

Cheng L Y, Aghakouchak A. 2015. A methodology for deriving ensemble response from multimodel simulations[J]. Journal of Hydrology, 522: 49-57.

Cherkauer K A, Bowling L C, Lettenmaier D P, et al. 2003. Variable infiltration capacity cold land process model updates[J]. Global & Planetary Change, 38(1): 151-159.

Cherkauer K A, Lettenmaier D P. 1999. Hydrologic effects of frozen soils in the upper Mississippi River basin[J]. Journal of Geophysical Research Atmospheres, 104(16): 19599-19610.

Coelho C S, Pezzulli S, Balmaseda M, et al. 2004. Forecast calibration and combination: A simple Bayesian approach for ENSO[J]. Journal of Climate, 17(7): 1504-1516.

Dai A G. 2010. Drought under global warming: A review[J]. Wiley Interdisciplinary Reviews Climate Change, 2(1): 45-65.

Dai A G, Trenberth K E, Karl T R. 1998. Global variations in droughts and wet spells: 1900-1995[J]. Geophysical Research Letters, 25(17): 3367-3370.

Dai A G, Trenberth K E, Qian T T. 2004. A global dataset of Palmer drought severity index for 1870-2002: Relationship with soil moisture and effects of surface warming[J]. Journal of Hydrometeorology, 5(6): 1117-1130.

Dai Y J, Wei S G, Duan Q Y, et al. 2013. Development of a China dataset of soil hydraulic parameters using pedotransfer functions for land surface modeling[J]. Journal of Hydrometeorology, 14(3): 869-887.

David A C. 2005. Rethinking snowstorms as snow events: A regional case study from upstate New York[J]. Bulletin of the American Meteorological Society, 86(12): 1783-1793.

Davies H N, Bell V A. 2009. Assessment of methods for extracting low resolution river networks from high resolution digital data[J]. Hydrological Sciences Journal, 54(1): 17-28.

de Jong E, Begg C B M, Kachanoski R G. 1983. Estimate of soil erosion and deposition for some Saskatchewan soils[J]. Canada Journal of Soil Science, 63(3): 607-617.

Dechant C M, Moradkhani H. 2015. Analyzing the sensitivity of drought recovery forecasts to land surface initial conditions[J]. Journal of Hydrology, 526: 89-100.

Dickerson W H, Dether B E. 1970. Drought frequency in the Northeastern United States[R]. Morgantown: West Virginia University Agricultural Experiment Station.

Dirmeyer P A. 1995. Meeting on problems in initializing soil wetness[J]. Bulletin of the American Meteorological Society, 76: 2234-2240.

Doesken N J, McKee T B, Kleist J, et al. 1991. Development of a surface water supply index for the western United States[R]. Fort Collins: Colorado State University.

Donald A W. 2008. 干旱与水危机: 科学、技术和管理[M]. 彭顺风, 孙勇, 王式成, 等译. 南京: 东南大学出版社.

Duan W L, He B, Kaoru T, et al. 2014. Anomalous atmospheric events leading to Kyushu's flash floods[J]. Natural Hazards, 73(3): 1255-1267.

Durdu Ö F. 2010. Application of linear stochastic models for drought forecasting in the Büyük Menderes River basin, Western Turkey[J]. Stochastic Environmental Research and Risk Assessment, 24(8): 1145-1162.

Edwards D C, McKee T B. 1997. Characteristics of 20th century drought in the United States at multiple time scales[R]. Fort Collins: Colorado State University.

Embrechts P, Lindskog F, Mcneal A J. 2003. Modeling dependence with copulas and applications to risk management[M]// Handbook of Heavy Tailed Distributions in Finance. Vol 1. Amsterdam: North-Holland Publishing Company.

Fleig A K, Tallaksen L M, Hisdal H, et al. 2006. A global evaluation of streamflow drought characteristics[J]. Hydrology and Earth System Sciences, 10(4): 535-552.

Funk C, Hoell A, Shukla S, et al. 2014. Predicting east African spring droughts using Pacific and Indian Ocean sea surface temperature indices[J]. Hydrology and Earth System Sciences, 18(12): 4965-4978.

Gibbs W J, Maher J V. 1967. Rainfall Deciles as Drought Indicators[M]. Melbourne: Bureau of Meteorology.

Gong L, Widen-Nilsson E, Halldin S, et al. 2009. Large-scale runoff routing with an aggregated network-response function[J]. Journal of Hydrology, 368(1-4): 237-250.

Grumm R H, Hart R. 2016. Standardized anomalies applied to significant cold season weather events: Preliminary findings[J]. Weather Forecast, 16(6): 736-754.

Gupta S C, Larson W E. 1979. Estimating soil water retention characteristics from particle size distribution, organic matter percent and bulk density[J]. Water Resources Research, 15(6): 1633-1635.

Guttman N B. 1998. Comparing the Palmer drought severity and the standardized precipitation Index[J]. Journal of the American Water Resources Association, 34(1): 113-121.

Haddeland I, Lettenmaier D P, Skaugen T. 2006a. Effects of irrigation on the water and energy balances of the Colorado and Mekong River basins[J]. Journal of Hydrology, 324(1-4): 210-223.

Haddeland I, Skaugen T, Lettenmaier D P. 2006b. Anthropogenic impacts on continental surface water fluxes[J]. Geophysical Research Letters, 33(8): 153-172.

Hall D G M, Reeve M J, Thomasson A J, et al. 1977. Water Retention, Porosity and Density of Field Soils[M]. Harpenden: The Soil Survey of England and Wales, Rothamsted Experimental Station.

Hamblin A. 1991. Sustainable agricultural systems—What are the appropriate measures for soil structure[J]. Soil Research, 29(6): 709-715.

Hao Z C, Aghakouchak A, Nakhjiri N, et al. 2014. Global integrated drought monitoring and prediction system[J]. Scientific Data, 1: 140001.

Hargreaves G H, Samani Z A. 1983. Closure of “Estimating Potential Evapotranspiration” [J]. Journal of Irrigation and Drainage Engineering, 109: 343-344.

Hart R E, Grumm R H. 2001. Using normalized climatological anomalies to rank synoptic-scale events objectively[J]. Monthly Weather Review, 129(9): 2426-2442.

Hayes M J, Svoboda M D, Wilhite D A. 1999. Monitoring the 1996 drought using the standardized precipitation index[J]. Bulletin of the American Meteorological Society, 80(3): 429-438.

Herbst P H, Bredenkamp D B, Barker H M. 1966. A technique for the evaluation of drought from rainfall data[J]. Journal of Hydrology, 4(4): 264-272.

Hoerling M, Eischeid J, Kumar A, et al. 2014. Causes and predictability of the 2012 great plains drought[J]. Bulletin of the American Meteorological Society, 95(2): 269-282.

Hosseini-Moghari S M, Araghinejad S. 2015. Monthly and seasonal drought forecasting using statistical neural networks[J]. Environmental Earth Sciences, 74(1): 397-412.

Huang J, van den Dool H M, Georgakakos K. 1996. Analysis of model-calculated soil moisture over the United States (1931-93) and application to long-range temperature forecasts[J]. Journal of Climate, 9(6): 1350-1362.

Huffman G J. 1997. The Global Precipitation Climatology Project (GPCP) combined precipitation dataset[J]. Bulletin of the American Meteorological Society, 78(1): 5-20.

Huffman G J, Adler R F, Rudolf B, et al. 1995. Global precipitation estimates based on a technique for combining satellite-based estimates, rain gauge analysis, and NWP model precipitation information[J]. Journal of Climate, 8(5): 1284-1295.

Huffman G J, Bolvin D T, Nelkin E J, et al. 2010. The TRMM Multisatellite Precipitation Analysis (TMPA): Quasi-Global, Multiyear, Combined-Sensor Precipitation Estimates at Fine Scales (Satellite Rainfall Applications for Surface Hydrology) [M]. Amsterdam: Springer.

Joyce R J, Janowiak J E, Arkin P A, et al. 2004. CMORPH: A method that produces global precipitation estimates from passive microwave and infrared data at high spatial and temporal resolution[J]. Journal of Hydrometeorology, 5(3): 287-296.

Kalnay E, Kanamitsu M, Kistler R, et al. 1996. The NCEP/NCAR 40-year reanalysis project[J]. Bulletin of the American Meteorological Society, 77(3): 437-470.

Kanamitsu M, Ebisuzaki W, Woollen J, et al. 2002. NCEP-DOE AMIP-Ⅱ reanalysis (R-2)[J]. Bulletin of the American Meteorological Society, 83(11): 1631-1643.

Karl T R, Knight R W. 1985. Atlas of Monthly Palmer Hydrological Drought Indices(1931-1983) for the Contiguous United States[M]. Asheville: National Climate Data Center.

Karl T R, Quayle R G. 1981. The 1980 summer heat wave and drought in historical perspective[J]. Monthly Weather Review, 109(10): 2055-2073.

Keetch J J, Byram G M. 1968. A drought index for forest fire control[R]. Asheville: U.S. Department of Agriculture.

Keyantash J, Dracup J A. 2002. The quantification of drought: An evaluation of drought indices[J]. Bulletin of the American Meteorological Society, 83(8): 1167-1180.

Kingston D G, Stagge J H, Tallaksen L M, et al. 2015. European-scale drought: Understanding connections between atmospheric circulation and meteorological drought indices[J]. Journal of Climate, 28(2): 505-516.

Kogan F N. 1990. Remote sensing of weather impacts on vegetation in nonhomogeneous area[J]. International Journal of Remote sensing, 11(8): 1405-1420.

Kogan F N. 1995. Droughts of the late 1980s in the United States as derived from NOAA polar-orbiting satellite data[J]. Bulletin of the American Meteorological Society, 76(5): 655-668.

Kubota T, Shige S, Hashizume H, et al. 2007. Global precipitation map using satellite-borne microwave radiometers by the GSMaP project: Production and validation[J]. IEEE Transactions on Geoscience and Remote Sensing, 45(7): 2259-2275.

Lavaysse C, Vogt J, Pappenberger F. 2015. Early warning of drought in Europe using the monthly ensemble system from ECMWF[J]. Hydrology and Earth System Sciences, 19(7): 3273-3286.

Lawrimore J, Heim J R R, Svoboda M, et al. 2002. Beginning a new era of drought monitoring across North America[J]. Bulletin of American Meteorological Society, 83(8): 1191-1192.

Liang X, Lettenmaier D P, Wood E F, et al. 1994. A simple hydrologically based model of land surface water and energy fluxes for general circulation models[J]. Journal of Geophysical Research Atmospheres, 99(7): 14415-14428.

Liu L, Hong Y, Yong B, et al. 2012. Hydro-climatological drought analyses and projections using meteorological and hydrological drought indices: A case study in Blue River basin, Oklahoma[J]. Water Resources Management, 26(10): 2761-2779.

Liu W T, Kogan F N. 1996. Monitoring regional drought using the vegetation condition index[J]. International Journal of Remote Sensing, 17(14): 2761-2782.

Liu Y Y, Dorigo W A, Parinussa R, et al. 2012. Trend-preserving blending of passive and active microwave soil moisture retrievals[J]. Remote Sensing of Environment, 123(3): 280-297.

Lohani V K, Loganathan G V. 1997. An early waring system for drought management using the Palmer drought index[J]. JAWRA Journal of the American Water Resources Association, 33(6): 1375-1386.

Lohmann D, Nolte-Holube R, Raschke E. 1996. A large-scale horizontal routing model to be coupled to land surface parametrization schemes[J]. Tellus, 48(5): 708-721.

Luo L F, Wood E F. 2007. Monitoring and predicting the 2007 U.S. Drought[J]. Geophysical Research Letters, 34(22): L22702.

Madadgar S, Aghakouchak A, Shukla S, et al. 2016. A hybrid statistical-dynamical framework for meteorological drought prediction: Application to the southwestern United States[J]. Water Resources Research, 52(7): 5095-5110.

Madadgar S, Moradkhani H. 2013. Drought analysis under climate change using copula[J]. Journal of Hydrologic Engineering, 18(7): 746-759.

Manfreda S, Brocca L, Moramarco T, et al. 2014. A physically based approach for the estimation of root-zone soil moisture from surface measurements[J]. Hydrology and Earth System Sciences, 18(3): 1199-1212.

Marc M F, Eclward A J. 2006. Large scale climatic patterns control large lightning fire occarrence in Canada and Alaska forested areas[J]. Journal of Geophysical Research Biogeosiences, 111(G4): G04008(1-17).

McEvoy D J, Huntington J L, Mejia J F, et al. 2015. Improved seasonal drought forecasts using reference evapotranspiration anomalies[J]. Geophysical Research Letters, 43(1): 377-385.

McKee T B, Doesken N J, Kleist J. 1993. The relationship of drought frequency and duration to time scales[C]//Proceedings of the Eighth Conference on Applied Climatology, Anaheim.

McKee T B, Doesken N J, Kleist J. 1995. Drought monitoring with multiple time scales[C]//Proceedings of the 9th Conference on Applied Climatology, Dallas.

Mehr A D, Kahya E, Ozger M. 2014. A gene-wavelet model for long lead time drought forecasting[J]. Journal of Hydrology, 517: 691-699.

Mo K C, Shukla S, Lettenmaier D P, et al. 2012. Do climate forecast system (CFSv2) forecasts improve seasonal soil moisture prediction?[J]. Geophysical Research Letters, 39(23): 23703.

Mohan S, Rangacharya N C. 1991. A modified method for drought idendification[J]. Hydrological Sciences Journal, 36(1): 11-21.

Moore B J, Neiman P J, Ralph F M, et al. 2011. Physical processes associated with heavy flooding rainfall in Nashville, Tennessee, and vicinity during 1-2 May 2010: The role of an Atmospheric River and mesoscale convective systems[J]. Monthly Weather Review, 140(2): 358-378.

Moran M S, Clarke T R, Inoue Y E A. 1994. Estimating crop water deficit using the relation between surface-air temperature and spectral vegetation index[J]. Remote Sensing of Environment, 49(3): 246-263.

Moreira E E, Pires C L, Pereira L S. 2016. SPI drought class predictions driven by the north atlantic oscillation index using log-linear modeling[J]. Water, 8(2): 43.

Nelson R B. 2006. An Introduction to Copulas[M]. 2nd ed. New York: Springer.

Nijssen B, Schnur R, Lettenmaier D P. 2001. Global retrospective estimation of soil moisture using the variable infiltration capacity land surface nodel, 1980-93[J]. Journal of Climate, 14(8): 1790-1808.

Nourani V, Baghanam A H, Adamowski J, et al. 2013. Using self-organizing maps and wavelet transforms for space-time pre-processing of satellite precipitation and runoff data in neural network based rainfall-runoff modeling[J]. Journal of Hydrology, 476: 228-243.

Olivera F, Lear M S, Famiglietti J S, et al. 2002. Extracting low-resolution river networks from high-resolution digital elevation models[J]. Water Resources Research, 38(11): 1-8.

Ozger M, Mishra A K, Singh V P. 2012. Long lead time drought forecasting using a wavelet and fuzzy logic combination model: A case study in Texas[J]. Journal of Hydrometeorology, 13(1): 284-297.

Palmer W C. 1965. Meteorological drought[R]. Washington DC: U.S. Department of Commerce.
Palmer W C. 1968. Keeping track of crop moisture conditions, nationwide: The new crop moisture index[J]. Weatherwise, 21(4): 156-161.
Pan M, Yuan X, Wood E F. 2013. A probabilistic framework for assessing drought recovery[J]. Geophysical Research Letters, 40(14): 3637-3642.
Paul J K, Louis W U. 2004. A snowfall impact scale derived from northeast storm snowfall distributions[J]. Bulletin of the American Meteorological Society, 85(2): 177-194.
Paulo A A, Ferreira E, Coelho C, et al. 2005. Drought class transition analysis through Markov and loglinear models, an approach to early warning[J]. Agricultural Water Management, 77(1-3): 59-81.
Paz A R, Collischonn W, da Silveira A L L. 2006. Improvements in large-scale drainage networks derived from digital elevation models[J]. Water Resources Research, 42(8): 2643-2645.
Petersen G W, Cunningham R L, Matelski R P. 1968. Moisture characteristics of pennsylvania soils: Ⅰ. Moisture retention as related to texture[J]. Soil Science Society of America Journal, 32(2): 271-275.
Press W H, Flannery B F, Teukolsky S A, et al. 1986. Numerical Recipes[M]. Cambridge: Cambridge University Press.
Puckett W E, Dane J H, Hajek B F. 1985. Physical and mineralogical data to determine soil hydraulic-properties[J]. Soilence Society of America Journal, 49(4): 831-836.
Qian W H, Chen Y, Jiang M, et al. 2015. An anomaly-based method for identifying signals of spring and autumn low-temperature events in the Yangtze River Valley, China[J]. Journal of Applied Meteorology and Climatology, 54(6): 1216-1233.
Quan X W, Hoerling M P, Lyon B, et al. 2012. Prospects for dynamical prediction of meteorological drought[J]. Journal of Applied Meteorology and Climatology, 51(7): 1238-1252.
Rawls W J, Brakensiek D L, Saxton K E. 1982. Estimation of soil water properties[J]. Transactions of the American Society of Agricultural Engineers, 25: 1316-1320, 1328.
Reed S M. 2003. Deriving flow directions for coarse-resolution (1-4km) gridded hydrologic modeling[J]. Water Resources Research, 39(9): 1-11.
Reynolds C A, Jackson T J, Rawls W J. 2000. Estimating soil water-holding capacities by linking the Food and Agriculture Organization soil map of the world with global pedon databases and continuous pedotransfer functions[J]. Water Resources Research, 36(12): 3653-3662.
Reynolds R W, Smith T M, Liu C, et al. 2007. Daily high-resolution-blended analyses for sea surface temperature[J]. Journal of Climate, 20(22): 5473-5496.
Richard H G. 2011. The central European and Russian heat event of July-August 2010[J]. Bulletin of the American Meteorological Society, 92(10): 1285-1296.
Robock A, Vinnikov K Y, Srinivasan G, et al. 2000. The global soil moisture data bank[J]. Bulletin of the American Meteorological Society, 81(6): 1281-1300.
Rozante J R, Moreira D S, de Goncalves L G G, et al. 2010. Combining TRMM and surface observations of precipitation: Technique and validation over south America[J]. Weather and Forecasting, 25(3): 885-894.
Rui H. 2000. Tropical Rainfall Measuring Mission (TRMM) [J]. Journal of Atmospheric and Oceanic Technology, 15(3): 809-817.
Rui X. 2004. Principles of Hydrology[M]. Beijing: Chinese Water Conservancy and Electric Power Press.
Russ S S, Thomas J G J, Lance F B. 2011. Distant effects of a recurring tropical cyclone on rainfall in a mid-latitude convective system: A high-impact predecessor rain event[J]. Monthly Weather Review, 139(2): 650-667.
Saha S, Moorthi S, Wu X R, et al. 2014. The NCEP climate forecast system version 2[J]. Journal of Climate,

27(6): 2185-2208.

Saxton K E, Rawls W J, Romberger J S, et al. 1986. Estimating generalized soil-water characteristics from texture[J]. Soil Science Society of America Journal, 50(4): 1031-1036.

Schepen A, Wang Q J, Robertson D. 2012. Evidence for using lagged climate indices to forecast australian seasonal rainfall[J]. Journal of Climate, 25(4): 1230-1246.

Shafer B A, Dezman L E. 1982. Development of a surface water supply index (SWSI) to assess the severity of drought conditions in snowpack runoff areas[R]. Fort Collins: Colorado State University.

Sheffield J, Woodl E F, Roderick M L, et al. 2013. 过去60a间全球干旱变化甚微[J]. 李耀辉, 胡田田, 王莺, 等译. 干旱气象, 31(1): 215-219.

Shiau J T. 2003. Return period of bivariate distributed hydrological events[J]. Stochastic Environmental Research and Risk Assessment, 17(1-2): 42-57.

Shiau J T. 2006. Fitting drought and severity with two-dimensional copulas[J]. Water Resources Management, 20(5): 795-815.

Shiau J T, Shen H W. 2001. Recurrence analysis of hydrologic droughts of differing severity[J]. Journal of Water Resources Planning and Management, 127(1): 30-40.

Shin J Y, Ajmal M, Yoo J, et al. 2016. A bayesian network-based probabilistic framework for drought forecasting and outlook[J]. Advances in Meteorology, DOI: 10.1155/2016/9472605.

Shukla S, Steinemann A C, Lettenmaier D P. 2011. Drought monitoring for Washington state: Indicators and applications[J]. Journal of Hydrometeorology,12(1): 66-83.

Shukla S, Wood A W. 2008. Use of a standardized runoff index for characterizing hydrologic drought[J]. Geophysical Research Letters, 35(2): 226-236.

Smith T M, Reynolds R W, Peterson T C, et al. 2008. Improvements to NOAA's historical merged land-ocean surface temperature analysis (1880-2006)[J]. Journal of Climate, 21(10): 2283-2296.

Sodemann H S A. 2009. Asymmetries in the moisture origin of Antarctic precipitation[J]. Geophysical Research Letters, 36(22): L22803.

Storck P, Bowling L, Wetherbee P, et al. 1998. Application of a GIS-based distributed hydrology model for prediction of forest harvest effects on peak stream flow in the Pacific Northwest[J]. Hydrological Processes, 12(6): 889-904.

Svoboda M, Lecomte D, Hayes M, et al. 2002. The drought monitor[J]. Bulletin of American Meteorological Society, 83(8): 1181-1190.

Tallaksen L M, Lanen H A J V. 2004. Hydrological Drought: Processes and Estimation Methods for Streamflow and Groundwater[M]. New York: Elsevier.

Tang L C, Than S E. 1999. Computing process capability indices for non-normal data: A review and comparative study[J]. Quality and Reliability Engineering International, 15(5): 339-353.

Thom H. 1958. A note on the Gamma distribution[J]. Monthly Weather Review, 86(4): 117-122.

Thomas J G J, Lance F B, Schumacher R S. 2010. Predecessor rain events ahead of tropical cyclones[J]. Monthly Weather Review, 138(8): 3272-3297.

Tietje O, Hennings V. 1996. Accuracy of the saturated hydraulic conductivity prediction by pedo-transfer functions compared to the variability within FAO textural classes[J]. Geoderma, 69(1-2): 71-84.

Tomasella J, Hodnett M G. 1998. Estimating soil water retention characteristics from limited data in Brazilian Amazonia[J]. Soil Science, 163(3): 190-202.

Turcotte D L. 1986. Fractals and fragmentation[J]. Journal of Geophysical Research Solid Earth, 91(2): 1921-1926.

Tyler S W, Wheatcraft S W. 1989. Application of fractal mathematics to soil water retention estimation[J]. Soil

Science Society of America Journal, 53(4): 987-996.

Vereecken H, Maes J, Feyen J, et al. 1989. Estimating the soil-moisture retention characteristic from texture, bulk-density and carbon content[J]. Soil Science, 148(6): 389-403.

Vicente-Serrano S M, Beguería S, López-Moreno J I. 2010. A multiscalar drought index sensitive to global warming: The standardized precipitation evapotranspiration index[J]. Journal of Climate, 23(7): 1696-1718.

Villarini G, Krajewski W F. 2008. Empirically-based modeling of spatial sampling uncertainties associated with rainfall measurements by rain gauges[J]. Advances in Water Resources, 31(7): 1015-1023.

Wagner W, Dorigo W, de Jeu R, et al. 2012. Fusion of active and passive microwave observations to create an essential climate variable data record on soil moisture[J]. Remote Sensing and Spatial Information Sciences, 7(3): 315-321.

Wang J, Hong Y, Li L, et al. 2011. The coupled routing and excess storage (CREST) distributed hydrological model[J]. Hydrological Sciences Journal, 56(1): 84-98.

Wells N, Goddard S, Hayes M J. 2004. A self-calibrating Palmer drought severity index[J]. Journal of Climate, 17(12): 2335-2351.

Wen Z, Liang X, Yang S. 2012. A new multiscale routing framework and its evaluation for land surface modeling applications[J]. Water Resources Research, 48(8): W08528.

Wigmosta M S, Vail L W, Lettenmaier D P. 1994. A distributed hydrology-vegetation model for complex terrain[J]. Water Resources Research, 30(6): 1665-1679.

Wilhite D A, Glantz M H. 1985. Understanding the drought phenomenon: The role of definitions[J]. Water International, 10(3): 111-120.

Willeke G, Hosking J R M, Wallis J R. 1994. The national drought atlas[R]. Alexandria: Institute for Water Resources.

Williams J, Prebble R E, Williams W T, et al. 1983. The influence of texture, structure and clay mineralogy on the soil moisture characteristic[J]. Soil Research, 21(1): 15-19.

Wu H A, Kimball J S, Mantua N, et al. 2011. Automated upscaling of river networks for macroscale hydrological modeling[J]. Water Resources Research, 47(3): W03517.

Wu Z Y, Lu G H, Wen L, et al. 2007. Thirty-five year(1971-2005)simulation of daily soil moisture using the variable infiltration capacity model over China[J]. Atmosphere-Ocean, 45(1): 37-45.

Wu Z Y, Lu G H, Wen L, et al. 2011. A real-time drought monitoring and forecasting system in China[C]// Proceedings of IWRM 2010, Nanjing.

Wu Z Y, Mao Y, Li X, et al. 2015. Exploring spatiotemporal relationships among meteorological, agricultural, and hydrological droughts in Southwest China[J]. Stochastic Environmental Research and Risk Assessment, 30(3): 1-12.

Xie P, Arkin P A. 1997. Global precipitation: A 17-year monthly analysis based on gauge observations, satellite estimates, and numerical model outputs[J]. Bulletin of the American Meteorological Society, 78(11): 2539-2558.

Xie P, Xiong A Y. 2011. A conceptual model for constructing high-resolution gauge-satellite merged precipitation analyses[J]. Journal of Geophysical Research Atmospheres, 116(21): 1471-1479.

Xu C. 2003. Testing the transferability of regression equations derived from small sub-catchments to a large area in central Sweden[J]. Hydrology and Earth System Sciences, 7(3): 317-324.

Xu K, Yang D W, Xu X Y. 2015. Copula based drought frequency analysis considering the spatio-temporal variability in Southwest China[J]. Journal of Hydrology, 527(2015): 630-640.

Xu L, Wood E F, Lettenmaier D P. 1996. Surface soil moisture parameterization of the VIC-2L model:

Evaluation and modification[J]. Global and Planetary Change, 13(1): 195-206.

Yamazaki D, Kanae S, Kim H, et al. 2011. A physically based description of floodplain inundation dynamics in a global river routing model[J]. Water Resources Research, 47(4): W04501.

Yamazaki D, Oki T, Kanae S. 2009. Deriving a global river network map and its sub-grid topographic characteristics from a fine-resolution flow direction map[J]. Hydrology and Earth System Sciences, 13(11): 2241-2251.

Ye A, Duan Q, Zhan C. 2013. Improving kinematic wave routing land model scheme in community land model[J]. Research Hydrology, 44(5): 886-903.

Yoon J H, Mo K, Wood E F. 2012. Dynamic-model-based seasonal prediction of meteorological drought over the contiguous United States[J]. Journal of Hydrometeorology, 13(2): 463-482.

Yuan X, Wood E F, Roundy J K, et al. 2013. CFSv2-based seasonal hydroclimatic forecasts over the conterminous united states[J]. Journal of Climate, 26(13): 4828-4847.

Zaitchik B F, Rodell M, Olivera F. 2010. Evaluation of the Global Land Data Assimilation System using global river discharge data and a source-to-sink routing scheme[J]. Water Resources Research, 46(6): W06507.

Zarembka P. 1968. Functional form in the demand for money[J]. Journal of the American statistical Association, 63(322): 502-511.

Zhao Q D, Ye B S, Ding Y J, et al. 2013. Coupling a glacier melt model to the variable infiltration capacity (VIC) model for hydrological modeling in North-Western China[J]. Environmental Earth Sciences, 68(1): 87-101.

Zou X K, Zhai P M, Zhang Q. 2005. Variations in droughts over China: 1951-2003[J]. Geophysical Research Letters, 32(4): L04707.